AF743295

BUMPER TO BUMPER®

La guía completa para operaciones de autotransporte de carga
Revisada

por

Mike Byrnes and Associates, Inc.
Publishers

Associate Member

NATIONAL ASSOCIATION OF PUBLICLY FUNDED TRUCK DRIVING SCHOOLS
NAPFTDS

Associate Member

CVTA
COMMERCIAL VEHICLE TRAINING ASSOCIATION

4th Printing

Publicado por
Mike Byrnes and Associates, Inc.
P. O. Box 8866
Corpus Christi, TX 78468-8866
www.bumper2bumpertruckbook.com

Otros libros de Mike Byrnes and Associates:

Barron's How to Prepare for the Commercial Driver's License Truck Driver's Test (escrito por Mike Byrnes and Associates, Inc., publicado por Barron's Educational Series, Inc.)
BUMPERTOBUMPER®, The Complete Guide to Tractor-Trailer Operations, publicado por Mike Byrnes and Associates, Inc.
BUMPERTOBUMPER®, The Diesel Mechanics Student's Guide to Tractor-Trailer Operations, publicado por Mike Byrnes and Associates, Inc.
BUMPERTOBUMPER®, The Instructor's Guide, Electronic Version Edition, publicado por Mike Byrnes and Associates, Inc.
BUMPERTOBUMPER®, The Instructor's Guide, Bound Edition, publicado por Mike Byrnes and Associates, Inc.
El Glosario, the BUMPERTOBUMPER® Spanish/English Glossary of Trucking Terms
BUMPERTOBUMPER® Easy CDL publicado por Study by App
BUMPERTOBUMPER® Easy CDL Hazardous Materials Endorsement Review publicado por Study by App
BUMPERTOBUMPER® Easy CDL for Hot Shot Trucking publicado por Study by App

ISBN 0-9621687-9-3
ISBN 13 978-09621687-9-6

Contenido

Reconocimientos

Mike Byrnes and Associates, Inc., es un grupo profesional, es una red de recursos en los que se incluyen escritores, editores, educadores, artistas y experimentados especialistas en las materias vinculadas al manejo de vehículos de carga, a los diferentes oficios relacionados y a todos aquellos temas de interés para esta actividad. Todos juntos representamos 55 años de experiencia en el manejo de vehículos de carga y en el entrenamiento de sus choferes, misma que tenemos como escritores profesionales y como editores. Desarrollamos y producimos publicaciones dirigidas a todos los niveles de aptitud: el nivel de ingreso o previo a la contratación, el de aprendices y practicantes, y el de los que desean hacer un repaso. Nos especializamos en materiales de fácil lectura.

Nuestras publicaciones han sido escritas con el objetivo de cumplir con las normas de entrenamiento de la industria del autotransporte establecidas por el propio Departamento del Transporte y otras asociaciones profesionales.

Mike Byrnes and Associates, Inc., ha producido programas de estudio autodirigidos para una de las combinaciones más grandes del país de escuelas de entrenamiento y estudio en casa. *BUMPERTOBUMPER®, La guía completa para operaciones de autotransporte de carga,* es nuestro texto original sobre el manejo de vehículos de carga y actividades afines. Se publicó por primera vez en 1988.

Para esta cuarta edición, deseamos hacer un reconocimiento a todas las personas que tuvieron el suficiente interés en hacer de *BUMPERTOBUMPER®* el libro de texto más completo sobre el manejo de vehículos de carga, y que con tal fin, nos hicieron sus comentarios y sugerencias. Queremos agradecer específicamente a Michael V. Green de HDS Truck Driving Institute; Jay Shelly del Center for Transportation Safety, Inc.; John Rojas de Del Mar College; Wade Murphree, Chuck Wirth y Earl Peterson de American Institute of Technology; Anita Kerezman; Gene Breeden de A-1 Truck Driver Training; Greta Nord y Pete Nagel de Western Pacific Truck School; Denver Hamrick de Hamrick Truck Driving School; United Truck and Car Driving School; Rick Dalton de Salt Lake Community College; Brick Kepler de Professional Drivers Academy; y, Harold Durbin de College of Instrument Technology.

También, les estamos agradecido por el apoyo de Jerry Bateman, Don Lowe, y Bob Taylor.

Mike Byrnes se fallecío antes de que esta edición se terminará. El libro *BUMPERTOBUMPER®* fue su idea desde el principio. Por esta razón, formalmente, le dedicamos esta edición. Dejó u legado de entusiasmo para y dedicación a excelencia en el entrenamiento de choferes de vehículos de carga. Nosotros continuamos en esa tradición, guíados por sus principios y su interés en Usted, el estudiante.

La ilustración 1-4 fue usada con permiso. Tecnología prevista bajo contrato a Heavy Vehicle Electronic License Plate, Inc. (HELP, Inc.) por Lockheed Martin IMS, Inc.

No hemos olvidado a los que contribuyeron con esta edición:
Edición Gilbert Gonzalez, Donna Schillinger, Jean Weaver Bloom

NOTA DEL TRADUCTOR ORIGINAL

Traducir un libro como *BUMPERTOBUMPER®* fue un verdadero reto, tanto por lo extenso de la materia que trata como por la infinidad de términos tanto técnicos como coloquiales que utiliza, todo redactado de una manera sencilla y de fácil compresión.

Sin duda que de no haber contado con la ayuda de las personas y compañías que tuvieron la gentileza de dedicarme tiempo para la selección de las expresiones que fueran auténticas equivalencias culturales en relación a la jerga utilizada en el ambiente de la industria del autotransporte de carga en México, no se hubieran logrado ni la fluidez ni la sencillez del texto original escrito para el contexto estadounidense.

Por tanto deseo patentizar mi agradecimiento al Sr. Arturo de Zulueta de DINA TAPATIA, SA de CV en donde me atendieron los Señores Gómez Esparza y Rodriguez Romo cuya experiencia en el ramo fue de gran utilidad, igualmente al Sr. Gabriel Moreno Bayardo de FRUEHAUF DE OCCIDENTE, SA de CV, cuyos conocimientos sobre remolques fueron de incalculable valor. Al Sr. Sergio López Rodriguez de SERVICENTRO DE OCCIDENTE, SA de CV y al Sr. Gerardo Jovel de TRANSPORTES JULIAN DE OBREGON, SA de CV, muchas gracias por sus atenciones y su tiempo. Por último deseo agradecer a todos los talleres que de una u otra forma me ayudaron a detectar los términos coloquiales utilizados en México.

Ing. Manuel Pedrero

Prefacio

A las personas relacionadas con la industria del autotransporte de carga les gusta explicar la importancia que tiene dicha industria en la economía y forma de vida de los Estados Unidos, diciendo: "Si lo tiene, probablemente lo trajo un vehículo de carga". Vea alrededor de Usted, ahí donde se encuentra sentado, y empezará a darse cuenta de la verdad de esa frase. En la actualidad, en los Estados Unidos, hay muy pocas industrias que tienen que ver con tanta gente en tan diversas formas y todos los días. Hay muy pocos trabajadores que mantienen en circulación la sangre de esta nación, como lo hacen sus choferes de vehículos de carga. Cada año se necesitan más y mejores choferes.

Hay, y siempre ha habido, empleos más fáciles que el manejar un vehículo de carga. En aquellos días, al inicio de la industria, los choferes batallaban con equipo lento y torpe, y con carreteras disparejas. En la actualidad el reto es mantenerse al día con la tecnología siempre cambiante, los reglamentos, las carreteras congestionadas y los itinerarios tan apretados. Pero nada de esto jamás ha sido suficiente para impedirle a la gente como Usted, que se suba a una cabina.

Quizá sea el atractivo del camino abierto o la satisfacción especial de poder depender de sus propios conocimientos y habilidad. O tal vez sea la emoción de ser responsable de los miles de dólares que cuestan el equipo y la carga. O el orgullo y satisfacción de realizar bien su trabajo a pesar de los obstáculos, un trabajo que significa un mundo para mucha, mucha gente. Una de estas razones o todas, puede ser la, o las, que Usted tuvo para escoger aprender a manejar un vehículo de carga en lugar de trabajar con un lápiz, pulsando una calculadora o alguna otra profesión un poco menos desafiante.

Nosotros hemos participado en el entrenamiento de gente como Usted por más de 30 años, preparándolos para una carrera larga, remuneradora y llena de satisfacciones. Este libro es el resultado de la necesidad que detectamos a través de todos esos años en los que hemos estado involucrados en el entrenamiento de los choferes de carretera. Se necesitaba un manual que acompañara los programas de entrenamiento como en el que Usted se encuentra ahora.

Al publicar esta cuarta edición, nuestros objetivos son los mismos que tuvimos cuando por primera vez publicamos este libro en 1988. Queríamos ofrecer un manual que fuera completo, que contuviera todo lo que Usted necesita saber para tener buenas probabilidades de éxito en el campo de actividad que escogió. Queríamos algo que estuviera bien ilustrado. Tenía que tener todas las formas o formularios y tablas a las que nos referimos en clase, ésas que Usted necesita ver y poder practicar con ellas. Tenía que tener dibujos técnicos claros y precisos para familiarizarlo con su equipo.

Queríamos que el libro fuera amplio, completo y preciso, y luego quisimos algo más. Quisimos que fuera fácil y que Usted disfrutará su lectura y uso. Que Usted obtuviera de él algo más que simplemente un buen conocimiento del equipo o cómo saber llenar una bitácora. Quisimos que Usted pudiera saber, lo que se siente ser el chofer de un vehículo de carga.

Ahora dése Usted un momento para echar un vistazo al Contenido. Puede ser que se pregunte porqué incluimos algunos de los temas que escogimos. Probablemente los capítulos sobre equipo, maniobras de manejo y lectura de mapas le suenen lo suficientemente apropiados. Pero, ¿porqué incluimos un capítulo titulado "Su Futuro en la Industria del Autotransporte de Carga" or uno en "La Vida del Chofer" o "Educación Continuada"? Porque quisimos que Usted terminara el libro con los conocimientos del chofer profesional de hoy, que son mayores que los que se necesitan para simplemente desplazar el vehículo del punto A al punto B.

La necesidad por entrenamiento tan amplificado, hoy es más critico que nunca. Expertos de la seguridad del transporte juntos con los funcionarios del Departamento del Transporte continuamente vuelven al énfasis de que los choferes del primer nivel deben saber mucho más de lo que es simplemente requerido para obtener una licencia comercial (CDL).

BUMPERTOBUMPER® tiene mas que los básicos de inspección, de manejar y transporte de carga para Ustedes una familiaridad completa acerca de terminología de la industria, los componentes mecánicos de los camiones y remolques, y la ciencia de manejar con toda seguridad. Aprenderá como cuidar la carga, el equipo, el cliente – y su mismo. Empezará desarrollar los hábitos buenos, actitudes, y habilidades de seguridad para crear un empleado valioso. Todo este entrenamiento amplio satisfacerá los preocupaciones de los líderes de la industria de transporte.

Para tener éxito Usted debe saber más, hacer más y tener una panorámica más amplia de sus responsabilidades que los choferes del pasado. La industria del autotransporte de carga no está estancada, y nunca lo ha estado como lo verá en el capítulo 1. Esta es la razón por la que era necesaria esta cuarta edición. En esta edición hemos actualizado la información para reflejar los cambios en los reglamentos, en los equipos y en la economía. Usted tampoco se debe estancar. Propóngase aprender algo nuevo acerca de su empleo y su industria todos los días.

Con *BUMPERTOBUMPER®*, Usted obtiene el trabajo de escritores con una amplia experiencia en la industria del autotransporte de carga: patrones, gerentes, choferes, operadores/propietarios y expertos mecánicos. También se beneficia de la pericia de gente experimentada en la educación y entrenamiento de choferes. Nosotros hemos desarrollado cursos para algunas de las instituciones de entrenamiento de choferes más grandes del país. Hemos reunido para Usted, todos estos conocimientos y experiencia en un solo libro.

Esperamos que *BUMPERTOBUMPER®* facilite su entrenamiento y lo haga agradable. Si tiene algún comentario sobre el libro, sea crítica o cumplido, nos encantaría oírlo. Simplemente escríbanos a:

BUMPERTOBUMPER®
MIKE BYRNES AND ASSOCIATES, Inc.
PO Box 8866
Corpus Christi, TX 78468-8866 mbapub@aol.com
www.bumper2bumpertruckbook.com

Si tiene alguna pregunta y quisiera una respuesta, por favor háganoslo saber en su carta y asegúrese de que nos envía su domicilio.

Como Está Organizado *BUMPERTOBUMPER®*

Sabemos que está ansioso por empezar el libro e iniciar su entrenamiento. Sin embargo, antes de hacerlo, esperamos que lea sólo unas cuantas páginas más de introducción. Hemos organizado el libro de una cierta manera, y le hemos dado determinadas características, con el fin de que se facilitara su lectura. Si conoce dichas características y organización, le sacará mayor provecho.

COMO USAR EL LIBRO

En *BUMPERTOBUMPER®* los capítulos están agrupados de acuerdo a diferentes aspectos del transporte de carga. Por ejemplo, el primer capítulo sirve como introducción a la industria. Los capítulos del 2 al 11 son sobre temas técnicos que tienen que ver con la unidad de tracción. A éstos les siguen los capítulos del 12 al 14 que tratan sobre los remolques. El siguiente grupo, los capítulos del 15 al 32, tienen que ver con las actividades del chofer profesional y sus requisitos y obligaciones. Los últimos tres capítulos, del 33 al 35, tratan sobre el empleo y continuación de educación.

BUMPERTOBUMPER® puede usarse casi con todo tipo de plan de estudios para el entrenamiento de choferes de vehículos de carga. Todo lo que tiene que hacer es asociar la materia del programa de su curso, con las materias de los capítulos de este libro. No tiene que leer los capítulos en el orden en que están presentados. Cada capítulo se sustenta por sí mismo. No tiene que preocuparse de que dejó de ver algo si salta de uno a otro.

El Contenido le dice en qué página se inicia cada capítulo. Utilícela para ir directamente a esa parte del libro que quiere leer o repasar. Para su comodidad también hemos incluido un Indice Analítico. Este índice le guía a la parte del libro que trata sobre alguna materia en particular. Digamos que quiere saber lo que dice el libro acerca del motor. Busque “motor” en el índice. Y luego refiérase a la página o páginas que se indican. Cada una de esas páginas tendrá algo que trate sobre el motor.

LA ESTRUCTURA DE LOS CAPITULOS

Encontrará que los temas y palabras esenciales, así como las frases claves estarán resaltadas usando letras **negrillas.** De igual manera lo están los encabezados por tema y la lista de palabras con “indicadores de punto”. Todo esto en conjunto, esboza el capítulo en forma muy visible. Utilice este tipo de esbozo para dirigir su lectura.

Hojee el capítulo leyendo sólo las palabras resaltadas antes de que lo lea todo. Esto le dará una idea general de lo que se trata el capítulo.

Luego, mentalmente formúlese preguntas acerca de la materia que está por leer. Escríbalas. Conforme avanza en el capítulo, lea con la mentalidad de encontrar sus respuestas. Cuando lo termine, vea de nuevo su lista de preguntas. Debe poder contestarlas todas fácilmente. Si no, vuelva a hojear el capítulo buscando sólo las palabras resaltadas que tratan sobre la materia en cuestión y que contestarán su pregunta.

Usando este método, comprenderá mejor el material y con mayor facilidad, y lo retendrá más tiempo. Esta forma de “esbozar” el capítulo también le será de mucha utilidad cuando lo quiera repasar. Puede ser que lo único que necesite para recordar el contenido del mismo, sea hojear fijándose en las palabras resaltadas.

Con frecuencia una imagen explica las cosas mejor que las palabras, por eso *iBUMPERTOBUMPER® incluye muchas tablas, ilustraciones técnicas y gráficas. Están numeradas por capítulo. Por ejemplo, el número correspondiente a la primera ilustración del capítulo 4, es 4-1, “4” por el capítulo y “1” por ser la primera ilustración, y así sucesivamente.*

ACERCA DE LOS EXAMENES

Se dará cuenta de que al final de los capítulos hay exámenes. Estos están diseñados para probar sus conocimientos sobre el material presentado en *BUMPERTOBUMPER®*. Puede ser que su instructor le pida que haga estos exámenes y se los entregue para calificarlos. Aún si no le piden esto, de todas maneras debe hacerlos. Le ayudarán a medir su comprensión y su avance.

Si Usted hace los exámenes por su propia voluntad como exámenes con libro abierto, asegúrese de leer la siguiente sección, “Cómo sacar el mayor provecho en el menor tiempo de estudio.” Trae valiosas sugerencias para responder a los tipos de preguntas que encontrará en el libro. Luego, para revisar su trabajo, vea a su instructor para que consulte la clave de respuestas.

Como Sacar el Mayor Provecho en el Menor Tiempo de Estudio

Bueno, he aquí que se encuentra Usted volviendo a los libros. Si Usted hace ya tiempo que salió de la escuela, puede ser que no esté tan entusiasmado con la idea. Le queremos asegurar que esta vez las cosas serán diferentes. Probablemente ahora le irá mejor y disfrutará sus estudios más, que cuando estuvo en el colegio. Como alumno adulto que es, sus ganas de triunfar y su interés en la materia le ayudarán. Además *BUMPERTOBUMPER®* está escrito en una forma tan práctica y útil, que Usted no tiene que leer nada que no vaya usar en la carrera que escogió.

De cualquier manera, si no tiene todo el tiempo del mundo para estudiar, apreciará entonces algunas sugerencias que le ayudarán a sacar el mayor provecho en la menor cantidad de tiempo.

TENGA UN PLAN DE ACCION

Su primer paso es tener un plan de acción. "Cuándo y dónde se va a poner a estudiar". El mejor tiempo para Usted será cuando más despierto esté, relajado y sin distracciones. Trate de estudiar a la misma hora todos los días o todas las semanas. Esto ayuda a hacer un hábito del estudio.

Póngase una meta, digamos, tantas hojas por sesión. Que esta meta sea razonable. Si se pone una meta muy alta, simplemente se sentirá mal cuando no pueda lograrla. En cambio, comprométase a hacer algo realizable. Luego mantenga un registro de su avance. Tendrá un sentimiento adicional de logro cuando vea lo bien que va. Si se atrasa, se dará cuenta para que apriete el paso y no tenga que estudiar todo apresuradamente y bajo presión. Estudiar apresuradamente definitivamente no es un buen método de aprendizaje.

Escoja un buen lugar para leer, un lugar en el que los ruidos de la televisión, el estéreo y la radio, sin mencionar los que haga otra gente, le distraigan. Lea a un ritmo constante y uniforme con pocas interrupciones. Antes de sentarse, tenga a la mano todo lo que vaya a necesitar mientras lee, refrescos, botanas, lápices, papel, etc.

Trabaje más o menos durante 45 minutos por vez. Luego pare, estírese o camine por la habitación. Esto le dará el pequeño descanso mental que necesita para no cansarse. Luego continúe durante otros 45 minutos. Alterne periodos de estudio bien hechos y en los que se concentre, con pequeños descansos, y habrá logrado la meta que se propuso para esa sesión, sin darse cuenta del tiempo transcurrido.

EXAMINESE PARA QUE TENGA EXITO

Los exámenes al final de cada capítulo también sirven para aprender. Puede ser que antes no haya pensado en un examen de esta manera, pero también sirven para eso. El contestar las preguntas le ayuda a medir qué tan bien entendió lo que leyó. Si no puede contestar algunas de las preguntas, ya sabe exactamente qué partes debe repasar.

Enseguida le presentamos algunas sugerencias para contestar el tipo de preguntas que encontrará en *BUMPERTOBUMPER®*.

FALSO/VERDADERO. Lea el enunciado. ¿Es verdadero el enunciado completo? Si así es, seleccione la respuesta A, Verdadero. Si cualquier parte del enunciado es falsa, seleccione entonces la respuesta B, Falso.

LLENAR EL ESPACIO EN BLANCO. Se le da un enunciado al que le faltan unas palabras. Llene el espacio en blanco con la palabra o palabras que completarán dicho enunciado y lo harán verdadero.

DE SELECCION MULTIPLE. Estas son similares a las de llenar el espacio en blanco, con la excepción de que aquí se sugieren varias respuestas. Sólo una de las respuestas es la correcta. Enseguida le presentamos cómo hacerle para encontrar cuál es.

Lea el enunciado llenando el espacio en blanco con la o las palabras presentadas en la primera selección, la A. ¿Hace verdadero al enunciado? Si es así, la selección A es la respuesta correcta. Si no es así, pregúntese porqué no. Su respuesta le puede llevar a la selección correcta. Si esto no le funciona, vuelva a leer el enunciado esta vez con la siguiente selección, la B. Siga haciendo lo mismo con todas las selecciones hasta que encuentre la que hace verdadero al enunciado.

DE ASOCIACION. En estas preguntas se le pide que asocie lo listado en una columna con lo listado en otra. Cada cosa listada en una columna se puede asociar con una y sólo una de la otra columna.

Prueba de la Habilidad para Observar

El ser observador es un cualidad muy importante para un chofer profesional. Cada capítulo le ofrece una oportunidad de probar su habilidad para observar. Ilustraciones especiales abren cada capítulo. Estas ilustraciones muestran algo raro con la imagen. En un lugar en cada capítulo, se le harán preguntas acerca la ilustración Usted puede revisar las respuestas que se encuentran al final del libro, en donde Usted también puede gráfica el desarrollo de su habilidad a ser observador.

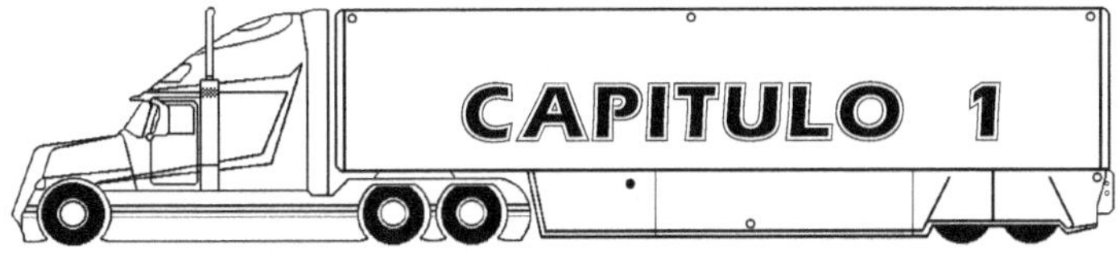

SU FUTURO EN EL AUTOTRANSPORTE DE CARGA

Las Oportunidades en la Industria del Autotransporte de Carga

Bienvenido al inicio de su carrera como chofer profesional en la industria del autotransporte de carga. Sin importar lo que lo haya atraído a esta industria, puede ser que no se haya dado cuenta del tamaño del campo de actividad al que está Usted por ingresar, o de la cantidad de oportunidades que tiene para Usted.

La industria del autotransporte de carga **emplea a más gente que cualquier otra industria del sector privado en los Estados Unidos**, más de nueve millones de hombres y mujeres. En ella participan gente de todas las edades, tipos de preparación, razas y religiones. De estos trabajadores, cerca de dos millones son choferes. Este libro le preparará para que se convierta en uno de ellos.

Desde luego que esta industria emplea **muchos tipos de trabajadores** además de choferes. Por ejemplo, se necesitan despachadores para enviar los vehículos de carga al destino correcto y con la carga correcta. Los que manejan los fletes, así como los cargadores de andén y de almacén, son los que hacen la maniobra de carga y descarga de los camiones. Los mecánicos reparan y les dan mantenimiento a dichos camiones. Otros trabajadores del taller les ponen combustible y les dan servicio a las llantas y a las luces.

Las compañías dedicadas al transporte de carga tienen muchos empleados en la oficina, encargados de facturación, encargados del servicio a clientes y operadores de computadora. Los fabricantes de camiones de carga emplean en sus plantas tanto a ingenieros como a obreros. Los proveedores que fabrican los motores, las llantas y otros componentes también ofrecen otras oportunidades de empleo.

Así que ya Usted ve que la industria del autotransporte de carga es una de las más grandes en el país. Es una industria dinámica y en crecimiento. Satisface la necesidad de transporte. Provee un servicio rápido de flete de puerta a puerta a casi cualquier pueblo de los Estados Unidos. Con frecuencia es el único servicio de flete disponible para miles de comunidades.

La industria del autotransporte de carga no recibe ningún subsidio del gobierno. Se paga sola. De hecho los gobiernos estatal y federal captan de este ramo, cerca de nueve mil millones de dólares anuales por concepto de tarifas e impuestos. (Puede Usted sentirse orgulloso de haber elegido a la industria del autotransporte de carga para desarrollar su carrera!

Los Empleos dentro de la Industria del Autotransporte de Carga

La industria del autotransporte de carga sigue creciendo cada vez más. **Crece con el país**. Conforme se incrementa la población, de igual manera crece esta industria. Que haya más gente significa que se usan más productos, mismos que se tienen que transportar. Esto demanda más gente que trabaje dentro de esta industria.

Los alimentos son uno de los tipos de producto más importantes que se transportan en vehículos de carga. Los combustibles, como los artículos para la construcción, se demandan más por mayor número de personas. Ropa y muebles, artículos médicos y juguetes se tienen que transportar de ciudad a ciudad. A la lista se pueden añadir autos y maquinaria. Son miles los diferentes productos que se transportan en vehículos de carga.

Todo lo que Usted usa se transporta en un camión de carga en uno u otro momento. Puede ser materia prima que se lleva a la planta en uno de estos camiones. Puede ser producto terminado que se transporta al almacén usando el mismo medio. El autotransporte de carga se ha convertido en una parte importante de la economía de los Estados Unidos. Crece con la economía de la nación.

Ilustración 1-1
La industria del autotransporte de carga emplea muchos otros tipos de trabajadores que choferes solamente.

Dado que cada vez crece más, **cada año se necesitan más trabajadores**. La industria necesita empleados de todo tipo, desde los choferes para recoger y hacer entregas a domicilio, hasta el Rey del Camino, el chofer de los vehículos de carga interestatales de línea que recorren largas distancias, desde la persona que contesta el teléfono hasta el gerente de ventas, del encargado de facturación al gerente de la oficina, de los despachadores de la ciudad y de línea a los gerentes de operación.

¡Y todavía no terminamos! Además existen muchos otros tipos de trabajadores que se necesitan para dar apoyo a la industria. Por ejemplo, los mecánicos del taller. Otros empleados del taller son los que se encargan de las llantas, los encargados de lubricación y llenado de combustible. La mayoría de las terminales tienen trabajadores de andén. Estos son los encargados de las maniobras de carga y descarga de los fletes. Algunos pueden estar entrenados para manejar montacargas, otros para operar grúas de andén. Los trabajadores de andén pueden especializarse en el manejo de cierto tipo de flete como rollos de 20 pies de alfombra. Otros estarán entrenados para manejar productos congelados o ciertos materiales peligrosos. Algunos usarán ropa especial de protección. Ciertos encargados y supervisores de andén usan radios receptores-transmisores en su trabajo.

Se necesitan trabajadores tanto para que acomoden los remolques en el andén como para quitarlos. A éstos, en algunos lugares se les llaman "burreros" (en inglés: hostlers), o "burreros de patio" (en inglés: yard hostlers). Manejan un tractor especial al que le llaman "burra" (en inglés: yard goat). Este tractor tiene una quinta rueda que levanta al remolque con presión hidráulica o de aire. Tiene un estribo que va desde la puerta del chofer a una plataforma que se encuentra en la parte de atrás. El "burrero" puede quitar un remolque del andén (sin poner un pie en el suelo!

DESCRIPCION DE LOS EMPLEOS EN LA INDUSTRIA DEL AUTOTRANSPORTE DE CARGA

Cuando piensa en "transporte de carga", probablemente se le venga a la mente **"choferes de larga distancia"**. Pero como comienza a darse cuenta, hay más, mucho más. Muchos **choferes de recolección y entrega a domicilio** empiezan sus carreras como choferes de vehículos de carga de línea. Algunos de éstos choferes se cansan de andar en la carretera y estar lejos de su casa y de su familia, y se vuelven choferes locales de recolección y entrega a domicilio después de una larga carrera como chofer de larga distancia. Es entonces cuando un buen "burrero de patio" tiene la oportunidad de convertirse en chofer de larga distancia.

Actualmente, los choferes de reparto y recolección a domicilio son trabajadores altamente especializados. Deben estar capacitados para manejar cualquier vehículo desde un camión o camioneta, hasta una unidad tractor-remolque. Usan radios receptores-transmisores y teléfonos portátiles. Pueden ayudar a un remitente a llenar las guías de embarque. Saben cómo hacer los cobros COD (cobrar o devolver). Pueden manejar una entrega de lo que en inglés se llama "Order Notify". Saben cómo cargar materiales peligrosos.

A muchos de los choferes de reparto y recolección a domicilio se les llama chofer-vendedor porque están entrenados para trabajar con la gente de ventas. Le piden más embarques al remitente. Le señalan servicios adicionales que ofrece su compañía. Aseguran mayor clientela siendo amigables y acomedidos.

Sean de larga distancia o de recolección y entrega, los choferes dependen de los **despachadores**. Los despachadores son la espina dorsal de cualquier compañía de transporte de carga. Envían el camión correcto con el chofer correcto al destino correcto. Los despachadores locales o de reparto con frecuencia contestan el teléfono cientos de veces al día. Pueden utilizar teléfonos auriculares para poder tener libres las manos. Necesitan tener las manos libres para operar las computadoras, escribir órdenes de recolección y contestar los aparatos de radio. Hablan con los choferes y los "burreros" que vienen a reportarse a su ventanilla.

Trabajan muy de cerca a la gente de **ventas y operaciones**. La mayoría de las llamadas telefónicas que reciben son de clientes que ponen órdenes de recolección. Los despachadores preguntan qué tipo de flete se va a embarcar y a dónde va. Entran los detalles en la computadora. Algunas compañías usan una programa de computadora que también registra la hora. Luego se asigna la recolección a un chofer de reparto. Los despachadores locales son rápidos y prestan atención a los detalles. Deben saber cómo dirigirse a los clientes así como a los choferes de reparto que ya andan en ruta.

Los despachadores sobre la carretera manejan las cargas pesadas que se transportan a grandes distancias. Cuando un remolque está cargado y listo para partir, pasa al control del despachador. Los despachadores tienen una lista, que cambia todo el tiempo, de tractores y choferes que están listos. Ellos asignan tractores y choferes a cada carga. Su labor es hacer que se lleve la carga al destinatario debido o a otra terminal. Una carga típica puede despacharse de Florida a una terminal en el Canadá o de Nueva York a Los Angeles.

Además de las llamadas de los clientes, estos despachadores reciben llamadas de choferes que andan en camino. Hablan con los choferes a quienes se les descompuso el vehículo, o a los que están descargando y necesitan otra carga. Ellos comproban las pantallas de la computadora satélite para encontrar en donde hay los choferes. Los despachadores de línea están entrenados para manejar todo tipo posible de problemas. Deben saber a quién informar acerca de la reclamación de un cliente, o qué hacer en caso de un accidente.

Las compañías de transporte de carga grandes que tienen muchas terminales, también tendrán otro tipo de despachadores. Una unidad aparte llamada Despacho Central estará encargada del movimiento de todo el equipo dedicado al servicio de línea. Los despachadores centrales mantienen el saldo de tractores y remolques en cada terminal. Nada se mueve sin su autorización.

Los empleados del Departamento de Seguridad se aseguran de que la compañía opere dentro de los lineamientos de seguridad. Hay muchas agencias de los gobiernos estatal y federal que cuidan que los empleados trabajen dentro de las normas de seguridad. Algunas otras agencias también cuidan de la seguridad del público. Los **directores e inspectores de seguridad** deben conocer las miles de reglas que gobiernan la seguridad en el autotransporte de carga. Los empleados de seguridad hacen visitas sorpresa a las terminales para buscar riesgos posibles. Vigilan a los trabajadores del andén, a los "burreros" y a los empleados del taller y de patio. Siguen a los choferes de los vehículos de carga por las calles de la ciudad y por las carreteras. Hacen juntas para incrementar la conciencia sobre las normas de seguridad y dar entrenamiento. Llenan los respectivos informes requeridos. Trabajan con todos los otros departamentos para asegurarse de que las normas de seguridad se cumplen.

A pesar del mejor entrenamiento y equipo, los accidentes ocurrirán. El Departamento de Seguridad reúne todos los datos acerca de un accidente. Se envía un investigador especializado al lugar del accidente. La labor de esta persona es recoger toda la información. Se les hacen preguntas al chofer y a todos los testigos acerca de lo sucedido. Se toman fotografías y se hacen dibujos. El informe del investigador permitirá que la compañía tome medidas para evitar que suceda otro accidente. El investigador, al trabajar muy de cerca con las agencias del gobierno y con las compañías de seguros, ayuda al departamento de seguridad a cumplir sus objetivos.

Los **oficinistas y dependientes** constituyen una parte importante de cualquier compañía de transporte de carga. Se calcula que hay alrededor de dos oficinistas por cada chofer. Los empleados de servicio a clientes atienden las preguntas que hacen éstos. Deben ser amables y saber todo lo posible acerca del autotransporte de carga. Los clientes llaman para preguntar dónde se encuentran sus embarques. A esto se le llama seguimiento o rastreo de embarques. Llaman para reportar alguna pérdida o daño, o para preguntar acerca de errores en la facturación. También llaman para informar que un chofer se portó muy acomedido, o que fue muy descuidado y maleducado. La gente de servicio a clientes debe poder resolver un problema de tal manera que el cliente siga contento con el servicio.

Otro empleo de oficina es el del encargado de facturación de fletes. Esta persona "hace el corte" o prepara, una factura para cada embarque. Generalmente la factura se mecanografía en un tablero especial que es parte de un programa maestro de computadora. El formato de una factura aparecerá en la pantalla del monitor. El empleado escribirá en el tablero los detalles a partir de una guía de embarque que ya ha sido costeada (se le ha calculado el precio por el servicio de flete). Otros empleados de facturación elaboran las facturas que se envían al cliente.

Hay muchos otros empleados en la oficina de una compañía de transporte de carga. Hay empleados encargados de atender las reclamaciones, otros que se encargan de los sobrantes, faltantes o daños en las cargas, y empleados que atienden las cuestiones generales en la oficina. Hay recepcionistas y secretarias. El departamento de contabilidad tiene empleados especiales encargados de la cobranza. El departamento de mantenimiento tiene empleados encargados de llevar todos los registros, y así sucesivamente. Hay muchas oportunidades de empleo para los que prefieren un empleo de oficina al de chofer.

En la medida en que la gente adquiere mayor experiencia, se le asciende a puestos que requieren de mayor preparación. Un empleado de facturación puede convertirse en gerente de oficina. Un empleado de servicio a clientes o un chofer de reparto puede convertirse en vendedor de la compañía. Un despachador local se puede convertir en despachador de línea, y luego se le puede enviar a la oficina de despacho central. A un mecánico se le puede ascender a gerente de taller. Otros ascensos pueden llevar a la gente a puestos en compras o mantenimiento. Un empleado encargado de las tarifas de cobro por los fletes se puede convertir en gerente de tráfico.

En la industria del autotransporte de carga casi siempre **se asciende a la gente que ya está dentro de ella**. Dado que es una industria altamente especializada tiene que recurrir a los empleados calificados y con experiencia que tiene disponibles. Muchos gerentes de terminal empezaron como trabajadores de andén o choferes de reparto. Muchos choferes de línea de largas distancias empezaron como "burreros" de patio. Los choferes en entrenamiento que todavía no tienen edad para empezar su carrera como choferes interestatales de línea, siempre pueden comenzar como choferes locales. La experiencia básica puede ser muy remuneradora más adelante.

Ilustración 1-2
Este organigrama de una compañía transportista se muestran la relación de los trabajos.

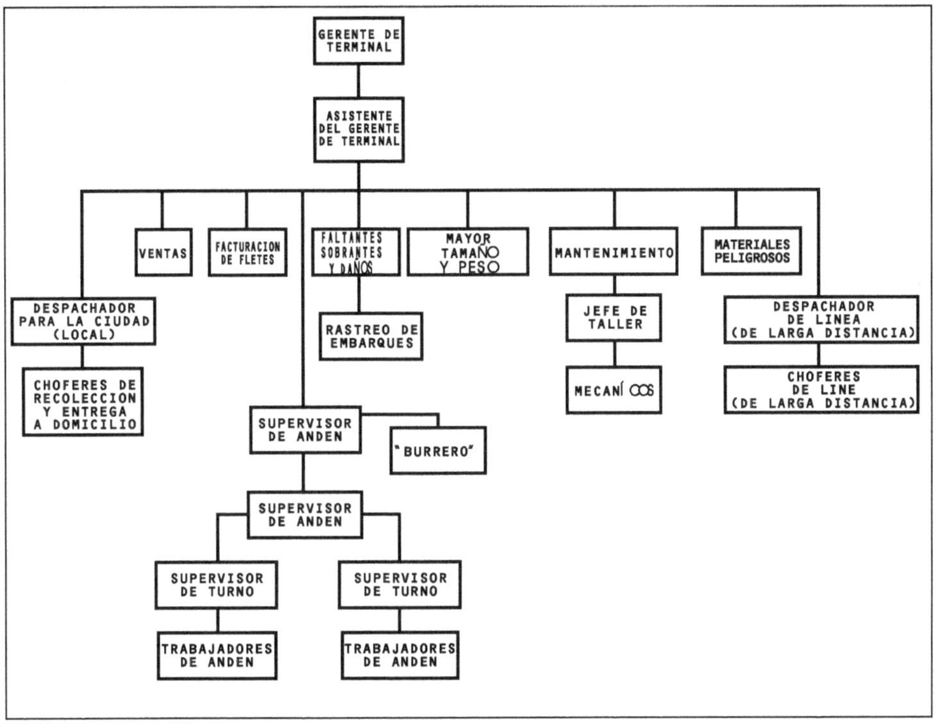

Como puede ver, hay muchas y variadas oportunidades de empleo en la industria del autotransporte de carga. Esta industria crece con el país. Crece todos los años. Está íntimamente ligada al crecimiento económico y de la población. Cuando se fletan más productos, se necesitan mayor número de vehículos de carga y de choferes. Su futuro en el autotransporte de carga está tan seguro como el futuro de nuestra gran nación.

Los Progresos en la Industria del Autotransporte de Carga

)Qué le traerá el futuro a la industria del autotransporte de carga?,)Hacia dónde se inclina la industria?,)Cuáles son las tendencias? Al predecir el futuro podemos aprender del pasado. Sabemos que el **progreso en las comunicaciones** ha traído consigo un servicio más eficiente. Los choferes están en contacto continuo con sus despachadores. Pueden usar radios receptores-transmisores, teléfonos portátiles, máquinas de fax y números de llamada gratuita (lada 800) para reportarse con frecuencia. Las paradas para vehículos de carga ofrecen el servicio de fax a los choferes que andan en camino. Comunicaciones de satélite, usando las computadoras a bordo, les ayudan a los despachadores a dar seguimiento al movimiento de un vehículo y su carga. Se pierde muy poco del valioso tiempo en revisar el estado oficial (estatus) del chofer y las condiciones de la carga.

Los **avances en la electrónica** juegan un papel importante en la construcción del vehículo de carga mismo. Algunas cabinas tienen menos alambrado porque traen sensores que transmiten señales a los instrumentos del tablero. La inyección electrónica de combustible mide más eficientemente la cantidad de combustible que va a al motor.

Las **computadoras** a bordo pueden producir un impreso de la hoja de corrida a los minutos de haber llegado, en la que se muestra el combustible que se gastó, el tiempo de máquina en punto muerto, y otra información importante. La misma computadora puede apuntar problemas que afectan la economía en la operación del vehículo o su desgaste.

Ilustración 1-3
Por comunicaciones satélites, es posible rastrar los autotranportes en camino.

Un dispositivo colocado en un vehículo de carga puede mandar señales a un satélite. El satélite puede retransmitir estas señales a una computadora en la terminal. De esta manera la computadora puede rastrear al vehículo y mostrar en una pantalla dónde se encuentra éste en cualquier momento. El despachador y el chofer se pueden comunicar instantáneamente, ya sea hablando o electrónicamente.

Frenos de alambre, también se llama Sistema Electrónico de los Frenos (EBS), es un propósito que promete a mejorar los frenos. Porque las lineas de los frenos del aire son muy largas, es difícil hacer en equilibrio los frenos. EBS, puede ser una solución.

Los choferes abastecerse de combustible en gasolineras sin ni siquiera necesitar quien les atienda. Una tarjeta electrónica, como una tarjeta de crédito, activa la bomba de combustible. Una vez que se ha servido el combustible, el costo se carga directamente a la compañía para la que trabaja el chofer.

Otros avances son los **nuevos diseños de vehículos de carga** para reducir la resistencia al aire. Hace algunos años se autorizó la circulación de remolques extra anchos y extra largos por las carreteras interestatales. Los vehículos de carga que circulan por el sistema interestatal de carreteras ya no están sujetos a diferentes leyes estatales mientras cumplan con las leyes federales relativas a la longitud de los vehículos.

Los **caminos mismos han mejorado** junto con los vehículos de carga. Los diseños de carreteras han alcanzado estándares más altos. Los tramos nuevos de carretera se diseñan para mantener despierto y alerta al chofer. Recubrimientos de carretera especiales permiten que la lluvia drene mejor y sean una mejor superficie para frenar en forma más eficiente y más segura. Muchas de las rampas de acceso y salida de las autopistas ahora están alumbradas con luces antideslumbrantes. Se han re-redactado los reglamentos sobre seguridad. El manejo de materiales peligrosos se ha hecho más estricto. El resultado ha sido una mayor seguridad para todos aquellos que utilizan los caminos públicos, para los choferes de vehículos de carga e igualmente para todos los conductores de vehículos de motor.

Estos son algunos de los avances y cambios que hemos visto. Pero,)cuáles son las tendencias?

Basados en los avances del pasado, las tendencias parecen ser en las áreas siguientes:

- equipo más duradero y mejor
- comunicanción más rápida y precisa
- mayor eficiencia y más economía
- diseños mejorados de carreteras
- cargas más grandes
- mayor énfasis en la seguridad

Mejores Choferes

Los vehículos de carga y las carreteras siempre se pueden mejorar, pero, cerca los choferes? Si existe alguna tendencia en relación a los "choferes", es hacia la demanda de **más choferes y mejor calificados** para que circulen por las carreteras del país.) ¿Porqué?

Desde que se desreglamentó la industria del autotransporte de carga con la Ley del Autotransporte (Motor Carrier Act) de 1980, ingresaron a la industria muchos operadores nuevos. Los accidentes en los que participaban vehículos de carga se incrementaron en casi un 20 porciento.

La mayor parte de este incremento se relacionaba con el chofer del vehículo de carga. Algunos choferes poco éticos tenían licencias de varios estados con la esperanza de que los malos expendientes de manejo se perdieran en el papeleo. Los choferes de vehículos de carga usaban drogas legales e ilegales, e ingerían alcohol para combatir el cansancio y la tensión. Algunos llevaban dos o más bitácoras y manejaban hasta 100 horas a la semana. Algunos omitían cumplir con los reglamentos y simplemente circulaban con vehículos que no cumplían con las normas de seguridad. Aún más, algunos otros usaban uno o más nombres falsos porque su licencia ya estaba suspendida en algún estado.

Estas son sólo algunas de las razones por las que el público empezó a llamar a sus representantes en el gobierno para solicitar ayuda. Les demandaron que tomaran las medidas necesarias para sacar de circulación a los choferes irresponsables. Querían volver a sentirse seguros cuando manejaran al lado de un vehículo de carga de 18 ruedas. Querían que regresara aquel super-chofer, competente, profesional que se detenía a ayudar a algún automovilista en problemas.

La Ley sobre Seguridad de los Vehículos Automotores Comerciales (Commercial Motor Vehicle Safety Act) (CMVSA) se aprobó en 1986, en parte como una respuesta a esta demanda. El objetivo de esta ley está plasmado en la subparte A, sección 383, artículo 1 de los Reglamentos Federales de Seguridad del Autotransporte (Federal Motor Carrier Safety Regulations) (FMCSR) que establece que: "El propósito de esta parte es ayudar a reducir o evitar los accidentes de vehículos de carga y autobuses, las fatalidades y los lesionados, por medio del requisito que se impone a los conductores para que sólo tengan una única licencia para conducir vehículos comerciales y por medio también de la descalificación de los choferes que operan vehículos automotores comerciales sin precaución".

Los reglamentos de la parte 383 de los FMCSR contienen los lineamientos del programa de la **Licencia para Chofer de Vehículos Comerciales**. Estos reglamentos requieren que los choferes de vehículos comerciales tengan ciertos conocimientos y habilidades. Los choferes demuestran que poseen estas habilidades si aprueban uno o más exámenes. En tal caso reciben una licencia de chofer para conducir vehículos comerciales (**CDL**). La "**licencia única de chofer**" a la que se refieren los reglamentos significa que los choferes ya no pueden esconder malos antecedentes de manejo teniendo varias licencias.

A los **patrones se les requiere que revisen los antecedentes de empleo** del personal nuevo que contraten, hasta por los 10 años anteriores. Los empleados actuales deben notificar por escrito a su patrón y a su estado de residencia, cuando reciban una infracción o les sea suspendida su licencia. Existen penas federales en relación a personas a quienes se encuentren culpables de hechos criminales e infracciones de tránsito, como es el caso de manejar bajo el efecto de drogas o alcohol (siglas en inglés: DUI). Es delito serio el esconder u obstaculizar el conocimiento de la verdad acerca de los antecedentes.

El programa de la CDL está sacando de circulación a los malos choferes. Dichos choferes ya están sufriendo las consecuencias de sus malos antecedentes. Ya se están contactando a los patrones anteriores para informarse del desempeño de determinado chofer, todo en un intento de identificar los choferes con malos expedientes de manejo. Ya la ley requirente compañías de transporte de carga hacen la **prueba de uso de drogas** y buscan también a quienes consumen alcohol. Las compañías deben ofrecer, a los que tienen malas pruebas, un programa a recuperarse. Si ellos no quieren cooperar, se despide a quienes abusan del alcohol o las drogas. Como resultado de todo esto, faltan buenos choferes, y al mismo tiempo la demanda de ellos es mayor por que se necesitan más.

Los choferes de vehículos comerciales deben tener los conocimientos y habilidades requeridos. Deben tener expedientes limpios. Deben llevar una vida ordenada y sana.

PRUEBA DE LA HABILIDAD PARA OBSERVAR

Para un chofer profesional, el ser observador es una cualidad muy importante. Este es uno de los muchos ejercicios que pondrán a prueba su habilidad para observar, o que le ayudarán a desarrollarla si es que es poco observador. Este capítulo se inició con una ilustración grande. Sin verla de nuevo, trate de recordar todo lo que pueda de ella. Luego refiérase a la gráfica de la Prueba de la Habilidad para Observar al final del libro y vea qué tal le fue. En dicha parte del libro encontrará las instrucciones para graficar el desarrollo de su habilidad para observar. **Una pista**: hay algo importante que falta en la ilustración.

A la gente joven que quiere incorporarse a la industria se le debe enseñar qué tan serio se ha vuelto el problema. Deben decirle no a las drogas, al alcohol, y a las carreras de arranques en la vía pública. Deben saber valorar su buen expediente de manejo y conservarlo así desde el primer momento en que se ponen al volante — (del tipo de vehículo que sea! Tienen que hacerlo bien o no tendrán oportunidad alguna de labrarse un futuro como chofer de vehículos comerciales.

Su Futuro en el Autotransporte de Carga

Puede ser que los choferes del futuro estén en constante contacto con su despachador. Como ya lo ha visto, el rastreo por satélite se está usando para localizar los vehículos de carga y graficar su avance. Parece ser que el siguiente paso es el contacto directo vía satélite con el despachador.

Los choferes del mañana operarán vehículos de carga más ligeros y más aerodinámicos. Estos vehículos podrán llevar mayor carga útil. Los progresos en el desarrollo de combustibles alternativos indica el uso en el futuro del gas natural comprimido (CNG) ó el gas líquido (LNG). Los progresos en el desarrollo de motores más eficientes implicarán que se usará menos combustible y por tanto serán más económicos de operar. Las carreteras de ese tiempo serán las más seguras hasta el momento, con mejor iluminación y tipos de superficie mejorados. Serán ventajoso a usar sistemas inteligente con los reglamentos de carreteras como sistemas a evitar colisiones, mensajes electrónicos, y colección automático de peajes. El énfasis que actualmente se hace sobre la seguridad se hará extensivo a las labores del transporte de materiales peligrosos y al manejo de largas distancias con fines comerciales, de tal suerte que se minimizará el riesgo para el chofer. Ustedes, los choferes del mañana, operarán vehículos de carga con un sistema de identificación (AVI). Con el sistema AVI, es posible pesar automática estos vehículos a velocidades de las carreteras. La ilustración 1-4 representa al sistema de AVI. El trabajo del chofer será más seguro, más remunerador, en algunos aspectos más fácil y en otros más exigente.

Ilustración 1-4
La operación de la sistema AVI.

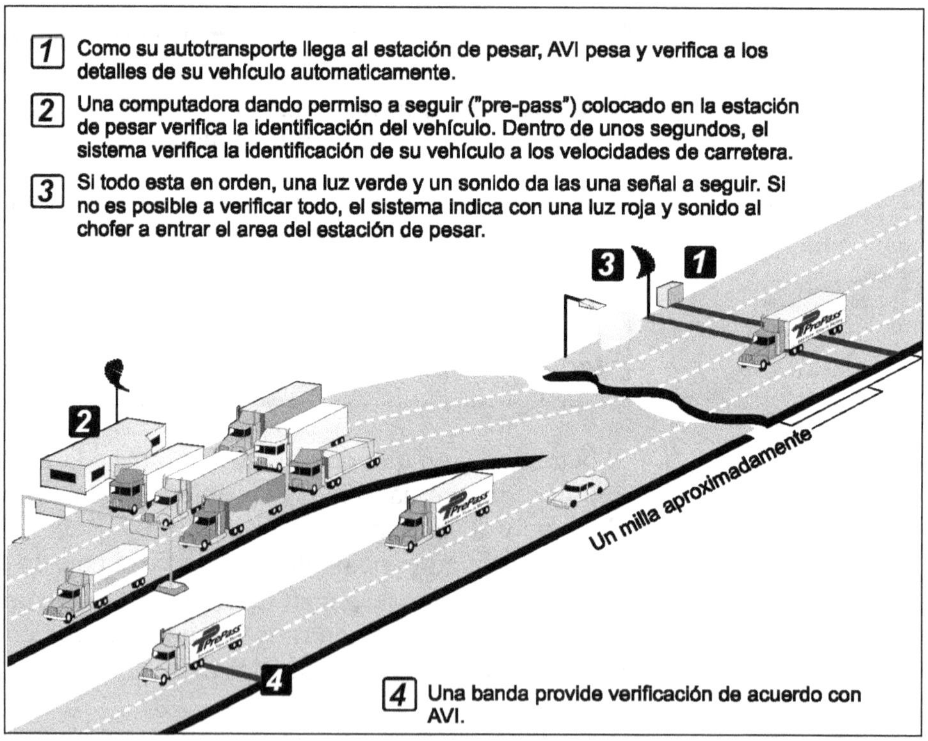

De cualquier manera, tiene Usted oportunidades únicas por delante. Usted va a estar en demanda para una industria que necesita sus habilidades y dedicación si ésta va a continuar a crecer. Usted tiene la oportunidad de convertirse en un chofer con la mentalidad puesta en la seguridad, bien entrando y muy profesional.

De hecho, su papel como el guardián de la seguridad del vehículo comercial es protegido por el gobierno federal. Sí Usted se da cuenta de una violación, del reglamento federal de seguridad del autotransporte, o que existe un potencial de haber una violación, Usted debe denunciarla. El departamento de la Administración Federal de la Seguridad del Autotransporte (FMCSA) pone a su alcance un número de teléfono sin cost para hacer los denuncios. El número es el 1-888-DOT-SAFT ó (1-888-368-7238). En inglés se le nombra "hotline" que viene siendo "línea caliente" por lo importante que es. Las leyes de protección, para el denunciante o el que pita el pito, (whistleblower) le aseguran que su patrón no podrá castigarlo por hacer esto. Su patrón no debe despedir, disciplinar or discriminar contra Usted a cerca de su salario, términos o privilegios de empleo, si en relación a una violación de un reglamento de seguridad de autotransportes comerciales Usted:

- presenta una queja
- comienza un procedimiento
- testifico en un procedimiento relacionado a una violación de un reglamento de la seguridad del autotransporte comercial
- va a testificar en un procedimiento
- se rehúsa a operar un autotransporte comercial porque:
  - dicha operación violaría un reglamento federal de seguridad o de salud
  - Usted tuvo aprensión razonable de que Usted o alguien más pudo haber sido seriamente lesionado o perjudicado si el vehículo que no estaba en buenas condiciones hubiera sido operado y Usted le pidió a su patrón que corrigiera los problemas con el vehículo y el patrón se rehúso.

Usted también puede poner sus quejas en el internet usando sistema seguro en http://www.1-888-DOT-SAFT.com.

Las oportunidades, desafíos, recompensas — todo esto es parte de su futuro en la industria del autotransporte de carga. Así que, ¡sigamos adelante!

Examen Sobre el Capítulo 1

1. La industria del autotransporte de carga da empleo a más gente que ninguna otra industria privada en los Estados Unidos.
   A. Verdadero.
   B. Falso.

2. Los gobiernos estatal y federal pagan cerca de nueve mil millones de dólares en impuestos y cuotas para sostener a la industria del autotransporte de carga.
   A. Verdadero.
   B. Falso.

3. La "burra de patio" es _______________.
   A. el apodo que se le da a un chofer en entrenamiento.
   B. un tractor especial que usan los "burreros".
   C. simplemente un tipo de carga que transportan los choferes de larga distancia.

4. Muchos choferes de recolección y entrega locales empiezan sus carreras como choferes de larga distancia.
   A. Verdadero.
   B. Falso.

5. Los choferes nunca se meten en ventas.
   A. Verdadero.
   B. Falso.

6. Los choferes de larga distancia trabajan en coordinación con un despachador, pero los de recolección y entrega locales, no.
   A. Verdadero.
   B. Falso.

7. Los progresos en el campo de las comunicaciones como es el caso de ___________________, han contribuido a hacer más eficiente el servicio de recolección y entrega.
   A. la desreglamentación de los teléfonos
   B. los teléfonos de marcaje por tono (de botones)
   C. los teléfonos portátiles y comunicaciones satélite

8. Los remolques de hoy son más cortos y estrechos que los antiguos para ahorrar en combustible.
   A. Verdadero.
   B. Falso.

9. De las siguientes,)cuál **no** es una tendencia futura de la industria del autotransporte de carga?
   A. Diseños mejorados de carreteras.
   B. Cargas mayores.
   C. Menor demanda de choferes.

10. Las desreglamentación de la industria hizo que se pudieran conseguir aún más fácilmente, varias licencias de chofer de diferentes estados.
    A. Verdadero.
    B. Falso.

CAPITULO 2

EL TABLERO Y LOS INSTRUMENTOS

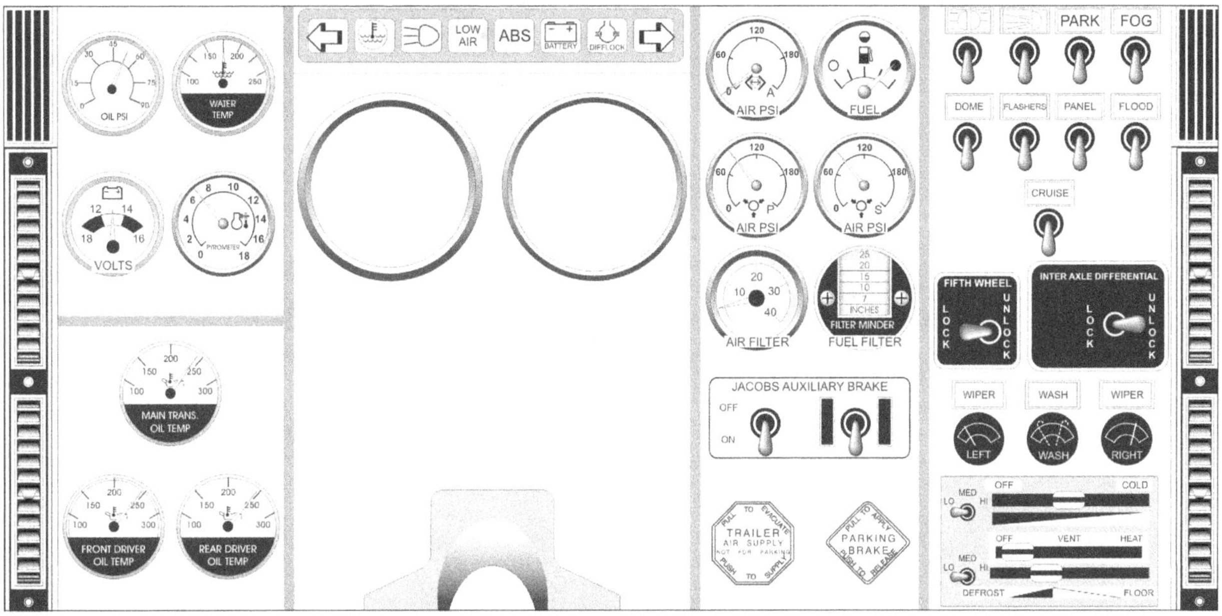

Subase y Conozca del Vehículo de Carga

Los capítulos previos le dieron un buen conocimiento general de la industria del autotransporte de carga. Ese conocimiento lo hizo entrar a la industria. En este capítulo, lo vamos a meter adentro del camión de carga mismo. Usted va aprender más de las cosas específicas que va a necesitar para desempeñar su trabajo como chofer. Nos meteremos al tractor a echar una mirada al tablero. Le daremos una introducción básica a los componentes del tablero y a los sistemas que esos componentes vigilan o controlan.

Lo primero que verá cuando físicamente se meta en el vehículo y se siente detrás del volante es **el tablero de los instrumentos**. También se le llama simplemente tablero o panel de instrumentos. En la ilustración 2-1 de la siguiente página se muestra un ejemplo de los medidores, interruptores, luces y controles que encontrará en un tablero moderno.

En el tablero se alojan diversos **medidores y luces de advertencia**. Algunos de estos **vigilan** la condición en la que opera el **motor**. Otros **vigilan** la condición en la que operan **los sistemas auxiliares** del motor. Cada medidor y luz de advertencia tienen su propia función.

Además de medidores y luces de advertencia, en el tablero también hay interruptores y controles. Los **interruptores y controles** se usan para **operar el vehículo**. Un ejemplo de éstos es el interruptor de las luces de

Ilustración 2-1
En un tablero moderno encontrará los componentes agrupados de acuerdo a su función.

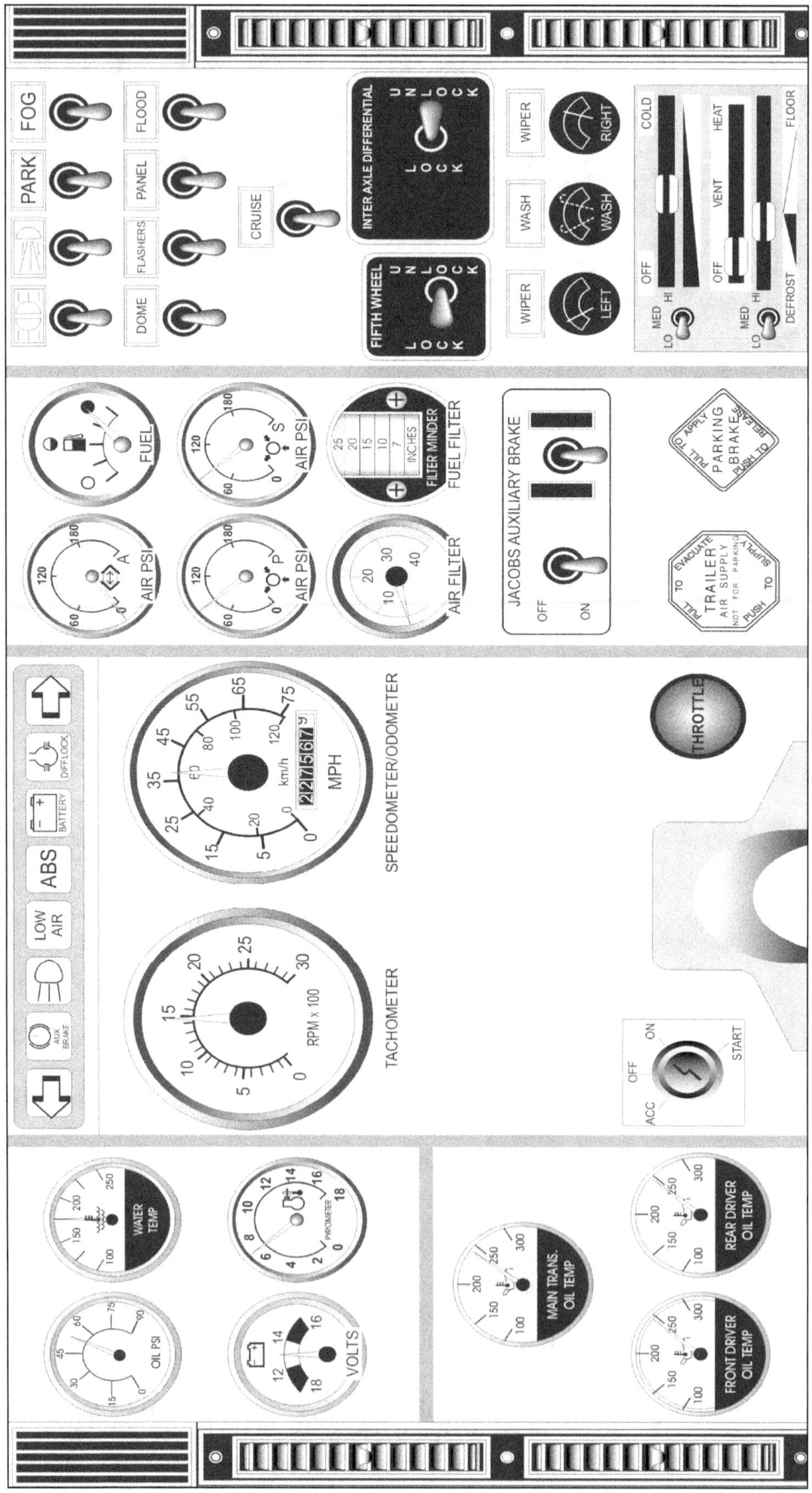

estacionamiento. Cuando activa este interruptor, enciende las luces de estacionamiento.

En los tableros modernos, los medidores, las luces, los interruptores y los controles se colocan juntos en grupos. A estos grupos se les llaman **grupos de instrumentos**. La ilustración 2-1 le muestra esto.

Sin embargo, tome en cuenta que no todos los tableros son iguales. Todos tienen casi los mismos medidores, interruptores, luces y controles. Todos tienden a agrupar estos componentes, pero no necesariamente de la misma manera. Todos tienden a colocar los componentes que más se usan, cerca del chofer. Sin embargo, también debe notar que **el arreglo de los grupos de instrumentos difiere de vehículo a vehículo**. Esta es la razón por la que debe familiarizarse con el tablero del vehículo antes de manejarlo.

PRUEBA DE LA HABILIDAD PARA OBSERVAR

Hablando de familiarizarse con el tablero, ¿ya lo hizo con el tablero que se encuentra al inicio de este capítulo? ¿Qué notó en él? Refiérase a la gráfica de la Prueba de la Habilidad para Observar al final del libro para que vea qué tan bien "aprendió" ese tablero en particular.

Utilizando como guía la ilustración 2-1, echemos una mirada rápida al panel de los instrumentos para averiguar qué hay ahí y dónde está exactamente. Luego veremos cada componente con más detenimiento y aprenderá lo que hace cada uno.

Componentes del Tablero de Instrumentos

Empecemos a la extrema izquierda de la ilustración. Lo primero que verá es una **ventila del aire acondicionado**. Se alegrará al saber que los tractores de carga modernos son muy cómodos.

Junto a la ventila notará cuatro medidores. Estos cuatro medidores constituyen **el grupo de instrumentos del motor**. De izquierda a derecha, los dos de la parte superior son el medidor de la presión del aceite y el medidor de la temperatura del refrigerante del motor. Los dos de abajo, de izquierda a derecha, son el voltímetro y el pirómetro. Aprenderá lo que es un pirómetro más adelante en este capítulo.

Bajo el grupo de instrumentos del motor hay un pequeño grupo que nosotros llamamos **el grupo de instrumentos de la unidad**. Incluye medidores que le dirán la temperatura de varias partes de su tractor. Entre las más frecuentes se encuentran un medidor de la temperatura de la transmisión, y dos medidores para los dos ejes traseros: uno para el de adelante y otro para el de atrás.

Enseguida tenemos **el grupo de las luces de advertencia**. Algunas veces estas luces vienen acompañadas de zumbadores para asegurar que usted se entera de que hay un problema que debe atender inmediatamente.

Llamaremos a los instrumentos y controles que están detrás del volante, **el grupo de instrumentos detrás del volante de la dirección**. Aquí encontrará el interruptor de encendido, el tacómetro, el velocímetro/odómetro y el acelerador.

Luego, moviéndonos de izquierda a derecha, hay otra serie de instrumentos de medición. Los que están en la parte superior son **el medidor de la aplicación de los freno**s y el medidor del combustible.

Abajo de este grupo está **el medidor que mide la presión del abasto de aire.** El medidor que está a la izquierda indica la presión de aire en el sistema primario. El medidor que está a la derecha indica la presión de aire del sistema secundario. El grupo grande que está abajo de los medidores del aire esta hecho de los que listamos abajo:

- el medidor del filtro del combustible
- los controles de los frenos auxiliares
- el medidor del filtro del aire
- la perilla del abasto de aire del remolque
- la perilla del sistema de frenos de estacionamiento

En la parte de arriba al lado derecho de el tablero está **el grupo de las luces**. Incluyendo todos los interruptores de las luces menos el que cambia las luces de altas a bajas, que puede estar en la palanca de las luces direccionales o en el piso. Aprenderá más de este interruptor, más adelante en este capítulo.

Abajo del grupo de las luces está **el grupo de controles**. Nosotros lo llamamos así, porque consiste de controles que no caben en ninguna de las clasificaciones por grupos anteriores. Aquí encontrará el control del deslizamiento de la quinta rueda, el control del diferencial interaxial, el control de los limpiadores del parabrisas, y el control del calentador y del aire acondicionado.

Junto al grupo de las luces y al grupo de controles, se encuentra otra ventila del aire acondicionado.

Con esto terminamos nuestro recorrido de reconocimiento por el tablero. Ahora centraremos nuestra atención en cada grupo, y le diremos qué le muestra cada medidor y qué hace cada control e interruptor. Luego, rápidamente veremos los controles localizados en el resto de la cabina, incluyendo los pedales del piso, la válvula de control manual de los frenos del remolque, y la palanca de control de la transmisión.

El Grupo de Instrumentos del Motor

EL MEDIDOR DE LA PRESION DEL ACEITE DEL MOTOR 

Este medidor **le dice la presión del aceite del motor.** Cuando el aceite está frío, el medidor le indicará una lectura alta. Una vez que se calienta el motor, la lectura debe regresar a normal. Las medidas se indican en libras por pulgada cuadrada, las cuál toda la gente simplemente les llama (psi).

Siempre revise este instrumento después de encender el motor. La presión del aceite debe subir en unos cuantos segundos. **Si no sube nada de presión, pare el motor inmediatamente.** Puede arruinar el motor si lo mantiene encendido sin presión de aceite.

Cuando el motor está funcionando a temperaturas normales y el aceite está caliente, la presión normal del motor estando en punto muerto va de 10 a 20 psi, y **la presión normal de operación va de 30 a 75 psi.** El medidor de la presión del aceite mostrado en la ilustración 2-1 está en 55 psi. Esto quiere decir que nuestro camión está operando en el intervalo normal. Usted siempre deber leer el libro manual del fabricante que muestra los medidores específicos.

EL MEDIDOR DE LA TEMPERATURA DEL AGUA

Este medidor generalmente está marcado con la abreviación "Temp" o "Temp Agua" (en inglés: "Water Temp") o con un símbolo o un icono. **Muestra la temperatura del sistema de enfriamiento del motor**. El medidor indica las mediciones en grados. El intervalo de medición de un medidor de temperatura típico es de 100 a 250 grados Fahrenheit.

Ilustración 2-2
El medidor de la temperatura del agua le dice la temperatura a la que se encuentra el refrigerante del motor.

Durante la operación **normal,** el medidor puede indicar entre 165 y **185 grados Fahrenheit**. Este medidor puede indicar una lectura más alta si va de subida con una carga muy pesada en un cuesta muy pronunciada, o si se encuentra operando en un clima caliente. Si la temperatura sube por encima del límite de seguridad, se prenderá la luz de advertencia de alta temperatura del motor. En algunas cabinas también sonará un zumbador de advertencia.

EL VOLTIMETRO

Este medidor **muestra la condición de la carga de la batería**. El voltímetro se identifica por la palabra "Volts" localizada en la parte inferior del medidor. Generalmente también tiene el diagrama de una batería, además de la palabra "Volts".

El voltímetro tiene una banda coloreada que está dividida en tres segmentos. Cada uno de estos tres segmentos indica una condición diferente de la batería. El segmento rojo a la izquierda indica que la batería está descargada. El segmento verde intermedio indica que la batería está normal. El segmento rojo a la derecha indica que la batería está sobrecargada. La manecilla del medidor indica en qué condición se encuentra la batería. Si el voltímetro indica una condición continua de sobrecarga o de carga insuficiente, probablemente el sistema de carga esté funcionando mal. Informe a mantenimiento de esta situación. El voltímetro que se muestra en la ilustración 2-1 está en el intervalo de normal.

EL PIROMETRO

El pirómetro **le dice la temperatura del escape del motor.** Debido a que indica los cambios en la temperatura del escape casi tan pronto como ocurren, este medidor es un muy buen indicador de qué tan duro está trabajando el motor. El intervalo de temperatura seguro se mostrará en el tablero junto al medidor o en el medidor. Permanezca dentro de ese intervalo. Altas temperaturas del escape indican una operación ineficiente del motor. Se pueden dañar el turbocargador y otras partes del motor.

El Grupo de Instrumentos de la Temperatura

Los medidores de temperatura de diversas unidades vigilan la temperatura de varios componentes del camión. Algunos de estos componentes están en **la transmisión** y en los diferenciales de los ejes traseros. Algunos camiones de carga tienen un medidor para **los diferenciales del eje trasero anterior** y uno para **los diferenciales del eje trasero posterior.** Generalmente todos estos medidores están claramente identificados con el nombre del componente que controlan.

- principal
- eje trasero anterior
- eje trasero posterior

Como el medidor de la temperatura del motor, estos medidores de temperatura de diversas unidades se leen en grados. Una lectura de temperatura alta le alertará acerca de problemas en esa parte en particular. Si la temperatura está alta, debe parar el camión antes de que algo se dañe.

La temperatura del aceite de la transmisión normalmente va de 180 a 250 grados Fahrenheit. El intervalo normal de temperaturas para los ejes es de 160 a 250 grados Fahrenheit. Use estos intervalos sólo como una guía. Su mejor fuente de información es el manual de operación, y su experiencia acerca de cuáles son las temperaturas normales para su vehículo. Si la temperatura sube a más, necesita hacer algo.

El Grupo de Luces de Advertencia

Como es el caso con todos los medidores, controles e interruptores de los que hablamos en este capítulo, **la localización del grupo de luces de advertencia varía de camión a camión.**

A este grupo con frecuencia se le llama el panel de señales reveladoras. Cada luz de advertencia individual estará claramente marcada. Algunas de estas luces de advertencia le dicen que un control está funcionando. Otras le dicen que un control o un medidor no está funcionando. Y otras le dicen que hay un problema que requiere su atención inmediata.

Para conocer estas luces de advertencia, empecemos del lado izquierdo y movámonos a la derecha. Las letras entre paréntesis le indican cómo hemos marcado estas luces de advertencia en la ilustración 2-1. Hemos incluido los símbolos de identificación.

- la señal indicadora de la luz direccional de vuelta a la izquierda (L.H.)
- la luz de advertencia de la temperatura del agua (WATER)
- la luz indicadora de luces altas (H.B.)
- la luz de advertencia de baja presión de aire (AIR)
- el sistema de los frenos anti-lock (ABS)
- la batería
- la luz de advertencia del cerrojo del diferencial (D.L.)
- la señal indicadora de la luz direccional de vuelta a la derecha (R.H.)

Las **luces indicadoras de las direccionales** se deben encender siempre que use la direccional derecha o izquierda. Si no se prenden, es una advertencia de que algo anda mal. Puede ser la luz indicadora o la luz direccional misma. Revíselas. Sus luces direccionales son importantes herramientas de seguridad porque le dicen a los otros choferes lo que usted piensa hacer. Además, es ilegal manejar sin ellas.

Las luces de advertencia de la temperatura del agua, de baja presión de aceite, y de baja presión de aire, no se deben prender. Si lo hacen, es una advertencia de que algo anda mal. La **luz de advertencia de la temperatura del agua** se prenderá si la temperatura del agua del sistema de enfriamiento se sube mucho. La **luz de advertencia de baja presión del aceite se prenderá cuando la presión del aceite está demasiado baja. La luz de advertencia de baja presión de aire** se prenderá si la presión del aire en el sistema de frenos desciende **por debajo de las 60 psi**. La **luz de advertencia de bajo nivel de agua** se prenderá si—lo adivinó—el **nivel del agua es bajo**. Estas luces de advertencia con frecuencia también tienen zumbadores que suenan. Como lo puede ver, realmente son sistemas de respaldo para los medidores.

Las luces indicadoras del diferencial y de las luces altas son **recordatorios**. La **luz indicadora de las luces altas** le recuerda que éstas están puestas. La **luz indicadora del cerrojo del diferencial** le recuerda que el cerrojo del diferencial está puesto. Más adelante, en este capítulo, aprenderá más del control del cerrojo del diferencial.

Cuando usted arranca el camión, las luces del grupo de luces de advertencia deben encenderse por unos cuantos momentos para indicar que funcionan, luego se deben apagar. Si una de sus luces no se enciende, revise para ver si de hecho está fundida. Si una de sus luces se queda encendida después de que las otras se apagaron, debe revisar si ese sistema tiene problemas antes de proceder a manejar el camión.

El Grupo de Instrumentos detrás del Volante de la Dirección

EL TACOMETRO

El tacómetro (en inglés también lo llaman "tach"), **indica las revoluciones del cigüeñal del motor en revoluciones por minuto** (rpm). Un tacómetro puede ser mecánico o eléctrico.

El tacómetro **le indica el momento en que tiene que hacer los cambios**. Para determinar las rpm del motor, Usted multiplica el número mostrado en el tacómetro por 100. Por ejemplo, 15 en el tacómetro, quiere decir 1500 rpm.

El número de revoluciones por minuto a que puede rotar un motor, difiere de motor a motor. Un motor diesel promedio de alto caballaje sólo gira hasta 2,100 rpm. El intervalo de rpm del motor puede ir de 500 rpm (rotación cuando el motor está en punto muerto), hasta 2,100 rpm. El intervalo típico de operación es aún menor. Para obtener un buen desempeño del motor, manténgase dentro del intervalo de operación.

Las velocidades del motor en la mayoría de los casos, están **reguladas**. Esto significa que el número de rpm que el motor hará en cualquier cambio o engrane, es limitado. Si quiere ver a cuántas rpm gira su motor, simplemente vea el tacómetro. A esto se le llama "manejar por el tacómetro". Aprenderá más acerca del uso del tacómetro en el capítulo 16, Poniendo el Tractor en Marcha.

EL VELOCIMETRO/ODOMETRO

El velocímetro indica **la velocidad del camión en millas por hora** (mph). Puede ser mecánico o eléctrico. Dentro del velocímetro se encuentra un odómetro. El **odómetro registra el total de millas** que ha viajado el camión. El millaje se indica en millas y algunas veces en decenas de millas.

Ilustración 2-3
El velocímetro viene combinado con un odómetro.

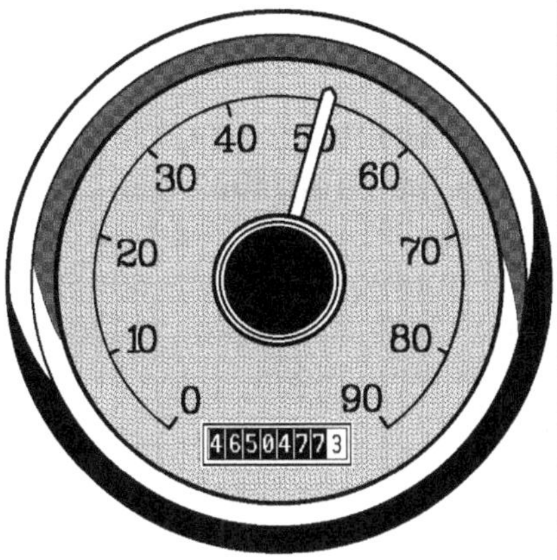

EL INTERRUPTOR DEL ENCENDIDO

El interruptor del encendido **enciende los sistemas eléctricos del camión y prepara al motor para encender**. Puede ser que su camión de carga tenga un botón de arranque que aprieta para accionarlo, o el motor de arranque puede necesitar una llave de contacto. Cuando la llave está derecha, el interruptor está en la posición de apagado. Cuando se gira la llave a la izquierda, se encienden los circuitos accesorios. Si gira la llave a la derecha a la posición de encendido, se encienden los circuitos accesorios y de arranque. Si gira la llave a la extrema derecha (a la posición de arranque), se prende el interruptor del arrancador.

Suelte la llave tan pronto como arranque el motor. Si tiene un arranque en falso, no opere el arrancador hasta que el motor se haya detenido completamente. Deje que se enfríe el arrancador por 30 segundos antes de intentarlo de nuevo.

LA VALVULA REGULADORA MANUAL

La válvula reguladora manual es un tipo de acelerador que se encuentra en su tablero. Se puede **jalar para fijar una velocidad específica del motor**, o rpm. Usted puede usar la válvula reguladora para mantener el motor caliente en clima de extremo frío con el motor en punto muerto. También la puede usar para revolucionar el motor e incrementar la potencia para operar el dispositivo de toma de fuerza (PTO, de Power-Take-Off). Usted aprenderá más acerca de la toma de fuerza, más adelante, en este capítulo.

EL CONTROL DE LA VELOCIDAD CONSTANTE

El **control de la velocidad constante actúa mas o menos como la válvula reguladora manual**, pero así como lo implica el nombre, usted usará el control de la velocidad constante cuando llegue a la velocidad legal en la carretera. Un interruptor enciende el control y otro interruptor o botón se usa para fijar la velocidad deseada.

El Grupo de Instrumentos del Combustible

EL MEDIDOR DEL COMBUSTIBLE

El medidor del combustible **indica el nivel del combustible** en los tanques de abasto. La mayoría de los medidores de combustible se operan con electricidad. El medidor está conectado a una unidad mandadora localizada en el tanque de abasto. Algunos camiones de carga utilizan más de un tanque de combustible. Si su camión es de este tipo, antes de que piense que se quedó sin combustible, asegúrese de revisar el nivel del mismo en todos los tanques. El medidor de combustible de la ilustración 2-1 indica que el tanque está lleno.

EL MEDIDOR DEL FILTRO DEL COMBUSTIBLE

Este medidor **indica la condición del filtro del combustible**. Está marcado con la leyenda "Filtro de Combustible" ("Fuel Filter" en inglés). Tiene una banda coloreada dividida en dos segmentos. El segmento de la izquierda en blanco. Los segmentos intermedio y derecho son rojos. También tiene marcas numeradas. Si la manecilla indica el intervalo rojo, su filtro está tapado.

El Grupo de Instrumentos de los Frenos

EL MEDIDOR DE LA PRESION DEL AIRE

Este medidor se usa en los camiones de carga equipados con frenos de aire, y se identifica por la palabra "Aire" ("Air", en inglés) que se encuentra en la parte baja de su carátula. (Porque el camión tiene un sistema de frenos dual o doble, habrá un medidor para cada mitad del sistema. Este camión puede tener dos medidores, o un medidor con dos manecillas). Un medidor sera marcado como el primario (P) o como (1) El otro medidor sera marcado como el secundario (S) o (2). El medidor de la presión del aire indica sus lecturas en libras por pulgada cuadrada (psi). Muestra las **psi disponibles en los recipientes de aire para la potencia de frenado**.

Utilice el medidor de presión de aire para verificar la operación del compresor de aire. Es un indicador muy importante para la seguridad. La lectura **normal** de este medidor **es de 100 a 120 psi**. La presión variará dentro de este intervalo por la operación del compresor y la aplicación de los frenos.

No maneje un camión equipado con frenos de aire, **hasta** que en el medidor de la presión del aire se lea **de menos 100 psi**. Si la presión llegara a bajarse a menos de 90 libras mientras va manejando, deténgase inmediatamente. Si no lo hace, sus frenos se pueden activar automáticamente si la presión sigue cayendo más bajo.

EL DISPOSITIVO DE ADVERTENCIA DE BAJA PRESION DE AIRE

Mencionamos este dispositivo cuando vimos el grupo de luces de advertencia. Sin embargo, dado que es parte del sistema de frenos de aire, hablaremos de él en detalle en esta parte. Todos los camiones de carga con frenos de aire tienen un **dispositivo de advertencia de baja presión**. El dispositivo debe ser visible o escuchable fácilmente, y generalmente es una luz o un zumbador. Algunas veces tiene las dos cosas. Da una advertencia constante siempre que la presión del aire se caiga por debajo de un nivel seguro, generalmente las 60 psi. La advertencia no cesará hasta que la presión del aire exceda las 60 psi.

EL MEDIDOR DE LA PRESION DEL AIRE EN EL PUNTO DE APLICACION DE LOS FRENOS

Este medidor **indica la cantidad de presión que se aplica a los frenos**. Naturalmente que una aplicación más pesada de los frenos ocasionará una lectura mayor que una aplicación más ligera. Cuando se sueltan los frenos, la manecilla del medidor debe regresar a cero.

EL MEDIDOR DEL FILTRO DE AIRE DEL MOTOR

Este medidor **indica la condición del filtro de aire**. Está marcado con la leyenda "Filtro de Aire" ("Air Filter", en inglés). Si la lectura del medidor está en la parte roja, su filtro de aire está tapado. Un filtro de aire que está tapado debe limpiarse o cambiarse de inmediato. Es importante mantener limpio el filtro de aire porque si está muy obstruido o tapado, restringe el flujo de aire. Un flujo de aire restringido interfiere con la operación del motor.

EL FRENO AUXILIAR O EL RETARDADOR DEL MOTOR

Algunos camiones de carga utilizan retardadores del motor (o retardadores) **para ayudar a los frenos de servicio a disminuir la velocidad del camión**. Los controles necesarios para operar el retardador del motor se localizan en el tablero. Nuestro ejemplo en la ilustración 2-1 muestra los controles para el freno auxiliar, que también es llamado Jacobs, al que también le llaman (en inglés), freno de motor "Jake". Los frenos auxiliares se tratarán en el capítulo 22. Entonces, aprenderá cuándo y cómo usarlos.

LA VALVULA DE ABASTO DE AIRE DEL REMOLQUE

La válvula de abasto de aire del remolque controla la válvula de protección del tractor (TPV), que generalmente se encuentra bajo la parte trasera izquierda de la cabina. La válvula de abasto de aire del remolque, le surte de aire al remolque. La válvula de protección del tractor **evita la pérdida de la presión de aire del tractor en caso de que se zafara el remolque**. Si las líneas de aire del remolque se rompen, la válvula de protección del tractor automáticamente corta el abasto de aire al remolque. Esta unidad fue diseñada para que funcionara automáticamente. Sin embargo, se puede operar manualmente.

La válvula de abasto de aire al remolque está marcada, es de color rojo y de ocho lados, como una señal de alto de plafón. Tiene dos posiciones, normal y emergencia. Cuando está en la posición normal, los frenos de emergencia y los frenos de servicio tanto del tractor como del remolque, están en condiciones de funcionamiento. Sin embargo, si hay una gran pérdida de aire en el remolque, la válvula de protección del tractor se cierra automáticamente y la perilla salta a la posición de emergencia. Esto cierra las líneas de aire que van al remolque, lo que automáticamente activa los frenos del mismo, y evitan la pérdida de el aire del tractor. Si se pierde el aire del tractor, no funcionan los frenos de servicio del tractor y se activan los frenos de emergencia.

Debe jalar manualmente este control a la posición de emergencia, siempre que acople o desenganche un remolque. También debe sacarlo cuando maneja su tractor solo, sin remolque (cuando maneja su tractor así, en inglés se le llama "bobtailing"). Una vez que el remolque está acoplado al tractor, regrese la válvula de abasto de aire del remolque a su posición normal. El control debe estar en su posición normal, siempre que se acople un remolque al tractor.

LA VALVULA DE LOS FRENOS DE ESTACIONAMIENTO

Este control está marcado, es de color amarillo y de forma de diamante (rombo). Debe activarla cuando estaciona su equipo. **Aplica los frenos de estacionamiento de ambos, del tractor y del remolque**. Para aplicar estos frenos, jale la perilla hacia usted. Para soltarlos, empuje la perilla hacia el tablero.

Ilustración 2-4
El control del abasto de aire al remolque controla la válvula de protección del tractor. Esta válvula protege, en caso de emergencia, el abasto de aire a los frenos del tractor.

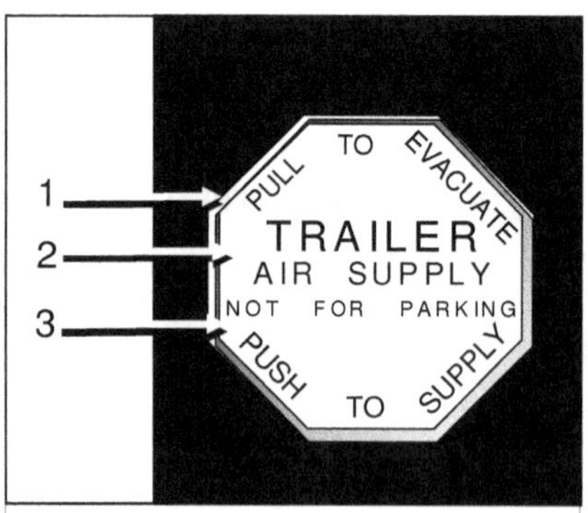

1 JALE PARA VACIAR
2 ABASTO DE AIRE AL REMOLQUE NO USARLO PARA ESTACIONARSE
3 EMPUJE PARA ABASTECER

LA VALVULA DE LOS FRENOS DE ESTACIONAMIENTO DEL TRACTOR

En camiones que están equipados con esta válvula opcional, este control está marcado, es de color azul y de forma redonda. **Aplica solamente los frenos de estacionamiento del tractor**. Para activar los frenos de estacionamiento del tractor, jale la perilla hacia usted. Para soltar estos frenos, empuje la perilla hacia el tablero. Usted usará estos frenos cuando acople o desenganche remolque.

El Grupo de las Luces

Los interruptores de las luces listados abajo se encuentran en el grupo de las luces en el tablero mostrado en la ilustración 2-1. Los controles de las luces pueden ser **interruptores de palanca de dos direcciones** (pequeñas palancas que se pivotean), **interruptores oscilantes**, o **botones de los**

que se jalan y se empujan. Cada interruptor estará claramente marcado para indicar qué luz es la que controla. Recuerde que los tableros difieren de camión a camión. Su camión de carga probablemente tendrá un grupo de luces en el tablero. Puede ser que no tenga todos los interruptores de luces listados aquí, o puede tener muchos más.

- interruptor de las luces delanteras o faros
- interruptor de la luz de la cabina
- interruptor de los plafones o luces de situación
- interruptor de las luces intermitentes de emergencia
- interruptor de las luces de estacionamiento
- interruptor de la luz del tablero
- interruptor de las luces de neblina
- interruptor de los faros buscadores

Con frecuencia encontrará el control de las luces intermitentes de emergencia (generalmente junto con la intermitente de la direccional), y los interruptores de la luz de la cabina y del tablero, cerca del volante de la dirección. En la ilustración 2-1, los interruptores de las luces delanteras o faros, y de los plafones (o luces de situación) están marcados con un símbolo o un icono. Estos iconos se usan en muchos tableros para indicar las luces delanteras (o faros) y las luces de situación. Conforme lea los siguientes capítulos, aprenderá cómo deben usarse estas luces: las de estacionamiento, las de neblina y las de emergencia. La luz de la cabina ilumina el interior de la misma. La luz del tablero ilumina a éste. Los faros buscadores, se usan en la noche cuando necesita revisar su carga en la carretera o en una emergencia.

El Grupo de Controles

LA CERRADURA DE LA QUINTA RUEDA

Este control se utiliza **para trabar o fijar en posición a la quinta rueda**. Le permite abrir el cerrojo de la quinta rueda para poder deslizar la misma para adelante y para atrás para distribuir mejor el peso. Aprenderá todo lo que se puede aprender acerca de quinta ruedas deslizables en el capítulo 23.

LA CERRADURA DEL DIFERENCIAL INTERAXIAL

Si su equipo tiene un juego doble de ejes traseros, puede que tenga un diferencial interaxial y si lo tiene, debe tener su control correspondiente. El diferencial interaxial le **permite girar al eje del frente a una velocidad diferente que el eje trasero**. Cuando el control respectivo está en la posición de abierto (sin funcionar) o (en inglés: unlocked), el diferencial interaxial, deja que cada eje y rueda giren a velocidades diferentes que las otras. El control debe estar puesto en la posición de "abierto", a menos que la superficie del camino esté resbalosa y la tracción sea deficiente. En este caso entonces, el control debe estar en la posición de "cerrado", (en inglés: locked) cerrando el eje del frente y el eje trasero de tal manera que la potencia se repartirá equitativamente a ambos ejes. En caminos secos, no maneje con el diferencial interaxial cerrado. Lo podría dañar. En el capítulo 7 aprenderá más de los diferenciales interaxiales del tren de tracción.

LOS LIMPIADORES DEL PARABRISAS

Los limpiadores del parabrisas en un camión de carga se operan con aire o con electricidad. **Usualmente, los limpiadores** tienen **dos controles, uno para cada uno**. Para encender el limpiador en baja velocidad, la perilla se gira a la primera posición a la derecha. Para operar el limpiador en alta velocidad, la perilla se gira a la segunda posición a la derecha. Para apagar el limpiador, la perilla se gira hasta la extrema izquierda.

Algunos sistemas de limpiadores operados por aire, utilizan una sola perilla de control para ambos limpiadores. Se localiza en el tablero. Otros tienen una perilla de control para cada limpiador. Para encender los limpiadores, gire las perillas hacia la derecha. Para apagarlos, gire las perillas a la izquierda. La velocidad de los limpiadores se controla con la posición de las perillas.

Hay una **perilla aparte para los lavadores del parabrisas**. La ilustración 2-1, muestra que la perilla se localiza en medio de los controles de los limpiadores.

LOS CONTROLES DEL AIRE ACONDICIONADO

En los camiones de carga modernos, la temperatura de la cabina se controla fácilmente. Puede haber hasta nueve ventilas de aire en la cabina y dos en el camarote para dormir. Puede ser difícil de creer que haya espacio suficiente en la cabina para un tablero tan grande y tantos otros controles en la misma. Los controles de la velocidad de la ventilación incluyen baja, media y alta. Se incluyen controles para enfriar, calentar y desempañar.

El Resto de la Cabina

Con lo anterior terminamos nuestro recorrido por el tablero. Así que dejaremos el tablero y recorreremos los controles que se encuentran en el resto de la cabina. Empecemos con los pedales en el piso de la misma.

EL PEDAL DEL ACELERADOR

Encontrará el acelerador en el piso de la cabina bajo el volante de la dirección. Usted **usa su pie derecho** para operar este pedal y **controlar la velocidad del motor**. Cuando usted presiona el pedal, se incrementa la velocidad del camión. Conforme deja salir el pedal, la velocidad disminuye. Si quita su pie del pedal, el motor se va libre a su velocidad de punto muerto.

EL PEDAL DEL FRENO

Encontrará el pedal del freno justo al lado izquierdo del acelerador. Este pedal **lo opera con su pie derecho**. Cuando presiona el pedal del freno, se aplican todos los frenos.

EL PEDAL DEL EMBRAGUE (CLOTCH)

A la izquierda del pedal del freno se encuentra el pedal del embrague (clotch). **Utiliza su pie izquierdo** para operar este pedal. Cuando presiona el pedal del embrague, se desengancha el embrague o "clotch". Cuando suelta este pedal, se engancha el embrague. Presionando el pedal del embrague hasta el piso hace que se enganche el freno del embrague. Este proceso está cubierto en el Capítulo 16.

EL INTERRUPTOR DEL CAMBIO DE LUCES

El interruptor del cambio de luces esta combinado con el control de las luces direccionales que está instalado en la columna del volante de dirección justo a bajo del volante. Controla el sube y baja del rayo de las luces delanteras del camión. El rayo bajo se debe usar cuando se maneja en tráfico. El rayo alto se debe usar en las carreteras cuando no hay tráfico que viene en dirección contraria y tráfico más cerca de 500 pies en frente de usted.

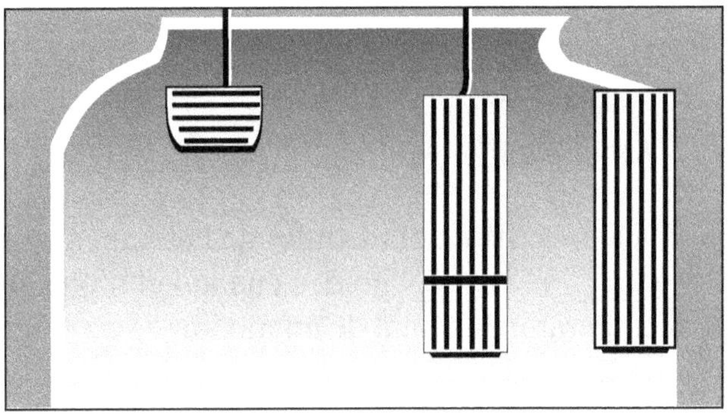

Ilustración 2-5
Los pedales localizados en el piso bajo el volante de la dirección son, de derecha a izquierda, el acelerador, el freno y el embrague (clutch).

LA VALVULA DEL CONTROL MANUAL DE LOS FRENOS DEL REMOLQUE

Esta palanca generalmente se encuentra en la columna de la dirección. **Opera solamente los frenos del remolque**. Para accionar los frenos del remolque, jala la manivela hacia abajo.

LAS PALANCAS DE CONTROL DE LOS CAMBIOS DE LA TRANSMISION

Las transmisiones difieren de camión a camión. Sin embargo, lo más frecuente es que la palanca de control de cambios de la transmisión **salga a través del piso de la cabina**. Siempre se localiza al lado derecho del chofer. Cuando se usa una transmisión auxiliar, la palanca de cambios también sale a través del piso de la cabina. En el próximo capítulo aprenderá más de palancas de la transmisión.

LA PALANCA DE LA TOMA DE FUERZA (PTO)

La palanca de la toma de fuerza en realidad es una perilla, no obstante con mucha frecuencia se le llama palanca. Y además, hay dos. Las encontrará en camiones como los que tienen instalado un malacate, los que se utilizan para remover la nieve, y los de volteo, equipados con unidades de toma de fuerza (PTO). Si su camión tiene toma de fuerza, usará la perilla o interruptor para conectarla a la transmisión. Enseguida use la segunda perilla o interruptor para controlar el mecanismo que va a mover la toma de fuerza.

Examen Sobre el Capítulo 2

1. Medidores y luces de advertencia en el tablero nomas vigilan la operación y la condición del motor.
   A. Verdadero.
   B. Falso.

2. A como usted ve los tableros en diferentes camiones, usted encontrará el parecido entre los medidores, perillas, y interruptores mostrados en grupos ________________.
   A. idénticos
   B. confusos
   C. diferentes
   D. no identificados

3. La manecilla en el medidor de la temperatura del agua le apunta a _____________ grados cuando el motor llega a la temperatura normal de operación.
   A. 225-250
   B. 200-225
   C. 165-185
   D. 100-150

4. Usted ha encendido el motor. Si la presión del aceite no sube dentro de unos segundos, usted debe ________________.
   A. no estar muy preocupado. Es probable que el medidor no este funcionando.
   B. pensar que un grado de aceite muy pesado se esta tomando mucho tiempo para adelgazarse y registrarse.
   C. irse a desayunar y volver a fijarse cuando termine.
   D. apagar el motor inmediatamente.

5. La luz de advertencia de la baja presión del aire se enciende si la presión del aire en el sistema se baja a menos _____________ psi .
   A. 120
   B. 100
   C. 90
   D. 60

6. El término que se usa cuando se habla de el límite del numero de rpm que el motor es capaz de alcanzar es llamado _________________________.
   A. ajustador de juego
   B. control de velocidad constante
   C. velocidad regulada
   D. cerrando el diferencial

7. Para observar la cantidad de aire que esta pasando por las líneas de los frenos de servicio cuando usted presiona el pedal, fíjese en __________________.
   A. el velocímetro
   B. el medidor de aplicación de presión
   C. el tacómetro
   D. el medidor de presión del sistema primario

8. Los medidores de la presión primaria y secundaria del aire muestran el psi disponible en las reservas para la potencia del frenado _____________________.
   A. Verdadero.
   B. Falso.

9. Cuando en la posición de emergencia o estirada, la válvula roja del abasto de aire del remolque previene la pérdida de presión del aire del tractor con cerrar _________________.
   A. el tanque de reserva húmedo
   B. la válvula de protección del tractor
   C. el sistema de reserva primario del aire
   D. la válvulas del relé al la cámara del los frenos

10. La perilla de los frenos de estacionamiento instalada en el tablero es roja y esta formada como un diamante o rombo ________________________.
    A. Verdadero.
    B. Falso.

TRANSMISIONES

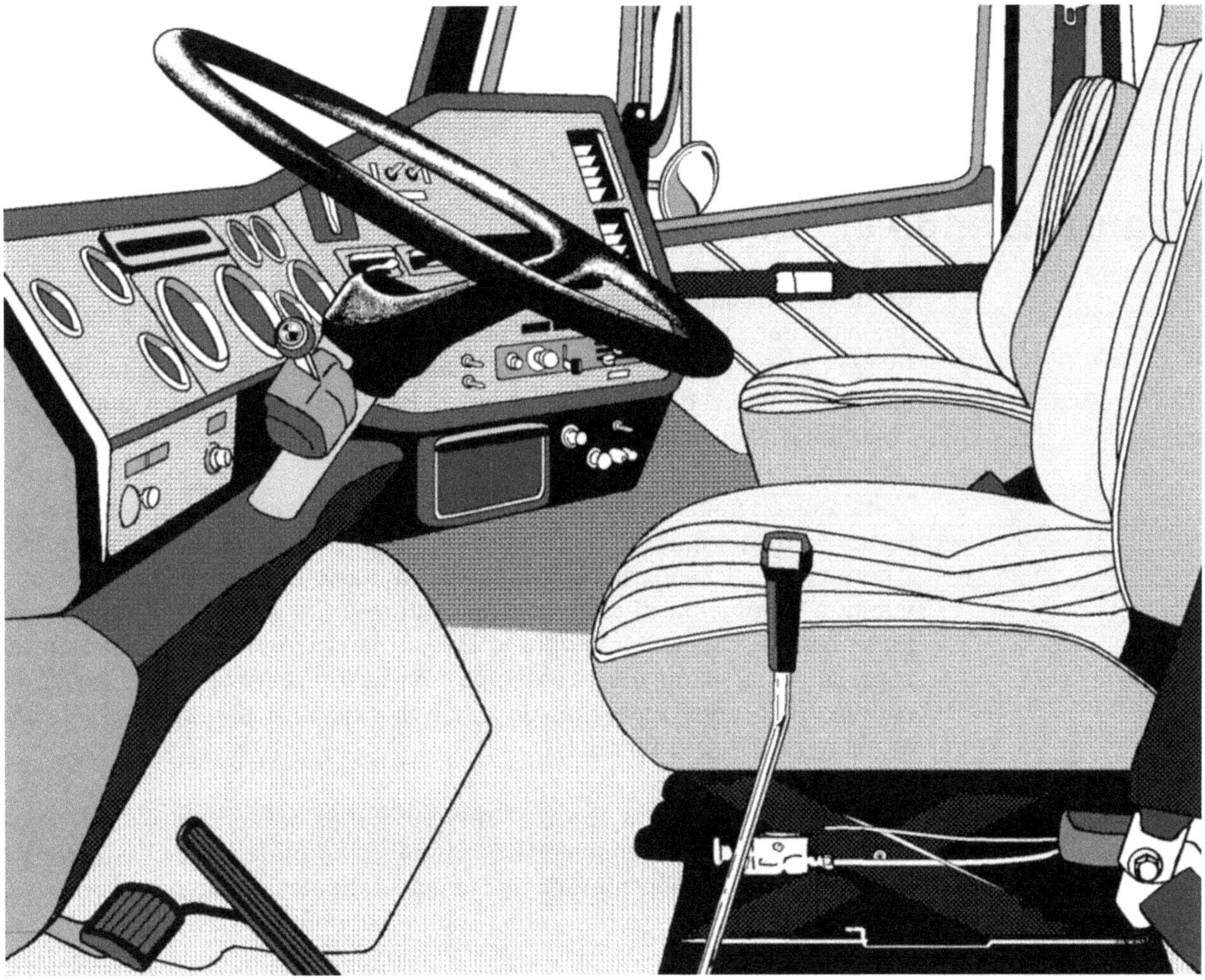

¿Que Es una Transmisión?

El motor del camión de carga es el componente del vehículo que produce la potencia para moverlo. La fuerza de combustión hace que los pistones se muevan hacia arriba y hacia abajo. Luego, este movimiento de los pistones se transforma a un movimiento circular a través del cigüeñal. Vamos a ver cómo y porqué en el capítulo 6. La transmisión lleva este movimiento circular a las ruedas. Es un **ensamblaje** o montaje de engranes y ejes que **transmite la potencia del motor** a través de la flecha o línea motriz a los ejes con tracción, **a las ruedas** y a las llantas.

El movimiento circular (o par de torsión) producido por el motor se mide en revoluciones por minuto (rpm). Desde luego que las ruedas del camión también rotan, pero normalmente usted no mide ese movimiento en rpm. Un motor puede operar eficientemente sólo dentro de un intervalo de rpm más bien reducido. Aún así las ruedas deben poder moverse dentro de una gama más amplia de velocidades que las del motor. Esta es otra función importante de la transmisión. Extiende la limitada gama de velocidades a las que puede rotar el motor a una **gama de velocidades más amplia** que necesitan las ruedas para desplazar su vehículo por el camino. Esto permite que el motor permanezca dentro la angosta gama de velocidades donde puede operar eficientemente y producir la mayor potencia posible, mientras que las ruedas pueden moverse desde casi nada hasta velocidades de carretera.

Transmitiendo la Fuerza

En el caso de la transmisión de un vehículo, la rotación del motor es lo que hace que las ruedas del vehículo giren. ¿Cómo lleva la transmisión la fuerza del motor a las ruedas? Dijimos que la transmisión era un ensamblaje o montaje de engranes y ejes. Exploremos un poco cómo este ensamblaje transmite la potencia. Primero veremos los engranes.

Tome dos engranes, digamos A y B, los dos del mismo tamaño. Los dos tienen el mismo número de dientes y el mismo espacio entre cada diente. Ahora vamos a encajarlos y apliquemos fuerza a un engrane, dándole una vuelta o revolución al engrane A. Conforme los dientes del engrane A presionan los dientes del engrane B, éste también se mueve. Cuando el engrane A ha terminado de dar una revolución, también lo ha hecho el engrane B. Lo que acabamos de hacer es transmitir una fuerza actuando en el engrane A, al engrane B.

Esto fue sencillo. Hagámoslo un poco más interesante. Usaremos engranes de diferente tamaño. Los engranes se miden por el número de dientes que tienen. Un engrane que tenga 12 dientes es mayor que uno que tenga ocho (suponiendo desde luego, que el espacio entre dientes es el mismo en los dos engranes). Encajemos esos dos engranes y apliquemos fuerza al engrane menor, digamos el engrane A. Cuando nuestro engrane más pequeño, el A, ha dado una revolución completa, el engrane B sólo ha rotado dos tercios de una revolución. Sólo ocho de sus dientes han sido tocados por los ocho dientes del engrane A. Para hacer que el engrane B dé una revolución completa, tenemos que rotar el engrane A media vuelta más, de tal manera que cuatro dientes más del engrane A muevan los últimos cuatro dientes del engrane B.

Ilustración 3-1
Transmisión simple de una fuerza.

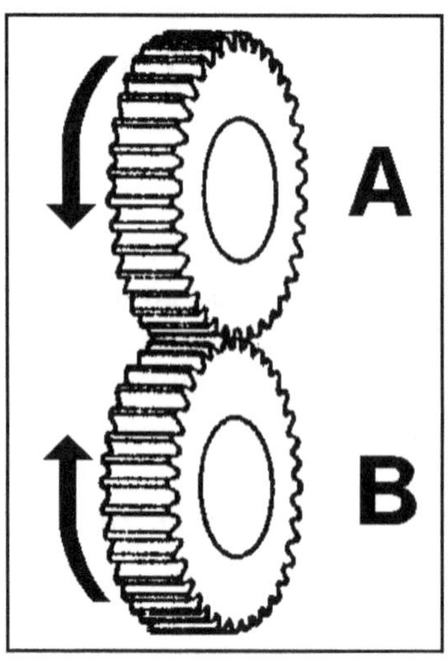

¿Porqué esto es tan importante? Para responder esta pregunta tenemos que hacer dos afirmaciones acerca de la fuerza. Una es que, hacer cierta cantidad de trabajo con un engrane pequeño lleva más tiempo que con un engrane mayor. Usted acaba de ver una sencilla demostración de esto con nuestros engranes grande y pequeño. Para hacer que el engrane mayor B diera una vuelta completa, el engrane pequeño A, tuvo que dar más de una vuelta (llevó más tiempo). Si el engrane A fuera del mismo tamaño o mayor que el engrane B, hubiera hecho dar una vuelta completa al engrane B en menos tiempo. Así pues, he aquí nuestro segunda afirmación: **la velocidad menor se produce cuando un engrane pequeño hace rotar a un engrane mayor**.

Ilustración 3-2
El engrane más pequeño A, tendrá que dar más de una revolución completa para hacer girar una vez al engrane B.

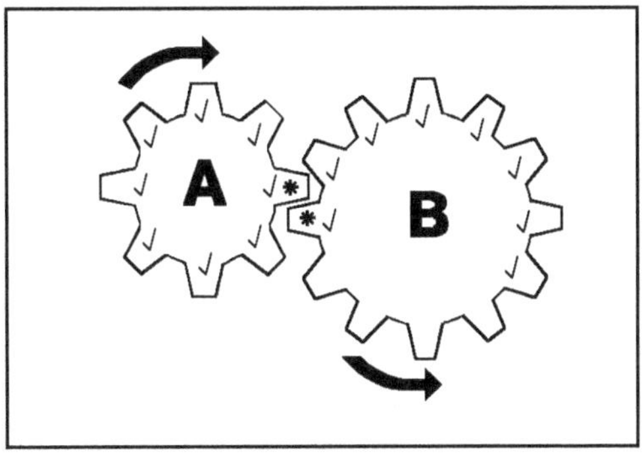

A esta **diferencia de tamaño entre un engrane y otro** se le llama **coeficiente de reducción**. El coeficiente de reducción siempre se refiere al engrane que está haciendo la fuerza sobre el otro engrane. sí pues, un coeficiente de reducción de 5:1 significa que un engrane pequeño está dando cinco revoluciones para hacer rotar una revolución a un engrane mayor. Si el engrane mayor estuviera haciendo rotar al engrane menor el coeficiente sería de 1:5.

¿Todavía no puede ver porqué esto es tan importante? Recuerde que al inicio de este capítulo dijimos que el motor tenía una gama limitada de rpm comparada con la de las ruedas. Teníamos que encontrar la forma de hacer rotar las ruedas a más y diferentes velocidades de las que el motor puede hacerlo. Para hacer esto usamos el principio del coeficiente de reducción en los engranes. Por lo que hemos explicado, se puede dar cuenta que **coeficientes diferentes** producirían **velocidades mayores o menores**. Utilizando las combinaciones apropiadas de engranes grandes y pequeños, un motor puede mover las ruedas del vehículo a diferentes velocidades y al mismo tiempo operar muy eficientemente bajo condiciones diversas. Qué tanta velocidad se produce depende de qué engrane se utilice, o a qué velocidad hace rotar al otro engrane.

Usted podrá ver esto mejor si introducimos algunos ejes para conectar el motor y las ruedas. Para los efectos de esta demostración, vamos a supersimplificar y a dejar fuera algunos componentes muy importantes de una transmisión real. Los traeremos de nuevo a colación más adelante en este capítulo.

Vea la ilustración 3-3 en la página siguiente. Tenemos un eje que sale del motor. En la punta del eje, tenemos un engrane. En la otra punta del ensamblaje tenemos una rueda que también está conectada a un eje con un engrane en la punta. Si prendemos el motor, la velocidad rotativa del

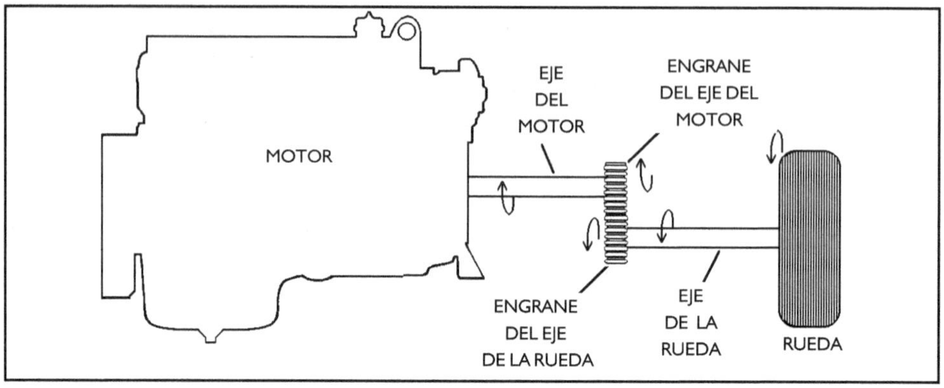

Ilustración 3-3
Se usan engranes y ejes para transmitir el girar del motor a las ruedas.

motor será transmitida al eje que sale del motor y al engrane que tiene sujetado en la punta. Si encajamos los dos engranes, el engrane que está montado al eje que sale del motor hará rotar el engrane que se encuentra en la punta del eje que sale de la rueda, que a su vez hará rotar a este eje y finalmente a la rueda misma. En forma muy sencilla, hemos transmitido el movimiento rotatorio del motor a la rueda para hacerla rotar a su vez.

AUMENTANDO LA GAMA DE VELOCIDADES

Veamos a dónde nos llevan diferentes coeficientes de reducción en los engranes (combinaciones diferentes de engranes) aplicados a la misma velocidad del motor. Tomemos un engrane muy pequeño montado al eje del motor haciendo rotar a un engrane mucho más grande y montado en el eje de la rueda, digamos que con un coeficiente de reducción de 17:1. Aquí tenemos la velocidad menor. Si lo piensa un poco, velocidad es qué tan lejos puede desplazarse en un periodo de tiempo dado. Si nuestra rueda se estuviera dando vueltas y vueltas, moviéndose hacia adelante, recorrería una distancia. Entre más tiempo le lleve a la rueda dar una revolución, mayor tiempo le tomará recorrer esa distancia. Nuestro coeficiente de reducción nos dice que el engrane grande del eje de la rueda sólo dará una revolución por cada diez y siete vueltas que dé el engrane del eje del motor. La rueda se moverá muy despacio y le llevará mucho tiempo recorrer cierta distancia. En otras palabras, se mueve a baja velocidad.

Ahora tomemos otro coeficiente de reducción, 5:1. Recuerde que la velocidad rotativa del motor no ha cambiado. En esta ocasión, nuestro engrane del eje de la rueda, da una vuelta por cada cinco revoluciones del engrane del eje del motor. La rueda se mueve más rápido, de tal manera que recorre la misma distancia en menor tiempo. Tenemos más velocidad.

Por último, veamos el coeficiente de reducción 1:1. Los engranes son del mismo tamaño. Como probablemente Usted, a estas alturas, ya adivinó, esto nos da la mayor velocidad de las tres combinaciones.

En un vehículo, estas tres combinaciones satisfacen tres necesidades diferentes. Para arrancar un vehículo que está parado se requiere de mucha potencia. Y al mismo tiempo, Usted lo que quiere es baja velocidad. Si las ruedas rotaran muy rápido, el vehículo se jalonearía al iniciar el movimiento. Tendría lo que se llama "un arrancón" (en inglés: jackrabbit start). El coeficiente de reducción de 17:1 movería al vehículo a la baja velocidad deseada.

En el otro extremo, el coeficiente de reducción de 1:1 es el apropiado para desplazarse a velocidades propias de carretera. A fin de viajar a 50 millas por hora, las ruedas deben rotar muy rápido. El coeficiente de 1:1 produce la mayor velocidad de nuestras tres combinaciones.

Si tuviéramos las tres combinaciones en un vehículo, tendríamos tres velocidades: despacio, medio y rápido. Nuestro motor, dentro de su limitada gama de rpm, sería capaz de mover las ruedas a través de una amplia selección de velocidades. Sin embargo, la transmisión básica mostrada en la ilustración 3-3, obviamente no funcionaría. Necesitamos una forma de conectar tres diferentes combinaciones de engranes al motor y a las ruedas, de tal forma que podamos usar sólo una a la vez. Afortunadamente, esto ya se inventó.

Cambio de Engranes

El eje que entra (o eje piloto), el que lleva el movimiento, (algunas veces llamado flecha del embrague [clotch]) de la transmisión es más o menos lo que hemos venido llamando el "eje del motor". Está conectado al motor a través del embrague (clotch), del que hablaremos con más detalle más adelante en este capítulo. El eje que sale o el que recibe el movimiento (árbol primario) es más o menos equivalente al que hemos venido llamando el "eje de la rueda". Está conectado a las ruedas a través de el que lleva el movimiento (eje piloto) y del eje con tracción. Los ejes de entrada y salida (eje piloto y árbol primario) pueden estar en línea o en paralelo, y al conjunto se le conoce como eje de mando o eje principal.

El que transmite la potencia del eje de entrada al eje de salida es el tren de engranes o árbol secundario. En inglés se le llama "countershaft" (contraeje) porque gira en dirección contraria a la del motor. El eje de entrada (eje piloto) tiene un solo engrane que mueve al árbol secundario. Tanto el eje de salida (árbol primario) como el árbol secundario tienen engranes montados de varios tamaños.

ENGRANES DESLIZANTES

Existen básicamente dos formas de lograr diferentes combinaciones de engranes en las transmisiones de los camiones de carga de hoy. En la transmisión de engranes deslizantes, hay engranes de diferentes tamaños que se deslizan a lo largo del eje de salida. El eje de salida está acanalado o ranurado a todo su largo. El centro de los engranes del eje de salida tiene una cresta que se encaja con la ranura del eje de salida, de tal suerte que si un engrane del eje de salida está girando, el eje mismo gira junto con él. Los engranes de este eje de salida se pueden deslizar a lo largo de él. Por otra parte, los engranes en el árbol secundario o contraeje, están fijos. No se deslizan en el eje. Si un engrane del árbol secundario que se esté moviendo se encaja con un engrane del eje de salida, el engrane del árbol secundario o contraeje hará girar al engrane de dicho eje de salida y al eje de salida mismo. Los engranes se cambian deslizando un engrane del eje de salida para que se desengrane del engrane del árbol secundario, y haciendo deslizar un engrane diferente del eje de salida para que se encaje con otro engrane de dicho árbol. Es decir, **sólo un par de engranes van a estar encajados en cualquier tiempo dado**.

Vea la ilustración 3-4 (A), que le muestra el ensamblaje del tipo llamado "en línea" de ejes de salida y de entrada. Empezando por el lado izquierdo, fíjese en el engrane del eje de entrada que gira con dicho eje. Se encaja con el engrane de torsión del contraeje o árbol secundario, lo que hace que dicho contraeje también gire (recuerde que los engranes del contraeje están fijos al mismo). La horquilla de cambios en la parte superior de la ilustración ha seleccionado el cambio o engrane de baja (velocidad) al encajar el engrane de baja del eje de salida con el engrane de baja del contraeje. Note lo pequeño del engrane del contraeje o árbol

Ilustración 3-4
El cambio del engrane de baja (A), al engrane de segunda (B), utilizando engranes deslizantes.

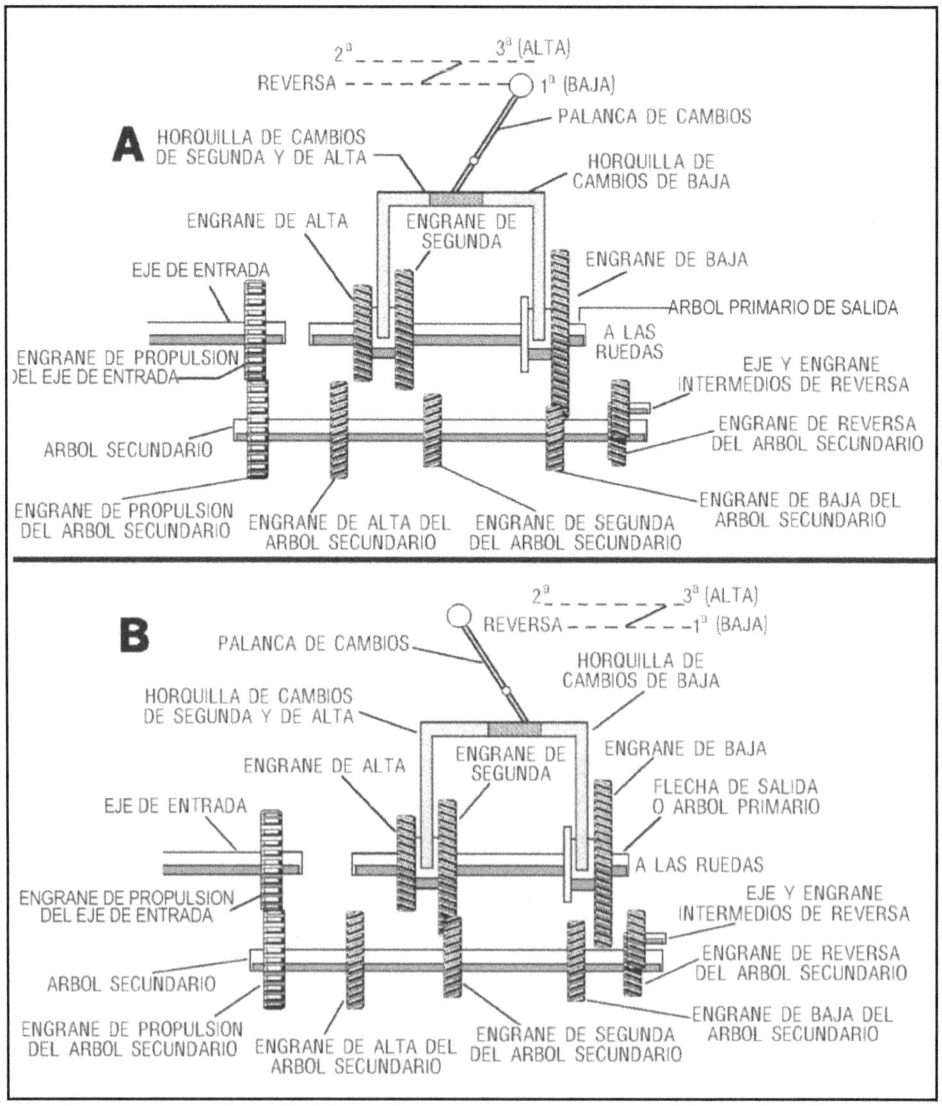

secundario, en comparación con lo grande del engrane del eje de salida. El engrane de baja del contraeje mueve al engrane de baja del eje de salida y eso hace que este eje gire. Esto hará que giren el eje de las ruedas y las ruedas mismas. Dado que tenemos un coeficiente de reducción tan alto, las ruedas girarán despacio.

En la ilustración 3-4 (B), la horquilla de cambios ha seleccionado la segunda (velocidad) al desencajar los engranes de baja tanto del contraeje como del eje de salida y encajando los engranes de la segunda de ambos ejes. Note que los dos engranes son más similares en tamaño. El coeficiente de reducción es menor que en baja, así que obtendremos mayor velocidad.

EMBRAGUE (CLOTCH) DESLIZANTE

En el tipo de embrague (clotch) deslizante, los engranes del eje de salida están flotando (sueltos). No están fijos al eje. Todas las combinaciones de engranes están encajadas al mismo tiempo (por eso algunas veces se le llama transmisión de encajamiento constante). Pero si ninguno de los engranes del eje de salida se traba o fija en su lugar sobre su eje, entonces no se transmite la potencia. Un mecanismo llamado embrague (clotch) deslizante o collarín de cambios hace que un engrane del eje de salida se trabe a su eje. Dado que este engrane está encajado con uno del árbol secundario o contraeje, entonces el eje gira. Aunque **todos los juegos de engranes están encajados al mismo tiempo, el efecto es que sólo uno está trabajando**.

Vea la ilustración 3-5, en la que se muestra el engrane de primera engranado. De izquierda a derecha usted ve cinco juegos de engranes encajados: el de avance (drive), tercera, segunda, primera y reversa. Fíjese en los coeficientes de reducción de los engranes. En la tercera, un engrane grande del contraeje mueve a uno pequeño del eje de salida, los engranes

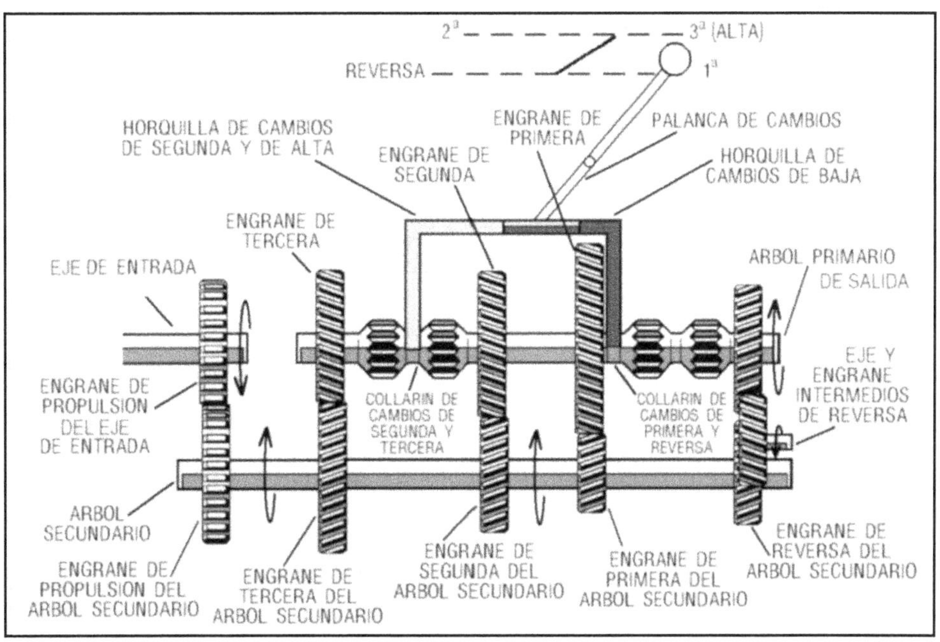

Ilustración 3-5
El engrane de primera engranado por el collarín de cambios en una transmisión con embrague deslizante.

de segunda son más o menos similares en tamaño, y en primera un engrane pequeño mueve a uno grande. Todos los engranes están encajados como ya dijimos, pero sólo un juego, el de la primera, está trabajando. Note la posición del collarín de cambios. Este collarín también puede engranar el engrane de la reversa, si se mueve la palanca de cambios a la izquierda. Moviendo la palanca de cambios a la izquierda causa a la horquilla de cambios que se mueva a la derecha.

Ilustratión 3-6
La reversa en una transmisión de engranes deslizantes.

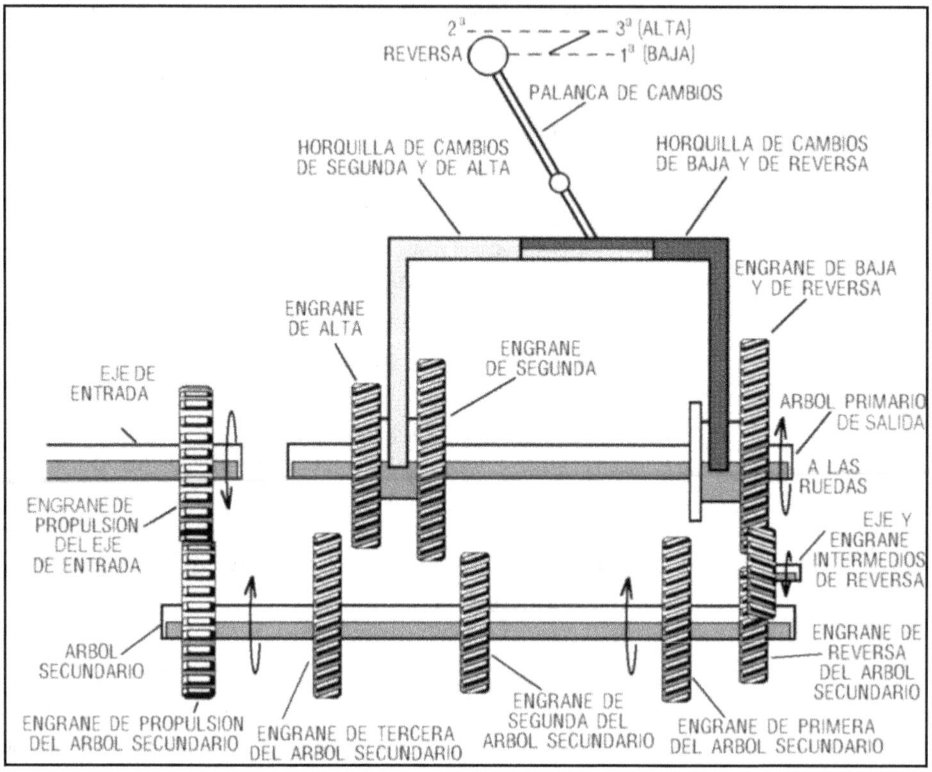

REVERSA

¿Cómo hacemos que las ruedas den vuelta en la dirección opuesta? Un eje y engrane intermedios de reversa sirven para este propósito. El engrane de reversa del eje intermedio no se desliza sobre su eje. El engrane intermedio de reversa y el de reversa del contraeje siempre están engranados, así que siempre giran juntos. Cuando se necesita la reversa, el engrane del eje de entrada encajado con el del árbol secundario o contraeje, hace que gire el contraeje mismo. El engrane del contraeje, encajado con el del eje intermedio de reversa, hace que gire el engrane intermedio de reversa. Este engrane hace girar el engrane del eje de salida que a su vez gira al propio eje. Al introducir este engrane extra, lo que **hace que el movimiento se invierta** es el **engrane del eje intermedio**. Vea la ilustración 3-5, y siga esta inversión del movimiento en la transmisión de encajamiento constante. La ilustración 3-6, muestra cómo funciona la reversa en las transmisiones de engranes deslizantes.

En reversa, el eje intermedio de reversa gira en sentido contrario a las manecillas del reloj, el contraeje o árbol secundario en el sentido de las manecillas y el árbol primario en sentido contrario a las manecillas del reloj. Esto hace que las ruedas den vuelta hacia atrás moviendo al vehículo en ese sentido.

Esta es la idea básica que se encuentra detrás de la transmisión de la potencia y de la velocidad adecuada transmitida del motor a las ruedas. En los camiones de carga que usted conducirá es un poco más complicado de lo que aquí hemos descrito. Sólo hemos hablado de tres combinaciones de engranes que producen movimiento hacia adelante y de una de reversa. Pero, una vez que usted entienda las tres velocidades, ya puede entender el principio que está detrás de cualquier vehículo que usted maneje.

PRUEBA DE LA HABILIDAD PARA OBSERVAR

¿Qué tan detalladamente observó usted la ilustración con la que se inició este capítulo? ¿Qué notó? **Sugerencia**: algo está fuera de su lugar y algo falta. Refiérase al final del libro a la gráfica de la Prueba de la Habilidad para Observar y revise qué tan bien contestó.

Si su vehículo de carga se va a enfrentar con muchos y diferentes retos en términos de peso de la carga, pendientes, condiciones del camino y velocidades de crucero, es probable que quiera tener, disponibles a su elección, una amplia gama de coeficientes de reducción de sus engranes, con el fin de lograr una alta eficiencia en la operación de su vehículo. Si su tarea de manejo es más bien sencilla, puede ser que no necesite tantas opciones. En el capítulo 16, le damos algunos ejemplos acerca de porqué usted puede o nó necesitar una amplia selección de engranes.

Características de las Transmisiones de Camiones de Carga Pesados

He aquí algunas de las características de las transmisiones de camiones de carga pesados que debemos explorar:

- contraejes o árboles secundarios múltiples
- gamas y separadores (en inglés, splitters)

CONTRAEJES MULTIPLES

Las transmisiones de los camiones de carga tienen más de un contraeje o árbol secundario. La ilustración 3-7 en la página siguiente muestra el número de diferentes contraejes que se utilizan y su ubicación en la transmisión.

El principio de operación de una transmisión de contraejes múltiples es el mismo que el de una de un sólo contraeje. La diferencia principal es que **la unidad de contraejes múltiples distribuye la fuerza que actúa sobre el contraeje**. Con el tiempo, ésta es la fuerza, y el trabajo que esta fuerza hace que efectúe el contraeje, lo que ocasiona que se desgaste dicho eje.

Cuando saca el embrague (clotch), la carga de trabajo la toma más de un contraeje. Cada contraeje tiene que realizar menos trabajo, porta menos fuerza. Es obvio que el dividir esta potencia incrementará la vida del eje y de la transmisión.

GAMAS (RANGES) Y SEPARADORES (SPLITTERS)

Las transmisiones de los camiones de carga difieren de las de tres velocidades en que usan **transmisión combinada**. Esto significa que usan más de una transmisión. Las transmisiones combinadas **incrementan el número de coeficientes de reducción de engranes**. Entre más coeficientes de reducción tenga en los engranes de alta, más rápido puede llegar a la velocidad de carretera. Esto **mejora la eficiencia del motor**.

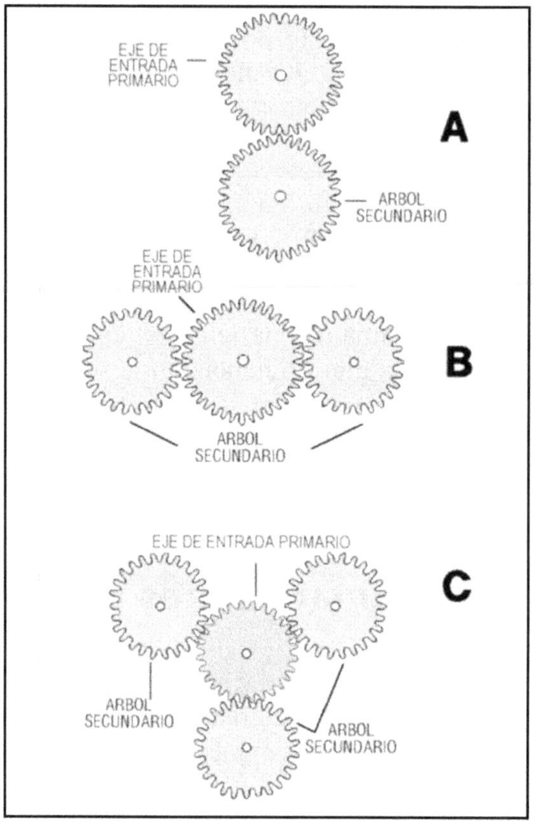

fig. 3-7
(A) Arbol secundario sencillo. (B) Arboles secundarios gemelos. (C) Triple árbol secundario.

La primera transmisión combinada fue la **transmisión auxiliar**, que son dos transmisiones, una detrás de la otra. Esta combinación de transmisiones (algunas veces llamada, en EEUU, palanca gemela de cambios o "Brownie"), rara vez se usa en la actualidad, pero sí llevó al desarrollo de la moderna transmisión con control de gamas y separadores (splitters). En estos dos tipos, hay una caja de transmisión y un cambio de engranes con un control de gama y/o control de separadores.

GAMAS (RANGES)

El **control de rangos le ofrece** a usted **una gama de alta y una gama de baja** de los engranes que tiene. Recuerda que dijimos que usted querría tener más de tres opciones de coeficientes de reducción en sus engranes. Si quería nueve coeficientes, puede suponer que añadió seis combinaciones más de engranes. El control de gama en una transmisión le permite tener más opciones de coeficientes de reducción en sus engranes con un número menor al de dichas opciones, de combinaciones de engranes. El mantener al mínimo la adición de equipo mantiene también el peso total del vehículo al mínimo. Y también hace que la transmisión no se vuelva muy complicada mecánicamente.

La transmisión con control de gama viene en varias velocidades. Por ejemplo, la transmisión de **siete velocidades** tiene una transmisión principal de cuatro velocidades con una gama de alta y uno de baja. Ahora, ¿porqué el control de gamas no convierte esta transmisión a una de ocho velocidades? Puede pensar que si empieza con cuatro engranes y le añade una segunda gama, su total sería ocho. En lugar de esto, cuando usted usa este modelo y cambia de gama de baja a gama de alta, usted no cambia de cuarta baja a primera de alta, sino que cambia de cuarta baja a segunda de alta. La transmisión de siete velocidades no esta en la ilustración, pero lo mismo es válido para otras transmisiones que tienen gamas. La de **control de gamas con nueve velocidades** es una transmisión principal de cinco. El control de gamas no la convierte en de diez. Cuando cambia de gama de baja a gama de alta, usted va de cuarta baja a quinta alta (vea la ilustración 3-8).

Ilustración 3-8
Los patrones de cambios para las transmisiones de nueve y 10 velocidades.

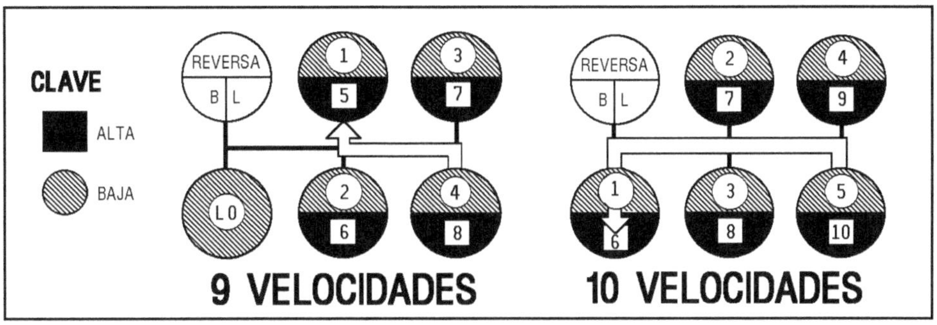

Sin embargo, con la de **control de gama de 10 velocidades** sí cambia de quinta baja a primera alta (ilustración 3-8). ¿Cómo va a saber cuál es el caso en el camión que va usted a manejar? Bueno, puede memorizar todas las transmisiones y gamas disponibles. Pero esto no es realmente necesario. En alguna parte dentro del camión debe haber un patrón de las posiciones de los cambios que le describirá qué es lo que tiene que hacer. Puede estar en el tablero, o en la visera para el sol. Haga esta revisión del patrón de las posiciones de los cambios, parte de su rutina de familiarización con el camión.

SEPARDORES (SPLITTERS)

La **transmisión de 13 velocidades** es una transmisión principal de cinco, con gamas de alta y de baja y un control de separadores. El separador tiene el efecto de poner otro engrane entre cada una de las combinaciones de engranes de la gama de alta, de tal suerte que duplica el número de combinaciones disponibles en esa gama. He aquí cómo lo hace. Hay cinco coeficientes de reducción en los engranes de baja más cuatro en los de alta. El separador convierte en ocho los cuatro coeficientes de alta. Ocho más cinco son 13. Encontrará una ilustración del control de separadores mismo, en el capítulo16, "La Puesta en Marcha del Tractor".

Transmisiones Automáticas

En la actualidad, la mayoría de los camiones de carga para aplicaciones pesadas tienen instaladas transmisiones manuales, por eso nos hemos centrado en ellas. Pero las transmisiones automáticas se encuentran disponibles. En algunos aspectos, son más fáciles de manejar.

Examen Sobre el Capítulo 3

1. La transmisión es _____ que transmite la potencia del motor a través de la flecha o línea motriz a los ejes con tracción, las ruedas y las llantas.
   A. un conjunto de palancas
   B. un dispositivo formado por dos componentes
   C. un control de gamas
   D. un ensamblaje de engranes y ejes

2. En la transmisión de engranes deslizantes, los engranes del _______ se deslizan sobre su eje.
   A. eje de salida o árbol primario
   B. contraeje o árbol secundario
   C. eje de entrada (o eje propulsor)
   D. eje intermedio de reversa

3. El _____ siempre giran juntos.
   A. engrane del contraeje o árbol secundario, y el engrane intermedio de reversa
   B. eje principal y el contraeje o árbol secundario
   C. eje de entrada y el eje de salida
   D. engrane del eje intermedio de reversa y el eje de entrada

4. El coeficiente de reducción de engranes siempre describe al engrane que ejerce la fuerza sobre el otro engrane.
   A. Verdadero.
   B. Falso.

5. Los ejes de entrada y de salida nunca están en paralelo.
   A. Verdadero.
   B. Falso.

6. La mayor velocidad se logra con un coeficiente de reducción en los engranes de _____.
   A. 17:1
   B. 5:1
   C. 1:1
   D. 0:17

7. Una transmisión que traiga control de gamas siempre tendrá separador (splitter).
   A. Verdadero.
   B. Falso.

8. Una transmisión principal de cinco velocidades con control de gamas y separador tendrá ____ velocidades.
   A. 5
   B. 8
   C. 13
   D. 15

9. La principal ventaja de los contraejes múltiples es que ____.
   A. ayudan a alcanzar velocidades de carretera en forma más rápida
   B. prolongan la vida de la transmisión
   C. incrementan el número disponible de coeficientes de reducción en los engranes
   D. aumentan el peso de la transmisión

10. Las transmisiones de los camiones de carga se encuentran disponibles tanto manuales como automáticas.
    A. Verdadero.
    B. Falso.

FRENOS DE AIRE

Sus Frenos Son Su Mejor Amigo

Usted aprendió en el capítulo 3 que la transmisión es la parte de su camión de carga que transforma la potencia de su motor en un par de torsión que hace girar las ruedas y mueven su vehículo por la carretera. Ahora que Usted entiende lo qué hace que se mueva su camión, necesita entender lo qué hace que se detenga: los frenos.

Usted se debe familiarizar con los componentes de **su sistema de frenos** y con el funcionamiento del mismo **de tal forma que pueda Usted usar e inspeccionar adecuadamente los frenos**. Si puede lograr esto, Usted puede aprobar los exámenes tanto de conocimientos como de habilidad sobre frenos de aire que se necesitan para obtener la Licencia para Conducir Vehículos Comerciales o CDL (Commercial Driver's License). (Si no aprueba estos exámenes tendrá una restricción en su licencia que no le permitirá conducir vehículos con frenos de aire).

La habilidad para usar adecuadamente sus frenos le puede salvar su vida y la de otros. Un estudio que duró tres años elaborado por la Oficina de la Seguridad del Autotransporte (Bureau of Motor Carrier Safety) o (BMCS) mostró que **las fallas de los frenos son la principal causa mecánica de accidentes**. La habilidad para detectar problemas en los frenos durante las inspecciones, sera su aseguro de que tenga frenos cuando los necesite. Cuando va conduciendo un equipo de 80,000 libras en el camino, a 50 millas por hora, su mejor amigo son sus frenos. En este capítulo Usted aprenderá cómo tratarlos bien.

Los Principos Básicos de los Frenos

Lo más básico que puede Usted aprender acerca de cualquier sistema es su propósito. El propósito del sistema de frenos es disminuir la velocidad de su vehículo, y desde luego, detenerlo y estacionarlo. Pero puede ser que Usted no se dé cuenta que simplemente detener un camión de carga para uso pesado no es suficiente. Si ocurre algún daño o se lesiona a alguien durante el procedimiento de frenado, difícilmente se podría decir que el frenado fue exitoso. Para cuando Usted inicie su primer empleo como chofer, ya habrá aprendido cómo **disminuir la velocidad de su vehículo, detenerlo y estacionarlo de una manera predicable y controlada**.

Las **partes básicas** del sistema de frenos son **los frenos de servicio y los frenos de emergencia o de resorte (de estacionamiento)**. Todos los camiones de carga para uso pesado en carretera y los remolques (en inglés: trailers) fabricados después del año de 1975 deben estar equipados con ambos.

Usted controla el sistema de frenos de servicio con el pedal del freno. El capítulo 2 presentó este control del tractor. El sistema de frenos de emergencia o de resorte entra en juego cuando se estaciona o si la presión del

Ilustración 4-1
La fricción entre el recubrimiento de las zapatas y el tambor de los frenos disminuye la velocidad de las ruedas y detiene al vehículo.

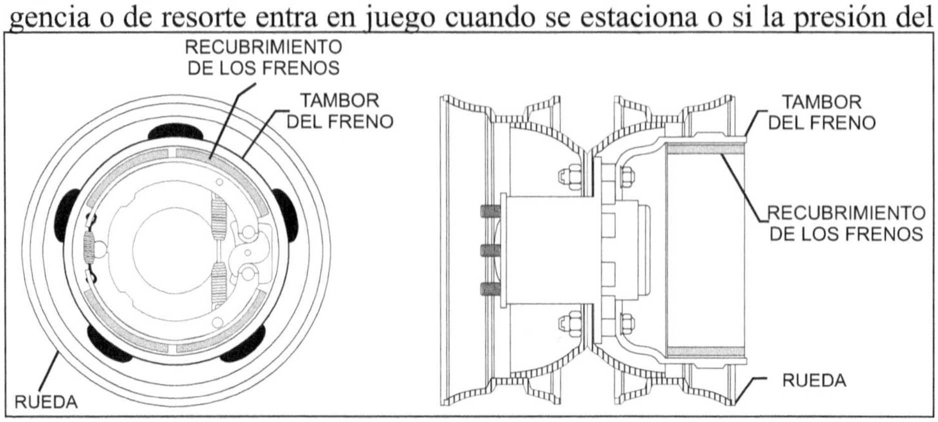

aire del sistema de frenos cae por abajo de las 45 libras por pulgada cuadrada (psi). Esto sucedería si se rompiera una línea de aire. Si esto pasa, el freno de resorte se convierte en freno de emergencia y automáticamente detiene al vehículo.

La teoría básica del frenado abarca cuatro factores: fricción, calentamiento, peso y velocidad.

La fricción entre el recubrimiento en las balatas o zapatas del freno y los tambores del freno detiene al camión. La variación de la cantidad de presión de aire que se aplica a los frenos cambia la cantidad de fuerza que la zapata ejerce sobre el tambor, y la cantidad de fricción que se genera. Como el tambor de los frenos está atornillado a la rueda, si este tambor disminuye su velocidad, también lo hace la rueda. Así es como Usted controla la disminución de velocidad y la detención del camión.

Como probablemente Usted ya sabe, **donde hay fricción, se genera calor**. El aplicar mayor presión de aire significa generar más fricción, y detener más rápidamente el camión. Pero también significa generar más calor. El aplicar repetidamente los frenos, conocido como bombear o abanicar los frenos, también significa generar más fricción y más calor. Si los frenos se aplican con mucha fuerza o con demasiada frecuencia, **el calentamiento** se puede **acumular**. Esto puede ocasionar un funcionamiento deficiente de los frenos o lo que se conoce como debilitamiento de los frenos ("chorrear los frenos").

El peso afecta la cantidad de energía que se necesita para detenerse. **Entre más pese el camión, mayor energía necesitará para detenerse**. Si duplica el peso, la energía necesaria para detenerse también se duplica. Entre más energía se necesita, más presión de aire se requiere. Mayor presión de aire significa mayor fricción y más calor, y volvemos a la causa de que se debiliten los frenos.

Para detenerse en forma segura, debe tener algo más que buenos frenos. **Debe tener suficiente distancia para frenar**. Usted no se detiene en el momento mismo en que aplica el pedal de los frenos. Su vehículo se deplaza una cierta distancia antes de detenerse. A esta distancia se le llama la distancia necesaria para detenerse. Esta distancia está constituida por tres cosas: la distancia de percepción, la distancia de reacción y la distancia de seguridad.

La distancia de percepción es la **distancia que avanza su vehículo desde el momento en que sus ojos perciben un peligro, hasta el momento en que su cerebro registra** la necesidad de frenar. Esto se lleva como ¾ de segundo. A una velocidad de 55 millas por hora (mph), la distancia de percepción es como de 60 pies. **La distancia de reacción** es **la distancia que se desplaza el vehículo desde que su cerebro registra la necesidad de frenar hasta que su pie físicamente presiona el pedal del freno**. Esto generalmente se lleva otros ¾ de segundo, o 60 pies moviéndose a 55 mph. **La distancia de seguridad** es **la distancia que su vehículo avanza hasta que los frenos lo detienen completamente**. A 55 mph, sobre pavimento seco, y con buenos frenos, se desplazará como 170 pies. **La distancia total necesaria para detenerse** moviéndose a 55 mph bajo buenas condiciones **es de 290 pies**. Sume a esto **el retardo de los frenos**, que se refiere a **la distancia que se desplaza Usted durante la demora en la respuesta de los frenos**. Usted puede avanzar tanto como 32 pies desde el momento en que presiona el pedal del freno al momento en que los frenos responden. No hay mucho que Usted pueda hacer para reducir esta distancia total necesaria para detenerse. Para frenar con seguridad Usted siempre se debe dar cuando menos 290 pies. En la mayoría de veces, Usted va a necesitar más.

La velocidad afecta el tiempo que se necesita para detener al camión. Si Usted duplica su velocidad de 20 a 40 mph necesita cuatro veces más distancia para detenerse. Técnicamente, el efecto de la velocidad es geométrico. Esto significa que conforme vaya Usted más rápido, el tiempo relativo que necesita para detenerse no permanece igual. Se multiplica. Por ejemplo, si duplica su velocidad de 30 a 60 mph, no avanzará el doble, sino seis y media veces más. Sin embargo, es suficiente saber que el doblar su velocidad quadruplica su distancia de seguridad.

Los Frenos de Aire

Los frenos de aire **se operan con aire comprimido**. Así pues los componentes del sistema deben estar diseñados para mantener un abasto de aire comprimido, además de dirigir y controlar su flujo. Estos componentes también deben estar diseñados para usar la energía del aire comprimido en hacer funcionar los frenos.

En esta sección vamos a estudiar con detenimiento las partes que desarrollan estas tareas. Primero, vamos a listarlos para tener una idea de la esfera de acción del material del que vamos a cubrir. Los números entre paréntesis en la lista siguiente son iguales a los de la Ilustración 4-2.

- el compresor (1)
- el secador de aire (3)
- el sistema de depósitos de aire (4)
- el mecanismo de frenado
- el sistema de válvulas de protección (5)
- los medidores
- las cámaras de los frenos (7)
- el regulador del aire (2)
- el evaporador de alcohol (3)
- los tambores de freno
- las luces de alto
- las válvulas de control de la operación (6)
- los ajustadores de juego (8)
- los dispositivos de advertencia
- los conectores de las mangueras ("manitas") (en inglés: gladhands) (9)

Muchos de estos componentes tienen subpartes. For ejemplo, hay cinco sistemas de válvulas de protección. Usted puede considerar que este

sistema es complicado. Pero, una vez que conoce las partes, donde están localizadas y lo que hacen, ya está **"del otro lado" para poder usar e inspeccionar adecuadamente el sistema.**

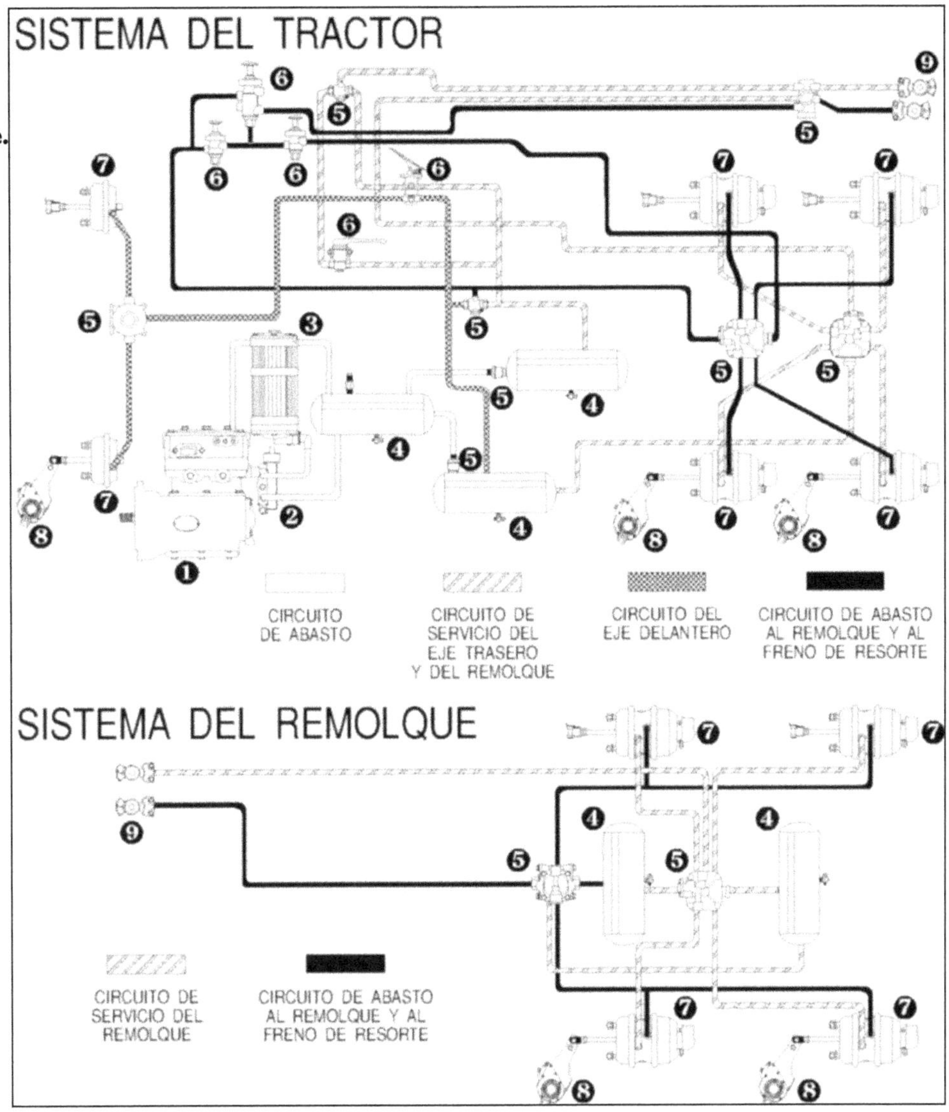

Ilustración 4-2
Un sistema típico de frenos de aire para una unidad tractor-remolque.

EL COMPRESOR

El compresor es una máquina que absorbe el aire a su alrededor, **lo bombea y mete en un espacio pequeño para incrementar su presión**, y luego lo vuelve a bombear al sistema de depósitos de aire donde lo almacena en tanques hasta que se necesita. El motor abastece la energía necesaria para que funcione el compresor, así que generalmente está montado por un lado de él. Los compresores pueden tener transmisión por banda o por engrane, y pueden tener su propio abasto de aceite o lubricarse con el aceite del motor.

EL REGULADOR DEL AIRE

Localizado sobre el compresor, el regulador del aire controla cuándo el compresor debe bombear aire al sistema de depósitos de aire. **Regula la cantidad de presión de aire en el sistema**. Cuando la presión alcanza el nivel en que debe parar (alrededor de 120 a 125 psi), el regulador apaga al compresor para que deje de bombear aire. Cuando la presión en el tanque cae a más o menos 100 psi, el regulador le manda una señal al compresor para que arranque (comienza de nuevo a bombear aire dentro de los tanques).

EL SECADOR DE AIRE

Cuando el aire sale del compresor, fluye a través del secador de aire. Esto **limpia el aire comprimido separándole la humedad y el aceite vaporizado**. Cuando Usted comprime aire, también lo calienta. Conforme se enfría, la humedad que tenga se condensa. También, se vaporizan pequeñas cantidades de aceite del compresor y se salen de él junto con el aire. Cuando el aire comprimido se enfría, también se condensa el aceite. El resultado es un lodo que, si no se separa del sistema, puede tapar y corroer las válvulas. En clima frío, este lodo se puede congelar en las líneas y en las válvulas. El secador de aire cumple muy bien su función de separar esta humedad y aceite condensados. Pero el secador no lo separa todo. Usted tendrá que terminar el trabajo del secador. Ya le diremos cómo después.

EL EVAPORADOR DE ALCOHOL

Algunos vehículos tienen un evaporador de alcohol. Al añadir alcohol al sistema de frenos de aire se impide que la humedad contenida en el aire comprimido se congele. Si hay hielo en el sistema, se podría ocasionar una falla de frenos .

EL SISTEMA DE DEPOSITOS DE AIRE

Del secador de aire, el aire comprimido pasa al sistema de depósitos que **almacena el aire hasta que se necesita**.

En la unidad del tractor, el primer tanque de depósito de aire en un circuito dual o doble de sistema de frenos de aire, se le llama **tanque principal de abasto o el tanque húmedo**. Hay un **segundo tanque** llamado primario que almacena aire comprimido para **el abasto del eje trasero**. Un **tercer tanque** almacena aire comprimido para el **abasto del eje delantero**. A **ambos** tanques también se les conoce como **tanques secos**. Los términos de húmedo y seco se refieren a qué tanta humedad y aceite condensados se puedan encontrar en estos tanques. En la ilustración 4-2 puede ver los depósitos de aire del tractor y los **depósitos de los ejes anterior y posterior del remolque**.

Hay tres tipos de válvulas en el sistema de depósitos de aire: válvulas de seguridad, válvulas de flujo en un sólo sentido o "check" y válvulas drenadoras de los tanques de aire.

Las **válvulas de seguridad** protegen a los tanques del aire al **dejar escapar el exceso de presión** si falla el regulador del aire. Las válvulas de seguridad generalmente están ajustadas para que se abran a las 150 psi. Si la válvula de seguridad deja escapar aire, es señal de que algo anda mal.

Las válvulas "check" permiten que el aire fluya en una sola dirección. Todos los tanques del aire deben tenerlas. Si hay una fuga en el tanque de abasto o en la línea de descarga del compresor, estas válvulas impiden la pérdida de presión en el resto del sistema. Las válvulas check se colocan en las líneas que van a los tanques.

En el fondo de cada tanque de abasto se encuentra una **válvula drenadora del tanque del aire**. La purga, o mecanismo de drenado, en estas válvulas **debe ser abierto manualmente para que la humedad en los tanques, se pueda drenar**. Muchos de los sistemas nuevos tienen válvulas eyectoras (en inglés: "spit valves") (En Español la palabra "spit" se traduce a la palabra escupir) o eyectores automáticos de humedad (purgas automáticas) que también se pueden abrir manualmente. Por lo que Usted ya sabe acerca del daño y problemas que pueden causar en el sistema de frenos la humedad y aceite condensados, ya puede darse cuenta de lo importante que es drenar los tanques **diariamente**. De hecho, es el mantenimiento más importante que pueda Usted hacer. Si su unidad tractor-remolque está equipada con eyectores o purgas automáticas de humedad, asegúrese de revisar que funcionen adecuadamente por lo menos una vez por semana.

Démonos ahora un minuto para ver la explicación de cómo funciona el sistema de los frenos de aire de servicio. Los frenos de resorte funcionan diferente. Usted aprenderá cómo funcionan éstos, más adelante en esta sección.

El compresor absorbe el aire a su alrededor, lo comprime y lo bombea al secador de aire. El secador de aire le quita la humedad al aire comprimido y enseguida, éste fluye al sistema de depósitos de aire. Cuando Usted opera una de las válvulas de control de aire (la válvula de pie o pedal, o la válvula de mano), el aire comprimido fluye a las cámaras de aire de los frenos. En estas cámaras, el aire comprimido mueve las articulaciones de los frenos de servicio que presionan las zapatas y por tanto sus recubrimiento, contra los tambores de freno. Más adelante en esta sección, le daremos una mirada con más detalle al funcionamiento de las cosas en las cámaras de los frenos.

LAS VALVULAS DE PROTECCION DEL SISTEMA

Cuatro diferentes tipos de válvulas protegen de diversas formas a los sistemas de frenos de aire.

- válvulas de alivio rápido
- válvula de estacionamiento del tractor
- válvulas relevadoras
- válvula de los frenos de estacionamiento

Las válvulas de alivio rápido se encuentran cerca de las cámaras de aire de los frenos. Cuando aplica los frenos, el aire pasa a estas cámaras de aire. El aire comprimido acciona los frenos y permanece accionándolos. Una vez que Usted suelta los frenos, ese aire debe ser desalojado muy rápidamente para que los frenos se suelten. La **válvula de alivio rápido permite** que este **aire escape muy rápidamente de la cámara de los frenos**.

Los sistemas de frenos de aire en los tractores, y en los remolques, que tienen **sistema dual de frenos de aire**, como el que se muestra en la ilustración 4-2, **utilizan válvulas relevadoras**. La válvula relevadora funciona un poco como la válvula de alivio rápido en el sentido de que hace llegar el aire más rápidamente. Con una válvula relevadora, la presión se almacena no sólo en los tanques de abasto de aire sino también en las líneas que llegan hasta la válvula relevadora. Lo que esto significa es que la fuente de aire comprimido, a la presión total, se encuentra más cercana a los frenos que en los sistemas que no tienen válvulas relevadoras. Cuando Usted aplica el pie al pedal del freno, se envía una señal a la válvula relevadora. Esta válvula se abre y manda el aire a presión a las cámaras de los frenos en forma inmediata. Cuando suelta Usted los frenos, la relevadora funciona exactamente como un válvula de alivio rápido dejando que el aire se escape inmediatamente. Ahora Usted puede ver porqué los tractores y remolques con líneas de conducción de los frenos de servicio muy largas, se ven beneficiados por el uso de las válvulas relevadoras. El tiempo que se lleva para que la válvula relevadora se de cuenta de que a subido la presión del aire después de que Usted aplica su pie al pedal del freno se le llama el retardo del freno que discutimos en la página 50. Estas válvulas ayudan a reducir el tiempo de respuesta de los frenos.

Ilustración 4-3
Este es el tipo de cámara de el freno que encontrará en las ruedas con tracción del tractor y en las ruedas del remolque. El árbol de dirección de enfrente tendrá nomas la cámara de los frenos de servicio.

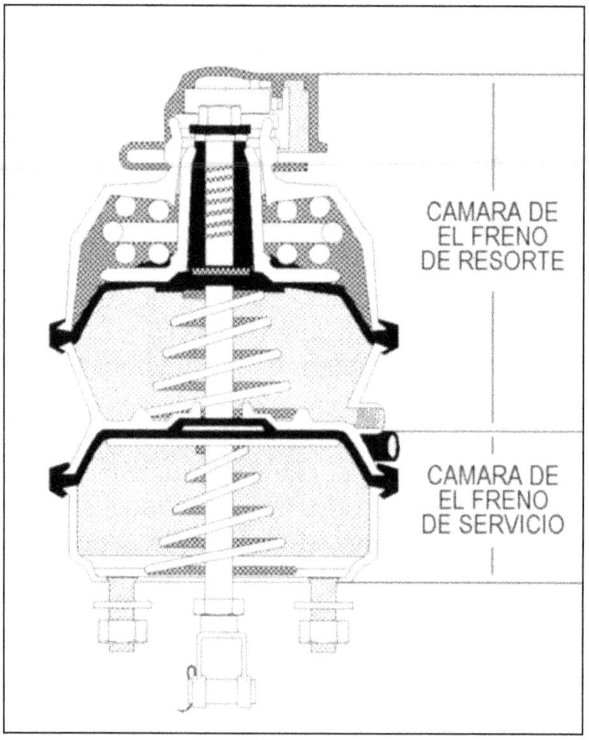

A todos los vehículos de servicio pesado que circulen por las carreteras, fabricados a partir del año de 1975, se les exige que tengan frenos de emergencia o **frenos de resorte**. Usted encontrará frenos de resorte en todas las ruedas de los remolques y en, de menos, uno de los juegos de ruedas con tracción de los tractores. Hacen las funciones de **ambos, frenos de estacionamiento y de emergencia**. La ilustración 4-3 le muestra cómo están colocados los frenos de resorte arriba de la cámara de los frenos de servicio.

La parte del freno de servicio en los frenos mostrados en la ilustración 4-3, funciona de la manera que ya hemos descrito. A continuación describiremos cómo funcionan los frenos de resorte. La **presión que aplican estos frenos la proporciona un resorte**. El resorte se **mantiene hacia atrás (la posición suelta) por la presión del aire**. Cuando Usted aplica los frenos de estacionamiento, **Usted deja escapar esa presión y el resorte se extiende hacia adelante** para aplicar los frenos.

Los frenos de resorte se aplican al estirar la válvula de los frenos de estacionamiento. Todos los sistemas de frenos de aire tienen esta válvula. Se usa para estacionar el tractor y el remolque cuando están acoplados. Es una perilla amarilla, de las que se estiran y se empujan, en forma de diamante (rombo), que encontrará Usted en su tablero. Está ilustrada en la Ilustración 4-4.

Ilustración 4-4
Montadas en el tablero están las perillas que se empujan y se estiran para controlan la válvula del aire. La perilla del abasto de aire del remolque es roja, la perilla de los frenos de estacionamiento es amarilla.

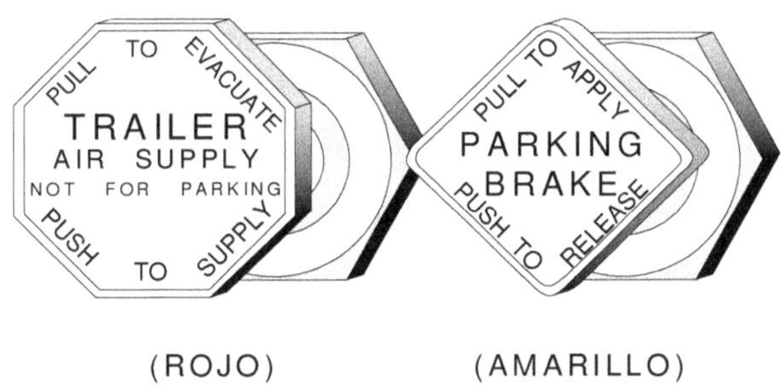

Cuando Usted aplica los frenos de estacionamiento con estirar la perilla amarilla, Usted intencionalmente deja escapar la presión de aire de las cámaras de los frenos de resorte. Sin embargo, en una emergencia, **si la presión de aire del sistema de frenos se cae a valores que van de las 20 a las 45 libras por pulgada cuadrada (psi)**, los frenos de resorte se aplicaran automáticamente, deteniendo totalmente al camión. Los frenos de estacionamiento se convierten en frenos de emergencia. Al mismo tiempo, la perilla roja que controla el abasto de aire al remolque, y la perilla amarilla que controla los frenos de estacionamiento desde su tablero, saltaran así afuera automáticamente.

Para soltar los frenos de estacionamiento y recargar el sistema, debe empujar así adentro, a su posición anterior, tanto la perilla de los frenos de estacionamiento como la que controla el abasto de aire al remolque. Cuando se recarga el sistema, el resorte que está en la cámara de los frenos es empujado y detenido así a tras por la presión del aire.

Nunca pise el pedal de los frenos cuando tiene los frenos de resorte accionados. A esto se le puede llamar un golpe doble. La fuerza combinada de los resortes y del aire comprimido podrían dañar sus frenos. Sin embargo, algunos camiones de carga vienen equipados con una válvula compensadora que evitaría que la presión adicional dañara las cámaras. Usted se puede informar si su vehículo está equipado así, ya sea preguntando a su supervisor de seguridad, o consultando el manual del operador.

Raramente, Usted podrá encontrar un tractor que tenga una **válvula exclusiva de estacionamiento** para usarse cuando Usted haga el acoplamiento y desenganche del remolque. Este control también lo discutimos en el Capítulo 2. Es una perilla azul redonda, de las que se empujan y se estiran.

PRUEBA DE LA HABILIDAD PARA OBSERVAR

Recuerde la ilustración con la que empezó este capítulo. Refiérese a la gráfica de la Prueba de la Habilidad para Observar, al final del libro para que vea si se dio cuenta de todas las cosas importantes de esa ilustración.

LAS VALVULAS DE CONTROL DE LA OPERACION

Estos controles son el pedal del freno, la válvula manual de control del remolque y la válvula de protección del tractor que opera con el control del abasto de aire al remolque.

Al **pedal del freno** también se le llama válvula de pedal o válvula de pie. **Acciona una válvula que surte aire a presión** a los sistemas de frenos de ambos, el tractor y el remolque.

Cuando presiona el pedal, se manda aire a presión a través de las líneas de aire a las válvulas relevadoras. Entonces el aire a presión está muy cerca de las cámaras de los frenos detenido por las válvulas relevadoras. Cuando las válvula relevadora siente el aumento de presión de aire, se abre y el aire rápidamente se desplaza hacia las cámaras de los frenos de servicio. Cuando suelta el pedal, el aire se sale a través de las válvulas de alivio rápido y los frenos se sueltan. Este aplicar y soltar deja escapar del sistema, algo de aire comprimido y reduce la presión de aire en los tanques. Así que la presión se tiene que volver a restablecer. Es por esto que el bombear o abanicar los frenos ocasiona que éstos fallen. Usted deja escapar el aire comprimido más rápido de lo que lo puede reponer el compresor.

Puede ser que su tractor tenga una **válvula manual del remolque**. Esta, únicamente acciona los **frenos del remolque** y le permite controlar la cantidad de aire que se envía a dichos frenos. Esta válvula **nunca debe ser usada como frenos de estacionamiento**. Los frenos se mantendrán accionados sólo si hay presión de aire en el tanque de aire del remolque. Cuando el aire se escape de dicho tanque, se soltarán los frenos. Usted puede usar la válvula manual del remolque para trabar los frenos del mismo cuando lo está acoplando o desenganchando, o para probar dichos frenos (los del remolque).

La **válvula de protección del tractor (siglas en inglés: Tractor Protection Valve TPV)** trabaja con el control del abasto de aire del remolque. Este control es la perilla de ocho lados, roja, de las que se empujan y se estiran, que se encuentra en su tablero. Vio una en el capítulo 2. La labor de esta válvula de protección llamada TPV en inglés, es precisamente proteger el abasto de aire del tractor en caso de la pérdida de presión de aire en las líneas del remolque. La válvula TPV misma, está instalada en el punto debajo de la estructura de chasis del tractor donde las líneas de conducción de aire flexibles que van al remolque están conectadas con las manitas. Esta válvula **separa el abasto de aire del tractor del abasto de aire del remolque**.

Si algo anda mal en el sistema del remolque que ocasione que pierda presión de aire y ésta caiga a niveles por debajo de las 20 a 45 psi, un resorte en la válvula de control de abasto de aire al remolque que se encuentra en el tablero, hace que salte la perilla roja hacia afuera. Esta acción manda una señal a la válvula de protección del tractor. Esta válvula, al recibir la señal, cierra el abasto de aire al remolque. Esto tiene dos efectos. Uno, **protege el abasto de aire del tractor, evitando que se pierda**, y asegura por tanto, que funcionen los frenos de servicio del mismo. Dos, dado que el remolque va perdiendo presión de aire y ya no recibe ninguna del tractor, **se activan los frenos de emergencia del remolque**. Así pues, los frenos de resorte del remolque están puestos y Usted tiene el control de los frenos de servicio del tractor. Esto le permite frenar controladamente su equipo hasta que lo detenga en forma segura. Todo esto sucede automáticamente, pero sólo hasta que Usted ha sido advertido por los dispositivos de advertencia de baja presión de aire, de los que se va enterar enseguida.

La válvula de protección del tractor también puede operarse manualmente estirando el **control de abasto de aire del remolque**. Esto corta el abasto de aire al remolque y acciona los frenos de emergencia del mismo. Para resurtir de aire los frenos del remolque, simplemente presione la perilla roja hacia adentro.

LOS DISPOSITIVOS DE ADVERTENCIA

Hay dos dispositivos que le advierten de **baja presión de aire**: una **luz de advertencia** y un **zumbador de advertencia**. Su camión de carga, de menos, tendrá uno de ellos. Se localizan en la cabina.

Algunos vehículos de modelo más antiguo tienen un dispositivo de advertencia de baja presión de aire llamado en inglés **wig wag**, ("meneo", en español). Este dispositivo es una banderita de señales que cae del techo de la cabina al campo visual del chofer, cuando la presión del aire baja demasiado. No la puede volver a poner en su lugar hasta que restablezca la presión del aire a un nivel seguro.

Si el motor está encendido, y la presión de aire en cualquiera de sus tanques de servicio cae por debajo de las 60 psi, estos dispositivos se encenderán. **Si algún dispositivo de advertencia de baja presión de aire se enciende, saque su vehículo del camino en el primer sitio que**

encuentre y que sea seguro para parar. No vuelva a manejarlo hasta que se haya corregido el problema.

LOS MEDIDORES

Todos los vehículos con frenos de aire tienen un **medidor de presión** conectado al tanque del aire, de tal forma que Usted pueda ver qué tanta presión tiene el tanque. El sistema dual de frenos de aire tiene un medidor para cada tanque, el tanque primario (marcado P) Y el secundario (marcado S), o un medidor con una manecilla diferente para cada tanque.

Ilustración 4-5
El medidor primario de la presión del aire.

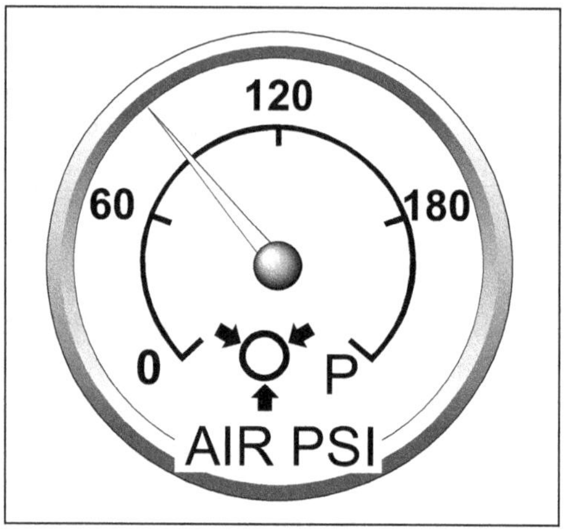

Su vehículo puede estar equipado con un **medidor de presión en el punto de aplicación**. Este medidor le muestra qué tanta presión de aire está Usted aplicando directamente a los frenos cuando Usted presiona el pedal del freno. Si nota que cada vez necesita aplicar más presión para obtener el mismo efecto de frenado, debería sospechar que sus frenos se están debilitando.

LAS CAMARAS DE LOS FRENOS

Las cámaras de los frenos contienen algunas de las partes que constituyen los frenos de servicio. Las listamos a continuación:

- entrada del aire
- varilla de empuje
- abrazadera
- diafragma
- resorte posicionador

El aire presurizado entra a la cámara de los frenos por la entrada del aire. Enseguida, el aire presiona contra el **diafragma**. El diafragma **empuja** la **varilla de empuje** que **está conectada al ajustador de juego (perno sin fín para ajustar los frenos)**, que a su vez **está conectado al mecanismo de frenado**. Puede ver la varilla de empuje tanto en la parte A como en la parte B de la ilustración 4-6. El **resorte posicionador regresa el diafragma a su posición apropiada** una vez que la válvula de alivio rápido ha dejado salir el aire presurizado de la cámara. La **abrazadera** proporciona un mecanismo para **unir el ajustador de juego a la varilla de empuje**.

Además de la cámara de los frenos, el ajustador de juego, el tambor del freno, las zapatas y sus recubrimientos o cojinetes, el eje de la leva del freno y una leva en S, constituyen lo que se llama los frenos de servicio. Usted sabe en lo general, cómo funcionan los frenos de servicio. Conforme discutamos cada una de estas partes, Usted aprenderá más específicamente cómo funcionan. Y conforme vaya aprendiendo acerca de cada parte, localícela en la ilustración 4-6. Haga esto cada vez que lea sobre una parte nueva. Estudie la ilustración para que vea cómo están ensambladas las partes y cómo funcionan.

Ilustración 4-6
La parte A enseña las partes de la cámara de los frenos de servicio. La parte B enseña las partes del mecanismo de los frenos.

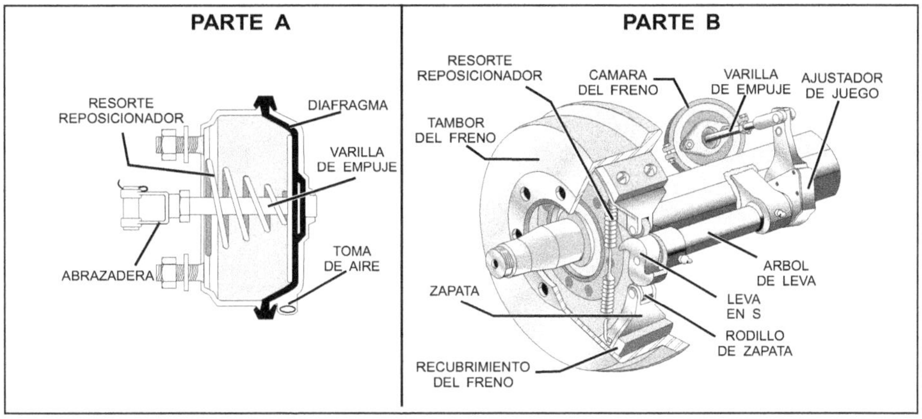

LOS AJUSTADORES DE JUEGO

Los ajustadores de juego **ajustan los frenos** para **compensar el desgaste del recubrimiento de las zapatas**. El ajustador de juego es el brazo de una pequeña palanca unido a la varilla de empuje de la cámara de los frenos por una abrazadera. Puede ver la abrazadera en la parte A de la ilustración 4-6. En la parte B, puede ver el ajustador de juego. Su función es ajustar el recorrido de la varilla de empuje. El eje de la leva del freno esta unido al ajustador de juego. El eje de la leva del freno da vueltas con el ajustador de juego. Esta rotación hace dar vueltas a la leva en S, que a su vez, forza el recubrimiento de la zapata contra el tambor del freno.

Los ajustadores de juego se pueden ajustar ya sea manual o automáticamente. Los que se ajustan manualmente tienen una **tuerca de ajuste**. Para ajustar este tipo de ajustador. Usted debe tener entrenamiento especial y certificación. La parte 396.25 de las Reglamentaciones Federales de Seguridad para los Transportistas Motorizados (Federal Motor Carriers Safety Regulations)(siglas en inglés: FMCSR) indica las calificaciones que Usted necesita para inspeccionar, mantener, dar servicio, y reparar los sistemas de frenos de vehículos de motor comerciales. La parte 396.25 también es específica sobre el recorrido de la varilla de empuje por las variedades de los modelos y los tamaños de las cámaras de los frenos que se usan en tractores y remolques. Es importante de que Usted lea y entienda las secciones que pertenecen a los frenos en el FMCSR. Cuando usted apruebe el examen de conocimiento y de habilidad de los frenos de aire para obtener la licencia que le permitirá conducir un vehículo comercial o (commercial driver's license CDL) Usted estará en aptitud para inspeccionar el sistema de aire de los frenos.

Los **ajustadores de juego automáticos** ajustan los frenos cada vez que éstos se aplican. Son sensibles a la distancia que la varilla de empuje recorre cada vez, y mantienen los frenos en ajuste constante. Las Reglamentaciones Federales de Seguridad para los Transportistas Motorizados (siglas en inglés: FMCSR) requieren que los vehículos comerciales moto-

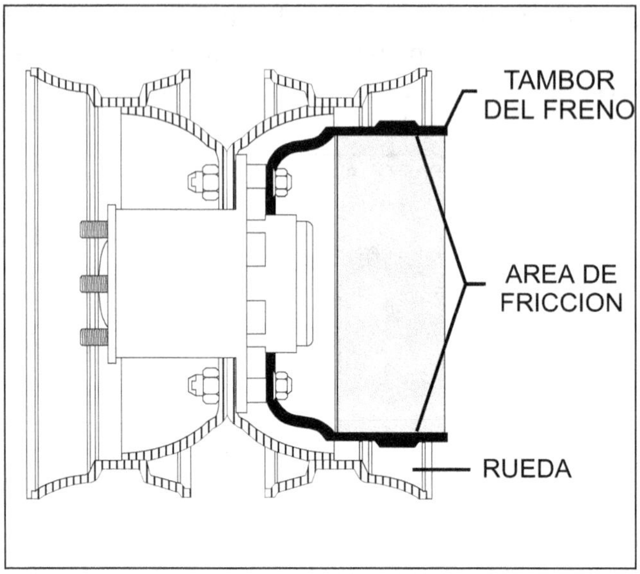

Ilustración 4-7
Un tambor del freno mostrando la área de fricción.

rizados fabricados en y después del 20 de Octubre del 1994, sean equipados con ajustadores de juego automáticos. Esto es por la dificultad de mantener los ajustadores de juego manuales en ajuste apropiado en todas las ruedas todo el tiempo. Con frecuencia, solamente uno o dos de los frenos están en ajuste apropiado. Entonces estos hacen todo el trabajo y los frenos que están fuera de ajuste no contribuyen al esfuerzo de frenar. Reparaciones hechas en los ajustadores de juego automáticos deben ser hechas por personas certificadas en acuerdo con FMCSR en la parte 396.25. La compañía por la cual Usted maneja también tendrá sus reglamentaciones que lo guiaran en el caso de que Usted encuentre problemas con el recorrido de la varilla de empuje en el equipo que Usted maneje.

LOS TAMBORES DE FRENO

Los tambores de freno están hechos de hierro o de acero. Están atornillados a las ruedas, de tal suerte que la rueda y el tambor giran juntos. La **superficie interna** del tambor **debe estar lisa y uniforme**. Si dicha superficie está rayada o tiene bordos en más de la mitad del ancho del área de fricción, puede ser que el recubrimiento de las zapatas no hagan contacto completamente con el tambor. Esto puede tener como resultado un funcionamiento muy deficiente de los frenos. Vea la Ilustración 4-7.

EL MECANISMO DE FRENADO

El mecanismo de frenado que consiste en las zapatas, el recubrimiento, el eje de la leva del freno y la leva en S, se encuentra **dentro del tambor**. Esto lo puede ver en la vista de corte que se muestra en la Ilustración 4-6, Parte B. Es la acción de las zapatas que presionan sus recubrimiento contra la superficie del tambor del freno, lo que produce la fricción que detiene al vehículo.

LAS ZAPATAS Y SUS RECUBRIMIENTOS. Cada tambor de frenos contiene dos zapatas con sus recubrimientos. Los recubrimientos están hechos de fibra mineral metálica, deben estar bien fijas a las zapatas y limpias de aceite o grasa. En su punto más delgado no deben tener menos de 1/4 de pulgada de espesor.

EL EJE DE LA LEVA DE LOS FRENOS. El eje de la leva de los frenos está unido al ajustador de juego. El **ajustador de juego convierte** el **movimiento producido por el empuje de la varilla de empuje en un movimiento giratorio**, el del eje de la leva. Este eje **hace girar a la leva en S**.

LA LEVA EN S. Esta leva está unida al llamado eje de la leva. Cuando este eje gira, hace girar a la leva en S. Este movimiento **empuja a las zapatas, y por tanto al recubrimiento, contra el tambor del freno**.

Ilustración 4-8
Aplicando los frenos de servicio extiende el recorrido de la varilla de empuje. Esto mueve el ajustador de juego que hace girar el árbol de leva y al leva en S, causando que se separen los zapatos del freno.

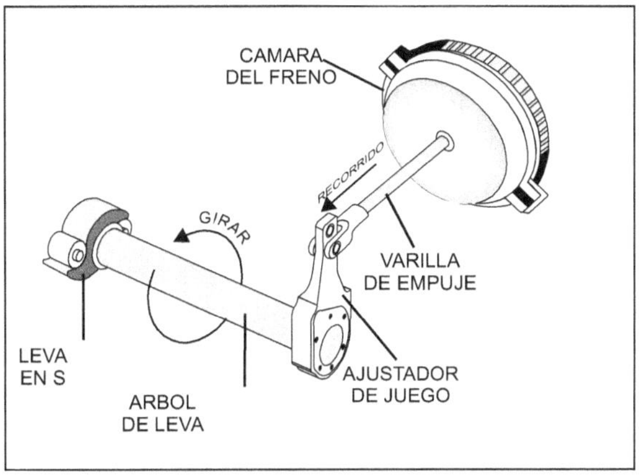

Ahora ya sabe lo suficiente como para echar un vistazo más de cerca al funcionamiento de los frenos de servicio. Usted pisa el pedal del freno. Esto manda una señal a la válvula relevadora. Esta válvula se abre y el aire entra a la cámara de los frenos a través de la entrada del aire. El aire presurizado empuja al diafragma. El diafragma empuja a la varilla de empuje. Esta, empuja al ajustador de juego. Este, gira. Este movimiento giratorio hace dar vuelta al eje de la leva, que a su vez gira a la leva en S, como puede ser visto en la Ilustración 4-8. Esta leva, al girar, empuja a las zapatas con sus recubrimiento contra el tambor del freno. Esto genera fricción que hace que el tambor, que está girando, disminuya su rotación hasta que se detiene. Dado que el tambor está unido a la rueda, ésta también deja de girar. Cuando Usted suelta el pedal, se deja de enviar la señal a la válvula relevadora. Esta, cierra la entrada de aire y rápidamente deja escapar el aire que se encuentra adentro de la cámara de los frenos.

FRENOS DE CUÑA Y FRENOS DE DISCO. En lugar de frenos con leva en S, su vehículo puede tener **frenos de cuña o frenos de disco**. En los frenos de cuña, la varilla de empuje empuja una cuña entre los extremos de las dos zapatas. Esta cuña separa las zapatas y las empuja contra la cara interna del tambor de los frenos. Los frenos de disco tienen un tornillo de potencia en lugar de una leva en S. La presión del aire que actúa sobre el diafragma empuja al ajustador de juego. Este hace girar al tornillo de potencia. Este tornillo hace que una abrazadera en forma de "U" invertida (mordaza) o el cabezal de freno de disco (en inglés:caliper), abrace al disco con sus recubrimientos.

LAS "MANITAS"(en inglés: GLAD HANDS)

Estas "manitas" o conectores, son los **dispositivos de acoplamiento** que se encuentran al extremo de las líneas del aire en la parte trasera de su tractor, y en el frente de su remolque. Estas líneas del aire **conectan los frenos de servicio y de emergencia de su remolque al sistema de**

abasto de aire de su tractor. Estas conexiones entre el tractor y el remolque se hacen con mangueras o líneas de conducción de aire flexibles y están conectadas con las manitas. Se deben conectar en la forma apropiada. Generalmente están codificados por color. En ese caso, las líneas del aire de los frenos de servicio son azules, y las líneas del aire de los frenos de emergencia son rojos. El dispositivo de acoplamiento es del tipo que se empujan hasta cerrarse de golpe y que se traban, similar al tapón del radiador. Cuando va Usted manejando su tractor sin remolque, puede conectar estas mangueras flexibles a los conectadores que se encuentran en la parte de atrás de la cabina y que se surten con este propósito. A estos conectadores generalmente se les conoce con el nombre de **conectadores tontos. Protegen las líneas y no dejan que se meta ni el agua ni el polvo**. Si su tractor no los tiene, simplemente conecte las líneas una a la otra y asegúrelas contra la parte de atrás de su tractor.

LUCES DE ALTO

Aunque no le ayuden a detener su vehículo, sus luces de alto forman parte del sistema de frenos. El aire a presión hace funcionar un interruptor que enciende las luces de freno cuando pisa Usted el pedal. Esto les avisa a los choferes que vienen detrás, que Usted disminuye su velocidad o que se va a detener.

Sistema de Frenos que No Se Traban
(en inglés: ANTI-LOCK BRAKING SYSTEM O ABS)

Avances en la ciencia de las electrónicas se han puesto en uso para mejorar el sistema del frenado del cual Usted acaba de leer. **Antes de que se usaran los sistemas de frenos que no se traban(ABS) una aplicación dura de frenos con frecuencia resultaba en un trabamiento de las ruedas**. En el capítulo 19 discutimos el trabamiento de las ruedas y los derrapes. **Los sistemas de frenos que no se traban no disminuyen la distancia para detenerse** pero si **previenen el trabamiento de las ruedas** y reducen la oportunidad de un derrape o de que se doble el tractor del remolque (descuadre)(en inglés, "jackknife").

Una computadora del tamaño micro llamada **la unidad del controlador electrónico** (en inglés: electronic control unit ECU) viene siendo el cerebro del sistema de ABS que se puede ver en la Ilustración 4-9. La unidad del controlador electrónico constantemente **recibe señales de** los sensores y una argolla dentada localizada en el tambor **de cada rueda**. Los sensores y la argolla dentada miden la velocidad de las ruedas constantemente. Si una rueda trata de trabarse, durante una aplicación de los frenos, el sensor le manda una señal a la unidad del controlador electrónico. **La unidad del controlador electrónico transmite pulsaciones eléctricas a un relé del sistema de los frenos que no se traban (ABS) o a una válvula moduladora localizada en cada rueda que automáticamente aplica, detiene, o suelta** la presión, hasta y arriba de cinco veces por segundo, en la cámara del freno. Esto previenen el trabamiento de las

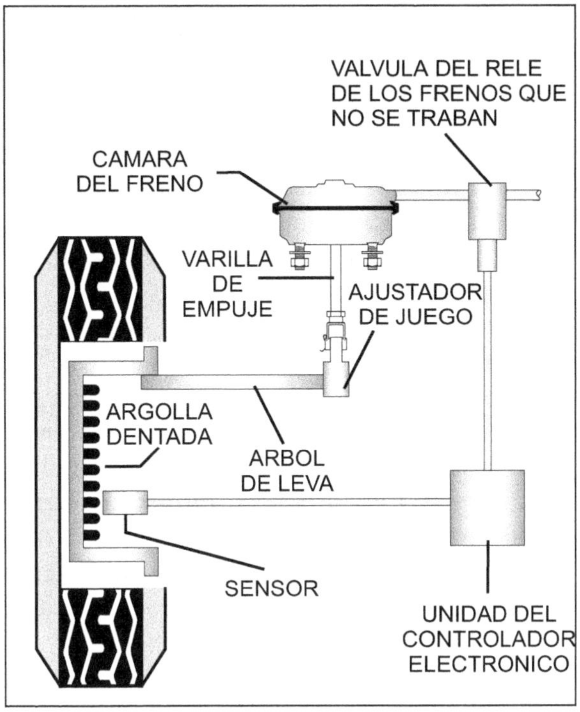

Ilustración 4-9 Partes básicas del sistema de los frenos que no se traban. En Inglés: anti-lock.

ruedas. Usted encontrara el sistema de los frenos que no se traban (ABS) en todos los tractores que fueron fabricados después del primero de Marzo del 1997, y todos remolques nuevos que fueron fabricados después del primero de Marzo del 1998.

Otro sistema que se puede instalar con el sistema de los frenos que no se traban (ABS) es un **sistema de controlador automático de tracción** (en inglés: automatic traction control system ATC). Este sistema usa los sensores y las argollas dentadas en las ruedas, y también usa otra unidad del controlador electrónico porque este sistema modula la válvula reguladora del motor. Esto **ayuda a las ruedas para que no se resbalen o girar durante la aceleración**. El resbalón y la giración de las ruedas es discutido en más detalle en el capítulo 19.

FRENANDO POR ALAMBRE

Otro mejoramiento en el sistema de los frenos de aire es el sistema electrónico de frenar. (en inglés: electronic braking system EBS), también conocido como frenando por alambre. El sistema electrónico de frenar (EBS) usa un sensor localizado en el pedal del freno para medir la demanda de frenar. La señal del pedal es transmitida aun a otra unidad de controlador electrónico que calcula la presión de aire necesaria para llenar esa demanda. La unidad del controlador electrónico entonces manda una señal electrónica a las válvulas de relé en cada eje para proveer la presión que se necesita para llenar la demanda calculada por la unidad del controlador electrónico. La señal electrónica enviada por el "alambre" es más rápida que la señal de aire que de la cual Usted leo en la discusión del sistema básico de frenar en las páginas 49 y 54. El sistema de frenar por alambre reduce mucho el tiempo que se lleva para que respondan los frenos en la rueda al chofer presionando el pedal del freno. En otras palabras, esto reduce el retardo de los frenos. Más que eso, asegura que la fuerza de frenando es distribuida en partes iguales sobre todas las ruedas con seguir de cerca a los sensores de rueda ya instalados en el sistema para el sistema de los frenos que no se traban (ABS).

Si hay un fallo en el sistema electrónico de frenar (EBS), los frenos se van a recudir al la operación normal del sistema dual de aire.

Situaciones en las que Hay que Usar Los Frenos de Emergencia

Ahora ya sabe qué sucede cuando los frenos de resorte se activan automáticamente por una situación de emergencia. También sabe qué pasa cuando se activa la válvula de protección del tractor. En esta sección vamos a ver las situaciones de emergencia que hacen necesario que se activen estos frenos.

Si el remolque se llegara a zafar del tractor, se romperían las mangueras del aire tanto de los frenos de servicio como de los frenos de emergencia. Esto inmediatamente activaría la válvula de protección del tractor, para proteger su presión de aire. Usted necesita esa presión de aire para detener en forma segura su tractor. Una **zafadura del remolque** también activaría los frenos de emergencia de dicho remolque lo que haría que éste se detuviera. Las zafaduras de remolques son mucho muy raras. Lo que es más probable es que se rompa una de las líneas del aire.

Si se **rompe una de las líneas de aire de los frenos de servicio**, no pasaría nada hasta que se aplicaran los frenos. Entonces se escaparía aire de la línea de servicio dañada en lugar de irse a los frenos del remolque. Si esto pasará nomas los frenos del tractor se accionarán para disminuir la velocidad del vehiculo. Usted se dará cuenta de la ausencia de los frenos del remolque. El repetido bombeo o aplicación del freno de servicio reducirá la presión de aire. Cuando la presión se baja a niveles alrededor de las 45 psi, los frenos de emergencia se activan automáticamente y detienen al vehículo.

Si se **rompe una de las líneas de aire de los frenos de emergencia** habría una inmediata y muy rápida caída de presión en las líneas de los frenos de emergencia. Se activaría la válvula de protección del tractor, así como los frenos de emergencia del remolque, tal y como sucedería si el remolque se hubiera zafado.

Si la **línea de descarga del compresor al tanque principal de abasto o almacenamiento se rompe**, habrá una pérdida de aire de este tanque. La válvula "check" (que permite el flujo en una sola dirección) localizada entre el tanque principal y los tanques secos evitará que se pierda aire de esos tanques. Cuando la presión de aire en el tanque principal se cae por debajo de las 60 psi, un interruptor de baja presión activará un dispositivo de advertencia. Debe quedar suficiente presión de aire en el tanque para detener al vehículo. Habrá suficiente para efectuar un limitado número de aplicaciones de los frenos.

Pruebas para Sus Sistemas de Frenos

)Qué **ocasiona** las situaciones en las que se tienen que usar los frenos de emergencia? **Una contingencia en la carretera, rara vez** ocasionará que se rompa una línea de aire. Por ejemplo, al ir manejando, puede pasar sin darse cuenta sobre un tablón grueso (como un dos por cuatro) que luego salte y rompa una línea. Pero la causa más probable y la **más frecuente** de situaciones en las que tiene que usar los frenos de emergencia, es **el mantenimiento deficiente**.

A continuación le presentamos **cuatro pruebas** que le ayudarán a **asegurarse de que su sistema de frenos de aire funcionen adecuadamente** antes de que necesite confiar en ellos. **Revise su manual de dueño para las lecturas y respuestas que Usted espera**.

LA PRUEBA DEL COMPRESOR

Este procedimiento **prueba el tiempo en que se levanta la presión, el indicador de advertencia de baja presión y el regulador del aire**.

- Abra las purgas, drene los tanques de aire húmedos primero. Luego drene los tanques de aire secos hasta que los medidores de presión indiquen cero y cierre las purgas.
- Encienda el motor y revoluciónelo en neutral entre 600 y 900 rpm. El compresor debe comenzar a llenar los tanques.
- Vigile el dispositivo de advertencia de baja presión de aire. Si la advertencia deja de funcionar antes de que la presión llegue a las 60 psi, necesita ajuste.
- En un vehículo con sistema dual de aire, la presión debe levantarse de 85 a 100 psi dentro 45 segundos. Si se tarda más en levantarse la presión, es que hay un problema en alguna parte. En vehículos más viejos con sistemas sencillos de aire, la presión debe levantarse de 50 a 90 psi dentro de tres minutos con el motor revoluciónando en neutral entre 600 y 900 rpm.
- Siga llenando los tanques hasta que el regulador pare al compresor. Si el regulador continúa llenado los tanques a por arriba de 120-130 psi, el regulador necesita ajuste.
- Con el freno de estacionamiento suelto (para evitar el golpe doble), pise y suelte el pedal del freno hasta que la presión en el sistema se caiga a un poco menos de 100 psi. La presión debe comenzar a subir de nuevo si la válvula reguladora está adecuadamente ajustada.

Informe al taller de mantenimiento los resultados de las pruebas en las que hubo falla. Cerciórese de que todos los ajustes indicados se hayan hecho antes de que salga a circular con su equipo.

LA PRUEBA DEL IDICE DE LA PERDIDA DE AIRE

Este procedimiento **prueba la habilidad del sistema de servicio para retener la presión de aire**.

- Ahora que la presión llegó a su máximo nivel, tipicamente 125 psi, apague el motor, pongale un calzo a las ruedas, suelte los frenos y deje todo como está por un minuto.

- Anote la lectura del medidor de presión y empieze a tomar el tiempo.
- Después de un minuto, vuelva a tomar nota de la presión.

La presión no debería bajar más de 2 psi por minuto para el tractor sólo. Si tiene acoplados uno o más remolques, la presión no debería bajar más de 3 psi por minuto. Si la caída de presión es mayor, algo anda mal. Investigue qué es lo que anda mal y vea que lo arreglen antes de que maneje su equipo.

- Ensegida, presione fuerte sobre el pedal del freno y sosténgalo así por un minuto.
- Anote la lectura del medidor de la presión y permanezca presionando el pedal del freno
- Anote la presión otra vez después de un minuto.

Si está probando únicamente el tractor, la caída de presión no debe ser mayor de 3 psi por minuto. Si está probando una combinación tractor-remolque, esta caída de presión no debe ser mayor de 4 psi por minuto. Para una combinación con dos remolques, no debe ser mayor de 6 psi por minuto.

LA PRUEBA DEL SISTEMA DE EMERGENCIA

Estos dos pasos **prueban su dispositivo de advertencia de baja presión de aire, y la activación de sus frenos de emergencia de resorte**.

- Con la presión de aire a 90 libras y el motor apagado. Presione y suelte el pedal del freno hasta que la advertencia de baja presión de aire se encienda.

Si el dispositivo de advertencia no se enciende con la presión abajo de las 60 psi, haga que lo ajusten antes de manejar su equipo. La advertencia se debe encender antes de que se accionen automáticamente los frenos de resorte.

- Continúe presionando y soltando el pedal del freno hasta que los frenos de resorte se accionen automáticamente.

Los frenos de resorte se deben accionar entre las 20 y las 40 psi. Si se accionan por arriba de las 45 psi, algo anda mal.

LA PRUEBA DE EL FRENO DE ESTACIONAMIENTO Y EL FRENO DE SERVICIO

Estas pruebas lo ayudarán a determinar si el freno de estacionamiento y el freno de servicio funcionan adecuadamente.

- Con el freno de estacionamiento activado, ponga el vehículo en velocidad menor y con cuidado trate de mover el vehículo para adelante. Si los frenos de estacionamiento están funcionando adecuadamente, el vehículo no se debe de mover.

- Con la presión de aire en el sistema normal, suelte el freno de estacionamiento y mueva el vehículo despacito para adelante. Fíjese que el vehículo se detiene parejo cuando el pedal del freno está firmemente presionando y de que nada se "siente" raro.

Examen Sobre el Capítulo 4

1. Las fallas de los frenos ___________.
   A. son la causa mecánica principal de accidentes
   B. las ocasionan con mayor frecuencia, las contingencias en la carretera
   C. generalmente ocasionan que se zafe el remolque
   D. las ocasionan con mayor frecuencia, el debilitamiento de los frenos

2. El propósito del sistema de frenos de servicio y del sistema de frenos de emergencia es ____________.
   A. disminuír la velocidad de su vehículo, detenerlo y estacionarlo
   B. evitar que se zafen los remolques
   C. disminuír la velocidad de su vehículo, detenerlo y estacionarlo de una manera predecible y controlada
   D. evitar que el sistema de frenos del tractor pierda presión de aire

3. Los cuatro factores de la teoria básica de los frenos son el calentamiento, el peso, la velocidad y __________.
   A. la presión de aire
   B. cuántos remolques va jalando
   C. el contenido de humedad en el tanque húmedo
   D. la fricción

Para contestar las preguntas del 4 al 8, haga el favor de llenar los espacios en blanco en la ilustración, localizada abajo, con las etiquetas correctas.

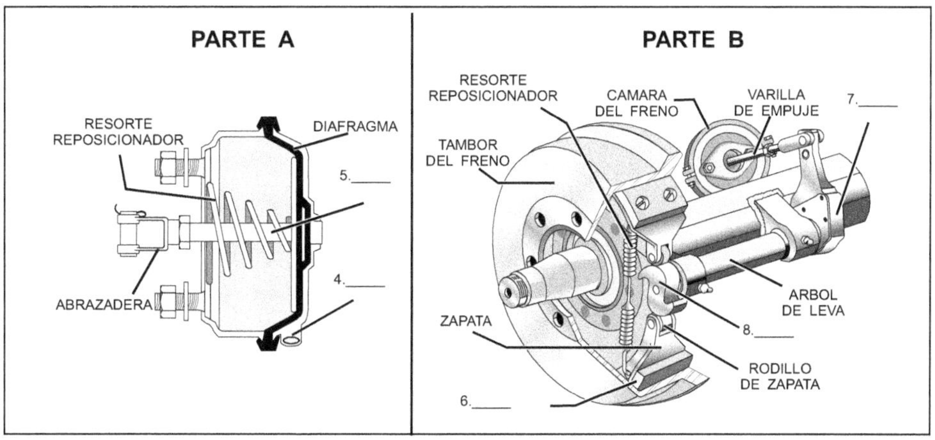

9. "El ajustador de juego gira. Este movimiento giratorio a su vez, hace girar el eje de la leva del freno, que a su vez gira la leva en S". El texto entre comillas es parte de la explicación de cómo funcionan los frenos de cuña.
   A. Verdadero.
   B. Falso.

10. Si ______________________________, no pasa nada hasta que Usted accione los frenos.
    A. el remolque se zafa
    B. una línea de aire de los frenos de servicio se rompe
    C. la línea de descarga del compresor al tanque principal de abasto, se rompe
    D. una línea de aire de los frenos de resorte se rompe

CAPITULO 5

LO ELECTRICO

La Fuerza Detrás de la Potencia

Desde luego que la potencia que hace funcionar su camión de carga viene del motor, pero el hecho es que **la fuerza detrás de esa potencia del motor es la potencia eléctrica**. Ni siquiera puede encender su camión sin un circuito de arranque. No puede mantenerlo rodando por mucho tiempo sin un circuito de carga. No puede encender sus luces sin el circuito correspondiente, y los instrumentos en su tablero no funcionarían sin el circuito de instrumentos.

Como puede ver, los sistemas eléctricos en un camión de carga diesel cumplen muchas funciones necesarias. También pueden ser muy complicados. A menos que entienda el sistema eléctrico, simplemente sólo parece un laberinto de cables. Pero de que debe entenderlo, debe, de menos para que cuando tenga un problema eléctrico, en una noche obscura y en medio de una carretera desierta, lo saque de apuros.

El primer paso para entender el sistema, es entender algo de lo básico de electricidad.

Lo Básico de la Corriente Eléctrica

Un electrón, es una pequeñísima partícula de materia que lleva una carga negativa de electricidad. **La corriente eléctrica se produce por el flujo de electrones**. Toda la materia contiene electrones, pero algunos materiales conducen la electricidad mejor que otros.

Para ser un buen conductor de electricidad, la materia debe tener un número grande de electrones que puedan ponerse en movimiento fácilmente. El alambre de cobre es un buen conductor de electricidad. El hule no es buen conductor. Es por esto que el hule se usa para cubrir alrededor del alambre de cobre como aislante.

Los **alambres aislados llevan corriente a las partes que necesitan electricidad** para operar. **Las terminales** son los **dispositivos de conexión**. Se encuentran en la punta de los alambres y en los componentes eléctricos que se usan para conectar los alambres a las partes. También hay una terminal principal de donde se originan los alambres y que contiene todos los interruptores automáticos de circuito del sistema y los fusibles.

Ilustración 5-1
Un corto circuito evitará que la corriente llegue al aparato que se supone debe activar.

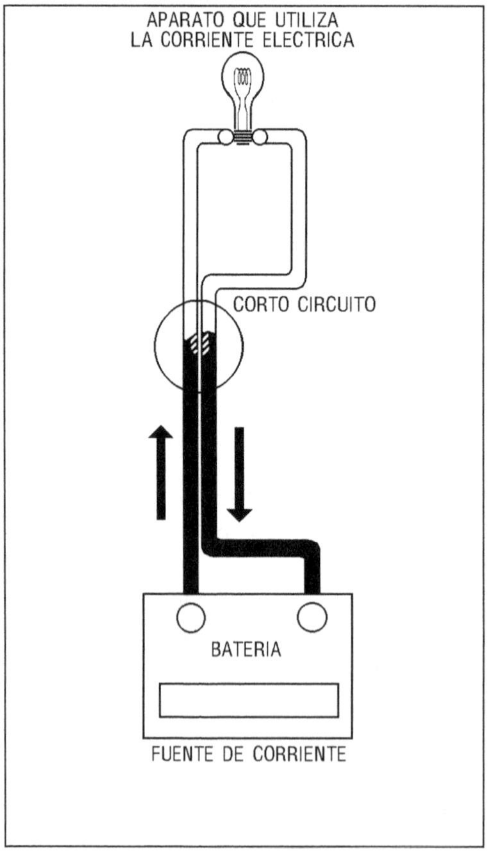

La presión hace fluir los electrones. El **voltaje** es otro nombre que se le da a la **presión eléctrica**. Los alternadores o generadores producen voltaje. El término **amperaje** o amperes se refiere a la **cantidad especificada de corriente eléctrica** que se produce y que conducen los alambres.

Los electrones fluyen a través de circuitos eléctricos. Un **circuito, es una trayectoria continua** hecha básicamente de alambre (el conductor), una fuente de poder (potencia) que mueve la corriente a través del circuito (las baterías y el alternador o generador) y los aparatos que usan la electricidad (su radio y sus luces, por ejemplo). A este tipo de circuito se le llama circuito completo o circuito cerrado. **Para que fluya la corriente, debe haber un circuito cerrado**. Para que un circuito sea cerrado, todos los componentes de ese circuito deben estar conectados a tierra. Lo que esto significa es que debe haber un alambre o conductor que lleve los electrones de regreso a donde empezaron.

Hay otras dos clases de circuitos: el circuito abierto y el corto circuito. La electricidad no fluirá a su destino en ninguna de estas dos clases de circuitos y generalmente esto significa que hay problema.

El **circuito abierto** ocurre cuando el **flujo normal de corriente eléctrica es detenida**. Son muchas las condiciones que pueden ocasionar esto. Sin embargo, las causas más frecuentes de circuitos abiertos son conexiones corroídas, o alambres rotos. La mayoría de los problemas eléctricos son causados por circuitos abiertos.

El **corto circuito** ocurre cuando corriente eléctrica se desvía y no pasa por una parte del circuito normal. Lo que esto significa es que, en lugar de fluir, por ejemplo, al foco de luz, la corriente se detiene antes de llegar a su destino y se regresa a la batería. El corto circuito sucede cuando el aislamiento se ha desprendido en algún sector del alambre y toca algo fuera del circuito normal, como puede ser otro alambre o parte de la carrocería. En este caso, la corriente toma el camino más corto de regreso a la fuente, utilizando para ello el otro alambre o la carrocería para completar el circuito. Nunca llega al foco de luz.

Cualquiera de estas condiciones puede causar un corto circuito.

- Dos alambres que se estén rozando hasta que el aislamiento se desgasta y los alambres pelados se ponen en contacto.
- Los alambres de una bobina eléctrica (como el embobinado del motor de arranque) que pierdan su aislamiento y se toquen entre sí.
- Un alambre que se esté rozando contra la carrocería u otra parte metálica del vehículo hasta que el alambre pelado toca otra pieza de metal.

Durante las inspecciones rutinarias que haga, manténgase atento para detectar alambres rotos o deshilachados.

Los interruptores automáticos de circuito y los fusibles, protegen al circuito de corto circuitos y de sobrecargas de corriente. La sobrecarga de corriente ocurre cuando a un circuito se le manda más corriente de la que puede manejar. Generalmente la causa de una sobrecarga es un corto circuito. Esto es lo que sucede. El encender las luces, el motor de arranque o la radio "usos" (en realidad disminuye) el flujo de electricidad. Pero si hay un corto circuito, el foco no se prende. El motor o la radio no funcionan. No hay nada que "use" el flujo de corriente. Esto significa que hay más corriente en el alambre de la que puede manejar por sí mismo, así que se sobrecalentará y se dañará. Para evitar esto, en cada circuito se instalan fusibles o interruptores automáticos de circuito.

He aquí cómo funcionan. Los fusibles se clasifican por su capacidad para conducir un amperaje. En otras palabras nomas pueden manejar un tanto de corriente. Por diseño, ésta es aún menor que la que puede manejar el alambre. Si hay una sobrecarga, el **fusible se fundirá, y abrirá o romperá el circuito antes de que se dañe el alambre**. Cuando se abre el circuito, la corriente ya no puede fluir. Una vez que se funde un **fusible**, debe ser repuesto.

Los interruptores automáticos de circuito también se clasifican por su capacidad para conducir un amperaje. Un interruptor automático de circuito tendrá la misma capacidad de conducción de amperaje que el circuito en el que esté instalado. Si hay más carga de corriente de la que puede soportar el interruptor, éste se abre y rompe el circuito. Una vez que **un interruptor automático de circuito** de este tipo se ha abierto, generalmente se **restablece automáticamente**. Esta es una ventaja que tienen estos interruptores de circuito sobre los fusibles.

El Sistema Eléctrico Básico de un Camión de Carga

Alambres, interruptores automáticos de circuito, fusibles, componentes y terminales, constituyen los circuitos de su vehículo de carga. Hay una unidad terminal principal que contiene todos los interruptores y los fusibles. A partir de esta unidad terminal, los alambres salen en montones hacia los conectadores. En los conectadores, los alambres se separan y van a otros conectadores o a partes que necesitan electricidad para funcionar.

Todos los alambres en el sistema eléctrico de su camión de carga están codificados por colores. Esta codificación por color, facilita el rastreo de un alambre de un conectador a otro y a los componentes. Aprenderá más de la codificación por color y del rastreo de alambres, más adelante en este capítulo. Ahora mismo, vamos a ver el componente básico del sistema eléctrico de su camión de carga: el sistema de baterías.

LAS BATERIAS

La mayoría de los camiones de carga tienen un sistema básico de 12 voltios. Muchos de los componentes del sistema son los mismos que los del humilde coche de la familia. Uno de los componentes principales es el sistema de la batería. Las **baterías convierten la energía química almacenada, en energía eléctrica** y luego suministran la potencia al resto del sistema eléctrico.

Las principales partes de una batería son, una caja, un número de celdas individuales, conectadores de celdas y dos postes terminales. Vea la ilustración 5-2.

Ilustración 5-2 Componentes de una batería típica.

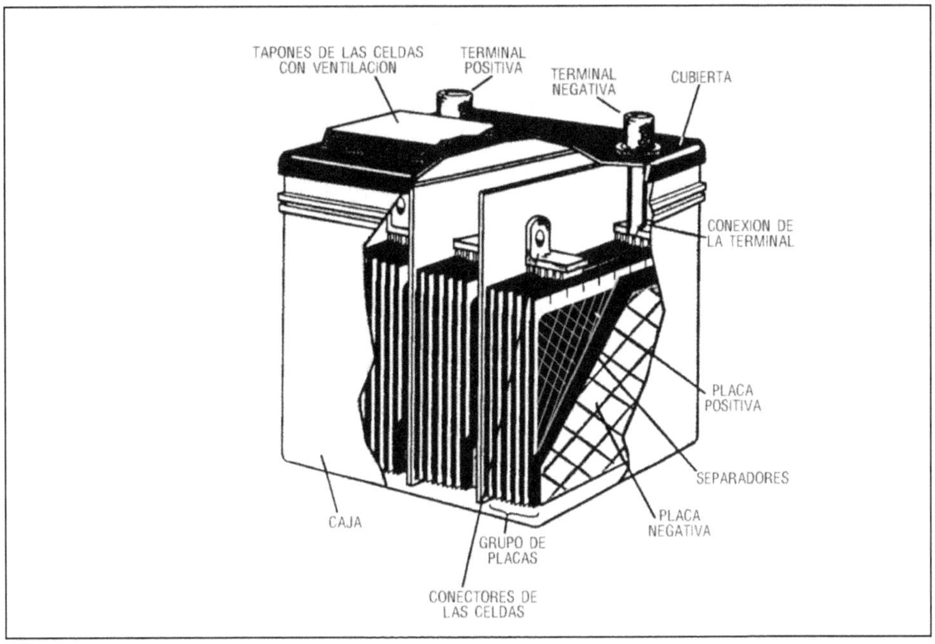

A los **dos postes en la parte superior de la batería** se les llaman terminales principales de la batería o postes de la batería. El poste **positivo (+) es más ancho y más grande**. El otro es el poste negativo (-). Los **cables** de la batería están **conectados a** estos **postes**.

Los tapones con ventilación también se encuentran en la parte superior de la batería. Cuando la batería carga, se acumulan gases. Los **tapones con ventilación** dejan **escapar estos gases**. Usted debe quitar los tapones para revisar el nivel de líquido de la batería.

Hay baterías de carga seca, de carga húmeda, y las que no necesitan mantenimiento. La batería de carga seca no tienen solución electrolítica cuando sale de la fábrica. Cuando la vende, el distribuidor le añade la solución electrolítica. La batería de carga húmeda, ya trae la solución electrolítica cuando sale de la fábrica. Con este tipo de baterías, usted debe revisar el nivel de la solución como parte de su mantenimiento preventivo. La batería que no necesita mantenimiento, generalmente no requiere de esta revisión periódica.

Las buenas prácticas de mantenimiento prolongarán la vida de su batería. Asegúrese de que los conectadores de los cables no estén corroídos. Si lo están, límpielos o cámbielos. Para **evitar la corrosión, mantenga limpio el exterior de la batería. Recubra las terminales de la batería con grasa** para alta temperatura, petroleado o un protector para terminales.

Revise y **reponga cualquier cable que esté deshilachado, desgastado o rajado**. Revise **las conexiones de la batería para que se asegure de que están apretadas**. A menos que tenga una batería de las que no necesitan mantenimiento, **revise regularmente el nivel del electrolito**. Revise las barras fijadoras que la detienen para que se **asegure que la batería está bien acomodada**. Esto evita que se dañe con la vibración.

TRABAJANDO EN SEGURIDAD CON LAS BATERIAS

La solución electrolítica es ácido y muy peligrosa. La electricidad siempre es peligrosa. Así que, he aquí algunas prácticas importantes de seguridad que usted debe usar en donde hay baterías para evitar lesiones graves.

- Nunca ponga la cara directamente por encima de la batería cuando esté trabajando en ella o cerca de ella.
- Desconecte la conexión a tierra de la batería antes de que inicie cualquier trabajo eléctrico o del motor.
- La conexión a tierra es lo último que se hace cuando se instala una batería nueva.
- Desconecte el cable de la batería antes de darle carga rápida.
- Nunca use un cargador de carga rápida para reforzar el arranque de su camión.
- Nunca conecte la batería al revés. (esto quiere decir que no debe cruzar los cables)
- No ponga herramientas de metal u otros objetos sobre la batería.
- Mantenga fuego y chispas de lumbre lejos de las baterías. El gas del electrolito se puede encender.
- Sólo use agua destilada para llenar la batería.
- Evite derramar la solución del electrolito. Le quema la piel.

La batería es la fuente de poder para el sistema eléctrico del camión de carga. Suministra la energía para arrancar el motor. Luego, el alternador o generador surte la energía para cargar a la batería y para hacer funcionar los sistemas del camión. Los camiones de carga de modelo más antiguo puede que tengan generadores. Los camiones más nuevos tienen alternadores.

Hablaremos de estos dos componentes más adelante. Por ahora veamos el motor de arranque. La principal labor de la batería es surtir de energía al circuito de arranque.

PRUEBA DE LA HABILIDAD PARA OBSERVAR

El tener una buena habilidad para observar le ayudará a mantener su sistema eléctrico al mejor nivel de funcionamiento. ¿Notó algún o algunos problemas en la ilustración con la que se inició este capítulo? Diríjase al final del libro y revise sus respuestas en la gráfica para la Prueba de la Habilidad para Observar.

EL CIRCUITO DE ARRANQUE

El circuito de arranque le surte fuerza eléctrica al motor de arranque, o arrancador. La **labor del arrancador es iniciar el encendido del motor**. Es por esto que el circuito de arranque también es llamado circuito iniciador del encendido.

LAS PARTES DEL CIRCUITO DE ARRANQUE

Abajo listamos las partes de que se compone el circuito de arranque.

- el interruptor del encendido
- el interruptor del arranque
- la batería
- el motor de arranque
- el alambrado del circuito de arranque

El **interruptor del encendido abre y cierra el circuito entre la batería y el interruptor del arranque**, que es el que deja fluir la corriente al motor de arranque (el arrancador). Cuando le da toda la vuelta a la derecha, a la llave de contacto, el interruptor del encendido está en su posición de "arranque". Ese movimiento completa el circuito entre la batería y el arrancador. Después que el motor del camión ha arrancado, el interruptor del encendido se regresa a la posición de "funcionamiento". Esto interrumpe el circuito entre la batería y el arrancador.

El **interruptor de arranque abre y cierra el circuito de arranque**. Está instalado entre la batería y el arrancador. El interruptor más usado en la mayoría de los circuitos de arranque es el de solenoide. El propósito del **interruptor de solenoide** es **controlar el motor de arranque**.

Se lleva muy poca corriente para cerrar el interruptor de solenoide. Esto significa que se pueden usar alambres ligeros, de bajo amperaje, para alambrar este interruptor. Generalmente las baterías casi siempre están montadas cerca del solenoide. De esta manera, los cables gruesos, de alto amperaje, al solenoide pueden ser muy cortos. Los cables cortos, de uso pesado, son mejores, especialmente en los días fríos, cuando el arrancador necesita "extraer" mucha corriente para arrancar el motor. Con un cable corto, hay menos resistencia y fluye más corriente. Esto significa que los cables cortos, de uso pesado, de la batería al solenoide, tendrán como resultado arranques más rápidos y confiables.

Hay dos tipos de circuitos de arranque comúnmente usados: el de 12 voltios y el de 24 voltios. En el de 12 voltios, todas las baterías están conectadas en paralelo. Las baterías se conectan de positivo a positivo, y de negativo a negativo. La ilustración 5-3 de la siguiente página muestra los componentes de un circuito de arranque de 12 voltios. En este circuito, el **voltaje se mantiene constante a 12 voltios**.

El circuito de arranque de 12 voltios funciona así. Usted gira la llave de contacto a la posición de arranque en el interruptor de encendido. La corriente fluye directamente de la batería al arrancador. Luego, éste (el arrancador), engrana el volante del motor y lo gira para iniciar el arranque.

Algunos motores diesel de uso pesado necesitan más potencia de arranque. Así que éstos usan un circuito de arranque de 24 voltios **con un arrancador del mismo voltaje, 24 voltios**. Estos arrancadores suminis-

Ilustración 5-3
El sistema de arranque de 12 voltios está formado por las baterías, el interruptor del encendido, el solenoide del arrancador, el motor de arranque y el volante del motor.

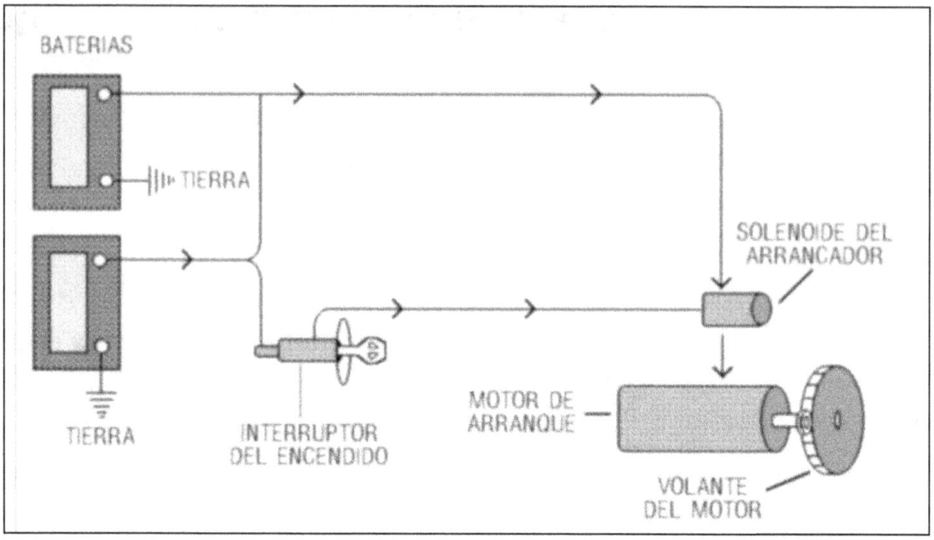

tran mayores velocidades de arranque al motor. El **voltaje normal es de 12**, pero no permanece constante a 12 volts. **Se incrementa a 24 volts con el propósito de iniciar el arranque del motor**.

Puede ser que se pregunte cómo un arrancador de 24 voltios puede ser usado en el sistema eléctrico básico de 12 voltios del camión. Esto lo hacen posible los interruptores de serie-paralelo. La ilustración 5-4 de la siguiente página muestra un circuito de arranque típico de 24 voltios. En la vista A, las baterías están conectadas en serie para el arranque. Se encuentran conectadas de positivo a negativo. De esta manera, al motor de arranque se le surten 24 voltios. En la vista B, el motor ya ha arrancado y el interruptor de serie-paralelo ha cambiado el circuito a un sistema en paralelo de 12 voltios.

El Circuito de Carga

Una vez que el motor ha arrancado, el alternador **surte la energía que mantiene cargada la batería y hace funcionar los sistemas del camión**. El circuito de carga es muy importante. Repone la energía que se usa en el arranque del motor. Los camiones de carga de modelo más antiguo, frecuentemente tienen generadores, mientras que los de modelo más reciente tienen alternadores. Cualquiera que use su camión, al circuito que tenga se le llama circuito de carga (lo cual tiene sentido ya que carga las baterías).

Mientras el motor esté funcionando, la banda del cigüeñal del motor mueve al alternador. Luego, el alternador produce electricidad para hacer funcionar todos los otros circuitos eléctricos y para mantener cargada la batería. Cuando el motor está apagado, la batería hace proveer la energía para los circuitos que necesitan la electricidad. Las luces, la radio y otros instrumentos obtienen su energía eléctrica de la batería cuando el motor no está funcionando.

Ilustración 5-4 (A) Las baterías conectadas en serie para el arranque y (B) conectadas en paralelo para el uso normal.

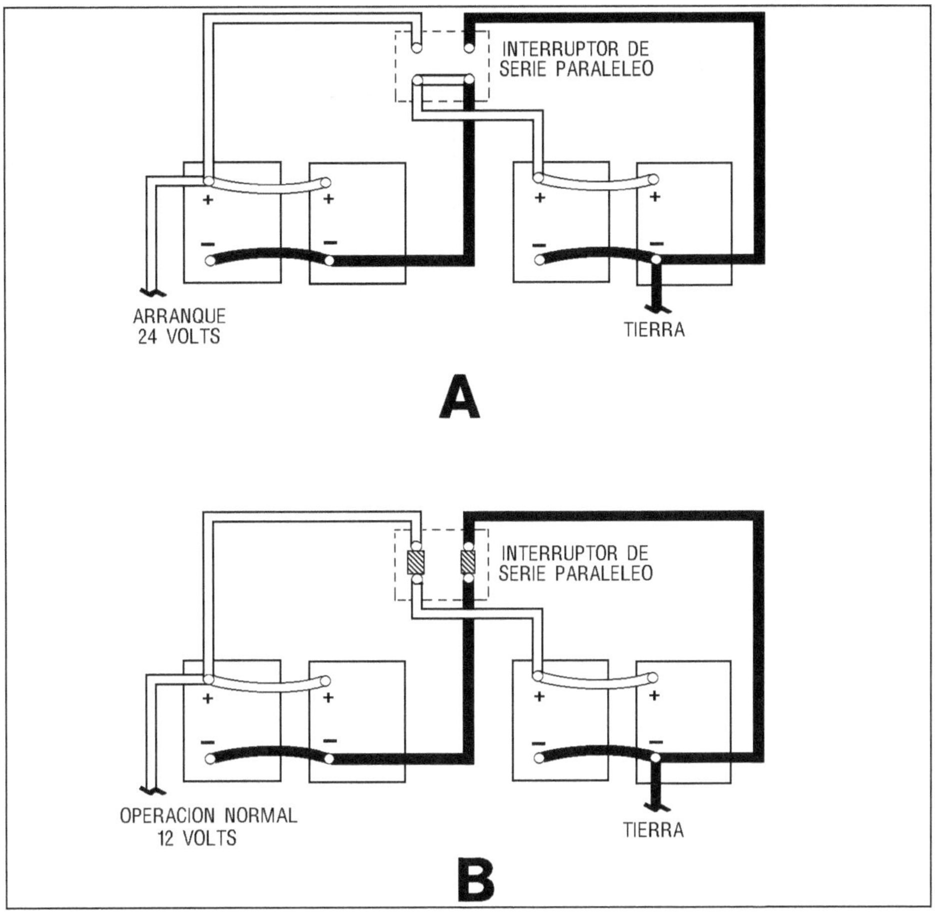

EL ALTERNADOR

Abajo listamos los componentes del circuito de carga del alternador.

- la batería
- el regulador
- el amperímetro o voltímetro
- el interruptor del encendido
- el alternador

La labor del **alternador** es la misma que la del generador, pero aquél es **más ligero**, **más barato** de fabricar, y **produce más corriente a bajas velocidades**. De hecho, el alternador puede producir casi su máximo de corriente aún a muy bajas velocidades del motor. Esto es importante para los choferes que trabajan en ciudades con tráfico muy pesado. La ilustración 5-5 muestra un circuito de carga del alternador.

La mayor desventaja del **alternador**, es que **produce corriente alterna**. "Alternar", significa que el voltaje está cambiando continuamente de positivo a negativo. La batería sólo se puede cargar con corriente directa.

Este problema se resuelve usando **diodos de silicón** para **cambiar la corriente alterna a corriente directa**. Estos diodos actúan como válvulas de una sola dirección para la electricidad. Permiten que la electri-

Ilustración 5-5 Circuito de carga del alternador.

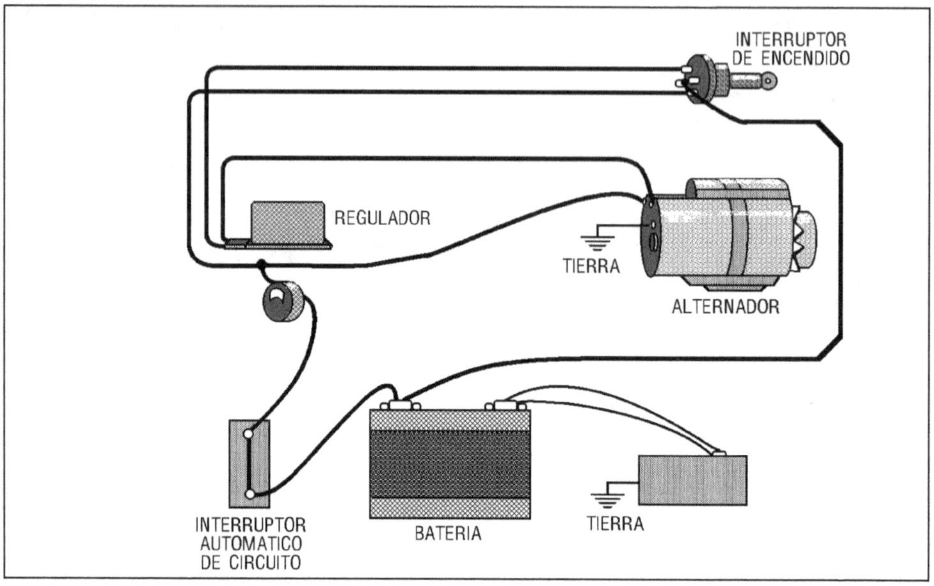

cidad fluya sólo en una dirección, y la detienen si trata de ir en otro sentido. Así que cuando la electricidad llega al diodo, se está yendo de a tras para adelante. Cuando sale del diodo, va en una sola dirección.

El alternador tiene un regulador que controla la cantidad de corriente que sale. El alternador regulador sólo tiene dos electromagnetos. Uno detiene la salida excesiva de voltaje. El otro detiene la salida excesiva de corriente.

Los Circuitos de Luces y de Instrumentos

Otro circuito en el sistema eléctrico es el circuito de las luces. El **circuito de las luces se compone de interruptores automáticos de circuito, los fusibles y el alambrado que conecta las diferentes luces** del camión de carga. Estas luces incluyen:

- los faros o luces delanteras
- las luces de estacionamiento
- las luces de reversa
- las luces de los frenos
- las luces direccionales
- las luces intermitentes de emergencia
- las luces interiores
- las luces auxiliares

El **circuito de los instrumentos consiste de la batería, el alternador, los medidores e interruptores** del tablero y **el alambrado de conexión**. Los medidores y los interruptores varían de camión a camión.

El Rastreo de los Alambres

Primero que nada, recuerde que nunca debe trabajar con un circuito eléctrico a menos que sepa lo que está haciendo. Puede empeorar las cosas. Una vez dicho esto, le podemos asegurar que hay cosas que puede hacer y que debe hacer. Usted debe saber lo básico de cómo funciona el sistema eléctrico de su camión de carga. Debe poder resolver problemas menores, sencillos. Para hacer esto, necesita saber de alambrado y de diagramas de alambrado.

Los sistemas eléctricos utilizan varios tamaños de alambre. Los alambres se miden por su diámetro o espesor, sin incluir el aislamiento. El tamaño del alambre se conoce en términos de calibre, que es una serie de números que van desde el 0000 al 36. Entre más grande sea el número del calibre, menor será su espesor. Por ejemplo, un alambre de calibre No. 1 es mayor que uno de calibre No. 36.

Un alambre más grueso tiene mayor capacidad para conducir mayor cantidades de corriente que uno más delgado. Tome el alambre que va de la batería al arrancador. Es un cable pesado. Por su tamaño, podemos decir que conduce una carga eléctrica pesada.

Cada **alambre está codificado por color**. Esto facilita identificar los alambres cuando trata de resolver un problema en un sistema eléctrico. El **diagrama de alambrado** para todo camión de carga y para cada remolque **muestra el código de color** y los calibres de los alambres. Aunque cada fabricante usa su propio sistema de codificación por color, la mayoría usan el rojo para los alambres que conducen la carga o potencia, y el blanco para los alambres que van a tierra.

Ilustración 5-6
Para que Usted pueda entender los símbolos que se usan, el diagrama del alambrado traerá una tabla de símbolos similar a ésta.

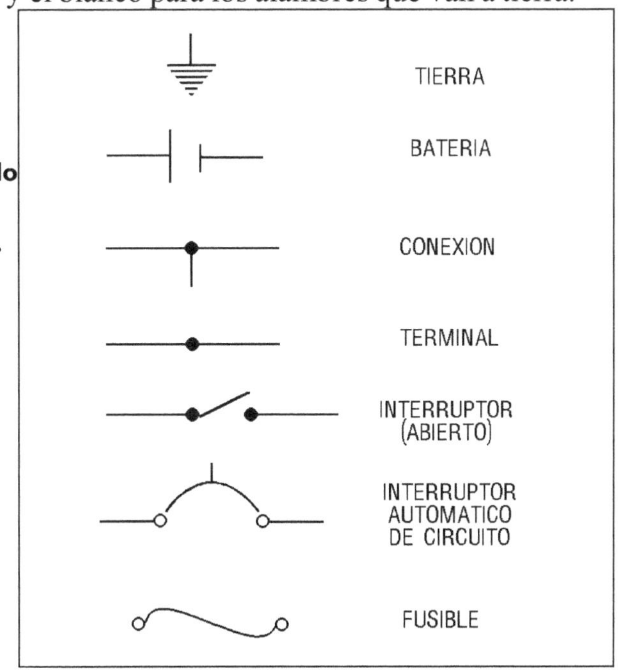

Los diagramas de alambrado **rastrean el flujo de corriente eléctrica**. Todos estos diagramas tienen la misma información básica. Todos usan los mismo símbolos para designar las partes eléctricas. Vea la ilustración 5-6. Cuando falla un dispositivo eléctrico, puede usar el diagrama de alambrado para darse una idea de qué alambres podrían estar involucrados.

Para resolver problemas sencillos, usará usted un diagrama de alambrado. Puede ser que tenga que hacer esto en situaciones que se presenten en el camino, por ejemplo, si de repente se le apagan sus luces delimitadoras de tamaño (o de situación). Si sucede, he aquí lo que debe hacer y en el orden en que debe hacerlo.

- La mayoría de los interruptores automáticos de circuito se restablecen automáticamente, y puede oírlos cuando hacen "click" al prenderse y apagarse. Revise los interruptores de circuito y los fusibles. Si el interruptor está en la posición de "apagado" (off), restablézcalo. Si se fundió el fusible, la ventanita de vidrio estará obscurecida, o usted podrá ver dentro, el listón de metal roto. Reponga los fusibles fundidos.
- Revise los focos. Si los focos están mal, se habrán obscurecido. O, usted podrá ver el filamento roto u oírlo cascabelear adentro. Reponga los focos que estén mal.
- Si el interruptor se vuelve a botar o los fusibles se vuelven a fundir, revise las conexiones para ver si están flojas o si hay alambres rotos.
- Usando su diagrama de alambrado, siga los alambres de sus luces de situación desde la terminal principal hasta las luces.
- Si encuentra una conexión floja, ajústela.
- Si encuentra un alambre roto, tuerza las puntas para unirlas y cúbralas con cinta para uso eléctrico (aislante). Apague el interruptor que controla esos alambres antes de volverlos a unir.

Puede usar los mismos procedimientos básicos para resolver muchos otros problemas eléctricos sencillos.

Cuando, en la carretera, usted arregla un alambre roto, es sólo un arreglo provisional. En cuanto llegue a su destino, haga que lo arreglen adecuadamente.

La Trayectoria que Sigue la Corriente

Con lo que ya ha aprendido acerca del sistema eléctrico, vamos a rastrear la trayectoria que sigue la corriente a través del sistema eléctrico de un camión de carga. Esta trayectoria empieza en la batería. Cuando el interruptor de encendido se gira a la posición de arranque, la corriente fluye de la batería al arrancador. El arrancador inicia el arranque del motor. Una vez que el motor ha arrancado, la corriente fluye del alternador a la batería para reponer la que se usó al arrancar el motor, y fluye también a las otras partes que necesitan fuerza eléctrica.

Examen Sobre el Capítulo 5

1. ____ se refiere a la cantidad especificada de corriente eléctrica que se produce, y que es conducida por los alambres.
   A. El voltaje
   B. La electrónica
   C. El amperaje
   D. La resistencia

2. La mayoría de los problemas eléctricos son causados por _____.
   A. los circuitos abiertos
   B. los circuitos cerrados
   C. los circuitos completos
   D. los corto circuitos

3. Los interruptores automáticos de circuito y los fusibles protegen a los circuitos de ____ .
   A. sobrecargas
   B. circuitos cerrados
   C. circuitos abiertos
   D. circuitos completos

4. La mayoría de los vehículos de carga tienen un sistema básico de 24 voltios.
   A. Verdadero.
   B. Falso.

5. La función del arrancador es ____.
   A. surtir de fuerza eléctrica al interruptor de encendido
   B. iniciar el arranque del motor
   C. operar el interruptor de arranque
   D. operar el alternador

6. En el circuito de 12 voltios, todas las baterías están conectadas en paralelo.
   A. Verdadero.
   B. Falso.

7. Una vez que el motor ha arrancado, el ____ surte la energía que mantiene cargada a la batería y que hace funcionar los sistemas del camión.
   A. interruptor de serie-paralelo
   B. motor
   C. sistema de 24 voltios
   D. alternador

8. El ____ usa un regulador de voltaje que tiene dos electromagnetos separados.
   A. alternador
   B. sistema de batería de 12 voltios
   C. generador
   D. arrancador

9. Los alambres se clasifican de acuerdo a su longitud.
   A. Verdadero.
   B. Falso.

10. El foco en la ilustración de la derecha no está encendido, ¿porqué?
    A. El alambre que lleva la corriente no está conectado a la fuente (batería).
    B. El interruptor no se ha conectado.
    C. El fusible está fundido.
    D. Hay sobrecarga de corriente.

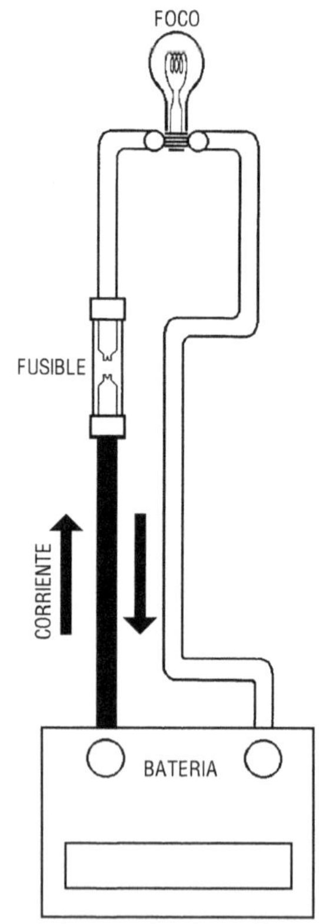

CAPITULO 6

MOTORES

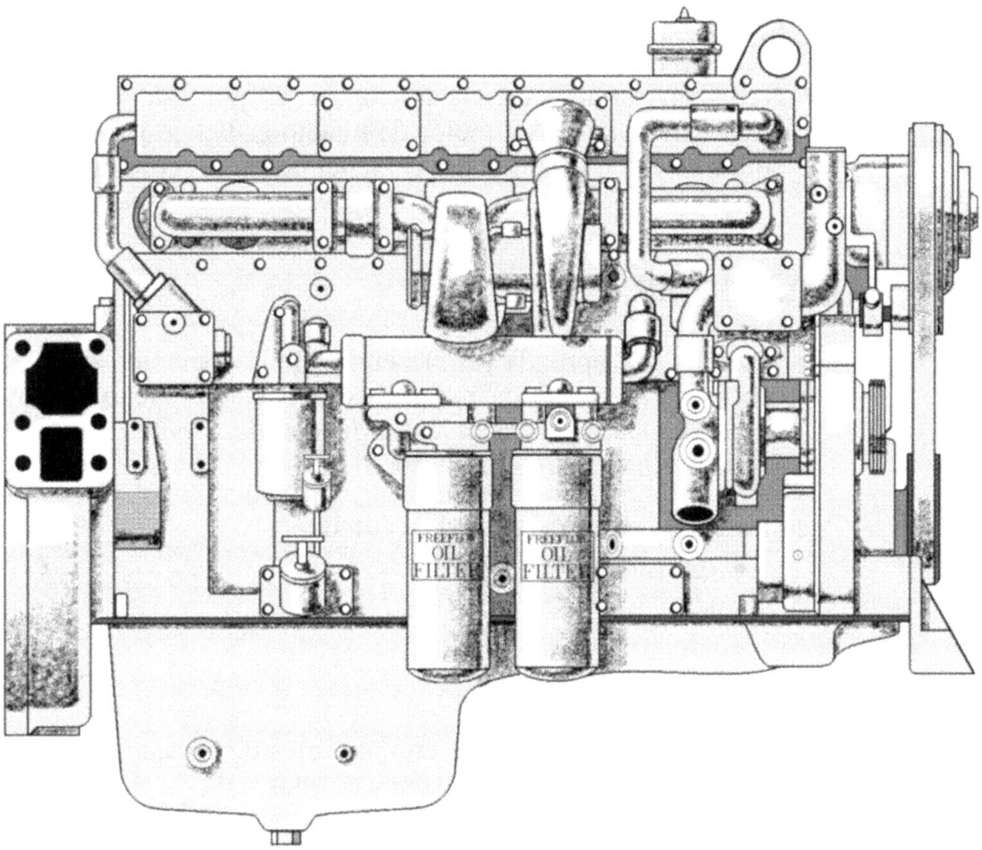

El Corazón del Vehículo de Carga

En este capítulo usted va a aprender acerca del corazón del camión de carga—el motor. Aprenderá lo relacionado con sus componentes, sus principios de operación y sus sistemas auxiliares.

En términos de operación y componentes, el **motor diesel** del camión de carga que usted manejará es, **en cierta manera, como el motor de gasolina** en el coche de la familia. Ambos son motores de combustión interna. Ambos usan aire y combustible en el proceso de combustión. Cómo se enciende la mezcla de aire y combustible, es una de las principales diferencias entre el motor de diesel y el de gasolina. Para el encendido, los motores diesel dependen del calor generado por la compresión de aire. Ya verá usted cómo, más adelante en este capítulo.

Los motores diesel y los de gasolina tienen muchos componentes similares. Por ejemplo, los dos tienen pistones y válvulas. Sin embargo, **hay diferencias**. Los componentes del motor diesel son sometidos a mayor esfuerzo que los del motor de gasolina. Este esfuerzo consiste en temperaturas y presiones de compresión más altas. Para soportar este esfuerzo, los componentes o partes del motor diesel tienen que ser más fuertes.

También, **los motores diesel** generalmente tienen par de torsión máximo mayor, y mayores coeficientes de compresión que los motores de gasolina. **Son más eficientes.** Las revoluciones son más despacio y duran más. Necesitan servicio menos frecuente. Es por esto que siempre que un trabajo necesita de un motor de mucho caballaje y alta confiabilidad, se confía en el motor diesel para obtener potencia económicamente.

Las Partes del Motor

Antes de que aprenda los principios de la operación del motor, necesita saber más acerca de sus partes o componentes. Luego podemos hablar de cómo estas partes trabajan juntas para producir potencia.
Las partes principales del motor diesel son :

- el monoblock o unidad de cilindros
- los pistones
- las bielas
- el cigüeñal
- el tren de válvulas

y todos aquellos pequeños componentes de los que constan estas partes. Vamos a ver con detalle cada una de ellas.

EL MONOBLOCK O UNIDAD DE CILINDROS

Como puede ver en la ilustración 6-1, el **monoblock** consiste de muchos componentes pequeños. **Contiene los agujeros de los cilindros** (o taladros para los pistones), los **conductos del agua,** los **conductos para el aceite,** y la mitad de arriba de la **alojamiento del cigüeñal que también es llamado cárter.** La mitad de abajo del cárter es una charola para aceite que también es llamada tapón de cárter y que está atornillada a la parte de abajo del monoblock. Una de las características del diseño de motores es el número de agujeros que se usan para los cilindros. Los motores diesel pueden tener cuatro, seis o ocho cilindros.

Fíjese en los agujeros de los cilindros de la ilustración 6-1. Estos agujeros se pasan así abajo hasta el monoblock del motor. Los pistones, de los que aprenderá enseguida, caben a la medida en estos agujeros. En unos tipos de monoblocks, los pistones corren directamente en estos agujeros. En otros tipos se usan **camisas**. En este caso se pueden cambiar las camisas si se raya o desgasta el agujero del cilindro. Este rayado ocurre cuando el

Ilustración 6-1
El monoblock de los cilindros es una pieza que incluye el cárter y es la parte principal del motor.

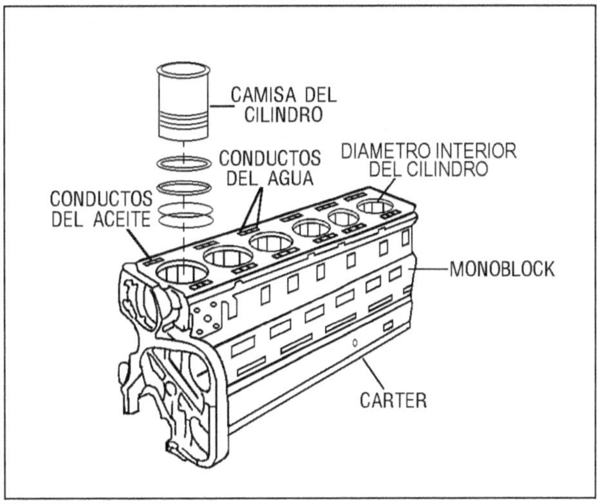

pistón raya la parte de adentro del cilindro al moverse. Reponer una camisa es mucho más barato que reparar los agujeros del cilindro o reponer todo el monoblock.

En el tipo de diseño de motor que acabamos de describir se pueden usar camisas "secas". Los agujeros de los cilindros se hacen un poco más anchos y luego las camisas a la medida, se meten a presión en los agujeros y ahí se mantienen por fricción. Sin embargo, los motores diesel generalmente vienen diseñados para usar camisas "húmedas", y éstas son preferidas porque es más fácil reponerlas y se enfrían más rápido.

Para entender la diferencia entre las camisas "secas" y las "húmedas", primero tiene que saber acerca de los **conductos del agua.** Los conductos del agua son los espacios en el monoblock que rodean a los agujeros de los cilindros con refrigerante para eliminar algo del calor del motor. Las camisas "secas" son muy finitas o delgadas y simplemente caben en los agujeros de los cilindros agrandados. Las camisas "húmedas" son mucho más gruesas y en realidad forman las partes externas de los conductos del agua.

Los monoblocks que usan camisas "húmedas" básicamente son huecos por dentro. El monoblock tiene un hombro en la parte de arriba de cada agujero para los cilindros. Los filos de las camisas están formados de tal manera que se resbalan hacia adentro y quedan sobre los hombros, mantienen en su lugar a las camisas mismas y forman un sello en la parte de arriba de dichas camisas. El fondo de la camisa tiene un anillo que hace un sello entre ésta y el monoblock. Así, el refrigerante fluye entre y alrededor de las camisas.

LOS PISTONES

El arreglo de los pistones es un factor de mayor importancia en el diseño de motores. Hay dos tipos de motores que están basados en el arreglo de los pistones: el del tipo en V y el que los tiene en línea. En los **del tipo en V, la mitad de los cilindros y pistones están de un lado** y la **otra mitad están del otro.** El motor que usamos en las ilustraciones de este capítulo es un motor del tipo **en línea.** En este motor, **todos los cilindros están colocados en línea recta.**

Los **pistones del motor diesel** están diseñados para que sean muy **durables. Deben aguantar altas presiones de compresión** de alrededor de 900 psi y **temperaturas** en los alrededores de los 1,000 grados Fahrenheit. Dependiendo del clima, los pistones también pueden ser expuestos a temperaturas muy frías.

Generalmente los pistones están hechos de hierro maleable o aluminio. Los de aluminio son más ligeros que los de hierro, lo que reduce la carga sobre las chumaceras del motor y sobre el cigüeñal. Los pistones de aluminio conducen el calor mejor que los de hierro; de hecho, se enfrían el doble de rápido. La vibración tiene menos efecto sobre los pistones de aluminio.

Los pistones de aluminio se desgastan más rápido que los de hierro, y no pueden aguantar el calor tan bien como los pistones de hierro. Sin embargo, su capacidad para resistir el rayado junto con las otras ventajas que hemos listado, son mucho más buenas que sus desventajas. Los pistones de aluminio y las piezas de los pistones se construyen más pesadas para compensar la mayor rapidez con que se desgastan, y se usan anillos especiales para reducir los efectos negativos del calor. Se usa una aleación de níquel-hierro para los insertos de los anillos del pistón porque se expande con la misma rapidez que el aluminio, pero es más fuerte y es más durable bajo condiciones de calor. También, se usan bandas de acero templadas en las coronas de los pistones. Estas bandas añaden fuerza y prolongan la vida del pistón.

Veamos más de cerca las dos partes principales del pistón: la corona (la parte superior) y los anillos.

Los pistones tienen coronas formadas o coronas planas. **Los motores diesel** con mayor frecuencia **usan pistones con corona formada** porque crean una mejor turbulencia de aire para la combustión. La turbulencia de aire es el remolino de aires que se forman en la cámara de combustión. Esto ayuda a mezclar el aire con el combustible atomizado al interior del cilindro. Una buena turbulencia de aire significa una **combustión más completa.** También hace que la presión de los cilindros sea más uniforme y que los gases emitidos vayan más limpios.

Los dos tipos de anillos de los pistones son: anillos de compresión y anillos de aceite. **Los anillos de compresión** generalmente están hechos de hierro fundido y con frecuencia están metalizados de cromo para aminorar el rayado y disminuir el desgaste. Instalados cerca de la parte superior del pistón, **hacen que el pistón se ajuste a las paredes del cilindro** para que se genere y se mantenga la compresión. En otras palabras, evitan de que se escape el aire comprimido en el cilindro, y por tanto **mantienen la presión de compresión en la cámara de combustión.** Muchos pistones sólo usan uno o dos anillos de compresión; sin embargo hay diseños que tienen varios anillos.

Los anillos de aceite generalmente son muy delgados, están hechos de hierro fundido, y pueden venir en una o dos piezas. La mayoría usan un expansor que obliga al anillo de aceite a apretarse contra la pared del cilindro. **Los anillos de aceite untan aceite a todo lo largo de los lados del cilindro,** de tal suerte que siempre que el pistón se mueve de arriba a abajo, hay una película de aceite entre el pistón y el cilindro. Esto sirve para dos cosas, **para enfriar el motor,** y para **evitar que se rayen** las paredes del cilindro. En algunos diseños de pistón, estos anillos están instalados inmediatamente abajo de los anillos de compresión. En otros diseños, hay más anillos de aceite instalados abajo del perno del pistón. Aprenderá más del perno del pistón cuando hablemos de las bielas. La ilustración 6-2 en la página siguiente le muestra ambos, el pistón y su biela en relación con el monoblock.

Como dijimos, el aceite se usa **para mantener fríos los pistones.** Para hacer esto, los motores usan uno de estos tres métodos: el de circulación, el de agitación o el de atomización. La mayoría de los motores diesel usan el método de atomización. El aceite es atomizado a través de unos agujeros de alimentación del aceite en el monoblock. Este **aceite se atomiza por la parte de abajo de la cabeza del pistón.** Para obtener mejor enfriamiento, el fondo de las cabezas del pistón tiene aletas, lo que también le da más fuerza al pistón.

Dado que el pistón sube y baja dentro del cilindro 2,000 veces o más por minuto a toda velocidad, todos los pistones y cilindros eventualmente se desgastarán, aunque tengan muy buena lubricación. Sin embargo, usted puede prolongar la vida de sus pistones y cilindros o las de sus camisas. He aquí cómo.

- Cambie el aceite con frecuencia. Esto quita las impurezas que pudieran haberse acumulado en el aceite, y que podrían rayar las paredes del cilindro o hacer que el aceite pierda su capacidad para lubricar.
- Mantenga limpio el filtro de aire. Si el polvo en el aire se mete al cilindro, puede rayar las paredes de éste.
- No sobrecaliente el motor. Cuando el metal se calienta, se expande. Esto significa que el tamaño del agujero del cilindro disminuirá, mientras el tamaño del pistón se incrementará, lo que hará que el espacio entre pistón y cilindro se reduzca. El pistón puede raspar muy duro al cilindro, lo que dañaría ambas piezas.

LAS BIELAS

El pistón está conectado al cigüeñal por una pieza llamada biela, y ésta está conectada al pistón por el perno del pisón. Esto lo puede ver en la ilustración 6-2.

Las bielas están hechas de acero forjado. **Transforman el movimiento de arriba a abajo del pistón, al de rotación o movimiento giratorio del cigüeñal.** Hay dos tipos de bielas: la biela en I y la tubular. El tipo de biela que se use depende del diseño del motor. Las partes principales conectadas a la biela son el perno del pistón y las chumaceras.

Ilustración 6-2
Las piezas del pistón y de la biela se ensamblan y luego se montan dentro de la camisa del cilindro.

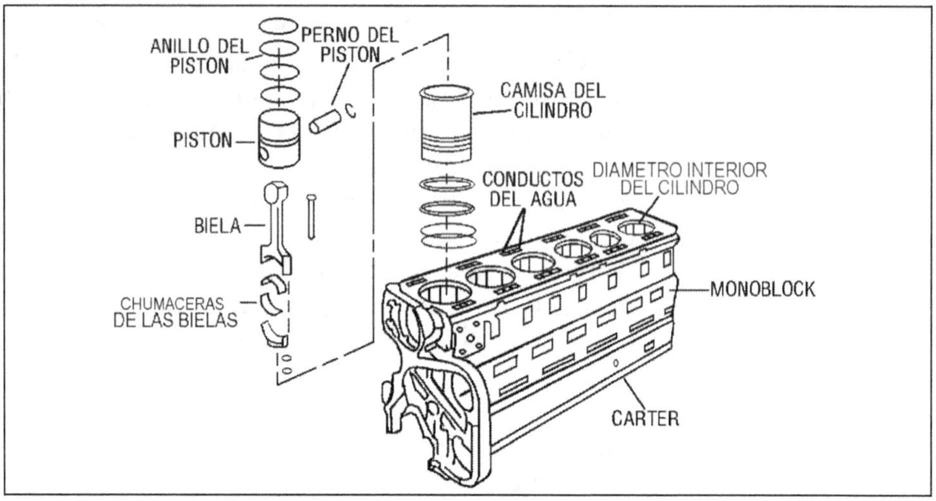

El **perno del pistón** conecta la parte superior de la **biela con el pistón.** Los pernos del pistón están hechos de acero al cromo y vienen en varios diámetros (tamaños). El tamaño de perno que se usa depende de la carga que vaya a soportar.

En donde tenga partes movibles en cualquier motor, encontrará baleros. **Las chumaceras de las bielas** son del tipo de los que tienen la pared delgada. Reducen la fricción, **protegen tanto al cigüeñal como a las bielas mismas, del desgaste excesivo,** y aseguran que ambas piezas (cigüeñal y bielas) giren libremente. Estas chumaceras tienen hoyos en el centro por los que fluye aceite para lubricarlos y enfriar las piezas.

Ilustración 6-3
Ahora hemos añadido el cigüeñal y sus partes, y el árbol de levas y sus partes.

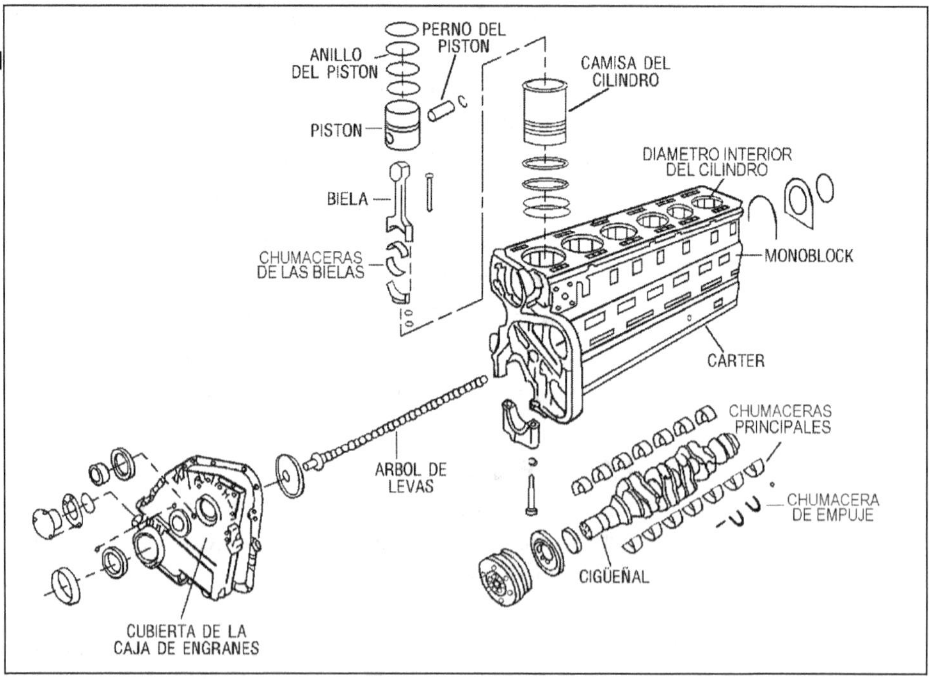

EL CIGÜEÑAL

El cigüeñal está hecho de acero forjado o de acero fundido y templado. El cigüeñal es el **eje principal** del motor diesel. Su **movimiento rotatorio se usa para mover las ruedas del camión de carga.**

Los cigüeñales tienen pasadizos taladrados por donde **pasa el aceite**, y también los tiene el monoblock. Estos taladros en el cigüeñal se alinean con pasadizos que tienen las bielas y las chumaceras principales. Los agujeros en el cigüeñal se usan para **lubricar** las chumaceras del cigüeñal y los pistones. Las **chumaceras del cigüeñal** son las chumaceras principales del motor. **Reducen la fricción** y aseguran que el cigüeñal gire libremente.

El **volante del motor** está conectado a uno de los extremos del cigüeñal. Cumple tres funciones. Cuando usted arranca el motor, **el arrancador lo engancha** para empezar a girar el cigüeñal. **Forma una de las caras del embrague (clotch).** Y cuando el motor está funcionando, **amortigua** la **vibración** de la combustión.

EL TREN DE LAS VALVULAS

El **tren de válvulas** es la serie de piezas o partes que **operan las válvulas de admisión y de escape.** Primero veamos las partes, luego describiremos cómo funcionan.

Cada cilindro tiene, de menos, una válvula de admisión y una válvula de escape. Las **válvulas de admisión dejan entrar aire a los cilindros.** Las **válvulas de escape dejan salir los gases quemados** de los cilindros después de la combustión. Los motores de ciclo de dos tiempos no tienen válvulas de admisión. En su lugar tienen lumbreras de admisión.

Ilustración 6-4
El propósito del tren de las válvulas es abrir y cerrar las válvulas de admisión y de escape.

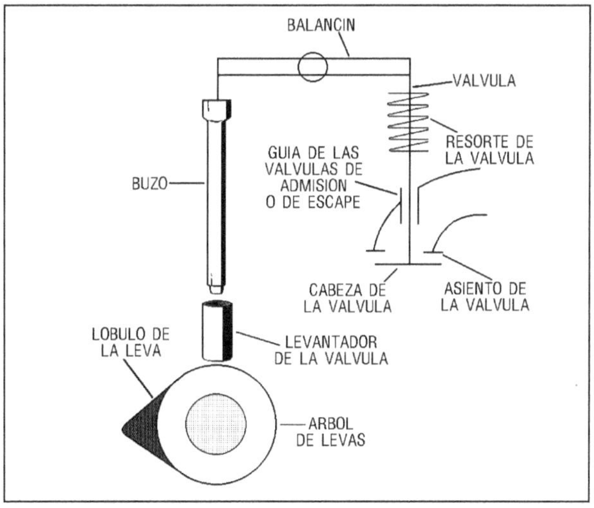

Dado que las válvulas están expuestas a altas presiones y temperaturas, están hechas de aleaciones especiales, y generalmente en dos piezas. La cabeza y la cara de la válvula hacen una pieza; el ángulo de corte y el vástago, hacen la otra pieza.

La cabeza de la válvula descansa sobre el asiento de la válvula. Muchos motores usan sellos para los asientos de las válvulas. Estos sellos se usan para prolongar la vida del asiento. Es muy importante que los asientos de las válvulas estén instalados adecuadamente. Si no, la válvula puede tener fugas.

La guía de la válvula mantiene alineada a la válvula con el asiento. Los resortes de las válvulas las jalan para cerrarlas.

El **árbol de levas** es un eje recto, de acero, en el que hay un determinado número de chumaceras y levas. Cada leva tiene un **lóbulo** o protuberancia, y también, cada leva, rota junto con el cigüeñal.

La varilla empujadora es todo lo que es, una varilla recta. Una punta descansa sobre la parte superior del levantaválvulas o seguidor de la leva, que a su vez descansa sobre la parte superior del cigüeñal. La otra punta está conectada a **un balancín.** El balancín actúa como un "sube y baja" para **abrir y cerrar las válvulas.** Funciona de la siguiente manera. El cigüeñal gira y el lóbulo o protuberancia de la leva hace contacto con la varilla empujadora, empujándolo hacia arriba. Esta, empuja un extremo del balancín. El otro extremo de éste empuja la válvula para abajo, abriéndola. Conforme gira el cigüeñal, el lóbulo de la leva pasa y la varilla empujadora regresa a su posición normal. El balancín se regresa y el resorte debajo de la válvula la jala para volverla a poner en su lugar.

Principios de Operación

Como lo discutimos en el capítulo 5, el arrancador inicia el encendido del motor y hace que el cigüeñal empiece a girar. El cigüeñal al girar, empuja a los pistones para abajo en los cilindros. Mientras que los pistones se mueven para abajo, el aire se mete a los cilindros. Luego, cuando los pistones comienzan a moverse de nuevo hacia arriba, se detiene la entrada de aire. Los pistones al moverse hacia arriba, comprimen el aire en los cilindros a un espacio cada vez más pequeño. Conforme se comprime el aire, también empieza a calentarse. Para el momento en que los pistones alcanzan la parte superior de los cilindros, el aire ya está muy caliente.

Cuando los pistones están cerca del punto muerto superior (siglas en inglés: Top Dead Center o TDC) de los cilindros, se inyecta combustible a éstos. El aire comprimido y caliente enciende el combustible. A esto se le llama combustión. La presión y la temperatura se incrementan conforme se quema el combustible. La presión forza al pistón hacia abajo, y la biela transfiere este fuerte empuje al cigüeñal. La fuerza giratoria se transfiere también al volante del motor. En el capítulo 3 mostramos cómo esta fuerza luego pasa a través del embrague (clotch) y la transmisión, donde es convertida en un par de torsión que se transmite a las ruedas por medio del tren de tracción.

LOS MOTORES DE DOS Y CUATRO TIEMPOS

El método usado para obtener potencia, es una particular característica del diseño del motor diesel. Algunos motores usan el ciclo de dos tiempos para obtener potencia. Otros motores usan el de cuatro tiempos. Sin embargo, ambos usan el método de compresión/combustión que acabamos de describir para generar potencia. El término tiempo (carrera del pistón) se refiere al movimiento ascendente y descendente del pistón.

En un **motor con ciclo de dos tiempos** el pistón hace dos carreras o recorridos en su proceso de combustión: el **tiempo de compresión** y el **tiempo de potencia**. En el tiempo de potencia, el pistón se mueve hacia abajo por el cilindro. La combustión ya ocurrió. Conforme se acerca al fondo, las válvulas de escape se abren y las lumbreras de admisión están descubiertas. Los motores de dos tiempos usan lumbreras de admisión en lugar de válvulas. Una vez que las lumbreras quedan descubiertas, el supercargador fuerza el aire hacia adentro del cilindro. Los gases de combustión son expulsados por el aire que es forzado hacia adentro. Mientras sucede esto, el pistón todavía se va moviendo hacia abajo por el cilindro.

Cuando el pistón llega al punto muerto inferior (siglas en inglés: Bottom Dead Center o BDC), inicia su recorrido hacia arriba o tiempo de compresión. Mientras el pistón continúa su carrera hacia arriba, la válvula de escape se cierra. El aire forzado continúa entrando al cilindro hasta que el movimiento hacia arriba del pistón cubre las lumbreras de admisión. El aire que queda se comprime. Justo antes de que el pistón llegue al punto muerto superior (TDC), se inyecta el combustible y ocurre la combustión, volviendo a empezar el proceso de nuevo.

Como su nombre lo indica, el **motor con ciclo de cuatro tiempos** utiliza cuatro carreras o recorridos del pistón: **admisión, compresión, potencia y escape.** En el tiempo de admisión, el aire entra al cilindro cuando el pistón se va moviendo para abajo. Cuando empieza el tiempo de compresión, la válvula de admisión se cierra y el pistón se mueve hacia arriba por el cilindro comprimiendo el aire. El pistón continúa moviéndose hacia arriba hasta que casi llega al punto muerto superior (TDC). Entonces se inyecta el combustible al cilindro, y se lleva a cabo la combustión. La alta presión causada por la combustión, forza al pistón hacia abajo por el cilindro, iniciándose el tiempo de potencia. Cuando el pistón llega al punto muerto inferior (BDC), se abre la válvula de escape. El pistón se vuelve a desplazar hacia arriba por el cilindro, empujando los gases quemados de combustión a través de la válvula de escape, constituyendo con esto el tiempo de escape.

Cada uno de estos motores tiene sus ventajas y desventajas. El **motor de dos tiempos es capaz de producir más potencia a partir de un motor más pequeño**. Esto porque sólo requiere de dos recorridos de pistón por cada tiempo de potencia que obtiene. El motor de cuatro tiempos necesita dar cuatro recorridos de pistón por cada tiempo de potencia. Así que de hecho, cada pistón suministra el doble de potencia en un motor de dos tiempos. Esto significa que el motor se puede construir más pequeño y aún así surtir la misma potencia de salida que un motor más grande de cuatro tiempos. La desventaja del motor de dos tiempos es que **es menos eficiente** que el motor de cuatro. Esto principalmente se debe a que el dos tiempos **requiere de un supercargador que** lo mueve el motor. Esto usa algo de la potencia que podrían usar las **ruedas. Los motores de cuatro tiempos generalmente usan un turbocargador que** es movido por los gases de combustión, así que **no le roba nada de potencia al motor.**

Sistemas Auxiliares

Aprender sólo del motor no es suficiente. Un chofer debe saber de los otros sistemas del vehículo que funcionan con el motor. A éstos se les conocen como sistemas auxiliares. El sistema eléctrico del que hablamos en el capítulo 5, es uno de los sistemas auxiliares. En el resto del presente capítulo discutiremos los otros sistemas auxiliares.

ENFRIAMIENTO

Todos los motores tienen algún tipo de **sistema de enfriamiento** que **controla la temperatura del motor y evita el sobrecalentamiento.** El sistema de enfriamiento por aire y el que usa líquido, son dos tipos de sistemas. El **sistema de enfriamiento por líquido es el que se usa más frecuentemente.**

A continuación listamos las partes que componen un sistema de enfriamiento por líquido:

- el radiador
- el termostato
- el tapón del radiador
- los conductos del agua del motor
- el ventilador y su banda
- las mangueras del agua
- la bomba del agua
- el refrigerante

El radiador, el componente de mayor tamaño del sistema de enfriamiento, consiste de un tanque superior y uno inferior, el cuerpo, un tapón de llenado, un tubo de derrame y las conexiones para las mangueras del agua. El refrigerante absorbe calor conforme se desplaza a través del monoblock. **En el radiador,** el **refrigerante deja escapar el calor** al aire de alrededor.

Para llenar el radiador, se echa refrigerante por el cuello del llenador del tanque superior. El tubo de derrame que está por un lado del cuello llenador, deja salir el exceso de agua o de presión. El tapón del radiador cabe a la medida en el cuello llenador. Este tapón sella el radiador y proporciona una forma de escape a la presión excesiva. Dentro del tapón hay un sello de resorte. Si la presión sube demasiado, ésta vence al resorte y levanta el sello. Esto permite el agua y la presión que se salgan. Cuando baja la presión, el resorte vuelve a poner en su lugar al sello y detiene el flujo. El tapón de presión permite que el refrigerante incremente su punto de ebullición.

Detrás del radiador, encontrará el ventilador y su banda. Esta banda mueve al ventilador.

Hay dos tipos de ventiladores. Uno de ellos, empieza a girar tan pronto como el motor se enciende y continúa girando hasta que el motor se para. El segundo tipo es el **ventilador de embrague (clotch).** Se opera termostáticamente. Esto significa que el ventilador **no empieza a girar hasta que la temperatura del motor llega a la temperatura a la que el ventilador de embrague (clotch) se ajustó, por el fabricante, para que encendiera.**

Ilustración 6-5
El radiador y sus partes funcionan juntos para controlar la temperatura del motor y evitar el sobrecalentamiento.

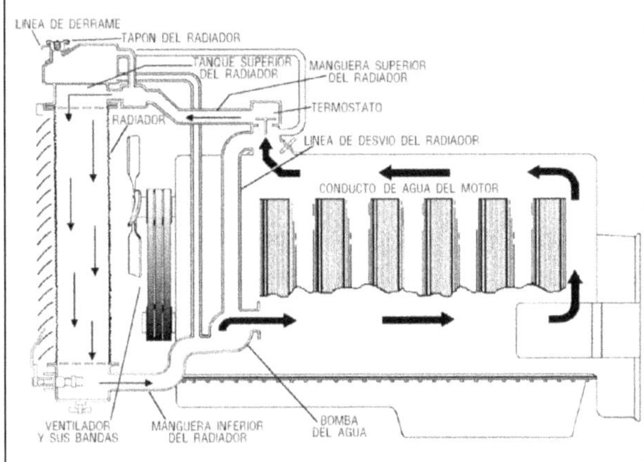

El primer tipo de ventilador es el que usa la mayor cantidad de potencia del motor porque siempre está girando, ya sea que el motor requiera de enfriamiento o no. Es por esto que mejor se usa el otro tipo. Ahorra potencia e incrementa la economía del combustible. El ahorro puede ser mucho, porque el ventilador del motor de un camión de carga grande llega a usar hasta 25 caballos de fuerza.

La **bomba del agua mueve al refrigerante a través del sistema de enfriamiento.** El termostato controla la temperatura del motor. El termostato cabe en su alojamiento en los conductos de agua del motor.

Los conductos de agua se encuentran en la cabeza del motor y en el monoblock, y consisten de pasajes que rodean a los cilindros y a las válvulas, y por los que fluye el refrigerante.

Las **mangueras del agua interconectan a los componentes del sistema de enfriamiento.** También se les llama mangueras del radiador.

El líquido refrigerante es en su mayor parte 50% agua y 50% anticongelante más aditivos químicos. La mayoría de los fabricantes recomiendan agua destilada y un poco de anticongelante de silicato de etilen glicol, o de propilenglicol.

Ahora veamos cómo todas estas partes, juntas, enfrían el motor. Vea la ilustración 6-5 conforme hablemos de este proceso.

Cuando arranca un motor que está frío, el termostato está cerrado. El refrigerante empieza a circular por los conductos del agua alrededor de cilindros y válvulas. Conforme circula, pasa por el termostato. **Cuando el refrigerante llega a la temperatura pre-establecida para el termos-**

tato, alrededor de los 180 grados Fahrenheit, el **termostato abre el paso de los conductos hacia el radiador,** y **dirige** parte del **refrigerante hacia** el **radiador para que circule por él, y se enfríe.**

El refrigerante caliente sale del motor a través de la manguera superior del agua. Se desplaza por esta manguera hasta el tanque superior del radiador y luego baja por el cuerpo del mismo. El movimiento hacia adelante del camión, y **la acción del ventilador impulsan el aire a pasar por el radiador y se enfría al refrigerante.**

Cuando el refrigerante llega al tanque inferior, la bomba del agua lo jala por la manguera inferior. El refrigerante pasa a través de la bomba que lo forza a circular por los conductos del agua del motor. Luego, el proceso vuelve a comenzar.

La major idea del termostato es dirigir el flujo del agua. Cuando el agua está por menos de los 180 grados Fahrenheit, el termostato dirige el agua a que fluya sólo por el monoblock y la bomba, sin pasar por el radiador. Luego, conforme se incrementa la temperatura del agua hasta llegar alrededor de los 180 grados Fahrenheit, el termostato se abre y permite que algo de agua fluya al radiador. El termostato continuamente se abre y se cierra un poco, para dirigir el flujo del refrigerante y por tanto controlar la temperatura del motor.

EL SISTEMA DE COMBUSTIBLE

El sistema de combustible **surte al motor de combustible.** Las partes de que se compone el sistema de combustible son las siguientes:

- el tanque de combustible
- las líneas de combustible
- el filtro o filtros del combustible
- los inyectores de combustible
- la bomba del combustible
- el combustible

El **tanque almacena el combustible,** y el **filtro lo limpia** antes de que llegue a la bomba (del combustible). El sistema del combustible en un motor diesel es un equipo de precisión con tolerancias muy pequeñas y orificios diminutos. Si al sistema le entra polvo, cualquier sustancia de consistencia chiclosa o agua, se dañará, o de menos, funcionará muy deficientemente. Si el combustible trae esta clase de basura, tapará el sistema. Ahora puede ver porqué, a veces, hay dos filtros.

La **bomba del combustible, surte de éste al motor.** Hay dos tipos de bombas de combustible, la de volumen constante o bomba de transferencia y la de volumen medido o de inyección. **Las líneas del combustible conducen a éste, de la bomba a los cilindros. Los inyectores de combustible lo atomizan hacia dentro de las cámaras de combustión.**

Examinemos dos calidades o grados de combustible diesel. **El diesel grado 2 es el que más se usa.** Es un poco más barato y más espeso que el grado 1. La única ventaja del grado 1, es que la temperatura tiene que bajar mucho más para espesar o gelatinizar al de grado 1 que al de grado 2. Pero esto no justifica el riesgo que puede correr usando un combustible así de delgado. Lo que significa su consistencia delgada es que no lubrica tan bien como lo hace el #2. Esto implica mayor desgaste. Además, el de grado 1 no genera tanta potencia como el de grado 2. El desempeño de su motor se demerita.

Durante el invierno, las refinerías cambian la mezcla del #2 para que permanezca fluido a temperaturas más frías. También, las gasolineras mezclarán el grado 1 con el grado 2 con el mismo propósito. Usted usaría combustible grado 1, sólo si fuera a manejar en temperaturas por debajo de los cero grados. Los camiones de carga diseñados para operar en un clima tan frío, usarán calentadores de combustible y aditivos para evitar que se gelatinice el #2.

Hagamos un seguimiento del flujo del combustible a través de su sistema. El combustible sale del tanque y corre por las líneas hasta la válvula "check" (válvula que permite el flujo en un solo sentido). De ahí, fluye a través del filtro y hacia la bomba. La bomba lo forza a circular a través de las líneas de combustible hasta llegar a los inyectores. Estos, atomizan una determinada cantidad de combustible hacia los cilindros.

EL SISTEMA DE LUBRICACION

El **sistema de lubricación limpia, enfría y aceita las partes movibles del motor.** Ayuda a los anillos del pistón a sellar la cámara de combustión y **reduce el desgaste de las partes metálicas,** esto, al mantener una delgada película de aceite entre ellas.

Los sistemas de lubricación difieren dependiendo de la marca y el modelo del camión de carga, pero consisten de todos los componentes que listamos abajo.

- la tapa de cárter
- la bomba del aceite
- los filtros del aceite
- el enfriador del aceite
- el aceite

Usted usará el tipo de aceite recomendado por el fabricante de su motor. Los aceites para motor diesel se consiguen sin dificultad. El aceite se debe cambiar de acuerdo a las instrucciones del fabricante, o más a menudo.

El cambio de aceite es una de las cosas **más importantes** que puede usted hacer **para mejorar el desempeño de su motor y prolongar la vida del mismo.** El aceite se ensucia en gran parte a causa de los productos secundarios de la combustión. Pero los residuos de combustible no quemado que quedan en el cilindro, también se mezclan con el aceite. Esto tiende a diluir el aceite, de tal forma que ya no lubrica tan bien. El refrigerante puede echar a perder el aceite muy rápidamente. Si nota una pequeña espuma en el aceite, o mucho aceite en la varilla del nivel del aceite, medidora del mismo, cámbielo inmediatamente y revise el sistema del enfriado. Puede ser que tenga una pequeña fuga interna.

El cárter almacena dicho aceite. La **bomba del aceite,** a presión, **lo bombea del cárter y lo hace pasar a través del enfriador (de aceite).** Al salir del enfriador, el aceite pasa **a través del los filtros.** Los filtros del aceite separan polvo y partes metálicas, del aceite. El aceite ya filtrado pasa luego **por las líneas de lubricación hacia el motor.**

Algunas partes, como las chumaceras del cigüeñal y del árbol del levas, se aceitan a presión directamente de la bomba del aceite. A otras partes, como las paredes del cilindro y los pistones, se les rocía o atomiza aceite. La mayoría de los motores usan ambos, la presión directa de la bomba y el rociado o atomizado, en sus sistemas de lubricación.

Ilustración 6-6
Un sistema típico de lubricación de un vehículo de carga para uso pesado.

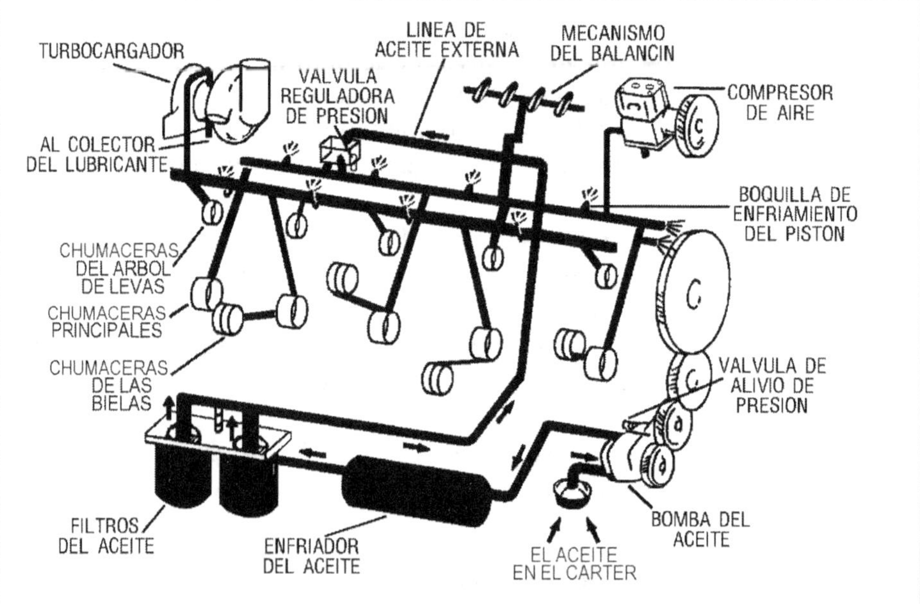

EL SISTEMA DEL ESCAPE

El **sistema del escape proporciona una salida al calor del motor, a los gases quemados y a otros productos de desecho.**

Las partes de un sistema de escape típico son el tubo múltiple (conocido como “maniful”), el propio tubo de conducción de los gases de escape y el silenciador (o mofle). El **múltiple o “maniful” recibe los gases de escape de los cilindros.** Del múltiple, **estos gases pasan a través del turbocargador y el tubo de conducción hacia el silenciador.** La función del silenciador es reducir el ruido producido por el escape.

SUPERCARGADORES, TURBOCARGADORES Y POST-ENFRIADORES

Ambos, **los supercargadores y los turbocargadores,** son ventiladores que usan ambos tipos de motores, los de dos y cuatro tiempos, **para incrementar la potencia del motor impulsando más aire hacia los cilindros.** Ambos ayudan al motor a quemar (el combustible) en forma más limpia y más fría.

Veamos los supercargadores primero. Un **supercargador es** un ventilador **movido mecánicamente.** Un eje accesorio proveniente del motor mueve el supercargador. El supercargador **suministra aire presurizado a los cilindros y forza a los gases de escape a salir.** El supercargador se usa primordialmente en los motores de dos tiempos.

El **turbocargador es** un supercargador **que se mueve por los gases de escape**. Un turbocargador es más eficiente porque no usa energía del motor para funcionar.

Muchos motores diesel para camiones tienen un **post-enfriador** que se localiza entre el turbocargador y la entrada del múltiple o "maniful". El post-enfriador es un intercambiador de calor. **Toma el aire caliente que sale del turbocargador y lo enfría antes de que vaya al motor.** Esto **incrementa la potencia** porque el aire frío es más denso y se puede impulsar más oxígeno al cilindro. Esto significa que se puede quemar más combustible, y esto a su vez quiere decir mayor potencia generada por el motor.

PRUEBA DE LA HABILIDAD PARA OBSERVAR

Recuerde la ilustración con la que se inició este captítulo. Luego refiérase a la gráfica de la Prueba de la Habilidad para Observar, al final del libro, y conteste las preguntas que encontrará allá.

Examen Sobre el Capítulo 6

1. La parte principal del motor ____.
   A. es el balancín
   B. es la válvula
   C. es el cilindro
   D. es el monoblock

2. Instalados cerca de la parte superior del pistón, los anillos de aceite hacen que el pistón se ajuste a las paredes del cilindro de tal forma que se genere la compresión y se mantenga.
   A. Verdadero.
   B. Falso.

3. _____ amortigua la vibración de la combustión, y es engranado por el arrancador cuando arranca el motor.
   A. El cigüeñal
   B. El volante del motor
   C. El árbol de levas
   D. La biela

Para las preguntas 4,5,6 y 7, llene los espacios en blanco en la ilustración de abajo, identificando los componentes.

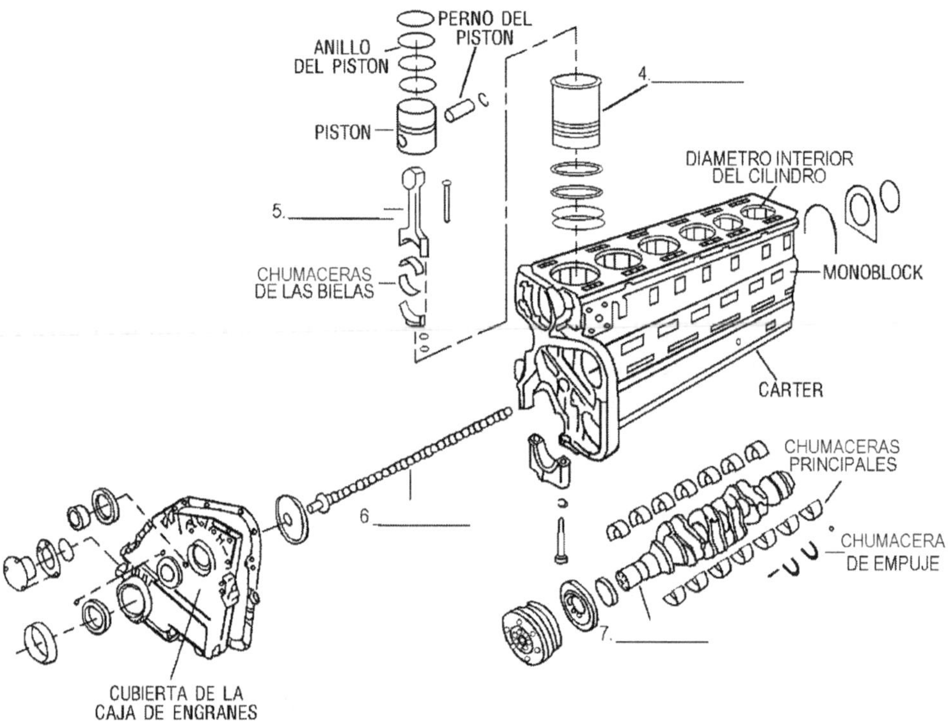

Para la pregunta 8, llene el espacio en blanco en la ilustración de abajo.

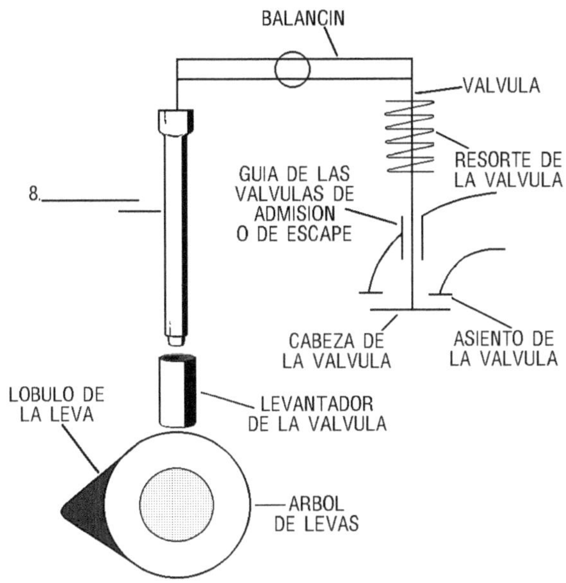

9. La labor del sistema de ____ es controlar la temperatura del motor y evitar el sobrecalentamiento.
   A. lubricación
   B. turbocargado
   C. combustible
   D. enfriamiento

10. El aceite en gran parte se ensucia por ____.
    A. los productos secundarios de la combustión
    B. el polvo que se deja en el motor en su proceso de fabricación
    C. fugas del refrigerante
    D. por la práctica de mezclar combustibles grado 1 y grado 2

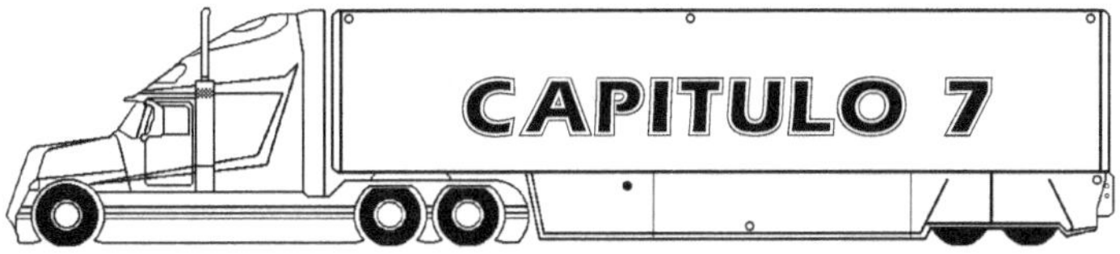

EL TREN DE TRACCION

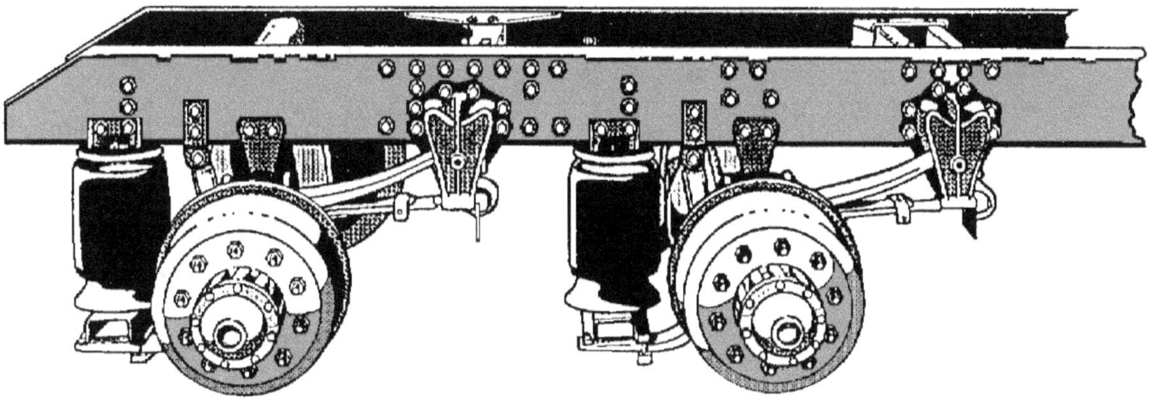

Del Motor a las Ruedas

Eso es lo que constituye el tren de tracción, todo lo que está desde el motor a las ruedas que en realidad hacen que el camión de carga se mueva. Así pues, el tren de tracción está compuesto del motor,

- el embrague (clotch)
- el diferencial
- la transmisión
- el diferencial interaxial
- el árbol de transmisión o eje primario
- el ejes motriz de semieje

y las ruedas. En el capítulo pasado cubrimos el motor, y la transmisión en el capítulo 3. En este capítulo aprenderá del resto del tren de tracción hasta llegar a las ruedas. En el capítulo 9 aprenderá de las ruedas mismas. También cubriremos los sistemas de ejes, el chasís y la suspensión.

El Embrague (Clotch)

El embrague (clotch) es el componente que **conecta o desconecta el motor, de la transmisión y de la línea motriz.** Cuando se engrana el embrague (clotch), se transmite la potencia producida por el motor a la transmisión a través del embrague. Cuando se desengrana el embrague, el flujo de la potencia se detiene en el volante del motor. El embrague le proporciona al chofer una forma fácil de hacer los cambios.

Ilustración 7-1
El embrague (clotch) del tipo de disco de fricción es el que más comúnmente se usa en las transmisiones manuales.

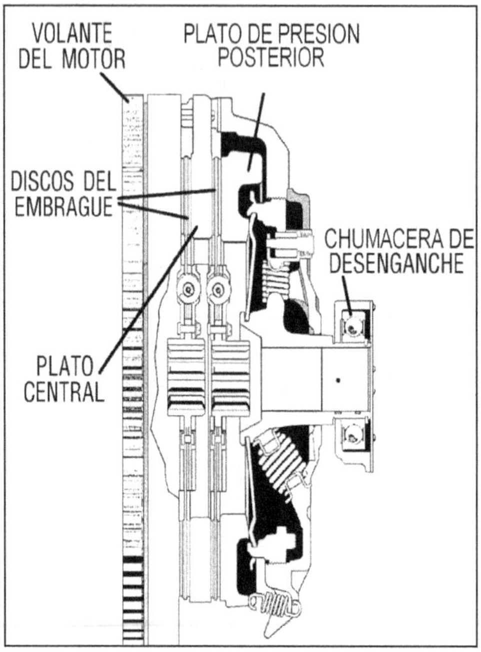

El embrague es hecho de su charola de alojamiento el volante del motor, el disco del embrague (o discos), el plato opresor del embrague (clotch), el mecanismo de desenganche, y los controles. El embrague forza las superficies de los platos a que se junten.

El ensamblaje del **plato opresor** del **embrague (clotch)** está atornillado al volante del motor. Proporciona la fuerza necesaria para **mantener el plato del embrague en constante contacto con el volante del motor** mientras el embrague está engranado.

El disco o discos del embrague, consiste de un disco o discos lisos, o plato, un material fijado a la superficie del disco, y una rueda ranurada. Al disco del embrague también se le llama el ensamblaje del plato propulsado, o el plato del embrague, o disco o discos propulsados. Está fijo al eje de entrada de la transmisión con el eje ranurado o acanalado.

El embrague de plato singular es el que sólo tiene un disco propulsado, activado por el ensamblaje de la cubierta o campana. El embrague de plato doble, tiene dos discos propulsados separados por un plato central de superficie muy lisa. El embrague de plato doble incrementa grandemente la cantidad de par de torsión que el embrague puede absorber del motor, y transferir a la transmisión. Los embragues de plato doble se usan en los motores de los camiones de carga de servicio pesado.

Hablaremos ahora sobre el **embrague de disco de fricción,** el tipo de embrague más comúnmente usado **en los camiones de carga con transmisión manual.** Se muestra en la ilustración 7-1. Las partes principales de este embrague son: el volante del motor, el disco o discos del embrague, el ensamblaje del plato opresor del embrague, y la chumacera de desenganche del embrague. El volante está fijado al cigüeñal del motor. Es la parte del embrague que tiene propulsión.

El **ensamblaje de desenganche** del embrague incluye el ensamblaje de la chumacera de desenganche y el mecanismo de desenganche del embrague. Cuando se presiona el pedal del embrague, los dedos de desenganche giran y jalan la chumacera. Esto empuja la chumacera contra las palancas de desenganche del embrague. Las piezas que toman parte en el desenganche, mueven el plato opresor del embrague a la parte de atrás del ensamblaje del embrague, desenganchando con esto al embrague mismo. Vea la ilustración 7-2.

Veamos los controles del embrague. El control del embrague que usará usted más a menudo es el **pedal del embrague** que se encuentra en la cabina. Esto **activa el enlazamiento del embrague** entre el pedal **y el mecanismo de desenganche** del embrague.

Hay dos tipos de embragues mecánicos: el directo y el operado por cable. **Los controles del embrague directo** están hechos de un ensamblaje de palancas operadas manualmente, varillas y resortes, que conectan el pedal del embrague al mecanismo de desenganche. El arreglo de los componentes de el enlazamiento mecánica varía. **Los tractores de carga convencionales usan el control directo** porque el pedal está físicamente cerca del embrague.

Los controles de embrague operados por cable usan un cable **en sustitución de parte de el enlazamiento. Los tractocamiones que tienen la cabina sobre el motor o "chatos", algunas veces usan el cable** porque entre el pedal y el embrague hay varios pies de distancia. También, el cable proporciona la manera en la que la enlazamiento se pueda flexionar cuando el pedal se levanta junto con la cabina.

Ilustración 7-2
Un mecanismo para desenganchar el embrague (clotch). Al pisar a fondo el pedal del embrague (clotch) la prensa del mismo se mueve hacia la parte de atrás del sistema.

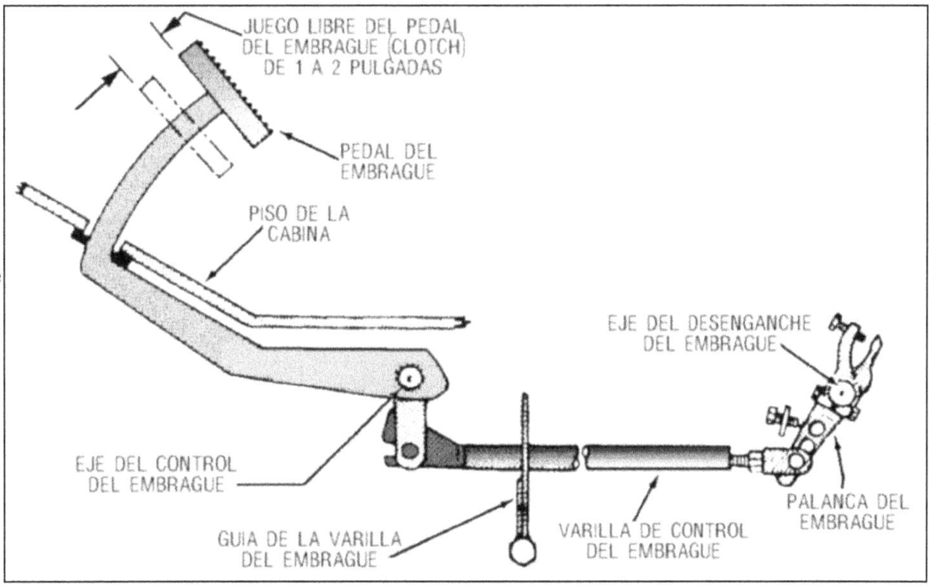

EL FUNCIONAMIENTO DEL EMBRAGUE

Ahora que ya conocemos los componentes básicos de un embrague, veamos uno en acción. Primero que nada, el chofer **empuja el pedal del embrague** para **desenganchar dicho embrague** de tal suerte que los engranes (velocidades) se puedan cambiar. Esto, **activa el mecanismo de desenganche del embrague** que **separa el plato opresor del embrague.** Esto significa que la **potencia del motor también se retira de la trans-**

misión. Una vez que el chofer ha hecho el cambio, **suelta el pedal del embrague.** El **plato opresor del embrague** ahora se empuja contra el **plato del embrague,** que a su vez es empujado contra el **volante del motor.** Esto quiere decir que las tres piezas o partes **girarán como una unidad.** Ahora, la **potencia del motor se transmite por el embrague a los engranes de la transmisión.** Los engranes no se pueden cambiar cuando están siendo propulsados por la potencia del motor. Hay más información en la operación del embrague en el Capítulo 16.

La Linea Motriz

La línea motriz consiste de todos **los componentes que conectan la transmisión con el diferencial.** La línea motriz **transmite el par de torsión del motor, de la transmisión al diferencial.** Aprenderá del diferencial después de esto. Por ahora, vea la ilustración 7-3. Puede ver que los componentes principales de la línea motriz son el eje motriz o árbol de transmisión, una o varias juntas universales, y las bridas o horquillas. Cuantos árboles de transmisión y juntas universales se usen en un camión de carga depende de la distancia entre ejes, de los tipos de transmisión y combinación de ejes traseros, y de qué equipo auxiliar se utilice. Veamos ahora a cada componente en forma individual.

ARBOL DE TRANSMISION (EL EJE PRIMARIO)

La mayoría de árboles de transmisión o eje primario están hechos de un tubo hueco de acero porque este tubo proporciona la mayor capacidad de conducción del par de torsión al mínimo peso. El eje hueco es el más fuerte y tiene gran resistencia a la ruptura por torsión.

Ilustración 7-3
La línea motriz consiste de el eje motriz, las juntas universales y las horquillas o bridas.

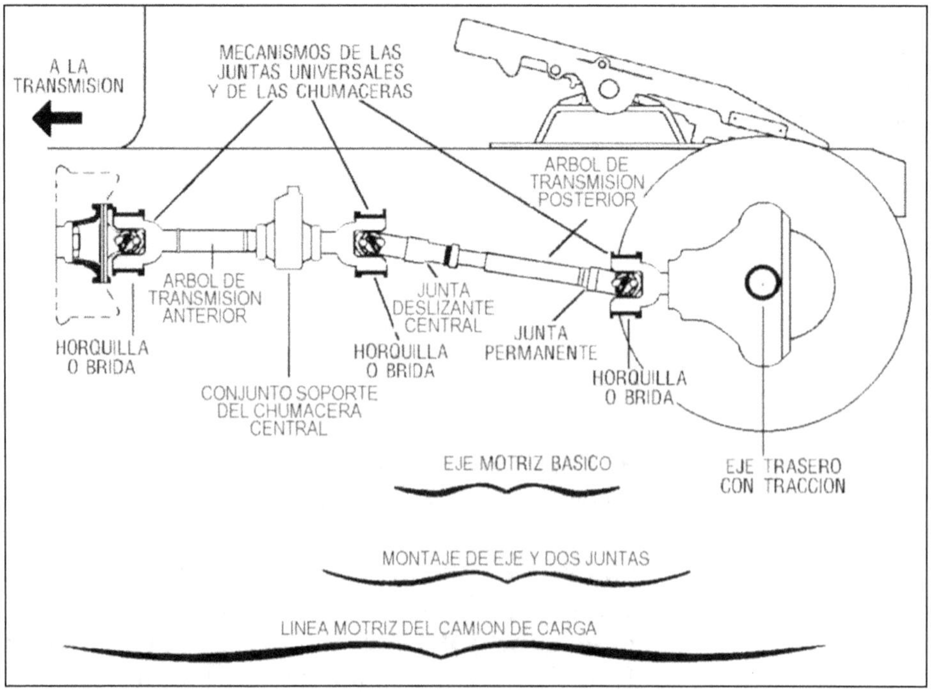

El árbol de transmisión gira tres o cuatro veces más rápido que las ruedas o las llantas, lo que quiere decir que dicho eje debe estar perfectamente balanceado. En la fábrica, los árboles de transmisión se balancean dinámicamente y se les fijan pesas permanentes para evitar la vibración.

El montaje **básico del árbol de transmisión** o eje primario, consiste en **dos juntas en U (en inglés: U-Joint) y el montaje de ejes,** que es un árbol de transmisión con una junta universal en ambos extremos. Las partes principales de estas dos juntas en U y del montaje de ejes son la junta deslizante, el eje tubular y la junta permanente, como lo puede observar en la ilustración 7-3 en la página anterior.

La junta en U (en inglés: U-Joint) es un acoplamiento flexible que se usa para transferir el movimiento rotatorio entre un eje también rotatorio y otro, al mismo tiempo, permitiendo cambios en el ángulo de operación de la línea motriz. Esto es necesario porque el diferencial se mueve para arriba y para abajo cuando el camión pasa sobre topes, bordes o irregularidades del camino, causando que cambie el ángulo entre la transmisión y el diferencial. U-Joint es el nombre corto que se emplea para llamar a las juntas universales. A estos conectadores también se les llaman "Cordon Joints".

La junta deslizante le proporciona al árbol de transmisión una forma de cambiar ligeramente su longitud cuando está funcionando, y así poder ajustarse al movimiento del eje trasero y la suspensión.

En otras palabras, **la junta en U permite que cambie el ángulo entre la línea central de la transmisión y la parte de atrás**. La **junta deslizante permite cambios en la longitud.** Ambos movimientos se necesitan porque la parte de atrás se mueve para arriba y para abajo en relación a la transmisión.

El **montaje de la chumacera central sostiene a la línea motriz** cuando se usan dos o más árboles de transmisión. El **arbol de transmisión anterior** es un eje de extensión que se usa para **conectar el eje de salida de la transmisión, al diferencial, en los tractocamiones que tienen una distancia larga entre ejes,** porque es mucha la distancia para un solo árbol de transmisión. El montaje de la chumacera central instalado en el chasis del camión, generalmente se usa para sostener el eje de acoplamiento.

El Diferencial

Hay dos tipos de diferenciales. Uno es llamado simplemente el diferencial. Divide por la mitad al eje motriz de semieje y permite que cada mitad gire independientemente. El otro es el diferencial interaxial. Este divide a los dos ejes motriz y permite que cada uno gire independientemente del otro.

EL DIFERENCIAL

El diferencial axial es un mecanismo de engranes que realiza dos labores. **Transmite la potencia** de el árbol de transmisión al dividido eje motriz de semieje. Separa a la mitad el eje motriz de semiejes y luego **permite que cada mitad gire a diferente velocidad**. Esto quiere decir que, bajo ciertas condiciones, cada rueda puede girar independiente de la otra. Tome como ejemplo el dar vuelta a una esquina. Cuando usted da vuelta a una esquina, la rueda de afuera debe girar más rápido que la rueda de adentro. La ilustración 7-4 le muestra cómo funciona el diferencial cuando da la vuelta en una esquina. Sin el diferencial, usted arrastraría de menos un juego de llantas dando vuelta a la esquina. Esto significaría que desgastaría sus llantas muy rápido.

Antes de explicar el diferencial y cómo funciona, tomemos un minuto para aclarar un par de malentendidos muy comunes. Primero, el diferencial no reparte la fuerza motriz en partes iguales entre las ruedas. Segundo, no manda toda la potencia a las ruedas que tienen la tracción mayor.

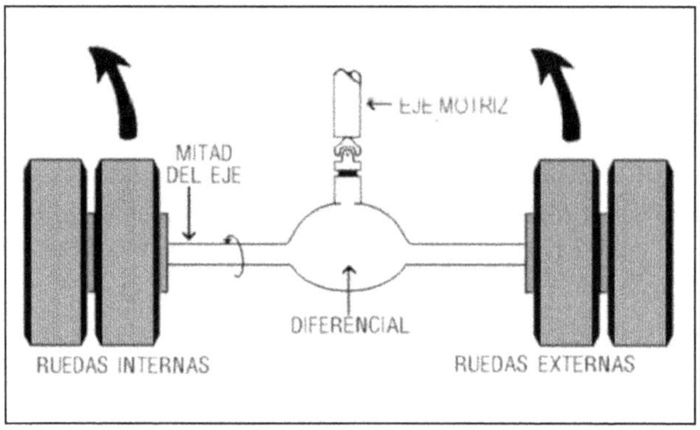

Ilustración 7-4
Al dar vuelta a una esquina, su diferencial deja que las ruedas externas giren más rápido que a las ruedas internas de tracción.

Lo que sí hace el diferencial, es mandar **toda la potencia a las ruedas que tienen la tracción menor.** Esto quiere decir que si levanta con el gato un lado de su eje motriz de semieje, arranca su tractocamión y mete el embrague, su tractor o tractocamión se quedará girando donde está. Lo mismo pasaría si un solo juego de ruedas estuviera sobre una zona de hielo y usted trata de mover su camión.

Hay varios tipos de diferenciales, pero las partes principales de un diferencial típico son el piñón de ataque o propulsor, la corona dentada y cuatro engranes estrella. Estas partes están alojadas en una caja del diferencial que está montada en el centro de el puente trasero que también es llamado túnel del árbol de transmisión y por última el alojamiento de diferencial y el eje motriz de semieje.

El piñón de ataque (propulsor) está conectado en la punta o extremo del árbol de transmisión y mueve a la corona dentada. Los cuatro engranes estrella están unidos a la corona dentada y se encajan con los engranes que se encuentran en los extremos de las mitades de los ejes motriz de semiejes. Cada engrane estrella está libre para girar. Cada engrane del eje se encaja con los cuatro engranes estrella. Así que, la **potencia se transfiere de la corona dentada a través de los engranes estrella, y a las mitades de los ejes.**

Ilustración 7-5
La mayoría de los camiónes usan engranaje hipoidal porque son más callados y producen más capacidad de torsión de carga.

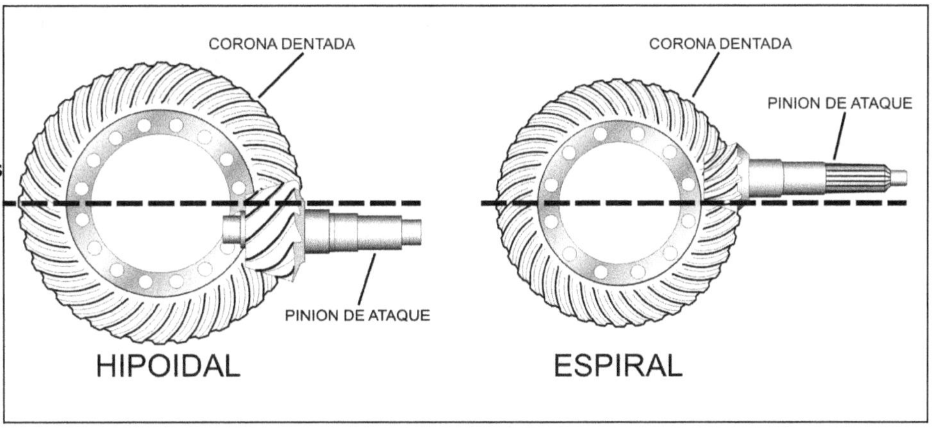

Cuando ambas ruedas giran a la misma velocidad (viajando en línea recta), los engranes estrella giran con el piñón de ataque. Sin embargo }os engraneþ estrella no rotan porque ambas ruedas giran a las mismas rpm. En otras palabras, **las dos mitades del eje giran a la misma veloidad**.

Cuando **su camión de carga da una vuelta,** las **ruedas de adentro de la dirección de la vuelta empiezan a disminuir su velocidad.** En cuanto una mitad del eje motriz de semieje empieza a girar a una velocidad menor que el otro, los **engranes estrella** empiezan **a rotar, permitiendo** que **las mitades del eje motriz de semieje giren a diferentes velocidades** y que usted pueda dar la vuelta sin restregar sus llantas contra el suelo. En otras palabras, los engranes estrella que están montados al eje motriz de semieje de la rueda interna, disminuyen su rotación también, y empiezan a girar en una dirección tal, que les da más velocidad a los engranes estrella opuestos y a la rueda que va por la parte de afuera de la vuelta.

Otra forma de ver esto, es decir que los engranes estrella han actuado como palancas balanceadoras. Para ilustrar esto, digamos que el vehículo se va desplazando a una velocidad constante y entrando a una curva. Las ruedas internas disminuyen su velocidad a sólo la mitad de la velocidad del camión. El diferencial incrementa la velocidad de las ruedas externas al doble de la velocidad del camión. El diferencial ha transmitido el decremento en velocidad de las ruedas internas, a las ruedas externas en un incremento proporcionado de velocidad.

Los tipos de engranes y los dientes de los engranes que se usan en los diferenciales son, cónico recto, cónico helicoidales o espiral, y el hipoidal. Los tipos más común de engranaje de coronas-y-piñón de ataque que se usan en los diferenciales son el cónico recto y helicoidales. Vea la ilustración 7-5. El engranaje cónico de dientes helicoidales es generalmente usado en tándem en el eje posterior. El engranaje cónico de dientes rectos es usado más seguido en el montaje de el eje trasero doble.

EL DIFERENCIAL INTERAXIAL

El diferencial interaxial **se usa en los camiones de carga que tienen ejes traseros motrices dobles o tándem.** También se le llama repartidor de fuerza.

El **ensamblaje en tándem** o "mancuerna" en los vehículos de carga que lo tienen, tiene dos partes: el eje trasero anterior y el eje trasero posterior. A los dos ejes se les llaman ejes con tracción.

Cuando un tractocamión o tractor tiene dos ejes con tracción, un diferencial y un diferencial interaxial están alojados juntos en el ensamblaje de la caja del diferencial montada en el eje trasero anterior. Hay otro diferencial montado en el eje trasero posterior. Un corto árbol de transmisión conecta la unidad motriz del eje trasero anterior con la unidad motriz del eje trasero posterior.

En términos de las funciones que desarrolla, el diferencial interaxial realmente sólo es otro diferencial. Hace lo mismo que el diferencial normal del eje, sólo que entre dos ejes en lugar de hacerlo entre dos mitades de ejes. Se necesita porque, a similitud de las ruedas internas y externas (al dar una vuelta) que a veces giran a diferentes velocidades, así también los ejes anteriores y posteriores a veces van a diferentes velocidades. El diferencial interaxial compensa por el deslizamiento, desigualdades en la llantas entre los ejes, y volteando esquinas. También se puede usar para mejorar la tracción cuando se trata de acoplar un remolque cargado y cuando se ajusta la quinta rueda deslizable.

La principal diferencia entre el diferencial normal y el diferencial interaxial es que éste, puede y debe usarse **cuando se encuentra con condiciones resbalosas en la carretera**. El capítulo 2 le muestra que hay un control en su cabina que le permite **trabar el diferencial interaxial**, y también que hay una luz de advertencia que le recuerda cuando está trabado.

En condiciones de carretera normales, el diferencial interaxial debe permanecer destrabado. Junto con el diferencial del eje trasero anterior y el diferencial del eje trasero posterior, el diferencial interaxial proporciona a cada juego de ruedas, la capacidad de girar independientemente de las otras. De esta forma, cuando toma usted una curva o una vuelta, no restriega las llantas contra el suelo.

Sin embargo, bajo condiciones resbalosas en la carretera, debe trabar el diferencial interaxial. Esto forza a las dos mitades de ejes en el diferencial trasero anterior y diferencial trasero posterior a girar juntos. Esto dobla su tracción en una superficie resbalosa porque asegura que a cada eje se le mande potencia. Ahora, para que su tractor o tractocamión derrape, dos ruedas (una en cada eje) necesitan hacerlo. Si el interaxial no estuviera trabado, una rueda podría derrapar y usted perdería tracción. La ilustración 7-6 en la siguiente página le muestra lo que queremos decir.

Ilustración 7-6
Las flechas negras grandes le muestran hacia dónde se va la potencia en un camino con el superficie resbaloso cuando se traba el inter-axial.

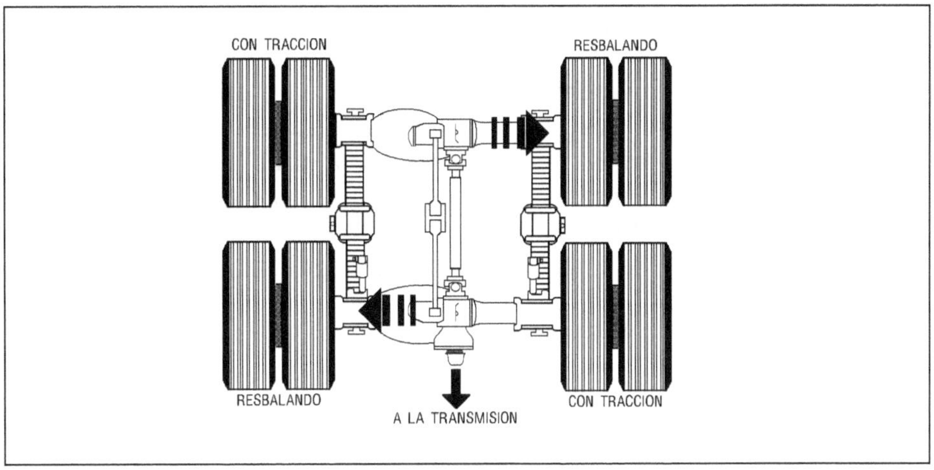

LOS EJES

Los ejes de los camiones de carga se pueden dividir en dos categorías: **los ejes con tracción** (también llamados motrices o ejes de potencia) y **los ejes sin tracción (también llamados locos (muertos) o ejes sin potencia). Las tres partes principales de un eje con tracción son las mitades del eje, el túnel o puente trasero del eje y el diferencial. Una de las funciones del diferencial es transmitir el par de torsión de el eje primario a los ejes motriz o ejes con tracción.**

A los ejes también se les nombra o clasifica por su posición en el camión: delanteros o traseros. Los ejes delanteros pueden ser de tracción, o sin tracción. El más común es el eje delantero sin tracción. Para su construcción se emplea una viga en I como travesaño montada al centro entre dos pivotes. Los ejes frontales se clasifican por su capacidad para soportar carga, normalmente 12,000 libras.

Muchos camiones de carga tienen un solo eje con tracción. Muchos vienen equipados con dos ejes traseros con tracción, uno detrás del otro. Este es el arreglo tándem (en inglés: tandem) del que discutimos cuando usted aprendió tocante a los diferenciales interaxiales.

EL CHASIS

El chasís o bastidor es la **base del camión de carga.** Es un conjunto de piezas estructurales de metal y secciones en canal que sostienen el motor y todo lo siguiente: la carrocería del camión, el tren de tracción, el eje con el sistema de dirección. A la vez el chasis lo sostienen las ruedas y las llantas y aquí se encuentran los montajes de los frenos, el sistema de suspensión y otros mecanismos y componentes, todos, están montados directa o indirecamente en el chasís o suspendidos de él.

Las principales partes del chasís son los largueros laterales y los travesaños. Los **largueros laterales son los que llevan la carga**. Un cierto número de travesaños están atornillados o remachados a los largueros. Estos **travesaños estabilizan al chasís**. También sostienen el motor, la transmisión, la cabina y otros componentes pesados. **Para darle más fuerza,** escudetes de sujeción están soldadas o remachadas en los puntos **donde se unen los travesaños a los largueros.** En realidad los escudetes de sujeción son piezas angulares de metal.

El chasís se hace de acero o de aluminio. Las perchas y los colgantes de la suspensión están atornillados o remachados al chasís para sostener los amortiguadores, las muelles, las defensas y los estribos.

PRUEBA DE LA HABILIDAD PARA OBSERVAR

¿Estudió con detenimiento la ilustración con la que se inició este capítulo? ¿Está mejorando su habilidad para observar? Refiérase a la gráfica de la Prueba de la Habilidad para Observar al final del libro y vea qué tan bien lo está haciendo.

EL SISTEMA DE SUSPENSION

El sistema de suspensión cumple con muchas funciones. **Sostiene el peso del vehículo,** evitando que el chasís descanse directamente sobre los ejes. **Proporciona una marcha más suave** tanto para el chofer como para la carga. **Absorbe** los **golpes** y traqueteos del camino cuando va viajando, y **evita que las ruedas y las llantas vayan saltando en terrenos irregulares.** También ayuda a mantener el buen alineamiento del chasís. De esta forma, el sistema de suspensión **protege las ruedas y llantas evitando que se desgasten innecesariamente.**

Los dos tipos de sistemas de suspensión más comunes son el de hoja de ballestas o muelles y el de suspensión neumática o de aire. Hay una variedad de suspensiones de hoja de ballesta y neumáticas para las diferentes posiciones en los ejes del tractor y los remolques. Cada suspensión, de muelle o de aire, tiene un régimen de carga basado en el número de libras que puede soportar con seguridad. Una suspensión de eje singular generalmente sera diseñada para soportar menos peso que una de eje en tándem o doble. Suspensiones para cargas grandes y muy pesadas son diseñadas para poder con mucho más peso para camiones, y tractores involucrados en aplicaciones de cargas grandes y muy pesadas como en construcción, minando, y silvicultura.

SISTEMAS DE SUPENSION DE HOJA DE BALLESTAS O MUELLES

La suspensión de hoja de ballestas o muelles es hecho de dos o mas **flejes de metal** o hojas largas, que están **puestas juntas en unidades con**

abrazaderas. Típicamente las hojas de ballestas están arqueardas con las puntas del muelle en curva así arriba conectando al soporte de la ballesta al frente y con la mano de ballesta en la parte trasera del chasís del vehiculo. El medio de la hoja de ballesta conecta al eje o a una barra fija centrada entre dos ejes. **A como el peso del vehículo empuja así abajo a los soportes, las puntas extremas de los muelles son forzados así abajo.**

El número de hojas en cada ensamblaje varían dependiendo en el tipo de metal del cual están hechas y la cantidad de peso que deben sostener. **El peso que los muelles deben sostener depende de la posición del eje en el vehículo y de el tipo de carga que el tractor o remolque vaya a estar haciendo.** Entre menos hojas y entre más flexibles que son, van absorber más golpes y baches del camino. Esto contribuye a un viaje más cómodo para el chofer y su carga.

SUSPENSIONES DE HOJA DE BALLESTAS AHUSADAS

Las hojas de ballestas ahusadas se usan en ejes singulares y en tándem o ejes dobles de tractores. Son **las que se usan más seguido en las suspensiones en el eje de dirección** de tractores que caminan por las carreteras porque son ligeras, no muy costosas, y dan un viaje cómodo. Tienen flejes de metal del mismo largo que son más delgadas en las puntas que en su centro. Una suspensión típica de hojas de ballestas ahusadas del eje de dirección puede usar dos o tres hojas largas flexibles. Vea la ilustración 7-7.

SUSPENSIONES DE HOJAS MULTIPLES

Las hojas múltiples de ballestas usan muchas hojas y son comunes en los ejes motriz y en tándem o ejes dobles de tractores y remolques. Son más grandes y más pesadas que las hojas de ballestas ahusadas y **seguido se usan para cargas más pesadas.** Debido a que tienen muchas hojas, las suspensiones de hojas múltiples, también son mucho más

Ilustración 7-7 Suspensiones delanteras y traseras: (A) ballestas ahusadas (B) ballestas múltiples.

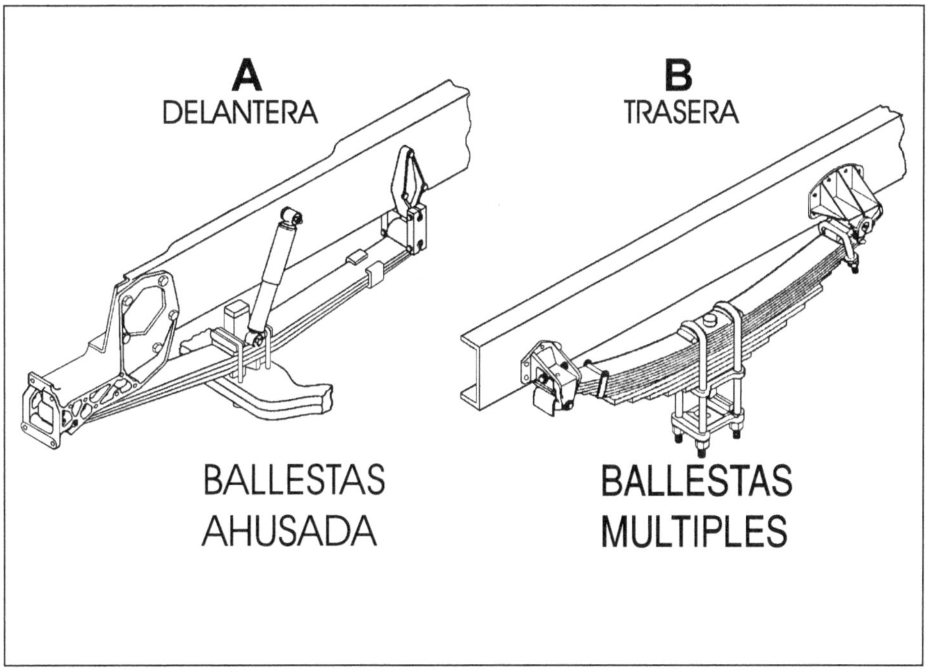

rígidas que las hojas de ballestas ahusadas lo cual hacen el viaje más áspero, en particular cuando no se lleva carga.

LA SUSPENSION NEUMATICA O DE AIRE

La suspensión neumática o de aire esta diseñada para todo tipo de ejes y es común en tractores y remolques. La suspensión de aire consiste en una bolsa de material de hule que guarda el aire. La parte de arriba de la bolsa esta sujetada a una placa de metal que esta conectada al chasís del vehículo. La parte de abajo de la bolsa descansa en el montaje de las suspensión (vea la ilustración 7-8). **Una válvula de control de altura ajusta la cantidad de aire en la bolsa**. Cuando se carga el eje del tractor o el remolque, la válvula de control de altura se abre automáticamente y fluye aire comprimido hacia dentro de las bolsas de aire, soportando el peso del eje, levantando la unidad tractor-remolque a la altura que tendría si no estuviera cargado. Cuando se le quita el peso o descarga la carga, la válvula deja escapar el aire de la bolsa, manteniendo en balance y a nivel al tractor y al remolque en todo el tiempo.

Ilustración 7-8
La suspensión de aire le da un paseo más suave que una de ballestas.

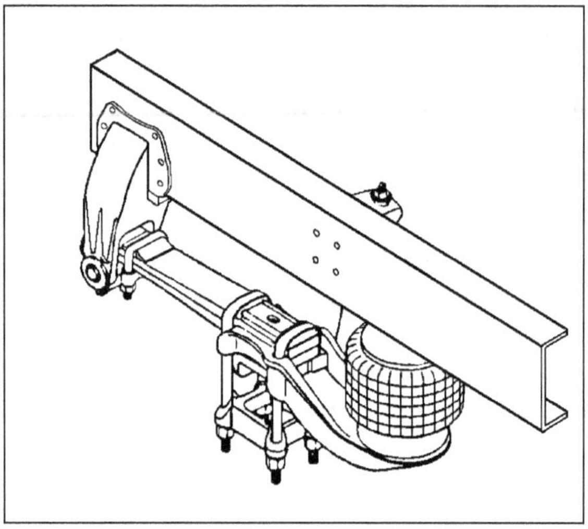

Las furgonetas (remolques) usadas para acarrear equipo electrónico muy sensible fueron unas de las primeras que fueron equipadas con suspensiones de aire. Al pasar de los años casi todos los otros tipos de remolques han sido equipados con suspensión de aire.

¿Así es que para qué usar una suspensión de aire? **Las suspensiones de aire son muy cómodas** para viajar en ellas **y mantienen la carga en seguridad**. La suspensión de aire siempre mantiene lo siguiente:

- la altura correcta del vehículo
- alineación precisa de las ruedas
- comodidad de marcha excelente

SUSPENSION DE MUELLE CON BARRA DE PAR DE TORSION

La ilustración 7-9 muestra una suspensión típica de eje en tándem con muelle usando barras de par de torsión. Las barras de par de torsión transmiten par de fuerza y esfuerzo del frenado al chasís del camión. Cuando usted pone en movimiento un camión de carga muy pesada y cuando usa el freno, los ejes tratan de voltearse así al frente o así a tras. Esto se le llama "axle wind up" o devanar del eje. **Las barras de par de fuerza**

absorben y transmiten el efecto del devanar del eje al chasís y alineamiento correcto es mantenido. Como chofer usted debe realizar la importancia del alineamiento correcto. Arranque y detenga el camión tan suavemente como sea posible para ayudar a reducir la tensión en el sistema de suspensión.

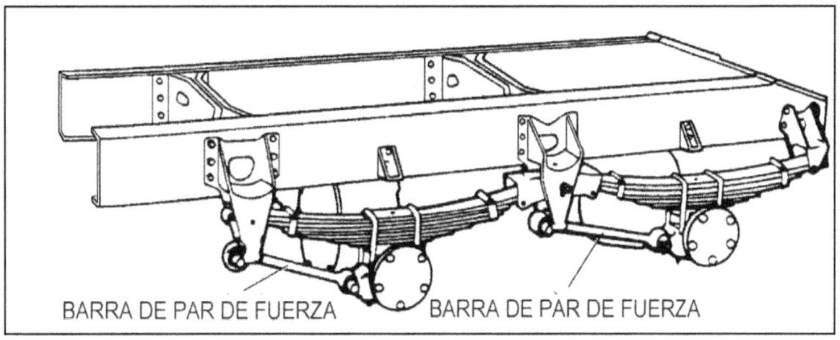

Ilustración 7-9
Las barras de par de fueras absorben y transmiten el efecto de devanar del eje hacia al chasis y ayuda a mantener el alineamiento correcto.

Examen Sobre el Capítulo 7

1. _____ es el componente mecánico que permite que el motor se conecte a, o se desconecte de, la transmisión.
   A. El diferencial interaxial
   B. El diferencial
   C. El embrague (clotch)
   D. La línea motriz

2. Cuando pisa el pedal del embrague (clotch), usted _____ .
   A. engancha el embrague (clotch), lo que permite que la potencia fluya de la transmisión al diferencial
   B. desengancha el embrague (clotch), y por tanto detiene el flujo de potencia en el volante del motor
   C. engancha el embrague (clotch), y por tanto detiene el flujo de potencia en el volante del motor
   D. desengancha el embrague (clotch), lo que permite que fluya la potencia de la transmisión al diferencial

3. _____ se refiere a todos los componentes individuales que conectan la transmisión con el diferencial.
   A. La línea motriz
   B. El tren de potencia
   C. El cigüeñal
   D. El tren de tracción

4. El sistema de suspensión de aire constantemente se ajusta conforme usted carga y descarga, para mantener la altura del camión correcta.
   A. Verdadero.
   B. Falso.

5. _____ es un acoplamiento flexible que se usa para transferir el movimiento rotatorio entre un eje que gira y otro, mientras permite cambios en el ángulo de operación de la línea motriz.
   A. La brida
   B. La horquilla
   C. La junta corta de acoplamiento
   D. La junta en U

6. _____ es un mecanismo de engranes que transmite la potencia del eje de transmisión a los ejes semiejes. Divide al eje motriz a la mitad, y luego permite que cada mitad de eje gire a diferente velocidad.
   A. La línea motriz
   B. El diferencial
   C. El tren de tracción
   D. El diferencial interaxial

7. _____ hace lo mismo que el diferencial del eje, pero entre dos ejes en lugar de entre dos mitades de eje.
   A. La junta en U
   B. La transmisión
   C. El diferencial interaxial
   D. El embrague (clotch)

8. Las tres partes principales del eje _____ son las mitades del eje, el túnel o puente tracero del eje y el diferencial.
   A. con tracción
   B. delantero
   C. sin tracción
   D. de la línea motriz

9. _____ es la base del camión de carga.
   A. La línea motriz
   B. El chasís
   C. El diferencial interaxial
   D. El engrane de piñón del eje

10. El peso del vehículo lo sostiene _____.
   A. el chasís
   B. las ruedas
   C. el cigüeñal
   D. el sistema de supensión

LA DIRECCION

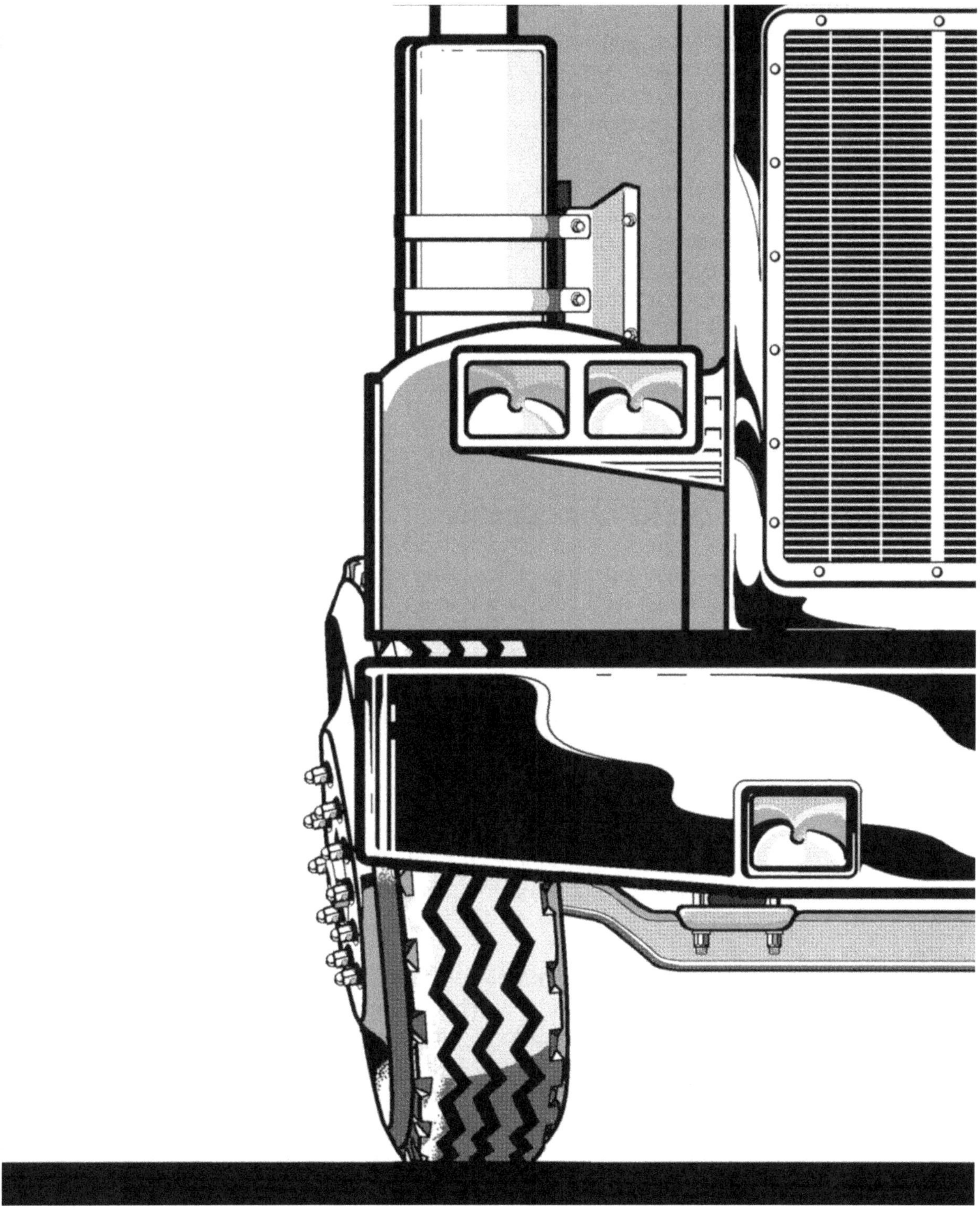

Como el Volante en sus Manos, Controla las Ruedas Sobre el Camino

Los primeros capítulos de este libro, describen cómo avanza el camión de carga y cómo se detiene. Muestran cómo la potencia del motor, potencia que lo lleva a donde quiere ir, se mueve a través de la transmisión y el tren de tracción, a las ruedas y a las llantas del camión. Lo que controla esa potencia son los componentes de la dirección. En este capítulo, usted aprenderá acerca de los tipos de dirección y de los componentes de la misma. También aprenderá de alineación, o de lo que mantiene trabajando adecuadamente a los componentes de la dirección.

El **sistema de la dirección le da al tractor o tractocamión, la facultad para cambiar de dirección y dar vuelta en las esquinas.** Un buen sistema de dirección **proporciona un rodado preciso, sin derrapar,** cuando da vuelta en una esquina o toma una curva. En este capítulo no vamos a hablar de cómo dar vuelta en las esquinas. Eso lo cubre el capítulo que enseña las técnicas de conducir. En cambio, usted aprenderá de lo que sucede cuando le da vuelta al volante de la dirección. En otras palabras, aprenderá cómo el volante que trae en sus manos controla las ruedas que van sobre el camino.

Componentes de la Dirección

El volante que trae en las manos es el volante de la dirección. Controla las ruedas de la dirección que están conectadas al eje de la dirección. Entre el volante y el eje de la dirección están los componentes que hacen posible la dirección. En la ilustración 8-1 en la siguiente página, se muestran los componentes básicos de la dirección y cómo fluye la acción de ésta a través del sistema. Refiérase a dicha ilustración conforme avance en lo que a continuación tratamos.

El sistema de la dirección se inicia con el **volante** (de la dirección), que **está conectado** a la **columna de la dirección** por un eje de dirección y sostenido con una tuerca. El volante transfiere las instrucciones del chofer al sistema de la dirección, permitiéndole controlar hacia dónde se dirige su tractor.

Conforme usted gira el volante, la columna gira en la misma dirección. Este **movimiento giratorio** continúa a través de la junta en U (U-joint) o articulación al eje de la dirección. De ahí, el movimiento continúa **a través de otra junta en U a la caja de engranes de la dirección**. La **caja de engranes de la dirección, también es llamada el sector de dirección, cambia el movimiento de rotación** de la columna de la dirección **a un** movimiento de **atrás hacia adelante,** o movimiento reciprocante del brazo Pitman. El **brazo Pitman** es una palanca fijada a la caja de

Ilustración 8-1
Estos componentes forman parte de cualquier tipo de sistema de dirección, sea manual o hidráulica.

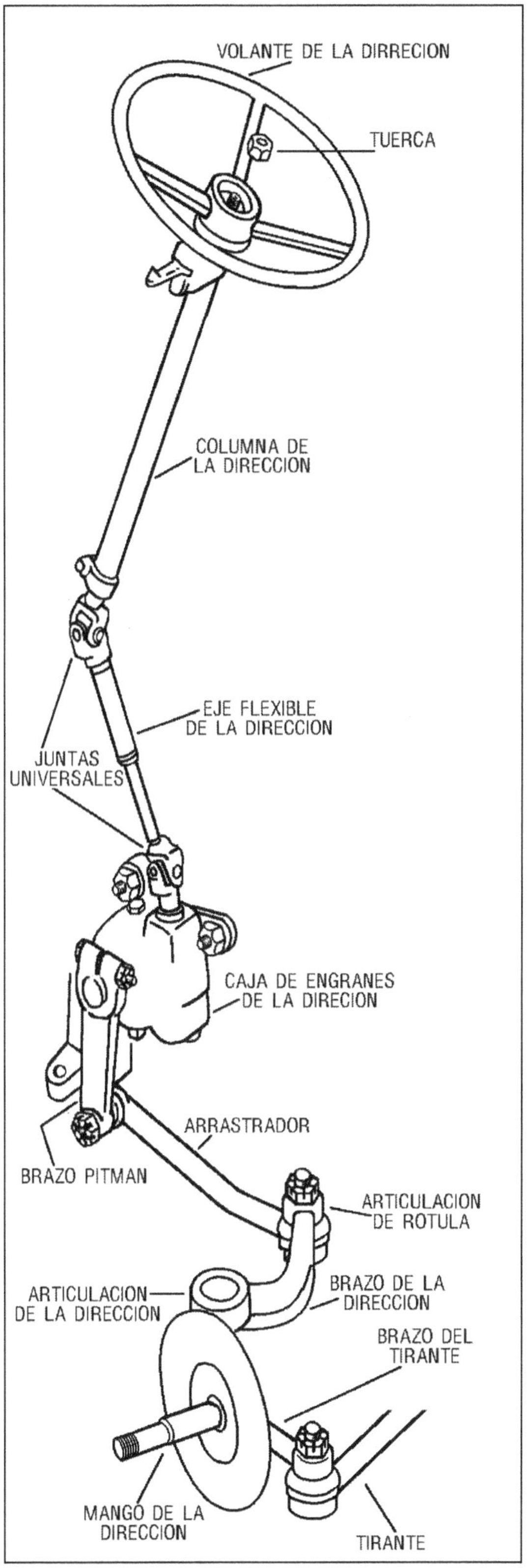

engranes de la dirección. El **arrastrador** une el brazo Pitman con el brazo de dirección.

El brazo de dirección es el primer componente del sistema de dirección que forma parte del **eje de dirección**. El eje delantero o de dirección, cumple con dos funciones. **Sostiene carga** como los otros ejes. Sin embargo, además **dirige al camión** y por tanto tiene componentes diferentes y se ve diferente. Los ejes de dirección están construídos como vigas en I. Abajo, listamos los componentes de un eje de dirección.

- el brazo de dirección
- la articulación de la dirección
- los ejes o mangos
- el brazo del tirante
- el tirante

El **brazo de dirección gira las ruedas delanteras a la izquierda y a la derecha** cuando el brazo Pitman lo jala para adelante o para atrás. El brazo de dirección está conectadoa la articulación de la dirección que es una conexión movible entre el eje y las ruedas, y que permite que éstas giren a la derecha o a la izquierda.

Hay una articulación de la dirección en el extremo de cada eje. Las articulaciones de la dirección son muy importantes porque contienen los sellos, los bujes y las chumaceras que sostienen el peso del tractor. Las articulaciones de la dirección transfieren

Ilustración 8-2
La articulación de la dirección está formada por,(A) el perno de la articulación, (B) los bujes y (C) los baleros de rodamiento cónicos. Esta articulación está montada al mango (D), y a la palanca de la dirección (E). La articulación de rótula (F), conecta dicha palanca de la dirección con el tirante (G).

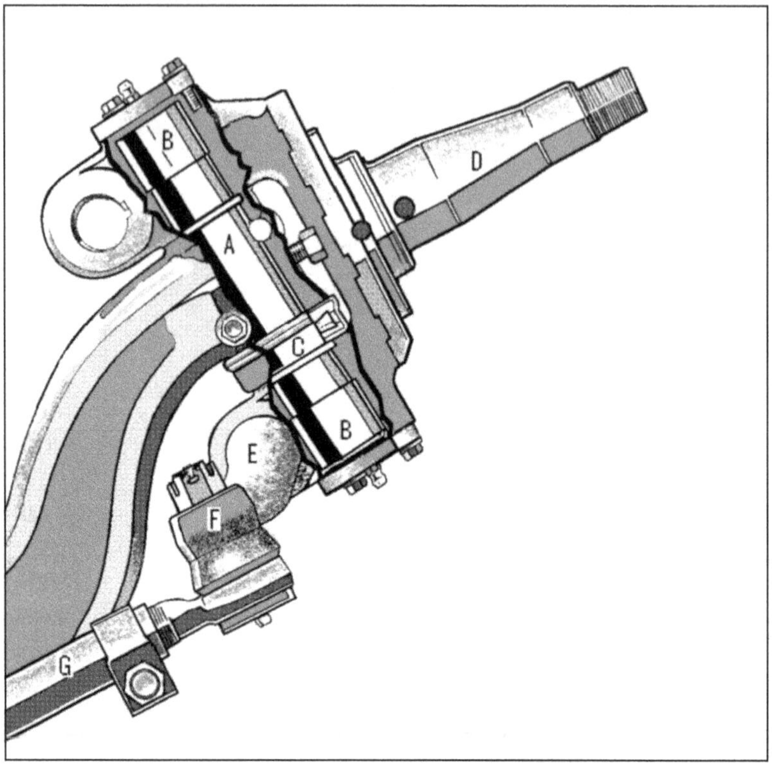

el movimiento al brazo del tirante de la dirección y al eje cobo or mango de la dirección que van insertados a través de las ruedas.

El tirante de la dirección mantiene a las ruedas en la misma posición. Conforme se gira la rueda izquierda, la derecha se mueve en la misma dirección. Además, el **perno maestro**, que está contenido dentro de la articulación, **le permite a cada rueda tener su propio punto de pivote**. Como lo puede ver en la ilustración 8-2, el mango, o eje cobo, de la articulación sobre el que rota la rueda, está unido al perno maestro de dirección.

Tipos de Dirección

Los dos tipos de dirección son la manual y la de potencia (hidráulica). En este capítulo nos concentraremos en la manual porque el sistema manual es la base para el sistema hidráulico. Así que, si conoce del sistema manual, sólo hay un poco más de cosas que necesita saber acerca de los sistemas hidráulicos.

Como acaba de aprender, **el sistema de dirección manual multiplica el esfuerzo del volante** a través de engranes y de articulaciones mecánicas. Simplemente imagínese el esfuerzo que necesitaría usted hacer si se baja al suelo, coge las ruedas, y trata de moverlas con 12,000 libras de carga descansando en ellas. El sistema del volante multiplica el pequeño esfuerzo que Usted le aplica al volante a esta fuerza major que se necesita para mover las ruedas delanteras. Al mismo tiempo el **movimiento** del volante **se reduce** en las ruedas delanteras. En otras palabras, usted puede darle la vuelta al volante dos o tres veces completas para hacer que sus ruedas delanteras giren sólo unos cuantos grados.

Los sistemas hidráulicos sobre pasan al sistema manual. **Estos, usan la presión hidráulica para ayudar** a la articulación mecánica a dar la vuelta. De esta forma el esfuerzo que hacen los brazos de usted, es aún menor.

Cuando se usa la presión hidráulica para ayudar a la dirección, se reemplaza la caja de engranes de la dirección por una unidad hidráulica. Una bomba hidráulica es añadida al motor para abastecer la presión que se usa para ayudar a dar vuelta a las ruedas. Así que, cuando usted le da vuelta a la derecha al volante, la válvula hidráulica siente este movimiento. Se abre una válvula y la presión del aceite se usa para ayudar a dar la vuelta a la derecha a las ruedas.

Alineación

Cuando **alinea** el sistema de dirección, **pone** los **componentes a los ángulos correctos para mantener** el balance del **mecanismo**. El mantener el sistema de dirección alineado es esencial para la operación adecuada y segura de un camión de carga.

Como chofer, probablemente usted nunca hará reparaciones del sistema de la dirección o alineaciones del mismo, pero sí debe saber cuándo un sistema necesita repararse o necesita alineación. **Una mala alineación conduce a un desgaste excesivo** de ambos, los componentes del sistema y las llantas. El siguiente capítulo trata de llantas y ruedas en detalle. Lo que usted necesita saber ahora es que una mala alineación puede echar a perder una llanta que puede costar tanto o más de $350 muy rápidamente.

Abajo listamos cuatro ángulos que afectan la alineación.

- convergencia
- "caster", o ruedecilla, inclinación relativa del pivote de la articulación de la dirección con la llanta
- divergencia
- "camber", o inclinación de la rueda

Si cualquiera de estos ángulos está desalineado, habrá problemas. Otro ángulo que afecta a la dirección es el ángulo de dar vuelta. También trataremos de este ángulo en este capítulo.

CONVERGENCIA Y DIVERGENCIA

Imagínese un eje de dirección con ruedas y llantas montadas. Para entender la convergencia y la divergencia, piense en los frentes de las llantas como si fueran los dedos de los pies, y la parte de atrás de las llantas como si fueran los talones. **Convergencia** quiere decir que **la** distancia entre los dedos de las **llantas es menor que la distancia entre los talones** de las mismas. **Divergencia** significa que **la distancia entre los dedos de las llantas es mayor que la distancia entre los talones** de las mismas.

Demasiada Convergencia o Divergencia

Demasiada convergencia o divergencia no sólo hacen que el camión de carga se ponga **difícil de dirigir,** sino que además hacen que **las llantas se desgasten** rápidamente y en forma desigual. Si nota que los bordos de sus llantas se ven como los filos de las plumas o como los dientes de un serrucho, haga que revisen su alineación. **Los bordos de las llantas que se ven así** y que apuntan hacia adentro, con frecuencia indican demasiada convergencia. Igualmente, si apuntan hacia afuera, generalmente significan demasiada divergencia.

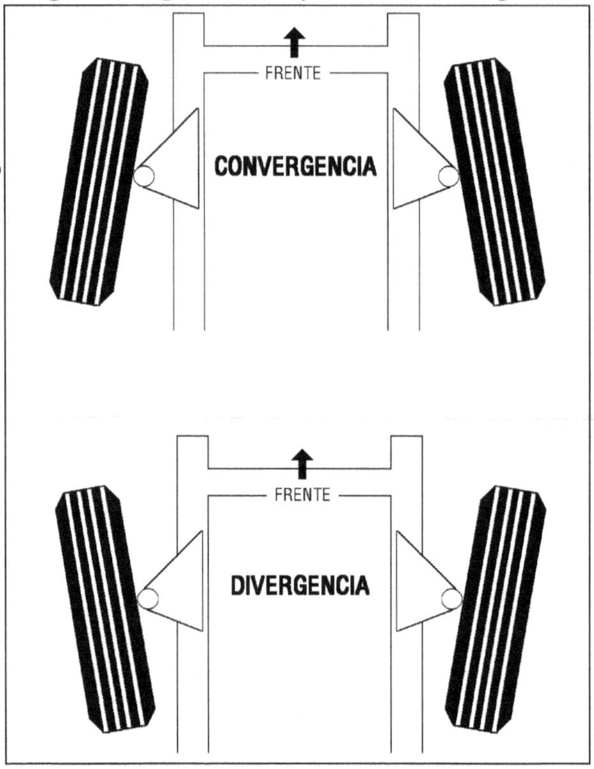

Ilustración 8-3
Demasiado convergencia o divergencia hace difícil el control de la dirección de un vehículo de carga.

La divergencia excesiva puede ser causada por una barra de acoplamiento encorvada. Si está encorvada, a lo mejor necesita cambiarse. Generalmente la convergencia se puede ajustar. Para hacerlo, el mecánico generalmente ajustará las roscas en el extremo de la barra de acoplamiento de la articulación de la dirección.

Convergencia y Divergencia adecuadas

Sin embargo, usted sí quiere un poco de convergencia. Balancea la inclinación de las ruedas. ¿A qué se refiere esta inclinación de las ruedas? De eso hablaremos a continuación.

"CAMBER" (INCLINACION DE LAS RUEDAS)

El término "camber" se refiere a la posición de la parte de arriba de la llanta. Cuando se tiene **camber cero,** la parte de arriba de la llanta se encuentra exactamente sobre el fondo de la llanta. Si fuera a dibujar una línea punteada desde la parte superior de la llanta al fondo de la misma, sería una línea vertical. Cuando se tiene **camber positivo,** la llanta se inclina un poco hacia afuera de la carrocería del camión, y así lo hace también su línea imaginaria. Cuando se tiene **camber negativo,** la llanta se inclina hacia la carrocería del camión. Al camber negativo también se le llama camber invertido.

Si dibuja usted una línea de la parte superior al fondo de la llanta que tiene un camber positivo o negativo, generaría un ángulo comparada con la línea recta de camber cero. A este ángulo se le llama el **grado de camber** positivo o negativo. La ilustración 8-4 le muestra lo que queremos decir.

Camber Inadecuado

Un camber inadecuado le origina movimientos bruscos en el volante, desgaste desigual de las llantas y el "desviar" de la dirección. Si siente esto en el volante cada vez que su llanta delantera pasa por un borde o tope, está teniendo una experiencia con el choque del camino y probablemente tiene algún problema con el grado de camber.

Demasiado o muy poco camber, ocasiona desgaste desigual de las llantas. **Demasiado camber, desgasta el dibujo en el lado de afuera** de la llanta. Si hay **muy poco camber,** el **lado de adentro** estará liso.

El desviar de la dirección ocurre cuando el tractor jala para un lado yendo sobre un camino plano. La causa más frecuente de esto es un camber disparejo. Esto es, **una llanta tiene más, o tiene menos camber que la otra.** Generalmente el camión jala para el lado que tiene el camber positivo mayor.

Ilustración 8-4
Los grados de "camber" (inclinación lateral) pueden ser positivos o negativos.

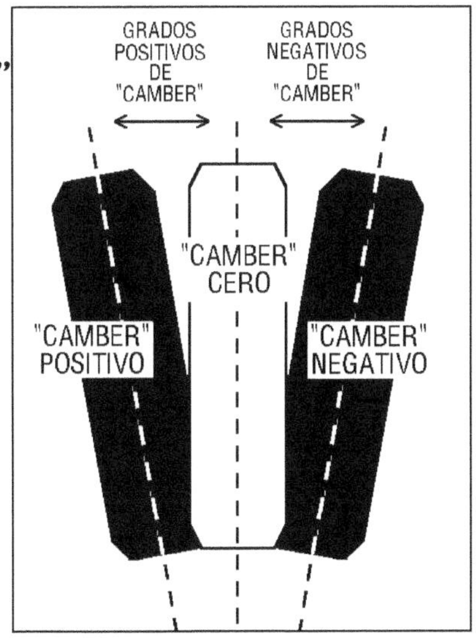

El camber disparejo se ocasiona cuando se usan:

- llantas de diferente tamaño
- llantas mal infladas
- llantas desgastadas en forma desigual

El camber inadecuado también puede ser causado por:

- pivotes de las ruedas de la dirección desgastadas
- pasadores de los pivotes de las ruedas que no estén en la posición correcta
- bujes del perno maestro de dirección desgastados
- ejes encorvados

El camber no se puede ajustar como la convergencia. Para corregir un camber inadecuado, el mecánico debe encontrar la causa y reparar o cambiar la parte o enderezar el eje encorvado.

Camber Adecuado

Recuerde que todos los ángulos de alineación funcionan como una unidad. Cuando los componentes de la dirección están bien alineados, su tractor de carga se maniobra fácilmente. Así como una buena alineación necesita un poco de convergencia, también necesita un poco de camber positivo. El camber positivo hace que las llantas tiendan a jalarse hacia afuera del tractor, y un poco de convergencia balancea eso.

> PRUEBA DE LA HABILIDAD PARA OBSERVAR
>
> Recuerde la ilustración con la que empezó este capítulo. ¿Qué notó? Refiérase ahora a la gráfica de la Prueba de la Habilidad para Observar al final del libro y vea qué tanto ha mejorado su habilidad para observar.

CASTER (RUEDECILLA O INCLINACION DE LA RUEDA)

Caster es la posición de la llanta en relación al perno maestro de la articulación de la dirección. Vea la ilustración 8-5. Cuando hay **caster cero,** usted puede dibujar una línea a través del centro del perno maestro de la articulación de la dirección, y esa línea tocará el suelo en el centro del fondo de la llanta. Cuando se tiene **caster positivo**, la línea que se traze por el centro del perno maestro toca el suelo hacia el frente del centro del fondo de la llanta. Cuando hay **caster negativo,** la línea trazada por el centro del perno maestro toca suelo en la parte de atrás del centro del fondo de la llanta.

Caster Positivo

Usted probablemente ha notado que después que ha dado la vuelta en una esquina con su coche, el volante trata de regresar a la posición de avance de frente. Esto es debido al **caster positivo.** El caster hace más estables las ruedas delanteras, especialmente cuando **el volante regresa a la posición de avance de frente después de haber dado la vuelta en una esquina.** También controla la tendencia natural de la rueda de moverse de lado a lado en su parte trasera, cuando el vehículo avanza.

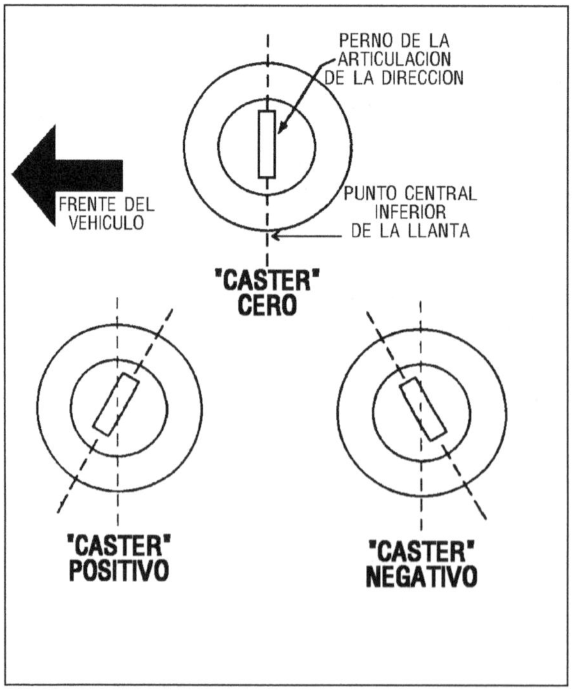

Ilustración 8-5
El "caster" es la posición de la llanta en relación al perno de la articulación de la dirección.

Demasiado caster positivo:

- hace la dirección más difícil
- incrementa el choque del camino
- puede causar desviamento a altas velocidades
- puede producir un rechinido en su dirección hidráulica

Caster Inadecuado

Tener caster cero o demasiado caster negativo causa que el **frente vibre** y hace desviar el camión a bajas velocidades. A altas velocidades produce inestabilidad en el frente del camión. Con caster cero o negativo, las ruedas regresaran a su posición derecha muy lentamente después de haber dado una vuelta o tomado una curva.

Caster Adecuado

Así como **ambas ruedas deben tener** camber igual o parejo, ambas también deben tener **caster igual.** Si tiene **caster positivo desigual,** su **vehículo se jalará hacia el lado** que tiene el menor caster.

El caster incorrecto no afecta el desgaste de las llantas, así que viendo las llantas no puede saber cómo anda su caster. El caster generalmente se hace con una cuña (para el caster) que se coloca entre las muelles de la suspensión y el eje. El ángulo de caster se corrige cambiando la cuña del caster por otra que dé el caster adecuado. Una buena alineación debe tener un caster ligeramente positivo.

Ilustración 8-6
El radio y ángulo de giro afectan la maniobrabilidad del vehículo.

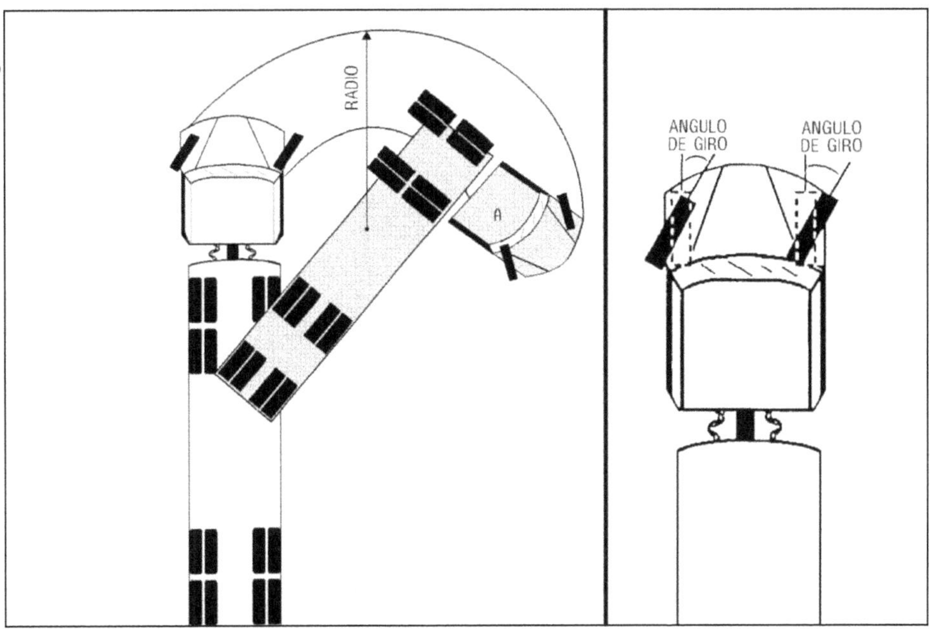

EL RADIO DE GIRO

La convergencia, divergencia, el camber y el caster, afectan la facilidad con la que su camión puede dar vueltas y tomar curvas. También afectan el manejo del camión de carga cuando se mueve en línea recta. La convergencia, la divergencia y el camber afectan el desgaste de las llantas. El

radio de giro es el **tamaño del círculo que hace su tractor o tractocamión cuando da vueltas.** Está determinado por la longitud de su tractor y por el ángulo máximo que pueden girar sus ruedas. El radio de giro es la distancia del centro del círculo hecho por su tractor cuando da la vuelta, a las huellas de las llantas de afuera.

El radio de giro **determina** la **maniobrabilidad** del tractor. El radio de giro se determina por el ángulo de giro. El **ángulo de giro** es el **número de grados a la derecha o a la izquierda que las ruedas delanteras pueden girar a partir de su posición derecha (o de avance hacia adelante).**

EL EJE DELANTERO RECORRIDO HACIA ATRAS (SET-BACK)

Los tractores o tractocamiones "chatos", tienden a tener un radio de giro más apretado que el modelo convencional, principalmente porque el diseño del tractor busca una distancia menor entre ejes. Un desarrollo reciente en diseño de tractores permite un eje delantero recorrido hacia atrás, en los modelos convencionales de tractocamiones. La ilustración 8-7 le muestra la comparación entre un tractor convencional con un eje delantero normal y uno con eje delantero recorrido. Estos puede ser que se ofrezcan como una opción o como un modelo totalmente diferente.

Ilustración 8-7
Un eje delantero normal está colocado cerca de 30 pulgadas hacia atrás del frente del tractor, mientras que un eje delantero recorrido hacia atrás está a cerca de 46 pulgadas de dicho frente.

Para permitir que este eje delantero recorrido se usara en tractores convencionales, se hicieron cambios en los diseños del cofre (capó), de la articulación de la dirección, de los montajes de la suspensión delantera y de la defensa delantera.

El eje delantero recorrido tiene como resultado varias ventajas. Los ejes delanteros pueden sostener carga más pesada, incrementando con esto la carga útil. Usted maneja más cómodo porque el eje recorrido permite que el sistema de suspensión funcione mejor. El mantenimiento es más fácil porque el compartimento del motor está más abierto y más accesible.

Pero la ventaja que queremos hacer notar aquí, es que el eje recorrido estrecha el radio de giro tanto como un 26 por ciento. Esto sucede porque el eje recorrido estrecha el ángulo de giro y acorta la distancia entre ejes. Debido a que se mejoraron los espacios entre las ruedas del eje recorrido pueden dar una vuelta que es hasta $7^1/_2$ grados más estrecha que la que pueden hacer las ruedas convencionales. Sume esto a la distancia entre ejes 16 pulgadas más corta, y tiene un radio de giro enormemente mejorado.

Ilustración 8-8
El eje delantero recorrido hacia atrás del tractor A le permite a éste, dar vuelta con un radio de giro mucho menor que el de la vuelta que puede dar el tractor B con un eje delantero convencional.

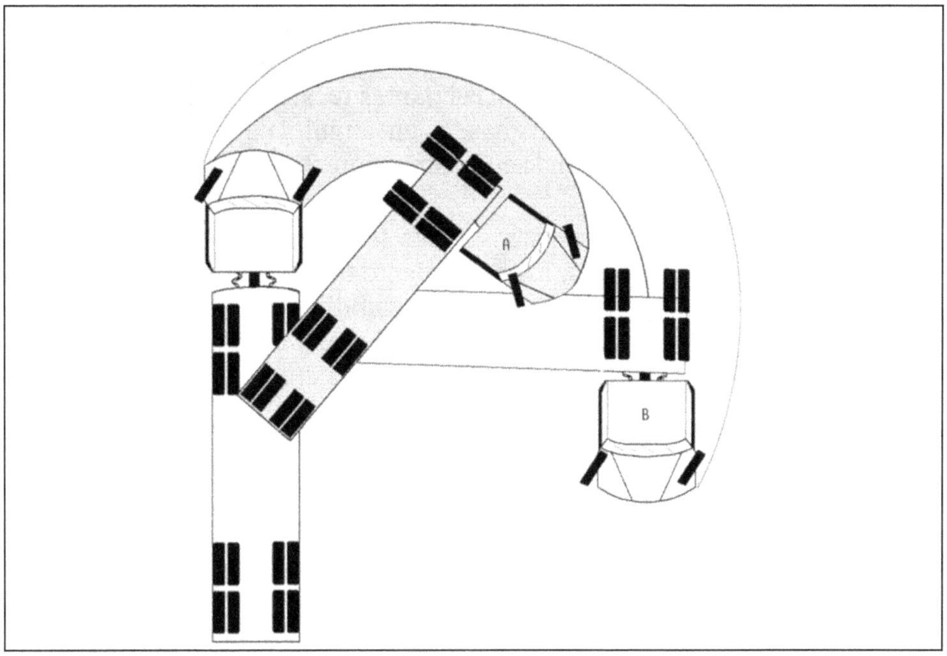

Este radio de giro enormemente mejorado significa que la maniobrabilidad se mejora grandemente. Esto es una verdadera bendición en cualquier situación estrecha de manejo, como en los andenes de carga de las ciudades o en el tráfico urbano pesado.

LA GEOMETRIA DE LA DIRECCION

Geometría de la dirección, se refiere a cómo responde su camión de carga a su sistema de dirección. Se refiere a todos los ángulos de alineamiento que acaba de aprender y cómo funcionan juntos para mejorar la maniobrabilidad de su camión de carga y proteger sus llantas de un desgaste innecesario. Esta geometría también incluye la forma en que el movimiento de su volante se cambia al movimiento a la derecha o a la izquierda de las ruedas de su tractor.

El mantener el sistema de la dirección en buenas condiciones mecánicas es muy importante para la operación eficiente y bajo condiciones de seguridad, de su tractor. Las señales de una alineación inadecuada de las que aprendió en este capítulo, le advertirán de los problemas que pueda tener en su geometría de la dirección. Estas señales son:

- dificultad de la dirección
- aumento en el choque del camino
- inestabilidad de la parte de enfrente
- desgaste de las llantas en forma de dientes de serrucho
- desgaste de las llantas en forma de filos de plumas
- el desviar de dirección
- rechinido en la dirección hidráulica
- vibración

La dificultad para que las llantas regresen a su posición de avance de frente después de haber dado una vuelta o tomado una curva, el desgaste del dibujo de las llantas recargado ya sea hacia el lado interno o al externo de las mismas, y un ángulo de giro inadecuado, también son señal de problemas en la dirección.

Todas estas señales le indican que se necesitan algunas reparaciones o ajustes. Probablemente usted mismo no hará estas reparaciones o ajustes, pero sí es su responsabilidad el ver que estas señales sean reportadas a mantenimiento. En algunos casos, también puede ser que sea su deber asegurarse que se hagan las reparaciones o ajustes necesarios.

Examen Sobre el Capítulo 8

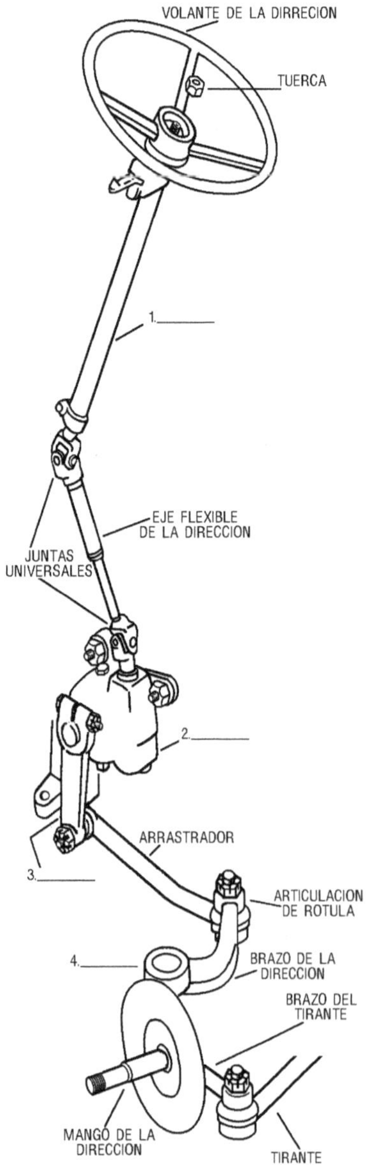

1. El sistema de dirección hidráulica utiliza presión de aire para ayudar a la dirección.
   A. Verdadero.
   B. Falso.

2. ____ describe un eje de la dirección en el que la distancia entre los "dedos de los pies" de las llantas es menor que la distancia entre los "talones" de dichas llantas.
   A. El caster
   B. La convergencia
   C. La divergencia
   D. El camber

Para las preguntas de la 3 a la 6, por favor escriba el nombre de los componentes de la dirección que no lo tienen, en la ilustración de la izquierda.

1. ____
2. ____
3. ____
4. ____

7. _____ describe un eje de la dirección en el que la distancia entre los "dedos de los pies" de las llantas es mayor que la distancia entre los "talones" de dichas llantas.
   A. El caster
   B. La convergencia
   C. La divergencia
   D. El camber

8. _____ describe cómo se inclina la llanta en relación al camión.
   A. El caster
   B. La convergencia
   C. La divergencia
   D. El camber

9. _____ es la posición de la llanta en relación al perno maestro de el pivote de la rueda de la dirección.
   A. El caster
   B. La convergencia
   C. La divergencia
   D. El camber

10. Un tractor o tractocamión con un eje recorrido hacia atrás _____ .
   A. tiene una alineación defectuosa
   B. tiene un radio de giro más estrecho
   C. necesita dirección hidráulica
   D. utiliza un sector de dirección en lugar de la caja de engranes de la dirección

CAPITULO 9

LLANTAS Y RUEDAS

Si Se Mueve, Probablemente Tiene Llantas y Ruedas

La potencia del motor va a las ruedas a través del tren de tracción y finalmente a la misma superficie de las llantas. No sólo la potencia del motor viene a terminar ahí, sino que también el peso de su equipo y el de su carga. Puede ver la importancia de las diez y ocho llantas del equipo típico.

Estas,

- proporcionan la tracción adecuada
- reducen la vibración
- absorben las irregularidades del camino
- transfieren la fuerza de frenado a la superficie del camino

como también transfieren la fuerza motriz a dicha superficie.

CONSTRUCCION BASICA

Ahora que ya sabemos lo que hacen las llantas, veamos cómo las fabrican. Hay muchos diseños diferentes de llantas, pero el principio básico de su construcción es el mismo.

Las llantas están hechas de capas de cuerdas, una espiral de alambre de ceja a ceja llamado casco, cejas, las paredes o caras de la llanta, dibujo y el recubrimiento interno. Lo que se llama las "capas" consiste de **capas separadas de cuerdas ahuladas** y constituyen el **cuerpo de la llanta**. Todas las **capas de cuerdas** están atadas a manojos de alambre llamados las **espirales de alambre o casco**.

Este casco forma la **ceja**, que es **la parte de la llanta que sella con el rin** y **asegura la llanta a éste**. El casco o las espirales de alambre proporcionan la fuerza de cinturón a las secciones de la ceja de tal manera que la llanta mantenga su forma cuando se le monta en la rueda.

Las **paredes o caras**, son capas de hule que cubren lo **que conecta la ceja al dibujo**. Las paredes protegen las capas de cuerdas que en ellas se encuentran. El **dibujo** (o banda de rodamiento o piso) es la parte de la llanta que **hacc contacto con el camino**. Los dibujos se diseñan para aplicaciones específicas. Algunas aplicaciones requieren que el dibujo les brinde tracción adicional. Otras aplicaciones necesitan un dibujo diseñado para alta velocidad. El **recubrimiento interno** es el material que sella y que **mantiene el aire en la llanta**.

CON O SIN CAMARA

Las llantas pueden ser del tipo con cámara, o sin cámara. **Las llanta sin cámara pesan menos**, tienen menos partes y pierden aire a menor velocidad cuando se pinchan. Las llantas constantemente se flexionan cuando se usan, y esta flexión genera calor que conduce al deterioro. Las llantas sin cámara como tienen menos partes que se flexionen y generen calor **duran más**. Estas llantas sin cámara son menos peligrosas de reparar porque tienen un rin de un sola pieza en lugar del rin de varias piezas.

Ilustración 9-1
Los componentes de las llantas con y sin cámara.

Ahora que ya ha aprendido lo básico de la fabricación de las llantas, sigamos adelante y tratemos acerca de los diferentes tipos de éstas. Los tres tipos básicos son las de capas convencionales, las de capas convencionales con cinturón y las radiales. Cada tipo se encuentra disponible con o sin cámara, sin embargo las radiales generalmente son sin cámara.

LLANTAS DE CAPAS CONVENCIONALES

Veamos las convencionales primero. En la ilustración 9-2(A), puede ver las **capas de tejido** que se empalman de forma **cruzada** o en **ángulo** sesgado. Esto **rigidiza las paredes y el dibujo**.

Ilustración 9-2
Los tipos de llantas son: (A) convencionales de capas, (B) radiales, y (C) de capas con cinturón.

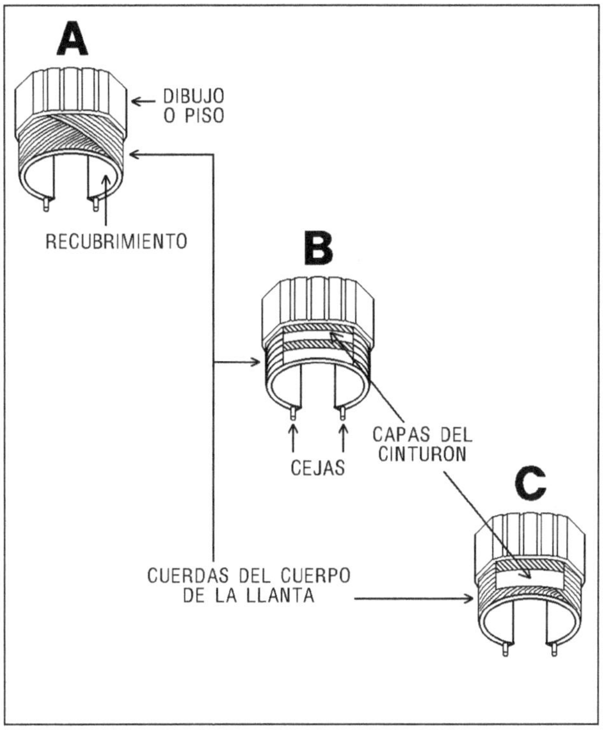

La ilustración 9-2(C) es la llanta de **capas convencional con cinturón. Como la de capas convencional sola, sus capas de tejido se cruzan en un cierto ángulo**. Sin embargo, **se encima un cinturón adicional de tela o de acero** y se **coloca entre el tejido y el dibujo**. Los cinturones **hacen más rígido el dibujo de esta llanta** que el de la de capas convencional sola. El dibujo durará más tiempo porque los cinturones reducen el movimiento del dibujo cuando la llanta rueda.

LA LLANTA RADIAL

La llanta radial se muestra en la ilustración 9-2(B). En esta llanta **las capas de tejido no se cruzan en ángulo**. La capa se coloca de ceja a ceja, cruzando la llanta. Como la llanta de capas convencional con cinturón, la radial también tiene un cierto número de cinturones. En la forma en que la llanta radial está construida **el dibujo se sostiene mejor** que en el caso tanto de la de capas convencional sola como con cinturón. Lo que el diseño radial significa es que las paredes se flexionan con menos fricción. Esto requiere de menos caballaje y **proporciona una mayor economía de combustible**. También, las llantas radiales:

- se agarran mejor al camino
- oponen mejor resistencia a los derrapamientos
- dan una marcha más suave

que las convencionales.

Ilustración 9-3
Dos diseños de piso o dibujo de llantas: el "A" está diseñado para obtener el máximo de tracción bajo condiciones adversas como lluvia, nieve, aguanieve o hielo, mientras que el "B" está pensado para condiciones generales tanto de clima como del camino.

Llantas radiales de perfil bajo

Las radiales se encuentran disponibles en dos alturas (en posición vertical): las de perfil estándar y las de perfil bajo. Las radiales de perfil bajo, bajan el centro de gravedad, lo que mejora la estabilidad de manejo y dirección y hace más cómoda la marcha. Estas radiales también reducen la altura total del vehículo, lo que proporciona mayor espacio libre por encima del vehículo, cuando se pasa por debajo de los puentes. **Pesan menos** y ofrecen una menor resistencia de rodado (la fricción entre la llanta y el camino), lo que logra **ahorros aún mayores de combustible**.

DISEÑO DEL DIBUJO

El diseño del dibujo en las llantas toma en consideración dos factores principales: la labor que debe desarrollar la llanta y las condiciones a las que la llanta normalmente se va a enfrentar. **Los dibujos de las llantas están diseñados para desarrollar labores específicas**. Las llantas de la dirección necesitan rodar bien y tener muy buena tracción para cuando se da vuelta. Las llantas con fuerza motriz tienen que tener buena tracción tanto para el frenado como para la aceleración. Las llantas de los remolques primordialmente tienen que rodar bien. Los dibujos de las llantas también están diseñados para **hacerle frente a condiciones específicas del camino**. Por ejemplo, las llantas de las ruedas con fuerza motriz necesitan el máximo de tracción bajo condiciones de lluvia, nieve, aguanieve y hielo.

TAMAÑO Y ETIQUETADO DE LAS LLANTAS

Tamaño de la llanta

El tamaño de la llanta se muestra, ya sea numéricamente, o por una designación de la serie de diseño. Esta información la encuentra en la pared o cara de sus llantas.

Un ejemplo de **designación numérica** es la de una llanta 10.00 x 22. El primer número es la **anchura de la llanta**. Esto significa que la llanta

Ilustración 9-4
El sistema de clasificación por series se usa para las llantas de perfil bajo, que son más anchas que altas.

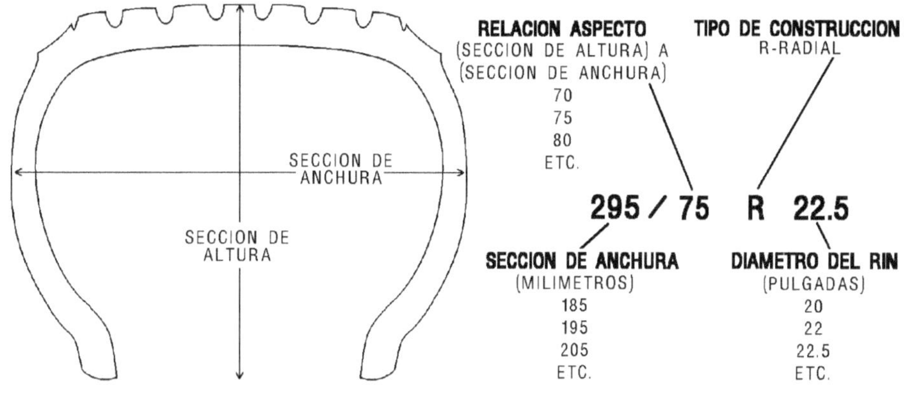

inflada mide 10 pulgadas del punto más exterior de una pared o cara de la llanta al punto más exterior de la otra cara. El segundo número en la designación numérica es el **tamaño del rin**. La llanta de nuestro ejemplo le quedaría a un rin de 22 pulgadas de diámetro.

El sistema de **designación por serie** se desarrolló por la **llanta de perfil bajo**, que es ancha en relación con su altura. Pongamos un ejemplo una vez más, para ver esto. En la cara de la llanta de nuestro ejemplo se lee 295/75 R 22.5. Esto significa que la anchura de la sección es de 295 milímetros (las llantas de perfil bajo se miden en milímetros en lugar de pulgadas). La relación aspecto es 75, el tipo de construcción es radial y el rin es de 22.5 pulgadas de diámetro. La ilustración 9-4 debe aclarar cualquier confusión que pueda Usted tener acerca de lo que el sistema de designación por serie le dice de la llanta.

La información estampada en las llantas

El **gobierno requiere que todos los fabricantes estampen las llantas** con la información que listamos a continuación:

- la marca y el fabricante
- la clasificación o rango de carga
- la carga máxima
- la presión máxima
- la posición de la rueda
- el tamaño
- si la llanta es con o sin cámara
- el material utilizado en la elaboración de las capas
- la clave del Departamento del Transporte (DOT)

La clasificación o rango de **carga** se refiere a la fortaleza de la llanta, que se clasifica de la A a la Z, donde la Z es la más fuerte. La carga máxima que puede transportar la llanta en términos de peso, se muestra en libras. La presión máxima se muestra en psi, y se da para llantas frías que no han sido rodadas más de una milla. Esto debe indicarle que revise la presión de las llantas antes de empezar a manejar. La posición de las ruedas se indica (cuando están indicadas en inglés) con una S para las llantas de la dirección, una D para las llantas con la fuerza motriz, una A para las que pueden ir en cualquier rueda, y una T para las llantas de remolque. La clave del DOT es una serie de números y letras que codifican la mayor parte de esta información. Es muy útil, principalmente en el negocio de venta de llantas.

Como puede ver, la cara de la llanta le dirá todo lo que tiene que saber de la llanta sobre la que maneja.

LLANTAS USADAS

Básicamente, lo que hemos tratado de llantas se ha centrado en llantas nuevas. Algunas veces, las llantas usadas se pueden rehabilitar y quedar como nuevas. Estas son las regurviadas y las vitalizadas (o recapeadas) o con dibujo repuesto.

Una llanta con dibujo repuesto o vitalizada es a la que se le ha quitado el dibujo que tenía, luego se le ha adherido un dibujo nuevo a las capas exteriores de los cinturones o de las capas de cuerdas.

DESGASTE DE LAS LLANTAS

Ninguna llanta, sin importar lo cara que sea o lo bien mantenida que esté, durará para siempre. **Durante el servicio normal, algunas llantas simplemente se desgastan más que otras**. Por ejemplo, los estudios hechos sobre llantas radiales muestran que las llantas de los ejes de la dirección de los vehículos de carga que tienen ejes traseros dobles o en tándem, se desgastan más que las de los que tienen un sólo eje trasero. Esto es el resultado del empuje hacia adelante que ejercen los ejes en tándem y de su arrastre, conforme se giran las ruedas delanteras. En los ejes dobles o en tándem, las llantas del eje trasero se desgastan más rápido que las del eje delantero del tándem. Esto es porque, cuando el vehículo da la vuelta, se pivotea en dicho eje delantero.

Por otro lado, las prácticas inadecuadas tanto de manejo como de **mantenimiento, tienen como resultado un desgaste excesivo**. Veamos esto a continuación.

Daño de las Llantas

Como chofer, Usted debe saber cómo **prevenir el daño de las llantas**. Las llantas son muy costosas, así que su mantenimiento es muy importante **por razones económicas**. Sin embargo, las llantas son aún más importantes **por razones de seguridad**, así que Usted debe tener la habilidad de detectar daños en las llantas. El capítulo 8 cubre algunas de las razones por las que se dañan las llantas, como el alineamiento, el balanceo, la convergencia, la divergencia, el caster y el camber, inadecuados. En este capítulo nos fijaremos con más detalle en otra de las principales causas del daño en las llantas: el inflado inadecuado de las mismas. Luego le daremos una tabla que la ayudará a localizar dichos daños y sus posibles causas y remedios.

INFLADO INADECUADO DE LAS LLANTAS

El inflado inadecuado de las llantas es una de las principales causas por las que éstas se dañan. **Las llantas bajas**, o que tienen muy poco aire en ellas, **se desgastan muy rápidamente de los lados del dibujo**. Una llanta baja se pandeará bajo condiciones de carga pesada. Si es parte de un arreglo de ruedas dual o doble, la llanta baja puede tocar la llanta que va junto a ella. Esta fricción entre las dos llantas generará calor que se acumulará. Esta circunstancia puede ser que lo lleve a un reventó de la llanta. O cuando menos, **quemará más valioso combustible** del que quemaría con las llantas infladas como debe ser.

Aún si no fuera parte de un arreglo dual o doble de llantas, la acumulación de calor por rodar con una llanta baja puede ser tremendo. Esto se debe a que las paredes de la llanta se flexionan para arriba y para abajo conforme rueda.

El sobrecalentamiento es la causa de los problemas que listamos a continuación:

- desgaste más rápido
- reventos
- fuego en las llantas
- separación de las cuerdas
- separación del dibujo

Las llantas sobre-infladas, o que tengan mucho aire dentro de ellas, **se desgastan muy rápido en el centro del dibujo**, porque esa parte es forzada a llevar más de lo que le corresponde del peso de la carga. Esto obviamente acorta la vida de la llanta. El sobre-inflar una llanta provoca demasiada tensión en las capas de cuerdas de la misma. La presión adicional **incrementa las posibilidades de que ocurra un reventos** y que la llanta se dañe por irregularidades del camino, como piedras o baches. Simplemente, una llanta sobre-inflada no puede soportar los golpes normales que ocurren en el manejo. Puede ocurrir que se separen las capas o el dibujo, o ambos.

Ilustración 9-5
Utilice esta tabla para identificar los problemas comunes con las llantas, sus causas y soluciones posibles.

PROBLEMAS COMUNES CON LAS LLANTAS

CAUSAS POSIBLES	SOLUCIONES POSIBLES
SINTOMA: DESGASTE ACELERADO DE LA LLANTA	
A. Manejo a altas velocidades	A. Disminuya su velocidad
B. Llantas mal infladas	B. Infle adecuadamente las llantas
C. Arranques o frenadas muy rápidas	C. Corrija su mal hábito de manejo
D. Mala alineación en las llantas delanteras	D. Haga que le corrijan la alineación
E. Ruedas mal balanceadas	E. Haga que le balanceen las ruedas
F. Carga excesiva	F. Reduzca la carga o reemplace la llanta
SINTOMA: DESGASTE DESUNIFORME O SOLO EN ALGUNOS PUNTOS DE LA LLANTA	
A. Mal "caster" o "camber"	A. Haga que le ajusten el "caster" o el "camber"
B. Suspensión delantera dañada	B. Repare la supensión y que le hagan una nueva alineación
C. Ruedas mal balanceadas	C. Haga que le balanceen las ruedas
D. Llantas bajas, mal infladas	D. Infle adecuadamente las llantas
SINTOMA: DESGASTE DEL DIBUJO O PISO EN FORMA DE DIENTES DE SIERRA	
A. Manejo a altas velocidades	A. Disminuya su velocidad
B. Frenar con demasiada frecuencia	B. Corrija el mal hábito de manejo
SINTOMA: DESGASTE POR UN LADO	
A. "Camber" incorrecto	A. Ajuste el "camber"
B. Llanta baja, mal inflada	B. Infle la llanta adecuademente
C. Dar vuelta muy aprisa	C. Corrija el mal hábito de manejo
SINTOMA: FILOS DEL DIBUJO DESGASTADOS EN FORMA DE PLUMA	
A. Demasiada convergencia o divergencia	A. Revise la alineación
SINTOMA: DESGASTE DE LOS FILOS DE LAS LLANTAS EN FORMA REDONDEADA O ASPERA	
A. Dar vuelta muy aprisa	A. Corrija el mal hábito de manejo
B. "Camber" incorrecto	B. Ajuste el "camber"

Probablemente su patrón le dará instrucciones sobre el inflado de las llantas del equipo de la compañía.

Cómo revisar la presión de las llantas

Usted ya sabe que debe **revisar la presión de las llantas cuando están frías**. Cuando rueda una llanta, ésta se calienta y el aire dentro de ella se expande, incrementando con ello, la presión. Para revisar si la presión de sus llantas es la adecuada, no las golpee con un palo o con una macana, o las patee. El usar una macana es una buena forma de ver rápidamente si una llanta no está totalmente sin aire. Pero no es una forma precisa de revisar la presión de las llantas. **Utilice un medidor de presión para llantas, calibrado.**

PRUEBA DE LA HABILIDAD PARA OBSERVAR

¿Recuerda la ilustración con la que se inició este capítulo? ¿Se mejora su habilidad para observar? Refiérase a la gráfica de la Prueba de la Habilidad para Observar al final del libro y vea qué tan bien le va.

La ilustración 9-5 de la página anterior es una tabla de problemas de las llantas. Lista los síntomas de algunos de dichos problemas, las causas probables y los remedios posibles. La mayoría son problemas que Usted puede corregir o evitar. Otros requieren el servicio de un mecánico. Si ve alguno de estos síntomas en sus rutinas de inspección, asegúrese de anotarlo en su informe.

Con las llantas con cámara, una mala instalación puede provocar que se rompa la cámara o que tenga fugas. Si termina con una llanta con cámara, baja o desinflada, pudo ser por alguna de estas razones:

- la cámara estaba desgastada, pinchada o doblada
- la cámara tenía un doblez al filo de la corbata de la cámara
- la cámara era de mayor tamaño que la llanta
- la llanta traía un clavo o un tornillo
- material extraño que se haya metido entre la cámara y la llanta
- la cámara era usada, estaba muy estirada, y se instaló en una llanta nueva

Reglamento Sobre Llantas del Departamento del Transporte (DOT)

El Departamento del Transporte ha establecido algunos reglamentos muy específicos acerca de las llantas que usará Usted en su equipo (establecidos en la Subparte G, Partes y Accesorios Misceláneos, Sec. 393.75). Ningún vehículo que opere bajo el reglamento del DOT puede usar llantas

- que tengan capas expuestas a través del dibujo o de las caras.
- que tengan menos de $^{4}/_{32}$ de pulgada de dibujo, medido en cualquier punto en una de las ranuras principales del dibujo de las llantas del eje delantero.
- que tengan menos de $^{2}/_{32}$ de pulgada de dibujo, medido en cualquier punto en una de las ranuras principales del dibujo de las llantas de cualesquiera de los otros ejes.

Cuando mida las ranuras del dibujo de la llanta, no debe hacerlo donde se encuentran los amarres, donde tenga bolas, o en las ranuras longitudinales o filetes. Una bola es un patrón de desgaste de la llanta que parece como una mano pequeñita, con la palma para abajo, haciendo copa. La bola es el filo o parte más alta de la copa. Los amarres y las ranuras longitudinales o

Ilustración 9-6
La medida "legal" de la profundidad de dibujo o piso se debe hacer en una de las ranuras principales del mismo, no en una protuberancia o "bola" o en una de las pequeñas ranuras longitudinales o transversales.

filetes no son un patrón de desgaste de la llanta, sino factores de diseño. La ranura transversal también es otro factor de diseño. Estas ranuras transversales son unas ranuras cortas que cruzan el dibujo para mejorar la tracción en caminos mojados.

Usted debe **hacer la medida de la profundidad del dibujo en una de sus ranuras principales**, en donde no tenga estorbos hasta tocar el cuerpo de la llanta. Vea la ilustración 9-6.

Tipos de Ruedas

Los dos tipos de ruedas o rines que se usan en los vehículos para servicio de carga pesada y mediana son la de rodado de artillería y el rin de disco. Como puede ver en la ilustración 9-7 de la siguiente página, no sólo difieren las ruedas o rines, sino que también difiere todo el montaje. El propósito del rin es **proporcionar un aparato donde se monte la llanta**. El propósito del montaje del rin es **sostener y conectar la llanta al eje del vehículo**.

EL RODADO DE ARTILLERIA

No obstante que ahora muchos fabricantes hacen el rodado de artillería, algunas personas se refieren a cualquier rin de este tipo como a un **Dayton**, porque originalmente la sacó al mercado la compañía Dayton Co. A los rines de artillería también se les llama solamente "de rayos".

La mayoría de la gente está de acuerdo en que **los rines de artillería son más fuertes** que los de disco. Por esto es que se usan para servicio pesado. En un rin de artillería, la rueda consiste de **una pieza fundida** que **consta de la maza y los rayos**. Los rines de artillería están hechos de hierro dúctil, de acero fundido o de aluminio. Un **rin por separado** sostiene la llanta. No tiene disco central y está unido al rin de artillería, con abrazaderas.

Estos rines de artillería pueden tener cinco o seis rayos. El rin de **cinco rayos** es el estándar **para el eje de la dirección**, y el de **seis rayos** se usa

Ilustración 9-7
(A) Montaje del rodado de artillería, y (B) montaje del rin de disco.

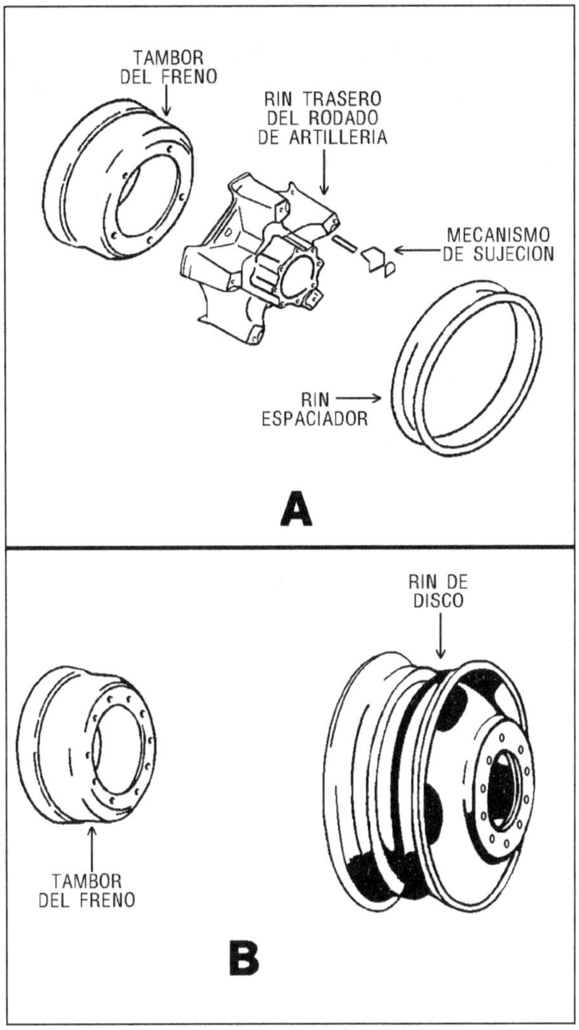

para **las ruedas con la fuerza motriz.** El rayo adicional proporciona mayor número de abrazaderas para unir el rin.

Comparados con los rines de disco, los de artillería son:

- menos costosos
- más fácil de darles servicio
- más fuertes

El montaje del rin de artillería consta del rin, un rin separado y un arreglo de abrazaderas. Cuando estos rines están **instalados en arreglo doble o dual**, los **rines se mantienen separados por un espaciador**. El que el rin de artillería esté atornillado al tambor del freno o al eje, depende del diseño del rin. Conforme gira el tambor del freno, la rueda gira.

EL RIN DE DISCO

La empresa Budd Company sacó al mercado el rin de disco, no obstante que muchas otras compañías lo fabrican ahora. Así que, mucha gente se refiere al rin de disco como al **Budd**.

Las rines de disco están hechos de acero o de aluminio. Los rines de aluminio están forjados. Los de disco de aluminio han incrementado su popularidad porque pesan menos que los de acero. Aquí la idea es que todo lo que aligere el peso del equipo significa que puede llevar carga más pesada. **Los rines de aluminio** son una forma muy común de **reducir el peso** y "arreglar" el vehículo de carga (lo hace verse bonito). Como es el caso de otras opciones de menor peso, los rines de aluminio cuestan más que los de acero estándares. Así que el comprador debe decidir si a largo plazo, le conviene invertir en rines de aluminio.

Como se explicó en la sección anterior, los rines de artillería usan rines separados. Están montados a las ruedas con abrazaderas. Si estas abrazaderas de los rines no se instalan correctamente, la rueda puede quedar descentrada y bambolearse. Dado que el rin y la parte central del rin de disco son una sola pieza, no se usan abrazaderas, así que hay menos probabilidades de que la rueda quede descentrada. Cuando una rueda está descentrada o se bambolea, decimos que no tiene rodado verdadero. La principal ventaja del rin de disco sobre el de artillería es que el **rin de disco tiene rodado verdadero**. Esto significa que **la llanta tendrá un desgaste más parejo**, **durará más** y **la marcha será más suave**.

Así que, en un rin de disco, el **rin es parte de la rueda**, y éste se encuentra atornillado al ensamblaje de la maza y el tambor del freno. Esto lo puede ver en la ilustración 9-7(B) en la página anterior. Un arreglo de rin de disco del tipo Budd, consiste en el rin y un arreglo de tuercas y mariposas de sujeción o birlos.

Las ruedas de disco se **usan principalmente con rines de centro hundido y llantas sin cámara**, no obstante que pueden usarse con rines de piezas múltiples y llantas con cámara.

Tipos de Rines

La función del rin es **sostener la ceja de la llanta y la parte baja de la cara de la misma**. Los dos tipos de rin que se usan en los vehículos de carga pesados, son el de centro hundido y el de piezas múltiples.

El **rin de centro hundido** es un rin de una sola pieza y **el que más se usa** en vehículos de carga pesados. Es parte de la rueda. Este tipo de rin se puede usar con ambos tipos de llanta, pero se usa más frecuentemente **con llantas sin cámara** porque el centro tiene un diámetro menor que proporciona espacio para quitar la llanta. Estos rines se construyen igual que la mayoría de los rines de coches, sólo que más grandes.

Hay dos tipos de rines de piezas múltiples, el de dos piezas y el de tres piezas. El **de dos piezas** consta del rin y un aro lateral que se separa. Este tipo de rines de dos piezas no se pueden hacer de tal manera que sellen el aire, por lo que se utilizan **sólo con llantas con cámara**.

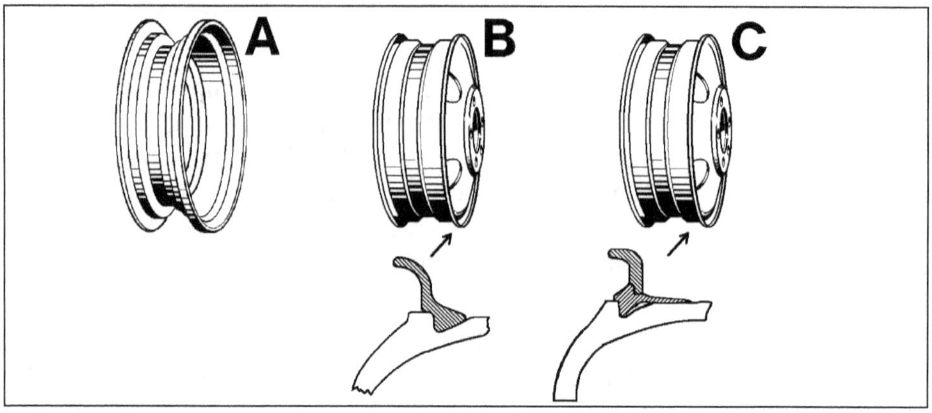

Ilustración 9-8
(A) Rin para llanta sin cámara o de centro hundido, (B) rin de dos piezas, y (C) rin de tres piezas.

El **rin de tres piezas** consiste del rin, un aro lateral continuo y un aro-cerrojo que se separa. Este tipo de rines tampoco se pueden fabricar para que sellen el aire, así que también **necesitan llanta con cámara**. La ilustración 9-8 le muestra cómo se ven estos tres tipos de rin.

Como con las llantas, las ruedas y los rines comparten algunos problemas comunes. La ilustración 9-9 lista los síntomas de algunos de estos problemas junto con las causas probables y los remedios posibles. Como en el caso de las llantas, en algunos de los problemas, Usted tiene la capacidad para controlarlos o corregirlos. Los otros necesitan la atención de un mecánico para asegurar que su vehículo de carga opere sin interrupciones y en forma segura.

Ilustración 9-9
Utilice esta tabla para identificar problemas comunes con los rines or ruedas, y sus causas y soluciones posibles.

PROBLEMAS COMUNES CON LOS RINES

POSIBLES CAUSAS	SOLUCIONES POSIBLES
SINTOMAS: RINES RAJADOS O CORROIDOS	
A. Sobrecarga	A. Reduzca su carga, reemplace del rin
B. Picados por el agua o productos químicos	B. Limpie el rin o reemplácelo
SINTOMAS: AROS DAÑADOS O QUE SE SALTAN	
A. Los aros mal montados	A. Reemplace los aros
B. Los aros fueron desmontados inadecuadamente	B. Reemplace los aros
SINTOMAS: AROS LATERALES RAJADOS O CORROIDOS	
A. Mal montados	A. Reemplace los aros laterales
B. Se golpearon con algo en la carretera	B. Reemplace el rin
C. Demasiadas montadas y desmontadas	C. Reemplace los aros laterales
D. Sobrecarga	D. Reduzca su carga
SINTOMAS: AGUJEROS DE LOS BIRLOS RAJADOS, CORROIDOS O DESGASTADOS	
A. Rueda que se ha rodado estando floja	A. Reemplace la rueda
B. Sobrecarga	B. Reduzca la carga
C. Asientos esféricos desgastados	C. Repárelos o reemplácelos
SINTOMAS: BIRLOS Y TUERCAS DE LOS RINES, DAÑADOS	
A. Apretar los birlos demasiado	A. Reponga los birlos si están barridos y apriételos a la especificación correcta
B. Tuercas flojas o demasiado apretadas	B. Reemplace todos los birlos si están rotos uno o más
C. Rin mal asentado	C. Reemplace el rin
D. El montaje flojo	D. Reemplace las tuercas y birlos dañados

Montaje y Desmontaje

En la mayoría de las veces, cuando sus llantas necesitan servicio, Usted lo anota en su informe de inspección y el taller de servicio de la compañía se encarga de ello. La Oficina de la Administración de Seguridad y Salud (Office of Safety and Health Administration) (OSHA), tiene como requisito que tanto el montaje como el desmontaje de las llantas sea efectuado sólo por alguien que haya sido entrenado para tal tarea. Así que, a menos que Usted reciba entrenamiento especial, puede ser que nunca lleve a cabo estos procedimientos Usted mismo.

Sin embargo, si Usted es un chofer inteligente como en realidad lo es, permanecerá cerca cuando le monten o desmonten sus llantas. Usted querrá asegurarse de que **esto se haga adecuadamente** porque Usted es el que estará manejando el vehículo con esas llantas y rines, y Usted es en última instancia, el responsable de su equipo. Así que en esta sección aprenderá sobre las cosas en las que tiene Usted que fijarse siempre que le monten o le desmonten sus llantas.

INSTALE LLANTAS DEL MISMO TIPO

Si necesita reemplazar una de las llantas de su doble rodado, asegúrese que la llanta con la que la va a reemplazar es del mismo tipo que la otra. En otras palabras, **las dos llantas de su doble rodado deben ser del mismo tipo de cuerdas**. Ponga radiales con radial, convencionales con otra igual, y así, las dos del mismo tipo. La misma atención deben tener las del eje delantero—no ponga una radial de un lado si tiene una convencional del otro. Por otra parte, es aceptable que tenga llantas de diferente tipo en su tractor de las que tiene en su remolque.

Siga cualquier regla específica que pueda tener su compañía cuando reemplace una llanta.

EN SU DOBLE RODADO, INSTALE LLANTAS DEL MISMO DIAMETRO

¿Qué pasaría si usa llantas de diámetros diferentes en el mismo lado de un eje? Ambas se desgastarían más rápido de lo que debieran. La llanta de mayor diámetro cargaría la mayor parte del peso, lo que haría que se desgastara muy rápidamente. **Asegúrese de que ambas llantas en un juego de doble rodado son del mismo diámetro**. “Echele un ojo” a la llanta que acaban de inflar para que la compare con la otra que ya estaba. Si no coinciden los diámetros, necesita que le pongan otra llanta.

LA SEGURIDAD ANTES QUE NADA

Cuando se infla una llanta, siempre debe usarse una jaula de seguridad. Nunca se pare frente a un rin y un montaje de llanta que están inflando o desinflando. La presión en las partes de la rueda es tremenda. Si se afloja uno de los aros, puede zafarse con tal fuerza que puede atravesar la pared o el techo.

QUE INFLEN LA CAMARA PREVIAMENTE

Si sus llantas son con cámara, asegúrese de que el mecánico las infla previamente. El mecánico debe meter la cámara a la llanta e inflarla lo suficiente como para que tome forma antes de proceder con el proceso de montaje. Esto ayuda a **evitar dobleces y pliegues** en la cámara. Como Usted ya aprendió antes, los dobleces y pliegues en una cámara pueden romperla, lo que ocasiona que se le salga el aire.

LA SECUENCIA ADECUADA PARA APRETAR LOS TORNILLOS

La ilustración 9-10 le muestra le secuencia adecuada para apretar los tornillos para los tres tipos de ruedas que puede usar como chofer de una unidad tractor-remolque. El usar la secuencia adecuada para apretar los tornillos de la rueda, **le ayuda a asegurarse de que la rueda queda cuadrada con respecto a la maza** y que cada tornillo está cargando la parte del peso de la carga que le corresponde. Cuando la llanta está cuadrada respecto a la maza, tiene rodado verdadero. Si la llanta no está cuadrada respecto de la maza, las llantas bambolearán. Si éstas bambolean, se desgastarán rápidamente y en forma desigual.

Si tiene ruedas o rodado de artillería (ruedas de rayos) **asegúrese de que el mecánico** que monta sus llantas, **haga una revisión de rodado**. Esto es muy fácil de hacer. Simplemente coloque un martillo cerca de la llanta, déle vuelta a la llanta y observe el espacio entre la llanta y el martillo. Si la llanta no tiene "rodado verdadero" (no va a cargar) la verá bambolearse en ese lugar.

Revise todas las tuercas y apriete las que estén flojas, como parte de su rutina normal de mantenimiento.

LA LIMPIEZA DEL RIN

Asegúrese de que el mecánico revise, y si es necesario, limpie el rin antes de montarle la llanta. Esto es muy importante con ambos tipos de llantas, pero especialmente con las sin cámara. Si hay polvo o corrosión en el rin, el filo de hule de la llanta no podrá sellar adecuadamente contra el rin. El limpiar el rin, **asegura un buen sello, lo que lo protege contra fugas de aire**.

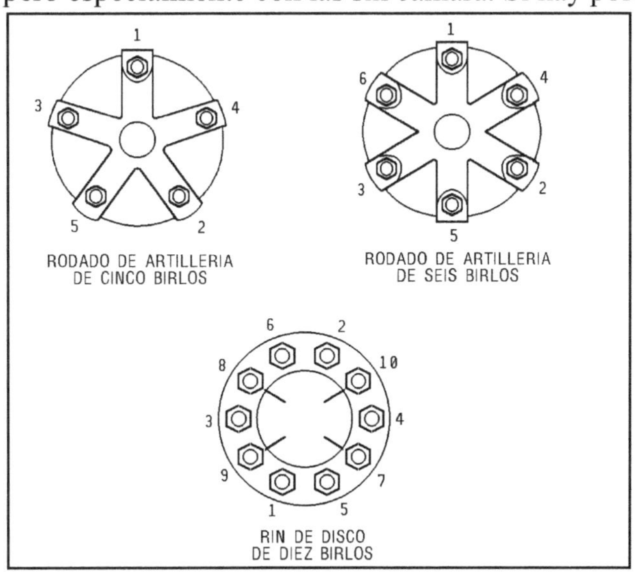

Ilustración 9-10
Asegúrese de que el mecánico que le monta las ruedas utilice la secuencia adecuada para apretar los birles.

EL PONER SU VEHICULO DE CARGA SOBRE LADRILLOS

En algún momento de su carrera, muy posiblemente se le

"ponche" una de las llantas exteriores del equipo cargado. El mecánico que va a cambiar esa llanta le puede simplemente pedir que sostenga su vehículo sobre ladrillos. Es lo más fácil para el mecánico y probablemente esté bien cuando el equipo no está cargado.

Sin embargo si su vehículo está cargado, los fabricantes de llantas recomiendan que lo levante con el gato para cambiar la llanta "ponchada". ¿Porqué?, porque cuando pone ladrillos por el lado interno de la llanta interior para poder levantar totalmente del suelo la llanta exterior y poder cambiarla, pone todo el peso que carga ese eje sobre una sola llanta. El pedirle a una sola llanta que cargue el peso que se supone debían cargar dos, puede resultar en serios daños a las cuerdas de esa llanta. Lo mejor que puede hacer en una situación como ésta, es guiarse por las políticas de la compañía al respecto.

Examen Sobre el Capítulo 9

1. ____ consisten de diferentes capas de cuerda de nilón cojínadas de hule y constituyen el cuerpo de la llanta.
   A. Las cejas
   B. Las capas
   C. Los dibujos
   D. Los cascos (o las espirales que van de ceja a ceja)

2. Escriba en cada letra el nombre correcto de los correspondientes tipos de llanta que aparecen en la ilustración de la derecha.
   A. ____
   B. ____
   C. ____

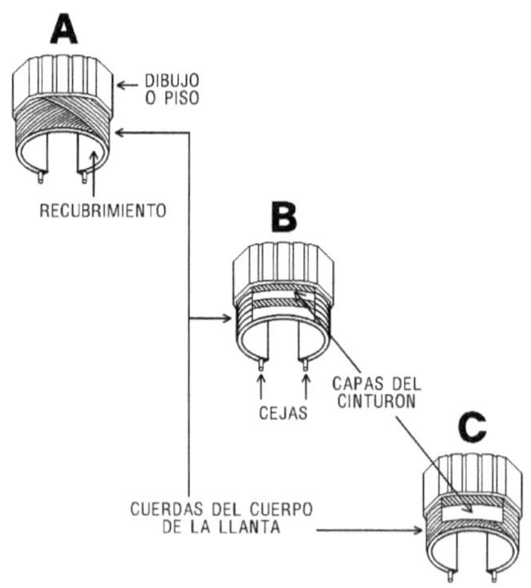

3. La forma en que se fabrican las llantas radiales proporciona menos sostén al dibujo, que el sostén que proporciona la forma en que se fabrican las llantas convencionales.
   A. Verdadero.
   B. Falso.

4. La combinación de números y letras 295/75 R 22.5 es un ejemplo de la designación ____usada para estampar la información sobre las llantas.
   A. por serie
   B. numérica

5. ____ se refiere a la fortaleza de la llanta, que está catalogada de la A a la Z, donde la Z es la más fuerte.
   A. La clasificación o rango de carga
   B. La carga máxima
   C. La presión máxima
   D. La designación por número de serie

6. El inflado inadecuado de las llantas es una de las principales causas por las que éstas se dañan.
   A. Verdadero.
   B. Falso.

7. ____ se desgastan muy rápidamente al centro del dibujo.
   A. Las llantas bajas
   B. Las llantas sobre-infladas

8. La medida de la profundidad del dibujo se debe tomar __ .
   A. en las ranuras o zanjas principales
   B. en las bolas que les salen a las llantas
   C. en las ranuras o zanjas transversales pequeñas
   D. en los amarres del dibujo

9. Nombre con el nombre correcto los tipos de ruedas que se muestran en la ilustración siguiente.
   A. ____
   B. ____

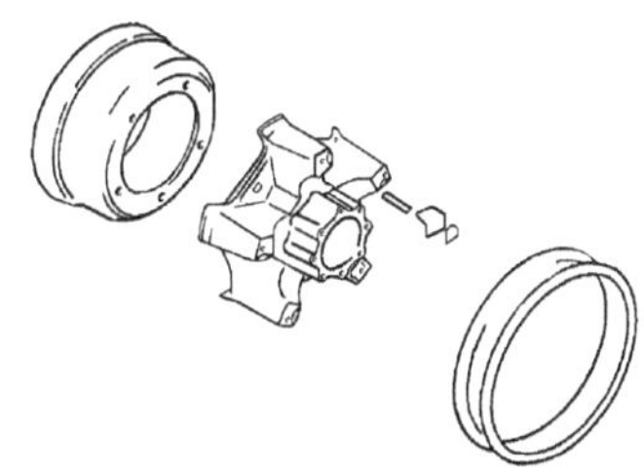

A

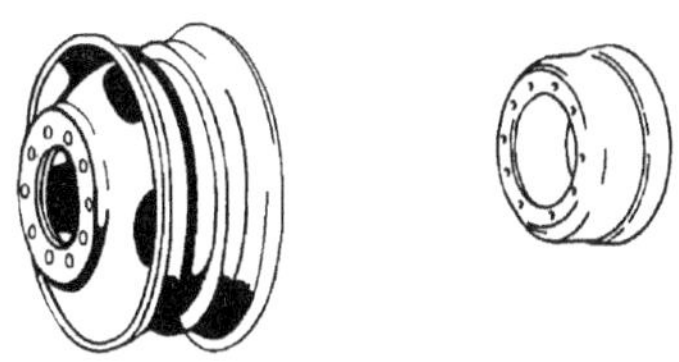

B

10. Para evitar que se le hagan dobleces y pliegues a la cámara de la llanta, lo que causaría una fuga de aire, asegúrese que el mecánico ____cuando la monta.
   A. engrasa el rin
   B. usa la secuencia adecuada para apretar los tornillos
   C. infla la cámara previamente
   D. iguala los diámetros de las llantas en su doble rodado

CAPITULO 10

TRACTORES

La Unidad de Potencia

Todo tractor tiene motor, chasís, ejes, suspensión, transmisión y cabina. Además de esto, el tractor está equipado con lo que podríamos llamar el juego de ensamblaje del tractor. De hecho, la mayoría de los tractores se han equipado teniendo en mente una particular función que desarrollar. A diferencia de un coche, que Usted adquiere más o menos como un equipo completo,un vehículo de carga se arma componente por componente con el fin de que pueda hacerle frente a los retos con los que se encontrará en el trabajo.

CLASIFICACION VEHICULAR		
CLASE	CLASIFICACION DEL PESO VEHICULAR (EN LIBRAS)	EJEMPLOS
CLASE 8	más de 33,000	Tractores para uso pesado en carretera, vehículos utilizados en la construcción
CLASE 7	26,001-33,000	Tractores convencionales de tamaño medio, vehículos para servicio residencial de cualquier tipo de combustibles (gas)
CLASE 6	19,501-26,000	Vehículos "chatos" de caja (combis), camiones de un solo eje con caja, camiones para el transporte de muebles
CLASE 5	16,001-19,500	Vehículos de servico a jardines, vehículos de caja para el transporte de bebidas
CLASE 4	14,001-16,000	Vehículos grandes tipo van (en los que cabe una persona de pie)
CLASE 3	10,001-14,000	Vehículos medianos tipo van (en los que cabe una persona de pie), camiones que transportan leche, pan, combis compactas
CLASE 2	6,001-10,000	Vehículos tipo van pequeños (en los que cabe una persona de pie)
CLASE 1	menos de 6,000	Combis compactas, camionetas pick-up, combis de servicio

El tractor Clase 8 promedio, que es en el que pensamos con mayor frecuencia cuando hablamos de "tractores" de servicio pesado, pesa de las 13,000 a las 20,000 libras y cuesta alrededor de los $100,000 dólares estadounidenses. Es mucho equipo. Su tractor será registrado e inspeccionado,lo que significa que tendrá que pagar algunas tarifas bastante pesadas. Le dará como 6 millas por gallón. Su vehículo de carga probablemente tendrá dos tanques de combustible.Y dado que cada uno tiene una capacidad de entre 50 y 150 galones,cuando paga una llenada "se puede ir para atrás". Como todo el mundo en la industria del autotransporte de carga, Usted tratará de economizar en todo lo que sea posible.

Pero sobre todo, seguirá con apego el cuidado y manejo especiales que demanda su tractor. Su futuro patrón sin duda querrá que trate el tractor que maneje como si fuera de Usted. Lo cual es una petición razonable. Además, ¿quién sabe?, quizá algún día Usted tenga su propia unidad tractor-remolque. Así que, basados en la teoría de que conocer su tractor es quererlo, investiguemos algunos de sus muchos diseños y especificaciones.

¿Que Es Un Tractor?

Sin embargo, primero especifiquemos la diferencia entre un "tractocamión" y un simple y viejo"camión". De acuerdo con el Departamento del Transporte (DOT), un **tractocamión es un vehículo motorizado utilizado para arrastrar o jalar otros vehículos**. Con excepción de la parte del peso que arrastra (la parte que descansa en la quinta rueda), el tractocamión no se usa para llevar carga. Por sí mismo, el tractocamión no tiene verdadero uso comercial. En otras palabras, **no lleva carga en sí mismo**. El tractor es la unidad de potencia de un equipo completo. La razón de su existencia es jalar un remolque, y este remolque es el que lleva la carga. Con el fin de hacer las cosas más sencillas, el término "tractocamión" generalmente se abrevia a "tractor".

Para manejar un tractor comercial con una clasificación de peso bruto vehicular de 26,001 libras o más (siglas en inglés: GVWR) y jalar un remolque cuya clasificación de peso bruto vehicular sea de 10,000 libras o más, necesita obtener la Licencia para Conducir Vehículos Comerciales (CDL) del Grupo A. Esta licencia CDL pero del Grupo B le permitirá manejar un tractor igual de pesado pero que jale un remolque cuyo peso sea menor de 10,000 libras. Puede ser que tenga que presentar un examen especial de conocimientos y habilidades sobre vehículos combinados.

Un vehículo de carga sencillo, es un equipo simple de una sola pieza,que consiste de la unidad de potencia y del cuerpo del vehículo o plataforma. A éstos se les llaman "camiones". No obstante que los camiones con frecuencia pueden ser bastante grandes y muy potentes, no están articulados y no tienen quinta rueda. Los camiones pueden jalar remolques con una barra para remolcar.

Los diferentes tamaños de **vehículos de carga se agrupan en distintas clases de acuerdo a su peso**. Ya hemos mencionado los Clase 8. Estos son los extra-pesados, lo que tienen camarote para dormir, los de volteo, los que transportan cemento, y demás similares. Las ocho clases de vehículos se describen en la página anterior. Estas clases son diferentes alas que se utilizan para clasificar los grupos de vehículos en relación a la licencia CDL.

Además de clasificarse por tamaño, los vehículos de carga se pueden agrupar en, los que se utilizan donde hay caminos, y los que se utilizan donde no los hay. Esto lo veremos enseguida.

Los Tractores para Carretera y los Diseñados para Donde No las Hay

Los tractores se construyen ya sea, para manejarse en carretera unos,y otros por donde no las hay. Usted ve a los primeros jalando sus remolques cargados y circulando por las autopistas. Pero, desde luego,los tractores también se usan en las industrias maderera, minera y de la construcción. La carga puede consistir en troncos, carbón, equipo,o piedras. Los remolques que jalan pueden ser de volteo, con góndolas (con descarga por la parte de abajo), de plataforma, camas bajas o el llamado "diablo maderero" (para cargar postes o troncos).

Básicamente, **los tractores diseñados para manejarse fuera de carretera** se construyen **para aguantar más maltrato** que los diseñados para circular sobre la misma. Son de construcción para servicio pesado con el fin de que puedan mantenerse y aguantar el terreno accidentado y áspero, y el trabajo rudo. Desde luego que las llantas, los ejes, la suspensión, la transmisión, la flecha motriz y el motor son todos para servicio pesado. La potencia es una de las consideraciones más importantes.

Mientras los tractores diseñados para usarse fuera de carretera pasan la mayor parte de su vida de trabajo en terrenos accidentados, la mayoría de ellos usan los caminos públicos para ir y venir al lugar de trabajo. Por lo tanto deben cumplir con las disposiciones legales para circular por las calles. Esto significa que tienen que tener el equipo de seguridad, los componentes y el tipo de construcción especificados por el reglamento del DOT.

El **tractor diseñado para circular por la carretera** se construye para que **se desempeñe bien bajo esas condiciones**. Parte de su equipo **no tiene que aguantar tanto maltrato como el equipo de los tractores diseñados para circular fuera de carretera**. Esto quiere decir que algunas de sus partes se pueden construir más ligeras de tal forma que el tractor pese menos. El peso menor del tractor puede significar mejor economía de combustible, que, para el vehículo diseñado para la carretera puede ser más importante que el tener mucha potencia.

Dado que frecuentemente se usan para viajes largos, la cabina de los vehículos para carretera se diseña para la comodidad del chofer. Los hay con asientos acojinados ajustables y un camarote espacioso para dormir. Muchos de estos tractores tienen suspensión de aire que proporciona una marcha suave. También las ruedas o rines y llantas, son para usarse en carretera.

Comparemos parte por parte, las características de ambos tipos detractor.

EL MOTOR

Dado que el **tractor para fuera de carretera** requiere de mayor caballaje, **tiene motor más grande**, y radiador y filtro de aire de mayor tamaño, que los del tractor para carretera.

LA TRANSMISION

La transmisión del **tractor para fuera de carretera** se construye para que transmita más potencia en los cambios bajos dado que la mayor parte de su trabajo lo efectúa en ese rango. Con frecuencia tendrá **más cambios en baja velocidad**. Por lo tanto pueden subir carga muy pesada por una cuesta muy pronunciada y de terracería áspera. En el caso del **tractor para carretera**, se enfatiza en la operación eficiente a **velocidades de crucero por autopista**.

LA SUSPENSION

La **suspensión** de los **tractores para fuera de carretera** también debe ser para **servicio pesado** para que pueda absorber los golpes de los caminos sin pavimentar. Los resistentes resortes de acero le ayudan al chofer a mantener el control. Las suspensiones se clasifican por el peso que pueden transportar en forma segura y sin riesgos. Los ejes en tándem o dobles de los tractores para fuera de carretera generalmente están clasificados para cargar 44,000 libras. Lo más probable es que el requerimiento que se tenga en mente para **la suspensión de un vehículo diseñado para circular en carretera** sea que **proporcione una marcha suave**. De esta manera, el chofer no se cansa tanto en un viaje largo.

LLANTAS Y RUEDAS (O RINES)

Debido a las cargas tremendas que llevan los tractores para fuera de carretera y a las terracerías en tan mal estado por las que tienen que circular, sus **llantas y rines (o ruedas)** siempre son para **servicio pesado** y diseñadas para que tengan tracción sobre tierra. **Las llantas** generalmente son **más anchas** que las que se usan para carretera para evitar que se hundan en tierra suelta. La mayoría de las **ruedas o** rines para fuera de carretera están **hechos de acero**. El aluminio no serviría en terreno disparejo y lleno de piedras. Las llantas deben ser lo suficientemente fuertes para soportar cargas muy pesadas. Por otra parte, los tractores **para circular en carretera** usan **llantas** construidas para **aguantar el calor que se genera al rodar a velocidades más altas.**Tienen más ranuras en el dibujo o piso, para que tengan mejor tracción sobre el pavimento.

EL SISTEMA HIDRAULICO

Los sistemas hidráulicos se encuentran **más frecuentemente en los tractores para fuera de carretera** que en los diseñados para circular en ellas. El sistema hidráulico comprende el tanque, las líneas del tractor al remolque, y la bomba. A este conjunto en inglés se le llama “equipo húmedo” (wet kit).

TANQUES DE COMBUSTIBLE

Su **tractor para carretera** tendrá de menos uno, y probablemente **dos tanques de combustible**. Están localizados bajo la cabina o bajo el camarote para dormir y de cada lado del tractor. Cada tanque tiene capacidad por lo menos de 50 galones, y los grandes pueden almacenar hasta 150. Cuando se abastece de combustible, tiene que llenar cada uno separadamente. Las líneas de combustible que vienen del motor, generalmente van al tanque que se encuentra del lado del chofer. Si tiene más de un tanque, estarán **interconectados** por medio de una manguera en el fondo de cada uno. De esta manera, el nivel de combustible es más o menos el mismo en todos los tanques, no obstante que el motor sólo toma combustible de uno.

EJES

Los tractores no sólo se clasifican por sus usos (para carretera o para fuera de carretera), sino también por el número de ejes con tracción (o motrices) que tengan. Los tractores con los que Usted trabajará pueden clasificarse como de un sólo eje o de ejes dobles (o en tándem).

TRACTORES DE UN SOLO EJE

Los **tractores de un solo eje tienen un eje con tracción y un eje de dirección**. Dado que son **más pequeños** y **más fáciles de manejar** que los que tienen ejes en tándem o dobles, se utilizan para jalar dos más remolques, o para distancias cortas y cargas ligeras.Tienen un **radio de giro más pequeño**. El radio de giro depende de la distancia entre ejes. Para el tractor de un solo eje, la distancia entre ejes se mide del centro del eje de dirección al centro del eje trasero con tracción. (Para los tractores con ejes en tándem o dobles, la distancia entre ejes se mide del centro del eje de dirección al centro del par de ejes en tándem).Un tractor de un solo eje **es más barato y cuesta menos operarlo**. Los costos de reparación son menores ya que tiene menos partes que reparar. Sin embargo, por su corta distancia entre ejes, los tractores de un solo eje **no son cómodos para distancias grandes**.

Ilustración 10-1
La batalla de los tractores de un solo eje.

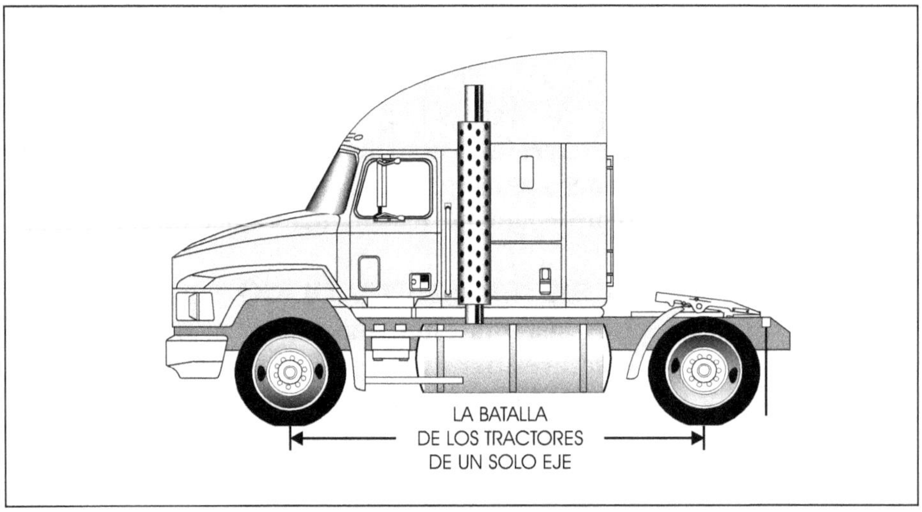

TRACTORES DE EJES DOBLES O EN TANDEM

Para distancias largas y cargas pesadas, generalmente se usa el tractor con ejes dobles o en tándem. **El juego de ejes en tándem proporciona cuatro llantas motrices adicionales**. Esto no sólo da **mayor fuerza** sino **mayor tracción**.

Ilustración 10-2
La batalla de los tractores de ejes dobles o en tándem.

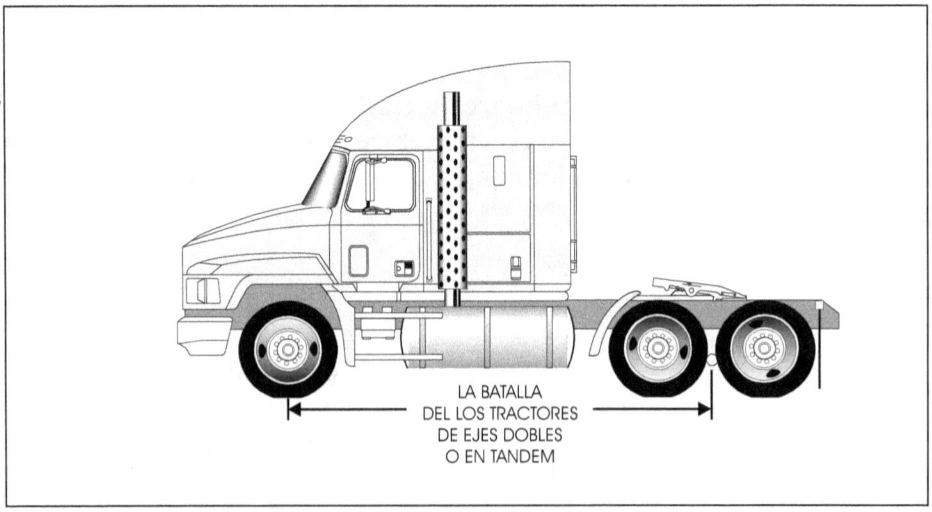

La distancia promedio entre ejes, en el tractor con ejes dobles o en tándem es de196" a 220" (" = pulgadas) para el tractor "chato"(que tiene la cabina sobre el motor), y para el tractor convencional es de 220" a 260". El **radio de giro tan ancho** de la distancia entre ejes de los tractores con ejes dobles o en tándem, puede hacerlos un poco **difíciles de maniobrar** en un espacio reducido.

TRACTORES CON UN SOLO EJE MOTRIZ

Otra configuración es la que tiene un solo eje motriz con un "eje loco". Un "eje loco"es un eje muerto que no está conectado a la fuerza del motor y las ruedas rotan libremente. El **eje loco** tiene ciertas ventajas de ambos sistemas, el de un solo eje con tracción, y el de ejes motrices dobles o en tándem. Como en el caso del eje sencillo, **no es tan pesado** y necesita **menos mantenimiento** que los ejes en tándem. Dado que no necesita ninguna fuerza del motor, **no aumenta el consumo de combustible** como lo hacen los ejes motrices dobles o en tándem.Y como en el caso de éstos, proporciona cuatro ruedas más y **una mayor capacidad de carga**.Vea ilustración 10-3.

Ilustración 10-3
Ejes doble eje o en tándem. (A) eje solo con eje loco, (B) ejes dobles o en tándem

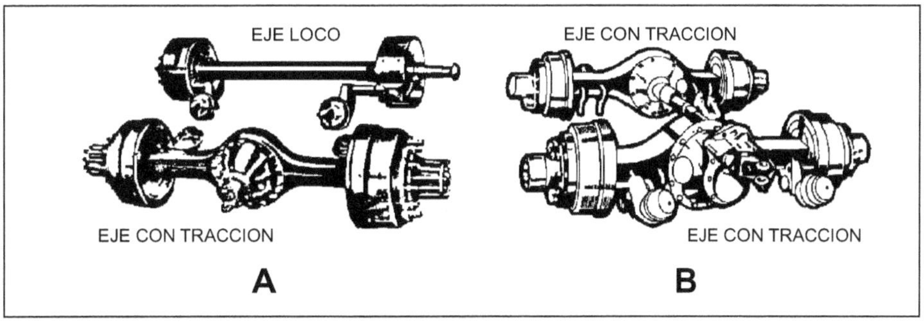

El Convencional y el "Chato" (Cabina sobre el Motor)

Existe otro sistema de clasificación aún más importante. Este es si el tractor es convencional o "chato" (con la cabina sobre el motor).

EL CONVENCIONAL

En el caso del tractor convencional, **la cabina está colocada detrás del motor. Es más fácil entrar y salir del camarote para dormir** y éstos son generalmente **más grandes**. La longitud del cofre (o capó) se puede clasificar como larga, mediana o corta.

La **visibilidad no es tan buena** como en los "chatos", pero el tener el motor enfrente puede ser más seguro en caso de un choque.

EL "CHATO" (CABINA SOBRE EL MOTOR)

No obstante que cuando salió al mercado, poco después de la Segunda Guerra Mundial, se le llamó de Cabina Sobre el Motor, la gente eventualmente acortó el nombre y le puso "chato", (o en inglés COE). El tractor "chato" tiene **una distancia menor entre ejes** y **una mayor visibilidad** para el chofer.

Los "tractores chatos" se usan para jalar cualquier tipo de remolque. Por su menor distancia entre ejes y **la facilidad con que se les da vuelta**, con frecuencia se prefieren para entregas dentro de la ciudad, y para jalar remolques largos. Para reducir el peso del tractor "chato", generalmente se utiliza el plástico, la fibra de vidrio o el aluminio. Este **peso más ligero** quiere decir que la carga útil puede constituir una mayor parte del peso total permitido.

El tractor "chato" alguna vez tuvo la ventaja de que, siendo su propia longitud menor que la del convencional, podía jalar remolques más largos sin que la longitud total del equipo excediera los límites establecidos en ciertos estados. Esto fue por un buen tiempo una gran ventaja. Luego vino la estandarización. En 1982, la Ley de Ayuda al Transporte por Superficie (Surface Transportation Assistance Act) obligó a los estados a permitir semi-remolques de hasta 48 pies de largo, en todas las carreteras interestatales yen las clasificadas como "carretera U.S.", incluyendo todos los caminos de acceso tanto al punto de recolección de la mercancía como al punto de entrega. (Sin embargo los estados pueden establecer límites a la longitud, superiores a los 48 pies). A partir de ese momento, el tener un tractor más corto no significaba ninguna ventaja.

EL CAMION PESADO

El **camión de carga** es un vehículo "todo-en-uno" que no **está articulado** (no tiene dispositivo de acoplamiento). Puede ser muy pesado y poderoso. Por ejemplo, para la recolección de basura y en la construcción, el camión está equipado con cargadores por la parte delantera para transportar desperdicios y grava. También se usa para transportar artículos especializados como grúas, tabla-roca, piedra decorativa, bloques de concreto y productos de petróleo.

La comodidad del chofer también es importante en el camión de carga. Los camiones son generalmente más pequeños y por lo tanto menos intimidantes para el chofer nuevo. De hecho, los camiones de carga pueden tener transmisión totalmente sincronizada, lo que puede parecer "demasiado fácil" para el chofer profesional.

PRUEBA DE LA HABILIDAD PARA OBSERVAR

Ahora que puede clasificar tractores, clasifique el tractor Clase 8 que vió al inicio de este capítulo. Revise la gráfica de la Prueba de la Habilidad para Observar al final del libro y vea qué tan bien lo hizo.

Especificaciones

Cada cosa en un tractor tiene un propósito distinto. El **tractor** se ha **construido bajo ciertas especificaciones para el trabajo** a que se destinará. Un tractor que sube, baja y viaja por todas las Montañas Rocallosas, tendrá especificaciones diferentes a uno que viaja por terreno plano. Las especificaciones del chasís, los ejes y las muelles o resortes, se basan en el peso de la carga, el tipo de carga, y el tipo de terreno por donde viajará el tractor.

El clima también juega un papel importante. Si el tractor va a rodar en clima muy frío, es muy posible que se le añada equipo como un calentador del monoblock del motor, un calentador de las líneas de combustible, un secador de aire para el sistema de frenos, y un calentador para la batería. Para carga muy frágil como es el equipo electrónico o médico, se impone la suspensión de aire. Los tractores que transportan carga extremadamente pesada, se equipan con chasís más grueso y diferenciales traseros más fuertes.

LA AERODINAMICA Y LA ECONOMIA DE COMBUSTIBLE

La palabra "**aerodinámica**" se refiere al **movimiento** de objetos **a través del aire** (aero = aire, dinámica = movimiento). Cuando un tractor avanza contra el viento **quema mucho combustible**. Si el tractor se puede hacer "más liso" para que se deslice más fácilmente por el aire, se pueden lograr **ahorros significativos de combustible**. Esto **se puede realizar con algunos cambios en el diseño del tractor**. Donde sea posible, la cabina tendrá filos redondeados en lugar de superficies planas. Un diseño aerodinámico, acomoda o trata de meter el tanque de combustible, el tubo del escape y todas las partes que sobresalen, para evitar que atrapen aire y detengan al tractor. El vehículo de carga ilustrado en la portada de este libro, muestra muchas características aerodinámicas.

El equipo accesorio incluye deflectores de viento, ventilador del motor con apagado automático, motores fórmula diesel, y cabinas, chasís, ruedas o rines y componentes aún más ligeros. Debido a la importancia del ahorro de combustible, la investigación en el campo de la aerodinámica avanza rápida e intensamente.

ACCESORIOS

Los **accesorios** para tractor sirven para un sin número de propósitos. Pueden **hacer más seguro el vehículo**, así como volverlo **más fácil de operar y de mantener**. Algunos accesorios son estrictamente para la comodidad del chofer, mientras que otros sólo hacen que el tractor luzca mejor.

Diversos medidores, radios, artículos decorativos, frenos auxiliares, calentadores para tanques de combustible y tomas de fuerza, son algunos de los accesorios disponibles para tractores. En algunos tractores, el tamaño de la cabina limita el número de accesorios que se le pueden añadir.

ACCESORIOS PARA CLIMAS FRIOS

En clima frío, es tentador dejar el motor encendido para que tanto éste como la cabina se mantengan calientes mientras el vehículo está estacionado. Pero dejar el motor encendido en neutral gasta mucho de su valioso combustible, y además puede recortar un año la vida del vehículo. Se le puede añadir un **generador auxiliar** para que cuando el vehículo se estaciona por periodos de cierta duración **con el motor apagado, este generador mantenga calientes tanto el motor como la cabina**. El no tener que mantener el motor encendido en neutral durante esos periodos de tiempo más o menos largos, le ahorrará combustible. También se le puede añadir un calentador de combustible para evitar que éste se vuelva más denso en climas con temperaturas bajo cero.

EL ASIENTO DEL CHOFER

Los **asientos** del tractor están científicamente estudiados y se pueden ajustar para **proporcionar** el mejor **apoyo** posible durante largas horas de manejo. Algunos de estos asientos tienen respaldos altos y brazos que se doblan para arriba y se bajan.

Casi todo tractor que maneje, tendrá asiento con suspensión de aire del lado del chofer. Este funciona exactamente como la suspensión de aire del vehículo y el propósito es el mismo: proporcionar una marcha mejor. Debajo de su asiento verá una pequeña bolsa de aire. Usted usa presión de aire de su sistema de abasto de aire para inflar la bolsa.

Hay varios diseños diferentes. Habrá una perilla o palanca que Usted mueve para un lado con el fin de añadir aire a la bolsa, y la mueve para el otro para dejarlo escapar. En algunos asientos, utiliza esta perilla para ajustar el asiento al peso de Usted. Estos asientos tienen una palanca separada para ajustar la altura. Otros usan la perilla del abasto de aire para ajustarse a su peso y altura. Todos los asientos tendrán otra palanca aparte para moverlos hacia adelante o hacia atrás.

Usted pasará mucho tiempo en ese asiento, así que familiarícese con todos sus controles para que pueda ajustarlo de tal manera que quedelo más cómodo para Usted.

INSTRUMENTOS Y CONTROLES

Los interruptores e instrumentos generalmente están localizados en el tablero de su vehículo de carga. Unos fabricantes colocan los instrumentos principales enfrente del chofer y los instrumentos auxiliares los ponen a mano derecha del mismo. Otros fabricantes hacen el tablero curvo hacia la derecha de tal manera que todos los instrumentos e interruptores queden a la mano.

Los instrumentos básicos son el medidor de la presión del aire, el velocímetro, el tacómetro, el medidor de la presión del aceite, el del nivel de combustible, y el de la temperatura del agua. Luego, vienen los medidores para la temperatura del fluido de la transmisión, para la temperatura del fluido del eje trasero, para la presión del maniful (tubo múltiple del escape), y para las temperaturas de varias partes mecánicas. **Los medidores indican cómo está funcionando el tractor**. Hacen posible que tenga mejor cuidado de su equipo. **Los interruptores se usan para controlar u operar el tractor**. Entre éstos se encuentran los interruptores de las luces, los indicadores de luces altas, el control del apagado del motor,y los interruptores de los frenos auxiliares y de la toma de fuerza (siglas en inglés:PTO, de Power Take-Off). El capítulo 2 trata con mayor detalle sobre instrumentos y controles.

LA PARRILLA PROTECTORA DE LA CABINA ("PARRILLA CONTRA DOLORES DE CABEZA")

A esta parrilla en inglés se le conoce con el nombre de "parrilla contra dolores de cabeza" y es la **protección de la cabina** que se coloca en la **parte de atrás de la misma** para defenderla de movimientos que la carga pueda tener hacia adelante en caso de una frenada repentina. Obviamente, este accesorio le puede salvar de ¡un fuerte dolor de cabeza! No solo hace de su tractor un tractor más seguro, sino que además queda muy a la mano para colgar en forma segura cadenas y otros amarres. Los reglamentos de seguridad requieren que su tractor tenga una de estas parrillas cuando jale una plataforma que no tenga "concha" (cabecera de la plataforma).

FRENOS DE MOTOR

"Los frenos de motor" en inglés son llamados "Jake Brake" y es el término que se utiliza para designar a los retardadores del motor en general. Este término en realidad se refiere al producto de un fabricante en particular, pero hay diferentes tipos de retardadores o frenos de motor. Este accesorio es casi una necesidad para los vehículos de carga que viajan por las montañas y en cuestas muy pronunciadas. Al utilizar la propia compresión del motor para disminuir la velocidad del vehículo, **el freno de motor controla la velocidad en una bajada** y puede **ahorrar desgaste de los frenos**. Hay un interruptor en la cabina que los prende y apaga.

Ilustración 10-4
Una cabecera de protección de la cabina detendrá el movimiento hacia adelante de la carga que no está bien sujeta sobre el remolque.

Varios capítulos de este libro contienen más información acerca de este importante accesorio, como el capítulo 22.

LA TOMA DE FUERZA

Otra opción es la **toma de fuerza** (siglas en inglés: PTO, de Power Take-Off) para el equipo operado hidráulicamente. La toma de fuerza **activa una bomba hidráulica** que bombea fluido del tractor al equipo hidráulico como podría ser el de un remolque de volteo.

EL CAMAROTE PARA DORMIR

El camarote para dormir, **para descansar en el camino** cuando se anda de viaje, se ha vuelto muy elegante al pasar de los años. Hubo un tiempo en que no era mas que un pequeño compartimento mal ventilado con un catre burdo. En estos días, el camarote para dormir puede ser tan austero como para un misionero o puede estar diseñado para dar calor al corazón solitario de un chofer. Los hay con aire acondicionado y calefacción, y a menudo tienen equipo de sonido estereofónico y televisión. Algunos hasta tienen lavabo, agua corriente, horno de micro-ondas y cama matrimonial. El aislamiento adicional les proporciona protección contra el ruido externo y las temperaturas extremas.

Como lo verá, se puede gastar mucho dinero en un camarote para dormir. Los camarotes más grandes tienen lugar para estar de pie, armario y cajones, una mesa para escribir y están alfombrados. Una de las cosas que normalmente no tienen los camarotes es regadera o ducha, pero éstas se encuentran disponibles en la mayoría de las paradas para vehículos de carga.

LA QUINTA RUEDA

La **quinta rueda proporciona el punto de rotación en donde el remolque se une al tractor** y se usa para distribuir la carga. Es un accesorio muy básico, y aprenderá más de él en los capítulos 15 y 23.

SISTEMAS DE SUSPENSION

Existen dos tipos básicos de sistemas de suspensión: de aire o muelles. De los dos, el de aire es el más cómodo. El sistema de aire usa bolsas de aire hechas de hule en lugar de resortes o muelles. Estas bolsas se localizan justo dentro del chasís donde se fijan los ejes motrices a éste. Hay más detalles cerca las sistemas de suspensión en capítulo 7.

Examen Sobre el Capítulo 10

1. El tractocamión ____.
   A. es una unidad que no necesita de nada más para ser de utilidad
   B. no tiene quinta rueda
   C. es la unidad de potencia
   D. a veces es llamado camión de una sola pieza

2. La diferencia básica entre los tractores para circular por carretera y los de fuera de carretera es que____ .
   A. uno tiene que cumplir con los requisitos legales para circular por las calles y el otro nunca cumple con ellos
   B. el tractor para fuera de carretera se construye para que pueda aguantar más maltrato
   C. el tractor para fuera de carretera se construye para que desarrolle altas velocidades
   D. el tractor para fuera de carretera no tiene asiento para el pasajero

3. El tractor de eje sencillo es ideal para____ .
   A. carga ligera
   B. manejarse por las montañas
   C. manejarse durante las tormentas de invierno por su seguridad
   D. manejarse a campo traviesa

4. Para transportar equipo extremadamente pesado, un tractor debe tener_____.
   A. un secador de aire en el sistema de frenos
   B. un diferencial para uso pesado
   C. un ventilador de motor con apagado automático
   D. un sistema de supensión mecánica

5. El dispositivo que ayuda a retardar la potencia del vehículo y disminuir su velocidad es____ .
   A. el freno de motor
   B. el dispositivo de acoplamiento
   C. el eje loco
   D. la toma de fuerza

6. Un dispositivo típico que se pone para ahorrar combustible es_____.
   A. una distancia menor entre ejes
   B. una suspensión de aire
   C. un asiento con suspensión de aire
   D. un deflector de viento

7. La protección de la cabina (o "parrilla contra dolores de cabeza"), se requiere por ley cuando____.
   A. el camino tiene cuestas muy pronunciadas
   B. el remolque que se lleva no tiene frenos auxiliares
   C. la plataforma que se lleva no tiene "concha"o cabecera
   D. el tractor no tiene toma de fuerza

8. La distancia entre el eje trasero motriz y el centro del eje de la dirección es_____.
   A. el coeficiente de la primera velocidad
   B. la capacidad de carga
   C. la clasificación de peso bruto del vehículo
   D. la "distancia entre ejes"

9. El tractor "chato" disfrutó de mayor popularidad_____ .
   A. durante la Primera Guerra Mundial
   B. antes de que se introdujeran los tractores convencionales
   C. antes de 1982
   D. entre aquellos que preferían no ponerse de pie mientras manejaban

10. En un tractor, el aluminio, la fibra de vidrio y el plástico se usan para_____ .
    A. darle mucho estilo al interior
    B. reducir el peso del tractor
    C. reforzar el diferencial trasero
    D. proporcionar durabilidad cuando el tractor se usa fuera de carretera

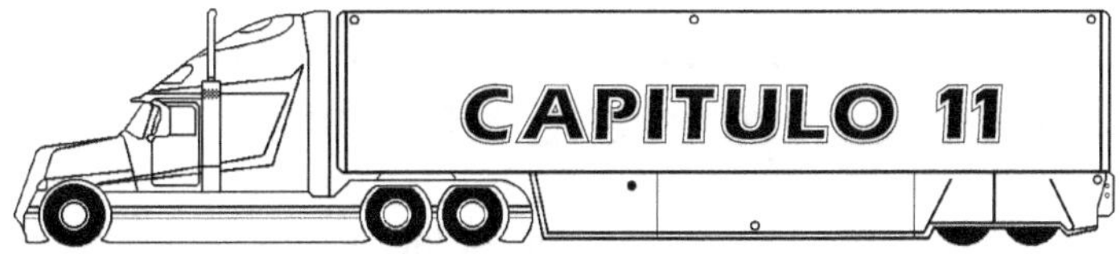

CAPITULO 11

SISTEMAS DE ADMINISTRACION DEL VEHICULO

DRIVING PERFORMANCE REPORT

DRIVER:	Don Nichols	TRIP DATE:	2/22/87	TRIP NO.	201
ID#:	2065	PAY CODE:	01		
ON DUTY DATE:	2/28/04	TIME:	7:30	TRACTOR:	M-420
OFF DUTY DATE:	2/29/04	TIME:	14:45	TRAILER:	D-608
CO-DRIVER:	Frances Sanchez			TOTAL MILES:	638
ID#:	2227			TOTAL HOURS:	31:15

SPEED RANGES

RPM RANGE	IDLE	1-25 MPH	26-35 MPH	36-43 MPH	44-50 MPH	51-55 MPH	56-59 MPH	+60 MPH
100-650	373	7	0	0	0	0	0	0
650-900	0	3	0	0	0	0	0	0
900-1100	0	1	0	0	0	0	0	0
1100-1200	0	1	0	0	0	0	0	0
1200-1300	0	1	0	0	0	0	0	0
1300-1400	0	1	0	0	0	0	0	0
1400-1500	0	0	0	0	0	0	0	0
1500-1600	0	1	0	1	1	0	0	0
1600-1700	0	4	2	4	24	0	0	0
1700-1800	0	2	4	8	35	30	0	0
1800-1900	0	4	14	43	64	221	252	15
OVER-1900	0	0	0	0	1	0	2	30
TOTAL TIME:	6:13	0:25	0:20	0:56	2:05	4:11	4:14	0:45

TOTAL TIME IN IDLE:	6:13	32%
TOTAL TIME IN MOTION:	12:56	67%

SPEEDING RATES ABOVE 59 MPH

DATE	TIME	NO. MIN.	@MILE	TOTAL MILES	AV SPEED
2/28/87	10:28	15	104,644	15.75	63
2/29/87	6:15	30	105,604	32.50	65
TOTALS		45		48.25	

PERCENTAGE OF TIME SPENT SPEEDING: 0.03

La traducción se encuentra en la página 174.

Las Computadoras y el Cambio en la Industria del Autotransporte de Carga

Las computadoras – ¡se encuentran por todas partes! Se encuentran en su automóvil, por seguro, y en su grabador de video (VCR). También se encuentran en muchos productos domésticos, en el supermercado, en máquinas vendedoras... Así como demostró el histerismo del Y2K la entrada del milenio, hay muy pocas cosas que no tienen microprocesadores en ellas. Así es que Usted no debe de estar sorprendido al saber que hay dispositivos computando en su autotransporte.

Así como las computadoras han cambiado casi todos los aspectos de nuestras vidas, así también han cambiado a la industria del autotransporte de carga. La computadora ha cambiado el departamento de administración de la compañía transportista. Ha cambiado la forma en que trabajan los choferes. Las computadoras a bordo, o los **sistemas de administración del vehículo**, son una de las formas en que los transportistas **dan seguimiento a la operación y determinan sus ganancias**. Cada vez, la industria aprende más acerca de los efectos positivos de la tecnología. Las computadoras están probando ser una buena inversión en términos de administración del dinero para el transportista. Libran al chofer de mucho papeleo. **Ayudan a mejorar los hábitos de manejo** y por tanto a **ahorrar combustible y a fomentar la seguridad**. Ayudan al transportista y al chofer a dar mejor servicio al cliente. Y parece que podrán hacer mucho más en el futuro.

Las Computadoras en la Industria del Autotransporte de Carga

Operar un negocio de autotransporte de carga implica mucho trabajo. El gerente de la compañía se encarga del negocio. Esta persona toma las decisiones que afectan las ganancias de la compañía. Pero el gerente necesita de la ayuda de muchos para manejar bien dicha compañía. El gerente necesita de otras personas que implementen las decisiones y que manejen las diferentes áreas del negocio. Esta lista de trabajadores incluye no sólo a los choferes sino también a:

- la gente encargadas de mantenimiento
- la gente de ventas (dependientes)
- los despachadores
- oficinistas de facturación

Con tantas áreas de trabajo en una compañía, el papeleo puede consumir mucho tiempo y salir muy caro. Esto es especialmente cierto en el caso del despacho y facturación. **Las computadoras** le ofrecen a los gerentes una forma mucho **más eficiente y rápida** de encargarse del negocio que **el papel**. Y finalmente resulta ser una forma mucho menos cara.

Así que en las compañías transportistas modernas verá computadoras por donde quiera. **En el departamento de mantenimiento**, la computadora genera las formas que se llenan para las inspecciones y otras que se necesitan. Mantiene un registro preciso de las inspecciones y el mantenimiento que se hace a cada equipo. Las computadoras mantienen el rastreo de partes y accesorios. Y esto lo hace sin montones de papel y paredes llenas de archiveros. Adicional, a como Usted verá, una computadora puede ayudar a determinar que es lo que necesita el mantenimiento.

En el departamento de ventas, la computadora se usa como procesador de palabras para escribir cartas y generar material promocional y propuestas. **En el departamento de despacho** se usa para mantener el rastreo de los choferes, del equipo y de la carga, y saber dónde están en todo momento. **En facturación**, la computadora genera las facturas y mantiene el registro de cuentas por cobrar.

Las computadoras se usan en todas estas partes de la terminal o base, pero también las verá instaladas en el interior de las cabinas de los vehículos de carga. Algunos de estos dispositivos Usted los puede ver y tocar. Algunos, Usted nunca los verá. Todos los dispositivos recogen información que Usted y su patrón pueden usar para hacer un mejor trabajo. Esta **información le permite a Usted a manejar más eficiente y con seguridad**. Usted y el transportista usaran los datos recaudados para archivar los informes necesarios y mantener el equipo en buena condición. Los datos le ayudarán a Usted y a su patrón hacer un mejor trabajo para los clientes.

Cuando las computadoras están instaladas en los camiones, se les llaman computadoras a bordo.

VIEJAS COMPUTADORAS A BORDO

Las computadoras a bordo no son algo nuevo. El viejo tacógrafo fue uno de los primeros dispositivos para recaudar datos. Grababan automáticamente el número de millas manejadas, el número de paradas, la velocidad, y varios otros factores, y la información era imprimida en discos de papel. Eran impresionantes, lo único malo era que para el fin de una semana, los gerentes tendrían resmas (grand cantidades) de registros para leer y analizar. Ellos necesitaban que la información fuera presentada en una forma fácil de usarse.

De las computadoras surgirernon las respuestas a los transportistas así como lo hicieron para otras industrias. A como las computadoras grandes de unidad central se hicieron suficientemente pequeñas para colocarse encima del escritorio, también se hallaron la entrada a las cabinas de los autotransportes. Las primeras computadoras a bordo vigilaban muchos más sistemas del vehículo. Sensores y sondas podrían registrar todos los factores de desempeño listados a continuación.

- consumo de combustible
- tiempos da salida y de llegada
- tiempo de manejo
- uso de los frenos
- velocidad
- rpm
- millaje de camino
- control del tiempo de crucero
- tiempo del motor encendido en neutral (o en punto muerto)
- periodos de manejo en los que se va parando y arrancando (como en el caso del manejo en la ciudad)
- tiempo en que el vehículo está parado
- uso del embrague de ventilador (clotch)
- número de paradas que duraron más de un tiempo predeterminado
- número de veces en las que la temperatura del escape sobrepasa un límite predeterminado
- tiempos de calentamiento y enfriamiento del motor

Estas computadoras eran relativamente fácil de usarse por el chofer. Los choferes pueden hacer ingresos que fueron programados de anticipo nomas con presionar teclas diferentes en un panel. Por ejemplo, al cruzar la frontera del estado, el chofer puede entrar un código para el informe de millaje del estado y luego el código que le pertenece a ese estado. **El reloj** de tiempo y fecha estampa los ingresos con el tiempo y fecha precisos. El cuentakilómetros guardaba el millaje. Los datos eran transmitidos a un medio de grabadora o dispositivo de almacenar. Esto era siempre un modulo movible o un cartucho. En la ilustración 11-1 esta la imagen de una vieja computadora a bordo.

Más tarde el cartucho podría ser insertado a una computadora principal y los informes generados. Estos informes eran más fácil de usarse que los datos sin procesar.

Ilustración 11-1
Una computadora a bordo que deja al chofer meter información con empujar botones. La información era almacenada en cartuchos retirable.

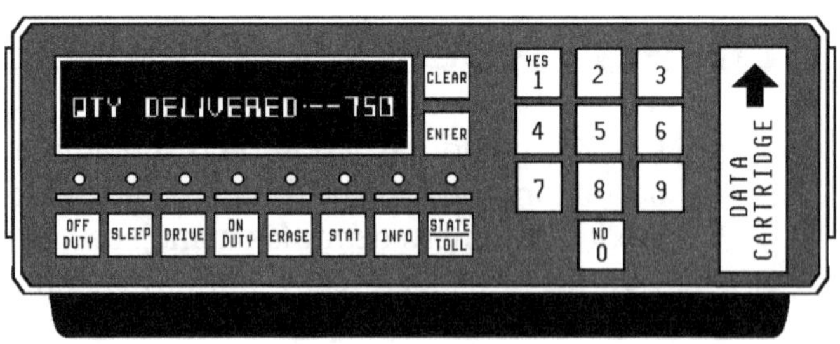

Qty delivered = Cant entregada
Clear = Borrar pantalla
Enter = Enter
Off duty = Fuera de servicio
Sleep = Dormir
Drive = Manejar
On Duty = En servicio
Erase = Borrar
Stat = Estadisticas
Info = Información
State/Toll = Estado/cuota
Yes = Si
No = No
Data cartridge = Cartucho de datos

INFORMES GENERADOS POR LAS COMPUTADORAS A BORDO

Una vez que los datos reunidos por la computadora a bordo están en la computadora principal, se pueden generar muchos informes muy útiles. Los tipos de informes a que nos llevan estos datos incluyen:

- informe de viaje del chofer
- informe de gastos del chofer
- informe del desempeño de manejo
- informe del millaje por estado
- informes que indican, demasiado/corto/daños de la carga del viaje.

Si Usted trabaja para un transportista, no verá todos estos informes. Algunos son útiles principalmente para el transportista o para el operador/propietario. Usted verá los informes de desempeño de manejo, especialmente cuando el transportista quiera felicitarle por haber hecho un buen trabajo. O, si necesita ver en dónde se está quedando atrás en relación a su desempeño, este informe le puede señalar las áreas en las que se está suscitando algún problema.

PRUEBA DE LA HABILIDAD PARA OBSERVAR

)De qué se trataba el informe con el que se inició este capítulo?)Qué reveló? Para revisar sus respuestas, refiérase a la gráfica de la Habilidad para Observar al final del libro.

Los datos del informe de viaje del chofer y los informes de funcionamiento de manejar son grabados por sensores. El chofer no introduce los datos para estos informes. Sin embargo, para los informes de la carga del viaje que reflejan lo siguiente: demasiado/corto/daños. Informes de millaje del estado, y informes de los gastos del chofer, para todos estos el chofer tiene que darle alguna información a la computadora. Estos tres últimos informes le ahorraran papeleo al chofer. Aprenderá cómo hacerlo más adelante en este capítulo. El informe de el viaje del chofer, muestra el total de millas manejadas, la velocidad promedio, el tiempo de manejo, y el tiempo que estuvo parado el vehículo.

El informe de desempeño de manejo es muy detallado. Incluye la información que se lista abajo.

- el total de millas manejadas para este informe
- el total de horas manejadas para este informe
- tiempo en que el motor estuvo encendido en neutral
- qué tanto tiempo estuvo trabajando el motor y las rpm en cada categoría de velocidad
- qué tan frecuentemente y por cuánto tiempo el chofer excedió el límite de velocidad

Con éste puede Usted darse cuenta cómo este informe **puede ayudar** a ambos, al transportista y al chofer, para **señalar problemas en el desempeño** del chofer que puedan conducir a daños en el equipo, a pérdida de ganancias y a condiciones que pongan en peligro la seguridad.

Con mucha frecuencia, la información reunida por la computadora a bordo puede advertir a los mecánicos acerca de algún sistema que esté próximo a fallar. Casi siempre es menos caro prevenir una descompostura que repararla. Si la información muestra que uno de los sistemas del vehículo no se está desempeñando como debe ser, los mecánicos pueden revisarlo y hacer los ajustes necesarios. Ya con lo anterior, puede darse cuenta cómo un sistema de estos mejoraría el desempeño del vehículo y las ganancias.

El **informe de la carga del viaje refleja lo siguiente: demasiado/corto/daños**. Es muy útil para su transportista. Le permite tener una **lista detallada** de las cosas en las que se **excedió, de las cosas en las que se quedó corto o hizo de menos, y de cualquier daño que haya sufrido la carga**. Esta información la tiene que alimentar a la computadora a bordo. Este informe le ayudará a su transportista a proporcionar y mantener un buen servicio a los clientes.

Otro informe que es especialmente útil para su transportista es el de **millaje por estado**. El informe que se genera resulta muy útil a la hora de calcular los impuestos. Muestra la siguiente información:

- número de galones comprados en cada estado
- total de millas manejadas en cada estado con y sin carga
- total de millas manejadas en carreteras de cuota y en carreteras libres

El **informe de gastos del chofer es** un informe que realmente es útil para el chofer. Le permite mantener **un registro detallado de sus gastos**. A partir de la información que Usted introduce, la computadora principal generará un informe que le dice sus gastos de viaje totales y luego desglosa estos gastos en categorías que son útiles, como combustible, aceite, comida y moteles. El tener la computadora para registra y mantener todos estos detalles es ciertamente mucho más **fácil**, mucho más **eficiente**, y es **menos el tiempo consumido** que manteniendo un **informe escrito en un pedazo de papel que se puede alojar entre el asiento y el respaldo de su cabina**.

El Reemplazo de Su Bitácora

Un reporte muy importante, y uno que Usted puede apreciar, es el reporte en sus horas de servicio—su bitácora. Encargarse de llevar la bitácora es una labor que consume mucho tiempo. A muchos choferes les gustaría eliminarla de su carga de trabajo. Bueno, pues no puede ser eliminada, pero puede llevarse en forma mucho más fácil usando una computadora a bordo.

Se ha diseñado una opción para llevar la bitácora del chofer con el fin de simplificar esta labor. Es una nueva opción automática para computadora que ha sido diseñada para trabajar con la computadora a bordo. Le permite al chofer llevar su bitácora con sólo oprimir algunos botones. Los choferes aprenden rápido qué tan sencilla y precisa puede ser esta nueva opción.

Las compañías que están usando ahora la bitácora electrónica están impresionados con lo que ésta puede hacer. No comete los mismos errores que la gente suele cometer en el transcurso de un día muy ocupado. **El eliminar los errores** puede incrementar las horas efectivas de servicio de la compañía. Esto es bueno para las ganancia de la compañía. Las bitácoras computarizadas reducen grandemente el tiempo que se gasta llenando las bitácoras a mano. El tiempo es dinero. **Ahorrar tiempo** aumenta las ganancias.

Cuando cambia el estado oficial de servicio (o estatus) en el que se encuentra el chofer, a éste puede parecerle que dormir es mucho más importante que llenar la bitácora. Y antes de ese bien merecido descanso, una comida caliente le liberará de las tensiones del día. El hambre y el cansancio pueden tentar a algunos choferes a dejar de lado el llenar la bitácora.

Aunque que esto es fácil de comprender, no es una sabia elección. La mayoría de los choferes están de acuerdo en que la forma más fácil y mejor de llevar bien la bitácora es irla llenando conforme se avanza en el viaje. Los choferes que dejan pasar el tiempo sin registrar la información casi siempre olvidan una cosa u otra. Los choferes con experiencia que tienen computadora a bordo y programa de bitácora, dicen que ahora es más fácil que nunca llevar la bitácora. Las bitácoras electrónicas pueden irse más lejos en ayudarlo con darle alertas de violaciones posibles con las horas de servicio antes de que estas sucedan.

Las bitácoras diarias que proporciona la computadora son muy detalladas. Documenta toda la actividad del vehículo y la del chofer. Los cambios de estado oficial de servicio del chofer (estatus) que ocurren se reportan al minuto.

La operación de esta opción de la computadora no se pudo haber hecho más fácil. Simplemente de entrada en el tablero la información referente a las tres cosas que se listan abajo:

- estado oficial de servicio (status)
- identificación
- localización

De ahí en adelante se encarga la computadora. Informa sobre todos los cambios de estado oficial (estatus) de servicio del chofer hasta que éste sale del control de bitácora al final del viaje. Usted también puede alimentar otra información igualmente importante usando el tablero.

Cuando para, puede digitar su localización, porqué paró y por cuánto tiempo. Al final del viaje, es posible tener listas copias impresas de sus informes, antes de que termine de estacionar su vehículo.

BITACORAS ELECTRONICAS Y LOS REGLAMENTOS DEL DEPARTAMENTO DE TRANSPORTACION (DOT)

Los informes generados por las computadoras a bordo cumplen con los requisitos del (Departamento de Transportación)DOT. Sin embargo, de todas maneras Usted debe saber cómo llenar a mano una bitácora. Aunque tenga una bitácora electrónica a bordo, de todas maneras debe llevar con Usted la papelería necesaria para llevar una bitácora a mano. Si se descompone la computadora, debe registrar sus tiempos en la bitácora a mano. Los reglamentos no aceptan la descompostura de la computadora como una excusa para incumplir con el requisito de llevar una bitácora actualizada. También, si a su compañía se le encuentra que tiene muchas violaciones a las horas de servicio, la ley puede requerirles a todos los choferes que regresen a las bitácoras manuscritas.

Computadoras a Bordo en los Autotransportes

Ahora, información critica es coleccionada y disponible para uso usando cualquier o todos estos dispositivos que se listan abajo:

- computadoras a bordo
- computadoras portátil
- teléfonos celulares

Ilustración 11-2 Esta computadora a bordo le ofrece al chofer un teclado alfanumérico para hacer entradas detalladas de información. La pantalla aconseja al chofer de mensajes que le han sido enviados or recibidos por el despachador.

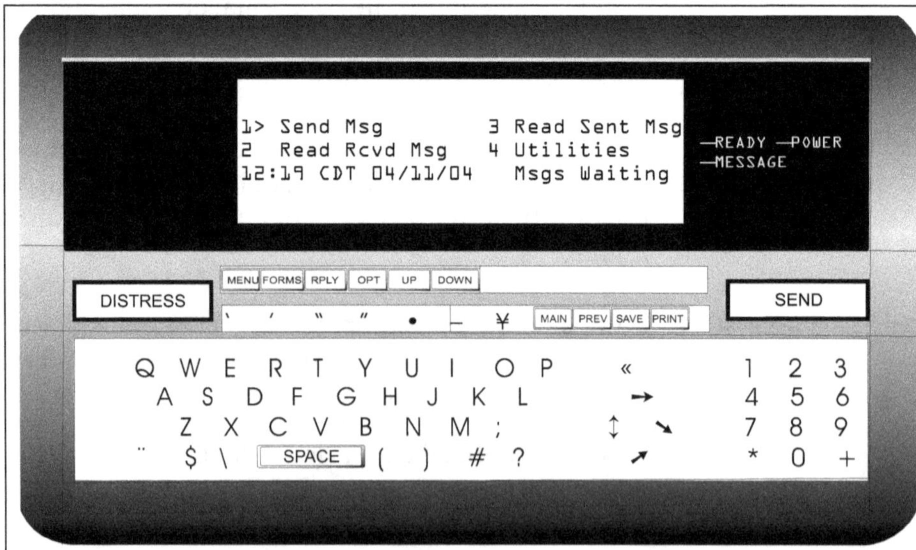

Send Msg - Mandar Mesaje
Read Rcvd Msg = Leer/Recibir Mesaje
Read/Sent Msg = Leer/Mandar Mensajes
Utilities = Utilidades
12:19 CTD 04/11/04

Ready = Listo
Power = Poder
Message = Mensaje
Distress = Angustia
Menu = Menú
Forms = Formas

Opt = Option
Up = Arriba
Down = Abajo
Send = Enviar
Main = Principal
Prev = Previo

Print = Imprimir
Enter = Enter
Shift = Mover
Space = Espacio

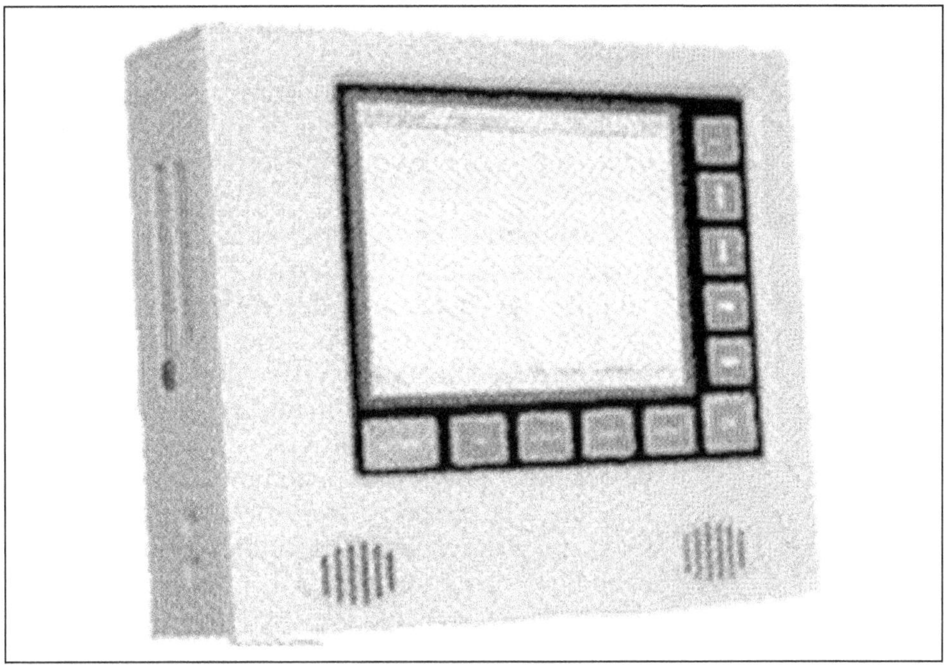

Ilustración 11-3
Con esta computador a bordo, que es parte del sistema Cadec Mobius TT, el chofer hace entradas usando una pantalla de toque. Los mensajes que son mostrados en la pantalla conmueven al chofer por medio de proceso de entrar-datos..

COMPUTADORAS A BORDO

Las **computadoras a bordo más recientes o más nuevas** graban los mismos datos que antes, pero lo hacen con más exactitud, más detalle, y seguido sin tener que introducir datos en la computadora por el chofer. Algunos sistemas utilizan **satélites y la tecnología de posición global** (GPS) para apuntar con precisión al lugar en donde se encuentra el vehículo. Para generar un informe de millaje del estado, por ejemplo, un chofer tendría que meter un código en cada cruzada de la frontera del estado. Con el GPS, esta información es introducida automáticamente. Todo lo que tiene que hacer el chofer es confirmar la información después.

Los sistemas pueden almacenar interiormente cantidades de información mucho más grandes. Dependiendo del sistema, En vez de cartuchos, los datos son transmitidos por los siguientes métodos:

- comunicación sin alambres
- conexión directa de cable
- Dispositivos de mano
- Tarjetas de memoria retirable

Comunicación entre la compañía y el autotransporte **puede ser de dos vías, y casi instantáneo**. EL sistema de por dentro del autotransporte puede aconsejar al despachador si los choferes están a la hora. Información de la ruta y la carga se les puede enviar a los choferes para mantenerlos al tanto o cambiarles la ruta para sacarle la vuelta a obstáculos no previstos.

El retrato de la computadora a bordo en la ilustración 11-2 en la página anterior, enseña un sistema con un teclado alfanumérico (de letras y números) que el chofer puede usar para comunicarse con el despachador.

Este sistema también tiene una pantalla que transmite alertas que manda el despachador al chofer. La computadora a bordo que aparece en la ilustración 11-3 en la página anterior enseña un retrato de una pantalla de toque que permite al chofer a introducir datos. El sistema conmueve o incita al chofer a través el proceso de la introducción de información.

Las **computadoras** a bordo pueden desempeñar más funciones que la simple grabación de información de los sistemas del vehículo. Pueden **mandar instrucciones, des de la compañía hasta el vehículo**. Por ejemplo, al estudiar los informes de desempeño del chofer, los gerentes pueden darse cuenta que unos choferes tiene el hábito de manejar a alta velocidad, o dejan el motor encendido en neutral (o en punto muerto) por demasiado tiempo. Ambas prácticas son malgasto de combustible y la alta velocidad es peligrosa. La computadora se puede usar para programar el vehículo a no exceder una velocidad pre fija mientras el vehículo esta en marcha o a desencender el motor después de haber estado encendido en neutral por un cierto periodo de tiempo. (¡Que los choferes tengan hábitos indeseables va ser algo que los gerentes que leyeron los informes no olvidaran!).

COMPUTADORAS PORTATIL

Los choferes de autotransportes de hoy llevan las mismas computadoras de regazo usadas por oficinistas y estudiantes. Bueno, no son exactamente iguales. Las computadoras de regazo de los choferes de autotransportes son más durables – más adecuadas a sobre vivir rebotes y sacudidas que son los resultados de pasear en taxi. Pueden ser expuestas a químicos ásperos, extremos en temperaturas, humedad, grasas y vapores. También están construidas con pantallas que trabajan bien en condiciónes con menos de óptima iluminación. Sus sistemas de operación son especialmente diseñadas para trabajar con el tipo de sistema de operación o programador (en inglés software) que usa la industria. Sin embargo, igual que las computadoras de regazo del consumidor, le pueden dar exceso al Internet. Usted puede usar progamadoras fácil de encontrar para escribir cartas, manejar su talonario de cheques, y hasta entretenerse Usted mismo.

Usted puede encontrarse con computadoras de regazo en su jardín también. Unos sistemas usaran conexiones sin alambres para transmitir datos de la computadora a bordo mientras Usted todavía esta en el camino. Sin embargo, muchas se esperan hasta que Usted llegue a la terminal, haga la **conexión de cable entre su computadora a bordo y la de su regazo** y descargue o colecciona la información de esa manera.

DISPOSITIVOS SUJETADOS A MANO

Choferes de autotransportes con frecuencia se están encontrado con dispositivos sujetados a mano en sus cajas de herramienta. Equipados con un escáner con memoria y código de bar, estos dispositivos son especialmente útiles en los sitios de recoger y entregar. Por ejemplo, información coleccionada con la computadora de mano pueden ser transmitida sin alambres a la computadora a bordo para usarse en el informe de carga del viaje que refleja lo siguiente: demasiado/corto/daños. Esto es más fácil, más rápido, y más exacto que metiendo la información usando el teclado de la computadora a bordo. O puede usar una computadora de tableta. En vez de apuntar notas en un bloc de notas, Usted las escribirá en la tableta usando un estilo, una pluma electrónica especial, y la computadora almacenara la información para reclamarla después.

Asistentes de datos personales o en inglés Personal Data Assistants (PDA) son computadoras pequeñas que caben en la palma de la mano. Más pequeñas que hasta las computadoras de regazo, pueden almacenar enormes cantidades de información, así como su libreta de direcciones, calendario, manuales, y mapas, con espacio de sobra.

Las funciones de las tres cosas – la computadora de mano equipada con un escáner, la de tableta, y la PDA – a veces son combinadas para hacer un poderoso y conveniente equipo.

El otro dispositivo de mano común es el teléfono celular. EL teléfono celular no ha puesto el radio CB completamente fuera de negocio. Sin embargo, para hacer una llamada de larga distancia, el teléfono celular es más conveniente y menos costoso que una conexión de línea de tierra. A cada vez más los teléfonos celulares vienen equipados con cámaras y responden a ordenes de voz, se convierten en algo más útil.

La Computador a Bordo y El Futuro

Los sistemas sencillos de computadoras a bordo están diseñados para leer y registrar datos provenientes de los tres medidores listados abajo:

- tacómetro
- odómetro
- velocímetro

Otros sistemas más complejos leen estos tres medidores y pueden reunir toda una variedad de otra información. A los muchos ejemplos que ya hemos listado, puede añadir la temperatura del agua del motor y la presión del aceite. Yendo más adelante, sistemas sofisticados pueden controlar el motor de arranque, cerrar las puertas con llave, encender las luces – hasta los limpiaparabrisas y la bocina. Usando el GPS, es posible programar las puertas del remolque a que no se abran hasta que el cargamento llegue a la localidad destinada.

Más y más los dispositivos van estar dotados con GPS, tecnología sin alambres, reconocimiento de voz, y capacidades de video. En vez de hacer una entrada dentro su bitácora electrónica con empujar un botón o pegandole a una tecla, usted simplemente podrá decirle las palabras "En Servicio". Una cámara de video montada en su autotransporte podría dejarlo ver en los lugares ciegos o mantenerlo centrado en su senda de la carretera. Su autotransporte puede estar equipado a cambiar datos sin alambres cada vez que pasa un "lugar caliente" (en inglés: hot spot) que puede recibir y transmitir. Usando un sistema de estos, mecánicos pueden diagnosticar un problema con su autotransporte mientras se encuentre en el camino todavía. Sistemas sin alambres y tecnología GPS puede mantenerlo en constante contacto con su terminal, **ofreciendole gran comodidad, seguridad, y resguardo** mientras viaja por ese camino solitario.

Examen Sobre el Capítulo 11

1. La computadora es una forma más eficiente de elaborar todo el papeleo, pero también es más costoso.
   A. Verdadero.
   B. Falso.

2. En el departamento de ________________, las computadoras se usan para escribir cartas y generar material de promoción.
   A. ventas
   B. mantenimiento
   C. despacho
   D. facturación

3. Los dos principales propósitos de la computadora a bordo son vigilar el desempeño del vehículo y ______________.
   A. tiempo en que el motor esta encendido y en neutral
   B. la temperatura del combustible
   C. el desempeño del chofer
   D. la temperatura del agua del motor

4. Las partes de la computadora a bordo que vigilan el desempeño tanto del vehículo como del chofer se llaman __________.
   A. medidores
   B. sensores
   C. cartuchos
   D. rastreadores

5. La parte de la computadora a bordo que almacena los datos se llama _______________.
   A. dispositivo de entrada
   B. cable de descarga
   C. grabadora
   D. sensor

6. Aún la computadora más sencilla puede leer y registrar información proveniente de todos los sistemas del vehículo de carga.
   A. Verdadero.
   B. Falso.

7. El informe ______________ muestra el tiempo en que se mantuvo el motor encendido en neutral.
   A. informes de el viaje: demasiado/corto/daños
   B. de millaje por estado
   C. de gastos del chofer
   D. de desempeño del chofer

8. No obstante que la bitácora electrónica a bordo es más eficiente y más precisa, los choferes experimentados dicen que es más fácil llevar la bitácora a mano.
   A. Verdadero.
   B. Falso.

9. De todas maneras, choferes con bitácoras electrónicas, tiene que saber cómo llenar a mano una bitácora.
   A. Verdadero.
   B. Falso.

10. La computadora a bordo que vigila el tiempo en que el motor se mantiene encendido y en neutral puede ayudar a que el ________________.
    A. transportista incremente sus ventas
    B. chofer mejore su desempeño de manejo
    C. chofer tenga más descanso
    D. chofer lleve su bitácora

INFORME SOBRE EL DESENPEÑO EN EL MANEJO

CHOFER: Don Nichols — FECHA DEL VIAJE: 2/22/88 — VIAJE NUM. 201
NUM. DE IDENTIFICACION: 2065 — CLAVE DE PAGA: 01

FECHA EN QUE ENTRO EN SERVICIO: 2/28/88 HORA: 7:30 — TRACTOR: M-420
FECHA EN QUE SALIO FUERA DE SERVICIO: 2/29/88 HORA: 14:45 — REMOLQUE: D-608

OPERADOR AYUDANTE: Frances Sanchez — MILLAS TOTALES: 638
NUM. DE IDENTIFICACION: 2227 — HORAS TOTALES: 31:15

INTERVALOS DE VELOCIDAD

INTERVALOS DE REVOLUCIONES	NEUTRAL O PUNTO MUERTO (DEL MOTOR)	1-25 MILLAS POR HORA	26-35 MILLAS POR HORA	36-43 MILLAS POR HORA	44-50 MILLAS POR HORA	51-55 MILLAS POR HORA	56-59 MILLAS POR HORA	+60 MILLAS POR HORA
100-650	373	7	0	0	0	0	0	0
650-900	0	3	0	0	0	0	0	0
900-1100	0	1	0	0	0	0	0	0
1100-1200	0	1	0	0	0	0	0	0
1200-1300	0	1	0	0	0	0	0	0
1300-1400	0	1	0	0	0	0	0	0
1400-1500	0	0	0	0	0	0	0	0
1500-1600	0	1	0	1	1	0	0	0
1600-1700	0	4	2	4	24	0	0	0
1700-1800	0	2	4	8	35	30	0	0
1800-1900	0	4	14	43	64	221	252	15
OVER-1900	0	0	0	0	1	0	2	30
TIEMPO TOTAL:	6:13	0:25	0:20	0:56	2:05	4:11	4:14	0:45

TIEMPO TOTAL EN NEUTRAL O PUNTO:	6:13	32%
TIEMPO TOTAL EN MOVIMIENTO:	12:56	67%

EXCESO DE VELOCIDAD POR ENCIMA DE LAS 59 MILLAS POR HORA

FECHA	HORA	NUM. DE MIN.	EN LA MILLA	MILLAS TOTALES	VEL. PROMEDIO
2/28/88	10:28	15	104,644	15.75	63
2/29/88	6:15	30	105,604	32.50	65
TOTALES		45		48.25	

PORCENTAJE DEL TIEMPO EN QUE ANDUVO A EXCESO DE VELOCIDAD 0.03

Traducción de la forma ilustrada en la pagina 161.

CAPITULO 12

TIPOS DE REMOLQUE

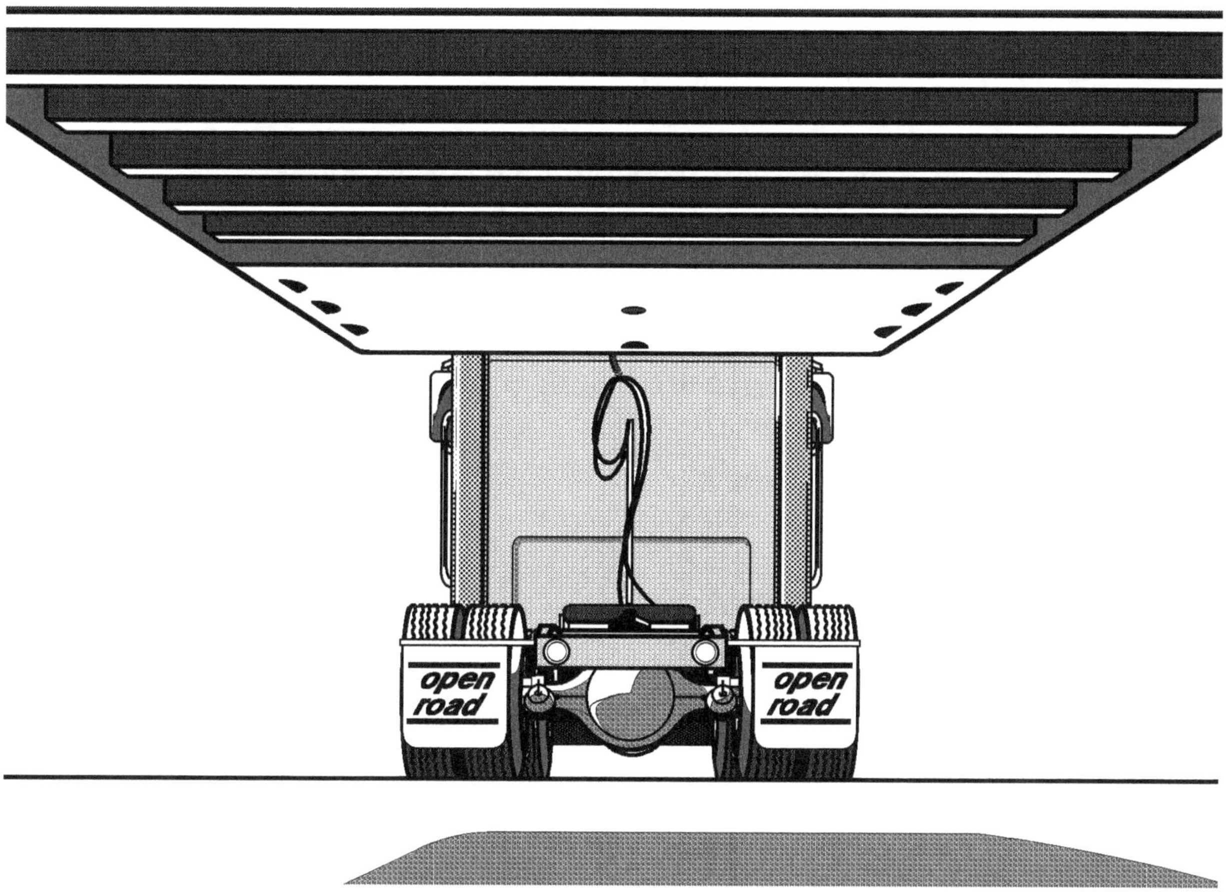

La Unidad Remolcada

Los primeros capítulos de este libro explorarán la unidad de potencia: el tractor. En los próximos tres capítulos vamos a volver nuestra atención a la unidad remolcada: el remolque.

Como ya ha de haber notado, aún antes de decidirse a formar parte de la industria del autotransporte de carga, en la actualidad hay **muchos tipos diferentes de remolques** circulando por las carreteras. El más sencillo de estos remolques es básicamente un simple cajón, con ruedas. Usted ha visto estas cajas rodantes dirigirse al almacenamiento llenas de todas clases de productos desde zapatos hasta aparatos de televisión.

Sin duda que Usted también habrá notado los remolques refrigerados que actualmente parecen enormes congeladores sobre ruedas. Su labor es asegurarse de que los alimentos frescos y congelados se mantengan así durante el viaje. Otro tipo de remolque reconocible es el tanque grande (o "pipa"). Los tanques están llenos con líquidos o con gases a presión. La leche se transporta en tanques, y también los materiales inflamables como la gasolina y otros productos del petróleo.

Su Construcción y Componentes

Transportar bienes por las carreteras, requiere de **contenedores espaciosos, flexibles, fuertes y ligeros**. Los materiales que se usen en la construcción de un remolque hacen la gran diferencia. Definen la forma en que se operará el vehículo y qué tanto va a durar. También determinan su peso, fuerza y el método para mantenerlo.

Los materiales básicos usados en la construcción de remolques **son: acero, aluminio, madera, plástico, fibra de vidrio, poliéster y acero inoxidable**. El aluminio recientemente ha sustituido al acero como el metal más común utilizado en la construcción de la caja. Se puede lograr un **sensible ahorro en peso usando aluminio** en las hojas de recubrimiento tanto laterales como del techo, así como en los largueros del chasís.

Ilustración 12-1
Los remolques de caja se construyen utilizando una diversidad de materiales.

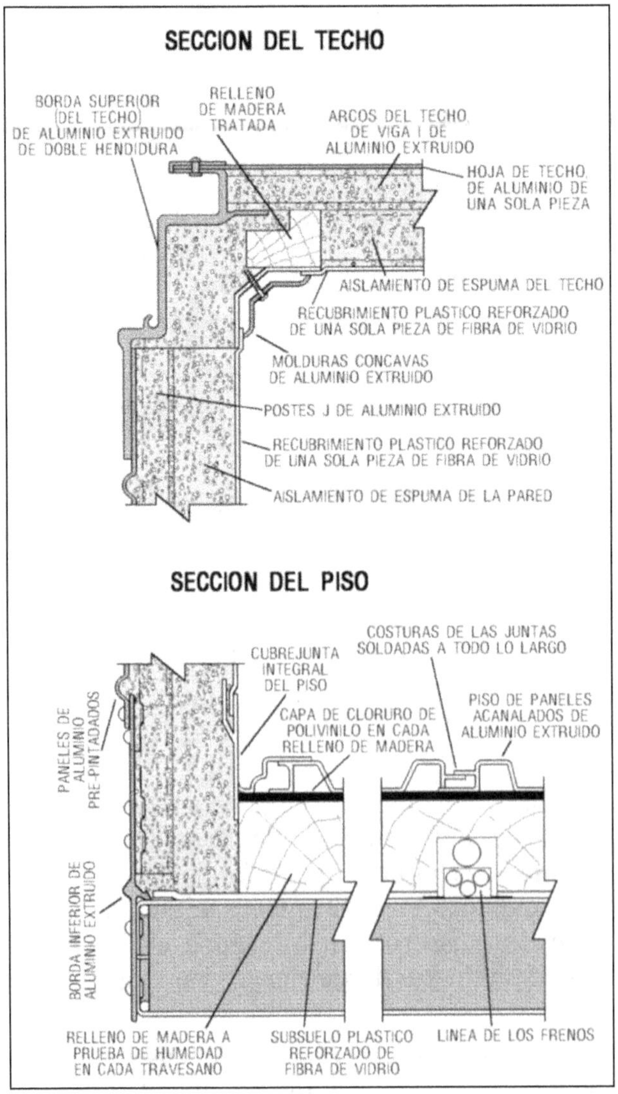

Muchas partes que no están a la vista también son de aluminio, incluyendo los postes laterales, los travesaños y los arcos del techo. En algunos remolques, aún los largueros principales del chasís son de aluminio. Sin embargo, para ciertos componentes, el aluminio no es el metal más práctico. Los soportes del remolque, los ejes, las muelles y sus perchas, son de acero. Estas partes tienen que ser tan fuertes como sea posible.

Mantenga presente que aunque los remolques vienen en muchas formas y tamaños diferentes, están construídos con las mismas partes básicas. Todos **tienen equipo rodante, chasís y construcción general similar**.

EQUIPO RODANTE

El **equipo rodante incluye** todas las partes que son las que realmente hacen posible que se jale el remolque por las carreteras. Para rodar, el remolque debe tener **llantas, ruedas o rines, ejes, frenos, y muelles o resortes**. La mayoría de los remolques tienen **patines (o postes de apoyo)**. Algunos también tienen un montaje opcional, el juego de **ejes deslizables, que ayudan a distribuir el peso.**

Llantas

Lo más común, es que los remolques tengan llantas dobles (doble rodado) en cada tambor de freno. **Generalmente se requieren dos llantas para soportar el peso de la carga**. También se encuentran disponibles **llantas super-anchas**. Una llanta ancha está hecha para soportar el mismo peso que un doble rodado (o juego de llantas doble). A estas llantas en inglés se les llaman "super-singles". Las llantas super-anchas desaparecieron un poco del mercado durante algún tiempo pero ahora están recuperando popularidad con la importancia que como nunca está adquiriendo el ahorro en peso.

Ruedas o rines

Como regla general, los remolques usan el mismo rodado que los tractores. Los **tractores usan ruedas de artillería o rines de disco que en inglés son llamados Daytons o Budds**.

Ejes

La mayoría de los remolques tienen dos ejes. Estos están hechos en forma muy parecida a la de los ejes de los tractores. La gran diferencia es que **las ruedas de los remolques ruedan libremente en lugar de estar propulsadas por el motor**.

Los ejes ayudan a soportar el peso del remolque y de la carga. La mayoría de los ejes están construídos para cargar el límite legal de 20,000 libras por eje. Los remolques que van a transportar cargas muy pesadas, tendrán dos o más ejes. Los que transportan carga muy ligera pueden necesitar sólo uno.

Frenos

Mecánicamente hablando, **los frenos del remolque funcionan de la misma manera que los frenos del tractor**. Hay frenos de servicio (frenos de aire) y frenos de emergencia (frenos de resorte). Los frenos del remolque tienen sus propios tanques de aire que se cargan en respuesta a un control que se encuentra en el tractor. La válvula de protección del tractor separa el abasto de aire del tractor del abasto de aire del remolque. Si se llegara a romper una de las líneas de aire del remolque, esta válvula "protegería" el abasto de aire del tractor, de tal suerte que, de menos, el tractor todavía tendría potencia de frenado.

El Sistema de Suspensión

Más comúnmente llamadas **sistema de suspensión**, las muelles **absorben las irregularidades del camino**, proporcionando con esto, una marcha más suave tanto para el chofer como para la carga. Las muelles deben ser lo suficientemente fuertes para **soportar el peso de la carga pero al mismo tiempo deben ser flexibles bajo el mismo peso**.

Para fijar los ejes al remolque, se usa un sistema de suspensión. El remolque puede estar equipado ya sea con muelles o con suspensión de bolsas de aire. El Capítulo 7 cubre el sistema de suspensión en mas detalle.

PRUEBA DE LA HABILIDAD PARA OBSERVAR

¿Estudió el remolque que vió al inicio de este capítulo? ¿Qué observó? Revise la gráfica de la Prueba de la Habilidad para Observar al final del libro para que vea qué tal lo hizo.

Juegos de ejes en tándem deslizables

El mecanismo deslizante le permite al chofer mover el juego de ejes para adelante o para atrás para **ajustar la distancia entre ejes** del remolque. Esto ayuda a distribuir correctamente el peso del remolque. En el capítulo 23 veremos el mecanismo deslizante con más detalle.

Los patines (o postes de apoyo del remolque)

A los patines algunas veces se les llaman gatos, el tren de aterrizaje, apoyos del remolque, postes de sostén o también **piernas dolly** (en los EEUU). Los **patines sostienen el frente del remolque cuando éste no está conectado al tractor**. Generalmente se ajustan a su lugar utilizando una palanca o brazo que se encuentra al lado del remolque. Este brazo

Ilustración 12-2 Tanto los largueros internos (A), como los largueros externos (B), proporcionan casi el mismo apoyo.

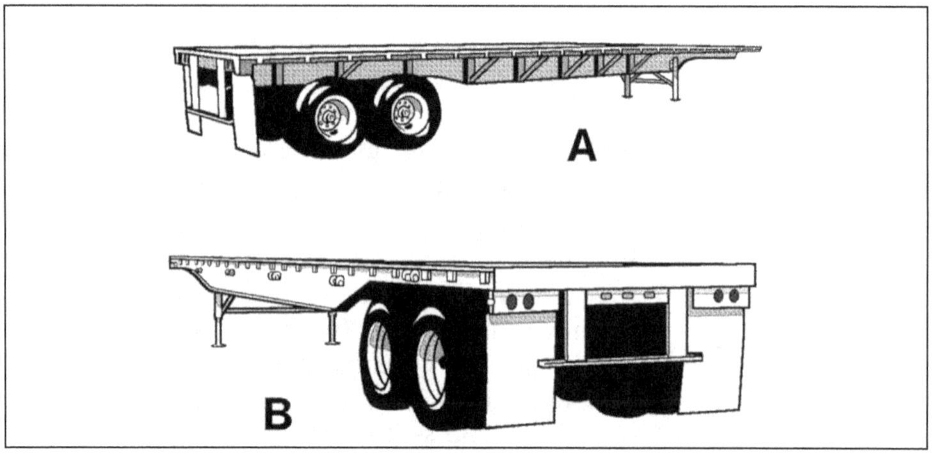

tiene un engrane de alta y uno de baja. Utilice el engrane de alta cuando no haya ningún peso del remolque descansando sobre los patines.

Opciones aerodinámicas

Desde que a principios de los años 70 se disparó el precio del combustible y continuó así, las compañías de autotransporte de carga han estado haciendo que tanto sus remolques como sus tractores, sean más **eficientes** en **el consumo de combustible.** Algunas veces se les pone un dispositivo de lámina para desviar el viento, en la parte superior del frente del remolque. Este dispositivo desvía el flujo de aire por encima y hacia los lados del remolque. De esta forma, el remolque se "desliza" a través del aire con menos resistencia.

Las esquinas del frente de las cajas, con frecuencia están redondeadas o disminuidas **para reducir el arrastre del viento.** Otro importante factor de diseño es una superficie exterior lisa. La búsqueda de diseños para lograr remolques que eficienticen el consumo de combustible continúa. Usted, durante su carrera dentro de la industria del autotransporte de carga, de seguro verá más descubrimientos interesantes en el campo de la aerodinámica.

CHASIS

Las vigas principales o largueros, y los travesaños de un remolque están hechos de acero o de aluminio. La labor de **estas vigas y travesaños es soportar la carga.**

Largueros internos y externos

Los remolques con largueros internos tienen vigas de apoyo cerca del centro del remolque. La mayoría de las cajas tipo "van" y los refrigerados, y algunos remolques de plataforma tienen larguero interno. Otros remolques de plataforma tienen largueros externos. Los dos tipos proporcionan más o menos el mismo nivel de apoyo. Los largueros externos quizás hagan al remolque un poco más rígido. La elección frecuentemente viene a resultar una cuestión de preferencia personal, muy parecida a la elección entre el tractor convencional y el "chato".

El perno maestro o perno rey

El perno maestro se localiza en la parte de abajo del frente del remolque, en el centro del plato de giro, que es una placa de metal fijada al chasís. Siempre estará hecho de acero al carbón de alta resistencia. El aluminio es demasiado ligero y flexible.

Cuando se retrocede un tractor para colocarlo por la parte de abajo del remolque, el **perno maestro se desliza hacia arriba por la ranura hasta el centro de la quinta rueda.** En ese punto, el candado (mandibula o quijada) asegura y mantiene en su lugar al perno maestro para que no se pueda mover para ningún lado pero que sí pueda girar libremente.

CONSTRUCCION DEL MAMPARO, DEL PISO, DE LAS PAREDES Y DE LAS PUERTAS

El Mamparo

El **mamparo** es la pared corta que se encuentra en el extremo del frente de un remolque de plataforma. **Evita que lo que transporta, sea lo que sea, se deslice demasiado hacia adelante**. En una frenada de emergencia, el mamparo debe detener la carga de tal suerte que no golpee al tractor y pueda lesionar al chofer.

El Piso

Dependiendo de para qué se vaya a usar el remolque, **el piso de éste puede ser hecho de diferentes materiales.** Una elección muy popular es piso de madera sólida en tiras delgadas. Otro material común utilizado para el piso, es el aluminio corrugado, como el que se encuentra en los remolques refrigerados. Además de dar fortaleza al metal, el corrugado permite la circulación de aire alrededor de la carga.

El Diseño de Convexidad (en inglés: camber)

Si bien es cierto que los remolques de plataforma deben ser muy fuertes, también es cierto que deben ser muy livianos. El uso del aluminio en la construcción de estos remolques les ha ayudado a cumplir con estos dos requisitos.

Ilustración 12-3
En realidad, un remolque de plataforma no es totalmente plano, tiene una pequeña curvatura que se nivelará con el peso de la carga.

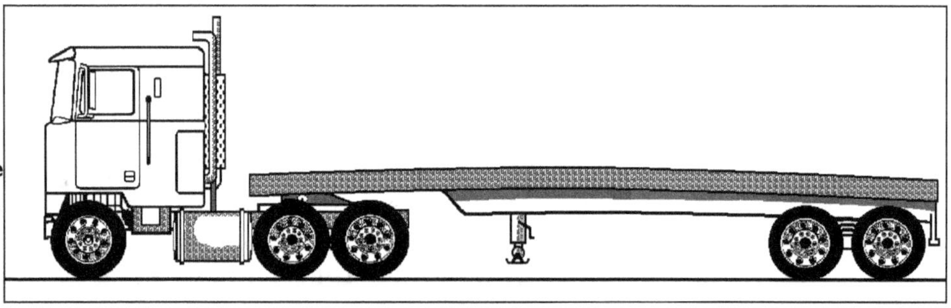

Sin embargo, el aluminio es uno de los metales livianos y más flexibles. Es tan flexible, que el remolque se flexionará conforme se mueve por la carretera. Algunos de los remolques livianos de peso de plataforma se torcerán, doblarán, y flexionarán a un grado impresionante. Para compensar esta flexión, algunos remolques tienen **integrado en su construcción un arco**. Esto es lo que se conoce como convexidad o "camber". La convexidad es muy fácil de ver cuando el remolque está vacío. Cuando el remolque está cargado, el peso aplanará la convexidad o el camber.

Las paredes

El diseño interior de una caja puede ser liso o acanalado (corrugado), dependiendo del tipo de carga que se iba a transportar. El recubrimiento interior puede ser de bastidores y paneles, o de una sola pieza.

Las **paredes** de un remolque empiezan con los postes que van desde el piso hasta el techo. Esto **conforma el bastidor o marco principal del**

remolque. Los postes, están tapados con madera contrachapada o con plástico pesado. El plástico aguanta más los golpes de los montacargas o de la carga misma, pero generalmente es más caro que la madera contrachapada.

El recubrimiento interno de una caja refrigerada generalmente es de hojas de aluminio pre-pintado que pueden ser lisas o corrugadas. Se sabe que las hojas corrugadas permiten una mejor circulación de aire alrededor de la carga. Note que cualquiera que sea el material que se use para cubrir las paredes internas, debe cumplir con las normas de salud para que se pueda utilizar para transportar alimentos. La fibra de vidrio es popular justamente por esa razón. No es porosa y es muy fácil para mantenerse limpio.

Las paredes de la caja refrigerada son del tipo de diseño que tienen postes por dentro. Como seguramente Usted sabe, las cajas refrigeradas tienen que estar muy bien aisladas, con varias pulgadas de espuma para aislamiento colocadas en el espacio entre los paneles internos y las hojas externas.

El Techo

El **techo,** que también es llamado "el cielo," **de un remolque es muy parecido a sus paredes.** Esto es, el lado externo de los postes se cubre con lámina metálica o con aluminio, mientras que el lado interior se cubre con madera contrachapada o con plástico.

La construcción básica de las cajas y los remolques refrigerados es muy similar. Sin embargo, una caja no tiene aislamiento ni en el techo ni en las paredes, a menos, claro está, que se trate de una caja aislada con algún propósito. Como lo mencionamos antes, el remolque refrigerado está muy bien envuelto con un aislamiento de muy alta calidad.

Superficie Exterior

El **diseño de las paredes** de una caja común, a menudo es el de **postes exteriores**. Este diseño tiene postes a los lados con hojas de aluminio pre-pintado fijadas al lado de adentro del poste. Esto constituye una pared de peso ligero sencilla, pero deja los postes laterales expuestos por fuera de la caja, lo que genera arrastre contra el viento.

¿Porqué no poner los postes por dentro de la caja? Bueno, porque luego quedan expuestos a los golpes de los montacargas y de la carga misma. Algunas veces se dejan expuestos, pero con frecuencia se les pone un recubrimiento para protegerlos.

El Tejado

El tejado es la parte externa del techo. En la mayoría de los remolques está hecho de hojas grandes de aluminio. De esta forma las goteras no son tanto problema como en los techos que tienen muchas junturas.

En algunos remolques, las hojas se estiran a través de los arcos del techo. Luego los arcos se fijan a ambos lados, a los largueros del marco superior del remolque. El techo se pega a los arcos con un material adhesivo. Un tipo de techo más fuerte utiliza cerchas. Las hojas se remachan a las cerchas, y éstas a los largueros del marco superior.

Puertas

Las **puertas giratorias** son las **más populares** para los remolques. Estas puertas están abisagradas en los filos externos de la parte de atrás del remolque. Las cajas refrigeradas y las que se utilizan para mudanza, con frecuencia tienen una puerta pequeña en un lado del remolque, que resulta muy práctica cuando se descarga en calles angostas o callejones. De cualquier manera, la puerta giratoria lateral funciona de la misma manera que las traseras. Una palanca la mantiene firme contra el marco del remolque. Tienen un sello de hule alredor que evita que se meta el polvo, la lluvia o la nieve. En el caso de los remolques aislados y refrigerados, el sello también mantiene constante la temperatura interna.

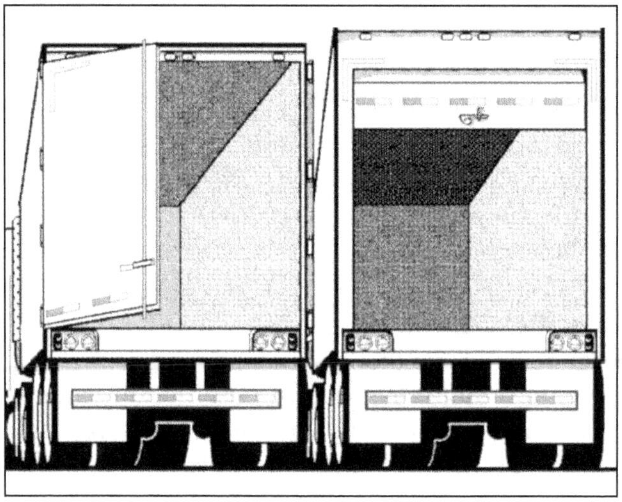

Ilustración 12-4
Las puertas giratorias sellan mejor al cerrar que las corredizas, pero éstas no se tienen que abrir antes de echarse en reversa al andén.

Otro tipo de puerta muy popular es la puerta corrediza. Como en el caso de una puerta de cochera, está construida con guías sobre correderas. Usted la abre jalando la agarradera y deslizándola hacia arriba a que quede adosada a lo largo del techo. Cuando está cerrada, una palanca se engancha al piso para mantenerla así.

Una puerta corrediza no sella tan bien como una giratoria, así que es muy raro que se use en un remolque refrigerado cuando necesita mantenerse una temperatura constante. La puerta corrediza se usa más en los remolques que hacen entregas dentro de la ciudad.

Una ventaja de la puerta corrediza es que Usted puede retroceder su vehículo al andén antes de abrir la puerta. Esto es muy práctico para los vehículos que cargan y descargan muchas veces al día. Las puertas giratorias se deben abrir antes de que el vehículo se aproxime al andén.

Sujetadores y Armamento (para fijar la carga)

En la mayoría de la veces, el **aseguramiento o sujeción de la carga sobre remolques de plataforma se hace con sogas, cadenas, y cinturones de nilón.** Las lonas se usan para cubrir la carga cuando se requiere así. Una vez más, depende de la carga. De cualquier manera, los sujetadores y el armamento para fijar la carga que se utilizan en los remolques, es equipo accesorio. Encontrará todo lo que quiera saber sobre este tema en el Capítulo 28, Cargando, Descargando y la Fijación de la Carga.

Luces, Alambrado y el Sistema de Aire

LUCES Y ALAMBRADO

Todas las luces del remolque están conectadas al sistema eléctrico del tractor. Las luces incluyen las llamadas luces de situación o plafones, las direccionales, las de estacionamiento y las de los frenos. Cuando enciende cualquiera de estas luces en el tractor, se encenderán las mismas luces en el remolque. Los alambres que controlan estas luces están en el cable eléctrico del tractor, y comúnmente son llamados coleta de cerdo (en inglés: pigtail). La coleta de cerdo se conecta al remolque en un receptáculo para conexiones de electricidad que se encuentra al frente del remolque.

Imagínese el sistema de alambrado eléctrico. Un alambre va de el receptáculo en el frente del remolque a la parte de arriba del mismo para dar energía a los plafones del frente. Varios alambres enrollados como cable van a lo largo del remolque para conectar las luces traseras a la fuente de energía. A la mitad del remolque hay una unión en el cable de donde salen dos alambres hacia los lados para conectar las luces marcadoras laterales. Finalmente, el cable se separa en la parte de atrás del remolque en donde se divide y conecta todas las luces traseras. Este cable también lleva la corriente hasta el sistema de ABS.

Ilustración 12-5
Configuración típica de un cable conectador de las luces del remolque.

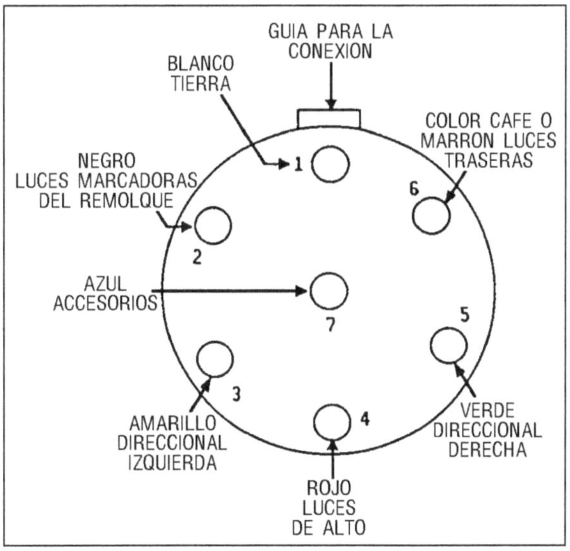

Los focos y las conexiones son más bien delicados y conforme le pasan los años al remolque, se aflojan y corroen. En realidad no hay mucho que pueda Usted hacer para evitar el problema, que no sea el estar consciente de ello y arreglar lo que tenga que arreglar conforme suceda.

LAS CONEXIONES DEL SISTEMA DE AIRE

El tractor también proporciona la presión de aire para hacer funcionar los frenos de aire del remolque. Junto a el receptáculo eléctrico, al frente del remolque, hay dos conexiones para el aire. Estas comúnmente se conocen como "manitas".

Una de las manitas abastece de aire a los frenos de servicio, que sólo usan aire a presión cuando se aplican los frenos. La otra"manita" abastece de aire al freno de emergencia, que está presurizado siempre.

Sellos en las manitas evitan de que el aire se escape cuando el sistema está presurizado. Las manitas están codificadas por color para prevenir errores cuando Usted conecte las líneas del aire del tractor a las manitas en el remolque. La línea de servicio es de color azul y el control o línea de emergencia es de color rojo.

Las líneas de aire del remolque empiezan por el frente van por debajo del piso hacia la parte de atrás en donde se conectan a todas las válvulas y tanques que constituyen el sistema de frenos de aire del remolque.

Examen Sobre el Capítulo 12

1. De lo siguiente, ____ NO son equipo estándar en todos los remolques.
   A. las suspensiones
   B. los chasís
   C. los ejes
   D. las puertas laterales

2. Lo más común es que los remolques tengan ____llantas en cada tambor.
   A. con tacos
   B. super-anchas
   C. dobles
   D. vitalizadas o recapeadas

3. El mecanismo en los patines del remolque tiene más de un engrane.
   A. Verdadero.
   B. Falso.

4. ____ deben soportar el peso de la carga y poderse flexionar ante el peso de la misma.
   A. Las llantas dobles
   B. Sistema de suspensión (muelles)
   C. Los rines de disco o los de artillería
   D. Los ejes

5. En términos de soporte, los largueros externos son ____ los largueros internos.
   A. más fuertes que
   B. más o menos lo mismo que
   C. no tan buenos como
   D. más flexibles que

6. En el medio del plato de giro está el ____.
   A. perno maestro o perno rey
   B. sistema de suspensión de bolsas de aire
   C. eje delantero
   D. sistema de suspensión de muelles

7. El propósito de el mamparo (o cabecera de la plataforma) es ____.
   A. mantener una buena circulación de aire hacia la carga
   B. aislar el remolque
   C. evitar que la carga se deslice hacia el tractor
   D. hacer más fácil la descarga

8. En el diseño de postes externos ____ .
   A. los postes laterales que quedan expuestos generan arrastre contra el viento
   B. los montacargas o la carga misma pueden dañar los postes
   C. los postes laterales están conectados a los arcos del techo
   D. un material adhesivo sella los remaches de la fibra de vidrio a la superficie exterior

9. Cuando el chofer enciende los plafones del tractor ____.
   A. uno de los conectadores de atrás del tractor se desconecta de las "manitas"
   B. las "manitas" se desconectan de los conectadores de la parte de atrás del tractor
   C. se encienden los plafones del remolque
   D. se apagan los plafones del remolque

10. La manita en la línea de aire de servicio que se encuentra al frente del remolque es del color azul.
   A. Verdadero.
   B. Falso.

CAPITULO 13

EQUIPO ESPECIALIZADO

Un Remolque para Cada Tipo de Carga

Los remolques son muy semejantes en muchas maneras. **Todos tienen ejes, ruedas, piso y alguna forma de unirse al tractor**. Por otro lado, dado que cada clase de remolque está **diseñado para transportar un tipo de carga en particular**, también son diferentes en muchos aspectos importantes.

Hay de dos tipos "semi-remolques" y "remolques enteros". Note la diferencia entre los dos. Cuando un semi-remolque está acoplado al tractor, parte de su peso descansa sobre éste. No sucede lo mismo con un remolque completo. Ninguna parte del remolque completo descansa sobre el tractor. La gente algunas veces se refiere a ellos simplemente como "remolques". Sea consciente de la diferencia oficial entre los dos, pero para nuestro propósito en este capítulo, los llamaremos remolques a todos.

El límite federal de altura para los remolques es de 13 pies, 6 pulgadas medida desde el punto que resulte más alto, ya sea en el tractor o en el remolque, y hasta el suelo o la superficie del camino. Algunos estados del oeste permiten alturas de hasta 14 pies. Sin embargo, hay alturas restringidas en algunas de las ciudades más viejas como Nueva York, Chicago y Boston, así que no todo remolque puede ir a donde sea en el país.

Ahora veremos con más detalle muchos diseños diferentes de remolque. Dado que Usted no siempre sabe qué clase de carga va a transportar, es importante familiarizarse con todo tipo de remolques, y entender porqué están construídos como lo están.

Cajas Tipo "Van"

La mayoría de los remolques que ve por las carreteras son cajas tipo "van". Estas cajas simplemente son **contenedores cerrados con ruedas**. Varían de acuerdo a la clase de carga que transportan. Hay una caja para casi cualquier tipo de carga que se pueda imaginar.

LA CAJA TIPO "VAN" PARA CARGA SECA

Uno de los tipos más comunes de cajas es la caja para carga seca. Esta es la que realmente es **una simple caja encerrada** sobre ruedas. Las cajas para carga seca transportan artículos para el hogar, ropa, muebles, papas fritas y muchas otras cosas. Sea lo que sea, que se transporte en una de estas cajas, no deberá ser nada que requiera mantenerse en un determinado intervalo de temperaturas.

LA CAJA CON AISLAMIENTO

Sin embargo, cuando las papas producidas en Dakota del Norte necesitan alguna protección contra el clima frío durante su transporte, se utiliza una caja con aislamiento. Una caja con aislamiento simplemente es una caja para carga seca que tiene paredes y techo rellenos con material aislante. El aislamiento **ayuda a mantener un cierta gama de temperatura sin más refrigeración**.

LA CAJA REFRIGERADA

Con frecuencia a las cajas refrigeradas se les llama (en EEUU) "reefer" (el equivalente a "refri"). Una "reefer" tiene una unidad de refrigeración y mucho aislamiento para **mantener temperaturas precisas**. Se utiliza para transportar alimentos y otros productos perecederos. Los productos congelados sólo se transportan en cajas refrigeradas.

La **unidad de refrigeración** está integrada al remolque mismo. Siendo una unidad aparte, **requiere mantenimiento aparte**. El chofer de una caja refrigerada debe vigilar con mucha atención los controles de la unidad de refrigeración y el termostato durante el viaje.

Esta unidad también tiene su propio tanque de combustible que hay que llenar y su propio motor que debe ser inspeccionado cada tanto tiempo.

Las cajas refrigeradas generalmente tienen piso de aluminio corrugado o acanalado. El corrugado del piso permite al aire refrigerado circular alrededor de la carga. De otra manera, la carga no se mantendría a la temperatura deseada, que naturalmente es el propósito de la refrigeración.

Ilustración 13-1
Una selección de los diseños más comunes de remolques.

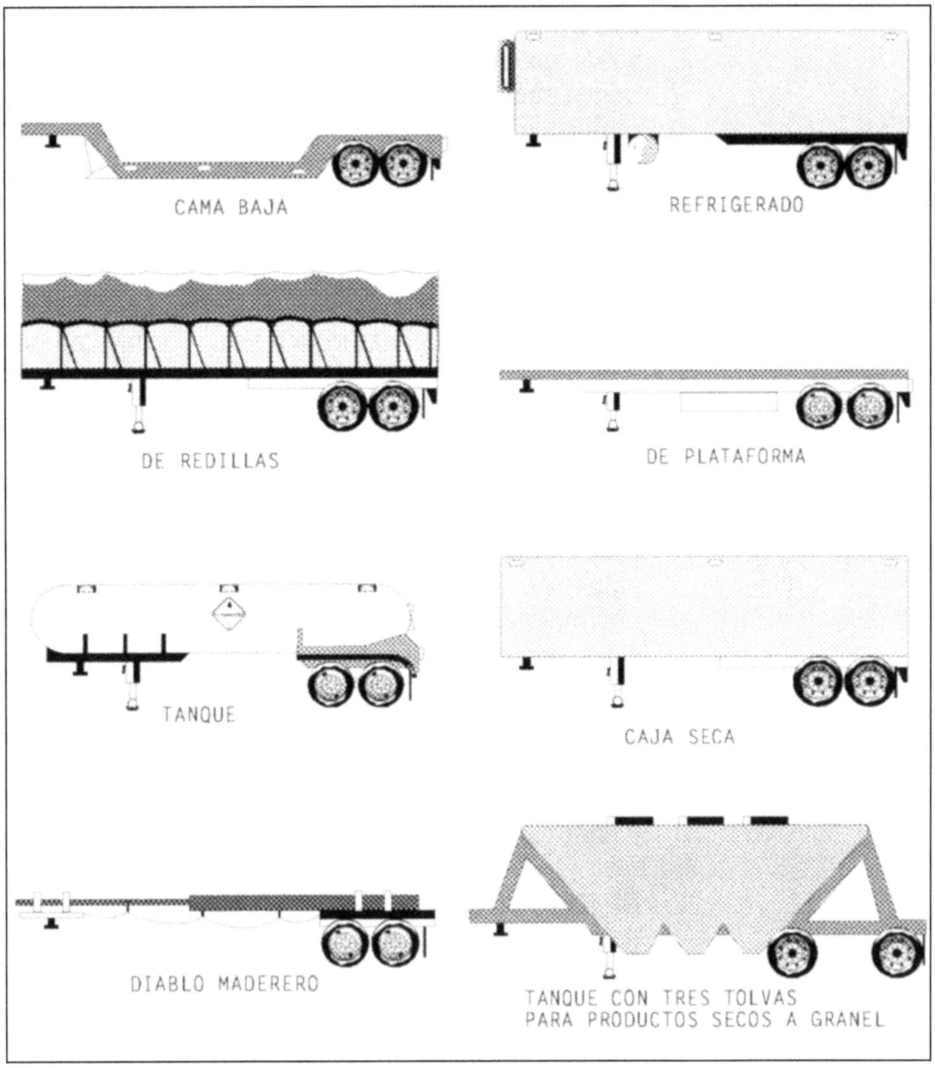

Debido a su importancia, en el próximo capítulo veremos con detalle la caja refrigerada.

El Remolque de Plataforma

Después de las cajas, las plataformas son, **por su número, la siguiente clase en importancia de remolques** que se encuentran en circulación en la actualidad. Las plataformas se usan para **transportar mercancía y artículos muy pesados** como equipo de construcción, madera y tubería, **que no necesita o que no puede cargarse fácilmente en cajas tipo "van"**.

Algunas veces a las plataformas se les llaman (en EEUU) "camas planas" (flatbeds). Como quiera Usted llamarlas, son muy versátiles y muy populares. Su sencillez las hace muy útiles para muchos tipos de carga.

El remolque estándar de plataforma es un piso largo y nivelo montado sobre un chasís. Hay muchas variaciones en una plataforma. Algunas tienen redilas movibles que se fijan a estacas que tiene instaladas. Las redilas generalmente son hojas de madera contrachapada 4 x 8 pies. Cuando no están en uso, se guardan en el frente o por debajo del remolque. Para darles fuerza a las redilas, se fijan arcos de apoyo en la parte de arriba de cada redila. Cuando se usa una lona para cubrir la carga, estos arcos la mantienen en su lugar.

El chasís de una plataforma a veces varía. También puede ser modificado con cierto equipo con el fin de hacerla más práctica para transportar artículos especiales. Hay un remolque de plataforma extensible para alargarla y poder acomodar cargas extra largas.

Para cargar o descargar una plataforma se utiliza un montacargas o una grúa. La carga se fija usando algún tipo de ataduras, ya sea con sogas, cinchos o cadenas. Se pueden utilizar otros dispositivos de sujeción para la carga dependiendo de ésta. La parte alta de la carga con frecuencia se cubre con una lona para darle más seguridad y para protegerla del clima.

El piso del remolque de plataforma generalmente está hecho de madera como en el caso de la caja para carga seca. Sin embargo, está hecho para soportar cargas mucho más pesadas concentradas en un área más pequeña, y por lo tanto es un piso mucho más fuerte que el de la caja para carga seca.

EL REMOLQUE CON UNA CAIDA EN EL CHASIS O CAMA BAJA

El cama baja o con una caída al frente del chasis, es simplemente **un remolque de plataforma con ruedas de menor diámetro o guardafangos especiales para lograr una menor altura de piso.** Puede tener una sóla caída de piso o doble caída de piso. El de dos caídas tiene un caída al frente y la otra en la parte de atrás del chasis. Además de hacer posible el transportar carga más alta, la cama baja tiene un centro de gravedad más bajo que los remolques estándar. Esto le da estabilidad adicional para las cargas más pesadas y más altas. La cama baja se considera el equipo pesado dentro de los remolques. Se utiliza para transportar equipo extremadamente pesado como grúas, tractores de oruga con cuchilla y toda clase de maquinaria.

Algunas camas bajas tienen rampas integradas que se pueden desdoblar hacia el piso para cargar y descargar. La rampa se asegura en su lugar cuando no está en uso. Otras camas bajas usan el diseño que se conoce como "cola de castor" que es una sección de la parte de atrás del remolque que se dobla hacia suelo para servir como rampa. También se le pueden integrar al remolque rampas hidráulicas.

Las ensanchables o con aletas

Las "aletas" son como las extensiones que se le ponen a su mesa del comedor cuando tiene visitas. Se usan en las camas bajas y en otros tipos de

Ilustración 13-2
Hay muchos tipos de remolques de cama baja, cada uno tiene una función especial.

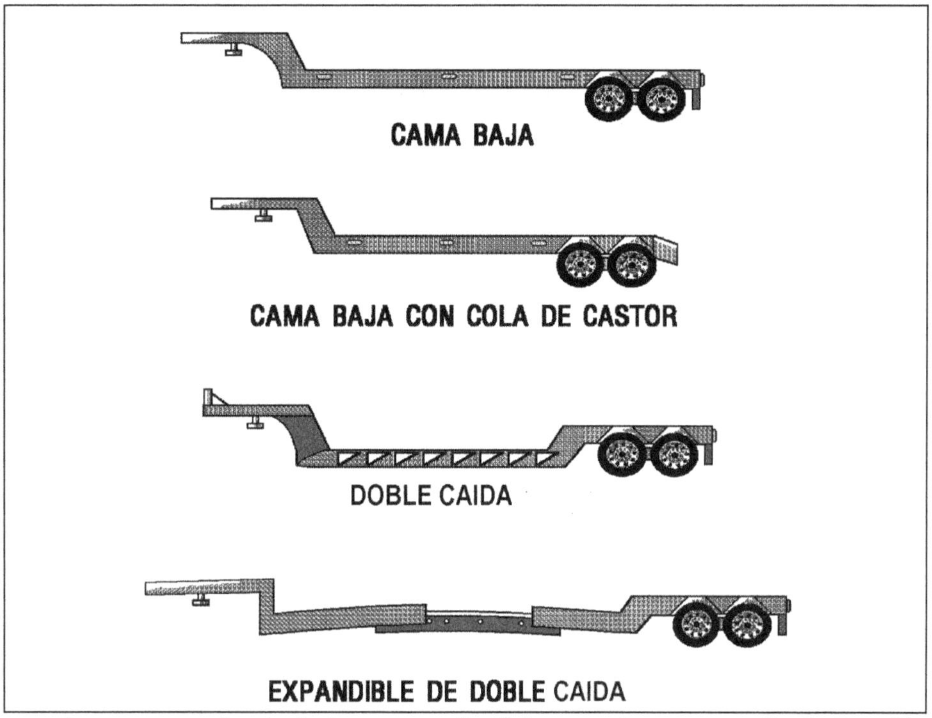

remolques con chasís bajo para **añadirles anchura a cada lado**. Sin embargo, esta anchura que se les añade hará que su vehículo sobrepase los límites legales a este respecto y necesitará un permiso especial para circular.

La de doble caída

Un remolque de dos caídas se usa para transportar carga muy alta o equipo muy pesado. El piso de el de dos caídas es aún más bajo que el de una caída. De hecho, su piso es más bajo que la parte de arribe de las llantas de atrás. Debido a que está tan cercana al suelo, generalmente no tiene patines. Cuando se desengancha el tractor, el remolque descansa ya sea sobre ladrillos o en el suelo.

Un tipo de remolque de cama baja a dos niveles es extensible y se puede alargar si es necesario.

Algunas veces a este tipo de remolques se les llama "cuello de ganso". Hay un tipo, el de **cuello de ganso desenganchable**, que se le separa el cuello de ganso del frente del piso. Para cargar o descargar, se desengancha el cuello de ganso y se mueven tanto éste como el tractor para que no estorben. De esta manera la maquinaria se carga por el frente del remolque. Cuando el remolque está cargado y listo para salir, el tractor y el cuello de ganso se regresan a su posición. El cuello de ganso se engancha y la unidad está lista para rodar.

Otro tipo de cuellos de ganso, el de **cuello de ganso desdoblable**, se desdobla hacia abajo y forma una rampa por la parte de enfrente del remolque. Hace las labores de carga y descarga aún más fáciles que el de cuello de ganso desenganchable.

La parte que se desdobla en el **cuello de ganso plegable puede ser mecánica o hidráulica**. La que sea, el cuello de ganso se dobla hacia arriba y se asegura en su lugar una vez que se ha cargado el equipo. En cuanto el tractor se retrocede para deslizarlo por debajo del remolque y se engancha, ya queda listo para coger camino.

Desventajas del Remolque de Chasis Bajo

Con cualesquiera de los dos, el de una caída o de dos caídas, **las labores de carga y descarga pueden dar un poco de problema**. Si tiene algo que cargar, no puede simplemente retroceder al andén y mover un montacargas de la parte de atrás a la parte de adelante. Manejar equipo que suba y que baje de estos remolques puede ser difícil. Nunca trate de cargar equipo hasta que haya sido entrenado en los procedimientos de carga y sepa cómo manejar el equipo.

Otra desventaja del remolque de chasís bajo, es la **altura libre tan pequeña entre el suelo y la parte de abajo del remolque**. Por ejemplo, el chasís o los travesaños pueden pegar con las vías del ferrocarril o con cualquier cosa lo suficientemente alta que se les atraviese en el camino. Con la experiencia aprenderá a normar su criterio para saber si puede librar un obstáculo o no. Lo mejor que puede hacer es evitar cruceros de ferrocarril de los que no está muy seguro. Algunas veces, tendrá que estacionar su equipo, bajarse, "echar un vistazo" y ver si libra, simplemente para estar seguro.

PRUEBA DE LA HABILIDAD PARA OBSERVAR

En la ilustración con la que se inició este capítulo, Usted vio dos tipos diferentes de camas bajas. ¿Las puede describir? Diríjase a la gráfica de la Prueba de la Habilidad para Observar al final del libro para que revise sus respuestas.

Tanques

Otro de los tipos principales de remolques es el tanque. Dependiendo del diseño, los tanques se usan para **transportar líquidos o para carga a granel**. Tome nota de que cuando las leyes de la Licencia para Conducir Vehículos Comerciales (CDL) se refieren a los tanques, se están refiriendo sólo a los que transportan líquidos y materiales gaseos. Para transportar cargas líquidas con un remolque de tanque, necesitará un Endoso para Tanques en su CDL.

Entre los productos líquidos que se transportan en tanques se encuentran productos derivados del petróleo, ácidos, productos químicos y gas licuado. También transportan muchos productos comestibles como la leche, aceite para cocinar y hasta agua.

Los tanques para transportar carga seca a granel (en inglés algunas veces se les llama "bulkers") se utilizan para cargar granos, azúcar y otras sustancias en polvo. También se usan para plásticos, hojuelas de madera, alimento para animales y productos químicos secos.

Generalmente los tanques se llenan a través de una abertura que tienen en la parte superior del remolque. Se descargan a través del fondo por gravedad o por presión de aire. Los gases licuados se descargan ya sea, por "bombeo" o por "presión" de la gravedad, dependiendo de la carga y de la situación particular.

Veremos para transportar qué tipo de carga fueron diseñados cada uno de estos tanques, y también los tanques especiales utilizados para transportar materiales peligrosos.

EL REMOLQUE CON TANQUE PARA LÍQUIDOS

Los tanques para líquidos se encuentran disponibles en las **formas elíptica y cilíndrica**. Los elípticos tiene forma ovalada en cada extremo y tienen el centro de gravedad más bajo, mientras que los cilíndricos son redondos y se les considera los más fuertes y más versátiles. Hay también variaciones a estas formas dado que los líquidos que transportan requieren de maneras diferentes de drenado y de distribución de peso.

Un tanque para transporte de líquidos puede transportar alimentos, ácidos, productos derivados del petróleo o materiales de desecho. Puede estar hecho de acero al carbón, de acero inoxidable o de aluminio. El interior del tanque a veces está revestido con una sustancia que le permite aguantar la dureza o lo corrosivo de los productos químicos que transportará. Puede tener aislamiento para el control de la temperatura. También hay calentadores disponibles.

Hay tanques lisos por dentro, tanques para líquidos con compartimentos, tanques con deflectores y tanques para líquidos con compartimentos presurizados.

EL TANQUE LISO POR DENTRO

Como lo establece el nombre, el **interior** de este tanque **es liso y redondo**. A veces en inglés se refieren a este tanque como de "interior limpio" (clean bore). Puede ser de forma elíptica o cilíndrica. Puede estar hecho de acero al carbón, acero inoxidable o aluminio. De lo que esté hecho, el tanque está **diseñado para que pueda ser limpiado fácilmente**. Esto hace posible transportar una carga de agua mineral a Nueva Orleans, mandar lavar su tanque y cargarlo con melaza para transportarla de regreso a Santa Fe.

Otra gran ventaja del tanque liso por dentro es que como no hay nada dentro que obstruya el flujo, **se descarga muy fácilmente**.

Cuando es importante mantener la carga caliente durante el viaje, se le pone aislamiento a este tipo de tanques. O a veces se utilizan calentadores para mantener caliente la sustancia por el tiempo que dure el transporte. Un tanque de acero con aislamiento puede transportar materiales tan calientes que su temperatura sea de 500 grados F. o tan fríos que estén a -350 grados F.

El tanque liso por dentro está diseñado para transportar un solo producto a la vez. Dado que es como un tubo largo sin esquinas acentuadas, se limpia fácilmente. Los vehículos que transportan leche, que por ley deben mantenerse perfectamente limpios, sin mancha alguna y libre de gérmenes, casi siempre son tanques lisos por dentro.

Muchos productos químicos deben transportarse en tanques para líquidos que tengan un revestimiento o recubrimiento, mientras que para otros productos con que los tanques estén hechos con lámina extra gruesa está bien. Sin embargo, recuerde siempre que los tanques con recubrimiento no tienen deflectores. Esto quiere decir que debe ser consciente del **factor de vaivén**. Cuando transporta 6,000 galones de **carga líquida, cada vez que frena, cambia de velocidades o da la vuelta en una esquina, la carga va a hacer olas y a chapotear**. La fuerza de tanto líquido puede ser suficiente como para empujar su equipo en direcciones inesperadas, y esto puede ser peligroso. A esta fuerza se le llama **factor de vaivén**. Hay anécdotas de choferes de vehículos con tanque cuyos equipos han sido físicamente empujados por este factor de vaivén, hacia cruceros de calles donde intentaban parar.

Una carga incompleta de líquido crea peores condiciones para el factor de vaivén. Cuando el tanque está el 80 porciento lleno, el factor de vaivén está lo más peor posible. El vehículo tiene menos tracción que tendría con una carga completa. La carga de líquido es suficiente pesado para que el peso sea significante, y el espacio vacío permite que la carga surja. El tanque está seguro con una carga el 90 porciento completa. Hay más líquido y más peso, pero meno espacio vacío para movimiento. Con una carga el 40 porciento completa, no se pesa suficiente para crear un peligro del factor de vaivén.

EL TANQUE CON COMPARTIMENTOS

Algunas veces los tanques lisos por dentro están divididos en **compartimentos**. **Esto permite que se pueda transportar más de un tipo de producto al mismo tiempo**. Por ejemplo, un tanque con compartimentos le puede permitir transportar diesel y gasolina en un solo viaje.

EL TANQUE CON DEFLECTORES

El instalar **deflectores** en un tanque, ayuda a **reducir el vaivén del líquido**. Los deflectores son tabiques que simplemente **dividen el tanque en áreas menores, interconectadas**. Esto controla el vaivén del líquido hacia adelante y hacia atrás. Sin embargo, el vaivén de lado a lado sigue siendo posible. Dé las vueltas y tome las curvas con precaución.

En la parte superior del deflector hay un agujero que permite la circulación del aire a través de todo el remolque. El agujero que tienen los deflectores en la parte inferior permite que el líquido fluya cuando se descarga el tanque. El hoyo de enmedio es lo suficientemente grande como para permitir el paso de una persona hacia el interior para poder limpiarlo. Un tanque puede tener varios deflectores, lo que crea esquinas y uniones que deben mantenerse lo suficientemente limpias para los productos que se transportan.

Cuando cargue un tanque con deflectores o con compartimentos, **ponga mucha atención en la distribución del peso**. Tenga mucho cuidado en no poner demasiado peso ni en el compartimento de la parte de enfrente ni en el de la parte de atrás.

Ilustración 13-3
Los deflectores en el remolque de la izquierda, controlan el movimiento de la carga líquida. Los compartimentos del remolque de la derecha separan completamente diferentes tipos de líquidos.

EL TANQUE PARA CARGA SECA A GRANEL (TANQUE TOLVA)

Los materiales granulados o polvos como el cemento y el plástico en bolitas **se transportan en tanques para carga seca a granel (tanque tolva)**. El tanque tolva puede tener de uno a tres compartimentos en forma de cono. En el fondo de cada compartimento hay una tolva a través de la cual fluye el producto para ser descargado. Este es el método de descarga por gravedad. Los compartimentos de este tipo de tanque están abiertos por arriba. Algunos tanques tolva están presurizados para forzar al producto a salir durante la descarga. En estos tanques, la parte superior está cerrada. Para descargar, el producto se bombea con aire a través de tubería.

Los tanques tolva tienen un centro de gravedad más alto. Tenga mucho cuidado en las curvas y evite dar vueltas muy cerradas.

EL TANQUE A PRESIÓN

Los tanques a presión se fabrican para transportar productos presurizados. La presión **mantiene a los gases como el oxígeno, hidrógeno y butano en su forma líquida**.

Cada producto tiene sus propios requerimientos, así que hay muchos tipos diferentes de tanques a presión. Hay algunas sustancias, entre ellas el combustible para misiles y los desperdicios nucleares, que sólo se transportan en tanques especiales que se construyeron con ese único propósito.

MATERIALES PELIGROSOS LÍQUIDOS

Los materiales peligrosos se deben transportar en tanques que cumplen con ciertas especificaciones establecidas por el Departamento del Transporte. El tanque se inspeccionará periódicamente para verificar que cumple con los estándares establecidos para el material que lleva.

Para poder transportar materiales peligrosos, debe tener un Endoso Especial para Materiales Peligrosos en su Licencia para Conducir Vehículos Comerciales (CDL). Y es muy probable que su patrón le dé más entrenamiento. El entrenamiento enfatizará sobre el manejo y procedimientos de embarque apropiados para asegurar la propia salud de Usted y su seguridad, y la salud y seguridad de todas las personas que lo rodean. Le enseñarán cómo manejar emergencias. Estas emergencias incluyen no sólo los accidentes con su equipo, sino también las fugas y derrames de material peligroso. El capítulo 30 sobre materiales peligrosos, verá con mucho más detalle este importante tema.

Remolques Especiales

Como puede ver, el diseño de remolques varía sin fin aún entre los remolques más típicos. Veamos rápidamente algunos de los remolques "especiales" más comunes y para qué se usan.

EL TRANSPORTE DE AUTOMÓVILES

Uno de los remolques especiales es el que se utiliza para transportar automóviles. Este remolque siempre es muy llamativo en la carretera con su carga de coches nuevecitos. El diseño para transporte de automóviles **tiene una estructura de dos o tres niveles con rampas hidráulicas para la carga y la descarga**. Generalmente este tipo de remolques son diseñados por las mismas compañías fabricantes de coches y siempre están cambiando el diseño para que se acomode a los estilos cambiantes de los automóviles.

EL CONTENEDOR

Se llama embarque por contenedor a la situación en la que muchos **artículos pequeños se empacan en un contenedor grande y luego se embarca este contenedor**. Algunas de las personas que tienen que mandar productos, han encontrado que el embarque por contenedor es más fácil y que los productos van más seguros. Cuando se usan contenedores también se dice que se usa flete por contenedor, o contenedores mar/tierra o flete transoceánico en contenedores para carga seca. Absolutamente todo el cuerpo de la caja se puede utilizar para carga, luego se jala con un tractor al muelle de carga en donde el contenedor mismo se separa del remolque y se carga al barco en el que hará su viaje transoceánico. Así que a pesar del hecho de que la carga va de un almacén al vehículo, del vehículo al muelle y luego a otro muelle y a otro vehículo de carga y finalmente a su destino, el contenedor se llena y se vacía una sola vez.

Un contenedor es el cuerpo de una caja de remolque tipo "van", sin chasís. El remolque es un chasís sin la caja. El chasís del remolque tiene forma de I. En los extremos del remolque hay dos travesaños que sostienen a los extremos del contenedor. Los contenedores se levantan para ponerlos sobre el chasís con una grúa o con un montacargas y luego son asegurados en su lugar con pasadores grandes en cada esquina.

EL REMOLQUE DE VOLTEO

Hay muchas probabilidades de que cuando era Usted un niño haya tenido un remolque de volteo de juguete y ya esté familiarizado con su funcionamiento. En la vida real, los remolques de volteo son de 20 a 40 pies de largo. **Se usan para operaciones con arena o grava, y para transportar piedra.** El tractor que jala un remolque de volteo debe tener una toma de fuerza (siglas en inglés PTO) y equipo hidráulico para levantar la plataforma de volteo.

LA CAJA MUEBLERA (O DE "ALMACEN")

La caja mueblera es la elección más popular en la industria de la mudanza. Esta caja **tiene una bajada de nivel inmediatamente atrás del plato de giro** lo que le da mucho más espacio. El diseño con esta bajada de nivel también **hace más fácil la carga y la descarga**.

LA CAJA PARA EQUIPO ELECTRONICO

Esta caja se parece mucho a la mueblera, pero la caída de nivel no es tan profunda. Fue especialmente diseñada **para transportar equipo electrónico delicado** y generalmente **viene** equipada con **suspensión de aire**.

EL REMOLQUE PARA GANADO EN PIE

Los remolques para ganado en pie son fáciles de reconocer con su carga de animales vivos acomodados en dos o tres niveles. Estos remolques son como las cajas excepto que **tienen los lados ranurados o con ventilas para dejar entrar el aire** y que les dan cierto apoyo a los animales durante el viaje.

Los remolques para ganado en pie son tan difíciles de jalar tanto estando cargados como descargados. Cuando están vacíos, los lados ranurados o ventilas de este tipo de remolques, atrapan aire, lo que tiene el efecto contrario a los dispositivos aerodinámicos. Además, el ganado vivo se puede mover por el remolque si no están confinados de alguna manera. Sus movimientos pueden cambiar el centro de gravedad y hacer más posible una volcadura.

LA CAJA CON PERFIL DE CUÑA

La caja con perfil de cuña utiliza cada pulgada disponible del valioso espacio para la carga. Recordará que al principio de este capítulo dijimos que la altura máxima para semi-remolques es de $13^1/_2$ pies. Esto representa la medida desde el suelo hasta la parte más alta de la carga cuando el remolque está acoplado. Debido a la altura de la quinta rueda, la nariz del remolque generalmente queda un poco más alta que la parte trasera del mismo. El perfil o configuración de cuña añade una extensión gradual a la altura de la parte de atrás de las cajas. El área de carga adicionada por **el perfil de cuña incrementa la capacidad cúbica en este tipo de cajas**.

Ilustración 13-4
El remolque de caja con perfil de cuña le da unas pulgadas más de espacio para carga en la parte de atrás sin exceder los límites de altura.

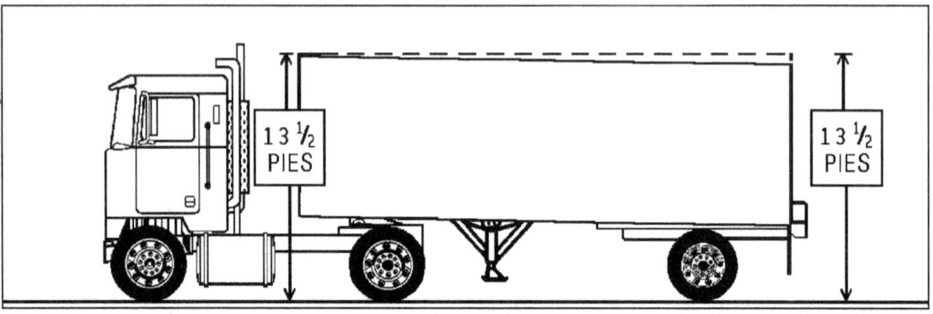

EL REMOLQUE PARA POSTES O DIABLO MADERERO

Este es el remolque más sencillo que se pueda imaginar. Está construido especialmente **para transportar postes telefónicos o piezas largas de tubería**. El frente de este remolque no es más que una rejilla (llamada en EEUU tarima o banco) (bunk) que sostiene la carga y el plato de giro. En la parte de atrás está el equipo rodante y las ruedas que tienen montada otra rejilla. Estas dos piezas están unidas por un poste. Con frecuencia este poste es telescópico. Se puede alargar o acortar para ajustarse a la longitud de la carga.

LA CAJA PARA CARNE EN CANAL

Este tipo de caja **viene equipada con refrigeración, aislamiento y tiene correderas especiales** de donde se cuelgan piezas grandes de carne fresca que se transporta al mercado. En un tiempo fue más popular de lo que es hoy. Sin embargo, aún es lo suficientemente común como para que los choferes nuevos se hagan conscientes de los retos especiales que presenta su manejo. Como en el caso del vaivén del líquido en un tanque, **la carne colgada que se balancea puede** moverse de tal manera que sea suficiente para **hacer que se pierda el control de la caja**. El chofer de una de estas cajas pronto aprende que, para poder controlar el vaivén de la carne y manejar con el alto centro de gravedad que tienen, debe evitar las frenadas súbitas y las vueltas rápidas y cerradas.

Los Dobles y Triples

Cuando un tractor jala **dos y hasta tres remolques al mismo tiempo**, al equipo se le llama dobles o triples. O aún se le puede llamar (en los EEUU) "juego de uniones" (set of joints). Las combinaciones de remolques dobles y triples están constituidas de un semi-remolque (parte de su peso descansa sobre el tractor) y uno o dos remolques enteros. El "dolly" se usa para convertir un semi-remolque en un remolque entero. El dolly, es un mecanismo o montaje, con una quinta rueda, de menos un eje, una punta de lanza (barra para jalar el dolly) y cadenas de seguridad.

Jalar dobles o triples presenta algunos desafíos de manejo. Estos se tratan de forma completa en el capítulo 21. Si puede salir con éxito de estos desafíos, puede aprobar los exámenes que tiene que presentar para el Endoso de Dobles/Triples de su Licencia para Conducir Vehículos Comerciales (CDL). Sin este endoso, sólo tiene licencia para jalar un solo remolque.

Ilustración 13-5
Al "dolly" algunas veces se le llama equipo convertidor.

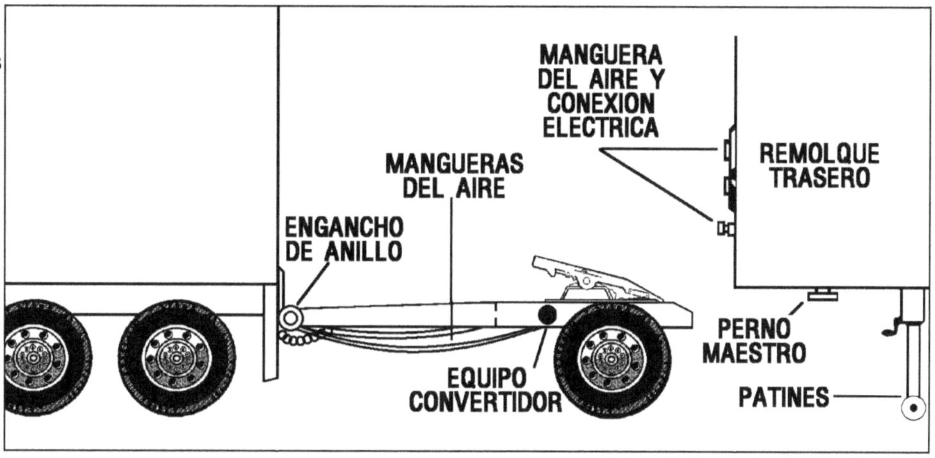

Examen Sobre el Capítulo 13

Para las preguntas de la 1 a la 5, refiérase a la ilustración de abajo. Note que cada uno de los remolques ilustrados tiene una letra. Ponga la letra del remolque, en el renglón junto al nombre que describe a dicho remolque.

1. refrigerado ___
2. tanque liso por dentro ___
3. remolque de doble caída ___
4. caja para carga seca ___
5. tanque para carga seca a granel

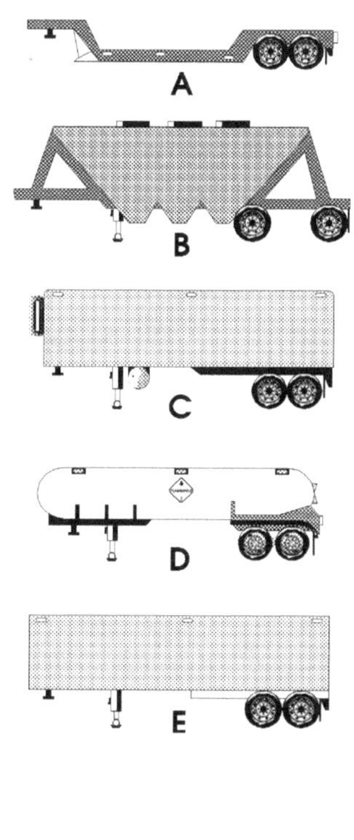

Para las preguntas de la 6 a la 10, haga corresponder la carga de la columna B con el remolque de la columna A, que con mayor probabilidad transportaría esa carga.

Columna A Tipos de Remolque	Columna B Tipos de Carga
6. cama baja _____	A. un rebaño de vacas Holstein
7. refrigerado _____	B. galones de diesel y gasolina
8. tanque con compartimentos _____	C. cajas de sudaderas con sus pantalones
9. remolque para ganado en pie _____	D. un tractor de oruga con cuchilla
10. caja para carga seca _____	E. cajas de helado

CAPITULO 14

LOS REMOLQUES REFRIGERADOS

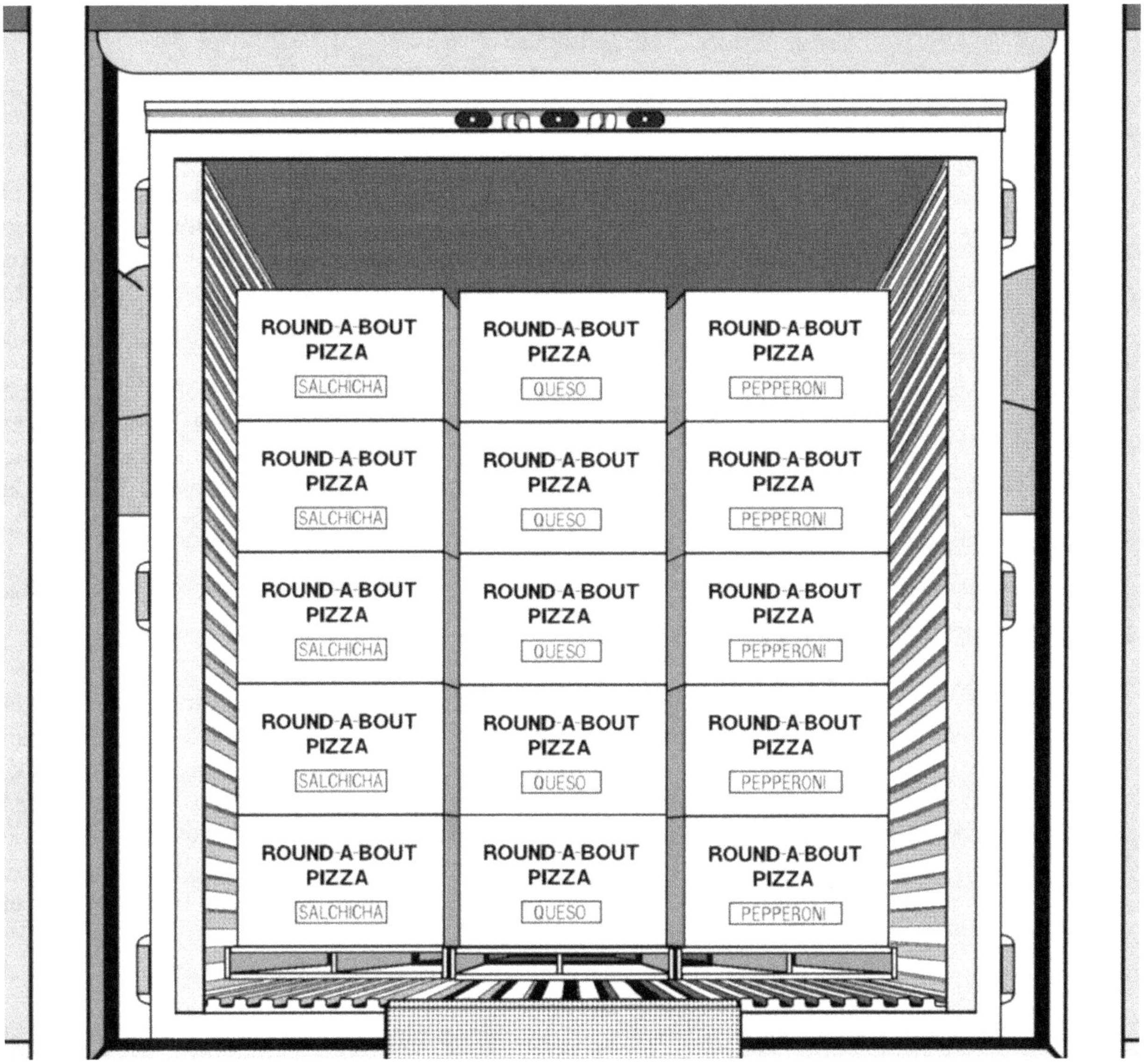

¿Qué Es una Caja Refrigerada?

Uno de los tipos de cajas para transportar mercancías es el remolque refrigerado. En Estados Unidos muchas veces se refieren a estos remolques como "reefers" (el equivalente en español a "refri").

Las cajas refrigeradas son simplemente eso. El remolque tiene aislamiento en las paredes, el piso y el techo. Tiene una unidad de refrigeración montada. Esta unidad **mantiene una temperatura constante en el inte-**

rior del remolque. Esta temperatura se puede variar **de acuerdo a las necesidades de la carga que se transporta**.

Cargas Típicas de las Cajas Refrigeradas

La caja refrigerada está diseñada para transportar cargas **perecederas o congeladas**. También sirve para **evitar que se congelen ciertas cargas**.

Un ejemplo de carga perecedera son los productos del campo frescos. Otro ejemplo es la leche. La leche se debe mantener a la temperatura adecuada.

Los productos congelados se transportan en cajas refrigeradas. Se pone el termostato a la temperatura deseada y la unidad mantendrá la carga a la temperatura de congelación adecuada. Ejemplos de productos congelados son las pizas congeladas, el helado y los platillos pre-cocinados para comerse viendo televisión.

El tercer tipo de carga para las cajas refrigeradas son aquellas que se debe evitar que se congelen. Algunas unidades de refrigeración pueden calentar el aire del interior del remolque así como enfriarlo. Más adelante en este capítulo, le daremos un ejemplo de cuándo puede necesitar calentar la carga así como enfriarla.

Construcción del Remolque

La construcción básica de una caja refrigerada es muy **similar a la de la caja para carga seca**. Los bastidores de las paredes se hacen con barrotes. La pared exterior está hecha con algún tipo de hojas de metal. Las paredes interiores son de hojas de plástico o de madera contrachapada. Esto es muy parecido a las cajas para carga seca.

Las **diferencias** se encuentran principalmente en **el aislamiento y en el piso**.

EL AISLAMIENTO

Para ayudar a mantener una temperatura constante en el interior del remolque, las paredes, el piso y el techo deben estar aislados. El aislamiento en una caja refrigerada es de muy buena calidad. El **piso, las paredes y el techo se aíslan** lo más posible.

EL PISO

El piso en un remolque refrigerado es de **aluminio corrugado**. Es **fácil de limpiar** y lavar. Esto es importante porque muchas veces, una caja refrigerada llevará alimentos. Ambas cosas, el tipo de metal que se usa y el corrugado juegan un papel importante en mantener la carga a la temperatura adecuada.

Ilustración 14-1
El piso corrugado de aluminio en un remolque refrigerado.

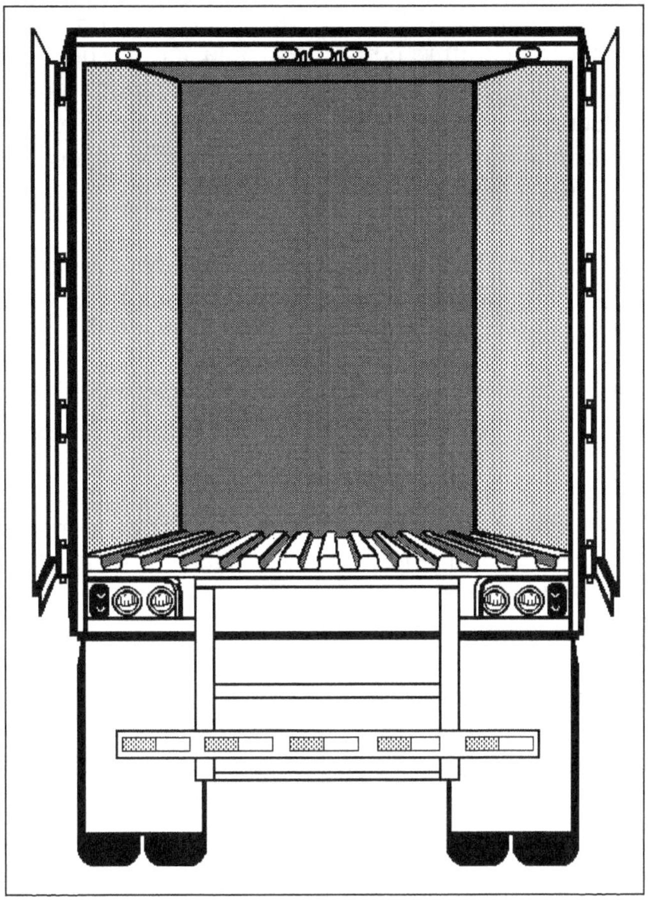

El piso de una caja refrigerada necesita limpieza constante, a veces tan frecuente como cada vez que se descargue. El aluminio es fácil de limpiar. Una manguera con buena presión limpiará el piso en forma rápida y fácilmente. Barrer el piso de aluminio corrugado no es más difícil que barrer un piso de madera contrachapada. Simplemente se tiene que asegurar de que su escoba tenga fibras largas con el fin de poder llegarle a los canales del corrugado.

Algunos productos del campo se empacan en hielo para mantenerlos frescos por más tiempo. Conforme se descongela el hielo gotea sobre el piso. Un piso de madera contrachapada no durará mucho se se moja con mucha frecuencia. Las cargas congeladas también pueden dejar bastante humedad sobre el piso. El piso de aluminio se puede mojar con cada carga sin que se eche a perder.

Los canales del corrugado en el piso ayudan a proteger a la carga y a las tarimas, del mismo daño que esta agua ocasiona. El agua se concentra en el fondo de los canales del corrugado y fluye hacia la parte de atrás del remolque. Justo dentro del marco de la puerta hay varios orificios pequeños en el piso. El agua fluye a través de estos orificios hacia afuera y luego al suelo. Esto evita que el agua se acumule en los canales del corrugado. Al mismo tiempo, los **canales del corrugado mantienen la carga y las tarimas por encima del agua**.

Además de proteger la carga del agua, el corrugado tiene otro propósito importante. Es muy importante que circule el aire alrededor de la carga. Esto no sólo significa que circule por encima y por los lados de la misma. El aire debe poder circular por debajo de la carga. El **piso corrugado permite que el aire circule por debajo de la carga**.

Las cargas que se transportan en este tipo de remolques deben mantenerse a una temperatura constante. Cada carga tendrá una temperatura requerida para el viaje. La mejor manera de mantener toda la carga a la temperatura adecuada es que el aire pueda circular por todos lados de la misma. De otra manera, la carga que está en el fondo no estará a dicha temperatura adecuada cuando llegue a su destino.

Utilizar procedimientos adecuados para cargar también ayuda a asegurar una temperatura pareja a través de toda la carga. Estos procedimientos se tratan en el capítulo 28.

PRUEBA DE LA HABILIDAD PARA OBSERVAR

¿Recuerda la ilustración de la caja refrigerada con la que se inició este capítulo? ¿Tenía piso y paredes lisas o corrugadas? Nombre las tres variedades de producto congelado que se transportaban. Revise sus respuestas con la gráfica de la Prueba de la Habilidad para Observar al final del libro.

LAS PUERTAS

Las cajas refrigeradas lo más probable es que tengan **puertas giratorias-traseras**. Este tipo de puertas dan el mejor sellado, lo que ayuda a mantener la temperatura en el interior. Puede ser que vea una puerta aún más pequeña en la puerta trasera. Es para ventilación. Entre carga y carga, puede viajar con esta puertita abierta lo que permite que salga el aire del interior. Algunas veces estos remolques también tienen una puerta lateral.

La Operación de la Unidad de Refrigeración

Un remolque refrigerado está equipado con una unidad de refrigeración. El término "reefer" que se usa con frecuencia (en los EEUU) para describir al remolque, también se usa cuando se está hablando de la unidad de refrigeración misma.

EL PROPOSITO DE LA UNIDAD DE REFRIGERACION

La unidad de refrigeración **enfría o calienta** el aire que se encuentra en el interior del remolque para mantener la carga a una temperatura constante. Hay una temperatura diferente que resulta la mejor para cada tipo de carga. La unidad de refrigeración está equipada con un termostato que iniciará el proceso de enfriado cuando la temperatura dentro del remolque se eleve demasiado. Luego deja de enfriar cuando se alcanza la temperatura adecuada.

Es importante recordar que el propósito de la unidad de refrigeración es **mantener una temperatura dada** en el interior de la caja. Estas unidades **no** están diseñadas para **enfriar al producto mismo** a una cierta temperatura. Antes de que cargue la mercancía, asegúrese de que ya está a la temperatura adecuada. Anote esta temperatura en sus papeles del embarque. Si asume Usted la responsabilidad de enfriar una carga "caliente", puede que se esté buscando problemas.

COMO OPERA LA UNIDAD

Veamos una unidad de refrigeración operando con una carga de productos del campo frescos. Usted va a recoger una carga de tomates frescos, lechugas y zanahorias en Pharr, Texas. La carga es para entregarse en Grand Forks, Dakota del Norte. Esto ocurre a la mitad del mes de enero y las temperaturas en Dakota del Norte son de 30 grados (F) bajo cero. La temperatura en Pharr es de 75 grados (F).

La lechuga se empaca con hielo para enfriarla rápidamente. Los tomates y las zanahorias también están empacadas en cajas. El remolque se carga con las cajas de producto sobre tarimas.

Cuando sale del andén de carga, la unidad de refrigeración estará encendida para mantener la carga fría y tan fresca como sea posible. Alrededor del producto circula aire fresco. A través de todo Texas y Oklahoma, la unidad de refrigeración enfría al remolque.

En Kansas la temperatura exterior es más o menos la misma temperatura que en el interior del remolque. La temperatura exterior es de alrededor de 40 grados F. Dado que esta temperatura es cercana a la temperatura que debe estar el interior del remolque, la unidad de refrigeración no trabajará mucho.

Llega a Sioux City, Iowa, donde la temperatura exterior es de 10 grados (F) bajo cero. No hay ningún riesgo de que la temperatura exterior vaya a causar que la temperatura interna del remolque se suba, y se ponga demasiado caliente para el producto. El riesgo es que la temperatura interna del remolque pueda descender por abajo del punto de congelación y eche a perder el producto. Aquí es cuando la unidad de refrigeración necesita calentar al remolque.

No calienta el aire a 70 grados F. Mantiene el aire a la temperatura adecuada. Dado que el aire afuera está mucho más frío, el aire de adentro necesita calentarse con el fin de mantener la temperatura adecuada.

Todo el camino hasta Grand Forks, la unidad estará calentando el aire para evitar que el producto se congele. Usted ha venido vigilando muy de cerca la temperatura del interior del remolque desde Texas.

Retrocede hacia el almacén para entregar el producto. La lechuga está tronadora y verde. No se congeló. Los tomates y las zanahorias se ven bien. Usted ha hecho una buena labor cuidando su carga. Se tomó el tiempo de vigilar la unidad de refrigeración y revisar la temperatura interna del remolque.

DESCRIPCION DE LA UNIDAD

La unidad de refrigeración misma está **montada en el remolque**. Generalmente se instala centrada en la parte superior de la pared de adelante del remolque. Una unidad de refrigeración está hecha de muchas partes. Vamos a discutir algunos de sus principales componentes.

MOTOR. La unidad de refrigeración funciona con un motor diesel. Este motor es totalmente aparte del motor del tractor. Tiene su propio tanque de combustible y **necesita del mantenimiento normal** tal como el motor del tractor.

COMPRESOR. El compresor es una parte importante del sistema de refrigeración. **Bombea refrigerante a los serpentines de la unidad de refrigeración**. Todo el sistema funciona en forma muy parecida al aire acondicionado o bomba de calefacción de su casa.

Ilustración 14-2
Generalmente la unidad de refrigeración se encuentra montada en la parte media superior del frente del remolque.

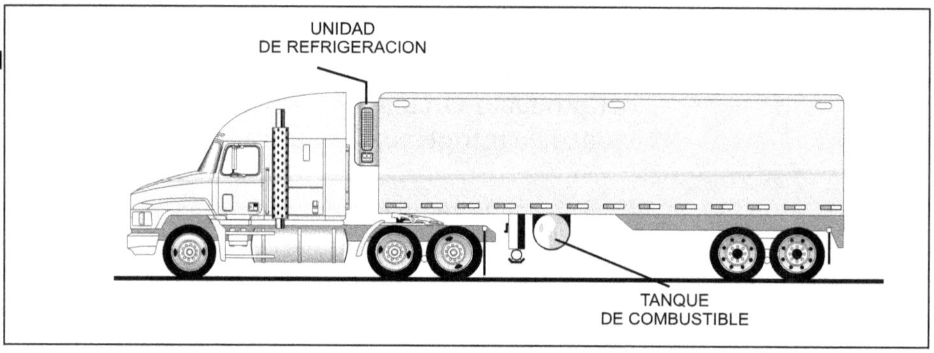

VENTILADOR. El ventilador **circula el aire enfriado o calentado por todo el remolque**. Cuando el motor está encendido, el ventilador funciona en forma continua.

TANQUE DE COMBUSTIBLE. La unidad de refrigeración es toda una unidad en sí y totalmente separada. Como tal, su motor diesel **tiene su propio tanque de combustible**. Generalmente está montado hacia el frente o por debajo del remolque.

La Vigilancia de la Operación de la Unidad

La unidad de refrigeración sabe cómo mantener la temperatura. Automáticamente enfriará o calentará el aire dentro del remolque para mantener la temperatura adecuada. Todo lo que Usted tiene que hacer es **revisar la temperatura periódicamente** y **asegurarse de que la unidad esté trabajando adecuadamente**. Esto lo puede hacer cada vez que inspeccione su vehículo, y cada vez que se detenga.

También puede hacerlo mientras va manejando. En la esquina del remolque está el indicador del ciclo. Puede verlo desde el asiento del chofer a través del espejo retrovisor lateral. Para diferentes ciclos se encienden diferentes luces. Una mirada a la imagen del indicador reflejada en el espejo le dirá en qué ciclo se encuentra la unidad.

También, puede oír el sonido del motor de la unidad que sobresale del ruido del vehículo. La velocidad baja sencillamente suena diferente de la alta. Con el tiempo, aprenderá a simplemente "oír" en qué ciclo se encuentra la unidad.

EL MANTENIMIENTO DE LA UNIDAD

Como ya lo dijimos, el motor de la unidad de refrigeración necesita de mantenimiento normal y de inspecciones periódicas, tal y como el resto del vehículo lo necesita. El Departamento del Transporte (DOT) no requiere que Usted inspeccione su unidad de refrigeración, pero su compañía puede tener políticas específicas al respecto. A continuación le damos una pequeña lista de lo que debe inspeccionarse.

- Busque cualquier daño físico.
- Revise las conexiones eléctricas y los alambres.
- Revise la tensión y las condiciones de la banda del ventilador.
- Busque fugas del refrigerante o de aceite.
- Revise el serpentín y límpielo si es necesario.
- Revise los pernos de montaje.
- Revise el nivel del aceite.
- Revise el nivel del refrigerante.
- Limpie los drenajes del descongelado.

Los Controles

Cada modelo de unidad de refrigeración **tiene controles un poco diferentes y procedimiento de arranque diferente**. Describiremos una unidad muy común. Sin embargo, antes de que arranque cualquier unidad de refrigeración, asegúrese de **leer el manual de operación** y de seguir las instrucciones de placa de esa unidad en particular.

En nuestra unidad de refrigeración típica, los controles se encuentran en la cara de la misma. Hay tres interruptores para arrancar la unidad. Hay un control de la temperatura o termostato. El interruptor e indicador del descongelado le permiten poner la unidad en ciclo de descongelado manualmente. Ya verá después porqué puede Ud. querer hacer esto. Los medidores en la parte de enfrente indican cómo está funcionando la unidad y si hay algo que ande mal. El indicador de ciclo que describimos con anterioridad, le muestra en qué ciclo se encuentra actualmente la unidad.

ARRANQUE Y APAGADO DE LA UNIDAD

Hay varios pasos fáciles de seguir, para arrancar el motor y la unidad de refrigeración. Empezando con el interruptor de la unidad de refrigeración en la posición de "APAGADO", para uno de los modelos de refrigeración, los pasos son los siguientes:

- presione y mantenga presionado el interruptor del pre-calentador hasta que se arranca
- ponga el interruptor de la unidad de refrigeración en la posición de "ENCENDIDO"
- suelte el interruptor del pre-calentador
- presione el interruptor de arranque para arrancar el motor
- ajuste el termostato a la temperatura adecuada.

Para apagar la unidad de refrigeración, simplemente ponga el interruptor de refrigeración en la posición de "APAGADO".

De nuevo, los pasos exactos pueden variar con la marca de la unidad de refrigeración. Revise el manual de operación para que vea los pasos exactos para encender el motor y la unidad.

EL TERMOSTATO

El propósito del termostato es **controlar la temperatura del aire en el interior del remolque**. Usted pone la temperatura del termostato que se requiere para la carga al inicio del viaje. Luego el termostato mete el ciclo de enfriado o calentamiento conforme lo demande la temperatura en el interior del remolque.

Algunas unidades de refrigeración registrarán en una carta calibrada, la temperatura que se mantuvo durante el viaje. Esto proporciona un registro permanente de la temperatura del aire dentro del remolque.

Regresemos al ejemplo donde tenía que entregar lechugas de Pharr, Texas, a Grand Forks. Digamos que cuando la entregó, la lechuga estaba obscurecida. Usted no se puede explicar porqué ya que siempre vigiló de cerca la temperatura. Usted mantuvo la temperatura sin variación respecto de la temperatura requerida. El registro permanente de la temperatura del aire en el interior del remolque mostrará a qué tipo de temperaturas estuvo expuesta la lechuga en su trayecto a Grand Forks.

Usted fue muy cuidadoso y revisó con frecuencia la temperatura. La carta de registro muestra que la temperatura se mantuvo constante durante todo el camino. Eso le dice al supervisor del almacén que probablemente la lechuga no estaba muy buena desde el principio. En este caso no fue su culpa. Sin embargo, la próxima vez, revisará con mucho más cuidado la condición del producto antes de cargarlo.

EL INTERRUPTOR PARA EL DESCONGELADO MANUAL

El **serpentín** de la unidad de refrigeración **se puede cubrir de hielo**. Esto evita que el aire pueda pasar por el serpentín del evaporador. Cuando esto sucede, **la unidad debe entrar en el ciclo de descongelación**. Generalmente esto sucederá automáticamente. Un interruptor para el aire, detecta que éste no está circulando por el serpentín del evaporador como debería. El interruptor para el aire se cierra y pone a la unidad en descongelación. Pero si hubiera un problema, o Usted **quisiera acelerar el proceso**, utilizaría este interruptor para **poner manualmente a la unidad en el ciclo de descongelado**.

Cuando la unidad está libre de hielo, se abre el termostato para descongelación en el serpentín. Esto regresa la unidad al ciclo de refrigeración.

INTERRUPTORES AUTOMATICOS DE PROTECCION

Hay interruptores automáticos **que apagarán la unidad si algo anda mal**.

INTERRUPTOR DE APAGADO AUTOMATICO POR ALTA TEMPERATURA. Este interruptor evita altas temperaturas cuando la unidad se encuentra en el ciclo de calentamiento. Si la temperatura se eleva demasiado, este interruptor apagará la unidad.

Ilustración 14-3
El tablero de controles de la unidad de refrigeración.

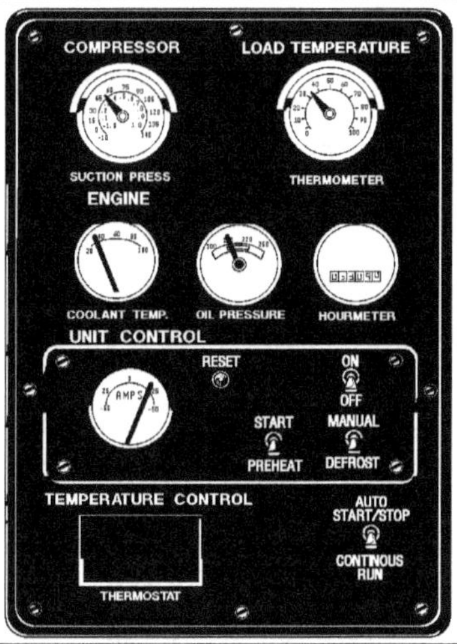

COMPRESSOR = COMPRESOR
LOAD TEMPERATURE = TEMPERATURA DE LA CARGA
SUCTION PRESS = PRESION AL PUNTO DE SUCCION
THERMOMETER = TERMOMETRO
ENGINE = MOTOR
COOLANT TEMP = TEMP. DEL REFRIGERANTE
OIL PRESSURE = PRESION DEL ACEITE
HOURMETER = HOROMETRO
UNIT CONTROL = UNIDAD DE CONTROL
RESET = RESTABLECER
ON = ENCENDIDO
OFF = APAGADO
START = ARRANCAR
PREHEAT = PRECALENTAMIENTO
MANUAL = MANUAL
DEFROST = DESCONGELAR
TEMPERATURE CONTROL = CONTROL DE TEMPERATURA
THERMOSTAT = TERMOSTATO
AUTO START/STOP = ARRANCAR/PAGAR AUTOMATICO
CONTINOUS RUN = FUNCIONAMIENTO CONTINUO

INTERRUPTOR DE APAGADO POR PRESION ALTA O BAJA. El interruptor de apagado automático por presión demasiado alta o demasiado baja, apagará la unidad en respuesta a problemas con la presión en el compresor.

INTERRUPTOR DE APAGADO AUTOMÁTICO POR BAJA PRESION DE ACEITE. Este interruptor apagará la unidad cuando la presión del aceite desciende a niveles que no son seguros.

INDICADOR DE CICLO

Ya antes describimos el indicador de ciclo con su fila de luces. Cada luz representa uno de los ciclos en los que puede funcionar la unidad. **Cuando la luz está encendida, significa que la unidad está en ese ciclo**. Por ejemplo, cuando la unidad tiene que calentar el aire del interior del remolque para mantener la temperatura adecuada, la luz del ciclo de calentamiento estará encendida.

Emergencias con la Unidad de Refrigeración

Algunas veces, cuando Usted va en camino con una carga y a pesar de todos sus mejores esfuerzos, su unidad de refrigeración se apagará. Hay muchas maneras de reaccionar, dependiendo de lo que esté transportando, de qué tan lejos se encuentre de su destino, de a qué temperatura está y otros muchos factores. Por ejemplo, si está cerca de su destino y las temperaturas no son extremas, puede ser que llegue sin dañar la carga. En otras circunstancias, puede ser que tenga que conseguir hielo, o hacer que le reparen su unidad de refrigeración.

¿Cómo tomar la decisión? Lo mejor que puede hacer es **llamar al despachador**. Después de que le explique su situación, entre los dos pueden encontrar la mejor respuesta.

Examen Sobre el Capítulo 14

1. La construcción básica de una caja refrigerada es muy similar a la de una caja para carga seca.
   A. Verdadero.
   B. Falso.

2. Las paredes de un remolque refrigerado tienen aislamiento, pero no así su piso y techo.
   A. Verdadero.
   B. Falso.

3. El piso de un remolque refrigerado es de _____ .
   A. madera contrachapada corrugada
   B. hojas de metal
   C. aluminio corrugado
   D. hojas de plástico

4. El piso corrugado permite que el aire circule por debajo de la carga.
   A. Verdadero.
   B. Falso.

5. La unidad de refrigeración, tanto calienta como enfría el aire del interior del remolque.
   A. Verdadero.
   B. Falso.

6. ____ de la unidad de refrigeración harán circular el aire por todo el remolque.
   A. Los ventiladores
   B. Los compresores
   C. Los motores
   D. Los tanques del combustible

7. El remolque refrigerado está diseñado para transportar productos perecederos, artículos congelados y cargas que se debe evitar se congelen.
   A. Verdadero.
   B. Falso.

8. El motor de la unidad de refrigeración no requiere de mantenimiento.
   A. Verdadero.
   B. Falso.

9. El propósito del ____ es controlar la temperatura del aire en el interior del remolque.
   A. motor
   B. termostato
   C. interruptor de descongelado
   D. indicador de ciclo

10. ____ apagan la unidad en caso de que algo ande mal.
   A. Los interruptores del descongelado
   B. Los indicadores de ciclo
   C. Los interruptores automáticos de protección
   D. Los termostatos

ACOPLAMIENTO Y DESENGANCHE

Conectar el Tractor Y el Remolque

Es obvio que antes de que pueda jalar un remolque, éste debe unirse al tractor. A éste proceso se le conoce como acoplamiento.)Cómo se hace?)Qué partes tanto del tractor como del remolque se involucran en esto?)Cómo los vuelve a separar?

El acoplamiento y desenganche no son procedimientos difíciles, pero por razones de seguridad se deben hacer correctamente. Usted deberá demostrar que tiene tanto los conocimientos como la habilidad para acoplar y desenganchar, con el fin de obtener su Licencia para Conducir Vehículos Comerciales (en inglés: Commercial Driver's License) CDL con el endoso para vehículos combinados. En este capítulo delinearemos un procedimiento que asegurará un acoplamiento seguro cada vez que lo realice.

Procedimientos Previos al Acoplamiento

El conectar el tractor al remolque empieza con dos pasos sencillos de "preparación". Primero asegúrese que tomó el tractor y remolque que le corresponden a Usted. Esto le puede sonar un poco tonto por ahora, pero deje que llegue por primera vez a un patio de maniobras de una terminal grande, lleno de equipo por todos lados. Va a ver filas y filas de vehículos que se parecen mucho excepto por sus números de vehículo. Revise dos veces los números que le dio el Departamento de Despacho para que se asegure que tiene el equipo que se supone debe tener. (No espere averiguarlo hasta que llegue al almacén correcto con el vehículo equivocado (y la carga equivocada)!

Enseguida, inspeccione el equipo. El Capítulo 25 describe con detalle los procedimientos de la inspección previa a un viaje, así que no los trataremos aquí. Sin embargo, antes de acoplar tómese unos minutos más para revisar la quinta rueda y el perno maestro (en inglés: kingpin). En la quinta rueda, busque partes dañadas o que falten. Fíjese que el montaje de la misma al tractor esté seguro. Asegúrese de que el perno maestro del remolque no esté doblado o roto. Revise y vuelva a revisar que la carga esté segura y que no se mueva.

Antes de iniciar cualquier procedimiento de acoplamiento, sálgase del tractor y camine por el área alrededor del tractor y del remolque. **Busque cualquier cosa que esté en su camino y que pueda dañar al tractor o al remolque**. Las tablas que estén por ahí, en el suelo, pueden saltar en forma peligrosa si las agarra una llanta y las avienta. Clavos, vidrio u otros objetos pueden dañar severamente una llanta. Asegúrese de que el camino está libre antes de iniciar las primeras etapas de la alineación.

Trabaje en el terreno más nivelado que pueda encontrar si puede escogerlo. Un terreno desnivelado hará que su tarea se vuelva tanto más difícil. Luego ponga calzas en la parte de atrás de las llantas traseras de su remolque. Al poner **calzas a las llantas de atrás de su remolque** se está asegurando de que el remolque no se mueva por la presión ejercida por el tractor cuando éste se desliza por debajo de él. Si su remolque tiene frenos de resorte puede ser que no necesite calzas. Si tiene alguna duda refiérase a las políticas de su compañía.

La Alineación del Tractor Con el Remolque

)Qué se implica en un acoplamiento? Para ponerlo en forma muy sencilla, Usted va a **retroceder el tractor hasta el remolque de tal suerte que los**

Ilustración 15-1
Sólo hay un margen de alrededor de seis pulgadas a la derecha o a la izquierda del centro de la quinta rueda.

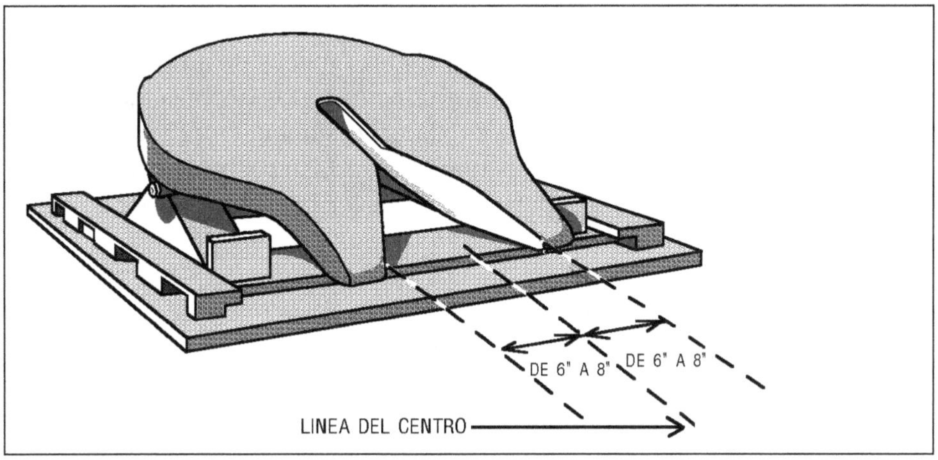

mecanismos de acoplamiento se conecten sin mover el remolque para atrás. Cuando esté acoplando el remolque al tractor, su atención estará centrada principalmente en sólo dos partes del vehículo: la quinta rueda del tractor y el perno maestro (kingpin) del remolque. Esto lo hace sonar un poco más fácil de lo que realmente es. Un acoplamiento adecuado le requiere que centre el perno maestro a la quinta rueda con muy pequeño margen de error. Así que en su retroceso, tiene que ser muy preciso en cómo alinear el tractor con el remolque.

En la mayoría de los modelos, la ranura en forma de V de la quinta rueda permite un margen de error de aproximadamente seis a ocho pulgadas a cada lado del centro. Esto quiere decir que su quinta rueda tiene que hacer contacto con el perno maestro del remolque en un punto que esté entre seis y ocho pulgadas ya sea a la derecha o a la izquierda del centro, para que pueda terminar el acoplamiento sin tener que volver a alinear el tractor. De Usted depende el **colocar el tractor de tal forma que el perno maestro del remolque quede tan cerca del centro de la ranura de la quinta rueda como sea posible**.

El secreto para hacer esto exitosamente es ir despacio y moverse en forma constante. Si **sigue el procedimiento paso por paso cada vez**, debe tener muy pocos problemas. Este procedimiento implica el uso correcto de sus espejos retrovisores laterales. Conforme retrocede fíjese en ambos espejos. Si la vista que tiene del remolque en ambos espejos es la misma, está Usted centrado. **Dése cuenta de la anchura del tractor respecto de la anchura del remolque**. Recuerde que el centro de la quinta rueda siempre está al centro del chasís del tractor y que el perno maestro siempre está en el centro del frente del remolque.

PRUEBA DE LA HABILIDAD PARA OBSERVAR

)Se dio cuenta que el chofer del equipo en la primera ilustración, se saltó algunos de los pasos en su procedimiento para acoplar? Diga dos cosas que pasarían si arranca ahora. Revise sus respuestas contra la gráfica de la Prueba de la Habilidad para Observar al final del libro.

Antes de que intente alinear el tractor con el remolque, aprenda un poco sobre las características físicas de ambos.)Qué tan ancho es el tractor? Si maneja el mismo tractor todos los días, debe conocer su anchura, la altura de su quinta rueda, su distancia entre ejes y otras medidas importantes. Si el tractor es nuevo para Usted, (pregunte! No es muestra de ignorancia o de inexperiencia el hacer preguntas sobre el equipo que va a manejar. Es seña de un chofer consciente y cuidadoso.

)Y qué acerca del remolque?)Es de 96 pulgadas de ancho o de 102?)Cómo es comparado con la anchura de su tractor?)Cómo es comparado con el campo de visión de los espejos de su tractor? Todo esto es muy importante para determinar cómo se va a aproximar a su remolque.

Para alinear las unidades adecuadamente, debe poder localizar el centro del remolque, usando los lados de éste como medida en sus espejos retrovisores. Discutiremos en detalle cómo, más adelante.

ALINEAMIENTO HORIZONTAL

El primer paso para alinear el tractor con el remolque es la forma en que se aproxime a éste. Para ilustrar esto, vamos a imaginar que hay espacio suficiente frente al remolque para maniobrar el tractor con facilidad. Aproxímese al frente del remolque partiendo de cualquier lado (derecha o izquierda). Los choferes con experiencia prefieren **aproximarse al remolque desde el lado derecho** (el remolque quedará a su lado izquierdo). Esto le da al chofer, una vista completa del remolque desde su ventana todo el tiempo durante la primera parte del alineamiento. Esto, desde luego, es una decisión que tendrá que hacer Usted cuando experimente con los diferentes métodos de aproximación.

Ilustración 15-2
El acercamiento al remolque se debe hacer preferiblemente desde el lado derecho, y se debe empezar a dar la vuelta alejándose del mismo, cuando la parte delantera del tractor se acerca a la esquina derecha del remolque.

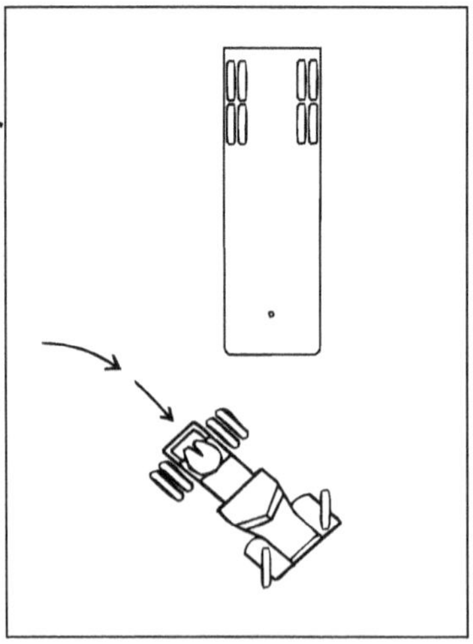

Conforme se acerca al remolque, **maneje hacia adelante alejándose del frente** y hacia la zona frente al remolque (vea la ilustración 15-2). Hágalo despacio y suavemente, mire sus espejos conforme empieza a enderezar el tractor frente al remolque. Algunos novatos asumen que deberían empezar la vuelta lejos del remolque una vez que están directamente frente a él. Debido a que cada tractor tiene su distancia entre ejes y su radio de giro, esta asunción está equivocada. Con frecuencia, esto pondría al tractor lejos y hacia un lado del remolque, una vez que el tractor se enderezara. Es aconsejable empezar la vuelta en cuanto el tractor se acerca a la esquina del remolque más cercana. Esto pondrá la quinta rueda en un alineamiento más cercano con el perno maestro y se necesitarán menos ajustes de posición.

Conforme se aleja del remolque, vaya viendo los espejos. En cuanto endereza el tractor frente al remolque, **las esquinas del remolque aparecerán parejas en los espejos**. Si en un espejo ve una cantidad desigual de remolque, está demasiado lejos del otro lado. Por ejemplo, si el espejo derecho le muestra una parte muy grande del remolque, y en el espejo izquierdo ve una parte muy pequeña, tendrá que ajustar más el tractor hacia la derecha. Haga esto moviéndose hacia adelante mientras da vuelta al volante hacia la derecha. Cuando ya cree que está en una posición más igualmente repartida, enderece el tractor.

Puede ser que sea mejor para Usted avanzar el tractor lejos frente al remolque cuando empieza la alineación. Eso le dará más espacio donde moverse para **ajustar su posición conforme retrocede** hacia el remolque. Si retrocede despacio puede dirigir el tractor en la dirección deseada **para alinear la quinta rueda con el perno maestro**. No es raro que suceda con un chofer nuevo, o en este caso, aún con los experimentados, que tengan que ajustar el tractor más de una vez antes de lograr el alineamiento adecuado. Nunca retroceda en ángulo hacia el remolque. Puede empujar el remolque de lado y romper los postes de sostén (en inglés: landing gear). De aquí en adelante éste sera llamado postes de sostén. Incluye estos componentes: los postes de sostén, las piernas (dolly), los cojinetes de asiento, una caja de engranes, y una manivela o mango.

Cuando en cada espejo se ve una cantidad igual de remolque, está Usted alineado con el perno maestro. Puede dejar de maniobrar para lograr la posición correcta y empezar a retroceder.

Hasta aquí, no retroceda todavía totalmente por debajo del remolque. **Pare cuando la parte de atrás del tractor esté a unos cinco pies del frente del remolque**. Para medir la distancia en que se debe parar, mire las llantas motrices de su tractor por el espejo y calcule su distancia de la nariz del remolque. Esto no quiere decir que cinco pies de distancia entre el tractor y el remolque es la distancia exacta que debe dejar entre ellos. Sin embargo, debe ser la mínima distancia a dejar. Dése espacio suficiente para caminar sin riesgos y cómodamente entre el tractor y el remolque mientras los inspecciona a los dos. Ponga los frenos del tractor, ponga la transmisión en neutral y sálgase. **Inspeccione el espacio alrededor tanto del tractor como del remolque**, asegurándose de que es seguro retroceder la distancia que le queda.

Revise el alineamiento de la quinta rueda con el perno maestro desde un punto conveniente por debajo del remolque. Es mucho más fácil detectar cualquier cosa fuera de lugar, desde el suelo que desde el tractor. Si están alineados correctamente, proceda con la inspección y el acoplamiento. Si no lo están, regrese al tractor y haga los ajustes necesarios a su posición.

ALINEAMIENTO VERTICAL

Conforme camina alrededor del lugar, compare el nivel de la quinta rueda con la altura del perno maestro. La superficie de acoplamiento del remolque debe estar cerca de la mitad de las rampas de derrapar de la quinta rueda (vea la ilustración 15-3). Si el remolque está muy por debajo del nivel de la quinta rueda, el perno maestro pegará con el chasís del tractor. Si el remolque está demasiado alto, el perno maestro puede resbalar sobre la parte superior de la quinta rueda cuando trate de retroceder por debajo del remolque. De esta manera puede dañar la parte de atrás del tractor.

Ya sea que esté muy alto o muy bajo, tendrá que usar los postes de sostén para **subir o bajar el remolque al nivel de la quinta rueda**. Seremos los primeros en admitir que no es del todo fácil subir con los postes de sostén un remolque cargado. Ejerce mucho esfuerzo sobre los postes de sostén y físicamente también requiere de mucho esfuerzo de la persona que los maniobra.

Ilustración 15-3
Los niveles del perno maestro y de la quinta rueda deben estar igualados uniformemente para que conecten en forma adecuada.

En la mayoría de los remolques, le da vuelta a la manivela de los postes de sostén que se encuentra del lado izquierdo del remolque. La vuelta se da en el sentido de las manecillas del reloj para levantarlo y en el sentido contrario a las manecillas del reloj para bajarlo. La caja principal de los engranes está abajo del remolque. Conforme se da vuelta a la manivela, los engranes dan vuelta para bajar o levantar las piernas (dolly) de aterrizaje del remolque. La mayoría de las cajas de engranes de los remolques tienen dos velocidades. Use la baja mientras las piernas de aterrizaje del remolque estén sosteniendo la mayor parte del peso del remolque. La alta velocidad se puede usar cuando el remolque esté vacío o si su peso de carga descansa en la quinta rueda .

Aunque están construídos con acero endurecido, los engranes se pueden dañar si no tiene cuidado.

La manivela del de los postes de sostén está abisagrada y se columpia por debajo del remolque hacia una aldaba que la fija al chasís cuando el remolque está en movimiento. Si esta manivela se dejara columpiar libremente cuando el remolque estuviera en movimiento, le podría pegar a un vehículo que estuviera cerca o a un peatón que fuera pasando. Siempre **fije la manivela de los postes de sostén** cuando ya haya terminado de usarla.

Mientras que ya se encuentra junto al los postes de sostén, inspeccione la distancia entre los postes de sostén y el perno maestro (kingpin). Compare eso con la distancia desde el centro de la quinta rueda hasta la parte de atrás del chasis del tractor y el soporte de los guardabarros o aletas. Un remolque corto, de 28 pies o otro tipo de remolque corto, pueda que no tengan la distancia que pueda soportar la medida larga de algunos tractores sin dañar el soporte de los guardabarros. En algunos casos deslizando la quinta rueda así atrás podría proveer la distancia necesaria.

Ilustración 15-4
Fíjese en la posición del mecanismo de cerrojo de la quinta rueda antes de que termine la maniobra de acoplamiento.

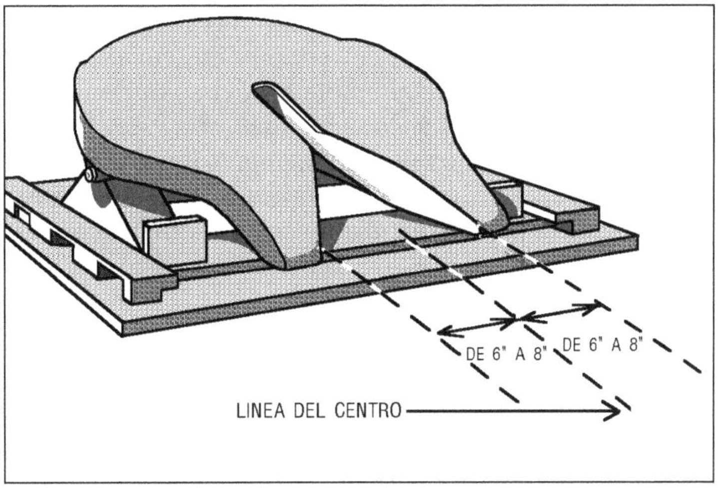

Ahora, **inspeccione la quinta rueda**. Asegúrese de que el mecanismo de cerrojo (mandíbulas)(en inglés: jaws) esté abierto. Si está cerrado, el perno maestro no puede deslizarse por dentro de las mandíbulas y concluir el acoplamiento. Aún si está parcialmente cerrado, puede cerrarse de golpe cuando el tractor haga contacto con el remolque. Esto también evita que el perno maestro quede fijado a la quinta rueda. Asegúrese de que la quinta rueda esté inclinada hacia abajo, hacia la parte trasera del tractor, de tal manera que el remolque pueda deslizarse hacia arriba de la rompa de derrapar (en inglés: skid ramps) cuando acople.

También revise que la superficie de la quinta rueda haya sido debidamente engrasada. Una quinta rueda que no ha sido debidamente lubricada, no permitirá que el remolque gire libre y suavemente cuando dé vuelta o retroceda. Si está seca, póngale una cantidad generosa de grasa. Usted siempre debe traer grasa consigo, dado a que probablemente la necesitará más cuando no la tenga disponible.

Si está equipado con una quinta rueda deslizable, asegúrese de que está fija. La información sobre la quinta rueda deslizable esta cubierta en el Capítulo 23.

Ahora ya esta usted listo para retroceder el tractor más cerca al remolque para empezar hacer la conexión. Si el remolque no está equipado con frenos de resorte o muelle, mueva el tractor así atrás hasta que las rampas de derrapar de la quinta rueda apenas toquen el delantal de el unidor superior del remolque. Cuando se toquen Usted debe sentir un choque ligero. Deténgase, ponga los frenos de estacionamiento, meta la transmisión en neutral, y apague el motor. Ahora ya esta listo para comenzar hacer las conexiones.

HACIENDO LA CONEXION

El primer paso para realmente unir el tractor y el remolque es **conectar las líneas rojas de abasto del aire**. Hay dos líneas de abasto del aire, la línea de los frenos de servicio y la línea de los frenos de emergencia o de abasto. Casi siempre están coloreadas en rojo las de emergencia o de abasto, y en azul las de servicio. Las conexiones en el frente del remolque generalmente estarán pintadas del color de la manguera del aire que debe conectarse a ellas o marcadas con "de servicio" y "de emergencia". Revise los sellos de las "manitas" (en inglés: glad hands) o conectadores de las mangueras y fije bien cada línea de abasto del aire a su correspondiente conexión del mismo color, o etiqueta en el remolque.

Ilustración 15-5 Controles del aire. El abasto de aire al remolque es rojo y el de estacionamiento es amarillo. Se empujan o se jalan para operarse.

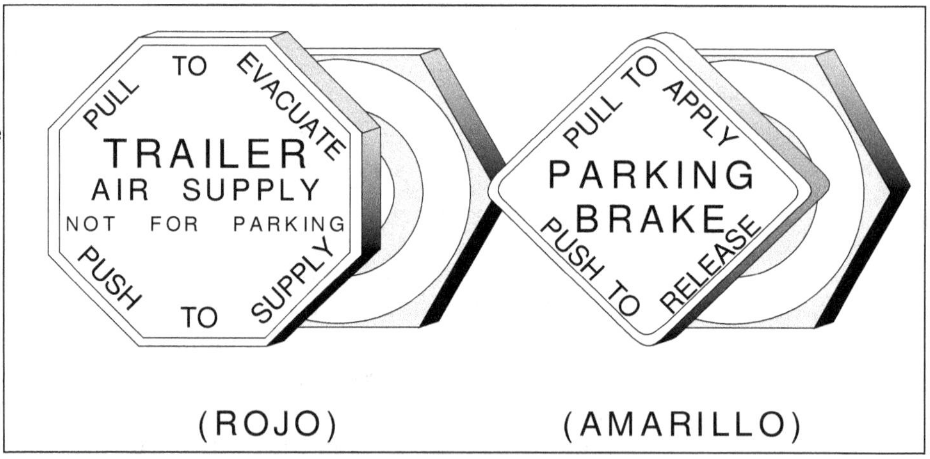

Las línea de abasto de aire debe estar apoyada de tal forma que no haya manera de que se aplaste o se enganche mientras el tractor retrocede por debajo del remolque.

Ya que haya regresado al tractor, **cargue el abasto del aire del remolque** presionando el tirador roja de abasto del aire al remolque. Espere hasta que la presión de aire esté normal. Apague el motor y escuche por escapes de aire. Aplique y suelte los frenos del remolque y escuche por el ruido de los frenos del remolque ser aplicados y soltados. (Si no oye los frenos aplicandose y soltandose, Usted puede haber enganchado las líneas de aire incorrectamente). Aplique los frenos de estacionamiento del remolque jalando el tirador rojo de abasto del aire al remolque así a fuera. Esto activa los frenos de resorte del remolque para evitar que éste se mueva. Encienda de nuevo el motor y suelte los frenos del tractor empujando el tirador amarillo de los frenos de estacionamiento del tractor. Ponga la transmisión en reversa y retroceda despacio.

Sentirá el peso del remolque ser trasladado al tractor a como el delantal de el unidor superior desliza arriba de las rampas de derrapar (skid ramps) de la quinta rueda. Continúe retrocediendo muy despacio hasta que el progreso es detenido por el perno maestro (kingpin) al cerrarse por dentro de la mandíbula (jaws) de la quinta rueda.

Si el remolque está más o menos ligero, deberá poder meter el tractor debajo de él sin mucho esfuerzo. Si la carga en el remolque es muy pesada, sentirá algo de resistencia. Si el remolque está un poco bajo, y no puede meter el tractor debajo de él sin mucho esfuerzo, no lo fuerce. Sálgase y suba el remolque un poco más. Esto no es nada fácil con un remolque cargado, pero de cualquier manera es la mejor solución. Si sus llantas con tracción empiezan a derrapar al empujar contra esa resistencia, use el seguro del diferencial interaxial para tener más tracción. Para remolques equipados con frenos de resorte no es necesario conectar las líneas de aire antes de retroceder así abajo del remolque. Recuerde, los frenos de resorte fueron fijados cuando la presión de aire fue suelta de la cámara de los frenos de resorte que ocurrió cuando el remolque estaba estacionado. Así es que, sin tener que enganchar la líneas de aire o los cables eléctricos, retroceda muy despacio debajo de el remolque.

Para **revisar la conexión**, trate de jalar hacia adelante muy despacio. Si el tractor no se mueve, la conexión esta terminada. Si se mueve, pare inmediatamente y retroceda de nuevo.

No trate de retroceder por debajo del remolque a alta velocidad. Esto puede dañar la quinta rueda, el perno maestro y el eje diferencial trasero.

Ponga la transmisión en neutral, apague el motor y ponga las llaves en su bolsillo. Salga del tractor y **vaya a ver si la mandíbula de la quinta rueda esta cerrada alrededor del cuerpo del perno maestro**. Para hacer esto, tiene que estar debajo de la parte de enfrente del remolque y detrás de la quinta rueda. Si la mandíbula está bien cerrada Usted lo verá fijado en forma segura alrededor de la parte de atrás del perno maestro y éste no será visible. No debe haber espacio entre la quinta rueda de arriba y la de abajo. Si el perno maestro se puede ver claramente en la ranura de la quinta rueda y la mandíbula está posicionada al lado de dicha ranura, Usted no tiene una buena conexión. La palanca del seguro debe estar fija en su posición. Si la mandíbula no esta asegurado alrededor de el perno maestro, baje los gatos de aterrizaje (en inglés: landing jacks), jale el tractor hacia adelante, vuelva a comenzar con el procedimiento de retroceso.

Esté bien seguro de que el perno maestro está bien seguro. Para un remolque equipado con frenos de resorte,**conecte ambas líneas de aire y conecte el único cable de la electricidad (en EEUU lo llaman "cola de puerco")(en inglés: pigtail) al remolque**. Regrese al tractor y encienda las luces intermitentes de emergencia y las luces del remolque. Camine alrededor del remolque para que **se asegure que las luces están funcionando**. Revise los plafones y las luces marcadoras laterales. Camine hacia la parte de atrás del remolque y revise las luces direccionales (al encender las luces intermitentes de emergencia del tractor se encienden las luces direccionales).

Si no funciona ninguna, probablemente se trate de una mala conexión en el enchufe del remolque. Desconecte y luego vuelva a conectar el cable de la electricidad, y fíjelo bien al enchufe del remolque. Si aún así las luces no funcionan, haga que las revise un mecánico. Desde luego que si Usted esta versado en los componentes eléctricos del tractor y del remolque, Usted mismo puede buscar dónde está el problema.

Si es sólo una luz la que no está funcionando, puede ser que su foco esté fundido y necesite cambiarlo. Siempre lleve con Usted un buen número de focos de reemplazo. Esto es válido para el tractor y para el remolque. Puede ser que tenga que acoplarse a un remolque en un yarda de carga desierta o a deshoras, cuando no haya nadie que le pueda dar un foco. Tenga siempre con Usted de menos dos de cada tipo. Cuando use uno, no olvide de reponerlo con otro Usted mismo.

Cuando está revisando las llantas del remolque, dése su tiempo para **medir la presión de las mismas** si no lo hizo durante su rutina de inspección. También **busque mangueras que estén desgastadas o conexiones flojas** en el sistema de frenos del remolque. El zumbido producido por el aire que se escapa puede ser que se escuche proveniente de estas áreas. Las conexiones oxidadas deben revisarse con detenimiento para buscar rajaduras. Si hay alguna fuga, haga que la reparen inmediatamente. Una manguera del aire o una conexión rotas de seguro le darán problemas cuando el vehículo se encuentre en movimiento.

El remolque finalmente se puede considerar conectado y listo para rodar. Pero primero tiene que **quitar las calzas de las llantas**. Nunca deje las calzas simplemente sobre el suelo cuando se vaya, a menos que así se lo pidan. Sea cortés y póngalas en su lugar.

Revise otra vez el espacio libre entre la parte trasera de el chasís del tractor y el soporte de los guardabarros o aletas y los postes de sostén. ¿ Hay suficiente distancia para poder voltear? También revise que hay suficiente espacio libre entre la parte de arriba de las llantas del tractor y la parte de abajo de la nariz del remolque.

Ahora debe subir los postes de sostén tan alto como se pueda y asegure la manivela o mango. El espacio libre óptimo con la tierra se logra con los postes de sostén en su posición más alta. Nunca maneje con los postes de sostén parcialmente subido. Esto debe ser lo último que haga antes de mover la unidad tractor-remolque.

Ya esta listo para regresar al tractor y prepárese para partir. No puede nomas simplemente soltar los frenos del tractor y del remolque y salir. Lleve a cabo una prueba más para que se asegure de que el remolque está bien asegurado al tractor.

Trate de jalar despacio hacia adelante. Si el acoplamiento no está bien seguro y el tractor se empieza a salir de la parte de abajo del remolque, pare inmediatamente y retroceda hacia el remolque. Ponga todos los frenos, sálgase y con la manivela baje el tren de aterrizaje del remolque, y vuelva a empezar con todo el proceso de acoplamiento otra vez.

Si el acoplamiento está seguro, el tractor no se moverá. Ahora puede soltar los frenos del remolque e iniciar un viaje sin riesgos con su equipo. Un consejo para sabios: Cuando está jalando el tractor hacia adelante para probar la firmeza de su conexión, (hágalo muy despacio! Digamos que su acoplamiento no está seguro. Si fuera a sacar el tractor de la parte de abajo del remolque con los postes de sostén recorridos hasta arriba, la nariz del remolque perdería su sostén y caería sobre el chasís del tractor, o aún peor, sobre el suelo. Para arreglar esto, tendrían que levantar el frente del remolque con grúas para servicio super-pesado de tal manera que se puedan bajar los postes de sostén. Los postes de sostén solos no son lo suficientemente fuerte como para levantar un remolque, especialmente uno cargado y a partir de esta posición.

)El acoplamiento de dobles y triples? Encontrará el proceso de acoplamiento y desenganche de remolques múltiples descrito al detalle en el capítulo 21.

Procedimientos de Desenganche

Una vez que ha revisado que no haya peligro u obstáculos, y que haya estacionado el remolque en donde quieren que lo estacione, ponga los frenos de estacionamiento con jalar hacia fuera ambos tiradores el rojo y el Amarillo. Esto va a evacuar el aire de la cámara de los frenos de resorte del remolque y hará que se pongan los frenos.

Ahora puede **bajar los postes de sostén**. Desenganche la manivela de su posición para viajar, cambie al engrane de alta y déle vuelta a la manivela en sentido contrario a las manecillas del reloj. Esto bajará los postes de sostén. Girar la manivela será más bien fácil hasta que las placas (dolly) entren en contacto con el suelo. Luego cambie al engrane de baja y déle vuelta a la palanca hasta que la mayor parte del peso del remolque esté sobre los postes de sostén y no sobre el tractor. No levante el remolque ha que se desenganche de la quinta rueda.

Esté enterado de las placas (dolly) de aterrizaje mientras baja los postes de sostén. Unos montajes de los postes de sostén tiene placas que sientan planas en la tierra en su posición baja. Estas placas están conectadas a las piernas (dolly) de aterrizaje por medio de un dispositivo giratorio de uso pesado. Estos dispositivos le permiten a las placas (dolly) sentarse en forma pareja en superficies disparejas o ásperas. Si la placa se ha girado a una posición en la que no va a poder sentarse plana sobre el suelo, puede ser que se dañe y ya no sirva. Si está en esa posición, colóquela bien de tal manera que siente plana sobre suelo cuando se baje.

También es aconsejable que se revise la superficie donde se van a sentar las placas (dolly) cuando se bajen. Un remolque con carga muy pesada se puede hundir en el asfalto caliente o en la tierra suelta. En superficies como éstas, siempre debe colocar algo, un tablón ancho o algún tipo sostén ancho, debajo de las placas de los postes de sostén. El concreto es virtualmente la única superficie que con mayor probabilidad puede soportar un remolque cargado sin que éste se hunda.

Ilustración 15-6
Algunos postes de sostén tienen cojinetes de asiento en los dolly platos. Otros tienen ruedas o placas.

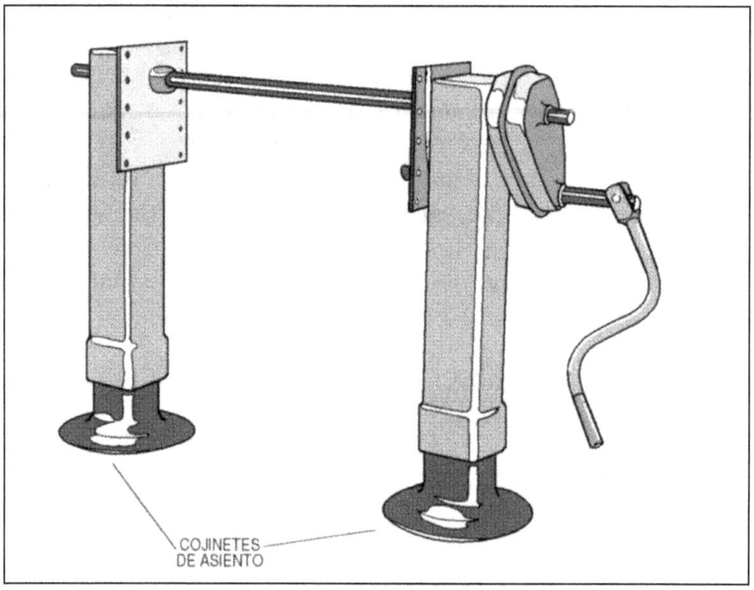

A como va girando la manivela par bajar los postes de sostén fíjese y póngale cuidado a los resortes del remolque. Usted podrá oír los resortes relajarse a como se les reduce el peso. Cuando un poco de peso se le ha quitado al tractor, pare de bajar los postes de sostén. Para un remolque vacío, deje girar la manivela cuando las almohadillas o placas muy apenas toquen el superficie. Después de bajar el tren de aterrizaje devuelva la manivela a su posición de viaje. Más de una persona que va pasando cerca de un remolque, se ha lesionado con una palanca suelta que se columpia libremente o que sobresale del mismo.

Enseguida, debe **desconectar del remolque, las líneas de abasto de aire y el cable de la electricidad**. Guarde cada uno en su lugar en la parte de atrás del tractor. Las líneas deben estar sostenidas de tal manera que no se dañen cuando se mueva el tractor. Cuelgue el cable eléctrico con el enchufe hacia abajo para evitar que se le meta el agua.

Ahora ya puede **desenganchar el mecanismo de cerrojo de la quinta rueda**. Esto se hace usando la palanca para zafarlo. Esta palanca puede estar unida permanentemente al mecanismo de cerrojo y se puede llegar a ella desde un lado de la quinta rueda. Alcance esta palanca por debajo del remolque y jálela. Esto soltará el mecanismo del cerrojo. Mantenga sus piernas y pies lejos de las llantas traseras del tractor para evitar que se lesione.

Hay otros tipos de palancas para zafar el mecanismo del cerrojo, que se pueden quitar. Cuando este tipo de palanca no está en uso, debe guardarse en su lugar dentro del compartimento lateral del tractor. Este tipo de palancas tienen un gancho que cabe en una ranura del mecanismo de desenganche del cerrojo de la quinta rueda. Simplemente coloque el gancho en la ranura y jale. Si lo asignan para manejar un tractor con una de estas palancas, revise dos veces para que se asegure de que la palanca está en su lugar antes de que empiece a manejar el vehículo. No se va a poner muy contento al encontrarse con que la palanca no está cuando quiera desenganchar la quinta rueda, y Usted ya se encuentra muy lejos de su base.

Una vez que el tractor está totalmente desenganchado del remolque, puede irse sin riesgos. **Cuando se aleje del remolque**, hágalo despacio, Pare cuando el chasís del tractor todavía está por debajo del remolque. De esta forma, si se colapsan los postes de sostén, el tractor evitará que el remolque caiga hasta el suelo. Ponga los frenos de estacionamiento y salga de la cabina. Revise una última vez que tanto los postes de sostén como el suelo sostienen bien al remolque. Luego regrese al tractor, suelte los frenos de estacionamiento y maneje su tractor ya solo.

Sea considerado con el siguiente chofer que jalará ese remolque. No deje el remolque a una altura más baja que el nivel de la quinta rueda de su propio tractor. Anote las reparaciones que se le tienen que hacer al remolque antes de que éste se vuelva a usar y entregue esta lista a la gente adecuada.

Precauciones de Seguridad

En áreas de la seguridad, le recordamos que cada vez que intente retroceder su tractor a un remolque para su acoplamiento, debe **inspeccionar totalmente la zona buscando posibles peligros** como tablas, clavos, bordos o gente. Corrija cualquier situación que pueda ser peligrosa antes de proseguir.

Siga los procedimientos delineados paso a paso. No tome atajos, no apresure el trabajo ni fuerce nada a su lugar. Hágalo en la forma más detallada, ésta es generalmente la manera de proceder mejor y más segura.

El último consejo es: **VAYA DESPACIO.**

Examen Sobre el Capítulo 15

1. En condiciones de suelo resbaloso, active el diferencial interaxial para tener mayor tracción.
   A. Verdadero.
   B. Falso.

2. A una quinta rueda mal lubricada debe _____.
   A. echársele sal
   B. engrasársele
   C. secársele
   D. echársele arena

3. Si en el remolque no está funcionando una luz, debe revisarse _____.
   A. todo el sistema eléctrico
   B. la conexión eléctrica al remolque
   C. la conexión eléctrica al tractor
   D. el foco

Refiérase a este dibujo de un tractor y un remolque para contestar las preguntas 4 a la 9. Termine la oración insertando el número del componente que hace verdadero el enunciado.

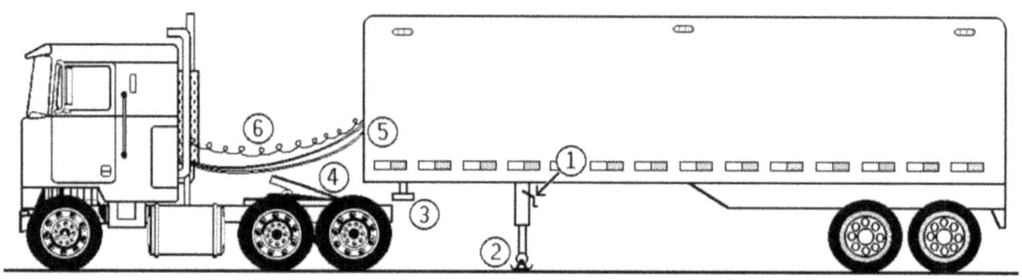

4. _____ debe ser la primera conexión que haga del tractor al remolque.

5. El candado de la quinta rueda del tractor echa el cerrojo alrededor del _____ del remolque.

6. El_____ debe conectarse para revisar las luces del remolque.

7. Siempre asegure en su lugar la _____ cuando termine de usarla.

8. Cuando está acoplando, _____ deben ser el último componente del remolque en moverse de su posición original.

9. El chofer debe revisar el alineamiento de ____ antes de retroceder el tractor al remolque.

10. Sólo cuando hay hielo o nieve el chofer debe inspeccionar el lugar alrededor del remolque antes de retroceder.
    A. Verdadero
    B. Falso

LA PUESTA EN MARCHA DEL TRACTOR

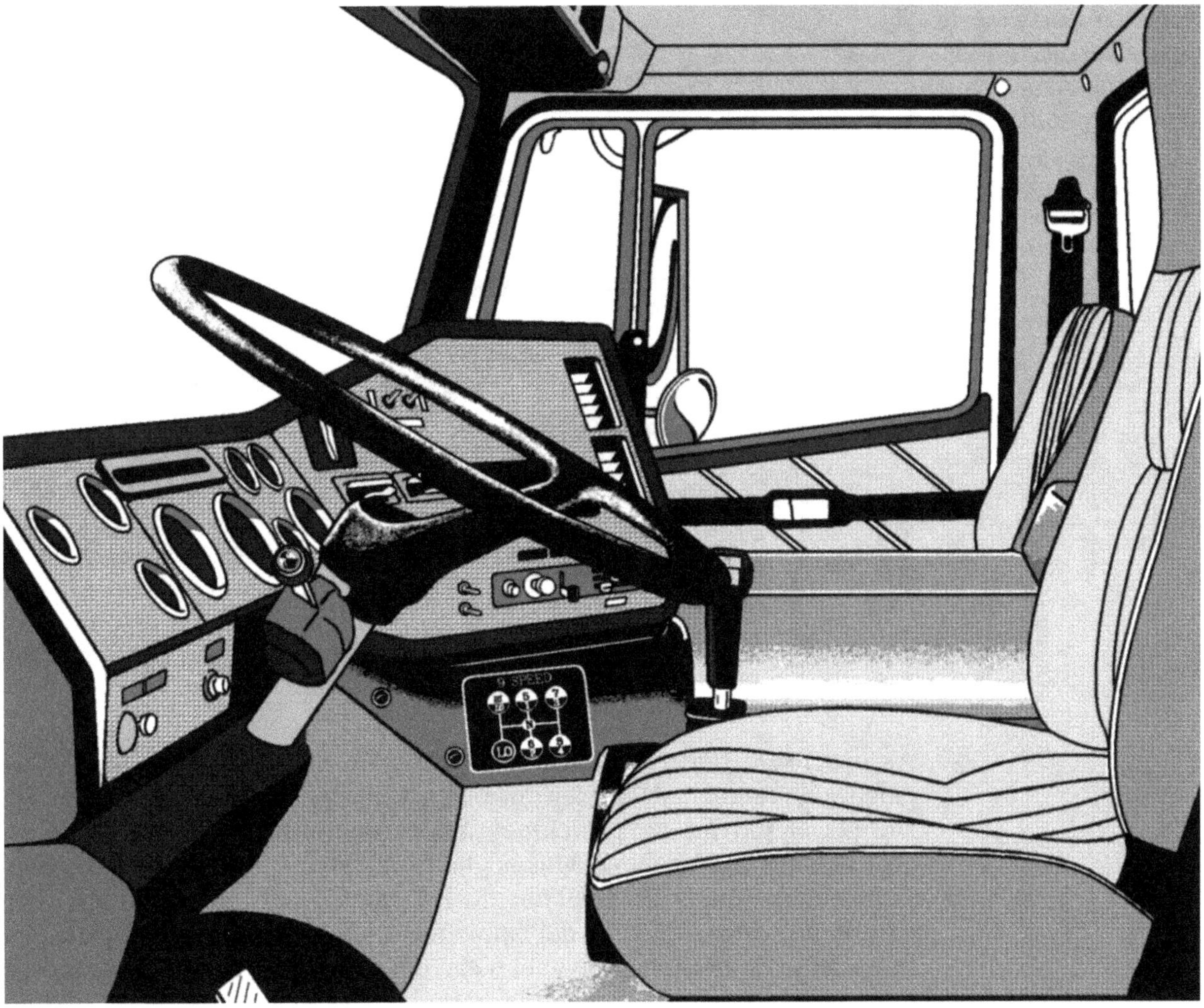

Conozca Su Equipo

La primera vez que arranque el motor de un tractor pueda que Usted se ponga nervioso. Usted sabe que hay muchos tipos de tractores y de tableros. Así que tómese su tiempo para que se sienta cómodo y **empiece a conocer un tractor nuevo antes de encenderlo**.

Vea el tractor por fuera antes de subirse en él. Un chofer profesional nunca enciende el motor sin antes haber llevado a cabo las **inspecciones** que se discutieron en el Capítulo 25.

Antes de subirse, fíjese en la agarradera y en los estribos para que se asegure que no tienen grasa o polvo. Luego **use la posición de tres puntos de apoyo para entrar** a la cabina. Esto quiere decir que Usted usará los estribos y la agarradera, y, ya sea ambas manos y un pie, o ambos pies y una mano, para entrar a la cabina.

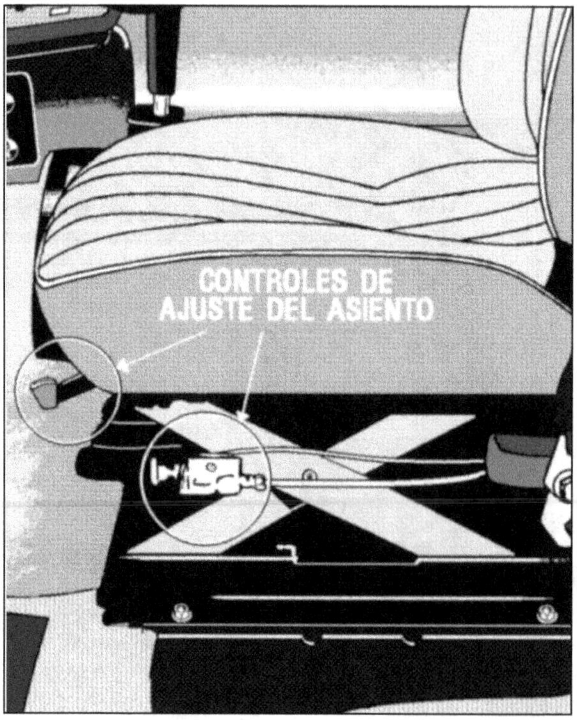

Ilustración 16-1
Para su comodidad ajuste su asiento, pero también asegúrese de que tiene una buena visión y de que sus pies y manos pueden fácilmente alcanzar todos los controles.

Colóquese detrás del volante. Muchos asientos del chofer tienen controles para el peso y la altura, y sistemas de suspensión que le proporcionan una marcha suave aún en caminos disparejos. Si está demasiado alto o demasiado bajo, busque el **ajuste del asiento**.

Localice el interruptor del encendido del tractor y meta la llave de contacto en él interruptor, pero no lo prenda. Fíjese en los pedales. El pedal de la izquierda es el del embrague (clotch), el otro es el de los frenos de aire. El pedal del acelerador está en la extrema derecha.

Asegúrese de que está **puesto** el **freno de estacionamiento**. Vea la palanca de cambios de la transmisión para que se dé cuenta de qué tipo es. Busque el **patrón de posiciones de los cambios**. Estará colocado en alguna parte de la cabina. Más adelante en este capítulo le mostraremos diferentes patrones de posición de los cambios. Tome la **palanca de cambios**, presione el pedal del embrague (clotch) y coloque la palanca **en la posición de neutral**. Saque el pedal del embrague (clotch), acomódese y localice los controles y medidores de la cabina descritos en el Capítulo 2.

PRUEBA DE LA HABILIDAD PARA OBSERVAR

¿Se familiarizó con el vehículo que se ilustra al inicio de este capítulo? ¿Era "chato" o convencional? ¿Cuántas velocidades tenía? Para revisar sus respuestas, diríjase a la gráfica de la Prueba de la Habilidad para Observar al final del libro.

El Arranque

Ahora ya está listo para arrancar el motor. Usted sabe que un motor de diesel quema diesel en lugar de gasolina. Los motores diesel difieren de los motores de gasolina en otras cosas también.

Cuando arranca un motor diesel, **no presione el acelerador**. Tampoco lo presione cuando el motor enciende. Estos procedimientos son innecesarios porque los inyectores de combustible dosifican el combustible diesel que va hacia los cilindros en cantidades exactas.

Para arrancar el motor diesel del tractor, presione el pedal del embrague (o clotch) hasta el piso y manténgalo ahí. Si su vehículo es de llave, **gírela**, o presione el botón de arranque. Esto hace que la electricidad de las baterías fluyan al motor de arranque. El motor de arranque gira el volante del motor e inicia el encendido del mismo. En cada cilindro, el aire y el combustible se encienden a su vez, impulsando los pistones y girando con esto el cigüeñal. En cuanto se enciende el motor, suelte la llave.

El motor ya está funcionando. Antes de que saque el embrague en forma suave y muy despacio, asegúrese de que la palanca de cambios de la transmisión está en la posición de neutral. Si la transmisión del tractor tiene cambio metido cuando saca el pedal del embrague, el tractor puede saltarle para adelante o para atrás. Muchos accidentes suceden porque el chofer creía que la transmisión estaba en neutral y no era así. Ahora tambien es muy buen tiempo para ver el medidor de la presión del aceite para asegurarse de que tienen buena presión.

Otra razón por la que presiona el pedal del embrague cuando arranca un motor diesel es para dejar que el motor de arranque gire lo más rápido que se pueda. La transmisión está llena con un aceite muy pesado que se espesa en tiempo de frío. Si no presiona el pedal del embrague o "clotch", la flecha o eje girará dentro de la transmisión. Esto genera resistencia, o arrastre, y detiene al motor de arranque. Si éste gira al motor muy despacio, puede ser que el motor no arranque.

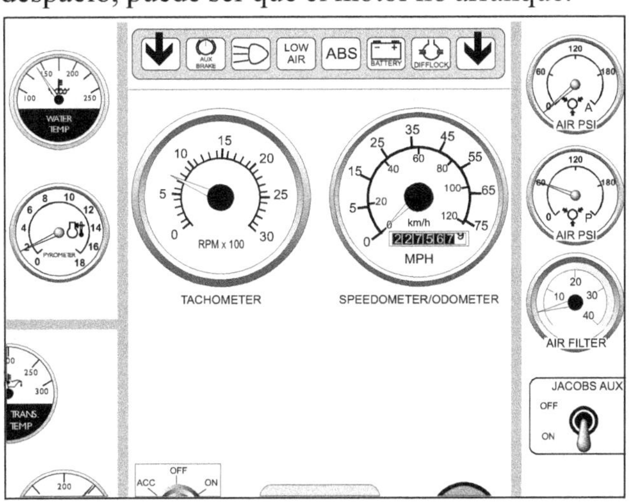

Ilustración 16-2
Ese motor está en neutral (punto muerto) a 650 rpm. La presión del aire y la temperatura de operación nos indican que el motor está casi listo para partir.

La mejor regla es encender el motor con el pedal del embrague metido hasta el suelo. Hacer esto cada vez, asegura un arranque mejor y más seguro.

El Calentamiento

Los motores necesitan calentarse porque funcionan

mejor a temperaturas normales de operación. Un motor diesel debe **calentarse de menos a 120 grados Fahrenheit** antes de que meta el embrague y empiece a rodar. La mejor temperatura de operación para un motor diesel es como de 180 grados Fahrenheit. Fíjese en las Ilustración 16-2.

En la temperatura de operación, la mezcla de aire y combustible se enciende mejor. El aceite de lubricación del motor fluye mejor. Usted puede mover el vehículo tan pronto como suben las presiones del aire y del aceite, pero no trate de usar la potencia total del motor hasta que éste haya llegado a su temperatura de operación.

Si estando en neutral, las revoluciones de un motor diesel son 650 rpm, déjelo a esas revoluciones mientras se calienta. Algunos choferes usan el acelerador de mano para poner las revoluciones a 900 o a 1000 rpm. Esto no es para calentar el motor más rápido, sino para que suba más rápido la presión del aire.

Cambiando los Cambios

Cuando el motor está encendido y ha llegado a una temperatura de por lo menos 120 grados y todos los otros indicadores o medidores están enseñando que todo esta funcionando normalmente, es tiempo de meter el embrague y usar la palanca de los cambios para empezar a mover el camión.

Usando el Embrague (clotch)

Usted sabe que cuando el pedal del embrague está arriba, el embrague mismo está enganchado. Cuando el embrague está enganchado, transmite potencia del motor a la transmisión. Cuando el pedal del embrague está presionado hasta el suelo, el embrague está afuera, no está enganchado. El motor puede estar encendido, pero no se transmite ninguna potencia a la transmisión. Uno de los propósitos del embrague es interrumpir el flujo de potencia del motor a las ruedas con tracción, de tal manera que la trasmisión pueda cambiar los cambios. El chofer del vehículo, **desengancha el embrague para cambiar los cambios**.

Fíjese en la Ilustración 16-3. Usted verá tres áreas por las cuales se mueve el pedal del embrague. Cuando de primero pone su pie en el pedal para presionarlo no va a sentir la resistencia en el pedal por la primera o la segunda pulgada de movimiento. A esta área se le nombra la área de juego libre. Al final de la área de juego libre empieza la área del trabajo o en otras palabras es cuando se desengancha el embrague. Al fin del movimiento del embrague, así al piso, se encuentra la área de el freno del embrague o el freno de la transmisión. Hay nomas unas pocas veces en las que Usted va a usar el freno del embrague. Usted aprenderá mas acerca de este freno más adelante en este mismo capítulo. Usted puede ver en la ilustración que el cambio de cambios se lleva a cabo mientras Usted tiene el embrague presionado en la área de trabajo del embrague.

Ilustración 16-3
El embrague interrumpe el flujo de fuerza del motor para que la transmisión pueda cambiarse de cambios.

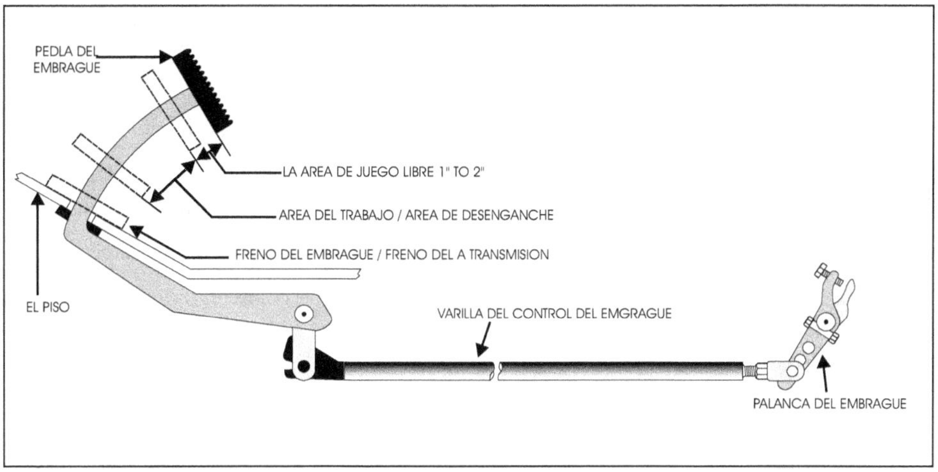

Quizá haya Usted visto choferes poner sus tractores en marcha. Algunos empezarán rodando en una forma constante y "suave como terciopelo". Otros llamarán su atención derrapando al arrancar, haciendo ruido con el motor y aventando humo por el escape. Luego escucha un rechinido que le indica que el chofer no hizo el cambio como se debe. Ese rechinido proviene de los dientes de los engranes que se pegan entre sí al tratar de engranar sin lograrlo. Un tractor no durará mucho con este maltrato.

¿Como lograr un arranque suave? Cuando esté listo para poner su camión en marcha, ya sea para adelante o para atrás, no presione el pedal del acelerador a como va soltando el pedal de embrague. Esto es cierto aunque el camión esté cargado o vacío. Con la transmisión en el cambio **baja (LO)** o en **REVERSA** y el motor al ralentí o sin poner el pie al pedal del acelerador, hay lo suficientes caballos de potencia para mover el camión sin presionar el acelerador.

El uso adecuado del embrague es muy importante a la hora de hacer los cambios. Ya sea que maneje un tractor viejo con un modelo de transmisión también ya viejo, o un tractor nuevecito con la transmisión más avanzada, de cualquier manera el embrague debe usarse con habilidad.

El capítulo 7 trató acerca del propósito del embrague, y en el Capítulo 3 vio porqué tiene que **cambiar los cambios con el motor marchando a las revoluciones por minuto (rpm) correctas**. El manual de operación del fabricante de la transmisión que está por usar, le dirá cuáles son "las rpm adecuadas". Las rpm del motor no son lo mismo que la velocidad con que se desplaza. Las rpm del motor le indican qué tan rápido está girando su cigüeñal. El tacómetro le dice las rpm del motor. Como ya sabe, el tacómetro se lee en cientos de rpm. Así que si su tacómetro indica 12, significa 1,200 rpm. La velocidad con la que se desplaza sobre la carretera se mide en millas por hora (mph). Aún así, cuando Usted cambia el cambio a las rpm adecuadas, frecuentemente se dice que "igualó" las rpm de su motor con la velocidad a la que se deplaza.

PARA HACER EL DOBLE "CLOTCHEO" CUANDO HACE LOS CAMBIOS HACIA ARRIBA:

Meta el pedal del embrague (clotch)

Mueva la palanca de cambios a la posición de neutral

Suelte el pedal del embrague

Deje que bajen las revoluciones del motor hasta que éstas y la velocidad a que se desplaza el vehículo "coincidan"

Meta el pedal del embrague y rápidamente mueva la palanca de cambios a la siguiente velocidad

Saque el pedal del embrague y acelere al mismo tiempo

PARA HACER EL DOBLE "CLOTCHEO" CUANDO HACE LOS CAMBIOS HACIA ABAJO:

Meta el pedal del embrague (clotch)

Mueva la palanca de cambios a a la posición de neutral

Suelte el pedal del embrague

Acelere el motor hasta que sus revoluciones "coincidan" con la velocidad a la que se desplaza el vehículo

Meta el pedal del embrague y rápidamente mueva la palanca de cambios a la siguiente velocidad

Saque el pedal del embrague y acelere al mismo tiempo

Como chofer, debe poner mucha atención al tacómetro. El rpm de un motor hace juego con sus engranes. Veamos ahora con más detenimiento cómo debe usar su embrague.

Embragando Doble

Embragando doble involucra que el pedal de embrague se empuje dos veces en vez de una cuando se cambian los cambios. A este procedimiento también se le llama "doble clotcheo" en algunas partes. Usted empuja el pedal de embrague así a dentro en la primera vez para mover pronto la palanca de cambios afuera de engrane e a la posición neutral. Con la palanca de cambios en la posición neutral, Usted inmediatamente suelta el pedal así afuera. La **velocidad del motor y velocidad de la carretera** ahora están iguales o **sincronizadas**. El pedal se empuja así adentro por segunda vez para meter el cambio al siguiente engrane, y luego se suelta el pedal de embrague.

Usted puede embragar doble cuando quiera mover el cambio de la posición mayor a la menor pero para poder hacer esto tendrá que subir la velocidad del motor empujando el acelerador para sincronizar la velocidad del motor con la velocidad de la carretera. Los transportistas animan a sus choferes a que no cambien los cambios de mayor a menor para detener sus equipos. Como lo puede ver, el chofer tiene que acelerar durante cada proceso de cambiar los cambios de mayor a menor. Es más eficiente en cuanto al consumo de combustible, el usar los frenos auxiliares para detener el equipo. Pero hay algo mejor que esto, quite su pie del acelerador con suficiente tiempo para que el camión solo disminuya la velocidad lentamente.

El Frenado de Embrague (clotch)

También hay veces en que el árbol secundario se detiene mientras la flecha de entrada todavía está girando. En este caso necesita **detener a la**

flecha de entrada para igualarla al árbol secundario. Para hacer esto, usará el frenado de embrague. El frenado de embrague detiene el giro de la flecha de entrada. Funciona sólo cuando presiona el pedal del embrague hasta el piso.

Tendrá que usar el frenado de embrague en estas circunstancias. Una es cuando arranca el motor. Después de que arranque el motor, suelte el pedal del embrague, entonces déjelo en marcha hasta que se caliente. Cuando su motor está en marcha, (sin mover el camión) el pedal de embrague está afuera, el embrague mismo está engranado en neutral y la flecha de entrada gira. Así que, **para cambiar al engrane de LO**, tiene que detener la flecha de entrada.

La otra ocasión en que tiene que usar el frenado de embrague (clotch), es **cuando los semáforos están en alto**. Cuando tiene que esperar un semáforo en rojo que dura mucho, Usted mantendrá su pie sobre el freno, cambiará a neutral y quitará su pie del pedal del embrague. Esto aumentará la vida de dos cosas: del embrague y de su pierna izquierda. Si mantiene el pedal del embrague dentro, por cierto tiempo mientras el motor está andando, desgastará el mecanismo que suelta al embrague. Y si todavía no sabe esto, mantener metido el pedal del embrague de un tractor de servicio pesado por cualquier cantidad de tiempo no es tarea fácil.

Usted también usara el frenado de embrague cuando se encuentre afuera del camión con el motor encendido y con el cambio en neutral. Cuando ya este dentro del camión, presione el embrague hasta el área del frenado de embrague. El aplicar el frenado de embrague detiene la rotación de el eje de entrada muy rápidamente. Usted no tiene que esperar a que el eje pierda la velocidad lentamente y hasta que al fin se detenga para que Usted cambie de cambio sin el rechinido de los engranes.

LA SELECCION DE VELOCIDADES Y GAMAS (RANGES)

El embrague no es el único dispositivo que usará para cambiar velocidades. También necesita saber cómo usar la palanca de velocidades. La **palanca de velocidades** es el dispositivo que **físicamente mueve los engranes o desliza el embrague** en la transmisión mientras el pedal del embrague esté presionado.

En la parte de arriba de la palanca de cambios notará que hay controles adicionales, el control de gama (en inglés: range) y posiblemente un separador (en inglés: splitter) o botones (perillas) para el control de la velocidad constante (en inglés: cruise control). Se pueden ver diferentes o estar localizados en lugares un poco diferentes, dependiendo de la transmisión, pero todos funcionan de la misma manera.

EL CONTROL DE GAMAS (RANGES)

El **control de gama** en una transmisión **proporciona una gama de alta y una de baja para el uso de los engranes básicos**. Un control de gamas convierte una transmisión de cinco velocidades en una de nueve, cinco engranes en la gama baja y cuatro engranes en la gama alta. La mayoría de las transmisiones de los camiones de carga tendrán un control de gamas. Este control permite a los engranes principales de la transmisión hacer una doble tarea. Los usa una vez en gama de baja y los vuelve a usar en gama de alta.

Ilustración 16-4
Con esta palanca de cambios, Usted simplemente mueve el botón del control de gama para seleccionar la gama baja o alta, y mover el control del separador para separar los engranes de gama alta.

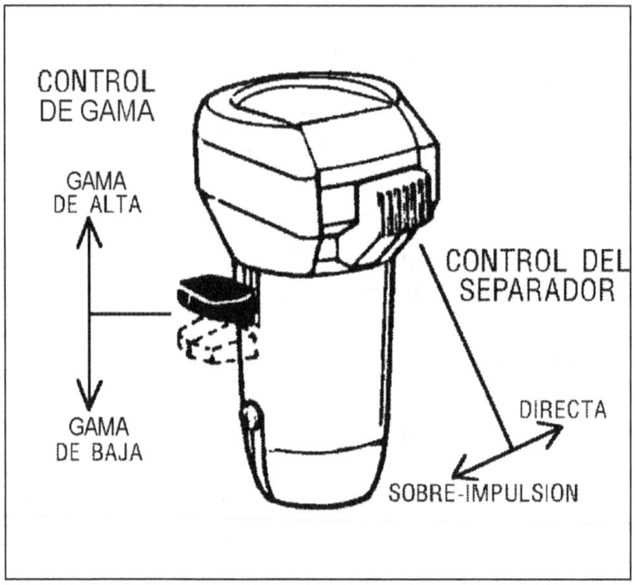

Esto proporciona una forma económica **de tener una selección mayor de coeficientes de reducción**. Entre mayor sea la selección que tenga, podrá Usted igualar más de cerca la velocidad del motor con la velocidad que necesitan sus ruedas para acelerar, para subir cuestas y para circular por el camino. Estas selecciones le ayudan a acelerar más rápido, a mantener mejor su velocidad en las lomas, y a mantener una velocidad promedio más alta.

EL CONTROL SEPARADOR (SPLITTER)

A como el botón (perilla) del control de gamas cambia los engranes básicos entre engranes de alta y baja, **el control separador separa esos engranes de alta entre DIRECTA y sobre-impulsión** (en inglés: overdrive). Esto quiere decir que una transmisión con control de gama y un separador (splitter) tiene una gama de baja, una gama de alta, una directa y sobre-impulsión para cada engrane en la gama de alta. La ilustración 16-4 le muestra la parte superior de una palanca de cambios para una transmisión que usa ambos, el control de gamas y el control separador (splitter).

Instrucciones Básicas para Hacer los Cambios

Lo que sigue son instrucciones básicas para hacer los cambios en dos transmisiones diferentes, la de 13 velocidades y la de nueve. La de nueve velocidades tiene control de gama, y la de 13 tiene ambos, el control de gama y el control separador. Una vez que se familiarice con estos dos tipos de transmisiones, puede usar la misma teoría básica, para figurarse cómo hacer los cambios en cualquier transmisión que se pueda encontrar. Al ver los patrones de posiciones de los cambios en las ilustraciones, se dará cuenta que la BAJA (LO) se considera uno de los engranes en cual-

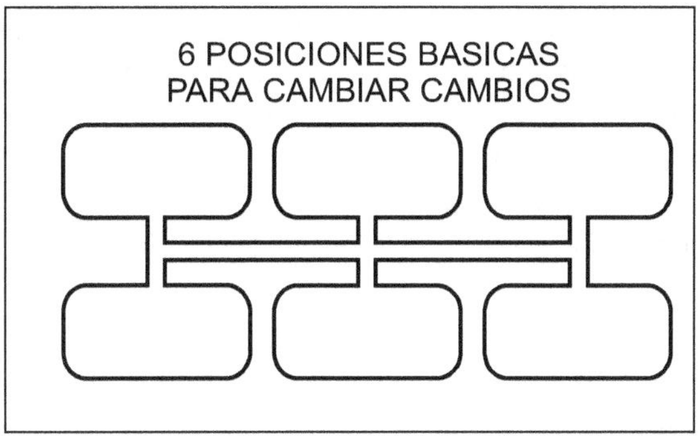

Ilustración 16-5
Una transmisión tiene seis posiciones básicas para cambiar cambios.

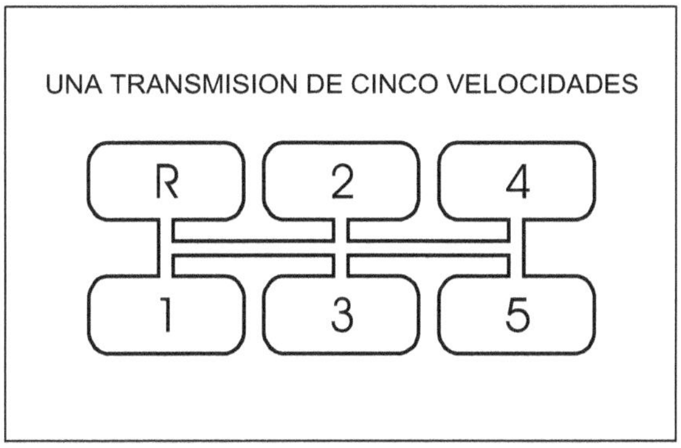

Ilustración 16-6
Posiciones de cambios para un transmisión de cinco velocidades.

quier transmisión. La Ilustración 16-5 muestra que básicamente hay seis posiciones en todas las transmisiones. Dentro de esas seis posiciones básicas 18 velocidades son posibles.

La Ilustración 16-6 muestra como las seis posiciones básicas se usan para darle una transmisión de cinco velocidades. La posición a izquierda más lejana y así al frente es la posición del engrane de la reversa. Moviéndose así adelante en el primer engrane Usted mueverá cuatro veces la palanca de cambios para entrar al quinto engrane.

CAMBIANDO DE MENOR A MAYOR

En ambas transmisiones, la de nueve y la de 13 velocidades, empiece con el control de gamas en la posición así abajo, en la gama baja. En la de 13 velocidades, el separador (splitter) debe estar hacia atrás, en la posición de directo. Ahora empiece a mover el tractor en el engrane de LO. Cuando llega a las rpm de cambio en el engrane de LO, es tiempo de cambiar a primera. Haga el "doble clotcheo" como se describió y cambie. Continúe haciendo el "doble clotcheo" y cambiando a cada engrane en secuencia hasta que llegue a la cuarta (cuarta posición, gama baja).

PRE-SELECCIONANDO LAS POSICIONES DE CAMBIOS

Ahora, justo antes de que quiera cambiar a la quinta (primera posición, gama alta), mueva a la posición de arriba el control de gamas, a gama alta. A esto se le llama "pre-seleccionar". Enseguida, haga el "doble clotcheo" y cambie a la quinta posición que es la misma posición que para la primera. El cambio de gama no sucede cuando Usted levanta el botón del control de gama así arriba. El cambio real de gama ocurre a como hace la palanca de cambios pasar por la posición neutral en su camino así al siguiente engrane de alta.

Pre-seleccionar cuando cambia de mayor a menor trabaja de la misma manera. Lance el botón del control de gama un poco antes de presionar el pedal de embrague. El cambio de gama ocurre cuando Usted mueva la palanca de cambios afuera de engrane e a neutral.

Ahora está en gama alta. Si la transmisión es de nueve velocidades, continúe los cambios de la quinta a la octava, tal y como lo hizo de la primera a la cuarta en gama baja. Si está manejando con una de 13 velocidades, los pasos son exactamente iguales hasta la quinta. Después de eso, querrá usar el control del separador (splitter) entre cada vez que mueva la palanca de cambios. Hay dos procedimientos diferentes a usar, dependiendo de si Usted está cambiando de directa (DIR) a sobre-impulsada (overdrive)(OD) en el mismo engrane, o cambiando de sobre-impulsada en un engrane a directa en la siguiente. He aquí cómo funciona:

Directa a Sobre-Impulsada en el Mismo Engrane Usando el Separador

Este es el cambio más fácil de hacer porque sólo mete el embrague una sola vez, y no tiene que mover la palanca de cambios. A esto se le llama quebrando el par de fuerzas. Simplemente mueva el control del separador a sobre-impulsión, levante el pie del acelerador, presione y suelte el embrague, y ya está en sobre-impulsión.

Sobre-Impulsión en un Engrane a Directa en la Siguiente Usando el Separador

Cuando está en sobre-impulsión, el siguiente engrane alto será el de la posición directa en el siguiente engrane alto. Esto es casi como cambiando de un engrane al siguiente en una de nueve velocidades con una excepción. Usted añade el paso de mover el separador a directa después de que ha movido la palanca de cambios y justo antes de que suelte el embrague la última vez en su embrague doble.

CAMBIANDO LOS CAMBIOS MAYOR A MENOR

Para cambiar los cambios de mayor a menor, de nuevo tomará cada engrane en secuencia. Deberá usar el procedimiento del embrague doble para cambiar los cambios de mayor a menor y seleccionar el siguiente engrane bajo.

Cuando llega al quinto engrane (primera posición, gama alta) tiene que recordar e pre-seleccionar la gama baja con el control de gama antes de mover la palanca de cambios al cuarto engrane (cuarta posición, gama baja).

Si tiene una de 13 velocidades, el cambio de sobre-impulsión a directa en el mismo engrane utiliza casi los mismos pasos que se usan para cambiar el cambio de menor a mayor, de directa a sobre-impulsión. Recuerde que debe subir la velocidad del motor cuando hace el embrague doble.

Cambiar el cambio de directa en un engrane a sobre-impulsión en el siguiente engrane abajo, es similar a cambiar el cambio de sobre-impulsión (OD) a directa (DIR) en el siguiente engrane. La diferencia es que Usted mueve el separador a directa (DIR) antes de que haga otra cosa. Después de eso, procede como si fuera un cambio de cambios normal de una de nueve velocidades.

TRANSMISION DE 10 VELOCIDADES

Hemos estado hablando de dos transmisiones comunes, la de nueve y la de 13 velocidades. Desde luego que hay otras variedades diferentes en uso en la actualidad. Por ejemplo, hay la de diez velocidades. Esta es básicamente como la de nueve pero utiliza el engrane (LO) (primera posición) tanto en gama alta como en el sexto engrane. También hay una Super 10 que tiene un botón seleccionador que hace la mitad del cambio de cambios. El botón seleccionador es igual al separador que se encuentra en una de 13 velocidades. Con está transmisión, cada posición de la palanca de cambios tiene dos engranes consecutivos que se cambian con el botón seleccionador. Esto lo deja que cambie por los engranes des del primero hasta el diez con mover la palanca de cambios solamente cuatro veces, en comparación con las nueve veces en un standard de 10 velocidades.

La transmisión Super 10 cambia los cambios así. Con la palanca de cambios tirada a la izquierda y para atrás a la primera posición Usted puede dejar salir el pedal de embrague y poner su camión en movimiento. El primer cambio es hecho con el botón seleccionador. Lance el botón del seleccionador, quite el pedal del acelerador brevemente, y la transmisión se cambia al segundo engrane. Ahora con el pie otra vez en el acelerador y la velocidad a cercas de cinco mph es tiempo de cambiar al tercer engrane. Usted pre-selecciona con mover el botón seleccionador. Entonces con la palanca de cambios y el embrague doble Usted cambia a la posición central y delantera que lo pondrá en el tercer engrane. El cambio de tercera a cuarta es con el botón seleccionador. Usted repite éste proceso hasta que entre en el engrane numero 10 a como a 35 mph. Usted ha usado la palanca de cambios cuatro veces y el resto son hechos con el botón seleccionador de primera al engrane numero 10. Fíjese a la Ilustración 16-7.

CAMBIO DE CAMBIOS AUTOMATICOS

También hay una transmisión automática que en inglés se le llama Super 10 Top Two Automated. Es básicamente igual a la Super 10 pero difiere en que las dos velocidades o engranes altos son automáticos. La unión de la unidad del control electrónico (Siglas en inglés: ECU) del motor a la transmisión hace que esto sea posible.

La transmisión automática llamada Super 10 Top Two Automated se le cambian los cambios igualmente que a Super 10. Vamos a decir que esta

Ilustración 16-7 Posiciones de cambios para las transmisiones de 9, 13, 10, y la Super 10 con control de gama, control separador, y botón selectador.

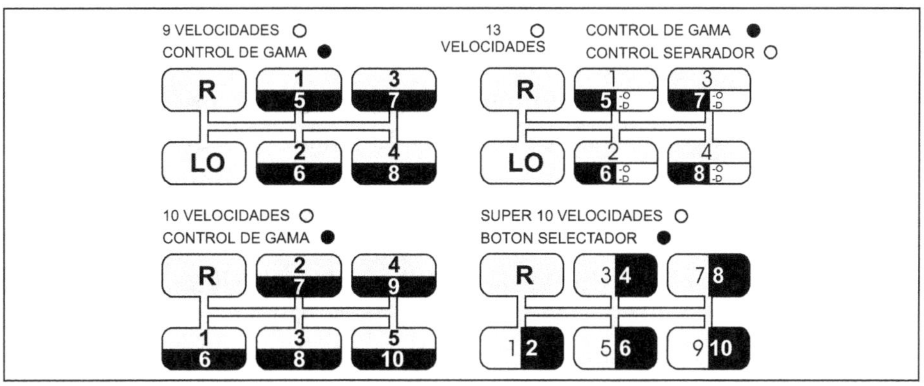

en el engrane ocho. Con el botón seleccionador pre-seleccionado para atrás para el engrane LO use el embrague doble, moviendo la palanca de los cambios al el engrane nueve cuando su velocidad de carretera es entre medio de 35 y 40 mph. Es el ultimo cambio que Usted hace. Los electrónicos del motor están al tanto de la velocidad de la carretera, la aceleración o des aceleración, y la velocidad del el motor. Así es que son los electrónicos los que responden a su pie en el acelerador que causa el siguiente cambio al engrane 10 se haga automáticamente. Entonces Usted puede levantar su camión a las mph legales que Usted quiera.

Subiendo una cuesta arriba hace caer las mph de nuevo, los electrónicos leen la caída. Los electrónicos causan que se rompa el par de fuerza, Usted oyera un rápido crecimiento en las mph del motor, y la transmisión se cambia para atrásel engrane nueve automáticamente. Fíjese en la Ilustración 16-8.

Ilustración 16-8 Los patrones de cambios para la transmisión Super 10 Top Two automática.

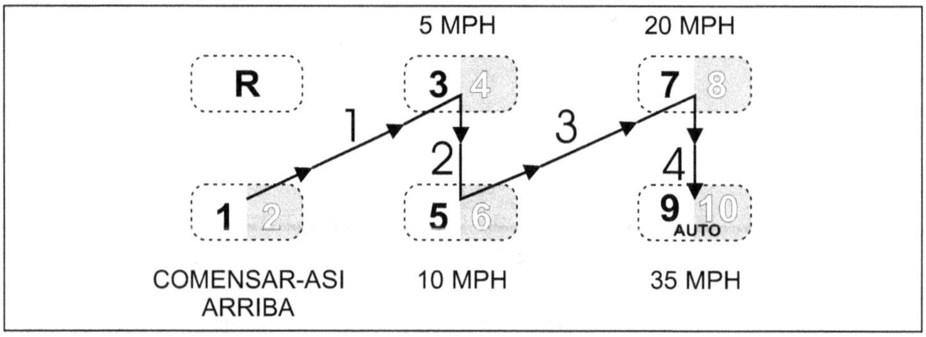

Hay la de 18 velocidades que es como la de 13 pero que le permite usar el separador (splitter) tanto en la gama baja como en la alta. Hay una de 15 velocidades que, como en el caso de la de diez, utiliza el cambio BAJA (LO) en ambas gamas, baja y alta, y el separador también funciona en esa posición.

También hay una transmisión de 15 velocidades con una honda reducción. Es como la de diez velocidades pero tiene otro control que da una gama de BAJA-BAJA (LO-LO) o gama de honda reducción para moverse muy despacio sobre terreno muy áspero, o subir cuestas muy pronunciadas, o trabajando con equipo de construcción.

Todavía hay varios tipos más, diferentes. Pero como dijimos, si Usted entiende los principios de la de nueve y la de 13 velocidades, podrá figurarse qué hacer con sólo ver el patrón de posiciones de los cambios que está colocado en el vehículo.

El tipo de transmisión que encontrará en su vehículo depende de varias cosas. Cuando se compra un vehículo de carga nuevo, el comprador seleccionará la transmisión con base al tipo de trabajo que probablemente vaya a hacer el vehículo.

Cambio de Cambios Progresivo

El cambio de cambios progresivo es una manera técnica de conducir y cambiar los cambios que lo deja tomar ventaja de la fuerza de caballos mas alta, bajas rpm, y la alta torsión de los motores. Cuando la transmisión está en engranes bajos es cuando desarrolla más torsión, o fuerza. En los engranes altos da menos torsión pero da velocidades más altas.

El cambio de cambios progresivo es una manera de hacer su camión que se mueva en el primer engrane o LO y hacer el primer cambio de cambios cuando la velocidad va por arriba de cinco mph en 1,200 rpm. Cuando Usted use esta técnica Usted evita intencionalmente usar mas rpm de lo que sea necesario para el siguiente cambio así arriba. Llevando el rpm del motor en la gama entre medio de 1,200 y 1,600 a como va cambiando así arriba hasta el engrane más alto para llegar a la velocidad legal le ahorra combustible. El Capítulo 24 cubre la economía del combustible en más detalle.

Sugerencias de Manejo

Las siguientes, son precauciones básicas que tener presentes para cambiar los cambios en forma suave y correctamente cada vez.

- Cargado o sin carga, no presione el acelerador a como va dejando salir el embrague.
- Siempre haga el embrague doble cuando mueva la palanca de los cambios
- Nunca fuerce la palanca a la posición del siguiente engrane.
- Nunca maneje con la palanca de los cambios en neutral o con el pedal del embrague presionado de tal manera que la potencia del motor se desconecte de las ruedas con tracción (a esta situación, en inglés se le llama "coast"). El reglamento prohíbe esto.
- Con una transmisión de nueve o de 13 velocidades, nunca mueva la palanca de los cambios a la posición de BAJA (LO) cuando esté en gama alta.
- Nunca mueva el gama o el control del separador (splitter) cuando la transmisión esté en neutral mientras se mueve el vehículo.
- Nunca haga un cambio de gama cuando se mueva en reversa.
- Siempre termine el cambio inmediatamente después de pre-seleccionar.
- Usted puede ahorrar valioso combustible operando el vehículo a menos rpm que las gobernadas mientras va a la velocidad legal en el engrane más alto.

Examen Sobre el Capítulo 16

1. Antes de encender un camión de carga por primera vez, debe saber la localización de los medidores y controles.
   A. Verdadero.
   B. Falso.

2. Para encender el ____, presione el pedal del embrague hasta el piso y manténgalo ahí. Gire la llave de contacto o presione el botón del encendido.
   A. motor de gasolina
   B. motor diesel

3. La mejor temperatura de ____ en un motor diesel es de 180 grados Fahrenheit.
   A. el eje trasero más extremo
   B. la transmisión
   C. el motor en neutral
   D. operación

4. Usted sabe que cuando el pedal del embrague está arriba, el embrague mismo está ____.
   A. engranado
   B. desengranado

5. La transmisión Super 10 se cambia de primera al diez con sólo seis movimientos de la palanca de los cambios.
   A. Verdadero.
   B. Falso.

6. "Presione el pedal del embrague.
   Mueva la palanca de los cambios a neutral.
   Suelte el pedal del embrague.
   Deje que baje la velocidad del motor hasta que sus rpm y la velocidad a la que se desplaza se igualen.
   Presione el pedal del embrague y rápidamente mueva la palanca de los cambio a la posición del siguiente engrane.
   Suelte el pedal del embrague."

Esta es la descripción del "doble clotcheo" cuando Usted ____.
   A. hace los cambios de una velocidad menor a una mayor
   B. hace los cambios de una velocidad mayor a una menor

7. Los transportistas animan a sus choferes a que usen el procedimiento de hacer cambios de mayor a menor para desacelerar sus equipos.
   A. Verdadero.
   B. Falso.

8. Una transmisión tendrá un control de camas, o control de separador (splitter), pero nunca los dos.
   A. Verdadero.
   B. Falso.

9. El cambio de ____ es el cambio más fácil de hacer porque sólo tiene que meter el embrague una vez y no tiene que mover la palanca de los cambios.
   A. BAJA (LO) a neutral
   B. cuarta alta a quinta baja
   C. de directa a sobre-impulsión en el mismo engrane
   D. manual a automática

10. Si a su transmisión se le cambian los cambios de mayor a menor, Usted tiene que subir la velocidad del motor cuando usa el embrague doble o el "doble clotcheo".
   A. Verdadero.
   B. Falso.

CAPITULO 17

TECNICAS DE MANEJO

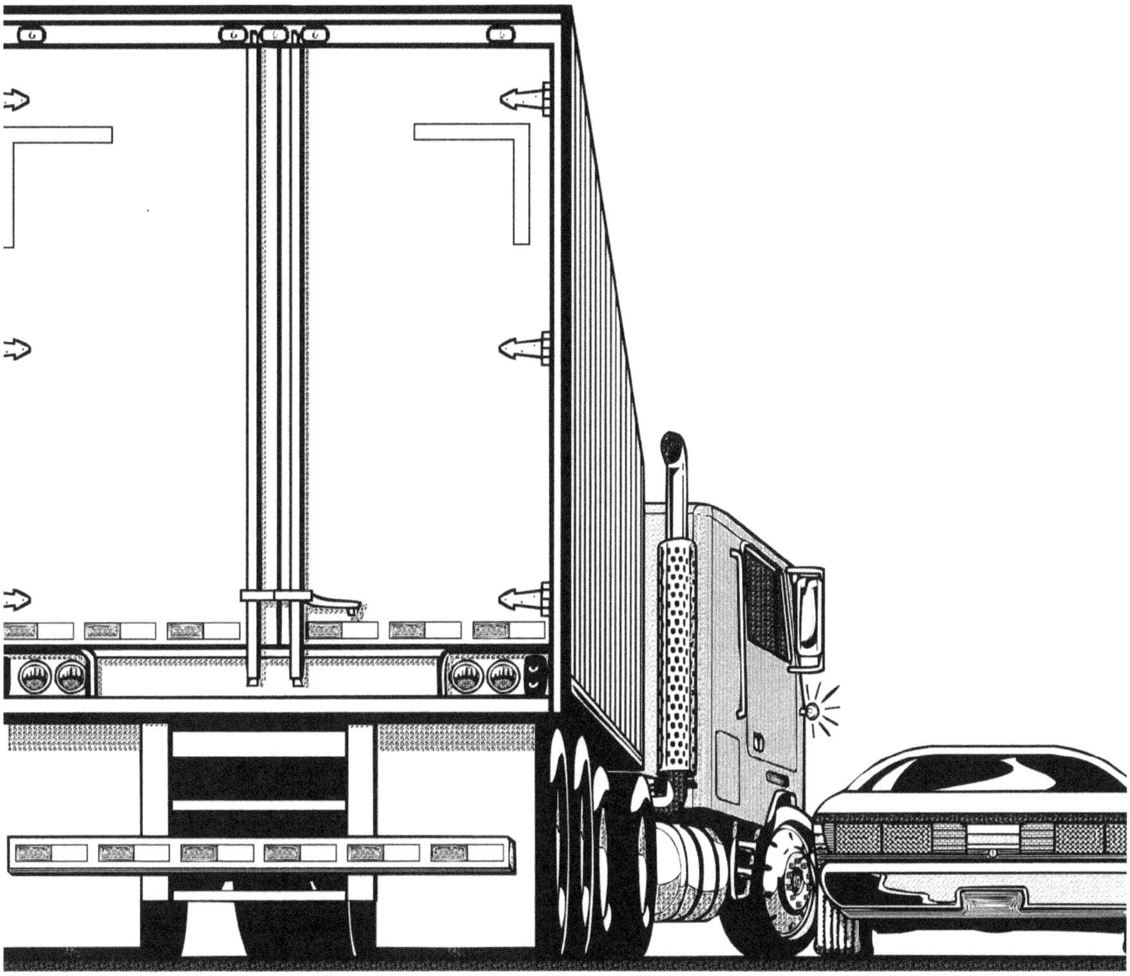

En el Camino

En el capítulo pasado aprendió cómo poner en marcha su tractor. Ahora que está en marcha, ya está en el camino donde necesita saber cómo manejar ese equipo. Algunos de los siguientes capítulos se centrarán en el tema de técnicas de manejo. En este capítulo nos centraremos en:

- la dirección
- cómo dar vuelta en las esquinas
- maniobras en zigzag
- el manejo del tractor solo, sin remolque
- cómo detener el vehículo de carga
- cómo apagar el vehículo

La Dirección

El manejo de la dirección es más que simplemente dirigir el movimiento del vehículo. No puede hacer un buen trabajo con la dirección si:

- su postura al manejar es mala
- no coge bien el volante de la dirección
- batalla con el volante
- deja desviar el vehículo
- no se concentra en manejar

Antes de que pueda manejar correctamente la dirección, hay tres cosas que debe hacer: ajustar su asiento correctamente, sentarse en forma adecuada y coger correctamente el volante de la dirección.

AJUSTE SU ASIENTO CORRECTAMENTE

Estudie el dispositivo para ajustar su asiento. Puede ser que tenga que sacar su manual del operador para averiguar cómo usarlo. **Ajuste la altura de tal manera que sus pies puedan tocar el piso**, y que su pie izquierdo pueda empujar el pedal del embrague (clotch) hasta el fondo sin que Usted se tenga que estirar.

Enseguida, ponga derecho **el respaldo** del asiento. Luego apóyese en él con la espalda, déjelo recorrerse hasta la primera posición cómoda, y fíjelo ahí. Busque un ajuste para **la espalda baja (zona lumbar)**. Fíjelo en la primera posición hasta que se acostumbre a él.

Su asiento puede también tener una perilla para el **peso**. Ajústela para su peso. De esta manera obtendrá la cantidad correcta de absorción de los golpes del camino. Después de ocho o nueve horas, valorará en mucho un asiento bien ajustado.

Revise los espejos. Asegúrese de tener el campo de visión adecuado. Después de que ajuste su asiento, puede ser que tenga que reajustar uno o ambos espejos.

Finalmente, ponga su cinturón de seguridad.

MANTENGA UNA BUENA POSTURA AL MANEJAR

Su **postura de manejo** (la forma en que se sienta cuando maneja) **es importante** para manejar la dirección bien y para el manejo en general. No se encorve. Una buena postura:

- reduce el cansancio
- le ayuda a mantenerse alerta
- le ayuda a prevenir dolores de cuello y de espalda
- le ayuda a sentir cómo responden el tractor y el remolque

Ajustar su asiento le ayudará a tomar una buena postura. La buena postura es el primer paso a buenas técnicas de manejo.

AGARRE EL VOLANTE DE LA DIRECCION EN FORMA APROPIADA

Ahora coloque sus manos sobre el volante de la dirección. Imagínese que el volante es la carátula de un reloj. Su mano izquierda debe estar sobre las 9. Su mano derecha debe estar sobre las 3. Agarre el volante con los **dedos pulgares por encima y el resto de los dedos por abajo**, y descansando todos sobre el volante. (Vea la ilustración 17-1).

Su agarre debe ser firme, no demasiado fuerte—sólo firme. Cuando da vuelta o mete los cambios, mantenga una mano firmemente sobre el volante.

Cuando usa este método para agarrar el volante, su vehículo no se desviará de su carril, en una carretera derecha. No hay necesidad de batallar con el volante.

Ilustración 17-1
Forma correcta de coger el volante de la dirección.

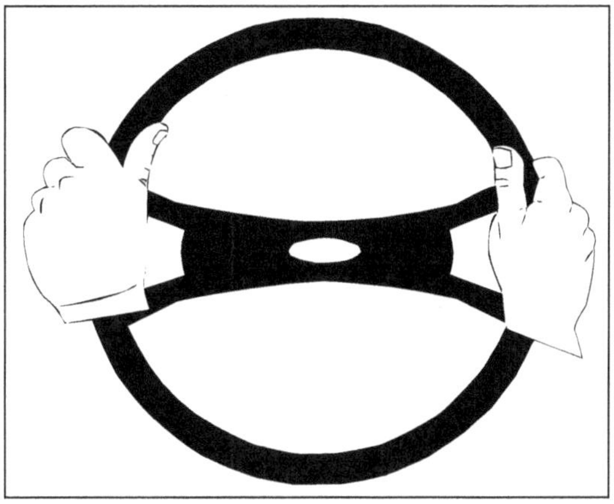

Cuando da vuelta, evite cruzar sus brazos sobre el volante. En lugar de esto, **reposicione sus manos, una a la vez, conforme da la vuelta** al volante. Su mano izquierda no debe sobrepasar la posición de las 12 horas, cuando da vuelta a la derecha. Su mano derecha no debe sobrepasar la posición de las 12 horas cuando da vuelta a la izquierda.

Este método para dar vuelta, es una técnica de manejo seguro que se enseña a la policía y a los bomberos, así como a los choferes de vehículos comerciales. Evita que sus brazos le obstruyan su campo de visión. Permite que la fuerza que ejerce sobre el volante cuando da la vuelta, sea igual y máxima. Cuando utiliza este método para dar vuelta, dará las vueltas más suavemente.

DIRECCION MANUAL E HIDRAULICA

Los vehículo de carga con dirección manual son más difíciles de dirigir porque Usted debe hacer toda la fuerza para darle vuelta a las llantas delanteras. Conforme se incrementa la velocidad, la dirección se vuelve más fácil. También se siente más fácil en un vehículo "chato" porque Usted estará sentado sobre el eje de la dirección, y esto le da una sensación más directa de la dirección misma.

La mayoría de los choferes prefieren la dirección hidráulica. Hace que un vehículo de carga grande se pueda dirigir como un coche familiar. Con la dirección hidráulica, sus brazos y hombros se cansan menos y Usted tiene mayor control cuando se encuentra con vientos de lado o en los caminos con muchas curvas.

Tanto si tiene dirección manual como hidráulica, **no le dé vuelta al volante cuando el vehículo está parado**. Dependiendo de la superficie del camino, las llantas o la alineación se pueden dañar. Sólo dé vuelta al volante de la dirección cuando el vehículo esté en movimiento. Es más fácil para Usted y para el equipo.

La Vuelta a la Equina

Dar vuelta a la esquina con un remolque de 53 pies de largo y un tractor de trompa larga requiere meditarse. Un automóvil promedio mide más o menos 15 pies de largo. El equipo que Usted manejará probablemente sea cuatro veces más largo. También es dos o tres pies más ancho y ocho pies más alto. Debido a la longitud, las llantas traseras del remolque no seguirán la misma trayectoria que las llantas del tractor. Otra forma de decir esto es **que las llantas del remolque no siguen a las del tractor** (en inglés se le llama "off-tracking"). Debe avanzar el tractor más adelante para que las ruedas del remolque den vuelta a la esquina.

Ilustración 17-2
Cuando dé la vuelta en una esquina con una unidad tractor-remolque, las ruedas del remolque no siguen la misma trayectoria que las del tractor.

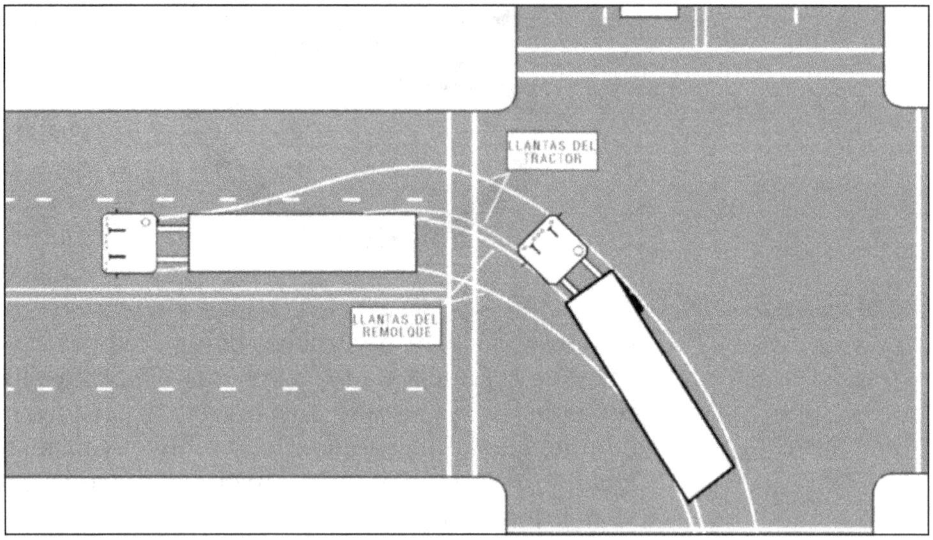

Para efectuar la vuelta "perfecta", asegúrese de que Usted haga lo siguiente.

- Posicione el vehículo para dar la vuelta
- Haga la señal con mucha anticipación
- Revise las condiciones del tránsito y dé vuelta sólo cuando tenga libre el camino
- Evite abrirse o cerrarse mucho
- Ajuste su velocidad de tal manera que se pueda detener si necesita hacerlo

- Revise que no venga tráfico cruzando independientemente de las señales de tránsito
- Por seguridad, ceda el derecho de paso
- Utilice sus espejos para revisar los objetos fijos y el tráfico vehicular

VOLTEAR A LA DERECHA

Dar vuelta a la esquina a la derecha es **más difícil que hacerlo a la izquierda**. Cuando da vuelta a la izquierda, tiene una vista clara de la esquina. Dar vuelta a la derecha significa que en algunos momentos tiene un lado ciego.

> PRUEBA DE LA HABILIDAD PARA OBSERVAR
>
> Recuerde la ilustración al inicio de este capítulo. En la situación se ilustran un par de problemas. ¿Los notó? Refiérase a la gráfica de la Prueba de la Habilidad para Observar al final del libro y vea cómo lo hizo.

Antes de que dé la vuelta, indique su intención de voltear con el direccional del derecho. Retírese tanto como pueda del acotamiento de la derecha pero dentro del carril derecho. Esto mantiene bloqueado el carril del derecho para que los carros no pueden meterse entre su remolque y el acotamiento. Revise que libre los postes de la luz u otros servicios, así como los cables por encima de Usted. Tenga cuidado con otros vehículos que avanzan a la intersección. Vea la ilustración 17-3.

Pasando la esquina derecha, métase a la intersección tanto como sea necesario para que las ruedas del remolque pasan sin topar el acotamiento. Manténgase vigilante de su remolque a través de su espejo lateral. Tan pronto como sea posible, dirija el tractor al carril derecho de la calle a la que dio vuelta. Si no puede dar la vuelta sin invadir otro carril, **ábrase mucho cuando esté terminando de dar la vuelta**. No se abra mucho a la izquierda al inicio de la vuelta. Los coches que vienen detrás, pueden mal interpretar sus intenciones y tratar de rebasarlo por la derecha. Si debe invadir un carril con tráfico hacia Usted y viene un vehículo, permítale que pase. Pare si hace falta, pero no retroceda.

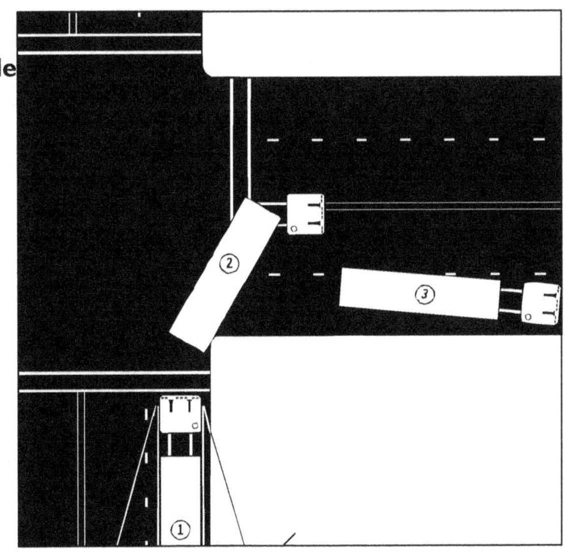

Ilustración 17-3
Una vez que terminó de dar una vuelta a la derecha, enderece su equipo y diríjase al carril derecho del camino al que dio vuelta.

VOLTEAR A LA IZQUIERDA

Cuando da la vuelta a la izquierda, prenda su direccional con mucha anticipación. Tendrá **un campo de visión claro** del carril que va a entrar. Utilizando el carril izquierdo, avance el tractor hasta pasar el centro de la intersección. Empiece a dar vuelta a la izquierda sólo cuando ya se haya asegurado de que las ruedas del remolque pasan sin topar la línea del centro. Vigile el avance de las ruedas de su remolque por su espejo lateral. Dé la vuelta al tractor abierta hacia el extremo derecho del carril al que va a entrar. Cuando las ruedas del remolque estén sobre el carril, gire a la izquierda para meter el tractor al carril y enderezarse. Si hay dos carriles para dar vuelta a la izquierda, empiece del carril más a la derecha.

LOS ESPEJOS

Hacer uso completo de sus espejos, significa que Usted no tiene que doblar y girar su cuello y cuerpo para poder ver. Usted. puede

- mantener una buena postura
- ver para adelante
- mantener agarrado el volante de la dirección en la forma adecuada

y todavía darse cuenta de todos los objetos que se encuentran a sus lados y atrás.

Ilustración 17-4
Cuando da una vuelta a la izquierda, tendrá muy buena visibilidad.

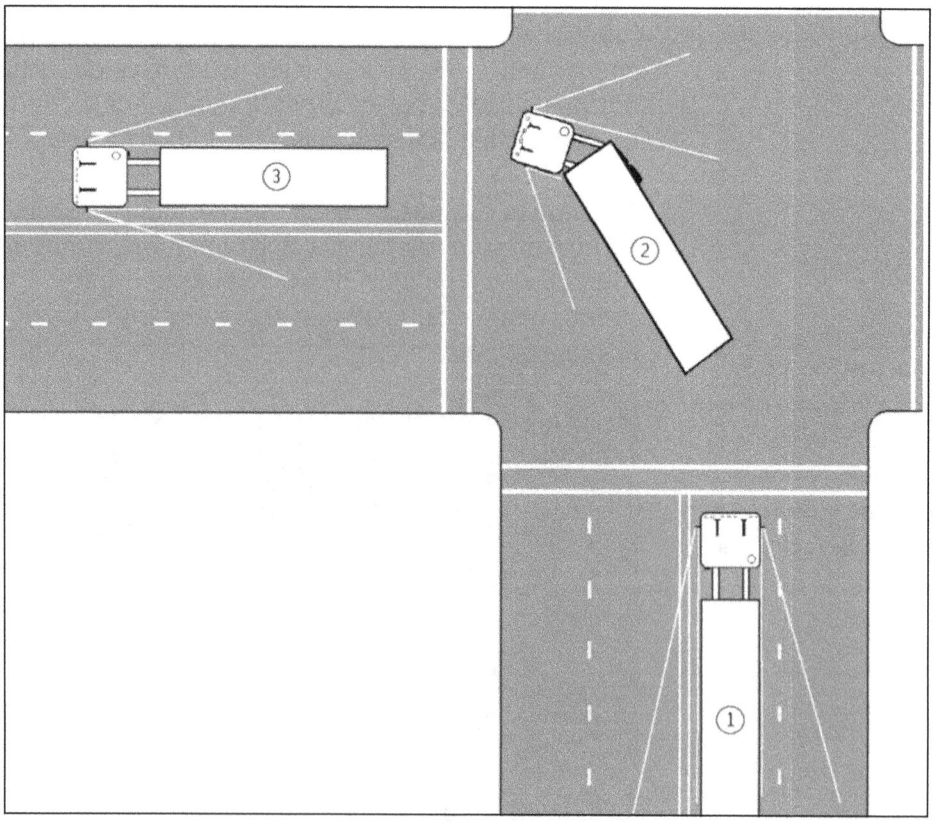

La mayoría de los equipos tienen dos espejos a cada lado, uno grande y plano y el otro convexo. El **espejo grande y plano le permite vigilar el**

Ilustración 17-5
(A) Lo que permiten ver sus espejos retrovisores grandes y planos, y (B) sus espejos convexos más pequeños.

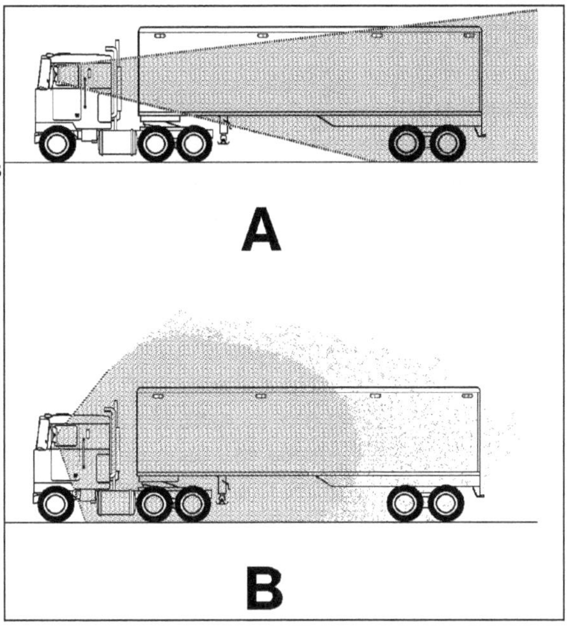

tráfico y su remolque. El **espejo convexo más pequeño le permite vigilar el tráfico y las ruedas con tracción de su tractor**.

Vea la ilustración 17-5 que muestra la vista que tiene el chofer a través de los espejos.

Cuando se encuentra sentado en el asiento del chofer, los espejos grandes y planos de cada lado de su tractor, le permiten ver los lados de su remolque. Puede ver el camino detrás de Usted desde aproximadamente el punto medio del remolque. Estos dos espejos le permiten ver el suelo a partir de las ruedas delanteras del remolque, los dos carriles completos a los lados de su equipo, y detrás del remolque.

Los espejos convexos más pequeños de cada lado de su tractor, le permiten vigilar el tráfico que se ha movido al lado de Usted. Como lo muestra la ilustración 17-6, sin este espejo tendría un punto ciego muy peligroso. Si estuviera a punto de dar vuelta a la derecha o a la izquierda y no viera un vehículo en esta posición, lo más probable es que tendría un accidente.

Ilustración 17-6
Un carro se le puede esconder si se le acerca por su lado y se pone justo atrás de su ventana y delante de las llantas del frente del remolque. Su espejo convexo le ayudará a ver este punto ciego.

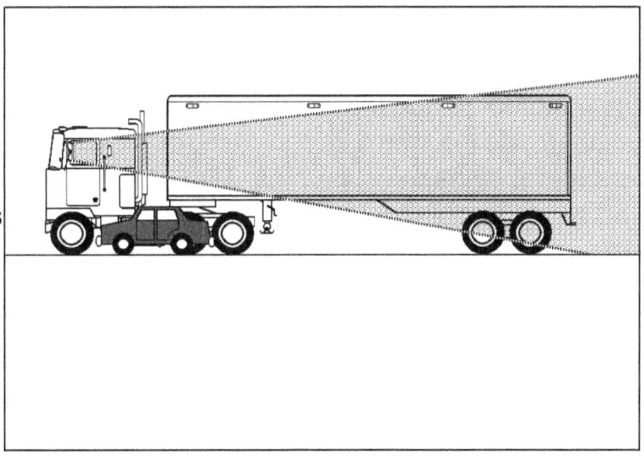

Los espejos del chofer de un vehículo de carga hacen más que simplemente dejarle ver el tráfico que lo circunda. También le ayudan a vigilar su equipo. Asegúrese de acomodar sus espejos grandes de tal manera que pueda **ver las ruedas del remolque en el espejo plano y las ruedas** con tracción en el convexo. Esperamos que nunca tenga ante Usted la imagen de sus llantas deshaciéndose o quemándose, o de humo saliendo de un incendio en su carga del remolque. Pero si alguna de estas situaciones fuera a suceder, Usted podrá verlas con sus espejos.

Maniobras en Zigzag

Zigzag es un término que se usa para describir **los movimientos de giro y serpenteo** que de cuando en cuando tiene que usar un chofer. Por ejemplo, supongamos que una granizada repentina ha hecho que docenas de equipos se salgan de la carretera para ir a una parada de vehículos de carga. Están estacionados por todo el patio. Usted también quiere entrar en él. Usted había planeado llenar el tanque de combustible y cenar. Simplemente para llegar hasta las bombas del combustible, tiene que hacer una vuelta como de medio círculo a través de todo el patio. Avanzando entre y alrededor de vehículos de carga estacionados, Usted da vuelta a la izquierda, luego a la derecha, y luego a la izquierda. Después de manejar entre 10 vehículos estacionados, por fin tiene libre el camino a las bombas. ¡Acaba de hacer maniobras en zigzag!

Este tipo de habilidad también puede necesitarse cuando entra Usted al patio de un cliente. Puede ser que reciba instrucciones de proceder a un andén en la esquina más lejana de la planta. Usted tiene las indicaciones.

- Dé vuelta a la izquierda en el tanque del agua
- Dé vuelta a la derecha en el edificio N4
- Siga hasta el lado derecho de las vías del ferrocarril
- Dé vuelta a la derecha en el camino que va a mantenimiento
- Dé vuelta a la izquierda justo antes del taller

Como puede ver, su viaje al andén de atrás es una pista de obstáculos. Tiene cuidado de que los espacios laterales estén libres, de cosas que cuelguen abajo, de alambres de teléfono, de montacargas y de peatones. Desacelera, para, revisa sus espejos. Usa sus direccionales, y si lo tiene que hacer, suena su claxon.

La mayor parte del tiempo está ocupado con el volante de la dirección dando vuelta a la izquierda, luego a la derecha, y luego a la izquierda. Usa los espejos cada segundo. Conforme baja o sube su velocidad, utiliza la palanca de velocidades y el embrague.

Cuando llega al andén, se da cuenta de que serpenteó su equipo a través del patio de una planta con mucho movimiento. Esta satisfecho consigo mismo. ¡No pisó mas que una hierba con el vehículo!

Cada maniobra significa:

- ver a la izquierda y a la derecha
- planear por off-tracking
- buscar suficiente espacio libre
- reducir la velocidad
- revisar todos los espejos

para pasar por un lado y luego por el otro.

EL MANEJO DEL TRACTOR SOLO, SIN REMOLQUE

A esto en inglés se le llama "bobtailing", y como dice el encabezado, significa **manejar el tractor sin tener enganchado un remolque**. Créalo o no, esto puede **ser más peligroso que manejarlo con un remolque totalmente cargado**. Sin el peso del remolque, las llantas del tractor tienen una huella muy pequeña. Es decir, no se expanden mucho sobre el suelo y tienen mucho menos superficie de contacto con el camino.

El mayor peligro cuando se maneja un tractor solo, es no poder parar a tiempo. En superficies mojadas o con hielo, el derrapamiento puede empezar con la primera aplicación de los frenos.

En esas circunstancias, un tractor **chato** es aún **más difícil de controlar que uno convencional**. Esto es debido principalmente a la diferencia en la distribución del peso. Cuando maneja un tractor convencional solo, algo del peso del motor descansa sobre el eje de la dirección y algo sobre el eje con tracción. Pero en el tractor "chato" casi todo el peso del motor descansa sobre el eje de la dirección. Esto significa que es más probable que las ruedas con tracción de un "chato" derrapen cuando se acelere sobre superficies resbalosas. Es más probable que se traben cuando se frena sobre cualquier superficie porque casi no tienen peso sobre ellas.

Debe extremar sus precauciones cuando maneja un tractor solo. Maneje más despacio, y dése más tiempo para frenar y detenerse.

Jalar un remolque vacío presenta un problema similar. Los vehículos de carga vacíos necesitan mayores distancias para detenerse porque tienen menor tracción. El vehículo vacío se puede dar saltos y las ruedas pueden trabarse, ocasionando un frenado deficiente.

Los frenos antibloqueo (ABS), si es que su tractor los tiene, no reducen la distancia necesaria para parar un tractor sin remolque. Los frenos antibloqueo ayudan evitar que las llantas se traban y reducen la posibilidad de derrapamiento.

Como Detener al Vehículo de Carga

Detener un vehículo de carga es algo más que simplemente aplicar los frenos. Detenerlo suavemente significa vigilar el comportamiento del tráfico adelante de Usted. Significa dejar espacio suficiente entre Usted y los vehículos que van enfrente. Significa hacer cambios hacia abajo en una pendiente de bajada o en tráfico más lento. Hacer alto suavemente significa el menor desgaste posible para el equipo. Hacer alto suavemente significa que la carga no se mueve, y significa que no se producen daños. Siempre debe:

- hacer alto suavemente
- evitar paradas repentinas
- no invadir el cruce de peatones
- parar cuando sale de un callejón
- parar y volver a arrancar sin que se le vaya el equipo hacia atrás

Antes de que meta el embrague, espere hasta que las rpm estén cercanas a las del motor cuando está en neutral.

Como Apagar el Vehículo

Dejar estacionado un vehículo de carga requiere de algo más que poner los frenos de estacionamiento. Habrá veces en que tenga que dejar el vehículo estacionado por uno o dos días o aún por más tiempo. Si se encuentra lejos de su terminal debe pensar en la seguridad. Busque un lugar seguro para el tractor y el remolque. Trate de estacionarse en una zona iluminada en un distrito de bodegas o de movimiento de vehículos de carga. Estas zonas tienen guardias de seguridad privados así como patrullas de la policía.

Las partes del motor están calientes después de haber funcionado todo el día, y **demoran unos minutos en enfriarse**. En el tiempo que demora en entrar al patio y encontrar un sitio para estacionar, el motor ha tenido oportunidad de enfriarse un poco y se lo puede apagar. La compañía suya tal vez tenga instrucciones específicas sobre dejando el motor en neutral y apagando el motor.

Ponga los frenos de estacionamiento jalando ambas perillas. (No ponga los frenos de estacionamiento cuando los frenos estén muy calientes. Utilice calzas en las ruedas hasta que los frenos hayan tenido la oportunidad de enfriarse. En clima a punto de congelación, los frenos mojados se pueden congelar si no los seca antes de poner el freno de estacionamiento). Nunca deje el vehículo sin vigilancia sin primero poner los frenos de estacionamiento.

Cierre todas las ventanas. Saque de la cabina todos los objetos de valor, o de menos póngalos donde no se vean. Póngales el seguro a las puertas del tractor. Cierre con seguro las puertas del remolque. Cierre con seguro las tapas del tanque de combustible.

Examen Sobre el Capítulo 17

1. Ajuste_____de su asiento del chofer de tal manera que su pie izquierdo pueda empujar el pedal del embrague hasta el fondo sin que necesite estirarse.
   A. la altura
   B. la posición hacia adelante
   C. el respaldo
   D. la perilla para el ajuste de su peso

2. Usted debe agarrar el volante de la dirección con todos los ____ .
   A. dedos incluídos los pulgares, por encima, descansando sobre el volante
   B. dedos por encima y los pulgares descansando sobre el volante
   C. dedos por abajo del volante incluídos los pulgares con un agarre firme
   D. dedos por debajo excepto los pulgares que deberán estar por encima, y descansando todos sobre el volante

3. Cuando da vuelta, ____.
   A. cruce los brazos, uno a la vez, por encima del volante de la dirección
   B. reposicione sus manos, una a la vez, conforme da vuelta al volante
   C. descanse su brazo izquierdo sobre la puerta lateral del chofer, y dé vuelta usando sólo su mano derecha
   D. descanse su mano derecha sobre la palanca de las velocidades y dé vuelta usando sólo su mano izquierda

4. Conforme disminuye la velocidad, la dirección se vuelve más fácil.
   A. Verdadero.
   B. Falso.

5. Sea que tenga dirección manual o hidráulica, no debe dar vuelta al volante de la dirección cuando el vehículo está parado.
   A. Verdadero.
   B. Falso.

6. Cuando da una vuelta, las ruedas del remolque no siguen a las ruedas del tractor.
   A. Verdadero.
   B. Falso.

7. Cuando da vuelta a la ____, tendrá un campo de visión claro.
   A. izquierda
   B. derecha

8. El espejo plano grande le permite vigilar el tráfico y ____.
   A. las ruedas con tracción de su tractor
   B. su remolque
   C. el área de detrás de su ventana a las llantas delanteras de su tractor por el lado del chofer
   D. el área de detrás de su ventana a las llantas delanteras de su tractor por ambos lados

9. Cuando Usted ve hacia la derecha y hacia la izquierda, baja su velocidad, revisa todos los espejos, busca espacio libre suficiente para pasar por un lado y luego por el otro, está haciendo una maniobra ____ .
   A. de retroceso
   B. de apagado del motor
   C. de zigzag
   D. de manejo del tractor solo, sin remolque

10. Cuando Usted maneja un tractor solo, sin remolque, el tractor "chato" es aún más difícil de controlar que el tractor convencional.
   A. Verdadero.
   B. Falso.

CAPITULO 18

RECULANDO EL CAMION

Recularse es Fácil, ¿No?

Pues no, no lo es. Recular una unidad tractor-remolque puede sonar como una tarea fácil, pero no lo es, ni siquiera para el chofer con experiencia. De hecho, **la mayoría de los accidentes de unidades tractor-remolque suceden cuando éstas se mueven en reversa**. Para desarrollar la habilidad de mover en reversa una unidad tractor-remolque con destreza y seguridad, se requiere paciencia y práctica. En este capítulo aprenderá los procedimientos seguidos por los choferes experimentados para moverse en reversa. Aprenderá a ponerse en posición antes de recularse, la dirección, y los procedimientos para recularse a los andenes. También trataremos sobre otro procedimiento no muy fácil: el estacionamiento en paralelo. Pero primero veamos porqué y en dónde ocurren los accidentes cuando se mueve en reversa, y cómo los puede prevenir.

Accidentes Que Ocurren Durante las Maniobras en Reversa

Para Usted, es importante tener un buen expediente de manejo. No quiere ni siquiera un accidente pequeño registrado en él. Así que, prepárese bien para evitar accidentes durante las maniobras en reversa, aprendiendo porqué y en dónde ocurren estos accidentes, y cómo prevenirlos.

> PRUEBA DE LA HABILIDAD PARA OBSERVAR
>
> Evite los accidentes cuando efectúa maniobras en reversa dándose cuenta de lo que lo rodea. ¿Qué tanto notó en la ilustración que inició este capítulo? ¿De qué se dio cuenta? Ahora pruebe qué tan observador fue, revisando la gráfica de la Prueba de la Habilidad para Observar al final del libro.

DONDE SUCEDEN

Los tres tipos de accidentes más frecuentes que ocurren cuando se mueve en reversa, suceden

- por el lado derecho
- por la parte de atrás
- por la parte de arriba

de su vehículo.

Así es, **pegarle a algo con la parte de arriba de su vehículo mientras se mueve en reversa ¡es uno de los accidentes de este tipo más comunes!** Los alambres que cuelgan bajo y los aleros bajos también, pueden dañar la parte superior de su vehículo. Este tipo de accidente es fácil de evitar. De hecho, nunca debería suceder. Simplemente asegúrese de que el área por encima del vehículo esté libre de cualquier objeto que pueda arrancar el tubo del escape o cualquier otra cosa que pueda dañar la parte superior de la cabina.

Los accidentes al moverse de reversa ocurren con frecuencia en la parte de atrás del remolque. Usted puede pensar que se mueve en reversa hacia algo solamente para darse cuenta en el último minuto, que ha retrocedido sobre algo. La principal causa de este tipo de accidente es el descuido. Sin embargo, algo se puede mover hacia la parte de atrás del camión después de que Usted se haya asegurado de que el área estaba libre. Esta es la razón por la que es bueno revisar y luego verificar otra vez.

Muchos de los **accidentes que ocurren** al moverse en reversa, suceden **por el lado derecho** del equipo. Estos son los más difíciles de evitar. La razón de esto es que, muchas veces mientras se mueve en reversa, el tractor estará a cierto ángulo con el remolque en el que Usted no podrá ver, para nada, el lado derecho.

PORQUE OCURREN

La mayoría de los accidentes suceden cuando el chofer tiene mucha prisa. La **falta de atención** por parte del chofer **causa** muchos de estos **accidentes**. El moverse en reversa requiere de mucha concentración. Apague la radio normal y la de banda civil. Entre menos ruido haya que lo distraiga, menores probabilidades habrá de que pierda su concentración y tenga un accidente.

Sin embargo, **el descuido, causa la mayoría de los accidentes cuando se mueve en reversa**. Con mayor frecuencia, éstos suceden cuando el chofer no se da tiempo para:

- salirse del vehículo y revisar el área a la que se va a mover en reversa
- usar los espejos adecuadamente
- estar preparado para detenerse inmediatamente
- retroceder despacio

Así que, de inmediato puede ver cuatro procedimientos que reducirán grandemente las posibilidades de que tenga un accidente cuando se mueve en reversa.

COMO PREVENIR LOS ACCIDENTES CUANDO RETROCEDE

Primero, siempre **revise el área a la que va a retroceder antes de que empiece a moverse en reversa**. Sálgase del camión, camine hacia la parte de atrás del mismo, y físicamente revise el lugar. Aún si simplemente va a retroceder en línea recta, sálgase y vea bien el área. Nunca cometa el error de pensar que puede darse cuenta de todo a través de sus espejos. Vea para arriba y para abajo y para todos lados. Y no se le olvide ver por debajo del camión y asegurarse de que un animal descarriado que haya salido de la nada, esté ahí. Siempre revise justo antes de que empiece a retroceder. Con que haya pasado un poquito de tiempo después de que Usted revisó, vuelva a revisar justo antes de que empiece a moverse en reversa. En otras palabras, debe revisar el lugar, subirse al vehículo y empezar a retroceder sin más demora.

Siempre que **durante el proceso** no pueda ver claramente lo que está enseguida de Usted o atrás, debe detenerse, **salirse y revisar el lugar al que se mueve en reversa**. Este será el caso cuando retroceda desde una posición previa con un lado ciego. Aprenderá acerca del movimiento en reversa a partir de una posición con lado ciego, más adelante en este capítulo. Por ahora, necesita saber que algunas veces tendrá que retroceder en tramos cortos, y en cada tramo necesitará parar, salirse y revisar el lugar.

Segundo, **use sus espejos adecuadamente**. Una vez que se ha asegurado de que su camino está libre por los dos lados de su equipo, por atrás, por arriba y por debajo de él, puede empezar a retroceder usando sus espejos. Puede ser que necesite ajustarlos. Dése su tiempo para hacer esto. En algunos casos, puede ser necesario bajar su ventana y sacar la cabeza para ver hacia atrás mientras retrocede. Sin embargo, tenga cuidado. Si le pega a algo, puede pegarse Usted en la cabeza con el marco de la puerta. En cualquier caso, no use sólo esto o sólo un espejo. Vigile ambos lados del equipo. Y no abra su puerta y se incline fuera de ella. Esto hace imposible que pueda usar el espejo de la derecha e incrementa el riesgo de que se lesione.

Tercero, mantenga su pie derecho alejado del acelerador. De todas maneras, raramente necesitará usarlo para empezar a retroceder su equipo. Muévase muy despacio y **mantenga su pie derecho suspendido sobre el pedal del freno**. Esto lo prepara para detenerse inmediatamente para evitar pegarle a algo. También, eliminará el tiempo de respuesta que de otra manera necesitaría para mover el pie del acelerador al freno. Este tiempo es tan crucial para detenerse a tiempo tanto cuando se mueve para atrás como cuando se mueve para adelante.

Así que puede avanzar mucho en la prevención de accidentes cuando se mueve de reversa, si se da el tiempo para:

- revisar siempre el área a donde va a retroceder justo antes de que se empiece a mover en reversa
- detenerse, salirse del camión y revisar el área a donde retrocede durante el proceso
- usar sus dos espejos todo el tiempo en el que retrocede
- mantener su pie derecho suspendido sobre el pedal del freno

Muchísimos de los problemas de tránsito y de accidentes ocurren como resultado de las maniobras en reversa que hacen los choferes de unidades tractor-remolque, en las calles de la ciudad y zonas sub-urbanas. Debido a lo grande de su equipo, el tráfico que cruza puede equivocarse al tratar de reconocer el obstáculo. Algunas veces es muy difícil acercarse a las áreas de entrega y sólo puede hacerlo retrocediendo hacia ellas. Cuando debe retroceder en una calle de la ciudad, haga que su ayudante le detenga el tráfico mientras Usted retrocede. Si está solo, solicite ayuda en el negocio del destinatario. Quizá ellos puedan poner a alguien a que le ayude a controlar el tráfico mientras Usted realiza la entrega.

Desde luego que no siempre puede Usted prevenir un accidente mientras se mueve en reversa. No puede controlar lo que otros hacen. Sin embargo, si los ve venir, puede imaginarse lo que van a hacer. Y, siempre, se puede asegurar de que Usted no es la causa de que ocurra un accidente cuando retrocede.

Como Manejar la Dirección Cuando Se Mueve en Reversa

Para cualquier maniobra de reversa, hay tres pasos: doblar el tractor respecto del remolque (en inglés: "jacking") (descuadrar), seguir al remolque, y enderezarse. **Descuadrar es dar vuelta al tractor de tal manera que quede desalineado respecto del remolque**. Conforme retrocede, **el remolque comienza a retroceder haciendo una curva**. Para hacer esto, empieza por dar vuelta, tomando el volante de la dirección por su parte superior, en la dirección opuesta de la que quiere que la parte de atrás del remolque se mueva. O, intente esto: Ponga su mano en la parte inferior del volante. Luego mueva su mano (y por lo tanto el volante) en la misma dirección en la que quiere que su remolque se mueva primero. Fíjese en la Ilustración 18-1.

Ilustración 18-1
El manejo de la dirección cuando se mueve en reversa.

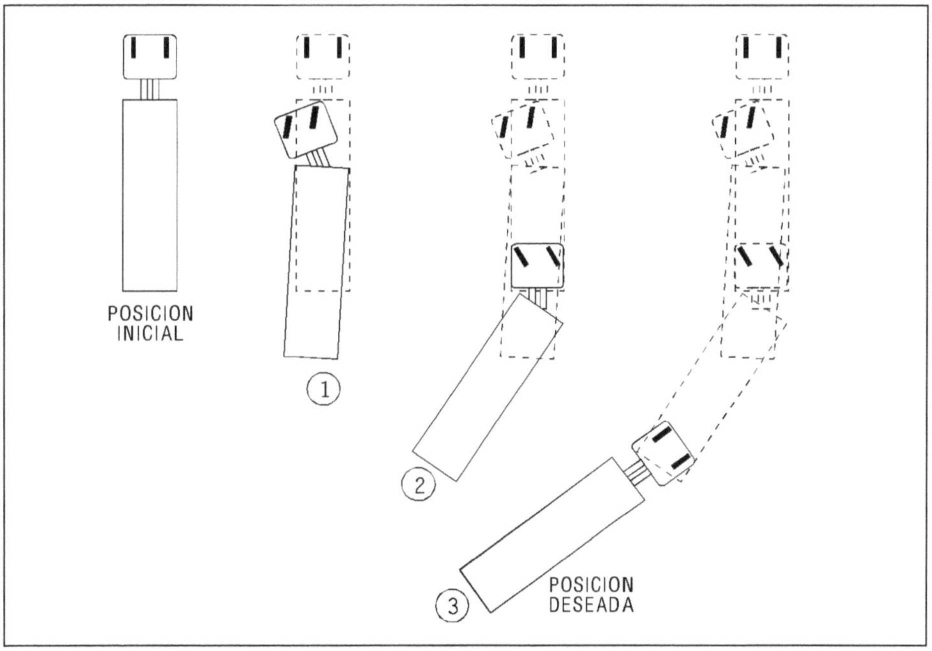

El manejo de la dirección cuando se mueve en reversa (refiérase a la ilustración 18-1)

1. Doblar el tractor contra el remolque: dé vuelta al volante hacia la derecha. El frente del tractor apuntará hacia la izquierda. La parte trasera del tractor apuntará hacia la derecha, poniéndolo en ángulo respecto del remolque.
2. El seguimiento del remolque: dé vuelta al volante hacia la izquierda. Esto mantiene el ángulo entre el tractor y el remolque. Siga al remolque.
3. Enderezamiento: dé vuelta aún más hacia la izquierda para enderezar al tractor con el remolque. Cuando el tractor esté alineado con el remolque, enderece las ruedas.

Una vez que dobla su tractor, va a necesitar **seguir al remolque** por la curva que éste hace. Para hacer esto, **voltee el ángulo de dirección. Conforme el remolque retrocede, el tractor lo seguirá**. Algunas personas se refieren a este procedimiento como "perseguir" al remolque.

Una vez que el remolque ha tomado su curva lo suficiente, **Usted endereza el tractor** alineándolo de nuevo al remolque. Para hacer esto, aumente el ángulo de dirección y continúe retrocediendo hasta que el tractor está derecho respecto del remolque, enseguida enderece el eje de dirección.

Moverse en reversa siempre debe hacerse despacio y bien pensado. Sólo use la velocidad que da el cambio metido sin acelerar. Si sucede que el remolque se sale de la trayectoria que Usted quiere, pare y muévase para adelante de tal suerte que pueda empezar de nuevo. Conforme retrocede, siempre preste especial atención al frente del tractor, al frente del remolque, al ángulo entre el tractor y el remolque, y a la parte de atrás del remolque.

Su destreza para doblar el tractor y "perseguir" al remolque se somete a la prueba de fuego en una maniobra que llaman el retroceso en serpentina. En esta maniobra Usted hace todos los pasos descritos en el Capítulo 17, sólo que en reversa. Puede ser que tenga que realizar una maniobra de retroceso en serpentina como parte de su examen de habilidad, para obtener la Licencia para Conducir Vehículos Comerciales (CDL), y lo tendrá que hacer con muy pocas, si no es que con ninguna, paradas para reposicionar su vehículo.

Pre-posicionamiento

Ahora que ya sabe dónde y porqué ocurren los accidentes cuando se maniobra de reversa y cómo prevenirlos, está listo para comenzar a aprender los procedimientos para retroceder. El primero, y quizá el más crítico, es el pre-posicionamiento. Esta es **la posición en la que Usted pone su equipo antes de empezar a retroceder**. Las siguientes, son las pre-posiciones más comunes:

- para retroceder en línea recta
- para retroceder con visibilidad por un lado
- para retroceder con un lado ciego

Mientras tratamos las tres pre-posiciones, vamos a asumir que está manejando un tractor "chato" que jala un remolque de 45 pies. Actualmente, este es un equipo en circulación muy popular, y servirá como un buen ejemplo de lo que implica la habilidad para moverse de reversa. En nuestros ejemplos, Usted se encuentra retrocediendo su equipo a un andén.

Las distancias a las que nos referiremos se aplican a este tipo de equipo. Conforme adquiere Usted más experiencia como chofer, aprenderá que a diferentes equipos corresponden distancias y ángulos de giro diferentes.

Si el remolque que jala tiene puertas giratorias, he aquí un primer paso importante que recordar para todas las maniobras de andén. Abra las

Ilustración 18-2
Para colocar su equipo en posición con el fin de moverse en reversa en línea recta, hay que seguir los pasos que se muestran.

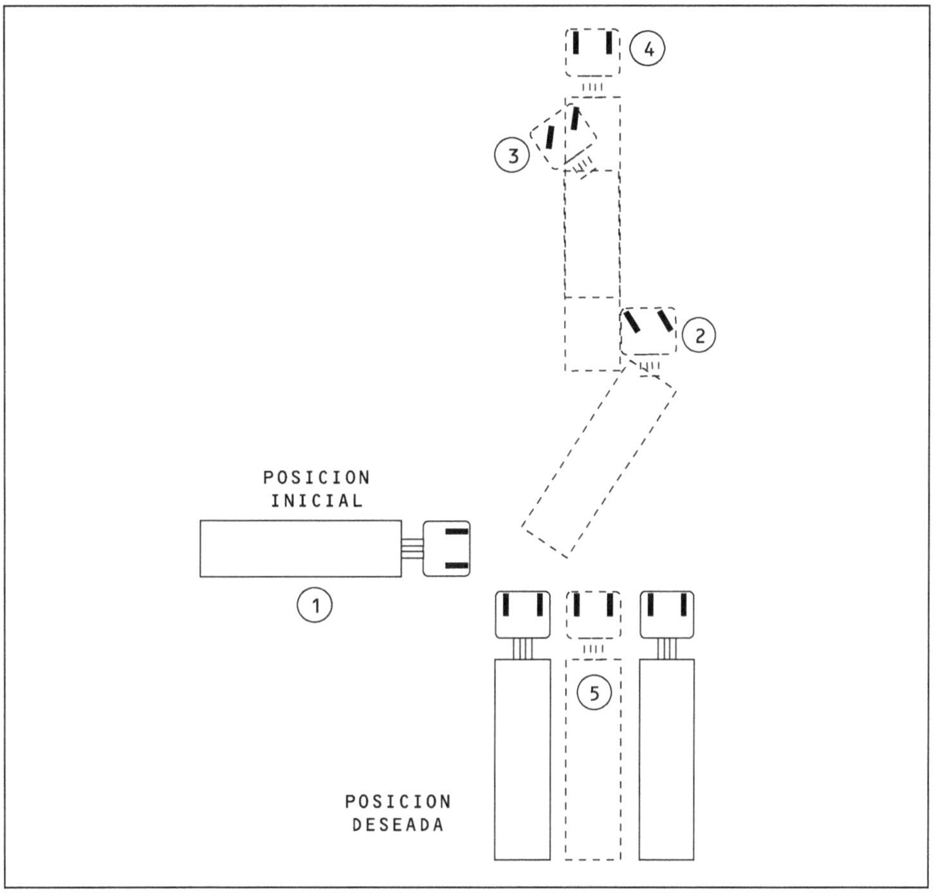

La colocación previa de su unidad para moverse en reversa en línea recta (refiérase a la ilustración 18-2)

1. Pare, sálgase y revise el lugar.
2. Mueva el vehículo hacia adelante y en cuanto el tractor pase el espacio donde se va a estacionar, dé vuelta en forma muy cerrada alejándose del mismo.
3. Regrese el volante de la dirección para que se alinee con el espacio.
4. Mueva el vehículo hacia adelante hasta que tanto el tractor como el remolque estén alineados con dicho espacio. Si hace esto correctamente, en cuanto se enderecen el tractor y el remolque estará directamente frente a él. Podrá verlo en sus dos espejos retrovisores. Ahora puede dejar de moverse hacia adelante y empezar el movimiento en reversa.
5. Mueva el vehículo en reversa directamente hacia el espacio, ajustando la dirección como sea necesario para mantenerse centrado a él.

Ilustración 18-3
La colocación previa de su equipo en posición hacia el lado que tiene libre y con visibilidad, para moverse en reversa, implica seguir los pasos que aquí presentamos.

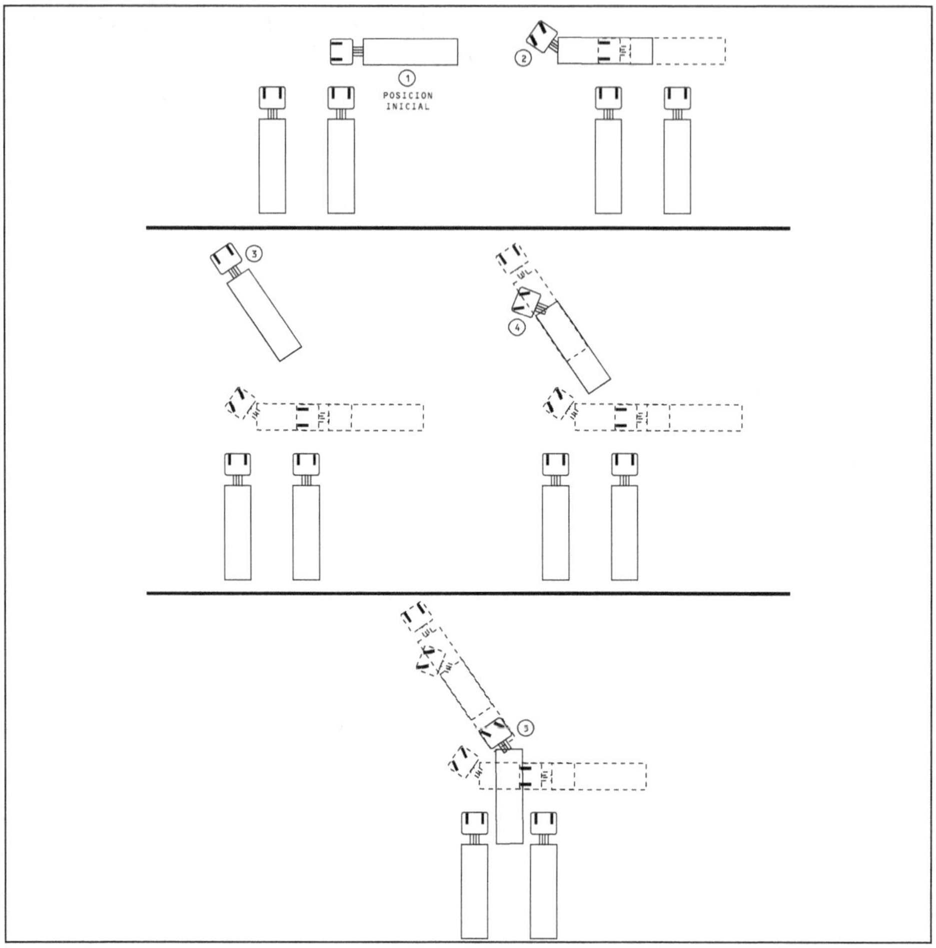

La colocación previa de su equipo para moverse en reversa por un lado libre y con visibilidad (refiérase a la ilustración 18-3)

1. Pare, sálgase y revise el lugar.
2. Mueva el vehículo hacia adelante y dé vuelta alejándose del espacio donde se va a estacionar.
3. Cuando el tractor se encuentre en una posición a un ángulo de 45 grados de dicho espacio, enderece las ruedas y mueva el vehículo hacia adelante hasta que se alinien el tractor y el remolque, y este último apunte hacia el lugar donde pretende estacionarse. Deberá poder ver dicho espacio en su espejo retrovisor izquierdo.
4. Comience el movimiento en reversa. Dé vuelta al volante hacia la derecha para doblar el tractor contra el remolque. Una vez que el remolque empiece a dar vuelta hacia el espacio donde se va a estacionar, dé vuelta el volante hacia la izquierda y deje que el tractor siga al remolque hasta dicho espacio.
5. Cuando el remolque esté alineado con el lugar donde se va a estacionar, dé aún más vuelta al volante hacia la izquierda para enderezar el tractor respecto del remolque. Continúe el movimiento de reversa.

puertas giratorias del remolque mientras todavía no le estorben ni el andén ni otros vehículos. No se va a poner muy contento al darse cuenta de que después de haber batallado tanto para acercarse al andén, tenga ahora que moverse para adelante otra vez para poder abrir las puertas del remolque.

LA PRE-POSICION PARA MOVERSE EN REVERSA EN LINEA RECTA

El movimiento en reversa en línea recta es el más fácil y el más seguro de hacer. Así que siempre que pueda retroceder en línea recta, debe hacerlo así. De esta pre-posición, tiene una visibilidad muy clara en ambos espejos del espacio al que va a retroceder. (A veces escuchará que se refieren a este espacio como al "hoyo", y así nos referiremos a él en lo que trataremos a continuación). El retroceso en línea recta es la base para todas las otras clases de movimientos en reversa. Hágase bueno retrocediendo en línea recta antes de intentar otras maniobras más complicadas.

LA PRE-POSICION CON VISIBILIDAD POR UN LADO

"Visibilidad por un lado" es la forma que se utiliza para describir **el retroceder desde una posición que le permite tener una visibilidad clara del espacio al que se mueve de reversa, por el espejo retrovisor izquierdo**. Este es el tipo de retroceso que hará con más frecuencia. Recuerde que si puede retroceder en línea recta, debería hacerlo así. Si no puede hacerlo así, entonces la segunda mejor opción es retroceder a partir de una posición en la que tenga visibilidad por un lado.

LA PRE-POSICION CON UN LADO CIEGO

Con una posición de un lado ciego, es **más difícil ver el lugar hacia donde retrocede su equipo**. Sus espejos retrovisores son menos útiles. Su espejo izquierdo le ayudará cuando dé la vuelta moviéndose hacia

La colocación previa de su unidad para moverse en reversa con un lado ciego
(refiérase a la ilustración 18-4 en la página siguiente)

1. Pare, sálgase y revise el lugar.
2. Muévase hacia adelante y dé vuelta alejándose del lugar donde se va a estacionar.
3. Cuando el tractor se encuentre en una posición a un ángulo de 45 grados de dicho espacio, enderece las ruedas y muévase hacia adelante hasta que se alineen el tractor y el remolque y éste último apunte hacia el lugar donde pretende estacionarse.
4. Comience el movimiento en reversa. Dé vuelta al volante hacia la izquierda para doblar el tractor contra el remolque. Una vez que el remolque empiece a dar vuelta hacia el espacio donde se va a estacionar, dé vuelta al volante hacia la derecha y deje que el tractor siga al remolque hasta dicho espacio.
5. Cuando el remolque esté alineado con el lugar donde se va a estacionar, dé más vuelta al volante hacia la derecha para enderezar el tractor con respecto al remolque y continúe el movimiento de reversa.

Ilustración 18-4
La colocación previa de su unidad sobre el lado ciego para moverse en reversa. Implica seguir los pasos que aquí presentamos.

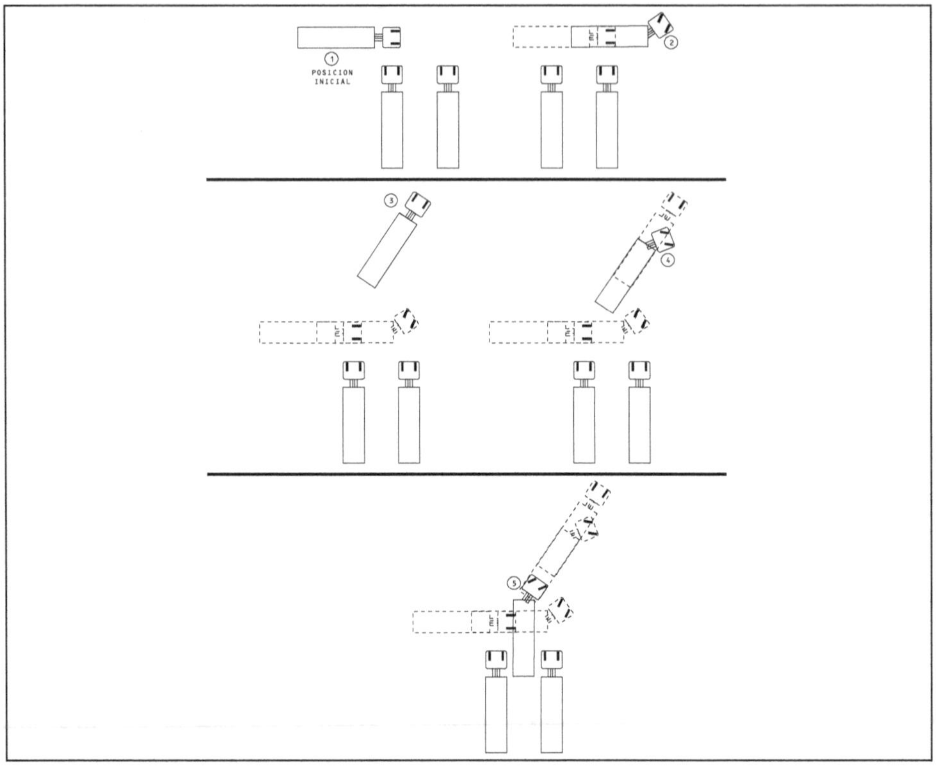

adelante. Una vez que empiece a retroceder, puede ver con el espejo derecho y el espejo convexo, no obstante que puede ser que se tenga que mover en su asiento para hacerlo.

Esta es la pre-posición **más difícil y la más peligrosa**. Evítela si puede hacerlo. Desde luego que no siempre podrá evitarla, así que debe saber cómo retroceder a partir de esta posición.

Retroceder desde la posición con lado ciego utiliza los mismos pasos que el retroceso con visibilidad por un lado. La única diferencia es que es más difícil ver lo que está haciendo. Su espejo lateral derecho le ayudará. Las veces que no pueda ver, debe parar con frecuencia y salirse del equipo para revisar su posición. Es mucho más fácil parar, salirse y revisar dónde está unas cuantas veces más, que explicarle a otro chofer porqué le chocó su tractor nuevecito.

Recuerde, lo que Usted puede ver depende de su pre-posición:

LA PRE-POSICION	LO QUE PUEDE VER
Retroceso en línea recta	En los dos espejos, tiene buena visibilidad del espacio al que retrocede.
Con visibilidad por un lado	En su espejo retrovisor izquierdo, tiene buena una visibilidad del espacio al que retrocede.
Con un lado ciego	No puede ver el área a la que retrocede su equipo.

Estacionarse en los Andenes

Un procedimiento para moverse en reversa que probablemente será una parte rutinaria de su trabajo, es estacionarse en los andenes para cargar o descargar. **Para poder estacionarse en un andén, debe entender cómo pre-posicionarse y cómo manejar la dirección para retroceder**. Pero Usted acaba de aprender todo acerca de eso. Así que, ¡ya está listo para estacionarse en un andén!

Estacionamiento en andenes

1. Revise el lugar.
2. Coloque su equipo en posición.
3. Abra las puertas del remolque.
4. Opere la unidad solamente a la velocidad natural del motor, no acelere.
5. Muévase en reversa hasta que esté cerca del andén.
6. Revise el área detrás del remolque y calcule la distancia que le queda.
7. Muévase lentamente en reversa hasta que el remolque toque al andén.

Si debe retroceder hacia un andén desde una pre-posición con un lado ciego(o de cualquier posición), **haga que alguien le ayude desde afuera**. Si no trae ayudante, pídale a alguien en el área de andenes que le ayude. Todos los choferes saben la faena que es retroceder a ciegas. No será difícil encontrar quien le ayude.

Estacionamiento en paralelo
(refiérase a la ilustración 18-5 en la siguiente página)

1. Muévase hacia adelante hasta que la mitad del remolque haya pasado al vehículo A.
2. Dé vuelta al volante hacia la izquierda de tal manera que su tractor dirija al remolque hacia la derecha y se empiece a mover hacia el espacio donde se va a estacionar.
3. Cuando el remolque apunte a dicho espacio, enderece el tractor dando vuelta al volante hacia la derecha y continúe el movimiento en reversa.
4. Cuando la mitad de su tractor esté a la altura de la parte de atrás del vehículo A, las ruedas derechas traseras de su remolque deben estar como a tres pies del acotamiento de la acera. Ahora dé vuelta hacia la derecha de tal manera que el tractor dirija al remolque hacia la izquierda. Esto empezará a meter el frente del remolque en el espacio para estacionarse.
5. Cuando su tractor libre al vehículo A, dé vuelta al volante hacia la izquierda de tal suerte que el tractor se alinee con el remolque.

Muchas bodegas le requieren **que calce las llantas de su remolque una vez que ha retrocedido al andén**. Las calzas son pedazos de madera o de hule que se colocan al frente de las llantas del remolque para evitar que

Ilustración 18-5
Estos son los pasos a seguir para estacionarse en paralelo.

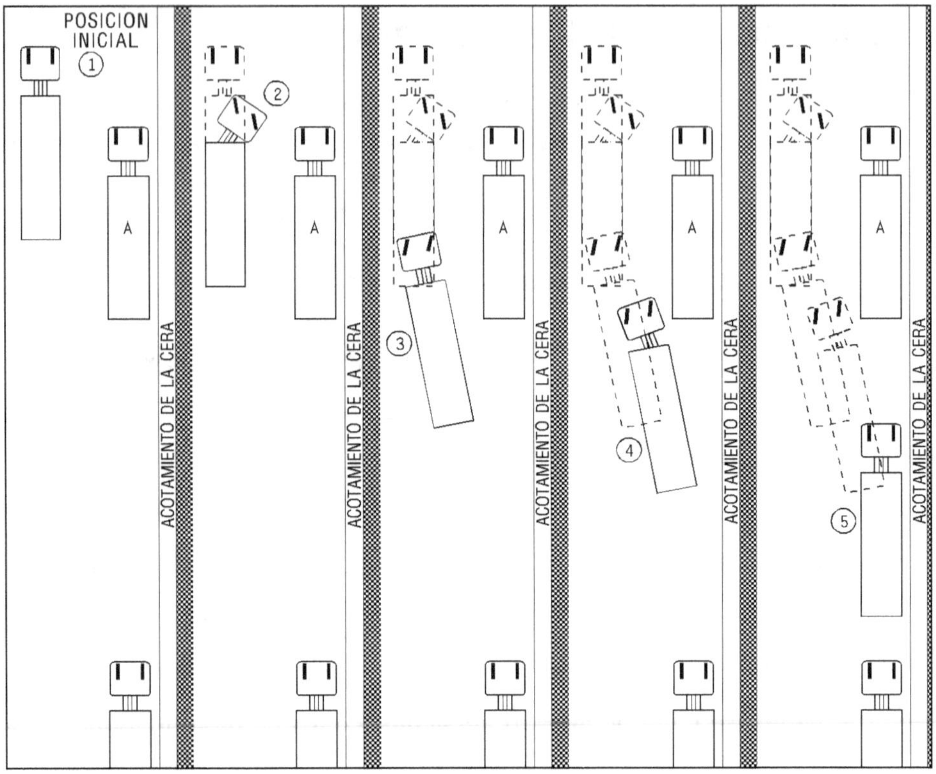

éste se ruede y se aleje del andén. Esto puede suceder por el movimiento que se produce cuando carga o descarga.

"Al centro, derecho y despacio" son las palabras que debe tener presentes conforme se aproxima a un andén. Usted quiere estar seguro de que el remolque va a estar centrado cuando toca el andén. También se quiere asegurar que el remolque y el andén hacen contacto en línea recta. Y se supone que Usted se aproxima suavemente al andén y no lo embiste.

Estacionamiento en Paralelo

Como moverse en reversa, el **estacionamiento en paralelo es** una maniobra **difícil**. En términos de dificultad, es casi tan difícil como retroceder con un lado ciego. El procedimiento exacto difiere con cada unidad tractor-remolque. Cada equipo retrocede y da vuelta en forma diferente. Una de las razones de esto es que cada equipo tiene diferente distancia entre ejes.

Debe evitar el estacionamiento en paralelo siempre que pueda, y generalmente puede. Sin embargo, puede encontrarse en alguna parte, en alguna ocasión, sin otra opción que la de estacionarse en paralelo. Unos estados incluyen el estacionamiento en paralelo en las pruebas de habilidad del CDL. La ilustración 18-5 le muestra cómo.

Este procedimiento lo debe dejar colocado a unas cuantas pulgadas del acotamiento de la acera. Para que legalmente se considere que está estacionado, las caras o lados de las llantas delanteras y traseras deben de quedar a no más de 12 pulgadas de distancia del acotamiento de la acera. Sin embargo, recuerde que los vehículos de carga son anchos. Así que, 12 pulgadas de distancia a la acera puede que deje parte del lado izquierdo del equipo invadiendo el carril del tráfico. Recuerde que su equipo es largo, así que necesitará un espacio largo para poder estacionarse en paralelo con éxito. Nunca intente estacionarse en paralelo a menos que esté seguro de que tiene espacio suficiente.

El estacionamiento en paralelo es una maniobra que tiene muchas mañas. Muy probablemente tendrá que moverse para adelante una o dos veces y ajustar su posición, antes de que pueda retroceder limpiamente al espacio.

Examen Sobre el Capítulo 18

1. Los tres tipos de accidentes más frecuentes, que ocurren cuando se mueve en reversa, son los que suceden por el lado derecho, por la parte de atrás y _____de su vehículo.
   A. en la quinta rueda
   B. por el lado izquierdo
   C. por encima
   D. por el frente

2. Los accidentes más difíciles de evitar cuando se mueve en reversa son los que ocurren por ____ .
   A. arriba del vehículo
   B. el lado derecho del vehículo
   C. el lado izquierdo del vehículo
   D. la parte de atrás del remolque

3. Cuando se mueve en reversa, los accidentes más frecuentes son los que ocurren cuando el chofer omite salirse del tractor y revisar el lugar al que retrocede y ____.
   A. no usa los espejos adecuadamente
   B. no apaga la radio normal ni la de banda civil
   C. no "perseguir" adecuadamente al remolque
   D. no calza las ruedas en el andén

4. Cuando se mueve en reversa, su pie derecho debe estar ____.
   A. suspendido sobre el pedal del embrague (clotch)
   B. entre el freno y el acelerador
   C. puesto ligeramente encima del acelerador
   D. suspendido sobre el pedal del freno

5. El retroceso en línea recta, con visibilidad por un lado, y con un lado ciego, son ejemplos de ____.
   A. pre-posiciones
   B. "perseguir" al remolque
   C. procedimientos de dirección
   D. procedimientos para doblar el tractor respecto del remolque (descuadrar)

6. Cuando Usted puede ver el lugar donde se va a estacionar en sus dos espejos retrovisores, está en la pre-posición llamada _____.
   A. retroceso en línea recta
   B. adecuada
   C. con visibilidad por un lado
   D. con un lado ciego

7. Cuando Usted puede ver el lugar donde se va a estacionar en su espejo retrovisor izquierdo, está en la pre-posición llamada ____.
   A. retroceso en línea recta
   B. adecuada
   C. con visibilidad por un lado
   D. con un lado ciego

8. El procedimiento que crea un ángulo entre el tractor y el remolque se conoce como _____ .
   A. doblar, descuadrar el tractor (jacking) respecto del remolque
   B. seguimiento del remolque
   C. "perseguir" al remolque
   D. pre-posición

9. Cuando retrocede hacia un andén, se espera que Usted lo embista.
   A. Verdadero.
   B. Falso.

10. El estacionamiento en paralelo es una maniobra que ____.
   A. nunca tendrá que hacer
   B. debería escoger en lugar de retroceder en línea recta
   C. tendrá que hacerlo muchas veces para logralo
   D. debe poder efectuar fácilmente

CAPITULO 19

MANEJE CON CUIDADO

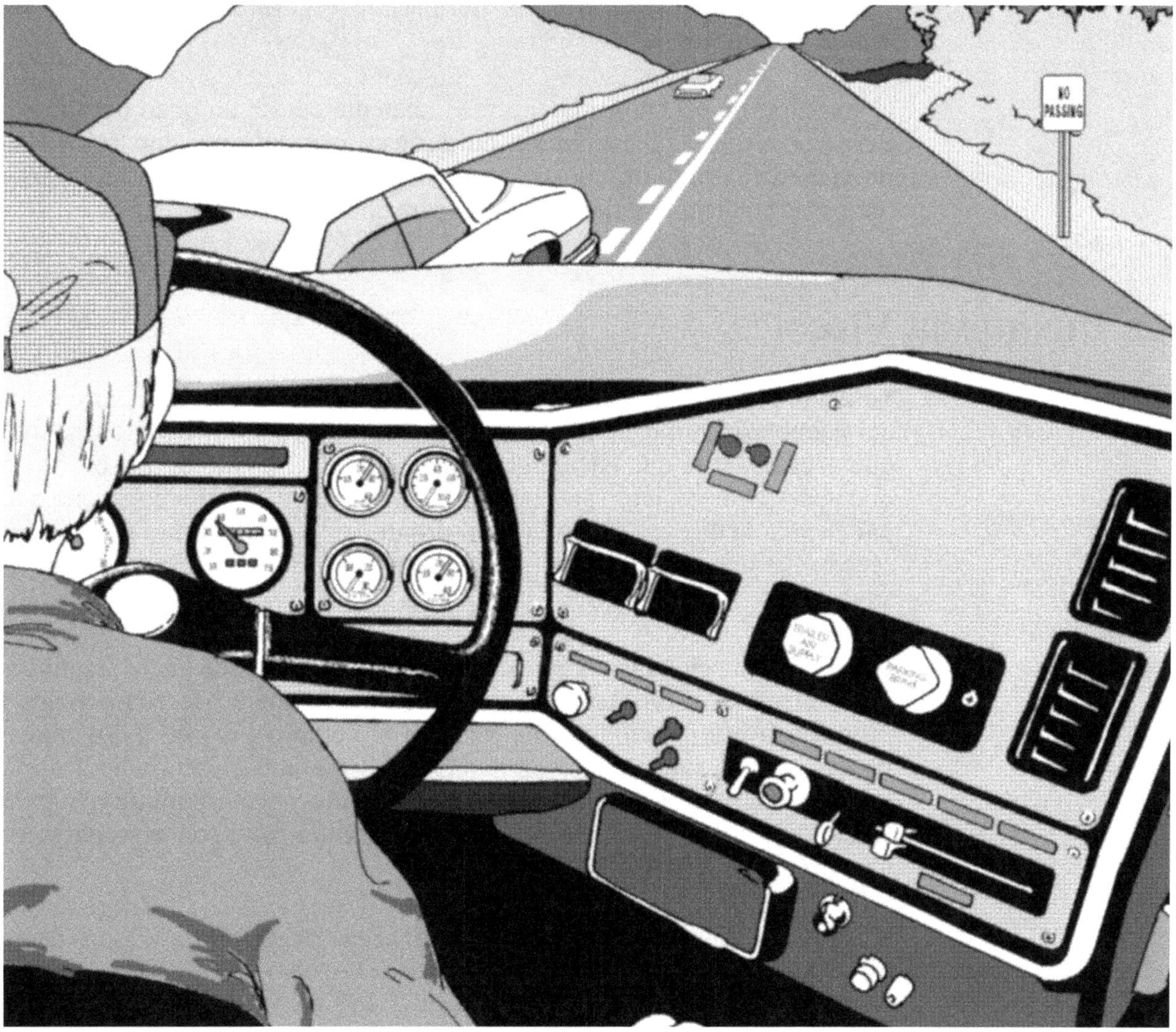

El Chofer Que Cumple con Todas Las Normas de Seguridad

Los choferes competentes son los que tienen un control excelente de su vehículo. Esto los capacita para reaccionar rápidamente ante sorpresas o situaciones peligrosas.

El chofer cuidadoso que cumple con las normas de seguridad es otra cosa. Este, es todo lo que acabamos de mencionar y más. En primer lugar ellos nunca se meten en problemas. Los choferes que siguen las normas de seguridad, son calmados, precavidos y respetuosos. Se toman el tiempo necesario para darse cuenta de lo que sucede a su alrededor. Van siempre tan alertas, son tan observadores y tan bien preparados, que no les suceden "sorpresas". Pueden hacer maniobras para esquivar obstáculos, pero las tienen que hacer muy rara vez. **Se dan cuenta cuando se está desarrollando una situación que puede ser peligrosa** mucho antes de que ésta suceda, y toman las debidas precauciones para **evitar el peligro**. Los choferes que cumplen con las normas de seguridad simplemente **no tienen accidentes**.

Convertirse en un chofer bueno y competente cuesta un poco de trabajo. Pero convertirse en un **chofer cuidadoso, que cumple con todas las normas de seguridad** cuesta un poco más. En este capítulo le enseñaremos las técnicas que debe dominar para convertirse en uno.

La Búsqueda Visual

Se llama percepción a la capacidad de ver y **saber qué sucede** alrededor del camión. No sólo tiene que ver objetos, vehículos o situaciones, sino que además tiene que **entender la situación**. Por ejemplo, no sólo tiene que ver que un vehículo se acerca a la intersección. También se tiene que dar cuenta de que eso significa que, pronto, el vehículo estará en la intersección, y tiene que decidir si ese hecho requerirá de alguna reacción suya.

Un chofer que siga las normas de seguridad, es capaz de ver y reconocer rápidamente los problemas potenciales. A la mente le toma tiempo procesar la información que le mandan al cerebro los ojos y los oídos. Para evitar una situación potencialmente peligrosa, esta información tiene que procesarse rápidamente porque Usted también necesitará tiempo para actuar. Esto significa que tiene que mantener la mente concentrada en su manejo.

Busque los peligros examinando un área, dirigiendo sus ojos hacia todos los rincones de la misma. Usted debe saber qué sucede —y qué puede suceder— en estas áreas alrededor de su vehículo.

- adelante
- a los lados
- atrás

La búsqueda visual, le ayuda a evitar que se vea encajonado detrás del tráfico que se mueve más lento. Si se va fijando en lo que sucede adelante de Usted, se dará cuenta a tiempo de los congestionamientos de tráfico para, o reducir su velocidad, o cambiar de carril con las debidas precauciones. Mantenga su mirada en movimiento y evitará situaciones y sorpresas desagradables.

VER HACIA ADELANTE

Examinar la situación a la distancia, es ver hacia adelante del camión mientras avanza por el camino. **Examine hacia adelante el espacio al que avanzará su vehículo en los próximos 12 a 15 segundos**. A velocidades de carretera, esto es como un cuarto de milla. Esto le da tiempo para entender y reaccionar ante cualquier situación. Un camión de carga necesita de ambos, espacio y tiempo, para cambiar de carril, disminuir la velocidad o parar, con precaución. Examinar la situación a la distancia también le ayuda a **tomar la posición adecuada para el camión sobre el carril**. Usted tenderá a llevar al camión sobre cualquiera que sea la trayectoria en la que se centren sus ojos. Así que no se centre en la línea del medio, porque esto hará que se pegue mucho a la izquierda de su carril. En lugar de esto, imagínese una línea a la mitad de su carril y céntrese en ella.

Examinar la situación a la distancia es importante tanto en las vueltas como en los caminos rectos. Fíjese hacia adelante al dar la vuelta y comience a planear cuánto espacio necesitará su vehículo para terminar de dar la vuelta con la debida precaución.

Mientras examina la situación a la distancia, también **vigile la superficie del camino**. Las señales sobre el pavimento le avisarán de algún cambio en la anchura del camino y le alertarán sobre la posibilidad de que se tenga que cambiar de lugar. Verá cualquier cambio en la superficie del camino que pueda afectar a su camión.

VER HACIA LOS LADOS

Examinar la situación hacia adelante es importante, pero no fije su mirada sólo hacia adelante de Usted, y la deje ahí. Su **examen de la situación también debe incluir los lados del camino**. Puede haber vehículos que vienen de caminos laterales o vehículos que traten de pasarlo por cualesquiera de los lados. Examine lo que sucede a sus lados, moviendo su mirada del frente del camión a uno de los lados, y luego al otro.

VER HACIA ATRÁS

Dése cuenta de lo que sucede atrás de Usted, así como lo hace hacia el frente y hacia los lados. Aquí es donde adquieren importancia sus espejos.

El uso de los espejos

Hay dos tipos básicos de espejos, **plano y convexo** (algunas veces en inglés, a este último, le llaman "espejo dirigido a un punto" [spot mirror]). Cuando se sube por primera vez a la cabina, **coloque ambos espejos de tal manera que**, mientras esté sentado en el asiento del chofer, pueda ver adecuadamente. Los **espejos planos** deben **reflejar la carrocería o cuerpo del remolque** ocupando una superficie del espejo como de una pulgada a partir del filo vertical interno del mismo. Lo que se ve en el resto de la superficie de dichos espejos es el camino, cubriendo como 15 pies del mismo a partir de los lados del remolque. Los filos verticales internos de los **espejos convexos** deben **mostrarle parte del remolque**.

La vista de su parte horizontal superior debe superponerse a la correspondiente del espejo plano. No debe tener que inclinarse ni para adelante ni para los lados para poder ver estas cosas.

Dése cuenta de que todo lo que ve en los espejos convexos parece ser más pequeño de lo que realmente es. También las cosas se ven más lejos de lo que realmente están. Siempre recuerde que lo que ve en los espejos convexos está mas cerca y es más grande de lo que parece.

Utilice los espejos para examinar lo que sucede en el área detrás del camión. Revíselos cada cinco o diez segundos. Fíjese quién viene detrás de usted. Cuando vuelva a revisar los espejos, vea si todavía siguen ahí. Si no están, ¿a dónde fueron? ¿Se salieron del camino? ¿Lo pasaron? ¿O se metieron en su punto ciego? Es como contar las barajas en los juegos de cartas. Use sus espejos frecuentemente y **siga los movimientos de quien vaya en la carretera al mismo tiempo que Usted**. Esto le ayudará a hacer los cambios de carril o a mezclarse con otra corriente de tráfico.

Mantener este inventario es especialmente importante respecto de los vehículos que van directamente detrás del remolque o del lado derecho del tractor. En estos casos sus espejos no son tan útiles, simplemente Usted no puede ver bien estas áreas. Tiene que haberse dado cuenta de quién iba detrás de Usted en la carretera. Si no se han salido, o lo han pasado, lo más seguro es que se encuentren en estos puntos ciegos. Sus espejos convexos le ayudarán a ver estos puntos ciegos. Lo que no enseñan los espejos convexos el el vehículo pequeño que va por el carril al lado derecho de Usted. Va moviendose nomas al frente de su guardafango derecho.

PRUEBA DE LA HABILIDAD PARA OBSERVAR

El chofer del vehículo de carga en la ilustración al principio de este capítulo, va a tener un accidente si no es observador. ¿Cuáles condiciones peligrosas notó? Refiérase a la gráfica de la Prueba de la Habilidad para Observar al final del libro para que revise sus respuestas.

La Comunicación

Todos los choferes, sin importar el tipo de vehículo que vayan manejando, deben comunicarse entre sí. Esto es especialmente importante cuando maneja un vehículo de carga de 18 ruedas. Los otros choferes tal vez no entienden cuánto espacio necesita para dar vuelta, cuánto tiempo tarda en detenerse, y así sucesivamente. Es importante comunicarse claramente, con anticipación y con tiempo suficiente, para que los otros choferes se den cuenta de lo que Usted hace.

COMUNIQUE SU INTENCIÓN DE CAMBIAR DE CARRIL

Hágales saber a los otros choferes cuando piense cambiar de carril. Recuerde que tiene un punto ciego justo detrás del camión y que es difícil ver cualquier vehículo que vaya por uno de los lados del suyo. Así que déles a los otros choferes que van en el mismo camino, el tiempo para que ajusten su velocidad o su posición en el carril y le hagan el espacio necesario para que su camión de carga se mueva sin arriesgar la seguridad. El Reglamento Federal sobre la Seguridad del Autotransporte (de los EEUU)(FMCSR) en su parte 392.15, inciso c), establece que Usted, **en cualquier caso, debe hacer su señal de cambio de carril de menos 100 pies antes de iniciarlo**. En malas condiciones de tráfico, puede ser que quiera poner su señal aún con mayor anticipación.

COMUNIQUE SU INTENCIÓN DE DISMINUIR LA VELOCIDAD O DE PARAR

También tiene que **comunicar sus intenciones de disminuir su velocidad, de dar vuelta o de parar**. Por ejemplo, muchos automovilistas no se dan cuenta de lo rápido que vienen acercándose por atrás, a un camión que va lento, como puede ser el suyo. Cuando maneja un camión de carga muy despacio en una cuesta muy pendiente, **el usar las luces intermitentes de emergencia advertirá a los demás de que Usted va muy despacio** (cerciórese de que las leyes locales no prohíban el uso de las luces intermitentes con este propósito). **Avise de su intención de parar, haciendo que se prendan y se apaguen sus luces de freno**.

Algunas regulaciones estatales puenden requirir que Usted debe encender las **luces direccionales** de menos 100 pies antes de que dé la vuelta. Esto **advierte a los otros choferes que Usted disminuirá su velocidad**, y les da tiempo más que suficiente para reaccionar sin poner en riesgo la seguridad.

COMUNIQUE SU PRESENCIA

Hay veces en las que puede necesitar hacerles saber a los demás choferes que Usted está ahí. Algunos choferes hacen sentir su presencia utilizando su claxon de aire. El claxon de aire de un camión de carga, a veces sólo ofende o asusta a los otros choferes. Capta su atención, pero puede alarmarlos más de lo necesario. Hay mejores formas de hacer sentir su presencia a los demás que van por la carretera.

Comunique la presencia de su vehículo, prendiendo y apagando sus luces delanteras. Cuando llueve o nieva, o en días nublados, definitivamente tenga sus luces delanteras prendidas. No porque el camión de carga sea más grande que un coche, quiere decir que se pueda ver mejor. Recuerde que si a Usted se le dificulta ver a los otros vehículos, a ellos también se les dificulta verlo a Usted. Las luces ayudarán a los demás a verlo. En la noche, tenga sus luces prendidas desde media hora después de que se inicia el atardecer y hasta media hora antes de que concluya el amanecer.

EL MAL USO DE LA COMUNICACIÓN

Todo chofer, sin importar el tipo de vehículo que maneje, confía en la precisión de la comunicación proveniente de los otros choferes. Si da mal su mensaje, su mensaje se recibirá mal.

Por ejemplo, y en primer lugar, es tan importante apagar sus luces direccionales después de que ha cambiado de carril o de que ha terminado de dar la vuelta, como lo es el encenderalas. Tenga presente que las luces direccionales en un camión de carga no se apagan automáticamente cuando termina la vuelta. Convierta el apagar las direccionales, parte del proceso de dar vuelta. Al cambiar los cambios y mientras el remolque se endereza después de dar la vuelta en una esquina, **apague las direccionales**. Si no, los otros choferes creerán que Usted piensa dar vuelta, cuando en realidad no. Puede ser que aceleren creyendo que Usted pronto les dejará libre el camino, o pueden intentar pasarlo por el otro lado. No utilice las direccionales para avisarles a los otros choferes que alcanzan a pasarlo con seguridad.

No haga mal uso del claxon. No lo utilice para decirle a otro chofer que acelere o que se quite de su camino. Es peligroso sonar el claxon en forma prolongada. El estruendo puede asustar a otros choferes y provocar un accidente. Le sugerimos que lo use sólo en una emergencia. Pero luego debemos añadir, que si Usted es un buen chofer, que sigue todas las normas de seguridad, para empezar, no debería tener esa emergencia.

La radio de banda civil es una herramienta de comunicación muy útil. Se puede usar para pedir ayuda en caso de un accidente o de una parada de emergencia, o para pedir instrucciones para llegar a algún lugar, o cualquier otra información que necesite. Pero usarla como juguete, es hacer mal uso de este importante aparato. No congestione la señal con conversaciones inútiles, especialmente cuando el chofer de otro camión de carga puede tener verdadera necesidad de usarla para solicitar ayuda o para pedir alguna información. Además, mientras Usted chacharea en la radio de banda civil, no está prestando atención a su manejo.

LA COMUNICACIÓN PROVENIENTE DE OTROS

La comunicación es un camino de dos vías. Usted se comunica con otros, pero también **debe prestar atención a la comunicación proveniente de otros** hacia Usted. El camión de carga puede ser el vehículo mas grande en la carretera, pero ésta sigue siendo compartida por todos.

Busque y reaccione a la comunicación proveniente de otros, en forma correcta y sin riesgos. Digamos que el carro que va frente a Usted está haciendo señales para dar vuelta. Dése cuenta de la señal y reaccione de acuerdo a ella. Entienda que el coche muy probablemente disminuirá su velocidad para dar vuelta, así que Usted también debe disminuírla. Puede ser que inclusive deba estar preparado para frenar en caso de que el automovilista tenga problemas. Sería incorrecto reaccionar acelerando, creyendo que el coche pronto le dejará el camino libre. ¿Qué pasa si cambia de idea e intenta regresar al camino frente a Usted?

La Administración de la Velocidad

Debe darse cuenta de la importancia de administrar la velocidad. **La administración de la velocidad significa saber qué tan rápido ir** de acuerdo a:

- la distancia que necesite para detenerse
- la condición en la que se encuentre la superficie del camino
- la forma del camino
- las condiciones de visibilidad
- el flujo del tráfico
- el límite de velocidad

LA DISTANCIA NECESARIA PARA DETENERSE

Usted deberá saber **qué tanto tiempo y cuánta distancia le llevará a su vehículo detenerse en forma segura** después que haya decidido pararse y pisado el pedal de los frenos. La distancia necesaria para detenerse se describe detalladamente en el Capítulo 4. Esta distancia variará dependiendo de las condiciones del camino, el peso del vehículo y de la velocidad a que se desplace.

LA SUPERFICIE DEL CAMINO

La velocidad a la que el camión de carga puede viajar en forma segura dependerá del estado en que se encuentre la superficie del camino. Las **siguientes condiciones demandan que viaje a velocidades más lentas**.

- superficie del camino en mal estado
- lluvia
- nieve
- hielo

Usted puede sentir la condición del camino cuando empieza, antes de que suba mucho la velocidad. Revise la tracción (la fricción entre las llantas y el camino) probando el control de la dirección y la fricción de frenado mientras todavía va despacio. **Los problemas de fricción y tracción se empeoran a velocidades más altas**, así que **mantenga baja la velocidad en caminos en mal estado**.

El **hidroplaneo** sucede cuando hay agua o nieve derrita en el camino. Sus **llantas** ya no están en contacto con el camino si no que **van rodando en la superficie del agua**. Esto puede tener como resultado que pierda el control del vehículo. Algunos factores, como llantas desgastadas o bajas, y la cantidad de agua en el camino, pueden empeorar el hidroplaneo. Otro factor es la velocidad a la que se desplaza.

Los caminos mojados pueden doblar la distancia necesaria para detenerse. Sea especialmente cuidadoso cuando acaba de empezar a llover. La lluvia se mezcla con el aceite que está sobre la carretera y hace muy resbalosa la superficie. **Mantenga baja la velocidad en caminos mojados**. Disminuya su velocidad por una tercera parte.

La nieve y el hielo también pueden **reducir la tracción**. Sea consciente de que las áreas sombreadas, los puentes y las rampas se pueden helar antes de que lo haga la superficie general del camino. Toque la parte de enfrente de su espejo exterior. Si está comenzando a helarse, también se está helando el camino.

En las superficies resbalosas, el cerrojo del diferencial interaxial le puede dar más tracción. **Accione el diferencial interaxial** en los caminos cubiertos de nieve o hielo y cuando haya "hielo negro". El hielo negro es una película de hielo demasiado delgada para poderse ver, pero lo suficientemente gruesa para ser resbalosa. El hielo que se derrite es aún más resbaloso que el hielo que está sólidamente congelado.

Los caminos con hielo o nieve también requieren que vaya a baja velocidad. De nuevo, **viaje a baja velocidad** cuando las condiciones del clima así lo demanden.

LA FORMA DEL CAMINO

Disminuya su velocidad antes de tomar las curvas. Entrar a una curva demasiado rápido puede causar que se derrape o que se voltee el camión. El peligro es especialmente grande cuando transporta carga líquida. La fuerza centrífuga tenderá a empujar su vehículo fuera de la curva. Las altas velocidades incrementan el efecto de la fuerza centrífuga, así que respete los límites de velocidad establecidos por las señales en las curvas. Estas señales sirven de guía a los automóviles en relación a la velocidad máxima a la que es seguro tomar la curva. Esta puede ser demasiada velocidad para su camión de carga. Debido a su centro de gravedad más alto, los camiones de carga deben tomar las curvas más despacio que los automóviles.

Además, disminuya su velocidad **lo suficiente como para que no tenga que frenar** mientras está en la curva. Frenar en una curva puede ocasionar que derrape, o que se doble el tractor respecto del remolque (descuadre) (en inglés, "jacknife").

Cuando un vehículo de carga sube por una cuesta, perderá velocidad y puede ser que tenga que hacer el cambio en la transmisión a una velocidad más baja. Debe **cambiarse al carril derecho**, o carril de los camiones de carga. Esto permite que el resto del tráfico siga circulando a velocidad de carretera, en forma segura.

Usted ganará velocidad **cuando va cuesta abajo**. De alguna manera tendrá que frenar para **controlar la velocidad del vehículo**. Podría hacer el cambio a una velocidad más baja antes de iniciar la bajada, o usar el freno auxiliar, o los frenos de servicio. Si usa los frenos de servicio, mantenga una presión ligera y constante sobre el pedal del freno, sobre lo cual aprenderá más en el Capítulo 20. **No bombee los frenos**. Esto sólo hace que se calienten más pronto y contribuye a que se debiliten. El Capítulo 22 trata sobre el uso del freno auxiliar.

LA VELOCIDAD Y LA VISIBILIDAD

Su velocidad debe estar basada en qué tan lejos hacia adelante puede ver. Calcule la distancia necesaria para detenerse a la velocidad a la que va. ¿Tiene libre la visibilidad del camino hasta el punto en donde se detendría? Si no es así, disminuya su velocidad.

Veamos este problema desde otro punto de vista. Digamos que se acerca a una curva, o a una loma, o a una encrucijada. ¿Qué haría si se le presentara un problema justo en la curva, o inmediatamente después de la loma o en la intersección? **Su velocidad debe estar basada en cuánto tiempo le tomaría ver el peligro y reaccionar**.

En cualquier caso que tenga la visibilidad reducida, disminuya su velocidad. Debe poder ver hacia adelante la distancia que le llevaría reaccionar con cuidado — cambiar de carril o disminuir la velocidad, o parar. Algunas veces este concepto se describe diciendo: "No sobre-estime su visibilidad".

LA VELOCIDAD Y EL FLUJO DEL TRAFICO

Quizá el mejor consejo acerca del manejo de la velocidad sea: "siga a los demás". Usted puede estar en una carretera interestatal, pero si el tráfico se mueve a 35 mph, así debe ir Usted también. Esto le da más tiempo para evitar peligros potenciales.

Puede pensar que si maneja más rápido llegará a donde va más pronto. Quizá llegue sólo dos minutos antes. Los dos minutos adicionales no valen la pena en comparación con el riesgo de lesionarse que corre. Entre más rápido maneje, mayores riesgos son los que corre. Cuando va demasiado aprisa en relación con el resto del tráfico, tendrá que pasar más y cambiarse de carril más veces. Cada cambio de carril es una oportunidad más para que ocurra un accidente, lo que sí haría que se retrasara mucho.

Manejar así de rápido también es muy cansado y produce fatiga, lo que también causa muchos accidentes. En este momento, probablemente también se dé cuenta de que ha incrementado la distancia necesaria para detenerse. Esto hace más difícil que se pueda detener con cuidado o en forma segura.

Además de lo anterior, vigile su velocidad cuando el tráfico fluya sin problemas a velocidad de carretera. Si el tráfico se mueve a 50 mph en forma constante y Usted va más despacio, sólo creará situaciones peligrosas por ir demasiado lento. De nuevo, **iguale su paso al del flujo del tráfico, dentro de los límites de velocidad señalados**.

Límites de velocidad

El límite de velocidad es **la velocidad máxima a la que cualquiera debe ir en esa carretera**. No necesariamente es la más segura. Los límites de velocidad están diseñados tomando en cuenta la construcción de la carretera y el tipo de tráfico que se supone circulará por ella. Hasta cierto punto, el límite de velocidad es un ideal. No tiene que manejar tan aprisa como lo permite el límite de velocidad, y no debe, si es más seguro ir a una velocidad menor.

Ciertamente, **nunca debe exceder el límite de velocidad**. Si lo que le hemos dicho acerca de la seguridad no lo convenció, una infracción por exceso de velocidad definitivamente lo hará. Usted, **el chofer, es el que pagará la infracción**, no su patrón. Algunas compañías de seguros le cancelarán la póliza si en un lapso tan corto como pueden ser tres años, Usted tiene dos infracciones relacionadas con violaciones a la ley cuando su vehículo está en movimiento.

Tráfico que va entrando y saliendo

La rampa que usa **para entrar a la autopista** le da tiempo para dos cosas: **para aumentar la velocidad a de la carretera y para hallar una apertura en la cual se pueda mezclar con el tráfico en la autopista**. En un camión de carga, se le puede acabar la rampa antes de que alcance la velocidad de la carretera o hallar una abertura en el tráfico. Todo lo que puede hacer es tener paciencia y hacer todo lo posible por mejorar la situación ya mala de por sí. Hará uso de toda su habilidad para comunicar su presencia y alertar al tráfico que viene por el carril derecho.

Cuando salga de una autopista, disminuya su velocidad, especialmente si la salida está en curva. No deje de comunicar a los choferes que vienen detrás de Usted, que Usted va a disminuir su velocidad. **Prenda y apague sus luces de alto con el pedal del freno, y utilice sus luces direccionales**. Dése tiempo para disminuir su velocidad con el fin de que pueda salir con cuidado por la rampa. Recuerde que los límites de velocidad señalados para las rampas son para los automóviles, no para los vehículos con 18 ruedas.

El Manejo del Espacio

El espacio alrededor del camión es otro de los factores del que tiene que ser muy consciente. Como un chofer de camión Usted no puede controlar qué tan cerca le siguen otros vehículos. Pero hay algo que le puede ayudar. **Mantenga espacio libre alrededor del vehículo — un colchón de seguridad**.

Hací como con la examinación, a Usted le importan tres áreas:

- el espacio por delante
- el espacio de atrás
- el espacio por los lados

Si se desarrolla una situación peligrosa, debe tener espacio suficiente alrededor de su camión para reaccionar con cuidado y en forma segura.

Ilustración 19-1
Utilice esta fórmula y estas cantidades para calcular la distancia que debe guardar del vehículo que va frente a Usted.

FORMULA BASICA
Cuente todo un segundo por cada diez pies de longitud de su vehículo en velocidades hasta de 40 millas por hora.

PARA VELOCIDADES SUPERIORES A LAS 40 MPH
Utilice la fórmula básica, luego añade un segundo.

PARA CONDICIONES DE MANEJO ADVERSAS
Mucho mas espacio es necesario.

PARA CUANDO MANEJA DE NOCHE
Mucho mas espacio es necesario.

EL ESPACIO POR DELANTE

Usted administra bien su espacio por delante, **si guarda una distancia segura de seguimiento**. Aquí está cómo determinar esta distancia de seguimiento:

- Identifique un objeto estacionario que esté adelante, como puede ser uno de los postes cortos que marcan la milla al lado de la carretera, o una de las juntas del pavimento.
- Tome nota del momento en que la defensa trasera del vehículo que va delante suyo, pase ese objeto.
- Empiece a contar los segundos en voz alta: “diez mil uno, diez mil dos,” y así sucesivamente.
- Pare de contar cuando la defensa delantera de su vehículo llegue a ese objeto estacionario.

Esta distancia variará con la velocidad que se mantenga, y con las condiciones de visibilidad y de la superficie del camino. Básicamente, **por cada 10 pies de longitud de su vehículo, debe darse un segundo “de distancia”, si viaja a 40 mph**. Añada otro segundo si va a más de 40 mph. Añada mucho mas espacio si hace mal tiempo, o tiene mala visibilidad o las condiciones del camino son malas. Cuando maneja en la noche, siempre añade mucho mas espacio a la fórmula básica. Algunos estados tienen requisitos especiales en relación a la distancia que se debe guardar respecto de los vehículos que lleva delante, para mantener la seguridad.

EL ESPACIO DE ATRÁS

Debe aprender cómo **juzgar las distancias de los vehículos que vienen detrás** de su camión. Esto es importante cuando cambia de carriles. Tiene que calcular qué tan rápido se le acerca otro vehículo por atrás. Sólo entonces puede Usted elegir cuándo cambiar de carril de tal manera que lo haga con cuidado o en forma segura.

Los que lo siguen por detrás muy pegados a su puerta trasera, son un reto para su habilidad en el manejo de dicho espacio. Aquí están algunas sugerencias de cómo manejar en forma segura con los que lo siguen pegados a su puerta trasera.

- Gradualmente disminuya su velocidad para que los deje pasar.
- No disminuya su velocidad o dé vuelta, rápidamente.
- No acelere, el que lleva pegado a su puerta trasera, de todas maneras seguirá haciéndolo.
- No encienda sus luces traseras, o prenda y apague sus luces del freno para asustar al que lleva pegado a su puerta trasera.

Si lo vienen siguiendo muy pegados a su puerta trasera, guarde una mayor distancia entre Usted y el vehículo que lleve delante. De esta manera, será menos probable que tenga que frenar repentinamente, y menos probable que el que viene pegado a su puerta trasera lo choque por detrás.

EL ESPACIO POR LOS LADOS

Asegúrese de que siempre tenga una "salida" en caso de que tenga que cambiar de carriles. Mantenga el vehículo centrado en el carril. Propóngase **mantener un colchón de espacio a los lados de su vehículo**. Mantenga el colchón de espacio tan grande como sea posible.

EL ESPACIO POR ARRIBA Y POR DEBAJO

No se le olvide **dejar espacio por arriba y por debajo de su vehículo para librar cualquier contingencia**. Asegúrese de que libra al pasar por cruzamientos de varios niveles, o bajo un paso elevado, antes de intentarlo. Sea consciente de que las alturas libres señaladas no siempre son las correctas. Si acaban de repavimentar, esto puede subir la altura de la capa asfáltica y por tanto reducir la altura libre.

ESPACIO PARA HUECOS EN EL TRÁFICO

Un hueco en el tráfico es **la distancia que guardan dos vehículos entre ellos, que no sea el suyo**. Estas son algunas de las situaciones donde Usted necesita de un hueco en el tráfico:

- cruzando o entrando una corriente de tráfico
- pasando
- mezclandose a una corriente de tráfico
- en los cruceros del ferrocarril

El tamaño del espacio necesario para operar un camión de carga con cuidado y en forma segura, es mayor que el que necesita para un automóvil. Un camión de carga es de mayor tamaño y acelera más despacio, así que **necesita un espacio entre vehículos mayor.**

Necesitará aplicar los principios de administración del espacio para decidir si el hueco es lo suficientemente grande para que Usted pueda cambiar de carriles, integrarse a una corriente de tráfico o terminar las otras maniobras que se mencionaron.

DANDO ESPACIO A LOS DEMAS

El espacio en el camino lo comparten todos los choferes con todo tipo de vehículos. Esto es lo que se conoce como derecho de paso. **No existe ninguna situación en la que un chofer tenga automáticamente el derecho de paso**. Hay veces en las que, en aras de la seguridad, Usted le dará espacio a otro chofer para que tenga el camino libre. Sí, pudo Usted haber llegado primero al crucero con alto de plafón para las cuatro direcciones. Pero sí la forma más segura de proceder es dejar que todos los otros vehículos prosigan y crucen la intersección primero, eso es lo que Usted hace.

Si no observa con atención, **si no pone atención a la comunicación proveniente de los demás y actúa en consecuencia, se arriesga a obstruir el tráfico**. Todos los choferes tienen responsabilidad en hacer que el tráfico sea fluido. Usted ayuda abriendo huecos en el tráfico de tal manera que otros se puedan integrar al mismo, o puedan hacer sus cambios de carril fluidamente. Usted puede darse cuenta de que si disminuye su velocidad un poco para hacer un hueco en el tráfico, contribuye a crear una situación más segura y quizá a prevenir un accidente.

Manejar de Noche

Con anterioridad dijimos que, cuando maneja de noche, Usted debe **automáticamente incrementar la distancia que guarda con el vehículo que lleva delante**. Esto es porque **manejar de noche presenta retos especiales al chofer que maneja con cuidado**.

Estos tres principales tipos de factores se involucran cuando maneja de noche:

- factores relativos al chofer
- factores relativos al camino
- factores relativos al vehículo

FACTORES RELATIVOS AL CHOFER

Simplemente por que es de noche, Usted ya lleva desventajas. La **visión del chofer, de noche** (esto es, qué tan lejos o qué tan bien pueden ver de noche), sencillamente **no es tan buena como lo es de día**. Además, la noche es el tiempo en que normalmente una persona duerme. Usted se puede cansar o fatigar con mayor facilidad cuando es de noche. Esté bien descansado antes de iniciar su viaje. Las siguientes son algunas sugerencias para combatir la fatiga.

- Evite comida pesada o en gran cantidad
- Mantenga sus ojos en movimiento
- Mantenga ventilada la cabina
- ¡No tome nada de alcohol por lo menos ocho horas antes de manejar!
- Detengase de menos a cada dos horas para descansar o moverse afuera del vehículo
- No maneje cuando esté cansado, sea de día o de noche

FACTORES RELATIVOS AL CAMINO

Las condiciones del camino pueden afectar el manejo de noche. **Las luces de la calle** no iluminan el camino tan bien como lo hace la luz del sol. Cuando las calles están iluminadas, la iluminación puede variar de muy baja a muy brillante. Fuera de los límites de la ciudad, algunos caminos pueden ni siquiera estar iluminados. Esto **empeora los problemas de visibilidad** que ya hemos mencionado. Use sus luces altas para ampliar su campo de visión siempre que pueda, y sin cegar al tráfico que viene en dirección de Usted.

Manejar de noche por caminos que le son familiares le causa menos tensión. Usted sabrá con bastante anticipación donde están las vueltas y se puede preparar con tiempo para hacerlas. Pero, **tratar de ver por dónde va** en un camino extraño y de noche puede ser extenúate, y esto **se puede sumar a su fatiga**. Planee su ruta con anticipación para que le dé los menos problemas posibles. De esta manera se encontrará con menos "sorpresas" que le podrían causar accidentes. Se sentirá un poco más familiarizado con el camino, y esto le causará menos tensión.

Otros choferes que vayan por el mismo camino, en la noche, **pueden afectar su manejo**. Acostumbrar sus ojos a las luces de los vehículos que vienen en dirección de Usted puede cansarlo. Algunas veces hay choferes que no le bajan sus luces al tráfico que va en dirección de ellos. Es peligroso subir momentáneamente sus luces para hacer que los otros choferes bajen las suyas. Lo mejor que puede hacer es **desviar sus ojos de la luz brillante** hasta que pase el coche.

Sea consciente de que, como Usted, los otros choferes tienen los mismos problemas que tiene Usted en manejar de noche. Evite el cegar a los demás. Baje sus luces a por lo menos 500 pies de distancia del tráfico que viene en dirección de Usted, y cuando haya tráfico delante de Usted a una distancia de 500 pies o menos.

En la noche hay **mayores probabilidades** de encontrarse con **choferes que hayan tomado bebidas alcohólicas**. Fíjese en los choferes que vayan demasiado aprisa, o demasiado lento, frenando sin razón, o que vayan haciendo movimientos erráticos por el camino. Estar alerta y guardar una buena distancia entre Usted y los vehículos que lleve delante, le ayudará a reaccionar con cuidado y en forma segura a lo que hagan los otros choferes.

FACTORES RELATIVOS AL VEHÍCULO

Asegúrese de que sus **luces delanteras**, las altas y las bajas, estén limpias y funcionando adecuadamente. Reponga las luces fundidas antes de manejar. **Los plafones (o luces de situación) necesitan funcionar** de tal manera que los otros vehículos en la carretera lo puedan ver.

La comunicación es especialmente importante en la noche. Asegúrese de que sus luces direccionales están limpias y funcionando adecuadamente. En la noche es especialmente importante que sus espejos, y todas sus luces y reflectores estén limpios y bien colocados.

Como ya lo hemos indicado, en la noche la visión es limitada. Las luces bajas le permiten ver solamente cerca de 250 pies hacia adelante. Un **parabrisas sucio** puede demeritar aún más su visión. Luego, el **resplandor** del tablero o de otras luces en la cabina, sobre el parabrisas, pueden **reducir la visibilidad** aún más.

Baje la luz del tablero de tal manera que no genere resplandor sobre el parabrisas. Sin embargo, no las baje al grado de que no pueda leer el velocímetro o los otros instrumentos. Apague las otras luces de la cabina, como las del camarote para dormir, para que evite el resplandor. Si su compañero está usando la luz, cierre la cortina del camarote para dormir.

El chofer cuidadoso está dispuesto a ajustar su velocidad y técnicas de manejo a la situación. Cuando la visión es limitada, disminuya su velocidad por su propia seguridad y la de los demás que, junto con Usted, usan el mismo camino.

Maniobras de Emergencia

Bueno, digamos que Usted ha hecho todo lo que hasta aquí hemos dicho, y aún así se ve ante una situación potencial de accidente. Las maniobras de emergencia son los **pasos que da para evitar que un accidente potencial se vuelva realidad**. Como chofer cuidadoso que es, Usted debe poder efectuar estas maniobras. Pero su finalidad debe ser nunca necesitarlas.

MANIOBRAS EVASIVAS DE LA DIRECCION

Las maniobras evasivas de la dirección, se refieren al **manejo de la dirección** para **evitar un accidente**. Con mayor frecuencia puede dar vuelta más rápido para evitar un accidente, de lo que puede frenar. Empiece a virar tan pronto como sea posible. Para reducir la probabilidad de una volcadura o de un descuadramiento del tractor respecto del remolque, sólo vire tanto como sea necesario. Tenga cuidado, **no vire de más**.

Durante una maniobra evasiva de la dirección, **no use los frenos a menos que su vehículo tiene modelos de control para frenos anti-bloqueo (en ingles "anti-lock brakes" o ABS)**. Si es posible, frene antes de maniobrar la dirección. Tan pronto como el frente del remolque haya pasado el obstáculo, puede empezar a contra-virar. Contra-virar es regresar el volante de la dirección para retomar la trayectoria que llevaba.

FRENAR DE EMERGENCIA

Otra maniobra de emergencia es tener que frenar rápidamente. Hay dos procedimientos. El primero es el **frenado controlado**. Esto implica aplicar los frenos con la fuerza suficiente para que casi se traben sin que lleguen a hacerlo, y luego mantener esa presión constante. Se necesita práctica para saber cuál es ese punto. Hasta que lo aprenda, use el método de bombeo.

El **método de bombeo** consiste en aplicar totalmente los frenos y luego soltarlos ligeramente cuando se traben las ruedas. El soltar los frenos deja que las ruedas vuelvan a rodar, que ayuda la tracción. Repita este procedimiento de bombeo y permita que se recobre el sistema de frenos entre aplicación y aplicación, hasta que el vehículo disminuya su velocidad.

Para frenar un vehículo que tiene ABS, el método de bombee mientras vira (en ingles "stomp and steer") es recomendado. Bombear mientras vira significa que haga una aplicación dura de los frenos y sostengala. Los sensores electrónicos en cada rueda perciben cuando empieza a trabar. Los electrónicos del sistema mandan impulsos al relé de las válvulas de aire, los cuales automáticamente aplican, sostienen, o sueltan presión en la cámera de aire, tan rápido como cinco veces por segundo. Esto elimina que las ruedas se traben lo cual ayuda al chofer en controlar la dirección. Refiera al manual del vehículo para interarse del procedimiento recomendado por el fabricante de su modelo de control de frenos anti-bloqueo ABS.

LA RECUPERACION AL SALIRSE DEL CAMINO

Si se tiene que salir del pavimento hacia el hombro o acotamiento de la carretera, aún quiere **mantener el control del vehículo**. Trate de mantener un juego de llantas sobre el pavimento. Evite usar los frenos hasta que su velocidad haya bajado a cerca de las 20 mph. Luego frene suavemente para evitar que derrape sobre lo que puede ser una superficie accidentada o áspera. Permanezca en el acotamiento hasta que tenga su vehículo bajo control. Antes de regresar a la carretera, ponga sus direccionales y luego revise sus espejos.

Para regresar a la carretera, voltee con certeza así al pavimento y subase de nuevo al pavimento No trate de subirse gradualmente al pavimento. Si lo hace así, las llantas que suben primero agarrarán más tracción y lo sacarán de control. Cuando ambas llantas delanteras estén sobre el pavimento, regrese inmediatamente el volante de la dirección para alinearse. La vuelta hacia el pavimento y la enderezada del camión, se deben hacer como un simple movimiento de " viraje y contra-viraje".

FALLA DE LOS FRENOS EN CUESTA ABAJO

Conducir suficientemente despacio y el uso correcto de los frenos casi siempre previene que fallan los frenos mientras baja cuestas largas. Sin embargo, si fallan los frenos, tendrá que buscar algo de afuera del vehículo para detenerlo. **Su mejor opción es una rampa de escape.** Si hay una rampa, habrán señas avisandole. Búsquelas. Preparese para usar la rampa mientras se le acerca y luego úsela.

EXPLOSION DE LAS LLANTAS

Una explosión de llanta **de uno de los ejes en tándem o de uno de los ejes con tracción del tractor** no debe hacerle perder el control. La primera indicación del problema será una vibración nueva y repentina que Usted se sentirá en su asiento. Acelere inmediatamente. El poder que **añade a las ruedas le ayuda mantener la fuerza delantera**. Agarre bien el volante de dirección con las dos manos para **hacer cualquieras correcciones de dirección** que hagan falta. Entonces, puede decidir dónde y cuándo quiere disminuir la velocidad y salir del camino.

No aplique los frenos cuando al principio se da cuenta de que se ha perdido aire de una llanta o una llanta se ha estrallado. Si aplicara los frenos cuando ocurre esto, le prevendría poder controlar la dirección.

Una explosión de llanta **del eje de la dirección del tractor** requiere un esfuerzo adicional para mantener el control. Si una de estas llantas pierden el aire de repente, se fijará que la parte delantera de su tractor caerá y se sentirá una jala al lado en que ocurrió la perdida del aire. Cuando ve que ha caído la parte delantera de su tractor y se siente la jala a un lado, acelere un poco. En el Capítulo 24, Conducir Económicamente, Usted va a leer sobre el no correr el motor en contra del gobernador o a toda fuerza. Va a aprender que es mejor correr el motor abajo de la velocidad gobernada. Sí Usted va corriendo a toda fuerza y encontra del gobernador, Usted no podría acelerar si le ocurriera una perdida rápida del aire de una llanta. Así es que está es una razón más para correr el motor abajo de la velocidad gobernada.

De nuevo, agarre firme el volante de dirección y **mantenga el control de la dirección**. **No aplique los frenos**. Esto le va a quitar la habilidad de controlar el vehículo. Acelere, corrija la dirección, mantenga el vehículo en dirección recta, entonces decida dónde y cuándo quiere disminuir velocidad y salir del camino.

Control de los Derrapimientos y Recuperación

Si un derrapamiento no se controla, el tractor se puede descuadrar o doblar contra el remolque. Una vez que la unidad tractor-remolque está totalmente descuadrada o doblada (el tractor totalmente doblado hacia el remolque), se necesita una grúa pesada para enderezarla. Puede darse cuenta de lo importante que es **detener este descuadramiento o doblamiento antes de que avance demasiado**. Así que veamos cómo suceden los derrapamientos y cómo salir de ellos.

LA DINAMICA DE LOS DERRAPAMIENTOS

El **derrapamiento ocurre cuando las llantas pierden su agarre de la carretera**. Las altas velocidades sobre nieve o hielo también puede resultar en una pérdida de tracción. Los derrapamientos de las llantas delanteras ocurren cuando les falta piso o dibujo a éstas y la carga está mal distribuida o usar los frenos demasiado y repentinamente. En un derrapamiento de las llantas delanteras, la parte delantera de su tractor tiende enderezar a pesar de cuanto se vira el volante de dirección.

Los derrapamientos se pueden ocasionar por la carga sobre las ruedas. **Cuando hay demasiada carga pesada muy cerca del frente del remolque**, no todas las ruedas tienen buena tracción e igualmente distribuida.

La fuerza del movimiento puede causar un derrapamiento. Un objeto en movimiento tiende a permanecer en movimiento. Cuando un camión de carga va sobre la carretera no se detiene en una moneda de 10 centavos. La inercia mantiene al vehículo en movimiento aún después de que se hayan aplicado los frenos. Cuando se traban las ruedas, la inercia hace que el vehículo se siga moviendo, lo que resulta en un derrapamiento. Recuerde que en un camión con modelos de control de frenos anti-bloqueo (ABS), no se bombea los frenos. Aprételos y sostenga el pedal de los frenos abajo. El ABS es diseñado a eliminar que se traben las ruedas.

TRES TIPOS BÁSICOS DE DERRAPAMIENTOS

Hay tres tipos básicos de derrapamientos.

SOBRE-FRENAR. Los derrapamientos ocurren cuando se frena. Esto sucede cuando los frenos se aplican con demasiada fuerza y las ruedas se traban. También se puede causar un derrapamiento cuando se usa el freno auxiliar mientras se desplaza por una superficie resbalosa.

VOLTIANDO DEMACIADO CERADO. Otro tipo de derrapamiento se ocasiona cuando se viran las ruedas en forma más cerrada de lo que el vehículo puede dar vuelta en forma segura.

SOBRE-ACELERAR. Los derrapamientos causados por aceleración suceden cuando se manda demasiada potencia a las ruedas con tracción haciéndolas derrapar.

La mayoría de los derrapamientos son el resultado de manejar demasiado aprisa para las condiciones en que se encuentra la carretera. Si su velocidad es la correcta, sencillamente no tiene porqué sobre-acelerar, sobre-frenar, o dar vueltas demasiado cerradas con el volante.

FRENOS DEL TIPO ANTI-BLOQUEO (ABS)

Como chofer, Usted tiene que saber sí o no su vehículo está equipado con frenos del tipo anti-bloqueo (ABS). Los **frenos de aire sin ABS deben ser aplicados en diferente manera que los frenos de aire con ABS.**

Cuando es necesario detenerse de repente, una aplicación pesada de los frenos sin ABS puede resultar en un trabamiento de las ruedas. Cuando esto sucede Usted pierde tracción y el control. Para recuperar la tracción y el control Usted tiene que soltar los frenos por suficiente tiempo para que las ruedas vuelvan a rodar. Entonces Usted aplica los frenos otra vez. A esto se le llama bombear los frenos.

Cuando Usted hace un detenimiento de repente en un vehículo **con ABS** Usted **usa un método llamado pisar muy fuerte y conducir** (en inglés: stomp and steer). Esto quiere decir que Usted hace una aplicación fuerte de los frenos y no los suelta. Aunque Usted sienta el pulsar del pedal del freno bajo su pie Usted no bombea los frenos. El sistema ABS lo hace por Usted, electrónicamente y automáticamente, mientras que Usted conduce libre de la razón que lo hiso detenerse en pánico.

No se olvide que el sistema ABS no va a cortar su distancia para detenerse. Lo que el sistema **ABS hará es ayudarle a Usted a manter el control del conducimiento.** Usted podrá **mantener la estabilidad del vehículo y prevenir que se doble el remolque o evitar una colusión.**

RECUPERACION DE UN DERRAPAMIENTO

Como ya dijimos, un derrapamiento sin control puede resultar en un doblamiento completo del tractor contra el remolque. Pero Usted se puede recuperar de una derrapada antes de que sea demasiado tarde. La recuperación de derrapamientos que pueden resultar en doblamientos del tractor contra el remolque y viceversa, consiste de cuatro pasos:

- control de la velocidad
- maniobras correctivas de la dirección
- contra-viraje
- frenar para detenerse totalmente

DOBLAMIENTOS DEL REMOLQUE CONTRA EL TRACTOR. Este tipo de doblamiento o descuadre ocurre cuando **las ruedas del remolque se traban** (vea la ilustración 19-2 en la página siguiente). Enseguida el

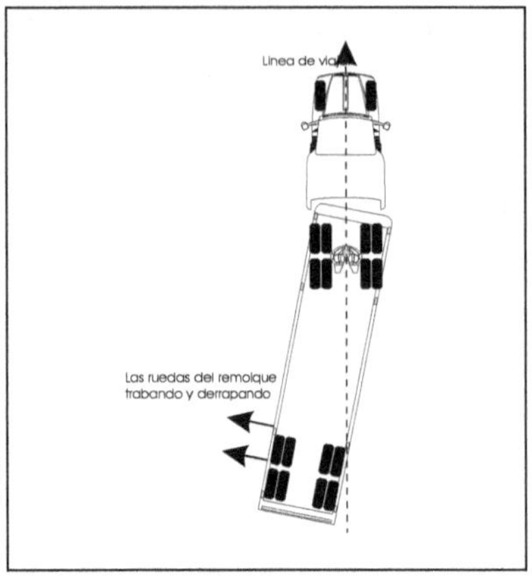

Ilustración 19-5
Doblamiento del remolque, ruedas trabadas por causa de frenar.

remolque se mueve de un lado al otro hasta que golpea algo. Esto es más probable que suceda cuando el remolque está vacío o con carga muy ligera. **De este tipo de derrapamientos se puede salir o recuperar, simplemente aumentando un poco la velocidad** para jalar el remolque y mantenerlo detrás del tractor. No use los frenos, o el freno de mano del remolque para recuperarse de este derrape.

DOBLAMIENTOS DEL TRACTOR CONTRA EL REMOLQUE. Cuando de repente acelera, las ruedas principales que muevan el tractor pierden tracción y giran sin control, o una aplicación fuerte causa que **se traben las ruedas traseras del tractor**, derrapan hacia un lado (vea la ilustración 19-3). El remolque empuja hacia ese lado la parte trasera del tractor. El remolque se mueve de un lado para el otro hasta que pega con la cabina. **Para salir o recuperarse de un derrapamiento de este tipo, primero deje de frenar**. Esto permite que las llantas traseras del tractor vuelvan a rodar. O, deje de acelerar para que las ruedas principales que muevan el tractor pueden recuperar su tracción. Cuando **el vehículo empieza a derrapar de lado, dé vuelta a la dirección hacia donde quiere que vaya el vehículo**. Conforme el vehículo regrese a su curso, dé vuelta en sentido contrario a la dirección rápidamente.

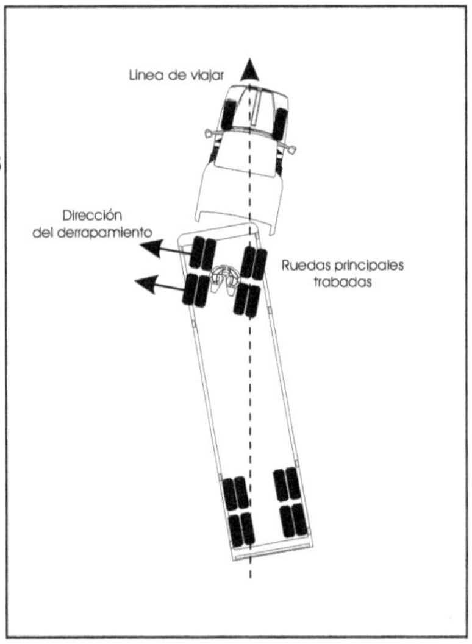

Ilustración 19-6
Las ruedas principales que muevan el tractor derrapan con las ruedas girando fuera del control debido a la perdida de tracción o los frenos trabados.

DERRAPAMIENTO DE LAS LLANTAS DELANTERAS. Cuando se derrapan las ruedas delanteras, **la parte de enfrente tiende a irse en línea recta sin importar hacia qué dirección estén giradas dichas ruedas** (vea la ilustración 19-4). Cuando sucede un **derrapamiento de las ruedas delanteras**, la única manera de detenerlo es **disminuir la velocidad. Si las ruedas delanteras están trabadas por causa de frenar, disminuía la presión en los frenos.** No mueva el volante de dirección. Si velocidad excesiva para las condiciones del camino **fue la causa del derrapamiento,** de nuevo, no mueva el

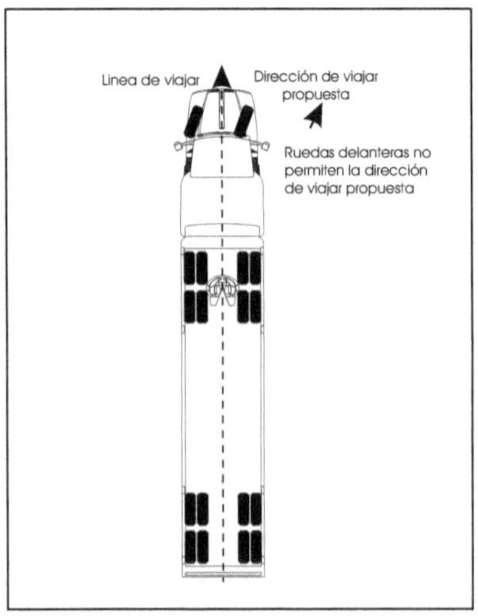

Ilustración 19-4
Derrapamiento de las ruedas delanteras debido a la perdido de tracción o ruedas trabadas.

volante de dirección. Aprete el embrague y **deje de acelerar** para que las ruedas delanteras pueden recuperar su agarre al camino. Una vez que tenga tracción de nuevo, tal vez necesita virar un poco más para hacer la vuelta que intentaba hacer antes del derrapamiento. Tenga cuidado de no sobre-virar. Suelte el embrague y acelere suavemente.

Examen Sobre el Capítulo 19

1. Para ser un chofer cuidadoso que sigue todas las normas de seguridad, todo lo que realmente tiene que hacer es tener un buen control de su vehículo.
   A. Verdadero.
   B. Falso.

2. El área que no puede ver cuando trata de vigilar el espacio alrededor de su vehículo mientras va manejando es ____.
   A. el frente del tractor
   B. los lados del vehículo
   C. la parte de atrás del vehículo
   D. directamente atrás del remolque

3. Los espejos plano y convexo le ayudarán a hacer muchas cosas excepto ____.
   A. examinar hacia adelante la distancia que recorrerá el vehículo en los próximos 15 segundos
   B. vigilar el tráfico que viene detrás del vehículo
   C. determinar si alguien viene al lado de su remolque
   D. encontrar la oportunidad para cambiar de carril o integrarse a una corriente de tráfico

4. Olvidar quitar sus direccionales es tan malo como olvidar ponerlas.
   A. Verdadero.
   B. Falso.

5. La buena administración de la velocidad consiste en ____ .
   A. siempre ir a la máxima velocidad legalmente permitida
   B. manejar a la velocidad que es mejor para las condiciones presentes
   C. mantener un colchón de seguridad en los espacios alrededor de su vehículo
   D. vigilar hacia el frente y hacia los lados

6. La distancia que un vehículo de carga de 50 pies de largo debe guardar de los vehículos que lleva adelante, cuando se desplaza a 55 mph debe ser de ____ segundos.
   A. 1
   B. 6
   C. 7
   D. 8

7. Hay que frenar diferentemente con los frenos anti-bloqueo (ABS) de lo que haría sin este tipo de freno.
   A. Verdadero.
   B. Falso.

8. El primer paso que todo chofer cuidadoso y que cumple con las normas de seguridad, da para prevenir accidentes, son las maniobras evasivas de la dirección.
   A. Verdadero.
   B. Falso.

9. Para evitar derrapamientos ____ .
   A. frene fuertemente para que se traben los frenos
   B. dé vuelta a las ruedas en forma muy cerrada
   C. meta el acelerador y haga girar las ruedas sin moverse del mismo lugar
   D. maneje a la velocidad adecuada para las condiciones presentes

10. Para enderezar un tractor-remolque en la que el tractor se ha doblado o descuadrado completamente contra el remolque, se necesita ____ .
   A. controlar la velocidad
   B. hacer maniobras correctivas con la dirección
   C. hacer maniobras de contra-viraje con la dirección
   D. una grúa pesada

CAPITULO 20
RETOS DE MANEJO

Hacer Frente al Reto

Las montañas, el terreno con colinas y las condiciones adversas del clima, presentarán un reto para Usted como chofer de un vehículo de carga que cruza todo el país. **Las montañas y el terreno con** muchas **colinas repre-**

sentarán un reto para su habilidad de hacer los cambios. De hecho, este tipo de manejo es un reto tal, que Usted necesitará aprender cómo usar una rampa de escape, por si acaso.

Algunas veces **las condiciones del tiempo son tan malas** que simplemente **no hay suficiente tracción o visibilidad** para manejar. La nieve y el hielo obligan a muchos choferes a detenerse y esperar en una parada de vehículos de carga segura y acogedora. La neblina y las tormentas de arena o polvo pueden hacer muy peligroso el manejar aunque sea a distancias muy cortas. También, manejar se vuelve muy difícil con vientos de frente y con vientos cruzados.

En este capítulo, le mostraremos cómo puede hacer frente a estos retos especiales de manejo.

El Manejo en las Montañas y en Terreno con Colinas

En este país (EEUU), un gran número de cordilleras montañosas crean barreras naturales. Si Usted se convierte en un chofer de largos recorridos, probablemente tendrá que cruzar algunas de estas cordilleras.

En la parte este de los Estados Unidos, los Apalaches abarcan más de mil millas. Las grandiosas Montañas Rocallosas van desde la frontera con Canadá hasta el sur. Idaho, Utah, Colorado y Nuevo México son algunos de los estados donde todo el año se pueden ver picos nevados. Hacia la zona noroeste por el lado del oceano Pacífico, la cordillera Cascada atraviesa los estados de Oregon y Washington, y la llamada Sierra Nevada, famosa por la Fiebre del Oro, constituye la espina dorsal de California.

Muchas otras sierras más pequeñas, se encuentran en otras regiones de nuestro grandioso país. En la mitad del estado de Nueva York se encuentran las "Adirondacks", y en Pensilvania las "Alleghenies". En Tennessee las "Great Smokies", y en Dakota del Sur, las "Black Hills", son especialmente problemáticas para el chofer de un vehículo de carga. Y desde luego, gran parte del Medio-Oeste estadounidense consiste de terreno con muchas colinas.

Quizá haya oído hablar de algunas de las grandes cuestas para el autotransporte en los EEUU. El famoso "Paso Donner" entre Sacramento, California, y Reno, Nevada, es sólo una de ellas. Yendo hacia el oeste a partir de Reno, se enfrenta con una cuesta de subida que tiene una pendiente del 6% y que se prolonga por 60 millas. Sin embargo, el "Paso Donner" tiene una característica adicional que las otras cuestas famosas no tienen. Había tantos accidentes en esta cuesta, que se contrataron choferes profesionales de vehículos de carga para que colaboraran a desarrollar señales que ayudaran a los choferes de este tipo de vehículos, a llegar a la cima con seguridad.

Para poder hacer frente con éxito a los retos de manejo que representan las montañas y los terrenos con lomas, hay ciertas habilidades de manejo que Usted debe dominar, y además necesita conocer los problemas que posiblemente se le puedan presentar. Primero hablaremos de las habilidades que necesita para operar en pendientes cuesta arriba y cuesta abajo. Luego trataremos sobre el debilitamiento de los frenos y la forma de usar las rampas de escape.

LO QUE SIGNIFICA LA PALABRA "PENDIENTE"

Una cuesta pequeña puede tener solo 4% de pendiente. Esto significa que **por cada 100 pies de camino se suben 4 pies**. En mil pies, habrá un ascenso de 40 pies. Una milla tiene 5,280 pies. Esto significa que el ascenso (o descenso, en el caso de ser cuesta abajo) será de cerca de 200 pies. La cuesta subirá (o descenderá) cerca de 200 pies por milla de camino.

Ilustración 20-1
En una pendiente de 4% yendo cuesta arriba (o cuesta abajo), se suben (o bajan) 4 pies por cada 100 pies de camino.

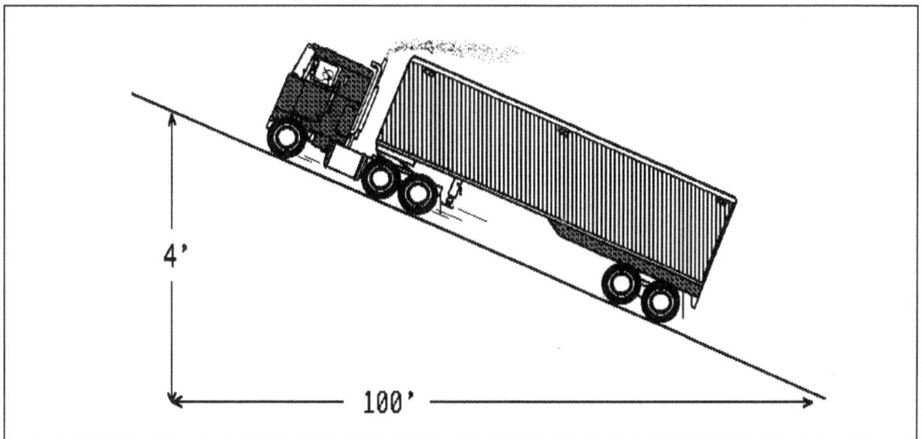

EL MANEJO CUESTA ARRIBA

Al ir cuesta arriba, su reto será **mantener su velocidad** tanto como sea posible, mientras lucha contra la fuerza natural de la **gravedad** que **trata de jalarlo hacia abajo**. **Revise la ruta** que recorrerá ese día en un mapa de carreteras, para que vea a qué clase de terreno se dirige. Usted querrá estar preparado para pendientes cuesta arriba, porque sabe que una cuesta de este tipo que aparece de repente, rápidamente puede bajarle su velocidad, de llevarla constante a 50 mph, a 35 mph.

Cómo hacer los cambios en una pendiente cuesta arriba

Las pendientes cuesta arriba le obligarán a hacer cambios a velocidades más bajas. La gravedad disminuirá la velocidad de su vehículo. Si no hace el cambio a una velocidad más baja, se le arrastrará el motor y eventualmente se detendrá.

El problema es que **hacer cambios a velocidades** más bajas en una **pendiente cuesta arriba** es diferente a hacerlo en terreno plano. En terreno plano, cuando mete el pedal del embrague (clutch), la velocidad de su vehículo disminuye muy poco. Pero en una pendiente, tan pronto como quite el pie del acelerador, el vehículo disminuirá mucho más rápidamente su velocidad. En este caso, perderá velocidad de veras. Así que **tiene que**

hacer el cambio de velocidad muy rápido y **su técnica de "doble-clotcheo" tiene que** ser muy precisa. Puede ser que tenga que hacer el cambio a varias velocidades abajo para alcanzar a llegar a la cima de la cuesta. Si la cuesta es muy pendiente, o Usted no ha estado prestando atención y dicha cuesta lo sorprende, puede ser que tenga que saltarse un cambio o dos cuando realiza el cambio a velocidades más bajas.

Hasta que no adquiere pericia haciendo esto, puede ser que tenga muchos problemas al hacer el "doble-clotcheo" y al meter los cambios, y más cuando se trata de mantener la velocidad. Es posible que ni siquiera pueda volver a meter el cambio porque la cuesta desacelera al vehículo más rápido de lo que esperaba. **Si se queda "sin** poder volver a meter el cambio", puede ser que su única alternativa sea detener completamente el vehículo, **meter primera** y **continuar** subiendo la cuesta. Antes de detenerse, trate de salirse de la carretera hacia el acotamiento.

Ahora su reto no es meter o hacer los cambios hacia abajo, sino **hacia** arriba para subir la cuesta. Tenga cuidado cuando empieza de nuevo. El vehículo tenderá a írsele para atrás. Probablemente no podrá meter muchos cambios hacia arriba, así que su subida de la cuesta va a ser muy despacio y le tomará mucho tiempo.

Problemas que se presentan en las pendientes cuesta arriba

Se puede dar cuenta que el mantener la velocidad cuando va cuesta arriba es muy difícil. Los buenos choferes se ufanan de ello cuando lo logran. Y tienen razones para ufanarse. El tráfico, los malos hábitos de manejo y el desgaste del equipo en las pendientes cuesta arriba, todos, presentan problemas especiales.

En muchas de las cuestas de subida, se encontrará con el carril derecho repleto de tráfico, con toda clase de automóviles y vehículos de carga. Si un chofer disminuye su velocidad, todo el tráfico del carril derecho tendrá que disminuir la suya. Y, esto, desde luego, que lo incluye a Usted. Un buen chofer siempre es cortés con los demás.

Para ayudar a **reducir el desgaste de su equipo**, debe **vigilar** las temperaturas del **motor, de la transmisión** y del **diferencial cuando va cuesta arriba**. Ir cuesta arriba, hace que todo funcione con mayor esfuerzo, lo que genera más calor. Sus temperaturas se pueden subir un poco. Sin embargo, si continúan subiendo por encima del límite recomendado por el fabricante, necesita meter un cambio más bajo y disminuir la velocidad para que todo funcione sin tanto esfuerzo.

EL MANEJO CUESTA ABAJO

El reto, cuando va cuesta abajo, sigue siendo **controlar la velocidad**. Sólo que en este caso, la gravedad lo fuerza a ir más aprisa, no más despacio. Muchos accidentes suceden en las cuestas hacia abajo porque el chofer no pudo controlar la velocidad del vehículo. Después de un accidente en pendientes hacia abajo, casi siempre el chofer dirá, "me fallaron los frenos".

No, los frenos no fallaron. El que falló fue el chofer. **Los frenos sólo pueden funcionar hasta cierto punto.** El resto depende del chofer. ¿Se detuvo el chofer en la cima de la pendiente para revisar los frenos? ¿Sabía el chofer cómo usar los frenos? Pero, lo más importante de todo, ¿Sabía el chofer cómo manejar cuesta abajo? Empecemos con la selección de los cambios.

> PRUEBA DE LA HABILIDAD PARA OBSERVAR
>
> ¿Qué notó en la ilustración con que se inició este capítulo? Diríjase a la gráfica de la Prueba de la Habilidad para Observar al final del libro, y vea cómo se mejora su capacidad de observación.

La selección del cambio

Había una regla de oro que se usó por muchos años en la industria del autotransporte de carga — "para bajar una pendiente, use el mismo cambio que necesitó para subirla". Esta regla ya no es válida. Muchos de los motores en la actualidad, pueden subir un vehículo de carga por una pendiente cuesta arriba, más rápido de lo que deberían ir cuesta abajo por la misma pendiente. Además, muchas colinas no tienen la misma pendiente en ambos lados.

La nueva regla de oro es, para bajar por una pendiente, usar un cambio más abajo del que usó para subirla. Antes de empezar a descender por la pendiente, asegúrese de estar en el cambio correcto. La mejor manera de seleccionar el cambio para una pendiente en particular, es que **le aconseje** un chofer en quien Usted confíe, y que ya haya bajado esa pendiente. Luego proceda muy cautelosamente hasta que por experiencia propia sepa qué velocidad y qué cambio puede usar en forma segura.

La revisión de los frenos

Yendo hacia el sur por la carretera interestatal I-17 de Flagstaff a Phoenix en el estado de Arizona, hay una afamada pendiente de 16 millas de longitud. Esta carretera interestatal, de un paisaje de pinos y clima frío a una altitud de 7000 pies, baja a una altitud de alrededor de 3000 pies con un paisaje de cactus y clima caliente.

En la cima de esta pendiente hay muchas señales de advertencia. Le indican al chofer que **se salga de la carretera**. Lo que esto significa es que necesita salirse a la área para revisar los frenos y revisar sus frenos. No que simplemente los presione con fuerza y decida que están funcionando bien. **Sálgase de su vehículo y revise sus frenos**. Revise los ajustadores de juego en todos los frenos que pueden estar desajustados por viajar en forma excesiva, y también vea si tiene partes flojas o que estén rotas. Asegúrese de que ningún freno tenga más juego de lo que su compañía requiere. Si los frenos necesitan ajuste, siga la política de su compañía en cuanto los ajustes y las reparaciones de los frenos.

Seleccione el cambio para bajar la cuesta. Las señales le dirán qué pendiente tiene (5%) y qué distancia recorre (16 millas). **Seleccione un cambio que** le permita al vehículo una **velocidad apropiada al la velocidad indicada y las condiciones para conducir.** mientras las revoluciones del motor se mantienen justo por debajo de las especificadas para ese cambio (las rpm máximas a esa **velocidad).**

Bajemos por esta cuesta. Usted está listo y alerta. Se sale de la zona para parar en la carretera, y mete los cambios hacia arriba hasta que llega al que seleccionó. Su vehículo se desplaza a 20 mph. Si la carretera no está resbalosa, **activa su freno auxiliar**.

Usted se resiste a ir más rápido que la velocidad que escogió. Usted ha escogido el cambio correcto para esa pendiente y esa distancia y **no hace ningún cambio una vez que el vehículo** va de bajada.

De cualquier manera, y una vez iniciada la bajada, es casi imposible seleccionar otro cambio. Hay mucha presión sobre el tren de tracción. Si es tan tonto como para sacar el cambio en el que va y ponerse en neutral, lo más probable es que se quede en neutral hasta que se las averigüe para detener al vehículo. Ya se imaginará lo peligroso que sería estar en la mitad de una bajada y trabado en neutral. ¡Nunca intente meter cambios una vez que va de bajada!

Una vez que ha seleccionado su cambio y la velocidad, está libre para manejar con cuidado y concentrarse en cómo usar sus frenos.

Con el freno de motor puesto, probablemente no necesite usar los frenos de servicio. Sólo deben usarse cuando las revoluciones del motor, o la velocidad del vehículo, excedan los límites de seguridad. En caso de que exceda una velocidad segura, debe aplicar los frenos de una manera intermitente y moderada, la cual se dice en ingles “snubbing”. Frene con una presión moderada hasta que la velocidad se ha reducido unas cinco o seis millas por hora. Esto requiere una presión desde 20 a 30 psi (presión por pulgada cuadrada). Debe de tardar unos 3 segundos en frenar para reducir la velocidad por cinco o seis millas por hora.

Si sube la velocidad de nuevo en exceso de una velocidad segura, repita la acción de frenar y soltar hasta que o el terreno se ponga más llano o la bajada no haga que su vehículo acelere.

DEBILITAMIENTO DE LOS FRENOS

El debilitamiento de los frenos ocurre cuando **la temperatura de los mismos se sube tanto** que el tambor de los frenos no la puede absorber o deshacerse de ella. **Entonces** las **balatas se empiezan a fundir**. Esta superficie ya no es sólida, se hace líquida o se gasifica. **No tiene fricción,**

Ilustración 20-2
Cuando ocurre el debilitamiento de los frenos lo que sucede es que el tambor del freno se expande alejándose las balatas.

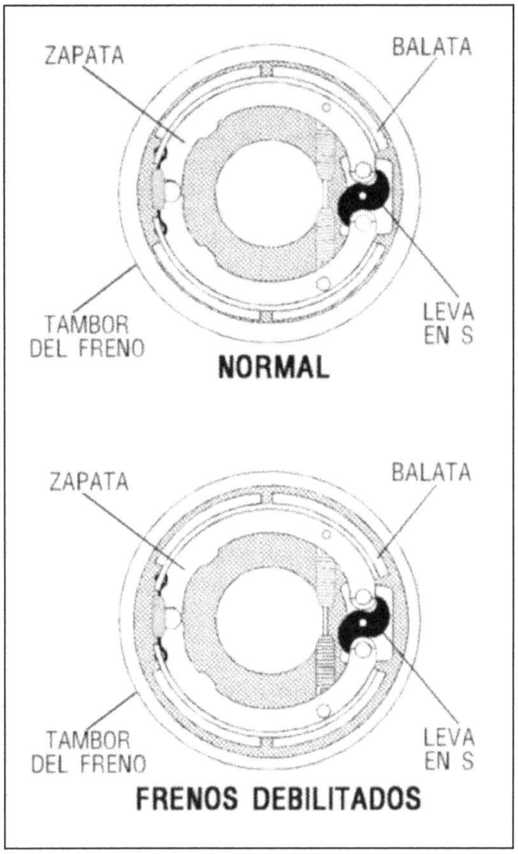

o tiene pero muy poca, y por lo tanto no tiene potencia de frenado. La balata va parecer como vidriosa, abrillantada. Eventualmente la balata no servirá para nada. El vehículo va rodando **sin** ninguna potencia de **frenado**, ni de servicio ni de emergencia. Sobre-calentar los frenos puede ocasionar una o más de las condiciones siguientes:

- los tambores del freno se ponen al rojo vivo y se rajan
- se queman las balatas
- los sellos de grasa de las ruedas se calientan y "chorrean" la grasa
- la grasa de las ruedas se calienta a 900 grados Fahrenheit y se enciende

Ahora puede ver porqué si se queda trabado en neutral, no puede confiar en sus frenos de servicio para detenerse mientras baja por una pendiente prolongada. Si se le debilitan los frenos o si definitivamente los pierde, busque una rampa de escape.

Rampas de escape

Las carreteras interestatales ahora tienen rampas de escape en las pendientes de bajada muy prolongadas. Si el chofer no puede detener al vehículo, sólo queda una alternativa. Se debe usar la rampa de escape. Esto es una cosa de vida o muerte tanto para el chofer como para los demás usuarios de la carretera. Las rampas de escape detienen hasta el 80% de los vehículos de carga que han perdido el control.

Dirigir su vehículo hacia una rampa de escape supone fuerza y valentía. Su vehículo de carga se puede estar desplazando a altas velocidades, quizá tan altas como 100 mph, e ir rebasando al resto del tráfico. Busque señales de escape. Le indicarán qué tan lejos se encuentra la rampa.

Conforme entra a la rampa, **agarre firmemente el volante** de la dirección. Generalmente las rampas de escape están hechas de arena y grava, e inclinadas hacia arriba para disminuir la velocidad de su vehículo. Al final de aproximadamente 500 pies, hay un hoyo grande lleno de arena. Su vehículo rodará hacia él y se detendrá muy rápidamente en medio de una enorme nube de polvo y arena. Usted será empujado contra su cinturón de seguridad que se pondrá tenso, pero tendrá que recordar apagar el motor.

Luego sálgase y llévese un extinguidor de incendios con Usted. Puede necesitarlo.

EL TERRENO CON COLINAS

El terreno con colinas es una zona en la que hay una loma detrás de otra con pequeños valles intermedios. Será muy raro que vea señales indicando la pendiente de las colinas porque **éstas no son tan pronunciadas**. El reto en este tipo de terreno, es **mantener una velocidad constante a pesar de las colinas**. El problema al manejar por este tipo de terreno es seleccionar el cambio correcto para cada loma. Cada loma es de altura diferente y de diferente largo. Usted debe calcular más o menos cómo es cada loma con anticipación y **hará cambios de velocidades constantemente.** Esto quiere decir que **siempre debe estar viendo hacia adelante** y pensando en la siguiente loma y el siguiente valle. Un terreno con colinas le exigirá lo mejor de Usted en lo relativo a hacer los cambios de velocidades, pero el manejo de este tipo también es remunerador en cuanto a satisfacción personal se refiere.

La selección del cambio

Imagínese que va manejando de San Antonio a Austin en el estado de Texas. Esta zona es de terreno con muchas colinas. Su vehículo de carga empieza a disminuir su velocidad en una subida. Usted inmediatamente hace el cambio a la siguiente velocidad para abajo. En cuanto llega a la cima de esta colina más bien baja, ve una pendiente de bajada larga y luego otra subida. Usted sabe qué esperar porque la visibilidad es tan buena que puede ver a millas de distancia. Usted puede **saber con anticipación cuáles** serán sus cambios. Tiene tiempo para calcular más o menos cuáles serán los cambios que usará y a qué velocidad irá. Usted hace el cambio hacia la siguiente velocidad para arriba y acelera para aumentar su velocidad. A esta velocidad más o menos llegará a la cima de la siguiente colina. Ya cerca de esta cima, tendrá que hacer el cambio a la siguiente velocidad para abajo. Vigilando de cerca el tacómetro, puede planear lo que hará hacia adelante en relación a cada cambio de velocidades con el fin de mantener una velocidad constante.

Mantener la velocidad

Conforme baje por una pendiente, ganará velocidad. Usted puede **usar esta inercia** para subir la siguiente **colina** y así mantener una velocidad constante. Al mismo tiempo, **no** quiere **exceder el límite legal** de **velocidad**.

Otra consideración que debe tomar en cuenta, es **el tráfico que se pueda encontrar y que frustre sus intentos por mantener una velocidad constante.** Si se encuentra en una zona con colinas sobre una carretera de acceso libre, habrá tráfico que la cruce. Un chofer que vaya bajando una pendiente rápido, siempre se sorprende cuando un agricultor se sube a la carretera proveniente de un campo de siembra. El agricultor nunca se sorprende. El se ha subido a esta carretera miles de veces en su viejo tractor John Deere verde, generalmente al atardecer y sin luces. Algunas

Ilustración 20-3
Nunca llegue a la cima de una colina a toda velocidad. Usted no puede ver lo que hay del otro lado.

veces el agricultor se pregunta porqué los vehículos de carga se le acercan tanto cuando lo rebasan. Algunas veces también, los choferes le suenan fuerte su claxon de aire. Y el agricultor les sonríe y les regresa el saludo.

Una última consideración es **controlar su velocidad en cuanto llega a la cima de una colina muy pendiente**. Algunas veces, los choferes que tratan de mantener su velocidad llegan a la cima de colinas muy pendientes a 55 mph. Esto es como jugar a la Ruleta Rusa con otra gente. ¿Qué tan lejos puede ver con la trompa de 6 pies de largo de su tractor convencional por enfrente, cuando va llegando a la cima de una colina muy pronunciada? Por un segundo puede ser que ni siquiera vea si el camino sigue o no. ¿Qué hay sobre la carretera? ¿Acaso un par de camionetas estacionadas sobre el pavimento con dos rancheros platicando? ¿Una vaca o un caballo? ¿Un rebaño de ovejas que arrean a través de la carretera? ¿Un autobús de transporte escolar dejando niños? Si hay un accidente, algunos choferes dirán, "no los vi". Este tipo de choferes son tan listos como los que dicen, "me fallaron los frenos".

En zona de terreno con colinas, siempre vaya **pensando en qué puede haber detrás de esa colina** donde no alcanza a ver.

Condiciones Adversas

Hay muchas clases de condiciones adversas. Sin embargo, en la industria del autotransporte de carga, estas palabras se refieren a condiciones del tiempo que le hacen que vaya despacio y que también hacen más peligroso el manejar. El reto en este caso será **tener un buen avance mientras viaja a una velocidad segura y manteniendo el control de su vehículo.**

En el capítulo 19, de título "Maneje con cuidado", se ven con detalle algunos de los problemas que presentan las condiciones de clima adversas y el manejo de noche. Aquí las repasaremos brevemente y le presentaremos algo de información nueva.

EL ARRANQUE EN CLIMA MUY FRIO

Es más difícil arrancar un motor diesel en climas muy fríos porque se incrementa el arrastre de las partes movibles inmersas en aceite frío. Además, **el aire frío** que entra a los cilindros **tarda más en llegar a las temperaturas de combustión.**

Si las temperaturas se mantienen en forma constante por abajo de las 40 grados Fahrenheit, puede ser que necesite un dispositivo de ayuda para arrancar el motor. Su tractor puede estar equipado con un calentador del monoblock, un arrancador de bujía incandescente, un pre-calentador de aire, o cualquier otro dispositivo de ayuda. Todos son muy eficientes en tiempo de frío. Asegúrese de que **sabe con qué dispositivo de ayuda está equipado su tractor, y cómo y cuándo usarlo.**

Operar un motor diesel cuando está frío puede conducir a un excesivo desgaste de las superficies internas que se mueven haciendo contacto con algo, como las chumaceras, los bujes, el árbol de levas y los anillos de los pistones. **Es importante calentar su motor a temperatura de operación.** Si intenta acelerar antes de que el lubricante circule bien, su vehículo puede experimentar:

- daño en las protuberancias de las levas del árbol de levas
- daño del cigüeñal y de las chumaceras
- daño de la flecha turbo y sus chumaceras

En tiempo de frío, una vez que arranque su motor, no inicie el viaje hasta que la manecilla del medidor de la temperatura del agua se empiece a mover para arriba.

El humo blanco que sale por su tubo del escape en clima muy frío, es señal de combustión incompleta y se aclarará en cuando se caliente el motor.

Para arranques más fáciles en tiempo de frío, permita que el motor funcione en neutral durante un tiempo con el fin de que:

- se forme una capa de aceite en las paredes de los cilindros
- se lubriquen las chumaceras del turbocargador
- dé tiempo a que se expandan los pistones para que embonen perfectamente con los cilindros
- dé tiempo a que suba la temperatura del refrigerante

NIEVE

A menos que haga mucho frío, la nieve nueva se derretirá sobre la carretera y reducirá la tracción. Se puede pegar a su parabrisas y reducir su visibilidad. Disminuya su velocidad y esté alerta por si otros vehículos se resbalan fuera de control. No use el freno de motor. **Trabe** su **diferencial interaxial para que tenga más tracción** si la necesita.

Cada invierno, en diferentes partes de la nación se espera nieve. Con mucha frecuencia tormentas de nieve inesperadas ocurren en zonas en las que no están acostumbrados a la nieve. Durante la temporada de nieve, con nieve anunciada o no, antes de salir y en la inspección previa al viaje que debe hacer, asegúrese de que **tiene cadenas para las llantas**, en buen estado. Debe tener un juego de cadenas y eslabones de repuesto, para de menos una rueda con tracción de cada lado.

Conforme empieza a entrar a alguna cordillera montañosa, habrá señales en las carreteras estatales que le indiquen que tiene que tener cadenas montadas en sus llantas. Si hace caso omiso de las señales y no monta sus cadenas, puede ser que le manden un citatorio y una multa. Además se puede ver en la bochornosa situación de quedarse atascado y obstruir el tráfico. Si su compañía circula por zonas muy frías donde se requieren cadenas, con seguridad tendrá políticas establecidas acerca del uso y tenencia de las mismas.

Hasta que tenga mucha experiencia con las cadenas para las llantas, practique montar un juego y desmontarlo. La práctica le redituará con creces cuando tenga que instalar cadenas a temperaturas congelantes o en la obscuridad.

HIELO

El hielo sobre la superficie del camino **reduce** la **tracción** de su vehículo y puede resbalarse o doblarse el tractor contra el remolque. Los vehículos de carga necesitan diez veces más distancia para frenar y detenerse cuando van sobre hielo, y vacíos es aún peor. El llamado "hielo negro" ocurre cuando el agua se mete por entre los poros de la superficie de la carretera y se congela. La carretera parece que está seca. De hecho, con excepción de las manchas de hielo negro, la mayor parte está seca.

Si tiene que manejar sobre hielo, arranque suavemente y avance muy despacio. Use el pedal del freno. Si sus frenos están bien ajustados, frenará mejor que si tratara de controlar el frenado sólo con los frenos del remolque. No use el freno del motor. Puede ser que tenga que **trabar** el **diferencial interaxial** si se ha detenido y se le dificulta arrancar de nuevo debido a la tracción contra el suelo tan deficiente.

LLUVIA

Cuando empieza a llover, los primeros minutos son los más peligrosos. La lluvia se mezcla con el polvo y aceite acumulados sobre la carretera y sobre su parabrisas. Esto **reducirá su visibilidad y la tracción.**

Use el control para el lavado de su parabrisas antes de accionar los limpiabrisas. Ponga algo de líquido para limpiar cristales sobre su parabrisas para que los limpiabrisas limpien bien. **Maneje como si fuera sobre hielo** hasta que la lluvia limpie el polvo y el aceite de la superficie del camino.

MANEJO DE NOCHE

Manejar de noche significa **visibilidad reducida**. **No vaya más rápido de lo que puede ver.** Es decir, maneje a una velocidad tal, que le permita detenerse si algo se mete al campo de visión que le dan sus luces delanteras. Cuando maneja de noche, Usted debe estar bien descansado y su parabrisas debe estar bien limpio.

Es peligroso manejar durante el crepúsculo del amanecer o del atardecer. El sol se encuentra bajo el horizonte. El resplandor, las sombras y la iluminación reducida pueden engañar su visión. El día se convierte en noche en, de 15 a 30 minutos. Su vehículo de carga puede desplazarse 25 millas en ese periodo.

Los cambios en la luz que se producen en el amanecer y en el atardecer afectan la visión de todos los choferes. Se necesita cuidado y precaución.

VIENTO

El viento puede ser su amigo. Manejar cientos de millas con **el** viento a su favor, es decir pegando en la parte de atrás de su vehículo, puede ser un buen viaje. Puede significar **que hará cambios de velocidades** con menor frecuencia y utilizará menos combustible. Sin embargo, debe asegurarse de **revisar con frecuencia la temperatura del motor**.

Los vientos en contra, es decir, los que vienen por enfrente de Usted, significan que tanto Usted como su vehículo tienen que trabajar más. Manejar en dirección oeste a través de Nebraska contra un viento de 35 mph, es casi lo mismo que subir una cuesta con una pendiente del 3%.

Los vientos cruzados significan problemas. Los vientos cruzados y los que vienen de cualquier otro ángulo **hacen difícil el control de la dirección.** Los remolques largos y altos tienen tanta superficie lateral como los anuncios comerciales que están a los lados de la carretera. Usted a visto cómo se doblan hasta el suelo estos anuncios en una tormenta con viento. De la misma manera, el viento empuja a los vehículos de carga hasta voltearlos. Si van vacíos, el viento los voltea más fácilmente que si van cargados.

Cuando tenga vientos cruzados no muy severos, debe **doblar la dirección** un poco contra la dirección del viento. Cuando el viento se interrumpe por un árbol o por un paso a desnivel, debe rápidamente enderezar el volante para ponerlo derecho. En cuanto el vehículo regresa de nuevo a campo abierto, el viento empujará al vehículo tratando de sacarlo de su trayectoria. Tiene su maña, pero un chofer entrenado puede dominar este tipo de manejo.

Cuando el viento es muy severo, los choferes de los vehículos de carga se refugian bajo los pasos elevados.

NEBLINA

La neblina, la niebla, las nevadas de escarcha, las nevadas muy cerradas, los aguaceros, las ventiscas con nieve, todas estas situaciones tienen algo en común. **Casi no podrá ver** ni el camino ni a los otros vehículos. Debe tomar una decisión, ya sea el continuar a muy baja velocidad, o salirse de la carretera. La mayoría de los choferes continuarán hasta que encuentren un lugar donde se puedan salir sin riesgos, como puede ser un área de descanso.

Si esto no es posible y se encuentra en una carretera de dos carriles, **sálgase del camino tan alejado hacia la derecha como pueda**. Si puede, sálgase completamente de la carretera. **Prenda sus luces intermitentes. Apague todas las otras luces**. Si deja prendidas sus luces de atrás, un chofer que venga de esa dirección puede intentar seguirlas y ya muy tarde darse cuenta de que Usted está estacionado por un lado de la carretera.

OTRAS CONDICIONES DE CLIMA ADVERSAS

Algunas regiones del país presentan ciertas condiciones climáticas que son problema y que además sólo se presentan en esas regiones. Por ejemplo, el suroeste tiene tormentas de arena que devastan las carreteras. El clima muy caliente puede derretir el asfalto, lo que ablanda la superficie del camino y la hace resbalosa. Con frecuencia cada estado ofrece información a los viajeros indicándoles la mejor forma de sobrellevar las condiciones climatológicas locales. También, su compañía puede ofrecer entrenamiento o instrucciones adicionales en relación a condiciones especiales del clima con las que se puede encontrar en su ruta.

CONGESTIONAMIENTOS DE TRÁFICO

Un congestionamiento de tráfico es una especie de condición adversa creada por el hombre. En este caso, probablemente el reto sea tratar de **no perder la paciencia**. Si ve luces de freno hasta donde alcanza a ver y el tráfico está totalmente parado, cambie a neutral y mantenga su pie derecho suspendido sobre el pedal del freno. Si, sea lo que fuere que esté causando el congestionamiento, no parece que se vaya a resolver pronto, busque una oportunidad para salirse de la carretera. Si el embotellamiento va a demorar horas en deshacerse, llame a su despachador y pregúntele si hay otra ruta, o si hay algún lugar cómodo **donde pueda esperar a que se resuelva el problema.** No tiene caso que esté quemando combustible e irritando su paciencia si la situación del tráfico está totalmente fuera de su control.

ZONAS DE CONSTRUCCIÓN Y LUGARES DONDE HA OCURRIDO UN ACCIDENTE

Zonas de construcción y los accidentes son dos condiciones más que son creados por el hombre. A la primera señal de precaución advirtiéndole que hay una zona de construcción adelante, disminuya su velocidad. Los departamentos gubernamentales encargados de las carreteras, tienen que cerrar carriles y hacer desviaciones para repararlas o hacer mejoras.

Marcan las zonas de construcción con señales de precaución, con mucha distancia de anticipación. Debe obedecer estas señales de precaución, de la misma manera como obedece los semáforos.

No siempre se pueden marcar los lugares donde ocurrió un accidente con señales grandes, pero estos lugares son muy obvios desde que se acerca a ellos. Normalmente hay mucho personal de emergencias en la carretera tratando de ayudar. De nuevo, en cuanto reconozca que ha habido un accidente en un lugar de la carretera, disminuya su velocidad. No ponga en peligro a ese personal de emergencias, pasando muy aprisa por el lugar. Fíjese en los otros choferes que van bobeando y no están prestando atención a su manejo.

Examen Sobre el Capítulo 20

1. Una pendiente del 5% significa ____.
   A. un incremento de 5 pies en la altura por cada 100 pies de carretera
   B. un incremento de .05 pies en la altura por cada 100 pies de carretera
   C. un incremento de 50 pies en la altura por cada 100 pies de carretera
   D. un ángulo de 5 grados respecto del camino

2. Si no puede meter un cambio mientras va cuesta arriba, Usted debe ____.
   A. rápidamente hacer el cambio hacia abajo
   B. pararse fuera de la carretera y volver a empezar con el cambio más bajo
   C. dejar que el vehículo se vaya solo, sin cambio, hasta el fondo de la pendiente
   D. pararse sobre la carretera y volver a empezar con el cambio más bajo

3. A la primera señal de precaución advirtiendole que haya una zona de construcción, ____.
   A. avance tanto como pueda, tan rápido como pueda
   B. disminuya su velocidad en seguida
   C. salga del vehículo y chequee los frenos, y luego proceda por la zona
   D. use el claxon de aire para animar que acelere el tráfico enfrente de Usted

4. Para ayudar a reducir ____ en las pendientes cuesta arriba, Usted debe vigilar las temperaturas del motor, de la transmisión y del diferencial.
   A. el desgaste de su equipo
   B. los problemas de tráfico
   C. la frecuencia con que hace los cambios
   D. los malos hábitos de manejo

5. Muchos de los motores actuales pueden subir a un vehículo de carga por una pendiente cuesta arriba, más rápido de lo que iría de bajada por la misma pendiente.
   A. Verdadero.
   B. Falso.

6. Una vez que el vehículo ____ no haga ningún cambio en las velocidades.
   A. está estacionado
   B. inicia la bajada
   C. inicia la subida
   D. se encuentra con el viento en contra

7. Si tiene que usar los frenos de servicio cuando va cuesta abajo, Usted debe ____.
   A. bombearlos
   B. presionar el pedal del freno y luego soltarlo
   C. presionar suavemente el pedal del freno y mantener esta presión constante
   D. presionar con mucha fuerza del pedal del freno y de vez en cuando soltarlo

8. Cuando maneja en una zona de terreno con muchas colinas, Usted debe ____.
   A. usar los frenos de servicio en lugar del freno de motor
   B. ir siempre pensando en lo que sucederá adelante
   C. tratar de mantener su velocidad de tal manera que cuando llegue a la cima, obtenga la máxima velocidad
   D. perder velocidad cuando va cuesta abajo

9. Cuando parece que la carretera está seca, pero de hecho está resbalosa, puede ser que haya entrado en ____.
   A. nieve
   B. lluvia
   C. aguanieve
   D. hielo negro

10. Asocie la condición de clima adverso de la columna A con el remedio para ella de la columna B.

Columna A. Condición	Columna B. Remedio
A. congestionamiento de tráfico ____	1. Refugiarse bajo un paso a elevado
B. lluvia ____	2. Cambie a neutral y deje su pie derecho suspendido sobre el pedal del freno
C. vientos severos ____	3. Use el control del lavado de su parabrisas para quitar cualquier polvo o aceite que se haya acumulado, de tal manera que tenga mejor visibilidad.
D. manejo de noche ____	4. Maneje a una velocidad tal que le permita parar si algo se mete en el área de visibilidad que le permiten sus luces delanteras.

CAPITULO 21

EL MANEJO DE DOBLES Y TRIPLES

Varias Combinaciones

En la industria del autotransporte de carga, el vehículo de servicio pesado más popular que en la actualidad circula por las carreteras, es el llamado "de 18 ruedas", y consiste en un tractor de tres ejes que jala a un semi-remolque de dos. Casi toda la carga que se mueve por las carreteras del país, se transporta en este tipo de equipo.

Otras combinaciones populares son los dobles y triples. Un **doble** consiste de **un tractor y dos remolques**. El primer y segundo remolques están **acoplados por medio de un convertidor,** o **"dolly"**. Un **triple** consiste de **un tractor y tres remolques**. El primer y segundo remolques, así como el segundo y el tercero, están acoplados con "dollys". Unos cuantos estados (de los EEUU) y las provincias del Canadá, permiten que circulen los triples. Para jalar dobles y triples, necesitará un endoso especial en su Licencia para Conducir Vehículos Comerciales (CDL).

Hay algunos términos especiales (en inglés) con los que se encontrará en relación a las combinaciones de remolques. Por ejemplo, el término "set of joints" (conjunto de uniones, algunas veces en español les dicen "ful-ful") es la palabra que se usa en la jerga de la industria para designar a cualquier combinación de dobles y triples. El **doble de autopista de peaje** ("turnpike") usado en las carreteras de cuota, consiste de **un tractor de tres ejes, dos semi-remolques de longitud máxima con ejes dobles y un dolly con doble eje**. La combinación doble estilo **Montañas Rocallosas** consiste de un **tractor de tres ejes, un remolque de longitud máxima con doble** eje, un **dolly de eje sencillo y un remolque corto ($28^1/_2$ pies) de eje sencillo llamado en inglés "pup".** El **doble tipo oeste ("western")** es **un tractor de un eje sencillo, dos remolques cortos de eje sencillo también y un dolly de un eje**.

Los remolques llamados "pup" que son los cortos de 28 pies y medio y de eje sencillo, sirven mucho en las combinaciones donde no se lleva carga

Ilustración 21-1
Tipos de combinaciones de remolques: (A) tractor-semi-remolque; (B) el doble tipo oeste; (C) el doble estilo Montañas Rocallosas; (d) el doble de autopista de peaje y (E) el triple.

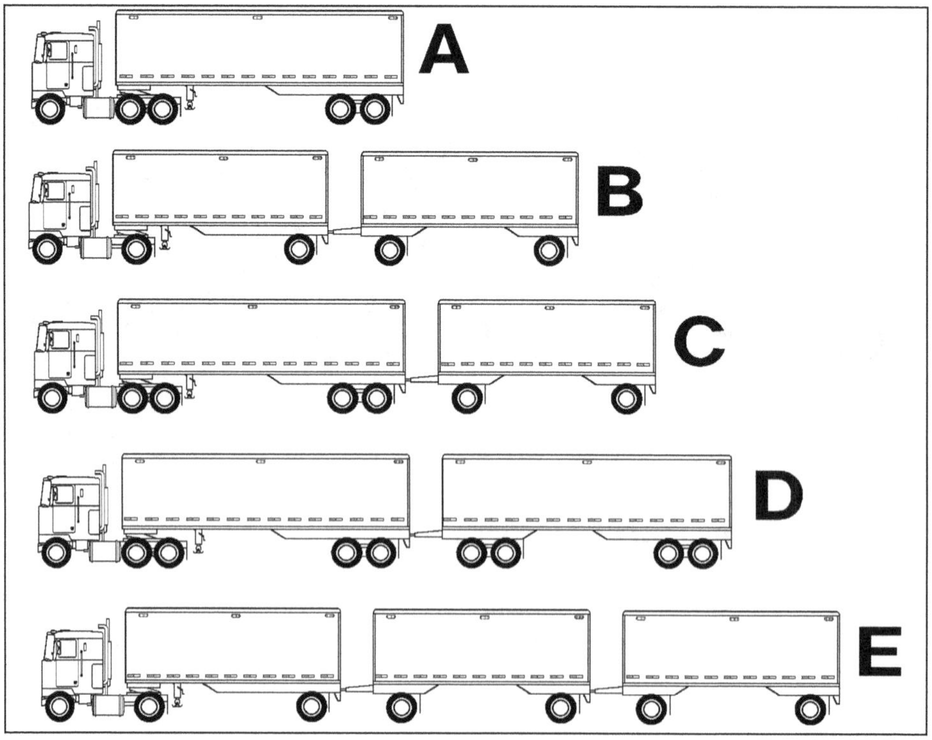

completa o paquetería (a este hecho de no llevar carga completa en inglés se le conoce con las siglas de LTLs). También se pueden usar para dar servicio a gente que envía carga más ligera que el promedio. Por su longitud, los choferes de tractores urbanos pueden manejarlos más fácilmente. Utilizando estos remolques cortos, el chofer urbano puede recoger embarques de paquetería (LTLs). Esto ahorra tiempo y la mano de obra que implica recoger estas cargas pequeñas en vehículos de carga urbanos y luego traspasarlas a remolques de línea.

Un tractor de línea con un chofer puede jalar dos o tres de estos remolques cortos, o dos remolques de longitud máxima, o una combinación. Los remolques pueden irse dejando en ruta. Y otros remolques pueden estar listos para ser recogidos de la misma manera.

Como Cargar Dobles y Triples

Ya sea que jale Usted un solo remolque, o una combinación doble o triple, debe asegurarse de que el peso está debidamente distribuido dentro de los límites legales. Aún si Usted personalmente no es el que carga el remolque, de todas maneras Usted es el responsable de la manera en que esté cargado. Asegúrese de que cada remolque esté cargado de tal manera que el peso de la carga esté uniformemente distribuido sobre cada eje. Una distribución desigual de la carga puede resultar fácilmente en volcaduras.

Como ejemplo usaremos una combinación triple con todos los remolques, cortos de un solo eje. La carga de cada remolque se lista a continuación:

- cartones conteniendo juguetes
- colchones
- paquetería LTL

El remolque con paquetería LTL se cargará con envíos dirigidos a diferentes destinatarios. Este remolque lo cargan en el andén de su terminal. Al sobrestante le ordenan que cargue 24,000 libras.

Mientras cargan el remolque, Usted vigilará la maniobra para **asegurarse** de que **fijan debidamente la carga**. Si ésta se daña, a Usted lo harán responsable. También pesará el remolque cuando lo terminen de cargar, para **asegurarse de que tanto el peso total como el peso sobre cada eje están dentro de los límites legales.** Usted también es el responsable de eso.

Los colchones los cargaron en su propio remolque y al 100 por ciento de capacidad, en una fábrica local de colchones. En otras palabras, tiene todos los colchones que caben en él. El peso de la carga es de 14,000 libras. Y dado que cada colchón pesa casi lo mismo, el peso de la carga está uniformemente distribuido. Así que este remolque está listo para partir.

Ahora dirige Usted la carga de los juguetes para niños en el tercer remolque. Algunos cartones son muy pesados y otros son muy ligeros. Al ver los papeles del embarque, se da cuenta de que el peso total del mismo es de 20,000 libras. Usted debe cargar de tal manera que la mitad del peso quede en el frente del remolque y la otra mitad en la parte de atrás. Esto sería una distribución uniforme del peso.

Usted carga los cartones pesados hasta cerca de cuatro pies de altura en la parte del frente del remolque. Luego se detiene y revisa el peso. Ha cargado 200 cartones que pesan 40 libras cada uno. Esto suma 8,000 libras en la parte del frente.

Luego carga 2,000 libras de cartones ligeros encima. La parte de enfrente del remolque debe tener 10,000 libras de carga, o sea, la mitad del embarque. Usted carga la mitad de atrás de la misma manera. Habrá 10,000 libras en la mitad trasera del remolque.

El peso total del embarque de 20,000 libras, estará uniformemente distribuido. Al pesar el remolque resulta que el peso en cada eje es menor de 20,000 libras. El sobrestante le sella el remolque y le entrega los papeles de carga al despachador de la línea.

Sus tres remolques están debidamente cargados y la carga bien fijada. Los tres se pesaron y los tres cumplen los requisitos legales. El despachador tiene ahora los tres remolques en el patio, y estudia la carga de cada remolque. El remolque más pesado (el de 24,000 libras de peso) debe ser el primero detrás del tractor de tal manera que el mayor peso quede sobre el tractor. Esto le dará al tractor mejor tracción sobre la carretera.

El remolque número 2 con 20,000 libras de peso, es el de la carga de juguetes. El tercero es el de la carga de colchones con 14,000 libras de peso. Siendo los remolques más pesados en primero y el segundo, será más seguro jalar los tres remolques. Si se encuentran con vientos cruzados severos o si el chofer tiene que frenar de emergencia, la combinación triple se comportará mejor y permanecerá en su trayectoria.

En una combinación doble, también **deberá colocar el remolque más pesado inmediatamente detrás del tractor.**

Una vez que los remolques estén enganchados a su tractor, deberá pesar el equipo completo. Luego, ¡estará listo para partir!

Acoplamiento y Desenganche

El capítulo 15 trata de acoplar y desenganchar una unidad tractor-remolque. Debe dominar bien ese capítulo antes de empezar éste. El presente capítulo se centrará en el acoplamiento de combinaciones dobles y triples, y también en cómo desengancharlas. Usted deberá demostrar que sabe cómo hacer esto si quiere obtener el endoso de dobles/triples en su Licencia para Conducir Vehículos Comerciales (CDL), que lo necesitará si quiere jalar remolques dobles y triples.

Ilustración 21-2
El convertidor "dolly".

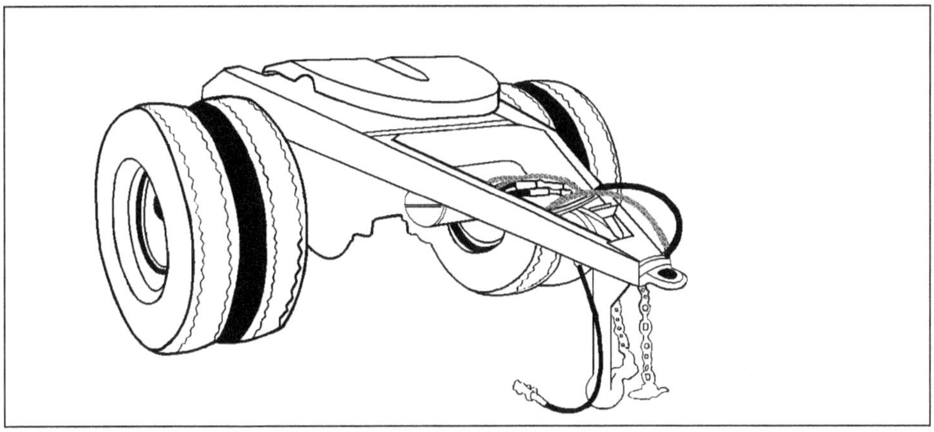

DOBLES Y TRIPLES

Un equipo doble consiste de un tractor, dos remolques y un equipo convertidor o dolly. Uno triple, consiste de un tractor, tres remolques y dos dollys. El equipo convertidor o dolly se necesita para acoplar semi-remolques. En inglés también le llaman "equipo con" o dolly. Nosotros lo llamaremos dolly.

Un **dolly** básicamente **es una quinta rueda sobre un eje**. Hecha la excepción del uso del dolly, el acoplamiento y desenganche de dobles y triples es básicamente lo mismo que el acoplamiento y desenganche del tractor y el primer semi-remolque. Cuando acopla un tractor y un semi-remolque sirve mucho estar en terreno parejo. En el caso de dobles y triples, tiene que estar en terreno parejo.

Conforme delineamos los pasos para acoplar dobles, nos referiremos al remolque más cercano al tractor, como remolque 1. Al remolque al final de la combinación lo llamaremos remolque 2.

Acoplamiento de dobles

Antes de empezar con este procedimiento haga una inspección visual del lugar, del tractor, del dolly y de los dos remolques. Si todo está en orden, prosiga.

Ponga los frenos de resorte del remolque 2 para que no se mueva durante el proceso de acoplamiento. Si el remolque 2 no tiene frenos de resorte, lleve su tractor hasta él y conecte la línea de emergencia para cargar el tanque de aire del remolque. Luego desconecte la línea de emergencia. Esto hará que se accionen los frenos de emergencia del remolque. Calce las ruedas según la política de su compañía.

Enseguida, acople su tractor al remolque 1 como se describe en el capítulo 15. Asegúrese de que las válvulas de atrás del remolque estén cerradas.

Una vez que ha acoplado el tractor al remolque 1, acoplará el dolly al remolque 2. Siga los pasos que listamos a continuación.

- Haga una inspección completa del dolly. Revise los frenos, las llantas y los rines, el orificio de enganche, y las líneas eléctricas y las del aire. Asegúrese de que la quinta rueda está debidamente engrasada. Suelte los frenos del dolly abriendo la purga de aire del tanque o por empujar la válvula para soltar el aire lo cual está ubicado debajo de la quinta rueda.
- Con la ayuda de otra persona, coloque el dolly frente al remolque 2. Ponga el dolly en una posición tal que su quinta rueda toque el frente del remolque 2 y el candado de la misma esté alineado con el perno maestro de dicho remolque. (¿No tiene quién le ayude? Use el tractor y el remolque 1 para recoger el dolly, llevarlo al frente del remolque 2 y colocarlo en posición).
- Retroceda el remolque 1 para colocarlo en posición frente al dolly. Accione los frenos exclusivos del tractor, si tiene este dispositivo, ponga en la posición de emergencia la válvula de abasto de aire del remolque, y sálgase de la cabina.
- Levante con la mano la punta de lanza o jalón del dolly y meta en el gancho del remolque 1, el orificio de enganche del dolly. Ponga el seguro del gancho del remolque 1, y enganche la cadena de seguridad del dolly en el "anillo" del remolque.
- Suba el patín del dolly y conecte las líneas de aire y el cordón eléctrico del dolly, a la parte de atrás del remolque 1. Asegúrese de que la purga del tanque del dolly, y las válvulas de cierre del remolque 2 estén cerradas. El candado de la quinta rueda del dolly debe estar abierto.
- Asegúrese de que la altura a la que está el remolque 2 sea la correcta. Debe estar un poco más bajo que la quinta rueda del dolly.
- Si el remolque 2 tiene frenos de resorte, los frenos de estacionar estarán puestos o prendidos asi que no hace falta conectar las lineas del aire todavía. Está listo volver al tractor y retroceder el dolly debajo del remolque 2.
- Si el remolque 2 no tiene frenos de resorte, conecte las lineas del aire y el cable eléctrico desde el dolly hasta el remolque 2. Abra la válvula de cierre en la parte de atrás del remolque 1.
- Asegúrese de que nada ni nadie está detrás del remolque 2, o entre, o por debajo, de ninguna de las unidades.
- Regrese a la cabina, prenda las luces intermitentes, regrese la válvula de abasto de aire del remolque a la posición normal, y pruebe las líneas de los frenos. Ahora apague el motor de tal forma que pueda Usted oír el aire durante el resto de la prueba. Usted aprendió cómo hacer esto en el capítulo 15. Una vez que haya vuelto a encender el motor y el compresor se haya apagado, vuelva a sacar la válvula de abasto de aire del remolque. Esto accionará los frenos del remolque.

- Suelte los frenos exclusivos del tractor y retroceda muy despacio para meter el dolly por debajo del remolque 2 hasta que escuche y sienta que el candado de la quinta rueda se cierra alrededor del perno maestro. Suba sólo un poco el patín del remolque 2 para evitar algún daño si se mueve el remolque. Cambie la velocidad a baja (LOW) y suavemente trate de mover el tractor hacia adelante para asegurar de que se enganchó.
- Sálgase de la cabina y revise visualmente el acoplamiento. No debe haber ningún espacio libre entre el plato de acoplamiento del remolque y la quinta rueda. Ponga el seguro a la palanca de fijación de la quinta rueda. Luego suba el patín del remolque y fije la manivela del patín.
- Pruebe los frenos de aire. Vaya al final del último remolque. Abra y cierre la válvula de emergencia del aire. Si ahí no hay aire, significa que algo hizo mal. Mientras está ahí, revise las luces intermitentes para que se asegure de que están funcionando. Si en la parte de atrás encontró que hay aire en la línea de emergencia del remolque 2, regrese a la cabina y con la válvula manual del remolque aplique una presión de 20 a 30 libras a los frenos. Regrese a la parte de atrás, y abra y cierre la válvula del aire de servicio. Si ahí no hay aire, significa que algo anda mal. Si sí hay aire, quite las calzas.
- Vuelva a revisar todo. Luego mueva el vehículo hacia adelante como a cinco mph y pruebe los frenos del remolque con la válvula manual. Si todo está en orden, está listo para partir.

Ilustración 21-3
La lanza o lengua del dolly cerrada en el orificio de enganche de un remolque.

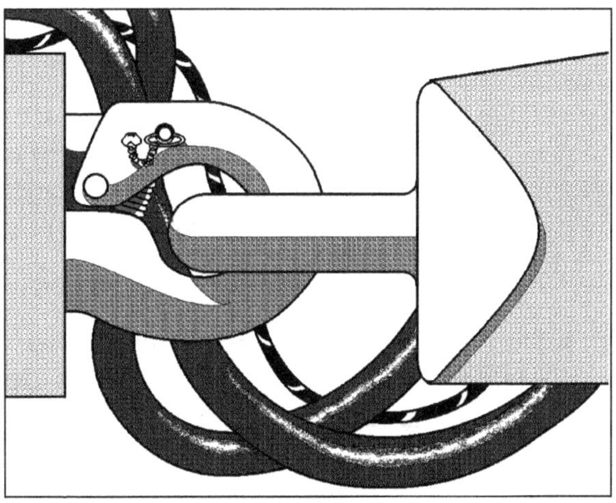

Acoplamiento de triples

Para acoplar un tercer remolque, primero acople el último remolque, el remolque número 3, al remolque 2. Simplemente repita el procedimiento seguido para acoplar los remolques 1 y 2. Acople el tractor al remolque 1 como se describió en el capítulo 15. Luego acople el remolque 1 al remolque 2.

EL desenganche de dobles

El procedimiento general para desenganchar remolques que se describe a continuación, asume que Usted va a dejar todos los remolques en la terminal. Si no va a dejar todos los remolques en la terminal, debe permanecer acoplado al último remolque que va dejar en andén. En los procedimientos de los que hablaremos enseguida, nos referimos al remolque más posterior como remolque número 2, y al remolque más próximo al tractor, como remolque número 1. Los pasos para desenganchar el remolque 2 son los siguientes.

- Ponga los frenos de estacionamiento.
- Calce las ruedas del remolque 2 si lo requiere su compañía.
- Baje un poco el patín del remolque 2 sólo para liberar algo del peso que carga el dolly.
- Desconecte las líneas de aire y el cable de la electricidad entre el dolly y el remolque 2, y fíjelas bien en su lugar.
- Cierre las válvulas de atrás del remolque 1; drene el tanque de aire del dolly.
- Suelte el mecanismo del candado de la quinta rueda del dolly.
- Mueva el vehículo hacia adelante. Hasta aquí, se lleva Usted el dolly junto con su vehículo.
- Muévase hacia un lugar donde pueda dejar el dolly sin que le estorbe.
- Ponga los frenos y baje el soporte del dolly.
- Desconecte las cadenas de seguridad del dolly. Calce las ruedas.
- Desconecte las líneas del aire y las eléctricas.
- Desconecte el dolly del remolque 1.
- Muy despacio retire el vehículo del dolly.
- Retroceda el remolque 1 hacia el andén.
- Desenganche el tractor del remolque 1.
- Regrese al remolque 2 y acople su tractor a él.
- Retroceda el remolque 2 hacia el andén.

El desenganche de triples

Desenganchar triples es más o menos lo mismo que desenganchar dobles, pero hay algunos pasos adicionales que seguir. En este caso, deja acoplados el remolque 2 y el 3 entre sí, y retrocede el remolque 1 hacia el andén. Luego regresa a los remolques 2 y 3, los desengancha, y jala el remolque 2 con todo y dolly. Le quita el dolly y retrocede el remolque 2 hacia el andén. Luego regresa por el remolque 3.

Si tiene suerte, estará en una terminal que tenga un **chofer de patio (o "burrero")** quien **se encarga de todos estos desenganches y acoplamientos y demás maniobras de patio.** El trabajo de un chofer de patio consiste en desenganchar todos los remolques que llegan, ponerles combustible a los tractores, asegurarse de que tanto a los remolques como a los tractores se les dé el mantenimiento necesario, y acoplar todos los remolques que salen. Las terminales grandes pueden tener más de un chofer de patio.

Caracteristicas de Manejo

Ahora que ya sabe cómo cargar dobles y triples, y cómo acoplarlos y desengancharlos, ya está listo para aprender algunas de las características de manejo de estos vehículos combinados tan largos. En general los remolques combinados son más pesados, más largos y complejos, así que, hacer cualquier cosa con ellos, tarda más. Lleva más tiempo:

- cargarlos
- cambiar de carril
- acoplarlos
- inspeccionarlos
- estacionarlos
- desengancharlos

y llegar a su destino. Cuando jala dobles o triples, debe manejar más despacio porque, para hacerlo con cuidado, requiere de más tiempo. Lo mejor que puede hacer para **mantener la seguridad** cuando jala dobles o triples es **ir más despacio y tomarse su tiempo.**

Si jala dobles y triples, por favor, dése ese tiempo adicional. Hay más ejes locos que jalar con sus ejes con tracción, y más probabilidades de derrapamientos y de pérdidas de tracción.

Por estas razones, los choferes de los equipos dobles o triples deben estar bien entrenados. Usted debe tener experiencia con unidades tractor-remolque primero, y luego con combinaciones dobles, antes de que jale triples.

CARACTERISTICAS DE LA DIRECCION

A los choferes les parece que jalar dobles o triples puede traer algunas sorpresas. Un viento cruzado o una carretera dispareja hará más difícil la dirección. Es más difícil mantener en línea recta a los remolques bajo esas condiciones y tenderán a ladearse. Para compensar esto, **necesitará disminuir su velocidad y hacer con cuidado sus maniobras.**

El hecho de que en los equipos dobles y triples hay **más uniones que pueden actuar como pivotes, hace que las superficies resbalosas en las carreteras sean aún más peligrosas.** Hay un pivote en cada quinta rueda y en cada gancho de unión entre el remolque y el dolly. Si Usted. jala una combinación triple, tiene cinco puntos que actúan como pivotes. Cuando va sobre un camino resbaloso, tiene que ser aún más precavido para no doblar o descuadrar el tractor contra el remolque o viceversa.

También, tiene que extremar aún más sus precauciones cuando tiene que hacer una maniobra brusca para esquivar algún obstáculo, o en las curvas. El último remolque tenderá a inclinarse aún más, y se puede volcar cuando Usted toma una curva. Esto se puede explicar por medio del viejo

Ilustración 21-4
Esta combinación de 110 pies de largo tiene cinco puntos de giro o pivotes.

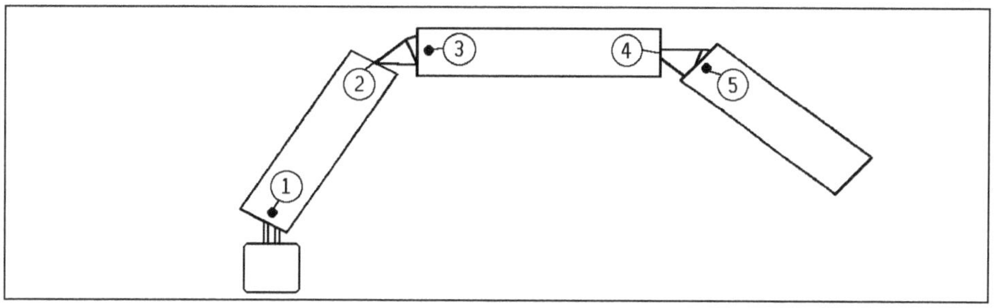

juego del "latigazo". La última persona saldrá disparada en un determinado momento porque se ejerce mayor fuerza sobre la última unidad cuando se sale fuera de la línea. Esto también es válido cuando jala remolques dobles o triples. Esto se conoce como amplificación del movimiento hacia la cola. **Disminuya** su **velocidad**.

También tenga mucho cuidado en las vados, en los topes, con las vueltas muy cerradas, y con cualquier característica del camino que ocasione un balanceo pesado.

CARACTERISTICAS DE LAS VUELTAS EN LAS ESQUINAS

La mayoría de las terminales están construidas cerca de las autopistas, pero probablemente tendrá que manejar a través de las calles de la ciudad para llegar a ellas. Esto significa que probablemente no pueda evitar el dar vuelta en las esquinas. Una cosa que tiene que recordar es que **las combinaciones dobles de remolques cortos (28 pies y medio) darán la vuelta más cerrada que la mayoría de las unidades tractor/semi-remolque**.

Si no va jalando una combinación doble de estos remolques cortos, necesitará más espacio por el lado derecho, para dar una vuelta a la derecha. La desviación de la trayectoria de las llantas traseras respecto de la que siguen las llantas delanteras cuando se da una vuelta, es mayor entre más larga sea la combinación de remolques. Lo que esto significa es que tendrá que invadir parte del carril de la izquierda para dar vuelta a la derecha. Asegúrese de poner su direccional para dar vuelta con bastante anticipación. Si otro vehículo se le mete por el lado derecho, deténgase y déjelo pasar. Las vueltas a la izquierda son más fáciles porque tiene más visibilidad por ese lado.

LA CAPACIDAD PARA FRENAR

En capítulos anteriores se enfatizó en la importancia que tiene el hecho de que se tarda más tiempo para frenar y detener una unidad tractor-remolque que lo que lleva detener a un automóvil. A una velocidad de 60 mph, la mayoría de los automóviles se pueden parar en una distancia de 140 a 150 pies. Pero, una unidad tractor-remolque cargada que va a 60 mph, generalmente avanza cerca de 300 pies antes de detenerse. Dependiendo del tipo de equipo, una **combinación de remolques doble o triple necesitará aún más distancia para detenerse**, y todavía más cuando está vacía.

También aprendió que entre más aprisa vaya, más distancia necesitará para parar.

¿Qué es lo que esto significa para el chofer de una combinación de remolques doble o triple?Las tres cosas principales que esto significa son:

- Asegúrese de que sus frenos, todos, estén debidamente inspeccionados.
- Guarde una distancia mayor entre Usted y los vehículos que lleva delante.
- Disminuya su velocidad.

ESTACIONAMIENTO

Lo más probable es que nunca tenga que estacionar combinaciones de remolques dobles o triples en ningún lugar que no sea un área de descanso, o una parada para vehículos de carga, o en alguna clase de patio para este tipo de vehículos. Nunca intente retroceder combinaciones de remolques dobles o triples a un lugar para estacionarse. De hecho, **debe evitar a toda costa,** el retroceder **dobles y triples**. Si tiene que retroceder un equipo doble, asegúrese de que está en línea recta antes de empezar. Es muy difícil retroceder con doble remolque. Con remolques triples es casi imposible.

Todo esto que hablamos sobre no retroceder, quiere decir que siempre se debe estacionar en línea recta y en un lugar donde tenga espacio suficiente para salir de él, manejando hacia adelante. Así que, cuando se salga de la carretera hacia un área de descanso o a una parada para vehículos de carga, sálgase y **estaciónese en línea recta en un lugar donde pueda regresar a la carretera manejando hacia adelante.**

PRUEBA DE LA HABILIDAD PARA OBSERVAR

Acabamos de tratar sobre un problema que se muestra en la ilustración del principio. ¿Lo notó?Además, ¿a quién le da derecho la señal para cruzar la calle, a la mujer o a los dos hombres?Diríjase a la gráfica de la Prueba de la Habilidad para Observar al final del libro, y registre qué tanto ha progresado.

EL USO DE LAS AUTOPISTAS

Cuando va por una autopista, **evite las frenadas de emergencia**, especialmente cuando va a cambiar de carril o en una curva. Una frenada de emergencia durante cualquiera de estas dos situaciones es ideal para provocar un doblamiento o descuadre del tractor contra el remolque o viceversa. **Los remolques dobles se doblan o descuadran más frecuentemente que los sencillos,** y generalmente como resultado de esto ¡el remolque 2 se zafará! ¿Cómo evita esto? Disminuya su velocidad. Manténgase alerta. Planee con anticipación. **Tómese su tiempo**.

LAS RAMPAS DE LAS AUTOPISTAS

Uno de los errores más comunes que cometen los choferes con remolques dobles o triples, es entrar a, o salir de, una rampa de autopista a velocidad excesiva. Recuerde que los límites marcados de velocidad están pensados como la velocidad máxima para automóviles. Los vehículos de carga deben tomar las rampas mucho más despacio. Si la rampa está en curva, ir demasiado aprisa puede ocasionar que el último remolque se voltee. Para cualquier maniobra con remolques dobles o triples se necesita pensar con mayor anticipación, planear más la siguiente maniobra.

Los doblamientos o descuadres tractor-remolque, y **las volcaduras,** son muy comunes en las rampas de salida de las autopistas. El chofer se dará cuenta demasiado tarde, de que **el vehículo va demasiado rápido para esa curva**. Aplica los frenos demasiado fuerte y demasiado tarde. El tractor y los remolques están "desalineados" en sobre una curva. La fuerza del movimiento hacia adelante hace que los remolques quieran rebasar al tractor. El chofer da más vuelta al volante. Ahora los remolques empujan de lado al tractor. Los remolques siguen derecho, el tractor está a un ángulo de 45 grados. Choca contra una de las protecciones de la carretera o se sale por el filo de la misma.

Cuando utilice una rampa de autopista, sea aún más precavido y guarde mayor distancia entre Usted y el vehículo que lleva delante, de la que guardaría si jalara un remolque sencillo. Si la rampa está en curva, apague su freno de motor o retardador. El usarlo tiene como resultado que utiliza para frenar, las ruedas que llevan la tracción. Y, estando en una curva, los remolques podrían empujar al tractor hacia un descuadramiento o doblamiento tractor-remolque.

Y, sobre todo, cuando maneje remolques dobles o triples, disminuya su velocidad.

Examen Sobre el Capítulo 21

1. Cuando acopla remolques dobles o triples, el remolque más pesado debe colocarse _____.
   A. primero
   B. al último

2. Con excepción del uso del _____, acoplar y desenganchar remolques dobles y triples es básicamente lo mismo que acoplar y desenganchar el tractor y el primer semi-remolque.
   A. gancho para remolcar
   B. pasador para remolcar
   C. dolly
   D. patín

3. Usted debe aprender cómo acoplar y desenganchar remolques dobles y triples porque siempre tendrá que hacerlo Usted mismo.
   A. Verdadero.
   B. Falso.

4. Lo mejor que puede hacer para mantener la seguridad cuando jala remolques dobles o triples es_____.
   A. acoplar primero el remolque más pesado
   B. efectuar la inspección previa al viaje
   C. acoplar el remolque más pesado al final
   D. disminuir su velocidad

5. Uno de los errores más comunes que cometen los choferes que llevan remolques dobles o triples es entrar a, o salir de, una rampa de autopista _____.
   A. a muy baja velocidad
   B. a demasiada velocidad
   C. guardando muy poca distancia con el tráfico que llevan delante
   D. sin bombear los frenos

Refiérase a la ilustración siguiente para contestar las preguntas de la 6 a la 10. Asocie las combinaciones dobles y triples de la ilustración con sus nombres correctos.

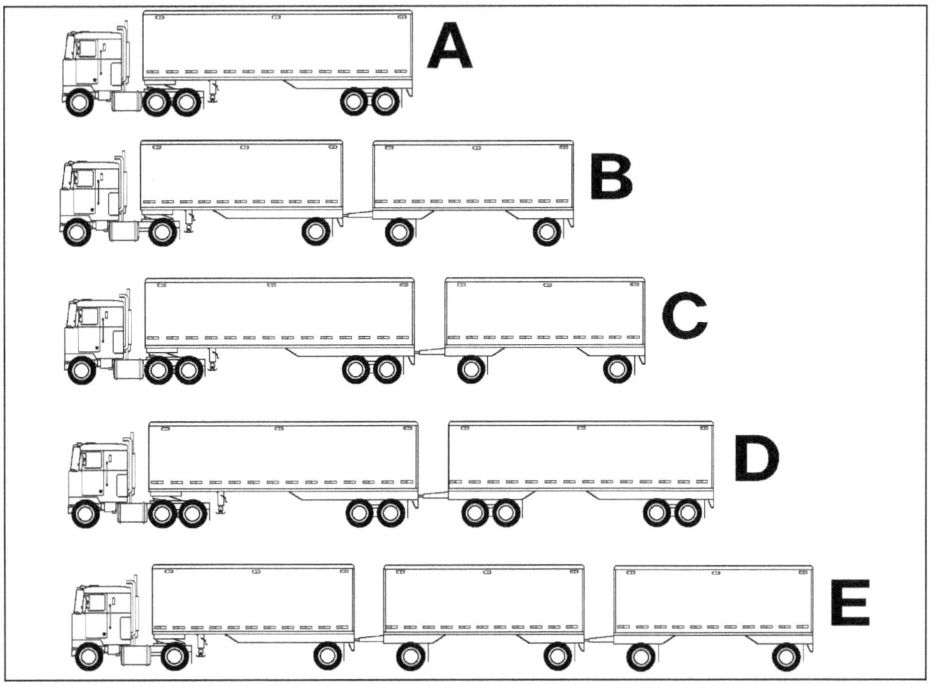

6. El ejemplo_____es un remolque triple.
7. El ejemplo ____ es un remolque doble tipo Montañas Rocallosas.
8. El ejemplo ____ es una unidad tractor/semi-remolque.
9. El ejemplo ____ es un remolque doble tipo oeste.
10. El ejemplo ____ es un remolque doble y triple de autopista de peaje ("turnpike").

CAPITULO 22

FRENOS AUXILIARES

Lo Que Son

Si acaba de oír por primera vez el término "frenos auxiliares," usted puede pensar que se trata de dispositivos que se instalan en alguna parte del sistema de frenos de servicio. En realidad, los frenos auxiliares **están totalmente separados del sistema de frenos de servicio.** Pero sí, es cierto, que los frenos auxiliares **ayudan al sistema de frenos de servicio**, al menos en el sentido de que le ayudan a:

- disminuir la velocidad del vehículo
- controlar al vehículo cuando quiere disminuir la velocidad del mismo o cuando baja por una pendiente
- evitar desgaste de los frenos de servicio mismos

Es importante recordar que los **frenos auxiliares no se usan para parar al vehículo, sólo para disminuir su velocidad**. Le pueden proporcionar casi toda la potencia necesaria para bajar la velocidad del vehículo en cualquier situación de manejo común y corriente que requiera de velocidad reducida. **Con frecuencia se les llaman retardadores del vehículo**.

LAS VENTAJAS

Los frenos auxiliares le proporcionan al chofer de hoy, mayores ahorros y mayor seguridad.

Mayores Ahorros

Los estudios realizados por el Instituto de Investigación sobre Carreteras (Highway Research Institute), muestran que los frenos auxiliares le ahorran miles de dólares (estadounidenses) al año, por cada camión de carga. Estos ahorros principalmente consisten en **costos menores de mantenimiento de los frenos de servicio** y **menores tiempos de recorrido en los viajes**.

No sólo disminuyeron los costos del mantenimiento de los frenos de servicio, sino también incrementaron la vida útil de los mismos. De hecho un fabricante acierta que si usa un freno auxiliar, **sus frenos de servicio durarán hasta tres veces más**. ¿Cómo logra esto un freno auxiliar? Si para bajar la velocidad del vehículo usa el freno auxiliar, en lugar de, o además de los frenos de servicio, disminuye el uso de estos.

Los frenos auxiliares también **reducen el desgaste de las llantas**. Nada desgasta más rápido las llantas que presionar los frenos con fuerza. Si tiene un retardador de estos, que le ayude a disminuir la velocidad del vehículo, las manchas con el dibujo liso y otros tipos de desgaste de las llantas se reducen.

Mayor seguridad

Un informe emitido por el Instituto de Seguros de Seguridad en la Carretera (Insurance Institute of Highway Safety) muestra que un vehículo clase 8, de servicio pesado para uso en carretera, sin freno auxiliar, tiene tres veces más probabilidades de encontrarse en una situación de fuga y perder el control del vehículo en una loma con pendiente de bajada, que un vehículo clase 8 equipado con freno auxiliar.

Un freno auxiliar:

- le da mejor control del vehículo
- reduce el sobre-calentamiento de los frenos de servicio y el debilitamiento de los mismos
- reduce el desgaste de el recubrimiento de las balatas y del tambor del freno porque le da otro medio para disminuir la velocidad
- desacelera al vehículo de forma más suave
- reduce el cansancio del chofer
- proporciona un mejor control en las pendientes cuesta abajo

Para resumir, los frenos auxiliares comparten con los frenos de servicio la labor de bajar la velocidad del vehículo. El uso del freno auxiliar hace que el camión de carga sea más fácil de controlar, más seguro de manejar, y más económico de operar.

PRUEBA DE LA HABILIDAD PARA OBSERVAR

¿Qué notó en la ilustración con que se inició este capítulo? Diríjase al final del libro para que revise su respuesta y registre lo que ha progresado en la gráfica de la Prueba de la Habilidad para Observar.

POR QUE SE NECESITAN

Los frenos auxiliares están ganando más popularidad y se están haciendo más necesarios debido a muchos factores como:

- los diseños aerodinámicos de los equipos modernos
- la tendencia a tener mayor carga útil
- el aumento en la popularidad de jalar dobles y triples remolques

Los diseños aerodinámicos aumentan el ahorro de combustible, pero también **hacen más difícil de detener al vehiculo**. Debido a que se reduce el arrastre del aire que se opone al avance del vehículo, los frenos tienen que trabajar más para disminuir la velocidad o detener al camión. Esto aumenta la probabilidad de un debilitamiento de los frenos y los desgasta más rápido. Tanto el hecho de tener cargas útiles mayores, y el jalar más de un remolque, todo se suma para que el peso que tienen que detener los frenos sea mayor.

Tipos de Frenos Auxiliares

Algunos frenos auxiliares funcionan desacelerando al motor. Por esto, también los llaman retardadores del motor o frenos de motor. Otros funcionan de manera diferente. De cualquier manera y sin importar cómo funcionen, el propósito es el mismo. Ayudan a los frenos de servicio a disminuir la velocidad de su camión. Por eso también se les llaman retardadores.

Ilustración 22-1
(A) Un pistón y su cilindro operando con el freno de motor or freno "Jake" sin activar.
(B) Lo que sucede cuando activa dicho freno.

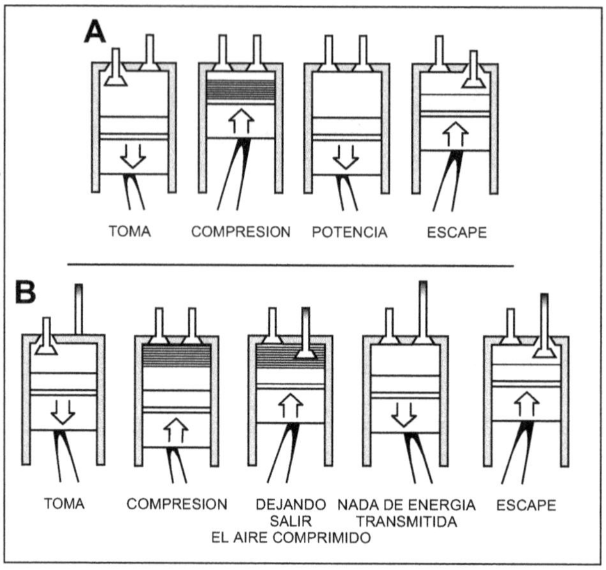

EL RETARDADOR DEL MOTOR

Los retardadores del motor **funcionan cambiando el tiempo** de las válvulas. Como siempre, el motor comprime el aire en el tiempo de compresión. Luego, cuando el pistón está cerca del punto muerto superior, se inyecta el combustible. Este se enciende, y el pistón es empujado de regreso hacia abajo en el tiempo de potencia. Sin embargo, cuando el retardador del motor se prende, justo antes de que el pistón llegue al punto muerto superior, la válvula de escape se abre y deja salir el aire comprimido antes de que se inyecte el combustible. La energía utilizada para comprimir el aire se sale por el tubo del escape a la atmósfera. No se transmite nada de energía al tren de tracción. Por tanto, el motor se desacelera y consecuentemente el camión.

Como lo puede usted ver, un retardador de motor **cambia el motor, de ser una máquina productora de potencia, a un compresor de aire absorbente de energía**. Hay muchos tipos de retardadores de motor, pero el más popular es el de marca Jacobs, conocido en EEUU como freno "Jake Brake".

El freno "Jake Brake" o freno de motor

Los **cuatro componentes principales** de cualquier Jake Brake freno de motor son: **la válvula de solenoide, la válvula de control, el pistón maestro y el pistón esclavo**.

La válvula de solenoide acciona el movimiento de aceite presurizado del motor a la caja del freno, y lo regula la válvula de control. El pistón maestro es sensible al tiempo del motor y lo transmite al pistón esclavo. En el momento adecuado, el pistón esclavo se mueve y abre las válvulas de escape del motor.

Ahora regresemos un poco para ver cómo, el freno de motor o freno "JakeBrake", retarda al motor. Cuando el vehículo está funcionando, simplemente la fuerza de su movimiento hace girar al motor. Se necesita energía para hacer subir los pistones durante el tiempo de compresión. Bajo condiciones normales de operación, el motor genera más energía de la que utiliza cuando se inyecta y quema el combustible. Pero el freno de motor abre la válvula de escape y suelta el aire comprimido antes de que se inyecte el combustible. Esto significa que el motor no puede producir nada de potencia. De hecho, cuando los pistones se mueven hacia arriba, absorben energía de la fuerza del camión en movimiento, y por tanto lo desaceleran.

El freno de motor o "Jake Brake", **se activa por medio de controles localizados en la cabina**. Una vez que se enciende el sistema, generalmente la operación es automática. Entra a funcionar siempre que quite usted el pie del pedal del acelerador. El interruptor que prende o apaga el freno de motor se localiza en el tablero. En muchos motores este freno se puede aplicar en forma progresiva. Esto significa que **usted puede controlar el número de cilindros sobre los que funcionará** para frenar con el motor. **Entre más cilindros use, mayor potencia de frenado tendrá**.

La aplicación progresiva del freno del motor se puede controlar de diferentes maneras. Una de ellas es que el interruptor tenga tres posiciones: apagado, baja y alta. Otra forma es tener dos interruptores, uno para prender o apagar el sistema, y el otro para controlar la aplicación.

El sistema de la marca Mack Dynatard, funciona utilizando el mismo principio que el sistema de frenos "Jake Brake".

EL FRENO DE ESCAPE

El freno de escape disminuye la velocidad del camión **cerrando parcialmente el sistema del escape del motor** y poniendole una presión contraria al mismo. Esto hace que los pistones tengan que funcionar contra la presión que se acumula en el maniful o tubo múltiple del escape. **En lugar de mandar energía a la línea motriz, el motor la gasta en forzar la acumulación de gases que se genera para sacarlos por el tubo del escape.** Así es cómo el freno de escape retarda al motor. A los frenos de escape también se refieren como **"frenos de compresión"** o frenos de escape **"tipo mariposa"**.

El freno de escape "Williams Blue Ox"

Un ejemplo de freno de escape es el "Williams Blue Ox" (El Buey Azul de Williams). Los **componentes principales** de este sistema de frenos son **la caja del freno, el cilindro de aire y la placa deflectora**. Cuando usted acciona este retardador, el cilindro de aire mueve la placa deflectora. La placa deflectora casi cierra el tubo del escape. Esto genera presión contraria en el sistema del escape. En lugar de que los gases fluyan libremente hacia afuera por el tubo del escape, el pistón tiene que hacer un esfuerzo grande para sacarlos. Conforme se acumula más presión, el motor tiene que hacer un esfuerzo mayor para sacar dichos gases por el tubo.

En otras palabras, en el tiempo de escape, la válvula de escape está abierta. Cuando el freno de escape está puesto, no se le permite a ese aire de escape que salga totalmente hacia el maniful o tubo múltiple. Con la acumulación de gases de escape, se necesitará más esfuerzo para hacer girar el motor. Debido a que **el motor tiene que usar más energía para combatir** esta **presión contraria**, la energía resultante disponible se ve reducida. Esto provoca que el camión disminuya su velocidad.

Cuando apaga el retardador, la placa deflectora regresa a la posición de "abierto" y el motor regresa también a la operación normal.

EL RETARDADOR HIDRAULICO

El retardador hidráulico está construido dentro de la transmisión, o montado por un lado. Funciona **haciendo trabajar al motor contra la presión de un fluido**, generalmente aceite de motor o de transmisión.

Los retardadores hidráulicos usan los mismos principios que una transmisión automática. En la transmisión hay un rotor que está montado al cigüeñal del motor y un estator que está montado al eje de entrada de la transmisión. Estos, rotor y estator, están montados muy juntos y el espacio entre ellos está lleno de aceite. Conforme gira el motor, las aspas del rotor hacen que el aceite gire junto con él. El movimiento circular del aceite hace que gire el estator y por tanto la transmisión. Vea la ilustración 22-3(A).

El retardador hidráulico **tiene un rotor y un estator** similares. Pero el estator no está montado al eje de entrada de la transmisión y no puede girar.

Una vez que la unidad del retardador hidráulico se acciona, se bombea aceite del motor a la unidad a través de una válvula. Las aspas del rotor giratorio toma ese aceite y lo forza contra el estator. Dado que **el aceite no puede hacer girar al estator, actúa como un arrastre para el motor, y por tanto disminuye la velocidad del vehículo**. Vea la ilustración 22-2(B).

Ilustración 22-2
El principio de las transmisiones automáticas (A), y de los retardadores hidráulicos (B).

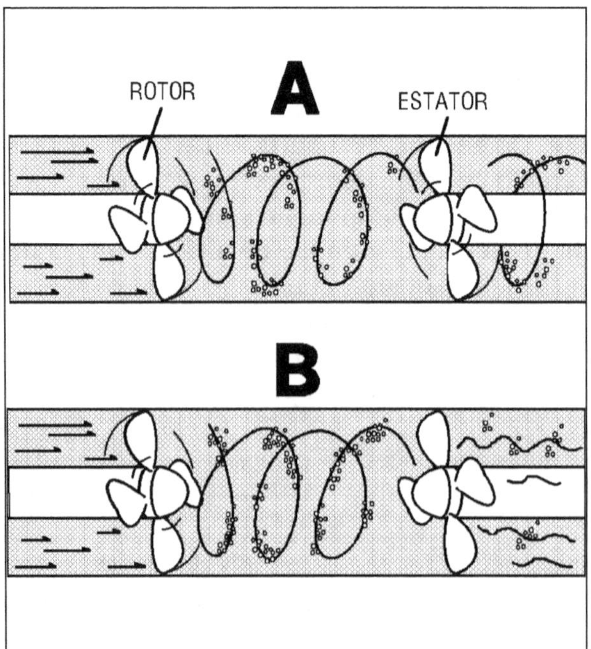

Usted puede controlar la cantidad de aceite que se permite entrar a la unidad. De esta manera, **usted controla el efecto retardador.** Para obtener un efecto retardador mayor, usted permite que se bombee más aceite a la unidad.

Cuando se apaga el retardador hidráulico, la válvula de control de éste, cierra el abasto de aceite. El rotor empuja hacia afuera de la unidad del retardador, el aceite que queda. Esto permite que el motor vuelva a funcionar libremente.

Los retardadores hidráulicos usan un enfriador de aceite porque la fricción que se acumula dentro de la unidad es extremadamente alta, lo que genera mucho calor. El aceite caliente fluye a través del enfriador que generalmente está montado por un lado del motor.

Este retardador **se puede hacer funcionar automáticamente** para que entre en cuanto usted quita el pie del acelerador, como en el caso del freno de motor o freno "Jake Brake". O, **puede ser operado manualmente.**

Veamos algunos ejemplos de retardadores hidráulicos.

El "Cat BrakeSaver"

El "BrakeSaver" (Ahorrador de Frenos) de la Caterpillar, o Cat, generalmente está montado entre el motor y el volante del motor. Sus componentes principales son la caja del freno, el estator y el rotor. Este fabricante utiliza aceite de motor.

Los retardadores "Allison"

La compañía "Detroit Allison" tiene dos tipos de retardadores hidráulicos, uno separado que se instala aparte, y otro construido como parte de la transmisión. Este fabricante utiliza aceite de transmisión.

El "Allison MTB" es un retardador de los que se instalan aparte, y se monta en la parte de atrás de la transmisión. **A los retardadores que se instalan aparte, también se les llaman retardadores externos de salida**. Además del fluido hidráulico, este retardador también utiliza un embrague (clotch) de fricción, que sigue ejerciendo el efecto retardador a bajas velocidades, lo que lo hace **más versátil.**

El "Allison Brake Preserver" (Conservador de Frenos Allison), forma parte de la transmisión. **A los retardadores que forman parte de la transmisión también se les llaman retardadores internos de entrada.** Su funcionamiento es muy similar al del "Cat BrakeSaver", pero está montado entre el embrague de trabe automático y los engranes.

Los retardadores Allison funcionan con aire y tienen los controles siguientes:

- seguro del acelerador
- protección de los frenos de servicio
- válvula de control del sistema
- luz indicadora del encendido del retardador

El seguro del acelerador evita que usted active el retardador cuando está usando el acelerador.

El sistema de protección de los frenos de servicio, le protege contra un escape en el sistema de aplicación del retardador. Tanto el retardador como los frenos de aire se alimentan del mismo sistema. Un escape en el sistema de aplicación del retardador dejaría sin aire al sistema de frenos de servicio. Si esto sucediera, se quedaría sin su sistema de frenos primario — los frenos de servicio — y sin su retardador. El sistema de protección es sensible a cualquier escape en el retardador y cierra el abasto de aire hacia él. Esto protege el abasto de aire para los frenos.

La válvula de control del sistema le permite apagar el sistema de aplicación del retardador. La luz indicadora del encendido del retardador le avisa cuando el sistema de aplicación del mismo está encendido.

El retardador "Hale"

Este freno auxiliar hidráulico está montado en la parte de la toma de fuerza de la transmisión. Puede instalarse en casi cualquier tipo de vehículo. Funciona a bajas revoluciones y puede controlar la intensidad del efecto retardatorio.

EL RETARDADOR ELECTROMAGNETICO

Los retardadores electromagnéticos son dispositivos de la línea motriz, en realidad alternadores grandes, que generalmente se instalan entre la transmisión y el eje. Se fijan al chasís del vehículo o a la transmisión misma. Funcionan **generando campos electromagnéticos poderosos** que **se oponen al movimiento de la línea motriz o en el eje del remolque** y por tanto **disminuyen la velocidad del vehículo**.

El retardador electromagnético "Jacobs" (Jacobs ER)

Este retardador electromagnético se monta en el eje primario, eje motriz. Tiene cuatro posiciones de retardamiento y funciona con un control manual, o con un control accionado por el pie. Su poderoso alternador puede generar el arrastre suficiente sobre la línea motriz como para detener el vehículo. Su mayor ventaja es que puede ser usado en cualquier tipo de vehículo de carga de servicio pesado.

El "Ilasa"

Este retardador electromagnético es similar al "Jacobs ER". Se puede instalar en uno de los ejes del tractor, pero la intención es que se instale en el eje del remolque. Consiste de dos rotores, uno de cada lado de un electroimán muy poderoso. Es más potente que el "Jacobs ER", pero también es mucho más pesado.

Cuando Usar Sus Frenos Auxiliares

Cómo use sus frenos auxiliares, depende en parte del tipo de sistema que tenga instalado en su camión. Sin embargo, sin importar qué tipo de retardador utiliza su camión, usted lo prenderá en las siguientes situaciones.

EL TRACTOR SOLO, SIN REMOLQUE

Cuando maneje el tractor solo, sin remolque, no use el retardador. No lo use tampoco cuando jale un remolque vacío. Si, bajo estas circunstancias, su retardador está encendido y usted aplica sus frenos de servicio, **se pueden trabar las ruedas**.

EL MANEJO EN LA CIUDAD

No obstante que **la mayoría de los frenos auxiliares harán que se le apague el motor cuando va a bajas revoluciones,** algunos funcionan muy bien bajo esas condiciones. Por ejemplo, los retardadores que listamos a continuación, todos continúan funcionando muy eficientemente a bajas revoluciones. Si su vehículo está equipado con uno de los siguientes retardadores, déjelo encendido mientras maneja en la ciudad con la condición de que la superficie por la que circula, esté plana y seca:

- Jacobs ER
- Ilasa
- Allison MTB
- Hale

Los otros retardadores funcionan mejor a altas revoluciones y deben ser apagados cuando se maneja a bajas rpm. También, **el freno de motor o freno "Jake", rara vez se debe usar en la ciudad.** Esto se debe a que **hace mucho ruido.** No es muy buena idea manejar a través de una zona residencial y hacer sonar su freno de motor cada vez que se detenga en un semáforo en rojo. Algunas comunidades tienen leyes locales acerca del ruido, así que le pueden infraccionar por hacer esto.

Cuando se usa un retardador hidráulico junto con una transmisión automática, el fluido de la transmisión se puede sobre-calentar. Puede ser que tenga que apagar su retardador o reducirle el efecto retardatorio.

EL MANEJO EN CARRETERA

Bajo condiciones de clima normales y si la superficie del camino es plana, **tenga puestos sus frenos auxiliares todo el tiempo.** Le ayudarán a mantener un buen control cuando maneja en carretera. Siempre que quite su pie del acelerador, el retardador entrará a funcionar e inmediatamente comenzará a disminuir la velocidad del vehículo. Puede ser que la compañía para la que trabaja tenga políticas o reglas definidas acerca de cuándo usar los frenos auxiliares.

EL MANEJO EN CONDICIONES ADVERSAS DE CLIMA

Se considera que las condiciones de manejo son "adversas" cuando **la superficie del camino** está mojada o **resbalosa, por lluvia**, nieve o hielo. Si deja encendidos sus frenos auxiliares bajo estas condiciones, puede incrementar el riesgo de una derrapada o de un doblamiento o descuadre tractor-remolque. La razón de esto es que toda la fuerza de frenado del retardador se transmite a los ejes con tracción. Luego, si además aplica los frenos de aire, estos ejes reciben aún más fuerza de frenado. Si la superficie del camino está resbalosa, esto puede causar que los ejes con tracción derrapen. Cuando esto sucede usted puede tener un accidente.

Si la carretera está cubierta de nieve o hielo, **apague el retardador**.

Si la carretera está libre, pero en general el clima está húmedo y la temperatura está por debajo del punto de congelación, apague su retardador siempre que se aproxime a un puente o a una rampa de la autopista.

Si empieza a llover, apague su retardador durante los primeros minutos. Estos son los minutos más peligrosos durante una tormenta, porque la superficie se pone muy resbalosa conforme el agua se mezcla con el aceite acumulado sobre la carretera.

Si está lloviendo, o **el camino está mojado, reduzca el poder del retardador**. Si su retardador no tiene mas que una posición, apáguelo.

EL MANEJO EN TERRENO CON COLINAS

Los frenos de servicio no se enfrían mucho entre bajada y bajada cuando va por una zona con muchas colinas. Esta es una de las veces en que realmente aprecia el tener frenos auxiliares. En lugar de apoyarse en sus frenos de servicio, **encienda su retardador** y seleccione un cambio que le permita bajar esas colinas a una velocidad controlada y segura. **Haga su cambio hacia abajo, mantenga las revoluciones del motor cerca del tope para ese cambio** y deje que el trabajo lo haga el retardador.

EL MANEJO EN PENDIENTES DE BAJADA

Aquí es cuando su retardador es más útil. De hecho puede hasta salvarle la vida. Si lo usa bien, le ahorrará frenos de servicio, mucho dinero y mucho cansancio.

Como siempre, antes de iniciar una bajada, **escoja el cambio que le permita descender a una velocidad constante y controlada casi sin usar los frenos de servicio**.

La regla vieja era que para descender por una colina debería usar el cambio que usó o que usaría para subirla. Sin embargo, con los vehículos y motores nuevos, usted puede ascender por una colina mucho más rápido de lo que debería bajarla. No obstante, con algunos retardadores, la vieja regla de oro aún se aplica.

Lo que sigue es una lista de reglas generales que le pueden ayudar a seleccionar el cambio, **dependiendo del tipo de freno auxiliar que tenga instalado** en su vehículo, del tipo de motor con que está equipado, de la carga y de la colina.

RETARDADORES DEL MOTOR. Use el mismo cambio que usó o que usaría para subir la colina.

RETARDADORES DEL ESCAPE. Use un cambio más bajo que el que usó o que usaría para subir la colina.

RETARDADORES HIDRAULICOS. Si el retardador está integrado a la construcción de la transmisión, use el mismo cambio que usó o que usaría, para subir la colina. Si el retardador es de los que se instalan aparte, use un cambio más arriba del que usó o del que usaría para subir la colina.

RETARDADORES ELECTROMAGNETICOS. Use un cambio más arriba del que usó, o del que usaría, para subir la colina.

Cuando desciende por una pendiente, **use los frenos de servicio únicamente si las revoluciones del motor o la velocidad del vehículo se suben demasiado**. Los retardadores pueden hacer que confíe demasiado en su capacidad para detener rápidamente al vehículo. Se ha sabido de choferes que han ido demasiado aprisa, dependiendo del retardador y los frenos de servicio que tengan, para detener al vehículo con la rapidez necesaria. Esta es una práctica peligrosa. Además forza más a ambos, al retardador, y a los frenos de servicio. Como chofer, **no se confíe en el retardador para hacer toda la labor de frenado** del vehículo. Siempre **maneje a una velocidad en la que no ponga en peligro la seguridad de nadie**.

Examen Sobre el Capítulo 22

1. Los frenos auxiliares ____.
   A. se fijan al sistema de frenos de servicio y se usan para detener al vehículo
   B. están totalmente separados del sistema de frenos de servicio y se usan para detener al vehículo
   C. se fijan al sistema de frenos de servicio y se usan para ayudar a disminuir la velocidad del vehículo
   D. están totalmente separados del sistema de frenos de servicio y se usan para ayudar a disminuir la velocidad del vehículo

2. El uso de los frenos auxiliares aumenta la vida de ____.
   A. el motor
   B. la transmisión
   C. los frenos de servicio
   D. el tren de tracción

Para las preguntas 3, 4, 5 y 6, asocie la descripción hecha en la columna A con el tipo de retardador de la columna B.

Columna A Descripción	Columna B Tipo de Retardador
3. El __________ cambia el tiempo de las válvulas.	A. retardador electromagnético
4. El ___________ cierra parcialmente el sistema de escape del motor.	B. retardador del motor
5. El __________ hace que el motor a trabaje contra la presión de un fluido.	C. retardador del escape
6. El __________ disminuye la velocidad del vehículo con un imán	D. retardador hidráulico

Para la pregunta 7, refiérase a la ilustración a la derecha.

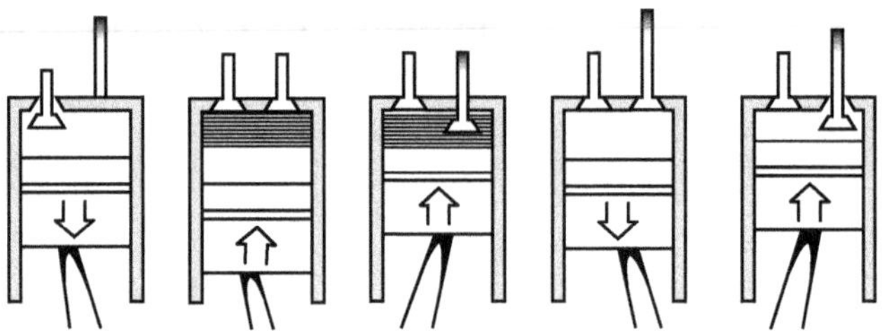

7. La ilustración de arriba muestra el freno de motor o "Jake" en funcionamiento.
   A. Verdadero.
   B. Falso.

8. Un retardador interno de entrada se instala aparte, mientras que un retardador externo de salida ya viene integrado.
   A. Verdadero.
   B. Falso.

9. Cuando maneja su tractor solo, sin remolque, debe prender su retardador en la posición más baja posible.
   A. Verdadero.
   B. Falso.

10. Si el camino está cubierto de hielo o nieve, apague su retardador.
   A. Verdadero.
   B. Falso.

LOS DISPOSITIVOS DESLIZABLES

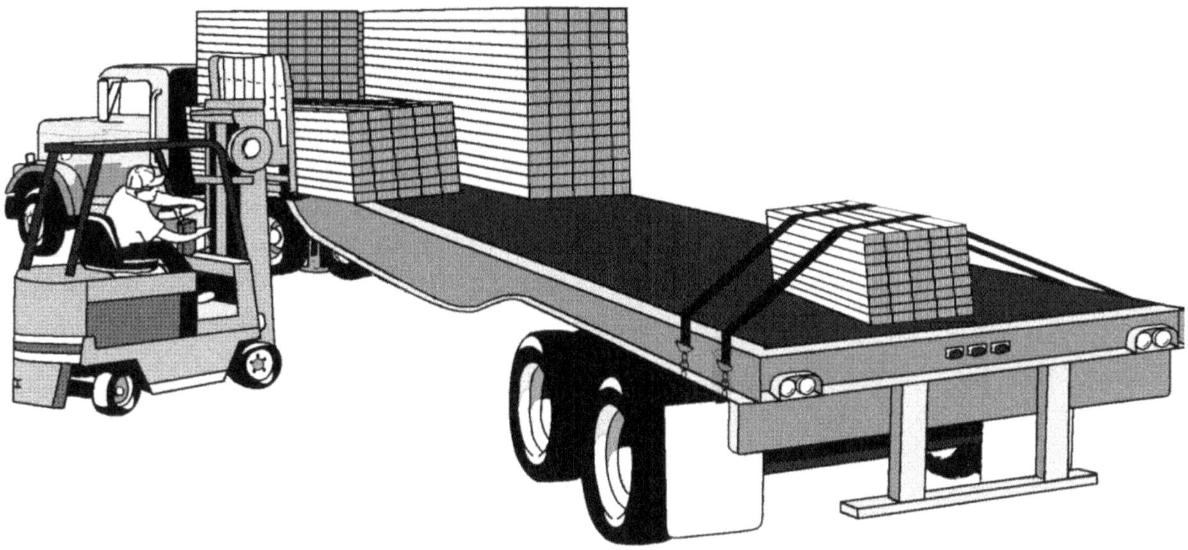

El Proposito de los Dispositivos Deslizables

De lo que se trata en la industria del autotransporte de carga es de **transportar tanta carga como se lo permita la ley, y lo más barato que pueda**. Debido a esto, la vida de muchos choferes de vehículos de carga, está hecha de manejar a carga completa y por lo general muy pesada.

Cuando las cargas aumentan de peso, ese **peso debe estar distribuido** entre todos los ejes del equipo. La ley federal (en los EEUU) limita el peso total en cada juego doble de ejes a 34,000 libras, o a 20,000 en un eje sencillo.

Para compensar estas restricciones de peso, algunos tractores tienen una quinta rueda que se puede deslizar para adelante y para atrás sobre el chasís. Este deslizamiento cambia y balancea el peso que el perno maestro del remolque pone sobre cada eje del tractor sin tener que mover la carga. Esta quinta rueda ajustable se llama **quinta rueda deslizable** o dispositivo deslizable.

Algunos remolques están construídos para ayudar a distribuir el peso de la carga más uniformemente. Tienen **un tándem de ejes deslizables**

Ilustración 23-1
Una quinta rueda deslizable.

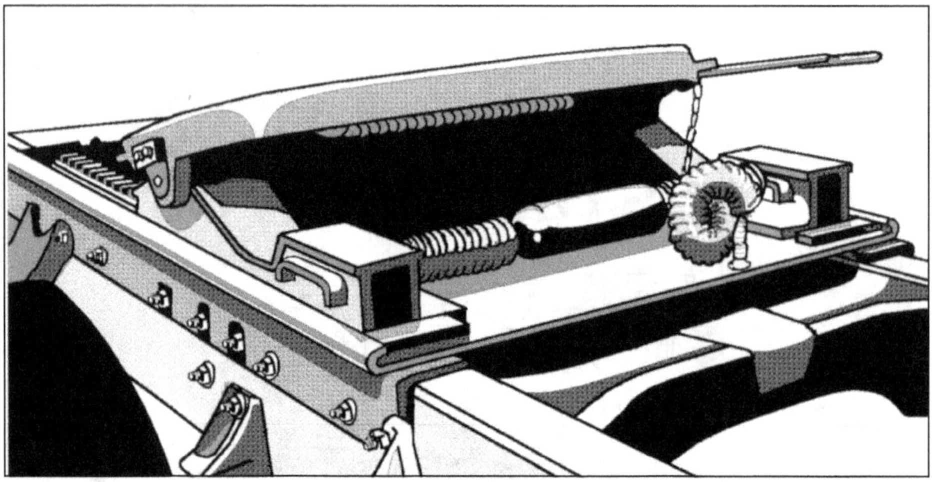

también llamados dispositivos deslizables que **se mueven para atrás y para adelante**. El tándem de ejes deslizables ayuda a balancear el peso entre el tándem de ejes y el perno maestro del remolque.

Por tanto, el propósito principal de los dispositivos deslizables es simple. Cuando se usan correctamente tanto la quinta rueda deslizable como el tándem de ejes también deslizables, ayudan a distribuir más uniformemente el peso de un remolque con una carga muy pesada, a todos los ejes de la unidad tractor-remolque. **Los dispositivos deslizables le permiten ajustar la distancia entre ejes** de tal manera que cumpla con la fórmula de puenteo. Aprenderá más de la fórmula de puenteo en el Capítulo 28.

Otro propósito de la quinta rueda deslizable es **hacer posible que el tractor jale remolques con diferentes arreglos del perno maestro**. No todos los remolques tienen el mismo arreglo del perno maestro. Un remolque que tenga un arreglo del perno maestro de más de 36 pulgadas puede dejar los patines o los postes de sostén del remolque demasiado cerca de las ruedas traseras del tractor. Para evitar que hagan contacto las ruedas traseras del tractor con los patines del remolque, deslice la quinta rueda hacia atrás.

Ilustración 23-2
Un tándem de ejes deslizables.

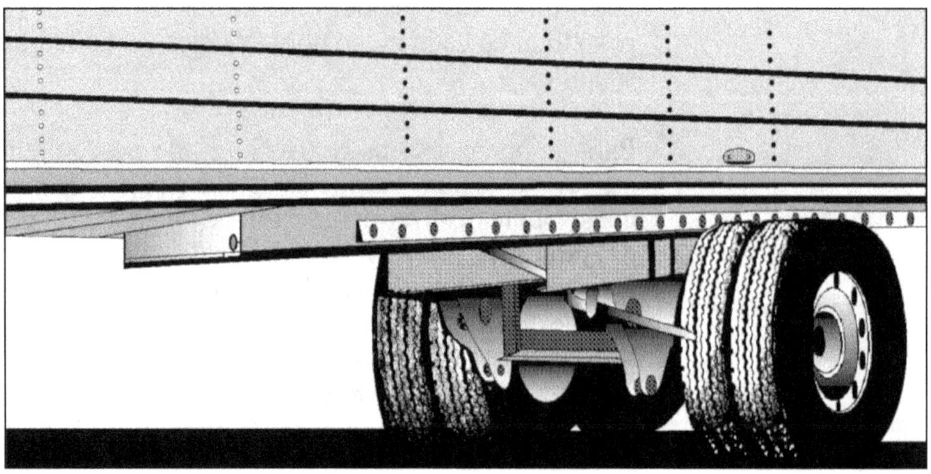

Ilustración 23-3
El deslizar la quinta rueda para adelante o para atrás afecta el peso tanto al eje de la dirección como al eje con tracción del tractor.

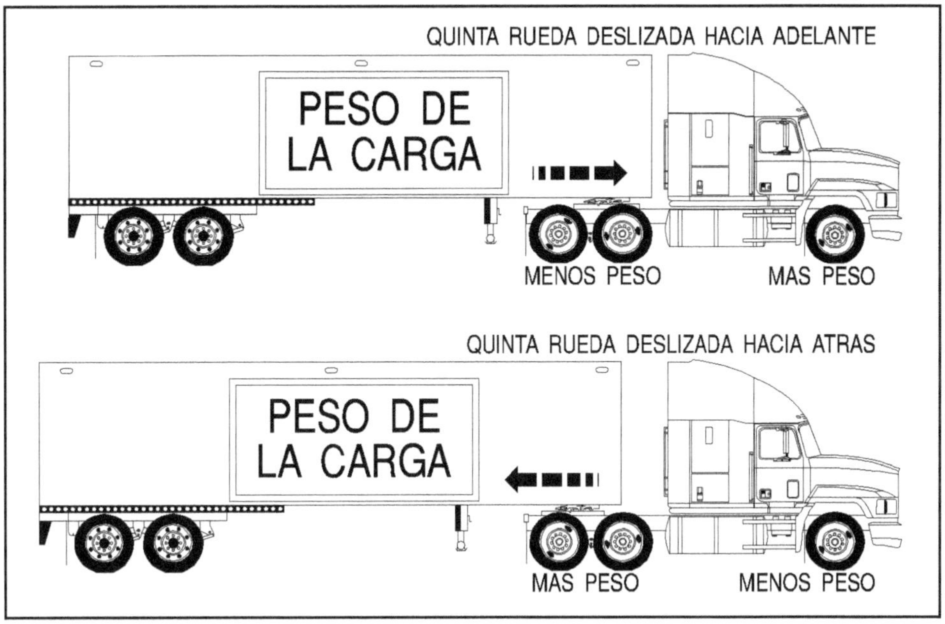

Una quinta rueda deslizable también puede mejorar la movilidad. Cuando mueve hacia adelante la quinta rueda, tendrá un vehículo más corto que cabrá en espacios más reducidos.

Es más cómodo para el chofer cuando la quinta rueda se localiza más cerca de la línea central del eje trasero. Cuando los ejes traseros no están sobre-cargados, puede mover la quinta rueda hacia atrás para lograr la máxima comodidad.

Lo Que Debe Saber de los Dispositivos Deslizables

Lo más importante que Usted debe saber es **cómo, al deslizar** la quinta rueda del tractor, o al cambiar de posición los ejes del remolque, **se afecta la distribución del peso** en todos los ejes.

COMO FUNCIONAN LOS DISPOSITIVOS DESLIZABLES

Cuando **desliza la quinta rueda hacia adelante o hacia la cabina del tractor**, se carga más peso al **eje de la dirección**. Cuando **desliza la quinta rueda para atrás o hacia el lado opuesto de la cabina**, hacia el frente del remolque, **los ejes traseros del tractor cargan más** del peso de la carga.

El mismo principio se aplica a el tándem de ejes deslizables del remolque. Si **el tándem de ejes** del remolque se desliza hacia adelante, **más cerca del tractor, los ejes del tractor cargarán menos** del peso del remolque. Entre más deslice el tándem de ejes del remolque hacia la parte de atrás, mayor será el peso del remolque que carguen los ejes del tractor (vea la ilustración 23-4 en la siguiente página).

Ilustración 23-4
El deslizar el tándem de ejes traseros o el tándem del remolque hacia adelante o hacia atrás, afecta el peso tanto al perno maestro del remolque como al mismo tándem de ejes traseros.

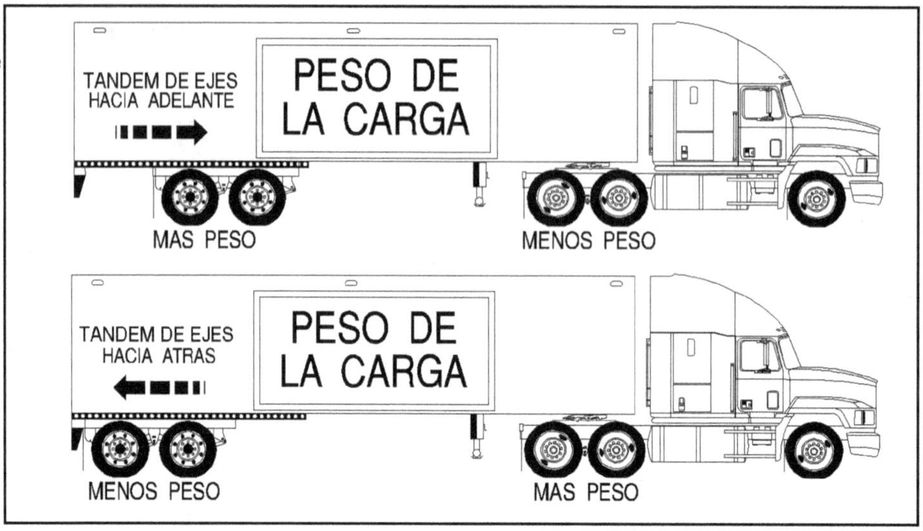

La idea es muy simple. Pero los diferentes tipos de tractores, de remolques y de cargas hacen que la operación de los dispositivos deslizables sea más desafiante. Para operar los dispositivos deslizables en forma eficiente y precisa, va a necesitar pensar un poco antes de iniciar el viaje, y apoyarse mucho en la experiencia.

LOS COMPONENTES

Una quinta rueda deslizable tiene tres componentes principales que son:

- la plancha base deslizable
- la ménsula o soporte
- los pasadores del cerrojo

La **plancha base deslizable está fija al chasís del tractor**. La **ménsula o soporte entra por encima de la plancha base deslizable**. La **quinta rueda está montada sobre el soporte o ménsula**. Los pasadores del cerrojo en el mecanismo evitan que la quinta rueda se deslice. La mayoría de los tractores tienen un **interruptor "operado por aire"** en el tablero del tractor que **traba y destraba** los pasadores del cerrojo. Cuando **los pasadores y el mecanismo del cerrojo** están desenganchados, puede **deslizar la quinta rueda hacia adelante o hacia atrás**. (Generalmente las ranuras de posición están separadas entre dos y tres pulgadas).

Los principales componentes del tándem de ejes deslizable son:

- el bastidor o base (el eje deslizable)
- los rieles de deslizamiento
- los pasadores del cerrojo
- la barra de tope (en algunos)

El **bastidor** del tándem de ejes deslizable se **mueve sobre** los **rieles de deslizamiento**. Esto acorta o alarga la distancia entre ejes. El tándem de ejes deslizables también tienen **pasadores para poner el cerrojo** que generalmente **quitará a mano** con una palanca llamada la **barra de**

aseguramiento. Algunos remolques tienen un dispositivo de seguridad que se llama "barras de tope" que entran en los dos extremos de los rieles sobre los que el tándem de ejes se deslizan.

ESPACIO LIBRE DE GIRO ENTRE TRACTOR Y REMOLQUE

Antes de ajustar una quinta rueda deslizable, tiene que **asegurarse de que el tractor tiene el suficiente espacio libre para el pivoteo y para moverse**. A la habilidad del tractor de pivotearse sobre la quinta rueda sin pegarle al remolque, en inglés la llaman (swing radius) o **radio de oscilación o pivoteo**. En general, **el tractor debe tener espacio libre suficiente para hacer una vuelta de 90 grados** sin tocar el remolque.

Si el frente del remolque está demasiado cerca de la parte de atrás de la cabina del tractor, una vuelta cerrada puede convertirse en una vuelta cerrada hacia un desastre. Dése cuenta de otro equipo (parte de la unidad) ya sea del tractor o del remolque que pueda estorbar cuando dé una vuelta cerrada. Este equipo puede incluir el camarote para dormir, tubos de escape, unidades de refrigeración y dispositivos aerodinámicos. Por otra parte, algunos remolques tienen **las esquinas del frente redondeadas**. Esto **le permite ajustar el remolque más cerca** del tractor.

También se debe asegurar de que hay **espacio suficiente entre las llantas del más atrás del tractor y los patines del remolque** como para que el tractor **pueda dar una vuelta de 90 grados**.

Sea lo suficientemente cuidadoso como para medir exactamente. No adivine simplemente o haga una estimación visual. Los manuales del propietario, deben traer fórmulas que le ayuden a calcular qué tan lejos hacia atrás o qué tan cerca hacia adelante se debe poner la quinta rueda. Si lo prefiere, que le ayude alguien que tenga experiencia trabajando con quintas ruedas deslizables.

Deslizar o No Deslizar

Ahora que ya se arreglo con su espacio libre para el pivote entre el tractor y el remolque, ya sabe qué tan adelante puede deslizar la quinta rueda. Ahora viene la razón por la cual se inventaron los dispositivos deslizables: para ayudar a distribuir el peso del remolque entre todos los ejes.

El peso de su tractor, del remolque y de la carga sigue una trayectoria natural hacia abajo a través de sus ejes y ruedas, y finalmente hacia abajo a la superficie del camino.

Siempre que sea posible, la carga de un remolque debe estar uniformemente distribuida por todo el remolque. Sin embargo, esto no siempre es posible. **Cuando una carga tiene que estar distribuida en forma desigual o concentrada en algún punto, esto afecta la distribución del peso**.

Para calcular matemáticamente cómo usar sus dispositivos deslizables con el fin de distribuir uniformemente el peso, he aquí algunas cosas que necesitará saber:

- cuánto pesa su tractor
- cuánto pesa su remolque "vacío"
- cuánto pesa su carga útil
- cuánto pesa su remolque cargado

También debe saber la distancia entre el centro del tándem de ejes del remolque y el perno maestro. Esta, es la distancia entre ejes del remolque. Por último, conozca la distancia entre el centro del tándem de ejes del remolque al centro del remolque mismo. A esto se le conoce como la dimensión "A" del remolque.

Conforme deslice el tándem de ejes del remolque para adelante o para atrás, la distancia entre ejes, y la dimensión "A" del remolque cambiará. (Para estas dimensiones, vea la ilustración 23-5).

Ilustración 23-5
Encuentre el peso del tractor, del remolque y de la carga, así como también las dimensiones "A" y la distancia entre ejes para el tractor y para el remolque.

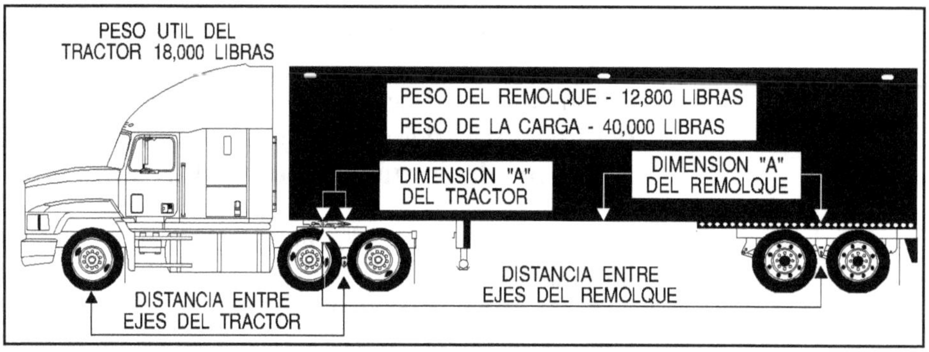

De los pesos indicados en el remolque del ejemplo de abajo, Usted podrá averiguar lo siguiente:

- cuánto peso descansa sobre el perno maestro. (El peso en el perno maestro, es el peso del remolque que deben soportar los ejes del tractor).
- cuánto peso descansa sobre el tándem de ejes del remolque.

Para calcular el peso en el perno maestro, multiplique la carga útil por la dimensión "A" del remolque. Digamos que la carga es de 40,000 libras, y la dimensión "A" del remolque es de 216 pulgadas. 40,000 libras de carga multiplicadas por 216 pulgadas (la dimensión "A" del remolque), es igual a 8,640,000.

40,000 *libras de carga*
× 216 *pulgadas (la dimensión "A" del remolque)*
= 8,640,000

Ahora divida ese número entre la distancia entre ejes del remolque. Digamos que esta distancia es de 468 pulgadas.

8,640,000
÷ 468
= 18,462 *libras*

18,462 libras es la parte del peso de la carga que descansa sobre el perno maestro. Para calcular la parte del peso de la carga que descansa sobre el tándem de ejes del remolque, reste el peso en el perno maestro, del total del peso de la carga.

40,000 *libras de peso de la carga*
- 18,462 *libras del peso total de la carga que descansan sobre el perno maestro*
=21,538 *libras del peso de la carga que descansan sobre el tándem de ejes del remolque.*

21,538 libras es la parte del peso de la carga que descansa sobre el tándem de ejes del remolque. Ahora ya sabe que 18,462 libras del peso de la carga descansan en el perno maestro del remolque, y que 21,538 libras de la carga descansan sobre el tándem de ejes del remolque. Pero el peso de la carga no incluye el peso del remolque mismo.

El peso del remolque solo, cuando está vacío, es la tara del remolque. En el manual del propietario de la mayoría de los remolques encontrará la información concerniente a cuánto de la tara del remolque descansa sobre el perno maestro y cuánto sobre el tándem de ejes del mismo. Digamos que la tara del remolque es de 12,800 libras. 2,815 de esas libras van al perno maestro (para ser cargadas por los ejes del tractor), y las 9,985 libras restantes van a el tándem de ejes del remolque. Para calcular el peso total en el perno maestro, sume el peso en el perno maestro del remolque vacío (2,815 libras) al peso de la carga sobre el perno maestro (18,462). Vea la ilustración 23-6.

18,462 *libras (el peso de la carga que descansa sobre el perno maestro)*
+ 2,815 *libras (la parte delantera de la tara del remolque)*
= 21,277 *libras de peso total sobre el perno maestro*

El peso total sobre el perno maestro es de 21,277 libras (vea la ilustración 23-6).

Ilustración 23-6
Peso total de la combinación y distribución del peso por eje del vehículo mostrado en la ilustración 23-3.

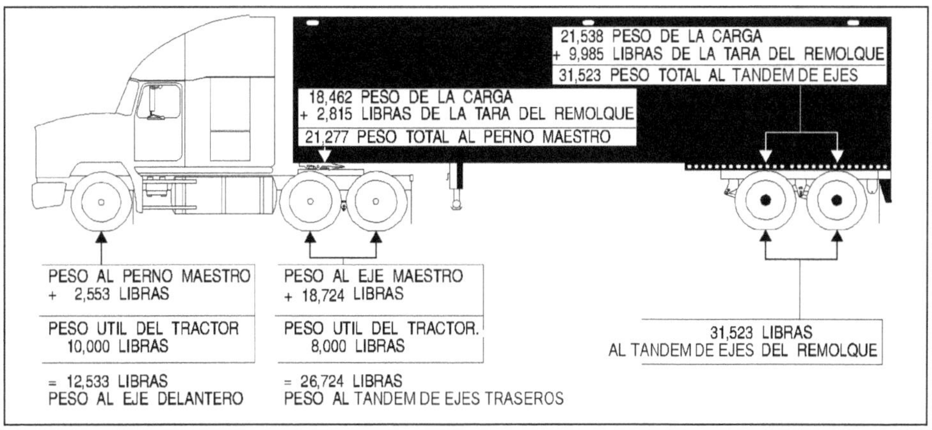

Para calcular el peso total que descansa sobre el tándem de ejes del remolque, sume el peso de la carga sobre estos ejes (21,538 libras) a la parte trasera de la tara del remolque (9,985 libras).

21,538 *libras del peso de la carga*
\+ 9,985 *libras de la parte de la tara que descansa en la parte del atrás del remolque*
= 31,523 *libras*

31,523 libras del peso total del remolque, descansan sobre el tándem de ejes del mismo.

¡Pfiiiuuuuu! ¿No le da vueltas la cabeza? Fueron demasiadas matemáticas. Pero, espere..., todavía no terminamos. Ya sabemos mucho acerca del remolque, pero no sabemos nada de la combinación tractor-remolque. He aquí algunas cosas que necesita saber acerca del tractor para averiguar los efectos del peso sobre sus tres ejes:

- la distancia a la que está puesta la quinta rueda hacia adelante del centro de el tándem de ejes del tractor. Esta es la dimensión "A" del tractor. (Conforme deslice la quinta rueda hacia adelante, la dimensión "A" aumentará, y si la desliza hacia atrás, disminuirá).
- la distancia entre el eje de la dirección y el centro de el tándem de ejes del tractor. Esta es la distancia entre ejes del tractor.

Para estas dimensiones, vea la ilustración 23-5.

Tome el peso al perno maestro (21,277) y multiplíquelo por la dimensión "A" del tractor. Digamos que la dimensión "A" del tractor es de 24 pulgadas.

21,277 *libras (peso total al perno maestro)*
× 24 *pulgadas (la dimensión "A" del tractor)*
= 510,648

Luego divida ese número entre la distancia entre ejes del tractor. Digamos que la distancia entre ejes del tractor es de 200 pulgadas.

510,648 *(peso al perno maestro × dimensión "A")*
÷ 200 *(la distancia entre ejes del tractor)*
= 2,553

La parte del peso total al perno maestro que descansa sobre el eje delantero es de 2,553 libras. Así que, de las 21,277 libras de peso al perno maestro, el eje delantero carga 2,553 libras. Esto significa que el resto del peso al perno maestro, 18,724 libras (21,277 libras del total del peso al perno maestro, menos 2,553 libras de este peso que descansa sobre el eje delantero) debe ser el que cargan el tándem de ejes traseros dobles del tractor. **La parte del peso total al perno maestro que descansa sobre el tándem de ejes traseros del tractor es de 18,724 libras.**

Ahora todo lo que tenemos que hacer es averiguar cuánto pesa el tractor y sumar ese peso a los tres ejes del mismo (vea la ilustración 23-6). **En el manual del propietario de los tractores**, como en el caso de los remolques, generalmente **viene la información concerniente a la "tara" del tractor**. Recuerde que la tara es el peso cuando está vacío. Digamos que la tara de su tractor es de 16,000 libras. **Cuando sus tanques están llenos de diesel** , el peso del tractor ha aumentado. **A este peso que se le ha aumentado al peso de la tara del tractor se le conoce con el nombre de peso útil o el peso al bordillo de la calle.**

Para este ejemplo, digamos que el peso útil de su tractor es de 18,000 libras. Digamos también, que el frente del tractor pesa 10,000 libras y que la parte trasera del mismo pesa 8,000 libras. **Esto significa que el peso total que carga el eje delantero del tractor es de 12,553 libras** (10,000 + 2,553), y **el peso total que cargan los ejes dobles traseros del mismo, es de 26,724 libras** (8,000 + 18,724). Vea la ilustración 23-6.

Bueno, ahora veamos si estamos dentro de los límites legales. El peso al tándem de ejes traseros del remolque es de 31,523 libras. El límite legal es de 34,000 libras. Así que justo por debajo del límite legal.

El peso total al tándem de ejes del tractor es de 26,724 libras. Estos ejes están legales y con holgura.

El peso total al eje de la dirección del tractor es de 12,553 libras. El eje de la dirección está construido para cargar sólo 12,000. Necesitamos quitarle 553 libras de encima.

Lo que mejor se nos ocurre es cambiar algo de la carga del eje delantero del tractor al tándem de ejes traseros del mismo. Para quitarle de encima 533 libras al eje delantero, deslice la quinta rueda hacia atrás unas cuantas ranuras, como a 18 pulgadas. El total de peso sobre el eje delantero, proveniente tanto del tractor como del peso al perno maestro, se redujo a 11,915 libras. El tándem de ejes traseros del tractor carga 638 libras adicionales del peso al perno maestro, por lo que el total del peso que carga se eleva a 27,362, todavía muy por debajo de 34,000 libras. Estamos salvados. ¡Descanse y quítese un peso de encima!

PRUEBA DE LA HABILIDAD PARA OBSERVAR

Había un problema en la ilustración que salió al principio de este capítulo. ¿Recuerda que era? ¿Cómo lo va a corregir Usted? Revise la gráfica de la Prueba de la Habilidad para Observar al final del texto y vea como ha aumentado su habilidad de observación.

Una Forma Mas Facíl de Usar los Dispositivos Deslizables

Desde luego que Usted no necesita ser un científico de naves espaciales para saber cuando y cómo usar sus dispositivos deslizables. Con la experiencia aprenderá a tomar buenas decisiones a este respecto. Muchos choferes se esperan a que la báscula les diga que tienen un eje con sobre peso. Esto está bien si Usted sabe con certeza cómo hacerle para decidir qué dispositivo deslizable (la quinta rueda o el tándem de ejes) mover y qué tanto moverlo. De otra manera va a gastar mucho tiempo (y dinero) en las básculas.

Entonces, ¿para qué lo molestamos con tantas matemáticas? Porque con una vez que trate de hacerlo así, ya podrá visualizar la distribución del peso de cada carga que transporte, y podrá fácilmente hacer los ajustes correctos a los dispositivos deslizables.

El Ajuste de los Ejes con Sobre Peso

Digamos que ha hecho su labor previa a un viaje y se encuentra con que uno o más de sus ejes sobrepasa el límite legal. ¿Qué hacer? Podría aligerar su carga quitando algo de la carga útil. Algunas veces ésta es la única opción. Una solución mejor sería ajustar el tándem de ejes o la quinta rueda deslizables.

El diseño de los fabricantes permite hasta 12,000 libras sobre el eje delantero (o eje de la dirección). **Si el eje de la dirección de su tractor está muy pesado, deslice hacia atrás la quinta rueda**. Esto desplazará algo del peso que se encuentra sobre el eje delantero del tractor, a los ejes traseros del mismo. Como regla general, **deslizar dos pulgadas la quinta rueda, representa un desplazamiento de peso de 150 a 300 libras**.

Si el tándem de eje **de su tractor** están **muy pesados**, tiene dos opciones. Puede **mover la quinta rueda hacia adelante**. Esto quitará algo de peso del tándem de ejes traseros de su tractor y lo desplazará al eje de la dirección. O, puede deslizar el tándem de ejes del remolque hacia adelante en dirección del tractor. Esto cambia el peso al perno maestro porque cambia la dimensión "A" del remolque así como su distancia entre ejes. Esto quitará algo del peso sobre los ejes traseros del tractor y lo desplazará a los ejes del remolque.

Por otra parte, si **el tándem de ejes de su remolque** están **muy pesados**, puede **deslizarlos hacia atrás**. Esto pondrá más peso sobre el perno maestro del remolque que será cargado por los ejes del tractor. **Deslizar el tándem de ejes del remolque una ranura, puede representar un desplazamiento de peso de 400 a 600 libras**.

Como Ajustar una Quinta Rueda Deslizable

Algunos choferes quedan satisfechos dejando los dispositivos deslizables sin mover y en posición "estándar", de carga a carga. Esto está bien cuando se usa el mismo tipo de tractor y remolque, y la distribución de la carga y su peso permanecen los mismos. Pero cuando cambian el tractor, el remolque o la carga, vale más que se asegure de que sus ejes todavía están dentro de los límites legales. De otra manera se puede ver pagando una multa en la carretera por traer sobre peso. Cuando se le requiera que **ajuste una quinta rueda deslizable**, haga lo siguiente:

- Detenga su equipo en línea recta y sobre terreno parejo. Esté absolutamente seguro de que su tractor y remolque se encuentran alineados. El más ligero esfuerzo de pivote de la quinta rueda hará que se meta en un aprieto.
- Enganche el seguro del diferencial.
- Ponga sólo los frenos del remolque.
- Calce las ruedas del remolque.
- Baje los patines del remolque.
- Quite los pasadores del cerrojo. Para los vehículos que tengan el dispositivo operado con aire para quitar los pasadores, mueva la válvula correspondiente en el tablero, a la posición de "abierto". (En los vehículos con apertura manual, jale la palanca de operación localizada cerca de la quinta rueda).
- Revise para que se asegure de que se han quitado ambos pasadores del cerrojo. Si estos no se han abierto, trate de bajar los patines del remolque unas cuantas pulgadas más. Esto liberará la presión que tienen los pasadores y le permitirá a la quinta rueda deslizarse más libremente. Marque la ranura en la que ahora está la quinta rueda.
- Ahora ya debe poderse deslizar la quinta rueda del tractor. Mueva muy despacio el tractor hacia adelante o hacia atrás a la posición deseada de la quinta rueda.
- Enganche o ponga los pasadores del cerrojo. Los que tienen el dispositivo para operarlos con aire, ponga el control de la válvula en la posición de "cerrado". En los que tienen apertura manual, levante la palanca de operación para permitir que entren los pasadores del cerrojo.
- Revise ambos pasadores. Asegúrese de que están totalmente enganchados. Si no lo están, mantenga puestos los frenos del remolque y mueva un poco el tractor hacia adelante. Esto enganchará los pasadores del cerrojo en su lugar.
- Suba los patines, destrabe el diferencial y suelte los frenos del remolque.

No trate de **deslizar** la quinta rueda **cuando el vehículo esté en movimiento**. El hacerlo, pone en peligro de volcadura a su tractor y remolque, o de que se zafe este último.

Como Ajustar un Tándem de Ejes Deslizable

Cuando se le requiera **ajustar un tándem de ejes deslizable**, haga lo siguiente:

- Detenga su vehículo en línea recta sobre terreno parejo.
- Enganche el seguro del diferencial.
- Ponga los frenos tanto del tractor como del remolque.
- Calce las ruedas del remolque.
- Quite la barra de tope de la parte de atrás del dispositivo deslizable.
- Saque totalmente hasta afuera la manivela de operación, póngala en su posición de abierto. Esto soltará los pasadores del cerrojo. Marque la ranura en la que ahora están los ejes, o ponga la barra de tope en la posición deseada.
- Suelte sólo los frenos del tractor y muévalo, muy despacio, hacia adelante o hacia atrás, hasta que los ejes estén en la posición deseada.
- Suelte la manivela de operación y revise visualmente, para que se asegure de que los pasadores del cerrojo han entrado. Debe poder ver cada pasador, atravesar los agujeros en los rieles de deslizamiento). Asegúrese de que los ejes no estén desalineados. Los ejes, cuando están desalineados, pueden hacer que las llantas "raspen" o se arrastren sobre la carretera en lugar de rodar sobre ella.
- Quite las calzas de las ruedas del remolque.
- Fije la barra de tope en ambos rieles justo detrás del dispositivo deslizable.
- Con los frenos del remolque puestos, meza suavemente el tractor para atrás y para adelante, para que se asegure de que los ejes deslizables están bien fijos. (Debe revisar los pasadores de los cerrojos cada vez que pare, para que se asegure de que cada uno está bien puesto).
- Suelte el seguro del diferencial.

No trate de deslizar el tándem del remolque mientras su vehículo se esta moviendo. El hacer esto pone su tractor y el remolque en peligro de zafarse.

Cuando Se Traban los Dispositivos Deslizables

Algunas veces, los dispositivos deslizables se pegan o "traban", y no se deslizan fácilmente. Cuando esto sucede, no insista en tratar de destrabarlo con la potencia del tractor. Un tirón suave y constante hacia adelante y hacia atrás es todo el esfuerzo que debería ejercer sobre la flecha motriz y la parte trasera de su tractor. Si aún así, sus dispositivos deslizables siguen trabados, vuelva a enderezar su unidad tractor-remolque. La mayoría de las trabas, particularmente en las del tándem de ejes deslizables, ocurren cuando el remolque está en terreno disparejo. Con frecuencia, un poco de agua sobre los rieles del tándem de ejes deslizables puede aflojar la traba persistente. Nunca use ni grasa ni aceite. Algunas veces, los pasadores del cerrojo de la quinta rueda deslizable movida con aire, se traban o se pegan. Cuando esto sucede, intente zafar los pasadores golpeándolos ligeramente con un martillo.

Examen Sobre el Capítulo 23

1. Generalmente cuando el tándem de ejes deslizables del remolque se traban o se pegan, ____.
   A. su carga es muy pesada
   B. su combinación tractor-remolque no está estacionada en línea recta ni en terreno plano
   C. los rieles de deslizamiento necesitan engrasarse
   D. su tractor necesita servicio

2. La mayoría de las combinaciones de tractor-remolque de cinco ejes están limitadas a ____.
   A. 12,000 libras de peso sobre el eje de la dirección y 34,000 libras sobre cada tándem de ejes
   B. que la mitad del peso al perno maestro esté sobre el eje de la dirección y 34,000 libras de peso sobre cada tándem de ejes
   C. cantidades iguales de peso sobre cada eje, y hasta 34,000 libras por eje
   D. 80,000 libras de peso al perno maestro

3. Deslizar hacia adelante la quinta rueda ____.
   A. aumenta la dimensión "A" del tractor
   B. reduce la dimensión "A" del tractor
   C. aumenta la dimensión "A" del remolque
   D. reduce la dimensión "A" del remolque

4. Con una quinta rueda deslizable se ajusta el peso que descansa sobre el tándem de ejes del remolque.
   A. Verdadero.
   B. Falso.

5. La posición de ____ puede afectar el espacio libre entre el tractor y el remolque (radio de oscilación).
   A. el tándem de ejes deslizable
   B. la quinta rueda deslizable
   C. el eje de la dirección
   D. la carga útil

6. Cada ranura de posición de la quinta rueda representa aproximadamente entre 150 y 300 libras de peso al perno maestro.
   A. Verdadero.
   B. Falso.

7. Antes de deslizar la quinta rueda Usted debe ____.
   A. poner los patines en posición
   B. desconectar el cable eléctrico al remolque
   C. calzar las ruedas del tractor
   D. asegurarse de que el cerrojo del diferencial no está puesto

8. Para quitar peso del eje de la dirección, deslice la quinta rueda hacia atrás.
   A. Verdadero.
   B. Falso.

9. Para quitar peso de los ejes traseros del tractor, deslice la quinta rueda o el tándem de ejes deslizable del remolque hacia atrás.
   A. Verdadero.
   B. Falso.

10. Para aumentar el peso al perno maestro del remolque____.
    A. deslice hacia adelante el tándem de ejes
    B. deslice hacia atrás el tándem de ejes
    C. deslice la quinta rueda hacia atrás
    D. deslice la quinta rueda hacia adelante

CAPITULO 24

LA ECONOMIA EN LA OPERACIÓN DEL VEHÍCULO

¿Qué Es Operar el Vehículo Económicamente?

Los choferes profesionales tienen que ir más allá de sólo encargarse de desplazar el vehículo de carga por la carretera. Lo tienen que hacer con cuidado y en forma segura, rápidamente, y dado el estado que guarda nuestra economía en estos tiempos, muy eficientemente. En la industria del autotransporte de carga, el fin no justifica los medios. No es suficiente llegar a donde va, a cualquier precio. Con el costo del diesel como está (muy por encima del dólar [estadounidense] por galón), tiene que llegar a su destino y hacerlo **usando lo menos** posible de **combustible**. Hablar de economía en la operación del vehículo, es también hablar del buen uso y cuidado que se tiene de él, de tal manera que lo mantenga alejado de los talleres de reparación y trabajando, en la carretera, por más tiempo. También quiere operar su equipo de tal forma que le pueda exprimir al vehículo y sus componentes, todas las millas posibles antes de que tenga que ser reparado o repuesto.

Los nuevos **diseños** de tractores y remolques, más **aerodinámicos** que nunca, **ayudan** a estos vehículos de carga a ser más eficientes en el consumo de combustible. Pero todavía es el **chofer quien hace la gran diferencia**. El hecho de que tantas compañías transportistas ofrezcan pagos adicionales a sus choferes por ahorros en combustible, prueba lo importante que es dominar las técnicas para la operación económica de los vehículos. Afortunadamente, esto no es difícil de hacer. Todo lo que tiene que hacer es conocer y mantener bien su equipo, entender las fuerzas naturales que actúan sobre su vehículo, y aprender unos cuantos trucos de manejo.

PRUEBA DE LA HABILIDAD PARA OBSERVAR

Recuerde la ilustración de la primera página de este capítulo. El chofer del vehículo de carga ilustrado, lo estaba operando económicamente. ¿Pudo darse cuenta de eso y puede explicar cómo se dio cuenta? Revise sus respuestas en la gráfica de la Prueba de la Habilidad para Observar al final del libro.

Las Fuerzas Naturales y el Consumo de Combustible

Para poder entender cómo ahorrar combustible, necesita tener una idea de cómo usa el combustible su vehículo. Tiene que quemar algo de combustible nada más para poner su vehículo en movimiento, mantenerlo así y jalar una carga. ¿Qué hace que use más o menos combustible?

La **fricción,** la **gravedad y** la **inercia** son las tres principales fuerzas naturales que actúan sobre su vehículo en movimiento y que **afectan la cantidad de potencia que obtiene de una determinada cantidad de combustible.** De lo que trata la operación económica del vehículo es de compensar por estas tres fuerzas de tal manera que no malgaste combustible.

LA FRICCIÓN

Puesto en una forma muy simple, la fricción es el rozamiento de una superficie contra otra. Este rozamiento restringe el movimiento de una superficie contra la otra en un mayor o menor grado. Probablemente sea Usted consciente de que hay fricción entre las llantas de su vehículo y la carretera. A esto se le conoce con el nombre de "**resistencia al rodado**" o tracción. Usted necesita algo de fricción con la carretera para arrancar y para detenerse. Si no hubiera fricción entre las llantas y el camino, nunca podría poner su vehículo en movimiento. Simplemente sus llantas se quedarían girando sobre la superficie sin avanzar. Y si lo hubiera podido poner en movimiento, no lo podría parar. Necesita fricción en el mecanismo de los frenos, y entre la llanta y el camino. Pero si la resistencia al rodado es muy grande, utiliza combustible adicional en alcanzar la potencia necesaria para vencerla.

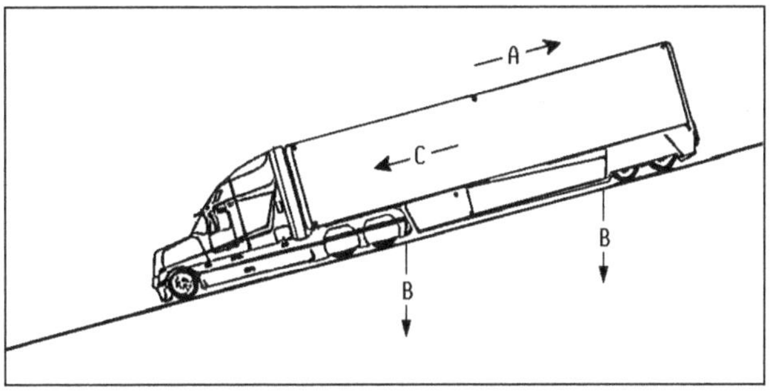

Ilustración 24-1 Las fuerzas naturales que actúan sobre un vehículos en movimiento. A = fricción; B = gravedad; C = inercia.

Así como hay fricción entre sus llantas y el camino, también hay fricción entre su vehículo y el aire. Esto es válido para todas las superficies de su vehículo que están en contacto con el aire. A este fricción se refieren cuando emplean el término "**resistencia del aire**". Cuando su vehículo está en movimiento y la resistencia del aire es muy grande, físicamente puede sentirla cuando su vehículo empuja contra ella. A este efecto se le llama "**arrastre** aerodinámico", y se necesita potencia (y por tanto combustible) para vencerlo.

LA GRAVEDAD

Casi todo el mundo está familiarizado con el concepto de gravedad. Pero demos una definición formal. La gravedad tiene que ver con la atracción natural entre dos masas. Como la fricción, la gravedad ayuda a mantener su vehículo sobre el camino. Pero, de nuevo, demasiada gravedad evitará que su vehículo se mueva.

El **peso bruto del vehículo** es un factor importante que **afecta la influencia de la gravedad** sobre su vehículo especialmente cuando va por una pendiente cuesta arriba o cuesta abajo. Un vehículo muy pesado tendrá que esforzarse más contra la atracción de la gravedad cuando sube por una colina. Y luego, necesitará mayor potencia de frenado para disminuírle la velocidad y detenerlo cuando baje por la pendiente del otro lado.

LA INERCIA

La inercia es la tendencia que tienen los objetos en movimiento de permanecer en movimiento (y de permanecer estáticos si ya están estáticos). Si su vehículo se está moviendo, querrá continuar en movimiento. Si está parado, tendrá que **vencer la inercia para hacer que se mueva el vehículo.** Para hacer esto se necesita potencia, y la potencia requiere de combustible. Entre más inercia haya que vencer, más combustible usará.

Muchos de los factores que afectan a la fricción y a la gravedad, también afectan la inercia. Por ejemplo, si su vehículo es muy grande o muy pesado, hay mucha más masa que mover.

Técnicas de Operación Económica

Hay muchas cosas que se pueden hacer con el diseño del vehículo de carga para disminuir los efectos de las fuerzas naturales. Pero hay muchas más cosas que puede hacer el chofer para ahorrar combustible. Así que veamos qué son esas técnicas de operación económica.

MANTENGA BAJA SU VELOCIDAD

Una técnica de operación económica importante es manejar a la velocidad apropiada para las condiciones reinantes. Esto es especialmente cierto porque la administración de la velocidad está totalmente bajo el control del chofer. Puede decir que **la administración de la velocidad es parte de la operación económica.** Usar el control de velocidad constante tanto como sea posible ayuda mantener constante la velocidad y eso mejora la velocidad constante del combustible.

Cuando empieza a mover el vehículo, la resistencia del aire es muy poca. Pero, a 35 mph, definitivamente puede notar dicha resistencia. A velocidades mayores de 35 mph, la resistencia del aire es una fuerza que se tiene que tomar en consideración. Después de las 60 mph, el impacto de esta resistencia da una gran salto. Como ya dijimos, entre más rápido vaya, mayor resistencia del aire tendrá. Entre más resistencia del aire tenga, quemará mayor cantidad de combustible simplemente para vencer la fricción. Así que una de las mejores formas de ahorrar combustible es simplemente manejar a menores revoluciones, es decir, a tres cuartos de las revoluciones máximas para el cambio en el que va. Así que, **disminuya su velocidad, no acelere para vencer el viento.**

¿Qué puede hacer el chofer respecto a la gravedad? De nuevo, **disminuir su velocidad**. No acelere cuando se acerque a una subida pensando que va a entrar en ella a buena velocidad. Esto ayudará hasta cierto punto. De todas maneras tendrá que pasar por todo el proceso de hacer cambios de velocidad durante la subida. Cuando llegue a la cima, estará en el mismo cambio que hubiera estado si no hubiera entrado a la subida con velocidad. Pero habrá quemado más combustible. Así que, **acérquese a una subida sin ir más rápido que el límite de velocidad señalado.** Suba la pendiente usando sólo la potencia necesaria para llegar a la cima sin forzar el motor. Trate de mantenerse a las menores revoluciones posibles.

Para poner en movimiento su vehículo cuando está totalmente parado (vencer la inercia), se requiere de más potencia y combustible que para hacer casi cualquier otra cosa con él. Así que, lo que debe querer es **mantener al mínimo el número de paradas.** ¿Significa esto que se debe pasar los semáforos en preventiva, y sólo disminuir la velocidad sin detenerse totalmente en los altos de plafón? No, no quiere decir eso. Al contrario, anticípese a las preventivas y a los altos del semáforo. Disminuya su velocidad. Si maneja lo suficientemente despacio, el semáforo en alto se puede poner en siga para cuando llegue a él y no tendrá que parar totalmente.

Recorte todas esas frenadas de pánico que tiene que hacer porque va demasiado aprisa. De nuevo, disminuya su velocidad. Guarde la debida distancia entre su vehículo y el que lleva delante. Cuando haya condiciones de manejo adversas, como el crepúsculo, la obscuridad, la lluvia o nieve, disminuya su velocidad.

EL MANEJO CON UN MOTOR ECONOMIZADOR

Algunos motores y transmisiones ahora están diseñados para usarse con el método progresivo de hacer los cambios. Con frecuencia a este tipo de motores se les llaman "motores fórmula" o "motores economizadores de combustible". **Funcionan a revoluciones más bajas**, se desempeñan mejor que otros motores a bajas velocidades, y tienen una mayor clasificación de par de torsión a bajas revoluciones del motor. Así que se desempeñan tan bien como los motores de antes, pero utilizan menos combustible para hacerlo. También requieren de una técnica de manejo un poco diferente.

Dado que el par de torsión es mayor a bajas revoluciones, no tiene que revolucionar el motor al máximo para esa velocidad antes de hacer el cambio. Revoluciones más altas significarían más potencia, pero también significarían más consumo de combustible. Por otra parte, cambios bajos también significan más potencia. A velocidad muy baja, los engranes están haciendo el trabajo que hace el motor en engranes más altos a más altas velocidades.

Método progresivo de hacer los cambios

Hay una técnica de manejo específica que le ayudará a hacer esto. Se llama **método progresivo de hacer los cambios**. Con este método, se aumenta la velocidad del vehículo a velocidades de carretera usando el menor caballaje posible. El motor **no se revoluciona al máximo para cada velocidad antes de hacer** el cambio. En lugar de hacer esto, hace el cambio cuando el motor está revolucionado a las tres cuartas partes de las revoluciones máximas para ese cambio.

Cuando empieza a poner en movimiento su vehículo, use el menor número necesario de revoluciones para moverlo. Luego cambie a la siguiente velocidad. Continúe haciendo los cambios justo cuando tenga la suficiente potencia para aumentar su velocidad sin forzar el motor. De lo que se trata es de llegar a la velocidad deseada usando las menores revoluciones posibles en cada cambio. La secuencia de cambios sería algo como lo siguiente:

PRIMERA. De 0 a 3 mph. Puede sólo necesitar 1,200 rpm (revoluciones por minuto).

SEGUNDA. De 3 a 6 mph. Puede sólo necesitar 1,300 rpm.

TERCERA. De 6 a 9 mph. Puede sólo necesitar 1,400 rpm.

CUARTA. De 9 a 15 mph. Puede sólo necesitar 1,500 rpm.

QUINTA. De 15 a 20 mph. Puede sólo necesitar 1,600 rpm.

Una gráfica le ayudará a entender qué sucede. En la ilustración 24-2 puede ver los patrones normales de cambio de antes, y el del nuevo método progresivo, para una transmisión "Roadranger" de nueve velocidades. Fíjese en las diferencias.

TÉCNICAS DE OPERACIÓN ECONÓMICA

Hay algunas otras cosas que puede hacer para ahorrar combustible que tienen que ver con cómo y dónde maneja.

EL PLAN DE VIAJE

Una **corrida bien planeada y bien manejada** lo llevará a donde quiere ir en la forma **más económica**. Se debe proponer hacer lo más posible en el menor tiempo y con el menor esfuerzo posibles. Si Usted hace su plan de ruta, es cuestión de Usted elegir la ruta más directa, con la menor cantidad de obstáculos y paradas.

Por ejemplo, en un viaje largo puede tener dos rutas posibles. Una pasa por muchas montañas y la otra las rodea. A menos que sea mucho más

Ilustración 24-2
El sistema progresivo para hacer los cambios es un poco diferente que la forma normal de hacerlos.

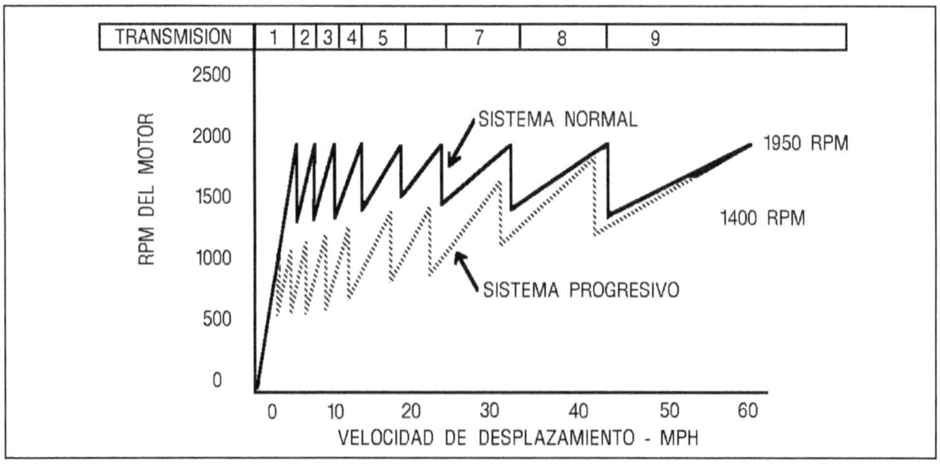

larga, escoja la ruta que va por terreno plano. No tendrá que hacer cambios tan frecuentemente y podrá mantener una velocidad más uniforme.

Otra forma de ahorrar combustible es no meterse en tráfico pesado. De nuevo, si tiene la opción, en lugar de meterse a la ciudad, sáquele la vuelta, a menos que esto signifique un viaje mucho más largo. Programe su día de tal suerte que no le toque el tráfico de las horas pico. Muchas ciudades puede cruzarlas libremente si lo hace antes de las 6 a.m. Pero si espera hasta las 8 a.m. se meterá en un tráfico en el que tendrá que parar continuamente. Si se mete en un congestionamiento de tráfico, piense en salirse de la carretera y estacionarse en un lugar que sea seguro. ¿No sería mejor echarse una siesta de una hora, luego atravesar la ciudad en otra hora, que pasarse dos horas luchando contra el tráfico? No sólo ahorraría combustible, sino que no se quedaría calvo ¡de tanto jalarse los pelos!

Aún si no es Usted el que planea la ruta, sí puede planear su tiempo de tal manera que haga el menor número de paradas posible. Luego, cuando sí se detiene, trate de combinar varias actividades en esa parada. Si se paró para poner combustible, aproveche para hacer sus llamadas telefónicas, comer, actualizar su bitácora o inspeccionar su vehículo. Esto le ahorrará el tiempo que le tomaría parar para hacer esas actividades. Dado que cada vez que detiene totalmente el vehículo significa malgastar combustible, **cada parada que se ahorra,** es combustible ahorrado.

LA ADMINISTRACIÓN DEL CAMINO

Administración del camino significa **vigilar el tráfico y planear con anticipación**. Si ve una hilera de luces de alto a media milla de distancia delante de Usted, ya sabe que Usted también tendrá que disminuir su velocidad cuando llegue a lo que está deteniendo al tráfico. Así que, ¿porqué no soltar el acelerador ahora y dejar que el motor disminuya gradualmente la velocidad, en lugar de irse aprisa a la máxima velocidad hasta que esté cerca y luego tenga que usar los frenos? Si va por una ciudad y el semáforo a tres cuadras de Usted se pone en preventiva, sabe que va a tener que parar. Así que, de nuevo, ¿porqué no soltar el acelerador ahora? Ahorrará combustible, y si le mide bien el tiempo, el semáforo se puede poner en siga antes de que llegue a él.

Estas situaciones ilustran cómo aplicar algunas de las técnicas para manejar con cuidado o en forma segura que se trataron en el capítulo 19. Las mismas cosas que lo convierten en un chofer cuidadoso y seguro, le ayudarán a economizar combustible. **Maneje a una velocidad uniforme**. Cada vez que acelera, y luego baja la velocidad, y luego vuelve a acelerar, malgasta combustible. Trate de mantener un ritmo de manejo, y apéguese a él. Para hacer esto, lo mejor que puede hacer es, de nuevo, manejar a una velocidad conservadora de tal manera que no tenga que hacer tantos ajustes repentinos.

Sistemas de administración del vehículo

Si su vehículo de carga está equipado con un sistema de administración del vehículo, lo encontrará muy útil para **que le** ayude a mantener una **velocidad de** crucero baja y uniforme. Este sistema puede consistir en un simple tacógrafo, o puede ser tan complicado y sofisticado como una computadora a bordo. Ambos equipos registran las velocidades y revoluciones a las que se ha manejado el vehículo en un determinado periodo de tiempo. La computadora a bordo revelará más información aún, como qué tan frecuentemente se detuvo el vehículo y por cuánto tiempo. Lo que es de importancia para el chofer profesional es la información sobre el consumo de combustible. Deje que su sistema de administración del vehículo sea su guía para la operación económica del mismo. En el capítulo 12 se tratan los sistemas de administración del vehículo con más profundidad.

EL MOTOR PRENDIDO Y EN NEUTRAL Y EL APAGADO DEL MOTOR.

Otra técnica de manejo para ahorrar combustible es **dejar lo menos** posible que el **motor funcione en neutral**. El dejar el motor funcionando en neutral malgasta combustible y desgasta el motor. Usted quema combustible y desgasta la máquina, todo, para ir a ninguna parte.

Habrá veces en las que se estará tentado a dejar el motor encendido y en neutral porque es más cómodo que apagarlo. Recuerde sin embargo, que pagará un precio muy alto en costo de combustible por esa comodidad.

Pero también hay veces en las que lo tendrá funcionando en neutral no por comodidad. Es que sencillamente no le queda otra opción. Un ejemplo es cuando se encuentra en clima muy frío. Si está bajo cero y va a apagar el motor por una o dos horas, puede ser que no pueda volver a encenderlo. En este caso, tendrá que dejarlo funcionando en neutral todo el tiempo. Si por clima frío tiene que hacer esto, ponga el ahogador de tal manera que mantenga al motor a cerca de 1,000 rpm. De esta manera, la presión del aceite se mantendrá lo suficientemente alta como para proporcionar lubricación.

Su compañía tal vez tenga una política que se trata de dejar el motor en neutral. Conozca esa política y sigala.

LA OPERACIÓN ECONÓMICA Y LA DISTRIBUCIÓN DEL PESO

Sobrecargar afecta a los ejes de la dirección, a las llantas y a los frenos. Los vehículos sobrecargados se aceleran mucho al bajar por una pendiente. Luego tiene que pararse sobre el pedal del freno para mantener controlado al vehículo. Esto puede llevar a un desgaste prematuro de los frenos si no es que a una falla inmediata de los mismos. Demasiado peso sobre el eje de la dirección puede dañar el eje y las llantas. La distribución adecuada del peso aumenta la vida de estas partes.

Otros Dispositivos Que Ahorran Combustible

Hay otros dispositivos que ahorran combustible que merecen mencionarse. Uno de los dispositivos que debe conocer es el ventilador con embrague (clotch). Un ventilador que funciona todo el tiempo, si se necesite o no, malgasta combustible. Un **ventilador de embrague (clotch) prende el ventilador sólo cuando el calor generado por el motor sube a cierto nivel**. A bajas temperaturas, el embrague apaga el ventilador. Se han realizado estudios que muestran que el ventilador sólo se necesita alrededor del cinco por ciento del total del tiempo que el motor está funcionando. Ahora puede ver porqué el ventilador de embrague puede ahorrar mucho combustible. Para obtener mejores resultados, opere el ventilador de embrague en automático.

MANTENIMIENTO

Una técnica para ahorrar combustible muy importante es un buen programa de mantenimiento preventivo. **Un vehículo bien afinado, simplemente funciona mejor**, y le da mayor potencia por el combustible consumido. Por ejemplo, un sistema de frenos que tenga fugas, hará que el compresor se prenda con más frecuencia. Cuando los ejes están desalineados, generan mayor resistencia al rodado, así que debe corregir esto. Los filtros del aceite sucios, requieren de mayor presión para que el aceite pueda pasar por ellos. Esto fuerza a la bomba a trabajar más de lo que debería, lo que hace que se consuma más combustible. Un filtro de aire tapado, reduce el abasto de oxígeno al motor. Para una buena combustión se necesita la cantidad adecuada de oxígeno. Si el motor no obtiene la cantidad adecuada de oxígeno, literalmente el motor "le da menos por su dinero". Inflación correcta de las llantas mejora resistencia al rodado y elimina el desgaste prematuro de cada llanta.

Siendo el chofer del vehículo, está en la mejor posición para mantenerlo en las mejores condiciones de funcionamiento. Usted será el primero en notar cuando funciona deficientemente, si tiene partes desgastadas, o si tiene fugas. Durante las inspecciones que le tiene que hacer al vehículo, busque los defectos que pueda tener y repárelos (o haga que los reparen). Su recompensa será un equipo muy eficiente en el consumo de combustible.

Simplemente la forma en que trate a su vehículo puede hacer o que se descomponga más rápido, o que le dure más tiempo. Si maneja muy rápido, tiene que usar los frenos más frecuentemente. Entre más frene, más tendrá que trabajar el compresor del aire. Esto no sólo usa más combustible, sino que somete a su sistema de frenos a un mayor esfuerzo, lo que acorta su vida útil.

Una forma de manejar en la que tiene que usar mucho los frenos, también desgasta más rápido las llantas. Esas frenadas en corto, le arrancan el hule a las llantas (igualmente los "arrancones"). Manejar a exceso de velocidad significa que tiene que dar vuelta en las esquinas en forma mucho más cerrada. Esto hace que las caras de las llantas del lado de afuera de la curva ejerzan un gran esfuerzo, lo que las debilita.

Todos estos hechos refuerzan la razón para que maneje a una velocidad baja y uniforme.

Diseño Aerodinámico

Cada vez más, tanto los vehículos de carga como las llantas se diseñan para **contrarrestar las resistencias al rodado y al aire**. La ciencia de la aerodinámica estudia cómo interactúa el aire con los objetos sólidos. Los hallazgos se aplican al diseño de vehículos para que se muevan a través del aire más fácilmente. Verá vehículos que se clasifican en base a qué tan aerodinámicos son. Esta clasificación viene dada por el llamado "**coeficiente** de arrastre" (o, en inglés, "Cd"). Un bajo coeficiente de arrastre significa baja resistencia al aire.

En lo que se refiere a consumo de combustible, las llantas radiales hacen la gran diferencia. **Las llantas radiales** ruedan mejor que las antiguas convencionales. También se flexionan mejor, para amoldarse a las superficies disparejas o ásperas, en lugar de oponérseles.

La resistencia del aire impacta dos partes principales del vehículo de carga, el frente y los lados. La mayor parte del arrastre aerodinámico se genera por la presión ejercida en el frente del vehículo. Así que esta parte es un blanco muy importante para el diseño aerodinámico. La idea es dirigir el flujo de aire hacia arriba, por encima y alrededor del vehículo.

En los vehículos de carga modernos y aerodinámicos, **los filos o esquinas cuadradas se redondean** para que no rompan el flujo del aire. Se instalan defensas muy anchas lo más bajo posible. Esto evita que el aire se atrape por debajo del vehículo, y las defensas desvían el aire hacia los lados del mismo. En la parte de arriba del tractor se colocan **deflectores de viento** para que **desvíen** el aire hacia arriba y por encima del vehículo, en lugar de que el aire ejerza presión contra el frente del mismo. Se colocan fuselajes a los lados para evitar que el aire se atrape entre el tractor y el remolque. Muchos de estos dispositivos se ilustran en el dibujo de la portada de este libro.

Entre más lisos estén los lados del vehículo, menor fricción se generará (esta fricción es el resultado del arrastre del aire sobre los lados del vehículo). En los vehículos de carga diseñados aerodinámicamente, todas las partes que sobresalen como las luces, los espejos y los estribos, siempre que sea posible, se "meten" dentro del diseño para suavizar la superficie y hacerla más lisa. Una caja de remolque con paredes externas de aluminio liso y pulido, produce menos arrastre que una con paredes corrugadas. Igualmente, una caja de remolque con lados lisos generará menos arrastre que una con postes de soporte salidos así afuera.

Siempre que es posible, se usan **materiales ligeros**. Esto **mantiene** baja, a la parte del peso del vehículo que contribuye al **peso bruto vehicular,** en comparación con el peso de la carga. De esta manera, cuando sube por una pendiente, el combustible que consume, de menos se usa para mover carga y no peso del vehículo mismo.

Examen Sobre el Capítulo 24

1. La mejor manera de ahorrar combustible es manejar al máximo de velocidad de tal manera que termine su viaje en el menor tiempo posible.
   A. Verdadero.
   B. Falso.

2. ____ hace la gran diferencia en lo que se refiere a economía de combustible.
   A. El diseño aerodinámico
   B. El chofer

3. La resistencia del aire es un tipo de ____.
   A. fricción
   B. gravedad
   C. inercia
   D. diseño de vehículo de carga

4. Las llantas ____ son las más eficientes para reducir la resistencia al rodado.
   A. radiales
   B. convencionales

5. ¿Cuál de los siguientes componentes no es un dispositivo para ahorrar combustible?
   A. Fuselaje lateral
   B. Llanta convencional
   C. Ventilador de embrague (clotch)
   D. Deflector de viento

6. Se consume mucho más combustible y se necesita mayor potencia para ____ , que para hacer casi cualquier otra cosa con él.
   A. detener el vehículo
   B. arrancar el vehículo cuando está totalmente parado
   C. disminuir la velocidad del vehículo
   D. dar vuelta con el vehículo

7. El método progresivo de hacer los cambios es ____.
   A. manejar a las revoluciones máximas para esa velocidad
   B. arrastrar o forzar el motor
   C. manejar a más o menos las tres cuartas partes de las revoluciones máximas para esa velocidad
   D. saltarse algunos cambios y no seguir la secuencia

Para las preguntas 8, 9 y 10, asocie los componentes de la columna A con la función que desarrollan para ahorrar combustible descrita en la columna B.

Columna A. Componente	Columna B. Función desarrollada para ahorrar combustible
8. motor "fórmula"	A. ayuda al chofer a mantener una velocidad constante y uniforme
9. tacógrafo	B. apaga el ventilador a bajas temperaturas del motor
10. ventilador de embrague (clotch)	C. necesita menos combustible para funcionar bien

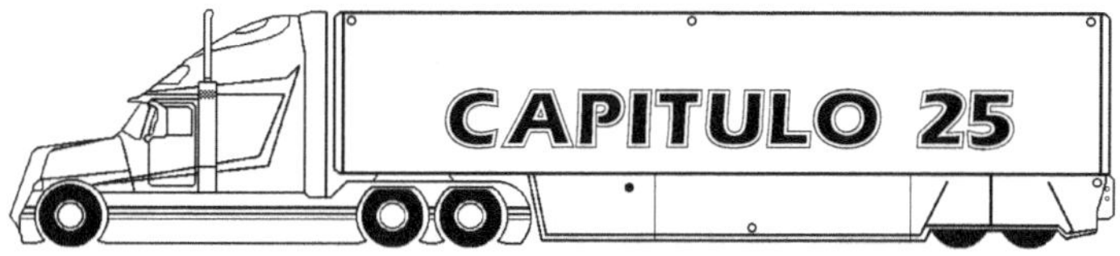

LA INSPECCION DEL VEHICULO

DRIVER VEHICLE INSPECTION REPORT

(TO BE COMPLETED DAILY IN ACCORDANCE WITH RULE 396.11 OF SAFETY REGULATIONS AS PRESCRIBED BY THE D.O.T.)

OWNER'S NAME: Beck Trucking Co. VEHICLE NUMBER: M-420 D-608

DRIVER: Frances Sanchez DATE: 2-22

ITEMS TO CHECK	DRIVER'S REPORT	MECHANIC'S REPORT	ITEMS TO CHECK	DRIVER'S REPORT	MECHANIC'S REPORT
BEFORE STARTING ENGINE			**AFTER STARTING ENGINE**		
OIL - IF ADDED INSERT # GALS.	✓		FUEL SYSTEM	✓	
FUEL- IF ADDED INSERT # GALS.	✓		COOLING SYSTEM	✓	
COOLANT	✓		ENGINE	✓	
BRAKE LINES TO TRAILER	X		LEAKS	✓	
ELECTRICAL LINES TO TRAILER	✓		HEADLIGHTS	✓	
DRIVE LINE	✓		TAILLIGHTS	✓	
COUPLING DEVICES	✓		STOP & TURN LIGHTS	✓	
TIRES & WHEELS	✓		CLEARANCE & MARKER LIGHTS	✓	
SPRINGS	✓		REFLECTORS	✓	
BODY	✓		**AFTER STARTING ENGINE**		
GLASS	✓		AIR PRESSURE WARNING DEVICE	✓	
EMERGENCY EQUIPMENT			OIL PRESSURE	✓	
TORCHES, LANTERNS OR REFLECTORS	✓		AMMETER	✓	
FUSEES	✓		HORN	✓	
FLAGS	✓		WINDSHIELD WIPERS	✓	
SPARE BULBS	✓		PARKING BRAKES	✓	
FUSES	✓		CLUTCH	✓	
FIRE EXTINGUISHER	✓		TRANSMISSION	✓	
TIRE CHAINS N/A			REAR VISION MIRRORS	✓	
AFTER STARTING ENGINE (OUT OF CAB)			STEERING	✓	
FUEL SYSTEM	✓		SERVICE BRAKES	✓	
			SPEEDOMETER	✓	
			OTHER ITEMS NONE		

DAILY MILEAGE RECORD

SPEEDOMETER READING END OF DAY 49,185

SPEEDOMETER READING START OF DAY 48,980

TOTAL MILES DRIVEN TODAY 205

DATE OF TRAILER LUBRICATION IF ON THIS TRIP ________

I MADE INSPECTION AS REQUIRED ON LISTED ITEMS
DRIVER'S SIGNATURE: Frances Sanchez

I CERTIFY THAT REPAIRS CHECKED WERE MADE TODAY:
MECHANIC'S SIGNATURE:

REPAIR ORDER NO:

DRIVER: USE ✓ IF ITEM IS SATISFACTORY
USE X IF ITEM IS NOT SATISFACTORY

MECHANIC: USE ✓ WHEN ITEM IS CORRECTED AND SIGN YOUR INITIALS.

REMARKS:

El informe del chofer sobre la inspección del vehículo. La traducción se encuentra en la pagina 376.

La Necesidad de Hacer las Inspecciones

En la parte 396 de los Reglamentos Federales sobre la Seguridad del Autotransporte (Federal Motor Carriers Safety Regulations), el Departamento del Transporte (Department of Transportation) establece el requisito de las inspecciones del vehículo. Se puede preguntar porqué el gobierno hace de las inspecciones algo tan importante. Cuando usted saca un camión a circular, usted tiene una responsabilidad que cumplir. Usted comparte la carretera con otras personas que van en otros vehículos, grandes y pequeños. Usted quiere estar seguro de que el vehículo responderá a sus maniobras de control de tal suerte que lo pueda manejar con cuidado y en forma segura.

Para que esto sea posible, su camión tiene que estar en óptimas condiciones de funcionamiento. Y, la única manera en la que usted puede estar seguro de que su vehículo está en buenas condiciones antes de que se ponga detrás de su volante, es hacer una inspección personal de todas sus partes y accesorios.

¿No cree usted que tiene sentido asegurarse de que todo está en orden, antes de salir a circular con un equipo tan caro y de ese tamaño? Sin duda, usted ha de revisar su automóvil antes de salir en un viaje a través de todo el país. Usted ha de querer **estar seguro de que todo está en buenas condiciones de funcionamiento,** de tal suerte que pueda evitar cualquier problema innecesario durante su viaje.

La Seguridad Personal

Nadie es más importante para usted que usted mismo. Por lo tanto, su primera preocupación debe ser **asegurar su seguridad personal cuando circula por la carretera**. Usted asegura su seguridad personal como chofer, cuando cumple con las leyes y ordenamientos establecidos por los Reglamentos Federales sobre la Seguridad del Autotransporte (Federal Motor Carriers Safety Regulations).

Después de inspeccionar su vehículo, usted se gana una **sensación de confianza**. Usted queda libre de preocupaciones de que algo se pueda descomponer y llegue a causar complicaciones mayores. Tan sólo esta sensación puede cambiar sus hábitos de manejo. Sin la preocupación de que sus frenos no vayan a funcionar o de que sus luces no vayan a prender, su mente está libre para concentrarse en el tráfico. Esto simplemente **le permite ser un chofer mejor y más cuidadoso**.

Requisito de Ley

¿Porqué hay leyes que requieren la inspección de vehículos que usted va a manejar? Las leyes son **pautas** que han sido establecidas **para proteger**

a todos: al transportista, al cliente, al público y a usted. Establecen normas y proveí alguna aseguranza de que estas normas se cumplirán. Si no hubiera reglamentos, ¿qué detendría a un chofer menos profesional para que no se metiera a un camión de carga cuyo estado lo hiciera peligroso y se fuera a circular por las carreteras en él? El hecho de que usted realizó una inspección completa a su propio vehículo serviría de poco consuelo si este irresponsable se estrellara contra usted porque le fallaron los frenos.

Los reglamentos también sirven como recordatorio constante de los pasos que deben seguirse para operar el vehículo con seguridad. Sin un conjunto de pautas, es muy fácil olvidar todos los pasos que se tienen que hacer, en todas y cada una de las veces que sale de viaje.

LOS REGISTROS REQUERIDOS A LOS TRANSPORTISTAS

De acuerdo a los reglamentos, en realidad es **la compañía transportista** la que **está obligada a asegurarse de que se hagan las inspecciones a los vehículos y a que se lleven los registros** de estas inspecciones. Sin embargo, en la práctica, es **el chofer** quien generalmente y **en realidad hace la inspección** y **llena las formas de los informes**. Al hacer esto, actúa como agente de la compañía transportista. Y, si encuentran que el vehículo que usted maneja no está en condiciones seguras para circular, lo más probable es que sea a usted, el chofer, al que infraccionen. Es por esto que usted debe saber qué es lo que se requiere.

Los reglamentos requieren que los transportistas **mantengan un sistema rutinario de inspección** que incluya a todos sus vehículos. También deben **llevar un registro de mantenimiento** para cada vehículo.

LAS RESPONSABILIDADES DEL CHOFER

Como chofer, **usted hará una inspección de su vehículo antes y después de su corrida**. Los reglamentos específicamente le requieren efectuar una inspección a su vehículo al final de su corrida, y de informar de cualquier reparación que deba ser realizada. Luego en su inspección previa al viaje, verifica que esas reparaciones se hayan hecho.

Pero aquí es donde la práctica difiere de las reglas o políticas. Lo que generalmente sucede es que la inspección previa al viaje es más completa que la que se hace al final del viaje. En la inspección previa al viaje, no sólo se cerciora de que las reparaciones hayan sido realizadas, sino que también se asegura de que varios de los sistemas y sus componentes estén funcionando bien. Esto tiene sentido cuando considera de que puede ser que, no siempre tenga hoy el vehículo que manejó ayer. Usted quiere tener la confianza de que el camión que está por manejar esté en condiciones seguras para circular. Ya veremos más adelante en este capítulo cómo funcionan estas dos inspecciones juntas.

PRUEBA DE LA HABILIDAD PARA OBSERVAR

¿Se fijó en la forma de **inspección previa al viaje** al principio de este capítulo, que Frances Sánchez llenó para el vehículo que ella piensa manejar para la compañía Beck Trucking Co.? Con base en los resultados de la inspección que hizo ella, ¿sacará Frances el vehículo del patio, o lo regresará para meterlo a mantenimiento? Explique su respuesta. Luego revise su respuesta con la gráfica de la Prueba de la Habilidad para Observar al final del libro.

Tipos de Inspección

Hay varios tipos de inspección. Cada una tiene un propósito un poco diferente.

INSPECCION PREVIA AL VIAJE

Su inspección previa al viaje exige que se haga una **revisión completa y en círculo** alrededor del vehículo que usted manejará. Revisará un cierto número de lugares **tanto por dentro como por fuera del tractor y del remolque**, y esta inspección lo llevará a completar un recorrido circular alrededor del vehículo. Siguiendo los mismos pasos cada vez, no se le pasará ninguna parte de su deber de inspeccionar.

Para obtener su Licencia para Conducir Vehículos Comerciales (CDL) deberá demostrar que sabe hacer esta inspección previa al viaje.

INSPECCION EN TRANSITO

Su responsabilidad de efectuar inspecciones no termina una vez que ha salido a la carretera. Las revisiones en tránsito son algo que debe incluir como parte de las operaciones que debe hacer cuando va en camino. Estar consciente de la condición de su vehículo mientras maneja puede evitar que suceda un problema mayor.

La ley no requiere que usted **inspeccione su vehículo mientras se encuentra en tránsito**. Sin embargo, hacerlo es una buena práctica. Su vehículo pudo haber pasado la inspección previa al viaje, pero **se pueden generar problemas mientras va en camino**. Se sugiere que haga una revisión rápida en cada parada para comer.

Hay circunstancias en las que se justifica que se detenga al lado del camino para revisar ciertas condiciones. Una carga de materiales peligrosos requiere que revise las llantas al principio y al fin de su viaje y cada vez que se estacione. Manejar un remolque refrigerado, significa que se tiene que detener periódicamente a revisar la temperatura. Este es el momento de hacer una inspección en tránsito, nada más para estar seguro.

INSPECCION POSTERIOR AL VIAJE

De acuerdo a la sección 396.11, **se debe hacer un informe de la condición del vehículo al final de cada día de trabajo**. La sección 396.3 y la parte 393 detalla las partes y accesorios que se tienen que revisar. Cualquier defecto tiene que reportarse y repararse. Sea quien fuere el que haga las reparaciones, ya sea usted, alguien en el departamento de mantenimiento, o un taller de fuera, debe **firmar el informe para certificar que se hicieron las reparaciones**.

Ilustración 25-1
En la forma para reportar la inspección posterior al viaje se le pide que identifique cualquier reparación que se necesite. Este detalle del informe sobre la condición del vehículo indica un problema con las líneas de los frenos.
(La traducción se encuentra en la página 376.)

DRIVER VEHICLE INSPECTION REPORT

(TO BE COMPLETED DAILY IN ACCORDANCE WITH RULE 396.11
OF SAFETY REGULATIONS AS PRESCRIBED BY THE D.O.T.)

OWNER'S NAME Beck Trucking Co. VEHICLE NUMBER M-420 D-608

DRIVER Frances Sanchez DATE 2-22

ITEMS TO CHECK	DRIVER'S REPORT	MECHANIC'S REPORT	ITEMS TO CHECK	DRIVER'S REPORT	MECHANIC'S REPORT
BEFORE STARTING ENGINE			**AFTER STARTING ENGINE**		
OIL - IF ADDED INSERT # GALS.	✓		FUEL SYSTEM	✓	
FUEL - IF ADDED INSERT # GALS.	✓		COOLING SYSTEM	✓	
COOLANT	✓		ENGINE	✓	
BRAKE LINES TO TRAILER	X		LEAKS	✓	
ELECTRICAL LINES TO TRAILER	✓		HEADLIGHTS	✓	
DRIVE LINE	✓		TAILLIGHTS	✓	
COUPLING DEVICES	✓		STOP & TURN LIGHTS	✓	

Este informe del chofer sobre la inspección del vehículo (siglas en inglés: DVIR) luego se convierte en la base para la siguiente inspección previa al viaje. Usted verificará que las reparaciones que se necesitaban, se hayan hecho, y que el vehículo no tiene nada más que funcione mal.

INSPECCIONES OFICIALES EN CARRETERA

La sección 396.9 de los reglamentos de seguridad del Departamento del Transporte (DOT) autoriza a **un agente especial de la Administración Federal de Los Reglamentos de Seguridad del Autotransporte (Federal Motor Carrier Safety Administration (FMCSA) a detener y inspeccionar su vehículo.** Este agente puede ser un representante estatal o federal del Departamento del Transporte, un oficial de la policía de caminos, un inspector de pesos (weigh master), o un oficial de la Alianza de la Seguridad de Vehículos Comerciales (Commercial Vehicle Safety Alliance (CVSA)). Esta inspección se puede efectuar por un lado de la carretera, o en una estación o caseta de entrada de puerto.

Esta es una inspección que definitivamente usted quiere pasar. Si no la pasa, el agente especial **puede declarar su vehículo como "fuera de servicio"**. La inspección sólo se demora como 15 o 20 minutos. Si no se le encuentra ningún problema a su vehículo, puede regresar de nuevo al camino, sabiendo que va tras el volante de un vehículo que se encuentra en condiciones seguras para circular. Si el inspector declara su vehículo fuera de servicio, usted no puede volver a manejarlo hasta que se hagan las reparaciones indicadas y el vehículo haya sido inspeccionado de nuevo. Si el vehiculo no se puede reparar donde está, será llevado con grúa a un taller.

La principal preocupación de las inspecciones en carretera son las violaciones más comunes que se cometen como resultado de la omisión del chofer en efectuar la inspección previa al viaje. **El chofer también está sujeto a inspección**. El agente revisará si **lleva usted su bitácora actualizada**. También se observan las condiciones en que se encuentra usted, para asegurarse de que en verdad está capacitado para operar el vehículo bajo condiciones de seguridad.

Si su vehículo no pasa la inspección en carretera, usted debe entregar el informe a su compañía transportista dentro de las siguientes 24 horas. Una vez que la compañía ha recibido el informe de la inspección, dicha compañía tiene 15 días para ocuparse de los problemas declarados en el informe.

Para hacer más eficiente la labor de las inspecciones oficiales en carretera, el Canadá, Méjico y 48 estados (de los EEUU) se han unido en una organización llamada **Alianza para la Seguridad de los Vehículos Comerciales** (Commercial Vehicle Safety Alliance) (CVSA). Esta organización **desarrolló una inspección estándar** que puede llevarse a cabo rápidamente por una unidad móvil. Esta es la inspección llamada **Inspección de los Puntos Críticos**, que involucra la revisión de la dirección y los frenos, las llantas y los rines, las quinta ruedas, las barra de tracción, y la suspensión.

Una vez que la inspección se aprueba, usted recibirá una calcomanía auto-adherible para que la ponga en su vehículo. Esta calcomanía es buena por tres meses. Les muestra a los oficiales interesados que su vehículo ha sido inspeccionado recientemente y aprobado. En los estados miembros de la Alianza (CVSA), **si pasa una Inspección de Puntos Críticos, es poco probable que en un periodo de 90 días, lo sometan a otra inspección en carretera**, a menos que el oficial note claramente que algo anda mal.

Haciendo las Inspecciones

Cuando se hacen las inspecciones, es de mucha utilidad **seguir una rutina**. De esta manera no se le olvida nada. Una rutina que puede usted usar consiste de siete pasos:

- Conforme se acerca al vehículo, fíjese en la condición general del mismo. Revise el informe de inspección más reciente y busque problemas que requieran atención especial.
- Revise el compartimento del motor.
- Encienda el motor e inspeccione el interior de la cabina.
- Apague el motor y revise todas las luces.
- Camine alrededor del vehículo revisando los puntos críticos.
- Revise las luces direccionales.
- Encienda el motor y revise los frenos.

A continuación le presentamos algunas cosas que tiene que buscar específicamente.

APARIENCIA GENERAL

Asegúrese de que el vehículo está nivelado, **que no se incline para ningún lado**. Revise el suelo por debajo del camión para ver si hay charcos o **manchas húmedas**, que **pueden ser señal de que algo gotea**. Busque hasta que encuentre de dónde vienen. ¿Hay algunas rayas negras de aceite en la cara interna de la llanta? Lo más probable es que esto signifique que un sello de la rueda tiene una fuga. Revise el informe (DVIR) del chofer sobre la inspección del vehículo, más reciente.

EN EL COMPARTIMENTO DEL MOTOR

Asegúrese de que los frenos de estacionamiento están puestos, o calce las ruedas. **Revise el nivel de todos los fluidos**. Debe poder ver el nivel del agua del radiador justo por debajo del cuello del tapón. Use la balloneta para revisar el nivel del aceite. **Revise** la tensión y la condición de las **bandas** presionándolas. No deben tener más de $^3/_4$ de pulgada de juego. **Busque** pequeñas **fugas de aceite**. **Revise las conexiones de la batería, la caja de la misma** y sus soportes. Fíjese en los postes de la batería para ver si están corroídos. A menos que tenga una batería que no requiera mantenimiento, **debe revisar el nivel del líquido de la misma**. Asegúrese de que todos los **tapones con ventilación** de la batería **están en su lugar**. Busque alambres cuyo **aislamiento esté rajado o** roto, o **alambres que estén rotos** o desconectados. **Revise el abasto de aceite del compresor**, y si tiene evaporador de alcohol, reviste el abasto de alcohol.

DENTRO DE LA CABINA

Ponga la palanca de cambios en neutral (o en "estacionamiento" [park], si su transmisión es automática). **Arranque el motor** y trate de oír ruidos extraños. **Revise todos los instrumentos**. Asegúrese de que todos funcionan y marcan la lectura normal. (En el capítulo 2 puede encontrar

Ilustración 25-2
Este es un procedimiento que puede usar cuando inspecciona su vehículo. Puede ser que la compañía para la que Usted trabaja quiera que use un procedimiento un poco diferente.

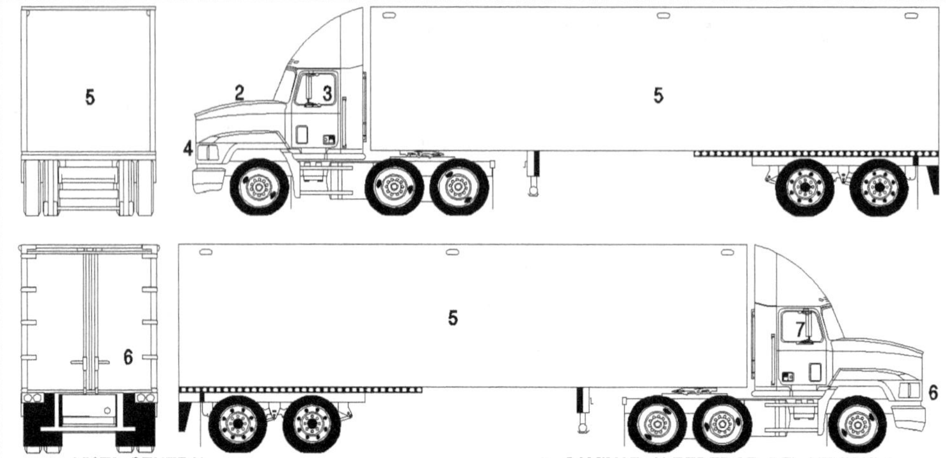

detalles sobre cuáles son las lecturas normales que tiene que esperar). **Pruebe todos los interruptores y controles** para que se asegure de que funcionan.

Revise el sistema de frenos de aire. En el capítulo 4 describimos las revisiones que tiene que hacer al sistema de frenos de aire. A menos que quiera una restricción de frenos de aire en su Licencia para Conducir Vehículos Comerciales (CDL), tiene que demostrarle a la persona que lo examine, que usted puede efectuar estas pruebas. Hágalas durante la parte de encendido del motor de la inspección previa al viaje.

Limpie y **acomode sus espejos**. **Revise** sus ventanas buscando **rajaduras**. Si el vidrio está sucio, límpielo. **Revise el abasto de líquido limpiador para el parabrisas**. Asegúrese de que los hules de los limpiabrisas están en buenas condiciones, y de que los limpiabrisas mismos funcionen. Si hay algo (calcomanías auto-adheribles, señales), que obstruya su visibilidad, quítelo. Sólo se permiten las calcomanías y los auto-adheribles requeridos por la ley.

Asegúrese de que **tiene un extinguidor de incendios debidamente cargado y de la clasificación adecuada**. La clasificación del extinguidor debe ser por lo menos 5 B:C. Si transporta materiales peligrosos, esta clasificación debe ser por lo menos 10 B:C. También **debe tener** con usted, de menos **tres triángulos reflejantes**. A menos que su vehículo tenga interruptores de circuito automáticos, también debe tener **fusibles de repuesto**.

Asegúrese de tener todo lo que necesita para llevar su bitácora, los manifiestos de la carga, y cualquier permiso especial que pueda necesitar para transportarla.

REVISE LAS LUCES

Apague el motor. Prenda las luces delanteras y las intermitentes. Sálgase de la cabina (llévese la llave con usted), y **asegúrese de que las luces delanteras y las intermitentes, funcionan**. Asegúrese también, de que funcionan **tanto las luces altas como las bajas**. Apague estas luces. Antes de empezar la inspección que hará caminando alrededor del vehículo, **prenda** las luces de estacionamiento, los plafones o luces de situación, las luces marcadoras laterales, las de identificación, y la luz direccional derecha.

INSPECCION ANDANDO ALREDEDOR DEL VEHICULO

Empiece por la **parte delantera izquierda**. Camine hacia el **frente** del camión, revisando mientras usted avanza. Inspeccione el frente del camión. Vea que todas las luces estén limpias y funcionando. Deben ser de color ámbar.

Camine **por el lado derecho** y revise los puntos críticos por ese lado. Fíjese que la direccional derecha esté funcionando. Debe ser de color ámbar o blanca. Si su tractor es "chato", vea que esté puesto el seguro de la cabina.

Prosiga a inspeccionar **la parte de atrás** del camión. Revise todas las luces y reflectores de esa parte. Deben ser de color rojo. Si tiene salpicaderas o aletas de guardabarros, asegúrese de que no estén rotas, arrastrando o rozando con las llantas. Igualmente, asegúrese de que la placa de matrícula está bien fija en su lugar y limpia.

Al regresar hacia la cabina revise el **lado izquierdo** del camión. Revise que todas las luces y reflectores estén limpios y sin daño, de color ámbar hacia el frente, y rojos hacia atrás. Si en lugar de estar en el compartimento del motor, su batería está por este lado, revísela ahora.

Durante su caminata alrededor del vehículo, revise con detenimiento los siguientes sistemas y partes:

LAS LLANTAS. **Revise la profundidad del dibujo**. Recuerde que en el eje de la dirección se necesita una profundidad de $^{4}/_{32}$ de pulgada, y de en $^{2}/_{32}$ el resto de las llantas. ¿Tiene algunas cortadas, el hule? ¿Se ve alguna de las capas? ¿Se tocan las llantas en el doble rodado? ¿Se encuentran mezcladas en el mismo eje llantas de diferente tamaño, o radiales y convencionales o otros tipos? Revise que no estén rajados o cortados los vástagos de las válvulas de las llantas. **Revise la presión de las llantas** con un medidor de presión.

LAS RUEDAS. **Revise** que estén apretadas **las tuercas**. Busque cualquier rajadura que empiece a formarse alrededor de las mismas. El metal oxidado o muy brillante son señal de que las tuercas están flojas y que el rin no está bien apretado. Busque daños en los rines y fíjese si les faltan piezas. Busque también reparaciones hechas con soldadura, porque están prohibidas. **Revise** el nivel de **aceite del cubo de rueda**.

LA SUSPENSION. **Revise que no tenga hojas (o ballestas) rajadas o rotas**. Vea si las bolsas de aire no están desinfladas o haciendo el ruido que hace el aire cuando se escapa. Fíjese si las perchas de la suspensión permiten que el eje se mueva fuera de posición. Revise que los tirantes amortiguadores o de torsión no estén rotos o que falten, lo mismo con los pernos en U y con las perchas. Revise también la condición del amortiguador.

LOS FRENOS. Busque partes flojas o que falten, y **revise el juego que tiene el ajustador de juego**. Refiérase al capítulo 4 para mayores detalles de cómo hacer este ajuste. Vea que las balatas no se hayan desgastado y tengan menos de $^1/_4$ de pulgada de espesor. Ni las balatas y su recubrimiento deben tener aceite, grasa o líquido de frenos encima.

LOS EJES. Los ejes propulsores o con tracción no deben tirar aceite. Revise el estado del mecanismo para levantar los ejes retractables. Si son movidos por aire, **revise que no tengan fugas**.

LOS DISPOSITIVOS DESLIZABLES. Asegúrese de que los **pasadores** del cerrojo estén firmes en sus agujeros, y que los **dispositivos de fijación** estén **en su lugar**.

EL SISTEMA DE AIRE. Busque mangueras que estén retorcidas o aplastadas, rozando con algo, o desgastadas. Escuche bien para detectar escapes de aire. **Busque el origen de la fuga**. Drene el agua de los tanques del aire.

EL ACOPLAMIENTO. **Asegúrese** de que **las conexiones** del aire y la eléctrica del remolque están **hechas adecuadamente**, y que las líneas no se arrastran. Asegúrese, de revisar todas las conexiones del aire y eléctricas en todas las unidades de una combinación doble o triple.

LOS TANQUES DE COMBUSTIBLE. **Revise dos veces el nivel de combustible** en todos los tanques. Vea que los tanques estén bien montados, y que las mangueras que los interconectan no están colgando peligrosamente bajo.

LA QUINTA RUEDA. **Vea que el acoplamiento esté seguro**. Asegúrese de que la palanca para soltar la quinta rueda esté fija en su lugar. No debe haber espacio entre el plato de la quinta rueda y su contraparte. No se le olvide **revisar** la quinta rueda, la palanca de cerramiento y las cadenas de seguridad del **dolly**, en las combinaciones dobles o triples.

LOS POSTES DE SOSTEN. Si el remolque está acoplado al tractor, **los** (soportes de los remolques) **postes de sostén deben estar arriba y la manivela puesta en su lugar**.

LA LLANTA DE REFACCION. **Asegúrese** de que tiene llanta de refacción, de **que está en buenas condiciones** y de que está **bien fija** a su portarueda de respuesta.

EL SISTEMA DEL ESCAPE. Vea que el tubo del escape, el silenciador (o mofle) o el tubo vertical no estén flojos, rotos o que falten. Vea que **las partes del sistema del escape no rocen contra** partes del sistema de combustible, o contra las llantas u **otras partes** movibles del vehículo. **Revise** que no haya **fugas** en el sistema del escape.

EL SISTEMA DE LA DIRECCION. Busque partes encorvadas o dobladas, rotas o que falten. Si tiene dirección hidráulica, asegúrese de **revisar** las mangueras, las bombas y **el nivel del líquido de la dirección hidráulica. Revise que no haya fugas**. El juego del volante de la dirección no debe ser mayor de dos pulgadas a cualquiera de los lados en un volante de 20 pulgadas. **Sacuda el brazo y la varilla de la dirección, así como el arrastrador, en cada rueda para que se cerciore de que no están flojos**.

EL ASEGURAMIENTO O FIJACION DE LA CARGA. Asegúrese de tener **la mínima cantidad de amarres que requiere el FMCSR en la parte 393.110, y que todos los amarres y cadenas están en buenas condiciones** y seguras. **Revise el bloqueo de la carga y su fijación** para que se asegure de que la carga no se mueva una vez que el vehículo se ponga en movimiento. En la carga que va sellada, **revise los sellos**. Revise las cerraduras y seguros de las puertas del remolque. Si tiene compuerta trasera, revísela. La lona debe estar bien amarrada para que no aletee o se infle con el viento. Si transporta una carga de mayor tamaño con dimensiones mayores a las reglamentarias, asegúrese de que tiene las señales, luces y banderolas que necesita. Si tiene redilas y estacas, cerciórese de que no estén dañadas y de que estén bien fijas en su lugar. Revise la concha o panel delantero si trae uno. Asegúrese de que esté en buenas condiciones.

REVISE LAS LUCES DIRECCIONALES

Una vez que ha terminado el recorrido alrededor el vehículo, regrese a la cabina. Apague las luces. Jale hacia abajo la válvula manual de los frenos del remolque. Enseguida prenda la luz direccional delantera. Sálgase y **asegúrese de que las luces de alto** estén prendidas y de que **las direccionales delanteras y traseras funcionen**. Las direccionales delanteras deben ser de color ámbar o blancas, y las traseras rojas, ámbar o amarillas.

REVISE LOS FRENOS

Revisar los frenos significa revisar los frenos de pedal y los de estacionamiento, así como el sistema de frenos de aire. Ponga los frenos del remolque, luego trate de moverse hacia adelante en el cambio más bajo. **Si los frenos del remolque funcionan y el acoplamiento está bien hecho, deben detenerlo**. Use un método similar para revisar el freno de pedal. Suelte los frenos de estacionamiento y los del remolque. Luego **pruebe la potencia de frenado de los frenos de pedal, para detener al vehículo mientras lo mueve hacia adelante en el cambio más bajo. Pruebe el freno de estacionamiento** accionándolo mientras está parado. Luego, **vea si lo detiene cuando intenta moverse para adelante**.

Forma para Reportar la Inspección Diaria del Vehículo

Tal y como hace su inspección cada día antes de salir a la carretera, así también tiene que llenar la forma para reportar la inspección diaria del vehículo. Esta forma es una lista de todas las cosas que se tienen que revisar y que tienen que estar en buenas condiciones de operación antes de que se pueda mover el vehículo.

Usted vio un ejemplo de la forma para reportar la inspección del vehículo en la Prueba de la Habilidad para Observar. Hay otro tipo de forma que puede ser que vea. Con esta forma, usted sólo revisa las cosas que necesitan atención. La forma para reportar la inspección del vehículo, frecuentemente está combinada con la bitácora diaria del chofer en el mismo libro.

En realidad, la forma para reportar la inspección cumple con dos propósitos. Le ayuda a recordar todas las cosas que deben sujetarse a su diario examen incisivo. Y es una prueba por escrito de que se llevó a cabo la inspección. La ley establece que esta forma se debe llenar y ser entregada, al final del día cuando concluye la labor que le asignaron.

EL LLENADO DE LA FORMA PARA REPORTAR

Asegúrese de que no se le pasa nada de lo que viene en la lista. No la repase apresuradamente. Su informe o reporte tiene que listar todos y cada uno de los problemas que puedan entorpecer la operación segura del vehículo en cuestión. Si su inspección no encuentra ningún defecto, esto también debe declararse en el reporte.

El reporte debe identificar al vehículo de motor y debe ir firmado por usted. En el caso de operaciones en equipo, sólo un chofer necesita firmar el reporte. Si maneja más de un vehículo en un día, es responsabilidad suya el llenar una forma de reporte de inspección por cada vehículo.

REPARE LOS DEFECTOS CON RAPIDEZ

Un defecto puede interferir en la operación segura de su vehículo. Sin importar lo que sea, el problema debe corregirse con rapidez.

Ilustración 25-3
En este informe del chofer sobre la inspección del vehículo, Usted sólo debe indicar las cosas que necesitan atención marcando el casillero correspondiente. Si no hay ninguna falla, debe indicarlo marcando ese casillero.
(La traducción se encuentra en la página 377.)

DRIVER'S INSPECTION REPORT
(SEE INSTRUCTIONS ON REVERSE SIDE)
CHECK DEFECTS ONLY, Explain under REMARKS
COMPLETION OF THIS REPORT REQUIRED BY FEDERAL LAW, 396.11 & 396.13.

Truck or Tractor No. ________ Mileage (No Tenths) ________ Trailer No. ________

Dolly No. ________ Trailer No. ________ Location: ________

POWER UNIT

GENERAL CONDITION	IN-CAB	EXTERIOR
☐ 02 Cab/Doors/Windows	☐ 03 Gauges/Warning Indicators	☐ 34 Lights
☐ 02 Body/Doors	☐ 02 Windshield Wipers/Washers	☐ 34 Reflectors
☐ __ Oil Leak ________	☐ 54 Horn(s)	☐ 16 Suspension
☐ __ Grease Leak ________	☐ 01 Heater/Defroster	☐ 17 Tires
☐ 42 Coolant Leak	☐ 02 Mirrors	☐ 18 Wheels/Rims/Lugs
☐ 44 Fuel Leak	☐ 15 Steering	☐ 32 Battery
☐ __ Other ________	☐ 23 Clutch	☐ 43 Exhaust
	☐ 13 Service Brakes	☐ 13 Brakes
________ (IDENTIFY)	☐ 13 Parking Brake	☐ 34 Light Line
ENGINE COMPARTMENT	☐ 13 Emergency Brake	☐ 49 Fifth-Wheel
☐ 45 Oil Level	☐ 53 Triangles	☐ 49 Other Coupling
☐ 42 Coolant Level	☐ 53 Fire Extinguisher	☐ 71 Tie-Downs
☐ __ Belts ________	☐ 53 Other Safety Equipment	☐ 14 Rear-End Protection
☐ __ Other ________	☐ 34 Spare Fuses	☐ __ Other ________
________ (IDENTIFY)	☐ 02 Seat Belts	________ (IDENTIFY)
	☐ __ Other ________ (IDENTIFY)	☐ NO DEFECTS

TOWED UNIT(S)

☐ 71 Body/Doors	☐ 16 Suspension	☐ 77 Landing Gear	☐ Rear-End Protection
☐ 71 Tie-Downs	☐ 17 Tires	☐ 59 Kingpin/Upper Plate	☐ __ Other ________
☐ 34 Lights	☐ 18 Wheels/Rims/Lugs	☐ 59 Fifth-Wheel (Dolly)	________
☐ 34 Reflectors	☐ 13 Brakes	☐ 59 Other Coupling Devices	(IDENTIFY)
			☐ NO DEFECTS

REMARKS: ________

☐ ________

REPORTING DRIVER: Date ________	MAINTENANCE ACTION: Date ________
Name ________ Emp. No. ________	Repairs Made ☐ No Repairs Needed ☐
	R.O. #'s. ________
REVIEWING DRIVER: Date ________	Certified By: ________
Name ________ Emp. No. ________	Location: ________

SHOP REMARKS: ________

De hecho, los reglamentos establecen que **la compañía transportista debe encargarse de corregir cualquier problema que se reporte** para volver a poner al vehículo en buenas condiciones de operación.

Si no se hacen las reparaciones para corregir el problema, es contra la ley sacar a circular el vehículo. No se le olvide, la seguridad pública se ve amenazada con la presencia de un camión de carga en malas condiciones circulando en la vía pública.

Su Actitud

Una de las diferencias entre un "jockey" de camiones de carga y un chofer profesional, es la actitud hacia las inspecciones. Es muy fácil adquirir el hábito de caminar alrededor de su vehículo y decir que lo "inspeccionó". Mira pero no ve. Este hábito empieza a formarse cuando usted se dice a sí mismo "Ayer estuvo muy bien. No necesito revisarlo hoy". Y comienza a llenar la forma para reportar la inspección en la cabina de su camión.

Dado que su camión está diseñado para ser un equipo confiable, se puede salir con la suya al tener esa actitud negligente hacia las inspecciones, por un buen tiempo. Pero el distintivo de un verdadero profesional es estar orgulloso de esas pequeñas cosas que hace todos los días y que nadie lo ve hacerlas. Usted no inspecciona su vehículo sólo porque es un requisito o porque tenga miedo de que lo pongan fuera de servicio. Usted lo hace **porque es parte de la forma de hacer bien su trabajo**.

Además, debe estar inspeccionando su camión todo el día, no sólo una vez. **Siempre debe estar escuchando, vigilando y prestando atención a su camión**. Por ejemplo, cada vez que camina hacia la parte de atrás para abrir las puertas del remolque, inspeccione ese lado del vehículo. Y luego regrese a la cabina por el camino más largo e inspeccione el otro lado.

Escuche al camión cuando vaya manejando. Acostúmbrese a sus ruidos normales. Y luego, cuando oye algo nuevo, trate de averiguar qué lo ocasionó. Vigile sus llantas a través de sus espejos. Sea sensible a como se siente su camión.

Nomas con ponerle detenidamente atención a su camión le llevará muy lejos en el camino de llegar hacer un camión seguro. Haga que el inspeccionar su camión se convierta en un hábito que repita cada vez que se encuentre cerca de él.

Examen Sobre el Capítulo 25

Para las preguntas de la 1 a la 3, asocie la sección o parte de los Reglamentos Federales sobre la Seguridad del Autotransporte (Federal Motor Carriers Safety Regulations) (FMCSR) indicados en la columna A, con la materia sobre inspecciones que reglamenta, descrita en la columna B.

Columna A	Columna B
1. Sección 396.11 ____	A. inspección del vehículo
2. Parte 396.3 y Parte 393 ____	B. inspecciones oficiales en carretera
3. Sección 396.9 ____	C. el informe del chofer sobre la inspección del vehículo

4. Sólo hay una forma de reporte para la inspección oficial del vehículo.
   A. Verdadero.
   B. Falso.

5. Si su vehículo tiene una calcomanía auto-adherible de la Alianza para la Seguridad de los Vehículos Comerciales (Commercial Vehicles Safety Alliance) (CVSA), no tiene que hacer su inspección previa al viaje.
   A. Verdadero.
   B. Falso.

6. Usted debe llenar una forma de reporte de inspección del vehículo, _____.
   A. sólo para el primer vehículo que saca diariamente
   B. sólo si el vehículo que saca es diferente del que tuvo un día antes
   C. sólo si usted es operador-propietario
   D. para cada vehículo que opera durante el día

Para contestar las preguntas de la 7 a la 10, refiérase a la ilustración de abajo. Los números que aparecen en esta ilustración indican algunos de los sitios que debe revisar en la inspección obligatoria. Asocie las actividades de inspección que se listan en la columna B con los sitios del vehículo numerados y listados en la columna A.

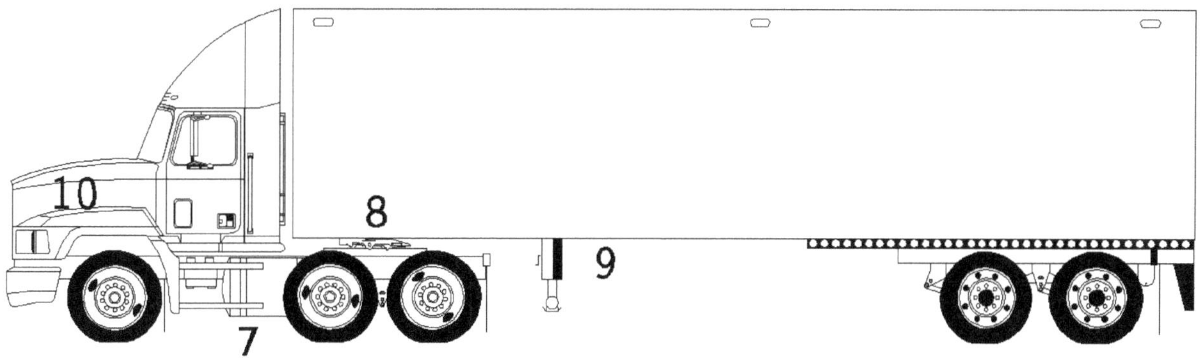

Columna A. Sitios a revisar.	Columna B. Actividades de inspección.
7. _____	A. Los postes de sostén están subidos y la manivela está bien fija en su lugar.
8. _____	B. El acoplamiento está bien asegurado y la palanca para soltarlo está bien fija.
9. _____	C. Las luces direccionales y las de emergencia funcionan adecuadamente.
10. _____	D. El nivel del combustible está correcto.

INFORME DIARIO DEL CHOFER SOBRE LA CONDICION DEL VEHICULO

(PARA SER LLENADO CONFORME A LO DISPUESTO EN EL REGLAMENTO 393.11 DE LOS REGLAMENTOS DE SEGURIDAD COMO LO ORDENA EL DEPARTEMENTO DEL TRANSPORTE)

NOMBRE DEL PROPIETARIO Beck Trucking Co. **NUMERO DEL VEHICULO** M-420 D-608

CHOFER Frances Sanchez **FECHA** 2-22

COSAS QUE REVISAR	INFORME DEL CHOFER	INFORME DEL MECANICO
ANTES DE ARRANCAR EL MOTOR		
ACEITE-SI SE LO PUSO ESCRIBA EL # DE GALONES	✓	
COMBUSTIBLE-SI SE LO PUSO ESCRIBA EL # DE GALONES	✓	
REFRIGERANTE	✓	
LINEAS DE FRENOS AL REMOLQUE	X	
LINEAS ELECTRICAS AL REMOLQUE	✓	
LINEA MOTRIZ	✓	
DISPOSITIVOS DE ACOPLAMIENTO	✓	
LLANTAS Y RINES	✓	
SUSPENSION	✓	
CARROCERIA	✓	
VIDRIOS	✓	
EQUIPO DE EMERGENCIA		
ANTORCHAS, LINTERNAS O REFLEJANTES	✓	
LUCES INCANDESCENTES	✓	
BANDEROLAS	✓	
FOCOS DE REPUESTO	✓	
FUSIBLES	✓	
EXTINGUIDOR DE INCENDIDOS	✓	
CADENAS PARA LAS LLANTAS N/A		
DESPUES DE ARRANCAR EL MOTOR (FUERA DE LA CABINA)		
SISTEMA DEL COMBUSTIBLE	✓	

COSAS QUE REVISAR	INFORME DEL CHOFER	INFORME DEL MECANICO
DESPUES DE ARRANCAR EL MOTOR		
SISTEMA DEL COMBUSTIBLE	✓	
SISTEMA DE ENFRIAMIENTO	✓	
MOTOR	✓	
FUGAS	✓	
FAROS DELANTEROS	✓	
LUCES TRASERAS	✓	
LUCES DIRECCIONALES Y DE ALTO	✓	
LUCES DE SITUACION Y MARCADORAS	✓	
REFLEJANTES	✓	
DESPUES DE ARRANCAR EL MOTOR		
DISPOSITIVO DE ADVERTENCIA DE LA PRESION DEL AIRE	✓	
PRESION DEL ACEITE	✓	
AMPERIMETRO	✓	
CLAXON	✓	
LIMPIADORES DEL PARABRISAS	✓	
FRENOS DE ESTACIONAMIENTO	✓	
EMBRAGUE (CLOTCH)	✓	
TRANSMISION	✓	
ESPEJOS RETROVISORES	✓	
DIRECCION	✓	
FRENOS DE SERVICIO	✓	
VELOCIMETRO	✓	
OTRAS COSAS NONE		

REGISTRO DIARIO DE MILLAJE

LECTURA DEL VELOCIMETRO AL FINAL DEL DIA 49,185

LECTURA DEL VELOCIMETRO AL INICIO DEL DIA 48,980

TOTAL DE MILLAS MANEJADAS EL DIA DE HOY 205

DIA EN QUE SE LUBRICO EL REMOLQUE SI SE HIZO EN ESTE VIAJE ______

HICE LA INSPECCION EN LOS PUNTOS LISTADOS, COMO SE REQUIERE

FIRMA DEL CHOFER: Frances Sanchez

CERTIFICO QUE LAS REPARACIONES QUE SE INDICAN SE HICIERON EL DIA DE HOY

FIRMA DEL MECANICO:

ORDEN DE REPARACION NUM.:

CHOFER: USE UNA ✓ SI EL PUNTO A REVISAR ESTA EN CONDICIONES SATISFACTORIAS
USE UNA X SI EL PUNTO A REVISAR NO ESTA EN CONDICIONES SATISFACTORIAS

MECANICO: USE ✓ CUANDO EL PUNTO INDICADO SE CORRIGIO Y FIRME CON SUS INICIALES

COMENTARIOS:

Traducción de la forma ilustrada en la pagina 361.

INFORME DEL CHOFER SOBRE LA INSPECCION

(VEA LAS INSTRUCCIONES AL REVERSO)

SOLO INDIQUE LAS FALLAS. Explique en los COMENTARIOS

EL LLENADO DE ESTE INFORME ES REQUISITO DE LA LEY FEDERAL, 396.11 Y 396.13.

Vehículo o tractor núm.________ Millaje (sin decenas) |_|_|_|_|_|_| Remolque núm.________

Dolly núm.________ Remolque núm.________ Lugar:________

UNIDAD DE TRACCION

CONDICION GENERAL

- ☐ 02 Cabina/Puertas/Ventanas
- ☐ 02 Carrocería/Puertas
- ☐ ___ Aceite Fuga________
- ☐ ___ Grasa Fuga________
- ☐ 42 Fuga de refrigerante
- ☐ 44 Fuga de combustible
- ☐ ___ Otras________

________ (ESPECIFIQUE)

COMPARTIMENTO DEL MOTOR

- ☐ 45 Nivel del aceite
- ☐ 42 Nivel del refrigerante
- ☐ ___ Bandas________
- ☐ ___ Otras________

________ (ESPECIFIQUE)

DENTRO DE LA CABINA

- ☐ 03 Medidores/Indicadores de advertencia
- ☐ 02 Parabrisas Limpiabrisas/Lavadores
- ☐ 54 Claxon(s)
- ☐ 01 Calefacción/Desempañador
- ☐ 02 Espejos
- ☐ 15 Dirección
- ☐ 23 Embrague (clotch)
- ☐ 13 Frenos de servicio
- ☐ 13 Freno de estacionamiento
- ☐ 13 Freno de emergencia
- ☐ 53 Triángulos
- ☐ 53 Extinguidor de incendios
- ☐ 53 Otro equipo de seguridad
- ☐ 34 Fusibles de repuesto
- ☐ 02 Cinturones de seguridad
- ☐ ___ Otras________

________ (ESPECIFIQUE)

EXTERIOR

- ☐ 34 Luces
- ☐ 34 Reflejantes
- ☐ 16 Suspensión
- ☐ 17 Llantas
- ☐ 18 Ruedas/Rines/Tuercas
- ☐ 32 Batería
- ☐ 43 Escape
- ☐ 13 Frenos
- ☐ 34 Línea de la luz
- ☐ 49 Quinta rueda
- ☐ 49 Otros dispositivos de acoplamiento
- ☐ 71 Amarres
- ☐ 14 Protección trasera
- ☐ ___ Otras________

________ (ESPECIFIQUE)

☐ SIN FALLAS

UNIDAD (ES) REMOLCADA (S)

- ☐ 71 Carrocería/Puertas
- ☐ 71 Amarres
- ☐ 34 Luces
- ☐ 34 Reflejantes
- ☐ 16 Suspensión
- ☐ 17 Llantas
- ☐ 18 Ruedas/Rines/Tuercas
- ☐ 13 Frenos
- ☐ 77 Patines
- ☐ 59 Perno maestro/Plato superior
- ☐ 59 Quinta rueda (dolly)
- ☐ 59 Otros dispositivos de acoplamiento
- ☐ Protección de la parte de atrás
- ☐ ___ Otras________

________ (ESPECIFIQUE)

☐ SIN FALLAS

COMENTARIOS:________

________ ☐ ________

CHOFER QUE LLENO EL INFORME: Fecha________

Nombre________ Empleado núm.________

CHOFER QUE REVISO EL INFORME: Fecha________

Nombre________ Empleado núm.________

ACCION TOMADA POR MANTENIMIENTO:

Reparaciones hechas Fecha________

No se necesitaron reparaciones ☐

Orden de rep. #________

Certificado por:________

Lugar:________

COMENTARIOS DEL TALLER:________

CAPITULO 26

LA BITACORA

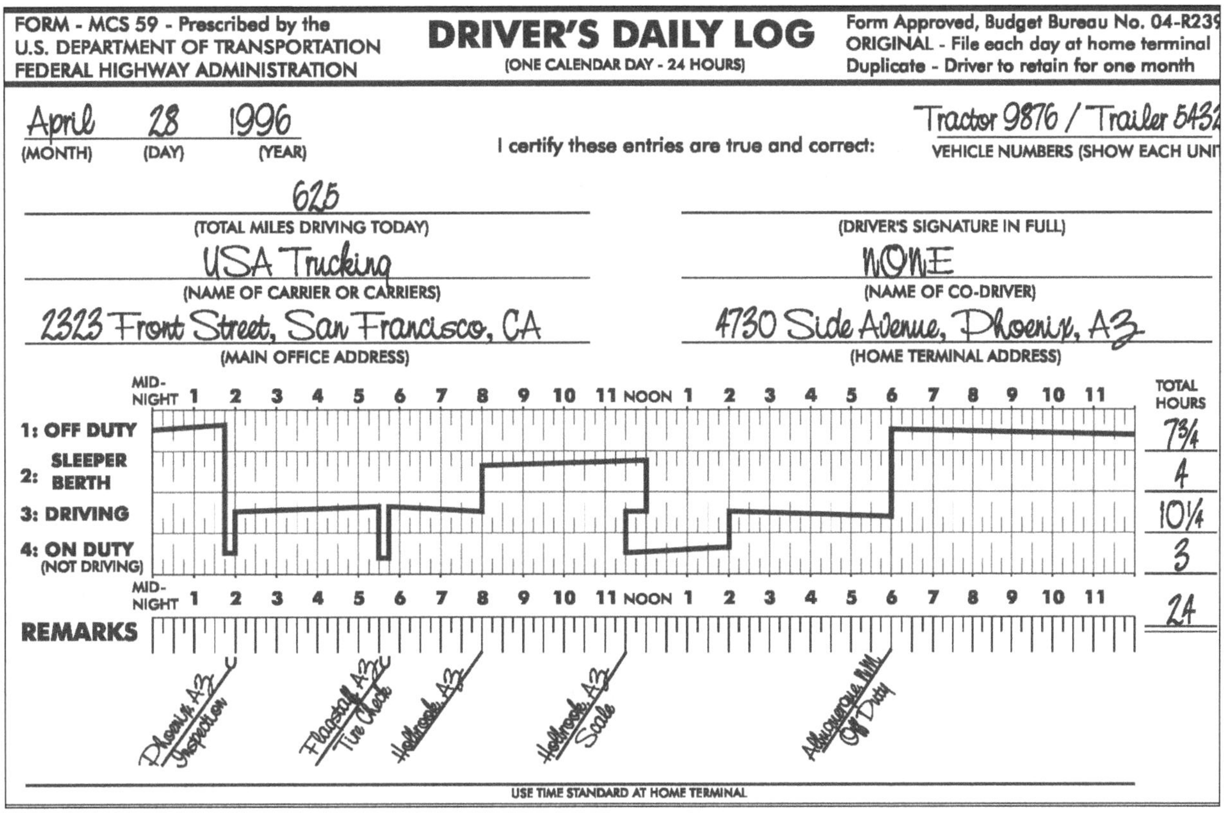
FORM - MCS 59 - Prescribed by the U.S. DEPARTMENT OF TRANSPORTATION FEDERAL HIGHWAY ADMINISTRATION

DRIVER'S DAILY LOG (ONE CALENDAR DAY - 24 HOURS)

Form Approved, Budget Bureau No. 04-R239 ORIGINAL - File each day at home terminal Duplicate - Driver to retain for one month

April 28 1996
(MONTH) (DAY) (YEAR)

I certify these entries are true and correct:

Tractor 9876 / Trailer 5432
VEHICLE NUMBERS (SHOW EACH UNIT)

625
(TOTAL MILES DRIVING TODAY)

(DRIVER'S SIGNATURE IN FULL)

USA Trucking
(NAME OF CARRIER OR CARRIERS)

NONE
(NAME OF CO-DRIVER)

2323 Front Street, San Francisco, CA
(MAIN OFFICE ADDRESS)

4730 Side Avenue, Phoenix, AZ
(HOME TERMINAL ADDRESS)

MID-NIGHT 1 2 3 4 5 6 7 8 9 10 11 NOON 1 2 3 4 5 6 7 8 9 10 11 — TOTAL HOURS

	TOTAL HOURS
1: OFF DUTY	7¾
2: SLEEPER BERTH	4
3: DRIVING	10¼
4: ON DUTY (NOT DRIVING)	3
	24

REMARKS

Phoenix, AZ Inspection
Flagstaff, AZ Tire Check
Holbrook, AZ
Holbrook, AZ Scale
Albuquerque, NM Off Duty

USE TIME STANDARD AT HOME TERMINAL

La bitácora diaria del chofer. La traducción se encuentra en la página 394.

Adiós al Horario de Nueve a Cinco

Si para este momento no lo sabe, pronto averiguará que ser un chofer de vehículos de carga es muy diferente a casi cualquier otra profesión. En cualquier otro tipo de trabajo, probablemente Usted sabe que trabajará durante ciertas horas, las mismas horas, los mismos días de la semana. Luego cuando llega la hora de la salida, puede perforar su tarjeta e irse a casa. Cuando es chofer de un vehículo de carga, la cosa no es así para nada.

Como chofer, hay tres tipos de tiempo que le interesan a Usted. Terminar su trabajo — la corrida — puede llevarse de unas cuantas horas hasta varios días. Usted no para de manejar sólo porque el reloj dice que son las 5:00 p.m. Este es un tipo de tiempo.

Segundo, su trabajo (la corrida) puede empezar, y terminar, en cualquier momento del día: en la mañana, en mediodía o en la noche. De nuevo, Usted no deja de manejar sólo porque el Lunes está por pasar a Martes.

El tercer tipo de tiempo, es su día "legal". **Los reglamentos establecen que Usted sólo puede trabajar tantas horas por vez**. Así que su día legal es el número de horas que puede trabajar antes de que se tenga que detener a descansar, de acuerdo a estos reglamentos sobre las horas de servicio.

Hay otro factor que no es muy común acerca del "día" del chofer de vehículos de carga. **El número de horas que puede trabajar el día de hoy y el tipo de trabajo que puede hacer, está determinado por el número de horas que trabajó ayer, el que trabajó antier, y hasta siete días antes**.

Una bitácora es la que ayuda a mantener registro de todos estos diferentes tipos de "días".

COMO SE LLEVA EL REGISTRO

La bitácora le muestra qué hizo con su tiempo y en qué parte del camino se encontraba. En la hoja del resumen del mes, Usted registra sus horas para ese mes. **Tanto la bitácora diaria como el resumen del mes** le ayudan a permanecer dentro de los reglamentos. De hecho, el propósito de la bitácora es **asegurarse de que Usted cumple con los reglamentos** en lo que concierne a sus horas de servicio.

Usted **registra cada periodo de 24 horas en una hoja de bitácora por separado**. Las bitácoras en un principio pueden parecer difíciles de entender porque **empieza** a registrar sus actividades **a medianoche** y esa página la **termina a medianoche del mismo día calendario**. Dentro de ese periodo de 24 horas pueden pasar cualquier número de cosas. Puede terminar una corrida y empezar otra. "Se le pueden acabar las horas" y va a tener que detenerse a descansar antes de que los reglamentos le permitan regresar a manejar. Y desde luego que a medianoche, terminará un día calendario y empezará otro. Pero con un poco de práctica, llevar la bitácora no debe representar ningún problema.

Los reglamentos del Departamento de Transportación (Department of Transportation) **requieren que actualice su bitácora diariamente**. Son muy específicos en lo que se refiere a cómo debe llevar al día su bitácora. Es una tarea que supone cierta habilidad y consume tiempo. Usted debe llevar un registro preciso y actualizado de sus actividades. Se le puede penalizar si omite hacer esto.

Los Reglamentos Sobre las Horas de Servicio

Los reglamentos del Departamento de Transportación (Department of Transportation) son muy específicos en lo que se refiere a qué le está permitido hacer con su tiempo mientras anda de viaje. En la **Parte 395, Las Horas de Servicio de los Choferes** de los Reglamentos Federales sobre la Seguridad del Autotransporte (Federal Motor Carriers Safety Regulations (**FMCSR**), puede encontrar las reglas relativas a las horas de servicio y a las bitácoras.

Si Usted no lleva adecuadamente el registro de su tiempo y no obedece las reglas relativas a cuánto tiempo dedica a trabajar, se le puede declarar "fuera de servicio". Cualquier agente de la Administración Federal sobre la Seguridad del Autotransporte (Federal Motor Carrier Safety Administration) puede inspeccionar su bitácora y declararlo fuera de servicio. Estos agentes incluyen a los oficiales de las patrullas de caminos, a los inspectores del Departamento de Transportación (DOT) y a los inspectores del peso de los autotransportes de carga (weigh masters).

Una vez que ha sido declarado **fuera de servicio**, debe **dejar de trabajar por las siguientes diez horas** antes de que pueda regresar al volante. Las siguientes diez horas las puede pasar como "tiempo de camarote" (para dormir). También tiene que enviar por correo o entregar a su compañía transportista una copia de la forma de fuera de servicio, dentro de las siguientes 24 horas. Su transportista no le puede exigir o permitir que maneje durante este periodo de diez horas.

ESTADO OFICIAL DE SERVICIO

La sección 395.8 de los Reglamentos Federales sobre la Seguridad del Autotransporte (FMCSR) establece que Usted, como chofer, tiene que llevar registro de su tiempo las 24 horas del día, todos los días. En la bitácora tendrá que **clasificar su tiempo en cuatro diferentes categorías**, llamadas estados oficiales (estatus) de servicio:

- fuera del trabajo (sin manejar)
- de manejo
- de camarote (para dormir)
- de servicio (sin manejar)

Tiempo fuera del trabajo

Este es el **tiempo en el que Usted no es responsable** de ninguna manera, **ni de su vehículo ni del trabajo**. Hablando en términos generales, es el tiempo que pasa desde que sale del trabajo y hasta que regresa a él, al día siguiente. Puede hacer lo que se le antoje mientras nadie le pague por lo que haga. **Si hace algún trabajo por el que le paguen, cuenta como tiempo de servicio, aún si no hace trabajo alguno como chofer**.

Tiempo de camarote

Es similar al tiempo fuera del trabajo. La diferencia principal es que **este tiempo lo pasa descansando en el camarote para dormir**. Tiene que estar en el camarote. No puede estar en el asiento del pasajero o inspeccionando el vehículo.

Tiempo de manejo

Este es **el tiempo que pasa al volante de un vehículo de motor en operación**.

Tiempo de servicio (sin manejar)

Desde el momento en que empieza su día de trabajo **hasta** el momento en que **se le libera de sus servicios**, Usted se encuentra de servicio. Si se le requiere que se prepare para trabajar, entonces también está de servicio. Aunque lo único que esté haciendo es estar sentado en la terminal esperando que carguen su vehículo, Usted se encuentra de servicio. A **todo el tiempo que pase trabajando pero sin manejar**, se le llama tiempo de servicio (sin manejar). A continuación le presentamos algunos ejemplos de tiempo de servicio (sin manejar):

- esperando que lo despachen
- inspeccionando o dando servicio a su vehículo
- el tiempo que pase como copiloto (a menos que se encuentre en el camarote para dormir)
- cargando y descargando, incluyendo el tiempo que use para supervisar y para hacer el papeleo
- participando en un programa arbitrario de examen de drogas
- desempeñando deberes relacionados con algún accidente
- reparando, buscando ayuda para, o atendiendo, a un vehículo descompuesto
- proporcionándole un servicio a la compañía transportista
- desempeñando cualquier otro trabajo por el que le paguen, ya sea la compañía transportista o cualquier otro

LIMITES PARA LOS TIEMPOS DE MANEJO Y DE SERVICIO

Sólo se le permite estar manejando por un determinado número de horas por vez. Aquí es donde entra ese factor poco común que mencionamos al inicio de este capítulo. Verá que el número de horas que le está permitido trabajar el día de hoy dependerá de cuántas haya trabajado el día de ayer, y siete días antes de ayer.

Hay **cuatro reglas básicas acerca del tiempo** que debe entender y obedecer. Después de muchos años de estar en uso, algunas de estas reglas de larga duración fueron cambiadas para darles a los choferes más tiempo para dormir y reducir accidentes relacionados a la fatiga.

LA REGLA DE LAS 11 HORAS. Si ha tenido diez horas seguidas de tiempo fuera de trabajo, no puede manejar por más de 11 horas.

LA REGLA DE LAS 14 HORAS. Después de 10 horas seguidas fuera del trabajo, usted no puede manejar más allá de catorce horas consecutivas después de haber entrado en tiempo de servicio.

LA REGLA DE LAS 60 HORAS EN 7 DIAS. Si su compañía no trabaja todos los días de la semana, no debe manejar después de haber estado de servicio durante 60 horas en siete días consecutivos.

LA REGLA DE LAS 70 HORAS EN 8 DIAS. Si su compañía sí trabaja todos los días de la semana, no debe manejar después de haber estado de servicio durante 70 horas en un periodo de ocho días consecutivos.

La hoja del resumen mensual de su bitácora, es la que le ayudará a cumplir con las reglas de las 60 en 7, y las 70 en 8. Más adelante en este capítulo, aprenderá más de la hoja del resumen mensual de la bitácora.

EXCEPCIONES A LAS REGLAS

Ciertos tipos de choferes están exceptuados en el cumplimiento de las reglas que acabamos de enunciar. Unas de las excepciones son para choferes locales y situaciones especiales. **Las excepciones a los reglamentos sobre las horas de servicio se hacen bajo ciertas condiciones**. Estas exceptuaciones y excepciones se encuentran en la sección 395.1 de el FMCSR. Usted las debe leer cuidadosamente para ver si se le aplican al tipo de trabajo que usted esta haciendo y lo que debe hacer para cumplir con ellas.

Bajo una regla que va entrar en vigor en Enero del 2004, cualquier periodo de siete o ocho días tendrá el final con el principio de cualquier periodo fuera del trabajo (sin manejar) de 34 horas consecutivas o más. Esto le permitirá al chofer a "empezar de nuevo" la regla de 70 horas tomando por lo menos 34 horas seguidas fuera del trabajo (sin manejar).

PRUEBA DE LA HABILIDAD PARA OBSERVAR

Para llenar una bitácora correctamente, necesita ser buen observador. Esta habilidad le permitirá percatarse de errores inmediatamente.)Se dio cuenta de los errores cometidos en la ilustración con la que se inició este capítulo? Revise la gráfica de la Prueba de la Habilidad para Observar al final del libro para que vea qué le hizo notar su habilidad para observar.

LA BITACORA

Usted tendrá que **llenar cada bitácora en original y copia**. El original debe estar en poder de la compañía transportista, 13 días después de que llenó la forma. Usted debe **guardar consigo las copias de sus hojas de bitácora de los últimos siete días**.

No puede usar cualquier tipo de hoja como hoja de bitácora. El Departamento de Transportación (DOT) ha aprobado sólo cierto tipo de hojas. Las puede obtener de su compañía transportista o en cualquier parada para vehículos de carga. Estas hojas son:

- La Bitácora Diaria, la forma MCS-59
- La Bitácora de Múltiples diás
- Las formas MCS-139 y MCS-139A

También, Usted debe llenar sus propias formas y sólo las suyas. Nadie puede llenar una forma por Usted. Hay un par de excepciones a esto. Una es que, si trabaja nomas para una compañía transportista, el nombre y dirección de la misma pueden ya venir impresos. Y, como lo señalamos en el Capítulo 11, muchas compañías transportistas ahora usan bitácoras generadas por computadora. Si éste es el caso de su compañía, le darán instrucciones acerca de cómo usarla. Pero siempre que utilice bitácoras para llenarse a mano, **todos los datos deben estar escritos con su puño y letra, y deben ser legibles**. ¡La limpieza y precisión son importantes! Si un agente del Departamento de Transportación (DOT) no puede leer su letra, lo puede poner fuera de servicio aunque su bitácora esté correcta.

La bitácora está hecha de hojas diarias. Además de llenar la cuadrícula que le requieren los Reglamentos Federales sobre la Seguridad del Autotransporte (FMCSR), cada hoja de bitácora que llene **debe incluir la siguiente información**.

- la fecha — mes, día y año del inicio del periodo de 24 horas
- los números del vehículo de la compañía transportista
- el número de millas que manejó ese día
- su firma legal
- el nombre y dirección de la oficina principal, de su compañía transportista
- si trae copiloto, el nombre de él
- el número de horas que pasó bajo cada estado oficial de servicio
- el total de las horas, que sumadas deben ser 24
- los números de cualquier documento de embarque, o los nombres de los remitentes y de los productos

Empezando por la parte de arriba de la forma que aparece en la ilustración 26-1, a continuación le damos algunas cosas que tiene que recordar cuando llena la bitácora.

Cuando pone la fecha, debe **escribir el nombre del mes**. Esto evita cualquier confusión acerca de si 1/6/88 significa el 6 de Enero o el 1o. de Junio. (Unas compañías requieren que usted ponga la fecha con números solamente, porque las bitácoras son leídas por computadora. Como siempre, usted debe seguir los mandatos de la compañía en todo caso).

Ilustración 26-1 Muestra de una forma de bitácora. (La traducción se encuentra en la página 394.)

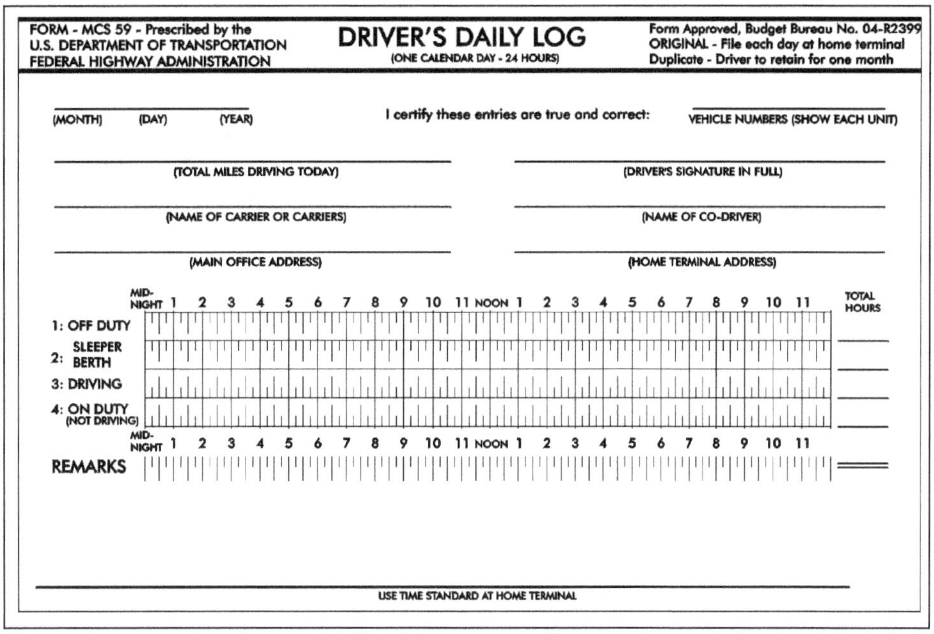

FORM - MCS 59 - Prescribed by the U.S. DEPARTMENT OF TRANSPORTATION FEDERAL HIGHWAY ADMINISTRATION

DRIVER'S DAILY LOG
(ONE CALENDAR DAY - 24 HOURS)

Form Approved, Budget Bureau No. 04-R2399
ORIGINAL - File each day at home terminal
Duplicate - Driver to retain for one month

(MONTH) (DAY) (YEAR)

I certify these entries are true and correct:

VEHICLE NUMBERS (SHOW EACH UNIT)

(TOTAL MILES DRIVING TODAY)

(DRIVER'S SIGNATURE IN FULL)

(NAME OF CARRIER OR CARRIERS)

(NAME OF CO-DRIVER)

(MAIN OFFICE ADDRESS)

(HOME TERMINAL ADDRESS)

MID-NIGHT 1 2 3 4 5 6 7 8 9 10 11 NOON 1 2 3 4 5 6 7 8 9 10 11 TOTAL HOURS

1: OFF DUTY

2: SLEEPER BERTH

3: DRIVING

4: ON DUTY (NOT DRIVING)

MID-NIGHT 1 2 3 4 5 6 7 8 9 10 11 NOON 1 2 3 4 5 6 7 8 9 10 11

REMARKS

USE TIME STANDARD AT HOME TERMINAL

Para poner los **números de identificación del vehículo**, busque los números del tractor en la parte de enfrente de la cabina o en las puertas. Puede encontrar los números del remolque en su panel delantero o en las puertas traseras. Si no puede encontrar los números de identificación del vehículo, utilice el número de la placa.

Si viaja con copiloto, asegúrese de que en el renglón de Millas Manejadas Hoy **sólo pone las que manejó Usted**. No ponga las millas totales que viajó el vehículo.

Cuando firma la bitácora, está diciendo que todo lo que escribió en ella es verdad y está correcto, y que se le puede demandar legalmente por cualquier cosa que Usted haya escrito. Debe firmar **usando la firma que usa para documentos legales**, no con su apodo o con sus iniciales.

EL LLENADO DE LA GRAFICA

Para mantener actualizada la bitácora, debe **hacer los registros correspondientes cada vez que cambie de estado oficial de servicio**. En la práctica, esto sucede aproximadamente cada vez que detiene el vehículo y cada vez que vuelve a moverlo. Un buen hábito a adquirir, es mantener a la mano su bitácora y actualizarla en cuanto se detiene y justo antes de empezar a moverse de nuevo.

Las líneas horizontales de la gráfica indican el tiempo que pasó en cada estado oficial de servicio, y las verticales la hora exacta en que cambió de estado oficial. Cada cuadro en la gráfica es una hora. Cada línea larga en la mitad del cuadro es la media hora (30 minutos). Las líneas cortas son cuartos de hora (15 minutos). La primera, un cuarto (15 minutos después de la hora) y la segunda, es tres cuartos (45 minutos después de la hora). En otras palabras, cada hora está dividida en cuartos de hora, y cada línea dentro de cada cuadro es un cuarto de hora. La razón de esto es que a

Usted se le requiere que **registre su tiempo al cuarto de hora más cercano que ocurra**.

Para registrar la cantidad de tiempo que pasó en cada estado oficial de servicio, empiece en la línea vertical que represente la hora correcta. Ponga su lápiz en esa línea vertical y en la parte horizontal que representa el estado oficial de servicio al que está por entrar. Trace un línea horizontal que continúe hasta que cambie de estado oficial. Luego trace una línea vertical hacia arriba o hacia abajo a lo largo de la línea que representa la hora en la que cambia de estado oficial hasta que llegue a la parte horizontal correspondiente al estado oficial al que está por entrar. Luego empiece una línea horizontal nueva en la parte del nuevo estado oficial. (¡Se lo garantizamos, esto es más fácil de hacer que de describir!)

Siempre que **cambie de estado oficial de servicio**, debe **registrar el nombre de la ciudad, pueblo o poblado, donde el cambio tuvo lugar, con el nombre del estado en el que se localiza dicha población, abreviado**. Esto se hace en la sección de Comentarios. Si cuando se lleva a cabo el cambio de estado oficial de servicio no se encuentra en ninguna ciudad, pueblo o poblado, los Reglamentos Federales sobre la Seguridad del Autotransporte (FMCSR) le dan otras tres maneras de registrar su localización. Usted puede registrar:

- el número de carretera y la milla indicada por el poste indicador de millaje más cercano
- el número de carretera y el nombre de la estación de servicio o de la parada para vehículos de carga
- los números de las carreteras cuya intersección se encuentre más cercana

seguidos por el nombre de la ciudad, pueblo o poblado más próximo con el nombre del estado en el que se localiza dicha población, abreviado, y en ese orden.

Siempre use la hora local de su terminal base. Esto es muy importante para los choferes que hacen viajes largos. Si su terminal base está en Los Angeles y Usted maneja a la ciudad de Nueva York, cruzará tres zonas con horarios diferentes. Pero cuando llene su bitácora debe utilizar la hora de Los Angeles.

Lo que registra es sólo **las horas totales**, es decir, el tiempo fuera del trabajo, más el tiempo de camarote, más el tiempo de manejo, más el tiempo de servicio (sin manejar). Todo, **debe sumar 24**.

En la sección de Comentarios debe **identificar la carga que transporta**. Esto lo puede hacer con el número del manifiesto, de la guía de embarque, con el nombre del remitente y del producto que se transporta, o con un número consecutivo llamado número "pro", que es un número asignado a esa carga.

EJEMPLO

Como ejemplo tomemos la bitácora de un día de un viaje de Phoenix, Arizona (AZ), a Corpus Christi, Tejas. La fecha es 8 de Enero del 2004, y la compañía para la que Usted trabaja se llama “USA Trucking”. La dirección de la oficina principal es Front Street # 2323, San Francisco, Californa (CA). El número de identificación de su tractor es 9876 y el del remolque es 5432. Asegúrese de poner el número de la guía de embarque (10020031) en la esquina inferior izquierda de la sección de Comentarios.

Enseguida hacemos una lista de las cosas que sucedieron en el primer día de viaje. Conforme la lee, revise la bitácora de la ilustración 26-2 para que vea cómo se registra cada actividad.

Ilustración 26-2
Un viaje de Phoenix a Corpus Christi.

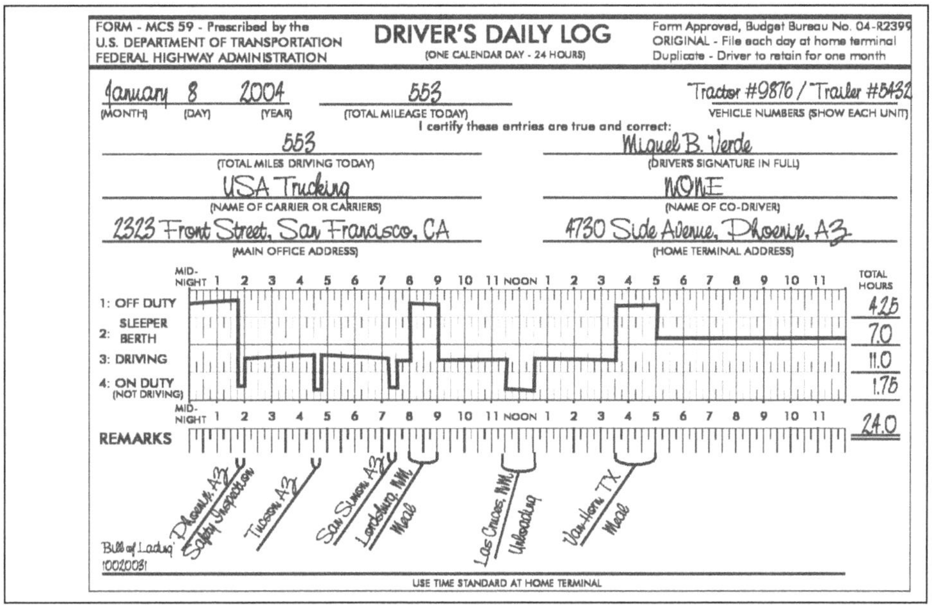

De medianoche a la 1:45 a.m. Usted estuvo fuera del trabajo la noche anterior y entró a trabajar a la 1:45 a.m.

De la 1:45 a.m. a las 2:00a.m.Usted estuvo de servicio pero sin manejar porque lo primero que hizo fue su inspección previa al viaje. Usted hizo esto hasta las 2:00 a.m. Como la Sección 395.8 de los Reglamentos Federales sobre la Seguridad del Autotransporte (FMCSR) requiere que su localidad sea indicada para cada cambio de su estado de servicio, en el espacio libre de los Comentarios usted hace un medio circulo entre la línea que indica la 1:45 a.m. y las 2:00 a.m. para abarcar este periodo de tiempo. La ilustración 26-2 demuestra como hacer el medio circulo. Entonces ponga una línea diagonal debajo de el medio circulo. Arriba de la línea escriba “Phoenix, AZ.” Bajo la diagonal escriba “inspección de seguridad”.

De 2:00 a 4:30 a.m. Manejando. Iba manejando hacia Corpus Christi, Tejas.

De 4:30 a 4:45 a.m. De servicio (sin manejar). Se detuvo en Tucson para inspeccionar su carga, las llantas y el vehículo. En la sección de comentarios, dibuje u medio circulo y luego una línea diagonal. Arriba de ella escriba "Tucson, AZ".

De 4:45 a 7:15 a.m. Manejando. Manejaba hacia Corpus Christi, Tejas.

De 7:15 a 7:30 a.m. De servicio (sin manejar). Se detuvo a pesar su vehículo en la báscula cerca de San Simon. Le revisaron los papeles y usted revisó su carga y el vehículo otra vez. En la sección de comentarios, dibuje un medio circulo y una línea diagonal. Arriba de la línea escriba "San Simon, AZ."

De 7:30 a 8:00 a.m. Manejando. Manejaba hacia Corpus Christi, Tejas.

De 8:00 a 9:00 a.m. Fuera del trabajo (sin manejar). Se detuvo en Lordsburg, New Mexico, para una comida. Porque tiene autorización escrita de la compañía, usted registra la comida como fuera del trabajo (sin manejar) Sin la autorización escrita para tomar las comidas en tiempo fuera del trabajo (sin manejar), usted tendría que enseñar este tiempo como de servicio (sin manejar).

De 9:00 a 11:30 a.m. Manejando. Manejaba hacia Corpus Christi, Tejas.

De 11:30 a.m. a 12:30 p.m. De servicio (sin manejar). Llegó a Las Cruces, Nuevo México. Aquí su remolque fue descargado parcialmente. Mientras vigilaba la descarga y completó el papeleo necesario Usted se encontraba de servicio (sin manejar). Inspeccionó su equipo, actualizo su bitácora, y entonces salió hacia Corpus Christi para entregar el resto de la carga.

De 12:30 a 3:30 p.m. Manejando. Manejaba hacia Corpus Christi, Tejas.

De 3:30 a 5:00 p.m. Fuera del trabajo (sin manejar). Se detuvo en Van Horn, Tejas, para descansar. Comió algo, se dio una ducha, y luego fue y se metió al camarote.

De 5:00 a 12:00 a.m. (medianoche) En el camarote. El periodo de 24 horas terminó a medianoche. Usted permanecerá en el camarote hasta las dos (2) de la mañana de el otro día. Después de desayunar, debe tener a lo menos 10 horas seguidas fuera del trabajo y estará listo para empezar el nuevo día.

Cuando se levante, termine esta hoja de bitácora. Ponga los totales. Aquí necesita contar el tiempo que pasó en cada uno de los renglones de la gráfica.

El primer renglón es fácil. Estuvo fuera del trabajo de medianoche a la 1:45 a.m. Esto es un cuadro y tres cuartos de cuadro, o una hora y tres cuartos de hora. También estuvo una hora fuera del trabajo de las 8:00 a las 9:00 a.m. En total ya son dos horas y tres cuartos de hora. También estuvo sin trabajar por una hora y media de las 3:30 p.m. a las 5:00 p.m.

En resumen, el tiempo sin trabajar es un total de cuatro horas y un cuarto de horas. Escriba eso en el primer renglón de la columna de Horas Totales. (En decimales, esto sera 4.25).

Calcular el tiempo de camarote es más fácil. Usted estuvo en el camarote desde las 5:00 p.m. hasta la medianoche por un total de siete horas.

Calcular el tiempo de manejo y el de servicio (sin manejar) es un poco más difícil, pero hágalo de la misma manera que calculó el tiempo de camarote. Calcule la longitud de la línea en cada renglón y súmelas. Puede ser que le ayude el pensarlas en términos de dólares y centavos. Cada cuadro completo es un dólar. Cada cuarto de cuadro son 25 centavos (un cuarto de dólar).

Ahora sume los números de la columna de Horas Totales. Deben sumar 24. Si no, regrese a cada renglón y revíselo para que encuentre el error.

Lo último que tiene que hacer es poner el **Total de Millas Manejadas Hoy**. Dado que no tiene copiloto, el número de millas que manejó es el número de millas que se movió el vehículo.

Después de que actualiza el resumen mensual que veremos enseguida, empieza una hoja de bitácora nueva para otro periodo de 24 horas. Tome nota de que terminó una hoja de bitácora a media corrida. Su "día de bitácora" terminó, pero no así su "día de trabajo". Todavía se dirige a Corpus Christi, y continuará manejando (excepto por los periodos para descansar y las paradas necesarias) hasta que llegue allá.

La Hoja del Resumen Mensual

La hoja del resumen mensual es sólo eso: un resumen. Con sólo una mirada, le dice:

- cuántas horas trabajó por día
- los días que no trabajó
- cuántas horas puede trabajar mañana

Vea la ilustración 26-3. La hoja del resumen mensual tiene un espacio en blanco en la parte de arriba para poner el mes, y está **dividida** por la mitad. La columna de la izquierda es para el chofer al que se le aplica la regla de las **70 horas en 8 días**. La columna de la derecha es para el chofer al que se aplica la regla de las **60 horas en 7 días**. Hablaremos de la columna de las 70 horas/8 días. Esta es la parte que más usan los choferes dado a que la mayoría de las compañías trabajan los siete días de la semana.

La hoja del resumen mensual registra el número de horas de servicio de cada día del mes. También le muestra las horas que tiene disponibles para trabajar el día de mañana. Para mantener cuentas claras de sus horas, **actualice su hoja del resumen mensual todos los días**.

Cada parte de la hoja del resumen del mes, está dividida en cinco columnas. La primera columna ya tiene puestos los días del mes. Llenar el resto es labor suya.

LAS HORAS TRABAJADAS HOY. En esta columna esta el total de horas que estuvo de servicio durante el día. Recuerde, de servicio significa su tiempo de manejo (el renglón 3 de la cuadrícula) y su tiempo de servicio sin manejar (renglón 4 de la cuadrícula).

Ilustración 26-3
La hoja del resumen mensual de la bitácora. (La traducción se encuentra en la página 395.)

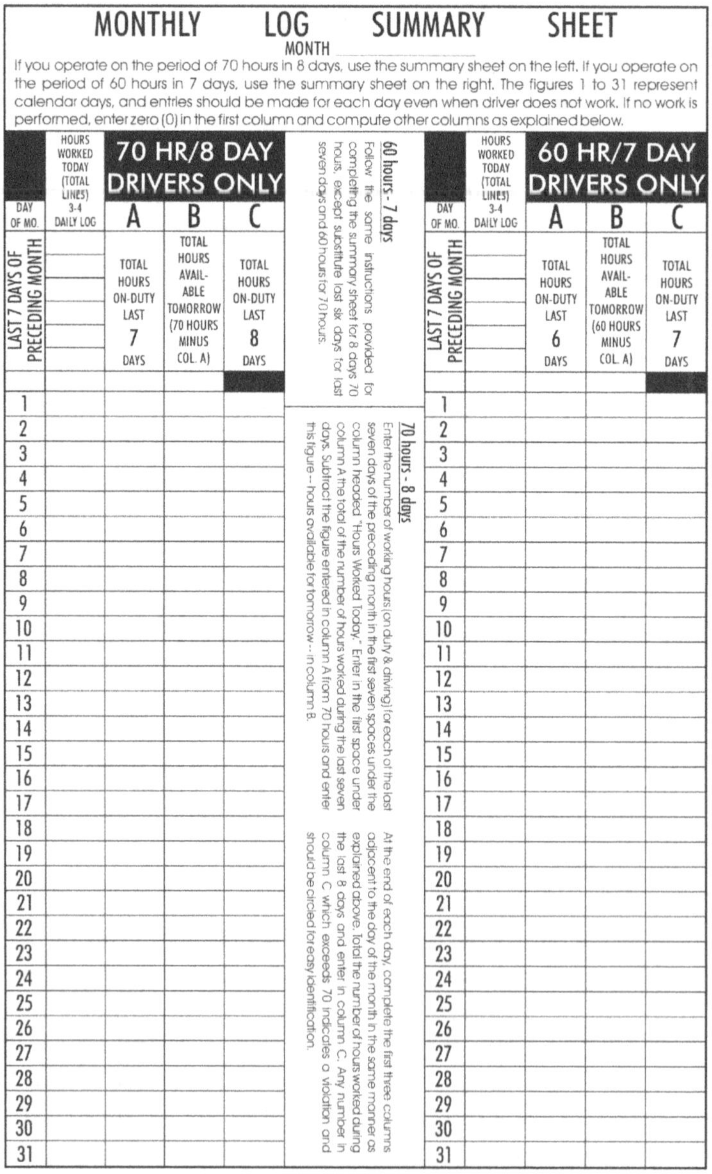

COLUMNA A. Esta columna le dirá el total de sus horas de servicio por los últimos siete días. Este total lo encuentra sumando las últimas siete cantidades que puso en la columna de Horas Trabajadas Hoy. Esta columna es engañosa. Para hacerlo bien, utilice sólo las últimas siete cantidades que puso en dicha columna. No empiece en la parte de arriba y sume toda la columna. No tome el total al día de ayer y le sume las horas trabajadas hoy. Vea la ilustración 26-4.

COLUMNA B. Esta columna le dirá cuántas horas puede trabajar mañana. Esto lo calcula restando de 70, el número de horas de la columna A. **Siempre recuerde poner las horas de hoy antes de que calcule cuántas horas puede trabajar mañana.**

COLUMNA C. Esta columna le dice cuántas horas ha trabajado en los últimos ocho días. Los reglamentos dicen que Usted no puede trabajar más de 70 horas en ese periodo de ocho días. Esta columna le ayuda a cumplir con ese reglamento. Usted calcula esta columna de la misma manera en que calculó la columna A, excepto que aquí Usted suma los últimos ocho días en lugar de los siete.

Si todos los días sigue los procedimientos que aprendió en este capítulo, siempre sabrá dónde se encuentra respecto a cuántas horas ha estado de servicio y a cuántas horas puede trabajar mañana.

Ilustración 26-4
Esta es la forma correcta de calcular la cantidad a escribir en la columna A.

MONTHLY LOG SUMMARY SHEET

MONTH ______________

If you operate on the period of 70 hours in 8 days, use the summary sheet on the left. If you operate on the period of 60 hours in 7 days, use the summary sheet on the right. The figures 1 to 31 represent calendar days, and entries should be made for each day even when driver does not work. If no work is performed, enter zero (0) in the first column and compute other columns as explained below.

70 HR/8 DAY DRIVERS ONLY

DAY OF MO.	HOURS WORKED TODAY (TOTAL LINES) 3-4 DAILY LOG	A: TOTAL HOURS ON-DUTY LAST 7 DAYS	B: TOTAL HOURS AVAILABLE TOMORROW (70 HOURS MINUS COL. A)	C: TOTAL HOURS ON-DUTY LAST 8 DAYS
LAST 7 DAYS OF PRECEDING MONTH	8			
	10.5			
	7.25			
	9.5			
	6.5			
	8.25			
	12.5	62.5	7.5	
1	4.25	58.75	11.25	66.75
2	8.5	56.75	13.25	67.25
3	8.5	58	12	65.25
4	8	56.5	13.5	66
5	9.5	59.5	10.5	66
6	5	56.25	13.75	64.5
7	4	47.75	22.25	60.25
8	12.75	56.25	13.75	60.5
9				
10				
11				

<u>60 hours - 7 days</u>
Follow the same instructions provided for completing the summary sheet for 8 days 70 hours, except substitute last six days for last seven days and 60 hours for 70 hours.

<u>70 hours - 8 days</u>
Enter the number of working hours (on duty & seven days of the preceding month in the fi column headed "Hours Worked Today." En column A the total of the number of hours w days. Subtract the figure entered in column this figure -- hours available for tomorrow -- i

60 HR/7 DAY DRIVERS ONLY

DAY OF MO.	HOURS WORKED TODAY (TOTAL LINES) 3-4 DAILY LOG	A: TOTAL HOURS ON-DUTY LAST 6 DAYS	B: TOTAL HOURS AVAILABLE TOMORROW (60 HOURS MINUS COL. A)	C: TOTAL HOURS ON-DUTY LAST 7 DAYS
LAST 7 DAYS OF PRECEDING MONTH				
1				
2				
3				
4				
5				
6				
7				
8				
9				
10				
11				

Examen Sobre el Capítulo 26

Para hacer el examen sobre este capítulo, continuemos nuestro viaje a Corpus Christi, Tejas, llenemos nuestra hoja de bitácora diaria y continuemos nuestra hoja del resumen mensual.

La bitácora diaria de el 9 de Enero del 2004, empieza en donde acabó nuestro ejemplo. Usted se encuentra en Van Horn, Tejas, en el camarote mientras el nuevo día empieza a la medianoche. Usted se despierta a las 2:00 a.m.y desayuna hasta las 2:45 a.m. (No olvide que tiene autorización escrita de la compañía para hacer paradas de comidas en tiempo fuera del trabajo). A las 2:45 a.m. usted empieza una inspección de seguridad en su vehículo y actualiza su bitácora. Esto se lleva 15 minutos y entonces usted empieza a manejar. Después de manejar 121 millas, usted se detiene en Fort Stockton, Tejas, a las 5:30 a.m. y pasa 15 minutos asegurandose de que todo esta bien con su vehículo. Usted maneja 141 millas más y se detiene por 30 minutos para comer en Sonora, Tejas. Después de comer, usted maneja 150 millas a San Antonio, Tejas, donde se detiene al medio día para hacer una inspección de seguridad a su vehículo. Esto se lleva 15 minutos y entonces usted maneja las 144 millas restantes a Corpus Christi. Usted llega a Corpus Christi, Tejas, a las 3:00 p.m. Usted pasa 30 minutos registrando su llegada, haciendo el papeleo, y dejando su remolque en la dársena. A las 3:30 p.m. usted da una comidita y se da una ducha. Usted se mete al camarote para un bien merecido descanso a las 5:00 p.m. y ahí permaneció por el resto del día.

Basado en la información que le acabamos de dar, llene o escriba en los espacios en blanco de la BITÁCORA DIARIA de CHOFERES que aperece abajo, y la HOJA del RESUMEN MENSUAL que aperece en la página siguiente.

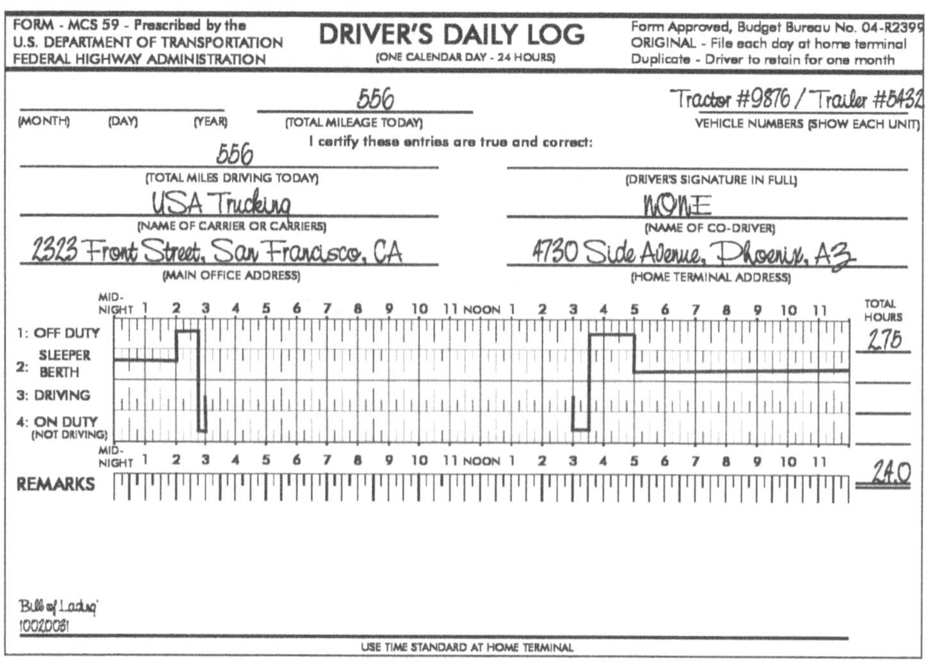

El resumen mensual enseña las horas para los días que lo hacen llegar al día que Usted acaba de entrar. Después de hacer las entradas para Enero 9, 2004, ¿cuanta horas tendrá disponibles para el día siguiente?

MONTHLY LOG SUMMARY SHEET

MONTH ____________

If you operate on the period of 70 hours in 8 days, use the summary sheet on the left. If you operate on the period of 60 hours in 7 days, use the summary sheet on the right. The figures 1 to 31 represent calendar days, and entries should be made for each day even when driver does not work. If no work is performed, enter zero (0) in the first column and compute other columns as explained below.

70 HR/8 DAY DRIVERS ONLY

DAY OF MO.	HOURS WORKED TODAY (TOTAL LINES) 3-4 DAILY LOG	A TOTAL HOURS ON-DUTY LAST 7 DAYS	B TOTAL HOURS AVAILABLE TOMORROW (70 HOURS MINUS COL. A)	C TOTAL HOURS ON-DUTY LAST 8 DAYS
LAST 7 DAYS OF PRECEDING MONTH	8			
	10.5			
	7.25			
	9.5			
	6.5			
	8.25			
	12.5	62.5	7.5	
1	4.25	58.75	11.25	66.75
2	8.5	56.75	13.25	67.25
3	8.5	58	12	65.25
4	8	56.5	13.5	66
5	9.5	59.5	10.5	66
6	5	56.25	13.75	64.5
7	4	47.75	22.25	60.25
8	12.75	56.25	13.75	60.5
9	12.25	60	10	68.5
10				
11				
12				
13				
14				
15				
16				
17				
18				
19				
20				
21				
22				
23				
24				
25				
26				
27				
28				
29				
30				
31				

60 hours - 7 days

Follow the same instructions provided for completing the summary sheet for 8 days 70 hours, except substitute last six days for last seven days and 60 hours for 70 hours.

70 hours - 8 days

Enter the number of working hours (on duty & driving) for each of the last seven days of the preceding month in the first seven spaces under the column headed "Hours Worked Today." Enter in the first space under column A the total of the number of hours worked during the last seven days. Subtract the figure entered in column A from 70 hours and enter this figure -- hours available for tomorrow -- in column B.

At the end of each day, complete the first three columns adjacent to the day of the month in the same manner as explained above. Total the number of hours worked during the last 8 days and enter in column C. Any number in column C which exceeds 70 indicates a violation and should be circled for easy identification.

60 HR/7 DAY DRIVERS ONLY

DAY OF MO.	HOURS WORKED TODAY (TOTAL LINES) 3-4 DAILY LOG	A TOTAL HOURS ON-DUTY LAST 6 DAYS	B TOTAL HOURS AVAILABLE TOMORROW (60 HOURS MINUS COL. A)	C TOTAL HOURS ON-DUTY LAST 7 DAYS
LAST 7 DAYS OF PRECEDING MONTH				
1				
2				
3				
4				
5				
6				
7				
8				
9				
10				
11				
12				
13				
14				
15				
16				
17				
18				
19				
20				
21				
22				
23				
24				
25				
26				
27				
28				
29				
30				
31				

FORMA - MCS 59 - Ordenada por la
ADMINISTRATION FEDERAL DE CARRETERAS
del DEPARTMENTO DEL TRANSPORTE

BITACORA DIARIA DEL CHOFER
(UN DIA CALENDARIO - 24 HORAS)

Forma aprobado. Oficina del presupuesto núm. 04-R2399
Original - Archívese diaramente en la terminal base
Duplicado - Para ser conservado por el chofer durante un mes

(MES) (DIA) (ANO)

Certifico que estos datos son verdaderos y están correctos:

Número de los vehículos-(escriba el de cada unidad)

(MILLAS TOTALES MANEJADAS HOY)

(FIRMA COMPLETA DEL CHOFER)

(NOMBRE DE LA O LAS COMPANIAS TRANSPORTISTAS)

(NOMBRE DEL OPERADOR AYUDANTE)

(DOMICILLO DE LA OFICINA MATRIZ)

(DOMICILLO DE LA TERMINAL BASE)

MEDIA-NOCHE 1 2 3 4 5 6 7 8 9 10 11 MEDIADIA 1 2 3 4 5 6 7 8 9 10 11 — HORAS TOTALES

1: FUERA DE SERVICIO

2: CAMAROTE PARA DORMIR

3: MANEJANDO

4: DE SERVICIO (SIN MANEJAR)

MEDIA-NOCHE 1 2 3 4 5 6 7 8 9 10 11 MEDIADIA 1 2 3 4 5 6 7 8 9 10 11

REMARKS

UTILICE LA HORA DE LA ZONA HORARIA DONDE SE LOCALIZA TERMINAL BASE

Traducción de la forma ilustrada en la página 385, igual a la de la ilustración 26-1.

HOJA DEL RESUMEN MENSUAL DE BITACORA

MES________________

Si Usted trabaja bajo el sistema de 70 horas en 8 días, utilice la parte izquierda de la hoja. Si, en cambio, Usted trabaja bajo el sistema de 60 horas en 7 días, utilce la parte derecha. Las cantidades del 1 al 31 representan días calendario y se deben hacer los registros correspondientes aún cuando el chofer no trabaje. Si no trabaja, escriba un cero (0) en la primera columna y calcule las otras columnas como se explica abajo.

SOLO CHOFERES DE 70 HR/8 DIAS

DIA DEL MES	HORAS TRABAJADAS HOY (REGLONES DE TOTALES) EL 3+4 DE LA BITACORA DIARIA	A	B	C
LOS ULTIMOS 7 DIAS DEL MES ANTERIOR		TOTAL DE HORAS DE SERVICIO LOS ULTIMOS 7DIAS	TOTAL DE HORAS DISPO-NIBLES MAÑANA (70 HORAS MENOS COL. A)	TOTAL DE HORAS DE ESTAR EN SERVICIO LOS ULTIMOS 8 DIAS
1				
2				
3				
4				
5				
6				
7				
8				
9				
10				
11				
12				
13				
14				
15				
16				
17				
18				
19				
20				
21				
22				
23				
24				
25				
26				
27				
28				
29				
30				
31				

<u>60 horas - 7 dias</u>
Siga las mismas instrucciones que se dan para llenar la hora resumen bajo el sistema de 8 dias 70 horas, excepto que substituya los útimos seis días en lugar de los útimos siete días y 60 horas en lugar de 70 horas.

<u>70 horas - 8 días</u>
Escriba el número de las horas trabajadas (las de "en servicio" más las "manejando") para cada uno de los últimos siete días del mes anterior, en los primeros siete espacios bajo la columna de "Horas trabajadas hoy". En el primer espacio de la columna A, escriba el número total de horas trabajadas durante los últimos siete días. Esta cantidad que escribió en la columna A, réstela de 70 horas, y el resultado escríbalo en la columna B, "Horas disponibles para mañana".

Al final de cada día, llene los tres primeros espacios adyacentes al día del mes, en la forma como se acaba de explicar. Sume el número de horas trabajadas en los últimos ocho días y escriba el total en la columna C. Cualquier cantidad en esta columna que exceda las 70, indica una violación y se debe encerrar en un círculo para identificarla fácilmente.

SOLO CHOFERES DE 60 HR/7 DIAS

DIA DEL MES	HORAS TRABAJADAS HOY (REGLONES DE TOTALES) EL 3+4 DE LA BITACORA DIARIA	A	B	C
LOS ULTIMOS 7 DIAS DEL MES ANTERIOR		TOTAL DE HORAS DE SERVICIO LOS ULTIMOS 6 DIAS	TOTAL DE HORAS DISPO-NIBLES MAÑANA (70 HORAS MENOS COL. A)	TOTAL DE HORAS DE ESTAR EN SERVICIO LOS ULTIMOS 7 DIAS
1				
2				
3				
4				
5				
6				
7				
8				
9				
10				
11				
12				
13				
14				
15				
16				
17				
18				
19				
20				
21				
22				
23				
24				
25				
26				
27				
28				
29				
30				
31				

Traducción de la ilustración 26-3, de la página 390.

DOCUMENTACION DE LA CARGA (*)

STRAIGHT BILL OF LADING-ORIGINAL-NOT NEGOTIABLE

PAGE 1 OF 2

B/L #
DATE
TERMS
CARRIER

APPLY PRO LABEL HERE

SHIPPER	CONSIGNEE (On Collect on delivery, the letters "C.O.D." must appear before consignee's name or as otherwise provided In Item 430, Sec. 1)
DISCOUNT SUPPLY SECOND STREET WEST PHOENIX, AZ	DISCOUNT STORE 1234 WEST ST. DENVER, CO
BILL TO	GENERAL COMMENTS
DISCOUNT SUPPLY SECOND STREET WEST PHOENIX, AZ	ROUTING / DELIVERING CARRIER

PIECES	HM	DESCRIPTION	WEIGHT (pounds only) (subject to correction)	RATE	CHARGES	CLASS
22 PALLETS OF 800 CARTONS		CANNED SOUP *Exceptions: 30 Cartons Open, Contents Appear Okay*	32000			
50 CARTONS		TVs *10 Cartons damaged*	3750			
50 CARTONS		TV STANDS *5 Cartons short*	500			

This is to certify that the above named materials are properly classified, described, packaged, marked and labeled and are in proper condition for transportation according to the applicable regulations of the Department of Transportation.

SHIPPER	CARRIER			
DISCOUNT SUPPLY	CFG TRUCKING SERVICES, INC.			
PER	DRIVER *Carson W. Biggs* SEE BACK ☐	PCS	DATE	SINGLE SHPT. (✓)

La traducción se encuentra en la página 410.

De los Recibos de Entrega a los Informes de Gastos

(*)Nota del Traductor: Para la traducción de los nombres de los documentos descritos en este capítulo se utilizaron términos que describieran con la mayor precisión posible su objetivo y funciones sin que estos equivalgan necesariamente a los documentos que se puedan llamar igual o parecido, en sistemas de otros países diferentes a los utilizados en los Estados Unidos.

La documentación de la carga es simplemente todo el papeleo que se necesita para cada embarque. No hay mucha gente a la que le guste el papeleo, pero hay un dicho tan cierto como viejo es: "El trabajo no está terminado hasta que está hecho todo el papeleo". Los choferes profesionales en la actualidad, tienen que hacer todo su papeleo, y lo tienen que hacer en forma precisa y con exactitud. Usted tiene que aprender como hacer toda la documentación, desde las bitácoras a guías de embarque y a reportes de viaje. Y, en realidad no es tan malo como suena. En este capítulo aprenderá qué hay en todo esto.

Hay cuatro documentos diferentes con los que trabajará (*) como chofer:

- guía de embarque (bill of lading)
- la factura del flete (freight bill)
- (waybill)
- el manifiesto (manifest)

LA GUIA DE EMBARQUE (BILL OF LADING)(*)

Este documento es básicamente el contrato entre la compañía transportista y el remitente. El remitente declara de qué se compone la carga, lo que pesa y a dónde va. La compañía transportista promete entregar la carga en su punto de destino en buenas condiciones.

Todo embarque interestatal de carga hecho por una compañía transportista común está cubierto por una guía de embarque y sus condiciones. Un transportista común, de mercancías, debe cumplir con esas condiciones. También las deben obedecer el remitente y el destinatario.

Cuando se llena y se firma, la guía de embarque es un **contrato legal y obligatorio**. Es un contrato entre el dueño de la mercancía y la compañía transportista. Su nombre legal (en los EEUU) es "Uniform Domestic Straight Bill of Lading" (que se podría traducir como Guía de Embarque Uniforme, Doméstico y Directa). Fue creada hace mucho tiempo por una ley emitida por el Congreso de los Estados Unidos, y **cubre los embarques interestatales** hechos por ferrocarril, por líneas gabarras (barge lines), así como a camiones de carga. También existen, la "Order Bill of Lading" (Orden de Guía de Embarque) y la "Export Import Bill of Lading" (Guía de Embarque de Exportación o Importación), pero la mayoría de los choferes de camiones de carga sólo ven la que más se usa que es la "Straight Bill of Lading" (Guía de Embarque Directa). Para referirse a la documentación, de la carga, en forma corta se le nombra una guía de embarque. La abreviatura en inglés es B/L.

Cuando llega al andén de un remitente le van a mostrar una guía de embarque. Puede ser la forma grande que trae todas las reglas y

Ilustración 27-1
Muestra de una guía de embarque.
(La traducción se encuentra en la página 411.)

STRAIGHT BILL OF LADING — SHORT FORM —Original — Not Negotiable

RECEIVED, subject to the classifications and tariffs in effect on the date of issue of this Original Bill of Lading

Shipper's ____________

(Name of Carrier) ______________________ SCAC. __________

Carrier's ____________

At ______________________ 19 ______ From

The property described below, in apparent good order, except as noted (contents and condition of contents of packages unknown), marked, consigned, and destined as indicated below, which said carrier (the word carrier being understood throughout this contract as meaning any person or corporation in possession of the property under the contract) agrees to carry to its usual place of delivery at said destination, if on its route, otherwise to deliver to another carrier on the route to said destination. It is mutually agreed, as to each carrier of all or any of said property over all or any portion of said route to destination, and as to each party at any time interested in any or all of said property, that every service to be performed hereunder shall be subject to all the terms and conditions of the Uniform Domestic Straight Bill of Lading set forth (1) in Uniform Freight Classification in effect on the date hereof, if this is a rail or rail-water shipment, or (2) in the applicable motor carrier classification or tariff if this is a motor carrier shipment.
Shipper hereby certifies that he is familiar with all the terms and conditions of the said bill of lading, including those on the back thereof, set forth in the classification or tariff which governs the transportation of this shipment, and the said conditions are hereby answered to by the shipper and accepted for himself and his assigns.

(Mail or street address of consignee -- for notification purposes only.)

Consigned to ______________________

Destination ____________ State ________ County ________ Delivery Address* ____________
(*To be filled in only when shipper desires and governing tariffs provide for delivery address.)

Route ______________________

Delivering Carrier ____________ Car or Vehicle Initials ________ No. ________

Number of Packages	KIND OF PACKAGE, DESCRIPTION OF ARTICLES, SPECIAL MARKS, AND EXCEPTIONS	*Weight (Subject to Correction)	Class or Rate	Check Column	Subject to section 7 of conditions of applicable bill of lading, if this shipment is to be delivered to the consignee without recourse on the consignor, the consignor shall sign the following statement: The carrier shall not make delivery of this shipment without payment of freight and all other lawful charges.
					(Signature of Consignor)
					If charges are to be prepaid, write or stamp here, "To be Prepaid"
					Received $ ______ to apply in prepayment of the charges on the property described hereon.
					Agent or Cashier
					Per ______ (The Signature here acknowledges only the amount prepaid.)

Collect On Delivery $ | and remit to | C.O.D. Charge to be paid by {Shipper ☐ / Consignee ☐} | Charges Advanced $ ______

*If the shipment moves between two ports by a carrier by water, the law requires that the bill of lading shall state whether it is carrier's or shipper's weight.
NOTE. Where the rate is dependent on value, shippers are required to state specifically in writing the agreed or declared value of the property.
The agreed or declared value of the property is hereby specifically stated by the shipper to be not exceeding ____________ per ____________

"This is to certify that the above named materials are properly classified, described, packaged, marked and labeled and are in proper condition for transportation according to the applicable regulations of the Department of Transportation." Per

______________ Shipper, Per ________ **1** ______________ Agent, Per ____________
Permanent post office address of shipper

condiciones impresas en la parte de atrás, pero lo más probable es que sea la **forma más pequeña**.

El B/L (guía de embarque) muestra a quién se le dirige el embarque (el destinatario), el punto de destino (la ciudad o pueblo) y el domicilio donde se debe entregar. El remitente le pone la fecha, el número de remisión, el nombre de la compañía y el domicilio completo. También le llena los espacios donde se muestra si el flete es por cobrar o pagado anticipadamente. En la mayoría de los casos, el transportista le envía al remitente la factura por el costo del flete.

Si el remitente llena el espacio o cuadro de el "Cóbrese a la Entrega $....." **(CAE)** y que en inglés se dice Collect On Delivery (COD), entonces el transportista debe cobrar la cantidad de dinero que se indica en el espacio. A esto también se le llama "a cash on delivery" **(COD)** en inglés o pagar contra reembolso en español y se debe pagar al transportista al entregar el embarque. En otras palabras, **usted debe cobrar el dinero cuando se descarga el embarque**. Si usted tiene que hacer una entrega de un embarque por **CAE**, hable primero con su despachador para que averighe qué tiene que hacer cuando cobre el dinero.

La guía de embarque indica el número de piezas que van en el embarque. El remitente lo pone en la primera columna titulada número de paquetes. Por ejemplo, esta columna puede mostrar 22 tarimas de 880 cartones, o 880 cartones sobre 22 tarimas.

Enseguida viene la descripción del contenido de los cartones, marcajes especiales y las excepciones.

Luego viene la columna del peso. Aquí le dice: "Peso, Sujeto a Corrección". Esto quiere decir que el trasportista puede pesar el embarque y cambiar el peso que puso el remitente.

Para comprobar un peso diferente, el transportista necesita un comprobante de la báscula y un certificado de corrección de peso.

En la parte de atrás de la guía de embarque, vienen todas las condiciones y reglas.

Cuando esté cargado el camión, **usted asignará** a la guía de embarque, un **número consecutivo "pro". También se le pedirá que firme la guía de embarque**. Una vez que ha sido firmada, el remitente se queda con el original y usted se lleva dos copias. Una de las copias, la llamada orden de embarque, es para los archivos de su compañía. La copia memorándum es para el destinatario. En el guía de embarque no aparecen los costos por el flete.

Al guía de embarque no se le pueden hacer cambios **una vez que se firma**. Si se descubre un error, **se tiene que preparar un "Guía de Embarque Corregida"**. Así lo dispone la ley federal. Firmar una guía de embarque es como firmar cualquier otro contrato. Usted no puede decir después, que no la leyó o que no entendió lo que decía. La guía de embarque se convierte en un contrato obligatorio entre el propietario de la mercancía, la compañía transportista y usted, porque usted actúa como el agente de dicha compañía. Los choferes listos **tratan a la guía de embarque con el mismo cuidado que tratarían un cheque personal por una cantidad grande**.

Es muy importante asegurarse de que la información plasmada en la guía de embarque sea precisa, cuando usted le ponga su firma, porque cuando usted la firma, usted está diciendo: "Acepto las cantidades y descripciones plasmadas en el guía de embarque a como me las han entregado". En otras palabras, usted **firma por la cantidad exacta**. Si por alguna razón usted no puede contar la carga, usted debe escribir junto a su firma que la carga nomas fue contada por el remitente.

Es muy importante asegurarse del conteo de la mercancía. Y es su responsabilidad. Si la diferencia en las cantidades es un par de latas de sopa, no le costaría mucho. Sin embargo, si la diferencia es una docena de televisiones, ¡está usted en la olla!

También, un chofer listo **siempre pesará la carga** antes de iniciar el viaje. La guía de embarque puede declarar 48,000 libras y usted sabe que esa cantidad la puede transportar legalmente. Pero un error del cinco por ciento sobre 48,000 libras puede ser una sobrecarga para el chofer de 2,400 libras. Esto puede significar una multa de $250 dólares (EEUU) o más. El remitente no pagará la multa. **La infracción se le hará al chofer**. ¿Quién cree que paga la multa?

La Factura del Flete (Freight Bill)(*)

La factura del flete es eso, una **factura**. Para preparar la factura se usa información contenida en la guía de embarque. Así que la factura tiene toda la información que tiene el guía de embarque pero también incluye el costo del flete. Este costo es el precio que el remitente tiene que pagarle a la compañía transportista para que le transporte la carga.

Cuando usted entrega la copia de la guía de embarque a su oficina, la oficina la manda al Departamento de Tarifas. El Departamento de Tarifas le asigna la tarifa correspondiente al embarque, misma que toma de un libro de costos o tarifas. Todos los cobros se calculan de la guía de embarque. Estos cobros pueden ser por entregas adicionales, recolección, servicios especiales y pueden incluir la refrigeración o calefacción de la carga. Después de que un revisor de tarifas revisa la guía de embarque para que no lleve errores, se manda al Departamento de Facturación, en donde se mecanografía la factura o se genera por computadora.

La **factura contiene toda la información del guía de embarque y algo más**. Le muestra:

- todos los cobros
- el número del remolque
- las terminales de origen y de destino
- cualquier información adicional que necesite el chofer

como instrucciones especiales de manejo de la carga o para su entrega.

La factura puede tener hasta quince copias. Estas copias irán a Ventas, Tráfico, Servicio a Clientes, Operaciones, Contabilidad y muchos otros departamentos de la oficina principal de la compañía transportista.

Si tiene usted que recaudar cobros de flete o una cantidad en forma de COD o mejor dicho Cóbrese a la Entrega (CAE), usted tendrá la factura de flete original y dos copias más. Estas copias muestran que el destinatario pagó el CAE o COD. Escriba en las copias si le pagaron en efectivo o con cheque. Una vez que le hayan pagado, ponga la fecha a las copias y fírmelas. Enseguida entregue al destinatario el original de la factura.

Ilustración 27-2
Muestra de una factura (freight bill.)
(La traducción se encuentra en la página 410.)

STRAIGHT BILL OF LADING-ORIGINAL-NOT NEGOTIABLE

PAGE 1 OF 2

B/L #
DATE
TERMS
CARRIER

APPLY PRO LABEL HERE

SHIPPER	CONSIGNEE (On Collect on delivery, the letters "C.O.D." must appear before consignee's name or as otherwise provided in Item 430, Sec. 1)
BILL TO	GENERAL COMMENTS
	ROUTING / DELIVERING CARRIER

PIECES	HM	DESCRIPTION	WEIGHT (pounds only) (subject to correction)	RATE	CHARGES	CLASS

This is to certify that the above named materials are properly classified, described, packaged, marked and labeled and are in proper condition for transportation according to the applicable regulations of the Department of Transportation.

SHIPPER	CARRIER				
PER	DRIVER	SEE BACK ☐	PCS	DATE	SINGLE SHPT. (✓)

Después de descargar el embarque, el destinatario le firma el recibo de entrega en un espacio en el que declara haber recibido el embarque en orden. Usted también lo firma, y anota el número de piezas entregadas y la fecha. El destinatario se queda con la **copia del destinatario** y usted se queda con **el recibo de entrega. Ambos documentos deben contener la misma información**.

La Guía de Embarque Parcial (Waybill) (*)

La guía de embarque parcial (waybill) se usa **para entregar embarques divididos o para entregar un embarque antes de que los costos se le han aplicado**.

Un remitente tiene 5,000 cartones para enviar a un cliente. Cada cartón pesa 45 libras. Esta cantidad es suficiente para llenar cinco embarques de 45,000 libras cada uno. Así que el remitente divide el embarque, pero hace nomas una guía de embarque para ganarse una menor tarifa de flete. Como regla general, entre mayor sea el embarque, menor será la tarifa.

La compañía transportista mecanografía cinco guías del embarque parcial y una sola factura del flete. **Cada guía del embarque parcial muestra el número de cartones, el peso y el número del remolque o el número del viaje**. La factura del flete contiene toda la información de la guía de embarque y todos los cobros del flete. **Cada carga se entrega con una guía de embarque parcial**. El juego de documentos en los que consiste una guía de embarque parcial son: el recibo de la entrega de la mercancía, la copia del destinatario y un "memo" o copia adicional. En la guía de embarque parcial **no aparecen los cobros del flete**.

El recibo de entrega de la mercancía y la copia del destinatario se firman y se les pone la fecha de la misma manera que se hace con las facturas. Regrese al despachador el recibo de entrega y cualquier copia adicional.

El Manifesto (Manifest)(*)

El manifiesto se utiliza **cuando trae carga en su remolque, de más de un remitente. El manifiesto lista toda la carga en el embarque**. Muestra el número de piezas y el peso de cada embarque. Si tiene un número progresivo "pro" o el número del remitente, también se incluye en la lista.(El número "pro" es un número especial que se usa para identificar a la carga). También se incluye una descripción breve de la carga y su empaque.

El encabezado del manifiesto muestra el nombre de la compañía transportista y el del operador-propietario o el del chofer. Hay un espacio en blanco para poner la fecha y los números del equipo del camión. En la ilustración 27-3 se muestra un ejemplo breve.

Casi todos las compañías transportistas utilizan un formato diferente para el manifiesto. Algunos incluyen los cobros del flete. Otros muestran la ciudad de origen y la de destino. Dicho simplemente, el manifiesto es un documento que hace una lista de la carga que se transporta.

Ilustración 27-3 Ejemplo de un manifiesto.

MANIFESTO DEL TRANSPORTISTA XYZ

11 . de enero de 2004 — Equipos núms. 38/44

OPERADOR/PROPIETARIO Joe Smith

NUM CONSECUTIVO	REMITENTE	S/N	PZAS.	EMPAQUE	DESCRIP.	PESO
D445321	Cont.Foods	4455	100	cartns.	alimento enlatado	4500
D778662	American Supply	778	50	cubetas	aceite de cacahuate	3000
S999777	Texas Mills	ninguno	350	sacos	harina	35000

Los Números "Pro" o Progresivos

Los números pro son aquellos que se asignan a las facturas del flete (freight bill) y a las guía de embarque parcial (waybill). El nombre viene de el Sistema de Numeración Progresiva de las Facturas del Flete. Esto significa un conjunto de números consecutivos con que se numeran las facturas o las guías de embarque parcial. Así como las páginas de un libro que van del 1 al 2, al 3, y así sucesivamente. Una terminal de una compañía transportista en Atlanta, Georgia, puede comenzar el año 2004 numerando la primera factura con algo como esto: ATL4-0000001.

- ATL por Atlanta
- 4 es el último dígito del año 2004
- 0000001 es la primera factura del año 2004

El número de la segunda factura sería ATL4-0000002. En unos cuantos meses, el número puede ir en ATL4-3357749. El año siguiente pueden empezar con ATL5-0000001. Esto **facilita el dar seguimiento** a los embarques y al papeleo. Los recibos de entrega de la mercancía al destinatario se pueden llenar en orden numérico, manteniendo cada año por separado.

Con frecuencia las compañías transportistas hacen referencia a sus números de factura del flete. Tanto los remitentes como los destinatarios ponen quejas por daños o pérdida de mercancía, meses después de que fue entregada. Puede haber reclamaciones en los cobros del flete que resulten en quejas por haber cobrado de más, uno o dos años después. Los números pro permiten archivar las facturas en orden, día por día. Se pueden localizar en el archivo fácilmente para arreglar las quejas y reclamaciones.

PRUEBA DE LA HABILIDAD PARA OBSERVAR

¿Qué notó en la ilustración con la que se inició este capítulo? ¿La leyó con cuidado? ¿Puede recordar los tres artículos de la carga descritos en la forma? ¿Había algo dañado? Refiérase a la gráfica de la Prueba de la Habilidad para Observar al final del libro y vea cuánto se ha mejorado su capacidad de observación.

El Recibo de Entrega

El recibo de entrega de la mercancía al destinatario que forma parte del juego de la factura o de la guía de embarque parcial, **es muy valioso para la compañía transportista**. Es tan valioso que generalmente se archiva en un cuarto a donde sólo los empleados pueden entrar. Este documento **se puede usar para demostrar que la mercancía se entregó al destinatario**. Este recibo contiene:

- el nombre de la persona que recibió el embarque
- el nombre del chofer del camión que la entregó
- si los cobros indicados se pagaron en el momento de la entrega
- si hubo cualquier excepción en el momento de la entrega
- la fecha y hora de la entrega
- el número del camión o del remolque
- el número del remitente

En sus esfuerzos por asegurarle más clientes a la compañía, la gente del Departamento de Ventas utiliza estos recibos de entrega para demostrar que brindan un buen servicio. Los recibos de entrega documentan las entregas a tiempo y el buen servicio.

Los dos, el de Tráfico y departamento de Reclamaciones de Carga y el de Mantenimiento y Seguridad también utilizan este recibo. Puede ser que tengan que averiguar qué pasó con algún remolque o tractor en un día determinado. Por ejemplo, puede ser que necesiten averiguar cómo fue que se dañó. El recibo de entrega les dará esta información y también les dirá quién era el chofer.

Si **hay algún daño en la carga o falta algo de ella**, **debe anotarse** tanto en el recibo como en la copia del destinatario, y **debe ir firmado por el chofer y dicho destinatario**. Tenga el cuidado de **describir exactamente en qué consistió el daño o los faltantes**. No escriba simplemente que se dañaron 10 cartones. Describa exactamente cómo se dañaron.

Los faltantes tienen que especificar qué faltó. Escribir "faltaron cinco cartones" no es suficiente para proteger a la compañía transportista. Suponga que la carga consiste de televisiones grandes a color y carritos de madera para las televisiones. ¿Qué faltó, televisiones o carritos?

Ilustración 27-4
Ejemplo de un informe de viaje.

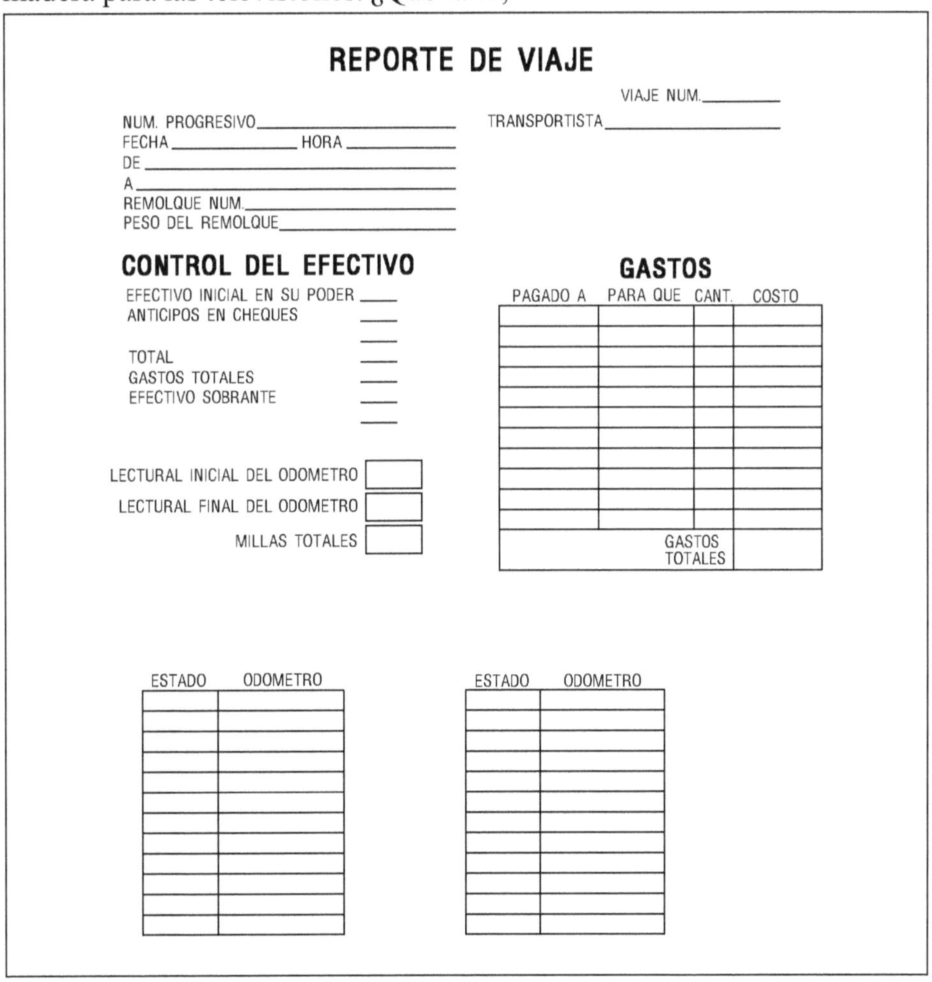
REPORTE DE VIAJE

VIAJE NUM.
NUM. PROGRESIVO
TRANSPORTISTA
FECHA
HORA
DE
A
REMOLQUE NUM.
PESO DEL REMOLQUE

CONTROL DEL EFECTIVO
EFECTIVO INICIAL EN SU PODER
ANTICIPOS EN CHEQUES
TOTAL
GASTOS TOTALES
EFECTIVO SOBRANTE

LECTURAL INICIAL DEL ODOMETRO
LECTURAL FINAL DEL ODOMETRO
MILLAS TOTALES

GASTOS
PAGADO A
PARA QUE
CANT.
COSTO
GASTOS TOTALES

ESTADO
ODOMETRO
ESTADO
ODOMETRO

Las compañías transportistas tampoco quieren que los choferes entreguen mercancía que resulta **sobrante**. Un sobrante existe cuando **hay más piezas que entregar en la carga, de las que dice la factura del flete o la guía de embarque**. Generalmente un sobrante es parte del embarque de otro remitente que se cargó ahí por error.

La mayoría de las compañías transportistas tienen una regla que dice que el chofer debe **llamar a su despachador antes de aceptar cualquier excepción en la entrega** (sin perdidas o daños).

Una vez que el recibo de entrega se firma por las dos partes, debe tratarlo como si fuera oro. Algún día puede valer más que el oro.

El Reporte de Viaje

No obstante que el nombre más común para referirse a este documento es "reporte del viaje", algunas veces también se le llama expediente de viaje, registro de viaje o reporte de millaje. El documento puede tener nombres diferentes, pero los datos que contiene son más o menos los mismos.

El reporte del viaje **contiene todos los hechos importantes que ocurrieron en el viaje**, e incluye

- lugar y fecha en que se inició el viaje
- el nombre del chofer
- los números del equipo del camión
- las lecturas iniciales y finales del odómetro
- cada estado por el que se entró o cruzó
- las lecturas que tenía el odómetro cada vez que se entró en un estado
- la cantidad de dinero que se le anticipó al chofer para gastos
- las compras de combustible, dónde se compró, qué cantidad y cuánto costó

En la ilustración 27-4 puede ver una muestra de un reporte de viaje. Estos reportes de viaje también pueden ser generados por una computadora a bordo. Esto lo discutimos con detalle en el capítulo 11.

En la industria del autotransporte de carga, el control de costos es un factor muy importante. Su compañía transportista se esfuerza todo lo posible por dar seguimiento al número de millas que viajan sus camiones, tanto cargados como vacíos. Con **el uso de los reportes de viaje, las compañías pueden calcular** el **costo por milla** y el **costo por embarque**. También pueden darse cuenta de **qué tractores cuesta menos operar** y **cuáles se descomponen con mayor frecuencia**. El **reporte de viaje informa de todo el dinero que se pagó por un viaje**. También muestra **la cantidad de dinero que se le anticipó al chofer**. Este dinero es el que se le da a usted antes de salir de viaje o el que se le manda cuando anda en camino. Los anticipos son girados en forma rutinaria a las paradas para camiones de carga en donde los choferes que se les acabó el efectivo pueden recibirlos. Al hacer una lista de todo el dinero que recibió y de todo el dinero que se pagó, el reporte de gastos ayuda a la compañía transportista a mantener control de los costos de cada viaje.

Para calcular sus costos con precisión, las compañías transportistas necesitan un reporte de gastos completo. Deben saber si están haciendo ganancias o están teniendo pérdidas. Al leer los reportes de gastos de muchos viajes, pueden ver a dónde va a parar el dinero. El tractor, ¿está consumiendo mucho combustible? ¿Hay muchas cuentas de reparaciones que resultan en tiempo muerto? Los gastos de motel y comidas, ¿son más altos que lo necesario? Los reportes de gastos muestran las reparaciones, las llamadas de larga distancia, las compras de ropa de protección, y más.

La compañía transportista también quiere saber cuántas millas se manejaron en cada estado. Por esto es que **usted registra la lectura del odómetro cada vez que entra a un estado**. Cada estado tiene un impuesto al combustible que se debe pagar. Todos los estados exigen que se pague el impuesto al combustible aún si no se compró combustible en ese estado. **El número de millas manejadas en un estado determina la cantidad que por concepto de impuesto al combustible se debe pagar a ese estado.**

Puede ser que escuche el término "**IFTA**", que significa **International Fuel Tax Agreement** (Acuerdo Internacional de Impuesto al Combustible), o el término "**RFTA**" que son las iniciales de **Regional Fuel Tax Agreement** (Acuerdo Regional de Impuesto al Combustible). Los camiones de carga de la compañía transportista para la que usted trabaja, puede ser que estén registrados en uno de los estados participantes en esos acuerdos. Estos acuerdos se establecieron para simplificar la forma en que las compañías transportistas pagan sus impuestos.

Las compañías transportistas también pueden calcular el pago a partir del reporte de viaje. Usted debe guardar una copia del reporte de cada viaje. Al hacer esto, se asegura de que le pagan la cantidad correcta.

Examen Sobre el Capítulo 27

1. ____ es un contrato legal y obligatorio.
   A. La factura del flete (freight bill)
   B. La guía de embarque parcial (waybill)
   C. La guía de embarque (bill of lading)
   D. El reporte de viaje

2. Si se dice que un embarque está pre-pagado, usted debe cobrar el dinero antes de que descarguen el embarque.
   A. Verdadero.
   B. Falso.

3. Si hay una multa por sobrecarga en el embarque, el _____ debe pagarla.
   A. remitente
   B. destinatario
   C. supervisor de andén que pesó la carga
   D. chofer

4. La factura del flete (freight bill) incluye todos los cargos por flete que se calculan de _____ .
   A. la guía de embarque (bill of lading)
   B. los números progresivos "pro"
   C. el reporte de gastos
   D. la guía de embarque parcial (waybill)

5. _____ se usa para entregar embarques divididos o para entregar un embarque antes de que se apliquen los cobros.
   A. La factura del flete (freight bill)
   B. El recibo de entrega
   C. La guía de embarque parcial (waybill)
   D. La guía de embarque (bill of lading)

6. _____ facilitan dar seguimiento a los embarques y el papeleo.
   A. Los números progresivos "pro"
   B. Los reportes de viaje
   C. Los recibos de entrega
   D. Las guías de embarque (bills of lading)

7. _____ es tan valioso (a) que generalmente se archiva en un cuarto al que sólo pueden entrar los empleados.
   A. La guía de embarque (bill of lading)
   B. El número progresivo "pro"
   C. El recibo de entrega
   D. La guía de embarque parcial (waybill)

8. Si hay algún daño o faltante en la carga, debe ser anotado en el recibo de entrega al destinatario y en la copia del destinatario, y firmado tanto por el chofer como por dicho destinatario, pero si hay sobrantes no se debe preocupar.
   A. Verdadero.
   B. Falso.

9. Casi todas las compañías transportistas utilizan un formato diferente para su manifiesto.
   A. Verdadero.
   B. Falso.

10. Dos documentos que ayudan tanto a los choferes como a las compañías transportistas a llevar un registro de los costos son _____.
    A. el reporte de viaje y la guía de embarque parcial (waybill)
    B. el reporte de viaje y la factura del flete (freight bill)
    C. la guía de embarque parcial (waybill) y el manifiesto
    D. el reporte de gastos y el reporte de viaje

Transportes Julián de Obregón, S.A. de C.V.

CAMION NUM._____ GUIA NUM.__________
OPERADOR________________ R.F.C. TJO-680807 GU2 CTA. NUM. 58258 HOJA NUM.__________

	No. TALON	REMITENTE	CONSIGNATARIO	No. DE BULTOS	CONTENIDO	PESO	VALOR	SEGURO	E.A.D. Y RECC. M.D.D.	FLETE	SUB-TOTAL	I.V.A.	FLETE TOTAL	FORMA PAGO	FORMA PAGO
1															
2															
3															
4															
5															
6															
7															
8															
9															
10															
11															
12															
13															
14															
15															
16															
17															
18															
19															
20															

FECHA__________ ________ A ________ DE ________ DE 19_____
PROCEDENCIA__________ FIRMA DESPACHADOR
DESTINO__________
HORA DE SALIDA__________ IMPORTE DE FLETES PAGADOS $ __________ FIRMA DEL GERENTE FIRMA DE CONFORMIDAD

Ejemplos de la papelería utilizada en Méjico.

GUIA DE EMBARQE DIRECTA - ORIGINAL - NO NEGOCIABLE

PAGINA *1* DE *2*

PONGA AQUI LA
ETIQUETA CON EL NUM.
"PRO" (CONSECUTIVO)

GUIA #
FECHA
TERMINOS
TRANSPORTISTA

REMITENTE	DESTINATARIO (En el caso de Cobrar o Devolver, deben aparecer las letras "C.O.D." antes del nombre del destinatario o como se establezca en el artículo 430. Sec.1)
DISCOUNT SUPPLY SECOND STREET WEST PHOENIX, AZ	DISCOUNT STORE 1234 WEST ST. DENVER, CO
FACTURESE A	COMENTARIOS GENERALES
DISCOUNT SUPPLY SECOND STREET WEST PHOENIX, AZ	
	RUTA / TRANSPORTISTA QUE HACE LA ENTREGA

PIEZAS	MP	DESCRIPCION	PESO (sólo libras) (sujecto a correción)	TARIFA	CARGOS	CLASE
22 TARIMAS DE 800 CARTONES		SOPA ENLATADA. *Excepción: 30 cartones abiertos, el contenido parece estar bien.*	32000			
50 CARTONES		TELEVISIONES. *10 Cartones dañados.*	3750			
50 CARTONES		MESITAS PARA TV. *Faltan 5 cartones.*	500			

La presente es con el fin de certificar que los materiales arriba nombrados están clasificados, descritos, empacados, marcados y etiquetados correctamente, y que se encuentran en condiciones adecuedas para su transporte de conformidad a los reglamentos aplicables del Departamento del transporte.

REMITENTE	TRANSPORTISTA			
DISCOUNT SUPPLY	CFG TRUCKING SERVICES, INC.			
POR	CHOFER *Carson W. Biggs* VEA ATRAS ☐	PZAS	FECHA	UN SOLO EMBARQUE ☑

Traducción de la forma ilustrada en la página 397, 402 igual a la de la ilustracion 27-2.

GUIA DE EMBARQUE DIRECTA—FORMA ABREVIADA—Original—No Negociable

RECIBO, sujeto a las clasificaciones y tarifas en vigor a la fecha de emisión de este original de guía de embarque

Del remitante ____________

(Nombre del transportista) ____________ SCAC. ____________ Del transportista ____________

En ____________ 20 ________ De

Los bienes descritos abajo, en aparente buen orden, excepción hecha de lo que se pueda notar asimple vista (el contenido y su condición dentro de los paquetes, se desconoce) marcados, consignados y con el destino que se abajo se indica, cuyo transportista (para los efectos de este contrato, se entiend por la palabra transportista, cualquier persona física o sociedad por acciones, en posesión de los bienes objeto de este contrato) previamente mencionado, está de acuerdo en transportar a su habitual lugar de entrega en el destino indicado si éste se encuentran en su ruta, y que en caso de que dicho destino no se encuentre en se ruta, también está de acuerdo en entregar los bienes a otro transportista en ruta al mencionado destino. Se está mutuamente de acuerdo, tanto en relación con cada transportista de todos o parte de los bienes descritos, durante todo o parte del trayecto al destino indicado, como en relación con cada parte que en cualquier momento pudiera tener interès en todos o parte de los bienes descritos, que todo servicio prestado bajo el presente contrato quedará sujeto a todos los tèrminos y condiciones de la Guia de Embarque Directa, Domèstica y Uniforme (Uniform Domestic Straight Bill of Lading) establecidos en (1) la Clasificación Uniforme de Fletes (Uniform Freight Classification) en vigor a la fecha del presente contrato, si este embarque se efectúa por tren o por combinación de tren y embarcación, o (2) enla clasificación o tarifas del autotransporte que se aplique al caso, si este embarque se efectúa con vehiculos automotores.

El remitente certifica por medio de este instrumento, que conoce y entiende todos los tèminos y condiciones de la mencionada guia de embarque, incluyendo los descritos en el reverso de este documento, establecidos en la clasificación o tarifa que reglamenta el tranbsporte de este embarque, y cuyos tèminos y condiciones acepta y está de acuerdo el remitente lo que manifiesta por el presente instrumento tanto para sì como para aquellos a quienes transfiera sus intereses en relación al presente contrato.

(Domicilio postal o calle y número del destinario-sòlo para fines de notificación)

Consignado a ____________

Destino ____________ Estado ________ Condado ________ Domicilio donde efectuar la entrega* ____________

(*Para ser llenado sólo cuando lo desea el remitente y las tarifas vigentes incluyen la entregan adicho domicilio.)

Ruta ____________

Transportista que hace la entrega ____________ Iniciales del vehículo ____________ Núm. ____________

Número de paquetes	TIPO DE PAQUETE, DESCRIPCION DE LOS ARTICULOS, MARCAS ESPECIALES, Y EXCEPCIONES	*Peso (sujeto a corrección)	Clase o Tarifa	Columna para marcar

Sujeto a la sección 7 de las condiciones de la guia de embarque aplicable. Si est embarque es para entregarse al consignado sin que el consignador tenga ningún derecho posterior, el consignador deberá firmar la siguiente declaración: El transportista no deberá hacer la entrega de este embarque sin que antes se pague el flete o cualquier otro cargo legal aplicable.

(Firma del consignador)

Si los cargos deben ser pagados por anticipado, estampe o escriba aquí la leyenda "PARA SER PAGADO POR ANTICIPADO"

Se recibió $ ____________

como anticipo para abonarse a los cargos sobre los bienes descritos en el presente documento.

Agente o Cajero

Por ____________

(La firma de este recibo sólo reconoce la cantidad anticipada)

Cargos anticipados

$ ____________

Cobrar al Entregar (COD) $ | y remitalo a | El cargo C.O.D. deberá ser pagado por { Remitente ☐ Destinario ☐

*Si el embarque se desplaza por agua entre dos puertos por medio de una embarcación dedicada al transporte, la ley requiere que se especifique en la guia de embarque si el peso es declarado por el transportista o por el remitente.

NOTA: Cuando la tarifa depende del valor embarque, se les requiere a los remitentes que declaren específicamenta por escrito el valor de los bienes acordado o declarado.

El remitente por medio de este instrumento declara específicamente que el valor de los bienes acordado o declarado no exceda de ____________ por ____________

"La presente es con el fin de certificar que los materiales arriba nombrados están clasificados, descritos, empacados, marcados y etiquetados correctamente, y que se encuentran en condiciones adecuadas para su transporte de conformidad a los reglamentos aplicables del Departemento del Transporte". por

____________ Remitente, Por ________ **1** ____________ Agente, Por ____________

Domicilio postal permanente del remitente.

Traducción de la forma ilustrada en la pagina 399. Muestra de una guía de embarque.

Transportes Julián de Obregón, S.A. de C.V.

EL MEJOR SERVICIO

SERVICIO
PUBLICO FEDERAL DE CARGA REGULAR

OFICINAS GENERALES: 16 de Septiembre No. 902 Tel. 77-1-44 lada 471 León, Gto.

LEON Bodega Carga tels. 75-75-0

CARTA DE PORTE
No. 19812

OFICINA DE GUADALAJARA JAL. "A"

CELAYA, GTO. Tel. 2-21-20 Lada 461	ENSENADA, B.C. Tel. 8-74-76 Y 8-74-75 Lada 667	HERMOSILLO, SON. Tel. 7-48-58- y 7-48-66 Lada 621	MERIDA, YUC. Tel. 24-30-79 Lada 99	MEXICO, D.F. (SUC. SUPER EXPRESS) Tel. 5-67-39-16 Lada 5	QUERETARO, QRO. Tel. 6-37-33 Lada 463	TAMPICO, TAMPS. Tel. 12-59-67 Lada 12
COATZACOALCOS, VER. Tel. 4-88-14 y 4-52-40 Lada 921	GUADALAJARA, JAL. Tels. 19-46-06, 19-47-80, 19-16-94 y 19-99-71 Lada 36	IRAPUATO, GTO. Tel. 7-14-67 Lada 462	MEXICALI, B.C. Tels. 57-18-61 y 57-18-63 Lada 65	MONTERREY, N.L. Tels. 51-00-21 y 51-01-25 Lada 83	SAN FRANCISCO DEL RINCON, GTO. Tels. 3-29-55 Lada 474	TEPIC, NAY. Tel. 2-66-14 Lada 321
CULIACAN, SIN. Tels. 4-78-18 y 4-77-67 Lada 671	GUADALAJARA GONZALEZ GALLO Tels. 57-33-10, 53-33-11 Y 57-27-48 Lada 36	LOS MOCHIS, SIN. Tels. 2-08-19 y 2-78-56 Lada 681	MEXICO, D.F. (SUC. ROSARIO) Tels. 7-84-05-16 7-64-20-47 7-84-05-47 Lada 5	PUEBLA, PUE. Tels. 35-53-25 35-31-93 Lada 22	SAN LUIS POTOSI, S.L.P. Tel. 2-44-61 Y 2-62-88 Lada 481	TIJUANA, B.C. Tels. 89-05-18 y 89-05-19 Lada 66
CD. OBREGON, SON. Tel. 3-30-88 y 4-47-07 Lada 641	GUAYMAS, SON. Tel. 2-89-50, 2-64-40 y 2-89-51 Lada 622	MAZATLAN, SIN. Tel. 5-14-75 y 2-08-32 Lada 678	MEXICO, D.F. (SUC. VALLEJO) Tel. 5-67-31-27 y 5-67-93-71 Lada 5			

INSTRUCCIONES PARA LLENARSE ESTE TALON Y CONDICIONES DE TRANSPORTE A LA VUELTA.

ORIGEN: A DE DE 19	DESTINO:
REMITENTE:	DESTINATARIO:
DOMICILIO:	DOMICILIO:
SE RECOGERA EN: TEL.	SE ENTREGARA EN: TEL:
FRACCION NUM: CLASE	CUOTA POR TONELADAS $ / VALOR DECLARADO $

BULTOS NUM.	BULTOS CLASE	QUE SE DICE CONTIENEN	PESO	VOLUMEN Mts. Cúbicos	VOLUMEN Peso Estimado

REEMBARCO:	REEMBARCARSE CON
CONDUJO DE: A	CONDUCIRA DE: A
OBSERVACIONES:	

CONCEPTO	IMPORTE
FLETE	
SEGURO	
RECOLECCION	
ENTREGA A DOMICILIO	
MANIOBRAS	
OTROS	
SUB-TOTAL	
I.V.A. 15%	
TOTAL	
FORMA DE PAGO	
OTRAS LINEAS	
TALON No.	

DEBO Y PAGARE incondicionalmente a la órden de **Julián de Obregón, S.A. de C.V.** en esta Ciudad, o en el lugar donde se me requiera, el día ____ de ________ de 19____ la cantidad de ________________ M.N. Valor del servicio descrito que he recibido a mi entera satisfacción. El presente Pagaré causará intereses a razón de _____% mensual sobre la cantidad insoluta.

FIRMA

R.F.C. TJO - 680807 GU2
CTA. No. 58258

ORIGINAL BLANCA- CLIENTE QUE HACE EL PAGO DUPLICADO NARANJA- CLIENTE QUE NO HACE EL PAGO. TRIPLICADO CAFE- OFICINAS GENERALES
CUADRUPLICADO ROSA-OFICINA DE ORIGEN ARCHIVO CONSECUTIVO QUINTUPLICADO AZUL - OFICINA DE ORIGEN ARCHIVO POR CLIENTE

Ejemplos de la papelería utilizada en Méjico.

CAPITULO 28

CARGANDO, FIJANDO Y DESCARGANDO LA CARGA

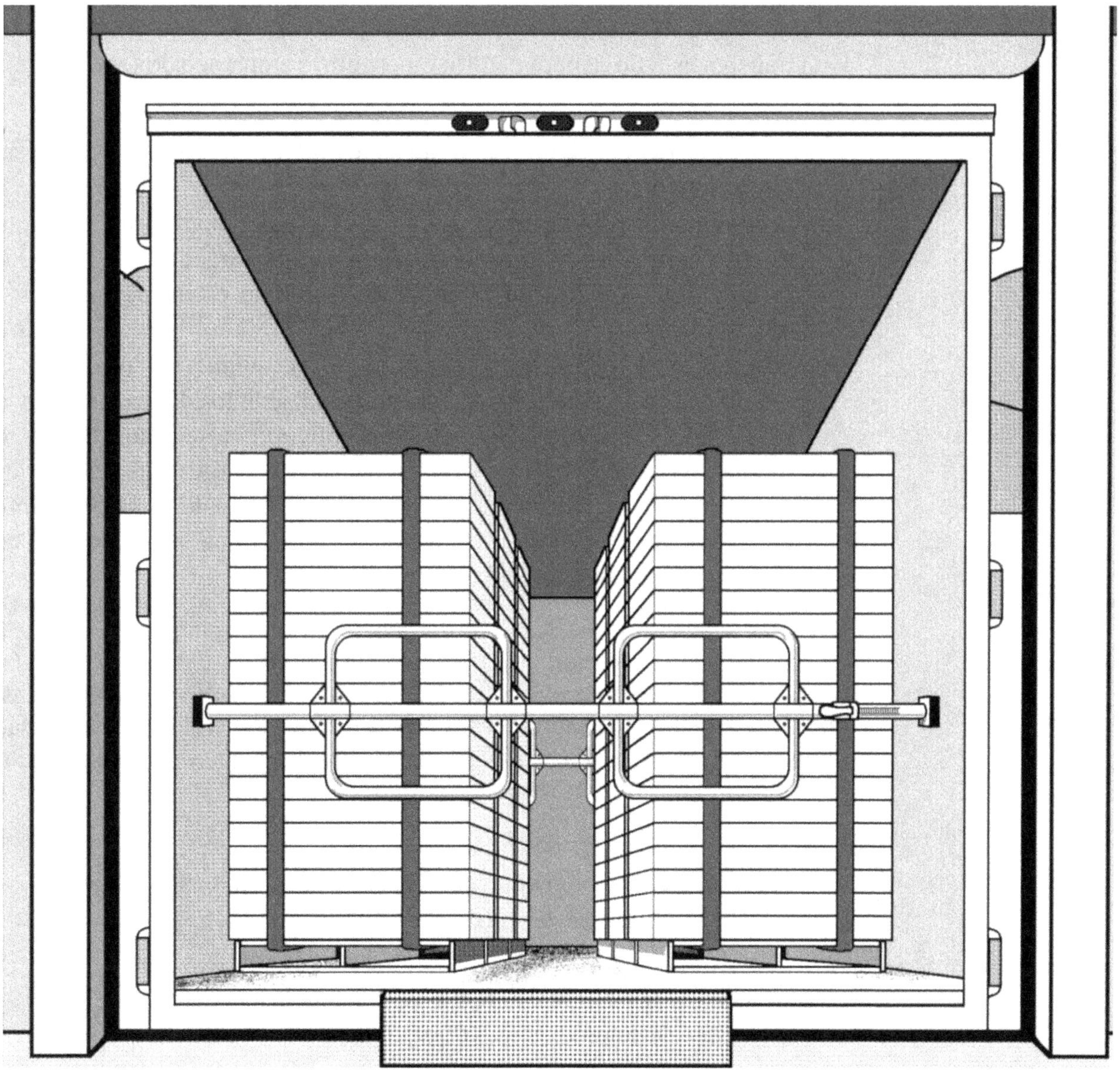

Las Responsabilidades de los Choferes

Como el capitán de un barco o el piloto de un avión, Usted será responsable del vehículo de carga que maneje. **No importa quién sea el que físicamente cargue el remolque, el chofer es el responsable de las**

condiciones en que se encuentre la carga. No sólo debe Usted revisar su vehículo para asegurarse de que está listo para circular por la carretera bajo condiciones de seguridad, sino que también debe inspeccionar la carga periódicamente para asegurarse de que está bien fija y segura, de que se encuentra dentro de los límites legales de peso, y de que está balanceada correctamente. La única excepción a este respecto es cuando el remolque se encuentra sellado.

He aquí lo que el Departamento del Transporte (Department of Transportation) dice acerca de esas responsabilidades en la parte 392.9 de los Reglamentos Federales de Seguridad del Autotransporte (Federal Motor Carrier Safety Regulations): Nadie deberá manejar un vehículo de motor, y un transportista no deberá pedirle o permitirle a una persona que maneje un vehículo de motor, a menos que:

- la carga del vehículo esté adecuadamente distribuida y sujeta correctamente.
- la compuerta y redilas traseras del vehículo, sus puertas, lonas, llanta de refacción y demás equipo utilizado en su operación, así como los medios usados para fijar la carga del vehículo estén bien sujetos y asegurados; y
- la carga del vehículo o cualquier otro objeto no obstruya la visibilidad del chofer hacia adelante o hacia los lados derecho o izquierdo, o interfiera con el libre movimiento de sus brazos o piernas, u obstruya el libre y rápido acceso del chofer a los accesorios que se requieren para emergencias, o impida la salida rápida y libre de cualquier persona que se encuentre en la cabina del vehículo o en el compartimento del chofer.

El evitar accidentes que resulten de una carga impropiamente cargada o de una falla en la sujeción y fijamento de la misma, es una gran responsabilidad que recae sobre el chofer. Le afectará a Usted todos los días, así que estudie estos apartados de los Reglamentos Federales de Seguridad del Autotransporte (siglas en inglés: FMCSR) hasta que se entere de todos los detalles acerca de sus responsabilidades:

- 392.9 La seguridad en la maniobra de carga
- 393.100 Protección contra carga que se mueva o que se caiga
- 393.102 Sistemas de sujeción y fijamento de la carga
- 393.104 Bloqueo y tirantes alrededor de la carga
- 393.106 Estructura delantera
- 393.110 Número mínimo de ataduras

Para obtener su Licencia para Conducir Vehículos Comerciales (CDL) tendrá que responder preguntas acerca de la seguridad de la carga.

La otra razón de importancia para la correcta sujeción y fijamento de la carga es el evitar las reclamaciones de daños contra el transportista. En el punto de destino cuando se descargue, revise y se reciba la carga, se tomará nota de cada artículo que el chofer permita que se dañe por manejo o sujeción inadecuadas. Luego se hace una reclamación de daños contra el transportista. Tales **reclamaciones se pueden evitar** con el esfuerzo y la atención que **el chofer** preste en el momento en que se está sujetando la carga. En este capítulo veremos las formas correctas de efectuar la maniobra de carga, la sujeción de la misma, y la maniobra de descarga, de tal manera que se eviten daños.

Cargando Remolques de Plataforma

El nombre de "remolques de plataforma" se puede referir a las plataformas mismas o a los remolques llamado camas bajas o en inglés: flatbed y también low boy. Si Usted remolca cualquiera de los dos tipos de plataforma, las clases o tipos de carga con las que se encontrará no tienen límites. Algunas cargas pueden ser ligeras y voluminosas. Otras pueden ser muy compactas y pesadas. Generalmente las cargas que se destinan al transporte en remolques de plataforma, son cargas que sencillamente no pueden transportarse en remolques de caja porque no pueden subirse a través de sus puertas traseras ya sea debido a su tamaño o a su peso.

Las cargas que se transportan en remolques de plataforma son las que se levantan y se colocan sobre el remolque utilizando montacargas o grúas. Algunas de estas cargas puede ser que se manejen y se suban a la plataforma por su propia propulsión.

LIMITES DE ALTURA

Las cargas se pueden apilar sobre la plataforma hasta determinada altura. Primero, **para poder circular por las carreteras interestatales, hay límites de altura**. **Generalmente** este límite **es de $13^1/_2$ pies** medidos a partir de la superficie sobre la que se encuentra el vehículo. Algunos estados permiten alturas mayores, y para tales cargas, pueden o no requerir que se obtenga un permiso, generalmente con anticipación. Los detalles sobre los límites de altura específicos de cada estado, los puede encontrar en un buen libro de mapas para choferes de vehículos de carga. Segundo, por razones de estabilidad, debe mantener bajo el centro de gravedad o aumentará las posibilidades de una volcadura. Coloque las piezas más pesadas abajo.

Los remolques de cama baja (lowboy) son perfectos para cargas altas. Dado que el remolque mismo está construido tan bajo, la mayor parte de la altura la puede aprovechar la carga. Además, la baja construcción en forma de honda (tirador), mantiene estable al remolque y a la carga.

Los reglamentos pueden llegar a ser muy específicos acerca de cómo se atan algunos tipos de carga como carretes o rollos, tubería o partes de metal largas. La parte 393.100 de los Reglamentos Federales de Seguridad del Autotransporte (FMCSR), tiene los detalles y los dibujos de dichos requisitos. El hecho de que las cargas metálicas se cubran con tanto detalle no significa que los otros tipos de carga no sean importantes. Lo son, y en este capítulo hablaremos de algunos de los tipos de carga más comunes. También su transportista le puede dar instrucciones específicas acerca de la forma de sujetar la carga sobre remolques de plataforma (flatbed).

LA FORMA DE SUJETAR LA CARGA SOBRE UNA PLATAFORMA

Los métodos más comunes para sujetar las cargas sobre un remolque de plataforma son:

- cables y malacates
- redes de cinchos y malacates
- cadenas y sujetadores de carga (tensores)

Todos son fáciles de usar. Sin embargo, cuando los está apretando, puede romper, doblar o cortar la carga. Así que debe tomar sus precauciones para **proteger la carga y que no la dañe con estos dispositivos de sujeción**. Coloque un pedazo de tabla en forma de V o bloques de madera entre el cable, cincho o cadena, y los filos de la carga para protegerlos.

Los reglamentos establecen que la fuerza combinada de todas las ataduras o sujeciones debe ser $1^1/_2$ veces el peso de lo que se sujeta. Siga los lineamientos de los reglamentos en el FMCSR en la parte 393.110 para saber el numero mínimo de ataduras que se necesitan.

Cadenas y sujetadores (tensores)

Algunos tipos de tubería y vigas pesadas de acero, maquinaria pesada, vehículos con llantas de hule y equipo de construcción, se sujetan mejor con cadenas y sujetadores de carga (tensores). Todo el propósito de **las cadenas** es el de detener la carga y **evitar** que **se mueva ya sea hacia los lados o para adelante y para atrás**. Como lo puede apreciar en la ilustración 28-1, la colocación y dirección adecuadas de las cadenas evitará tal movimiento.

Ilustración 28-1
(A) Cadenas que sujetan la carga jalando hacia afuera.
(B) Cadenas sujetando la carga jalando hacia adentro. (C) Cadenas cruzadas.

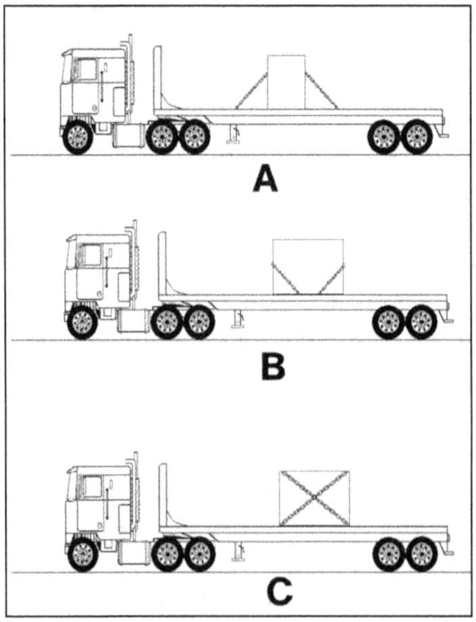

Los ganchos de acero de las cadenas se enganchan a unos carriles de acero que se localizan a cada lado del remolque, o a unos anillos que para tal efecto se encuentran en el piso del mismo. La cadena se coloca sobre o alrededor de la carga y se tensa a mano.

Sin embargo, no importa qué tan fuerte trate Usted de tensar la cadena, cuando lo hace a mano no se tensará lo suficiente para evitar que se mueva la carga. La cadena se debe tensar aún más. Para esto es para lo que sirve el tensor o sujetador de carga. Usted coloca los ganchos de los extremos del tensor, a la cadena con la palanca del tensor en la posición abierta. Luego, **jala dicha palanca a la** posición de cerrada para **tensar la cadena**.

Cuando se tensan las cadenas con tensores, a muchos se les han roto dedos o brazos. Cuide de no meter los dedos cuando utilice este dispositivo. La forma apropiada de instalar el tensor es con las piernas del tensor abiertas. Ganche la palanca del tensor a la cadena para que Usted la pueda operar estando parado en el suelo o la tierra. Asegurese de que sus pies estén bien plantados. Use las dos manos para jalar la palanca así a Usted o así abajo mientras trata de trabarla sobre el centro.

Ilustración 28-2
Un tensor (o sujetador) en la posición de abierto (A), y en la posición de cerrado (B).

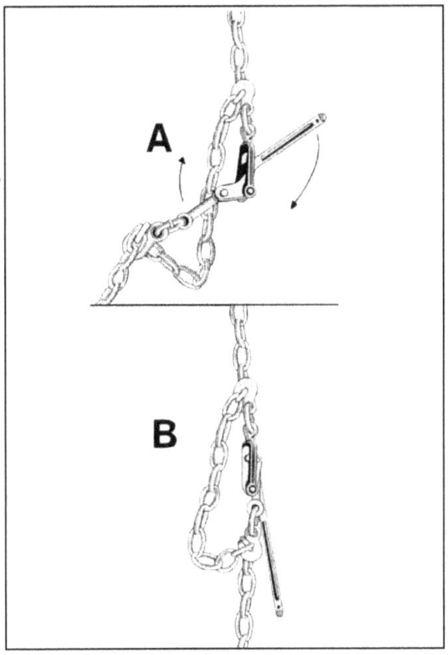

El usar un pedazo de tubo (tubo de engaño o en inglés: cheater pipe) para extender la palanca del tensor no es recomendado. Esto se puede hacer deslizando un pedazo de tubo sobre la palanca del tensor pero no está libre de peligro. Si no tiene suficiente apalancamiento usando nomas la palanca del tensor, mejor use un trinquete.

Cuando Usted suelta un tensor, recuerde que hay mucha energía en la cadena tensada. Esto causará la palanca del tensor a volar así arriba muy rápidamente y mucha fuerza cuando es destrabada. Mantenga su cuerpo fuera del camino por donde se va a mover la palanca.

Nunca use el tubo de engaño para soltar la palanca del tensor. Para abrir la palanca es mejor usar una barra de fierro metida por debajo de la misma. Otra vez, mantenga su cuerpo fuera del camino por donde se va a mover la palanca al soltarse.

Si Usted suelta la palanca con sus manos, use una mano abierta por debajo de la palanca y empujela así arriba. No cierre la mano o trate el asimiento de ella. Hasta cuando Usted hace que se suelte la palanca con la mano, esta volará con tremenda fuerza. Mantenga todas las partes de su cuerpo fuera del camino por donde se va a mover la palanca al soltarse.

Bloques y Abrazaderas

Además de cadenas y tensores, puede ser que necesite usar bloques de madera **para evitar que se mueva la maquinaria que está montada sobre ruedas**. Los reglamentos federales especifican bloques de madera cuyo tamaño mínimo será de cuatro por cuatro pulgadas (4x4). Estos **bloques de madera de cuatro por cuatro deberán estar clavados al**

piso de madera. Si el piso del remolque es de metal, puede utilizar cadenas para sujetar los bloques de madera en su lugar y contra las ruedas.

Muchas clases de equipo requieren de una abrazadera o soporte. Con frecuencia el remitente sabe qué tipo de abrazaderas hacer y usar. Así que generalmente son los empleados de dicho remitente los que lo hacen. Y, no obstante que Usted no es el que hace la abrazadera, Usted es el encargado de verificar que la carga vaya segura. Si la abrazadera o soporte no sujetan la carga, lo que resulte será responsabilidad de Usted.

Asegúrese de que la **madera** utilizada **para hacer la abrazadera no tenga "nudos" o rajaduras**. Muchas veces una abrazadera o un embalaje que se ven muy bien fallan porque la madera tenía un "nudo" o una rajadura. Asegúrese de que los clavos que utiliza sean **de menos el doble de largo, del ancho de la madera** a la que se clavan. Deben clavarse derechos o con un ángulo en dirección contraria al movimiento de la carga. Las abrazaderas o soportes deben ir de la parte de arriba de la carga hacia el piso.

Si La abrazadera o soporte no parece que vaya a funcionar, hágaselo saber a la persona encargada. Para ser un poco diplomático, pídale hablar en privado. Dígale a la persona lo que le preocupa a Usted y cuáles son sus razones. Explíquele que una vez que vaya Usted en la carretera será muy tarde para hacer correcciones. Sea cortés, pero firme al mismo tiempo.

Si no puede corregir el problema, pídale que le preste su teléfono. Llame a su despachador y explíquele el problema. Puede ser que el despachador quiera hablar con el empleado del remitente. No salga hasta que se resuelva la situación. Recuerde que una vez que la carga sale del poder del remitente, **Usted es totalmente responsable** de cualquier daño que le suceda a la carga o que ésta le pueda causar a las carreteras, a los bienes de otros, o a terceras personas. No tome ningún riesgo con la sujeción y correcta fijación de la carga.

LA PROTECCION DE LAS CARGAS SOBRE PLATAFORMA

Las lonas

La lona en forma de caja, comúnmente conocida como lona, es **una cubierta protectora**. En la industria del autotransporte, las lonas se usan para cubrir la carga que va sobre los remolques de plataforma. Puede ser que necesite cubrir la carga con una lona no sólo para protegerla, sino también porque los reglamentos estatales o locales así lo requieren con el fin de proteger a la gente de la carga que se pueda caer.

Las lonas se amarran con soga, con redes de cintas de tela o con cuerdas elásticas con ganchos. Para enlonar un remolque, Usted sube la lona enrollada a la parte de arriba de las redilas delanteras y la desenrolla a través de las barras hacia la parte de atrás del remolque. Luego la tensa y la amarra a los travesaños de las redilas. Si la lona está pareja y bien tensada, no deberá aletear a velocidades de carretera normales.

Es mucho más difícil enlonar una carga de maquinaria o equipo que no es uniforme. Una vez que los dispositivos de amarre se han tensado, coloque la lona directamente sobre la carga. Luego amarre la lona de tal manera que ni el viento ni las condiciones de intemperie se metan dentro de la carga. Mucho ayudaría que le hiciera un doblez superpuesto hacia el frente. Doble la lona de tal suerte que no tenga espacios abiertos que puedan atrapar viento. Cuando enlona una carga desuniforme puede ser que necesite cantidades adicionales de soga.

Abajo listamos algunos ejemplos de carga que deben enlonarse cuando se transportan en un remolque de plataforma.

- madera contrachapada (plywood) y madera para uso en interiores
- equipo militar
- yeso y cemento en sacos de papel
- hierro, acero y aluminio
- equipo de cocina para restaurantes
- clavos en cajas de cartón
- equipo de lavandería y tintorería
- tubería para agua potable

El agua puede dañar cualquiera de estas cargas, así que revise la plataforma de su remolque buscando agujeros. Si el piso de su remolque no es a prueba de agua, debe cubrirlo con plástico. Con frecuencia los remitentes cubren con plásticos la parte de arriba y los lados de la carga, pero generalmente el plástico no envuelve la carga por la parte de abajo. El cubrir el piso de su remolque con plástico además de enlonar la carga por encima del plástico que le pone el remitente, la mantendrá seca.

Puede ser que se le requiera enlonar la carga para protegerla del **humo**. Esto se hace **cubriendo** el frente de la carga **con una lona**. La lona evita que la carga se decolore por la acción del humo que sale del escape. Si omite **proteger la carga de la decoloración por la acción del humo**, a su transportista le harán una reclamación por el daño.

Prepare la plataforma de su remolque con material que levante la carga del suelo (generalmente madera) para que reciba una carga grande y pesada que se colocará sobre dicho material por medio de montacargas o grúa. Esto **permitirá que un montacargas o grúa** en el punto de destino, **pueda accesar la carga por debajo**. El colocar una carga sólida y muy pesada directamente sobre el suelo del remolque ocasionará serios problemas de descarga.

LA INSPECCION DE LAS CARGAS SOBRE PLATAFORMA

La parte 392.9 de los Reglamentos Federales de la Seguridad del Autotransporte (siglas en inglés: FMCSR) establece que el chofer que se encuentre en circulación, **debe revisar** la sujeción y seguridad de **toda carga** incluyendo las cargas enlonadas. La única excepción a esta regla son las cargas selladas. Una vez que Usted se encuentra circulando por la carretera, debe revisar la carga con frecuencia. Fíjese con detenimiento en todos los bloques y soportes de madera. Asegúrese de que ninguno de los clavos se está saliendo. Jale cada cadena. Si alguna tiene juego, abra el tensor y ajústelo. Haga su **primera revisión dentro de las primeras 50 millas**. Con frecuencia, si algo se va a mover un poco de tal manera que afloje las cadenas, se moverá pronto, en cuanto el vehículo empiece a vibrar y a balancearse en las primeras millas de camino. **Vuelva a revisar la carga:**

- después de tres horas o
- después de 150 millas o
- al cambio de deberes

el que suceda primero. Algunas cargas poco comunes deben revisarse aún con mayor frecuencia.

Usted debe traer un martillo, clavos, cadenas, tensores y una buena cantidad de soga, especialmente cuando jala un remolque de plataforma. Con estas cosas puede arreglar la sujeción de la carga o colocar otra cadena a una pieza de maquinaria que parece estar suelta.

Cuando efectúe las revisiones que se hacen cada tres horas, deberá caminar alrededor del camión para revisarle las llantas y las luces además de la carga. En la noche, debe traer un martillo para las llantas en una mano y un foco de mano en la otra. Para saber si las cadenas están tensas o flojas, déles pequeños golpes con el martillo. Si la cadena está tensa, rebotará el martillo.

Algunos tipos de carga tienden a moverse más que otros. Si transporta una carga que requiere de cualquier tipo de dispositivos de amarre, debe **ajustar sus técnicas de manejo con el fin de reducir la posibilidad de que se mueva la carga**. No haga movimientos ni virajes bruscos, o frene de repente. No se salga de la carretera a un superficie disparejo. Cuando entre o salga del autopista, maneje más despacio de lo que generalmente lo hace. Evite estacionarse en zonas que tengan una inclinación muy pronunciada.

La Maniobra de Carga de los Remolques de Caja

La mayoría de las cargas de los remolques de caja estarán, **o puestas a mano sobre el piso (carga sobre piso)** o vendrán **puestas sobre tarimas (entarimadas)**. En algunas ocasiones **el remitente se encargará de toda la operación de carga**, y Usted sólo la supervisará. Quizá no deberíamos decir "sólo". Recuerde que Usted es responsable de todo lo que le suceda a la carga una vez que firme los papeles. **Asegúrese de que la maniobra de carga se hace adecuadamente**.

Revise cada tarima conforme la meten al remolque. Busque cajas dañadas. Si encuentra alguna, no la acepte. Asegúrese también de que el chofer del montacargas no daña ninguna caja cuando hace la maniobra de carga. Debe ser muy cuidadoso al hacer esto, porque cuando llegue al punto de entrega, el empleado que le va a recibir se fijará en cada caja. Si hay alguna dañada, la pagará Usted. No importa que la caja haya sido dañada mucho antes de que se cargara a su vehículo. El que le recibe pensará que fue culpa de Usted.

Asegúrese de que cada tarima está estibada de tal manera que no se incline. Asegúrese además, de que cada tarima se coloca pegada a la que tiene enfrente y de que esté cuadrada respecto del remolque. Si no hace esto, las tarimas ocuparán mucho espacio y pueden no caber todas en el remolque. En la mayoría de los casos, habrán dos filas de tarimas a todo lo largo del remolque. Coloque cada tarima de tal manera que haya el mismo espacio entre tarimas que entre tarima y pared de la caja.

PRUEBA DE LA HABILIDAD PARA OBSERVAR

¿Se fijó en el remolque cargado de la ilustración con la que se inició este capítulo? ¿Le pareció que la carga estaba bien colocada y segura? ¿Porqué sí o porqué no? Revise su respuesta en la gráfica de la Prueba de la Habilidad para Observar al final del libro.

Estibamiento en capas traslapadas

No todas las cargas vienen en tarimas. De vez en cuando estibará a mano una carga de cajas de cartón o sacos. Para cargar cajas y que éstas queden seguras, utilice el método de **estibamiento en capas traslapadas** (capas "con amarre") que se muestra en la ilustración 28-3 de la siguiente página. Con este método se **distribuye en forma uniforme el peso** de una capa de carga. Al traslapar las hileras de tal manera que las capas de carga se amarren entre sí, hay **menos probabilidad de que se mueva la carga**.

Empiece en cualquier lado del piso hacia la nariz del remolque. Cargue el primer cartón y colóquelo contra la esquina de la pared delantera. Coloque todos los cartones a lo ancho del piso hasta completar una hilera de cartones.

Empiece la siguiente capa de cartones del lado opuesto al que puso la primera. Si los cartones de la primera hilera no caben exactamente a lo ancho del remolque, deje el espacio. Mientras el cartón que va a colocar sobre la capa anterior no cuelgue más de la mitad de su ancho, no se preocupe. Este traslape es bueno e inicia el traslape a todo lo ancho de la hilera. Coloque este primer cartón bien pegado contra la pared del remolque e igualmente cada cartón de la hilera, contra los que ya están cargados.

Ilustración 28-3
(A) Método de estibamiento en capas traslapadas (con "amarre"). (B) Un remolque lleno usando capas traslapadas. Este método que se usa para cartones de carga seca también se puede usar con sacos.

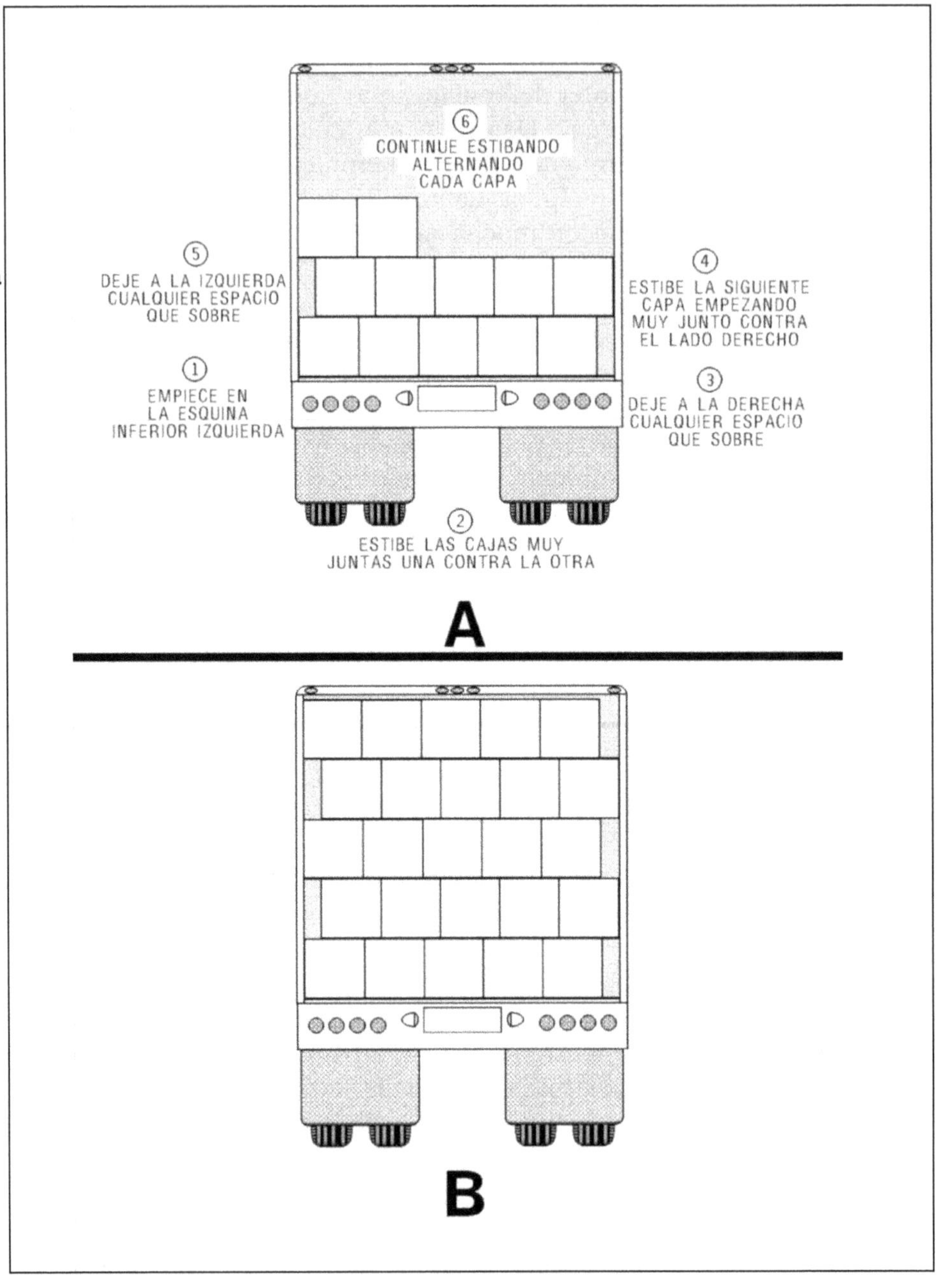

Continúe cargando hileras a lo largo del remolque como acabamos de esbozar. Siempre empiece la siguiente hilera del lado en que terminó la anterior, y así levante una pared de carga desde el suelo hasta el techo.

Los diferentes tamaños y formas de la carga que vaya a colocar en el remolque son las limitantes en la aplicación de esta técnica de estibamieto en capas traslapadas. Tendrá que hacer algunos ajustes de acuerdo a los diferentes tamaños de cartón. Por ejemplo, puede cargar a lo largo del remolque y no a lo ancho. Esto reduce la posibilidad de que las hileras de carga se muevan para adelante y para atrás cuando va haciendo paradas continuamente. El traslape de las capas reduce el movimiento de la carga de lado a lado.

Trate de construir las capas de carga de tal manera que la parte que da hacia el que está cargando esté tan derecha como sea posible y que la hilera de más arriba quede lo más nivelada posible. La carga más pesada y estable colóquela en las capas de abajo, la más ligera en las capas de arriba. Siempre coloque los cartones con el lado correcto hacia arriba como se indica en los mismos.

La maniobra de carga de los remolques refrigerados

En el caso de los remolques refrigerados es especialmente importante que la carga se haga adecuadamente. **El aire debe poder circular alrededor de toda la carga**. Esto ayuda a mantener una temperatura uniforme y evita que haya secciones de la carga que se sequen. Tanto con las cargas sobre el piso como con las entarimadas, tenga especial cuidado en dejar espacios alrededor y entre las hileras. Mantenga la carga retirada de la puerta trasera, especialmente cuando el exterior esté a temperaturas extremas que puedan afectarla.

FIJACION DE LAS CARGAS EN REMOLQUES DE CAJA

La fijación de las cargas en remolques de caja no presenta el mismo reto que se tiene cuando se trata de cargas sobre plataforma. El **cuerpo mismo de la caja proporciona estabilidad** a la carga. Sin embargo hay un dispositivo, los tirantes de fijación, que brindan mayor estabilidad a la carga dentro de la caja.

Los tirantes de fijación son barras largas que se estiran a lo ancho del remolque. Una vez puestas en su lugar, se empujan contra las paredes de la caja utilizando un mecanismo parecido al de un gato. Estas barras siempre se deben usar en la parte de atrás de la carga para **evitar que se caigan cajas**. Coloque una cerca de la parte superior de la carga y otra más o menos a la mitad de la altura. Asegúrese de que están bien sujetas en su lugar.

PROTECCION DE LAS CARGAS EN REMOLQUES DE CAJA

De una manera similar, la **carrocería misma de la caja protege la carga**, así que no necesita ni lonas ni plástico. Sin embargo, antes de proceder a cargar, cerciórese de que el interior de la caja esté limpio y seco. Busque clavos, astillas o cualquier otro tipo de protuberancia que pueda dañar la carga.

INSPECCION DE LAS CARGAS EN REMOLQUES DE CAJA

La revisión o inspección de las cargas en remolques de caja es también un procedimiento más bien sencillo, que simplemente consiste en **cerciorarse de que nada de la carga se haya movido** de su lugar. Si las maniobras de carga y fijación de la misma se hicieron bien, todo debe estar en su lugar.

La Carga de Carros-Tanque para Líquidos

La persona encargada de la carga o descarga de un carro-tanque debe asegurarse de que siempre hay alguien vigilando la operación. La persona que vigila dicha operación debe:

- tener clara visibilidad del carro-tanque
- estar dentro de una distancia no mayor de 25 pies del tanque
- estar consciente de los peligros que se pueden presentar
- saber qué procedimientos seguir en caso de una emergencia
- saber mover el carro-tanque y estar autorizado para hacerlo

Apague su motor antes de cargar o descargar cualquier líquido inflamable. Mantenga el motor encendido sólo si lo necesita para operar la bomba. Conecte a tierra correctamente el carro-tanque antes de llenarlo a través del orificio para tal efecto. Igualmente, conecte a tierra el tanque antes de abrir el orificio de llenado, y manténgalo conectado a tierra hasta que cierre dicho orificio.

En el caso de un tanque de gas comprimido, mantenga cerradas las válvulas de descarga de líquidos excepto durante las operaciones de carga y de descarga. A menos que su motor haga funcionar la bomba para transferencia de producto, apáguelo cuando cargue o descargue. Si utiliza su motor, apáguelo en cuanto termine de transferir el producto, antes de desconectar la manguera. Si se trata de un tanque para cloro, desconecte todas las conexiones para carga y descarga antes de acoplar, desenganchar o mover el tanque. Siempre calce los remolques y los semi-remolques para evitar que se muevan cuando están desenganchados del tractor.

Nunca llene completamente los carros-tanque. Los líquidos necesitan cierto **espacio vacío** – para expandirse cuando se calientan. Su despachador le dirá qué espacio vacío necesita el líquido que va a transportar.

Algunos líquidos son muy densos y aún una pequeña cantidad es muy pesada. **De este tipo de líquidos**, Usted **sólo deberá llenar el tanque parcialmente**. Para cargar líquidos al nivel adecuado puede ayudarse de un dispositivo sensor y controlador de nivel.

Como Usted sabe, algunos tanques tienen divisiones o compartimientos. Esto significa que debe tener cuidado de no sobrecargar ninguno de los compartimientos. Si lo hace, puede poner demasiado peso sobre el eje delantero o trasero.

LA PROTECCION Y SEGURIDAD DE LAS CARGAS LIQUIDAS

Como en el caso de los remolques de caja, el cuerpo del tanque mantiene segura a la carga. Frecuentemente los tanques tienen aislamiento, o tienen refrigeración o calefacción para mantener la carga a una temperatura específica. También con frecuencia, están presurizados para mantener ciertas substancias lo suficientemente estables para su transporte. Su despachador y el remitente le dirán a qué temperatura y presión debe mantener la carga.

LA INSPECCION DE CARGAS LIQUIDAS

Revise con frecuencia las manguera y válvulas del tanque para que se cerciore de que no hay fugas. Igualmente, revise los medidores de presión y temperatura para verificar que se mantienen a los niveles adecuados.

Ir a Recoger un Embarque

El procedimiento para ir a recoger un embarque varía de lugar a lugar, pero en casi todos los casos es más o menos lo mismo. Lo más probable es que ocurra algo así:

Cuando Usted llega al patio del remitente se detiene en la puerta de acceso. El guardia revisa su identificación, lo registra y llama a la oficina de embarques para hacerles saber que Usted ya llegó. Le dicen dónde estacione su vehículo y a dónde ir a recoger los papeles del embarque. Una vez que se estaciona, camina al andén de la oficina de embarques. Un letrero sobre una ventana dice "Los choferes diríjanse aquí".

Un empleado de la oficina le pregunta el nombre de su compañía y el de Usted. Le dan una copia de una guía de embarque (bill of lading) y una hoja recortada en blanco. En la esquina superior izquierda, el empleado escribió "Puerta 23". Le piden que retroceda su remolque a esa puerta y espere al encargado.

Una vez que ha retrocedido al andén, use las escaleras y súbase en el remolque. Revísele el techo y los lados buscando agujeros. Fíjese en el piso para que se cerciore de que no haya clavos o que esté sucio. Regrese al andén de carga y párese en su puerta. Espere al encargado. No se meta al almacén ni a ninguna de las oficinas.

Cuando llegue el encargado, se volverá a revisar su remolque. El encargado mandará un cargador a su puerta. Asegúrese de **comparar sus papeles de carga con los del cargador** porque ya ha sucedido muchas veces que cargan la carga que no es en el remolque que tampoco es.

En muchos almacenes colocan las cargas en un lugar de la zona de embarques llamado de "carga lista para embarque". Los 1,056 cartones que Usted se va a llevar ya fueron traídos con anterioridad al piso de embarques. Ya revisaron que no estuvieran dañados y ya fueron contados.

Usted debe **revisar su carga en ese lugar de carga lista para embarque, antes de que la suban a su remolque**. Cuente las tarimas y los cartones. Conforme colocan las tarimas en el remolque, use la hoja de papel recortada para revisar y ahí indicar el número de cartones. Si todas las tarimas tienen el mismo número de cartones, en este caso 48 cada una, indique cada tarima conforme la cargan. Luego indique que cada tarima tenía 48 cartones y 22 X 48 = 1,056 en total. Escriba el número del remolque, el número de la guía de embarque (bill of lading), la fecha y su nombre.

El encargado le traerá el original de la **guía de embarque**. **Revise que no haya sido alterada**. Si está en orden, escriba con letra de imprenta el nombre de su compañía y luego fírmela. Indique el número de cartones que recibió, la fecha y el número del remolque. Ponga en un círculo el número total de piezas luego afije el número "pro". Acepte su copia de la guía de embarque. Pida que le permitan usar el teléfono. Llame a su despachador, dígale su nombre y número e infórmele que el remolque ya ha sido cargado.

Cuando salga, mueva el remolque muy despacio. Debido a que Usted firmó de recibido una carga completa con todo en orden, cualquier daño será responsabilidad de Usted. Continúe retirándose muy despacio hasta que libre completamente tanto el andén como a otros vehículos de carga. Luego, antes de que cierre las puertas, revise de nuevo la carga.

Distribución Adecuada del Peso

Lo que más le debe importar cuando cargan su remolque es:

- el peso bruto
- la carga a su capacidad en volumen
- el peso al eje
- la clasificación por peso

El peso bruto vehicular (siglas en inglés: GVW) es el **peso total del tractor o del remolque más su carga**. **El peso bruto combinado (siglas en inglés: GCW)**, es el **peso total de la unidad de tracción más el del remolque o remolques, más el de la carga**. Ni el peso bruto vehicular ni el peso bruto combinado de la unidad que Usted conduce, **pueden exceder los límites establecidos por cada estado** por el que vaya a circular. Si detectan que su vehículo pesa más de lo permitido en una caseta de inspección o de entrada a algún estado, puede ser que le impongan una fuerte multa que deberá pagar Usted, el chofer. Además puede ser que tenga que descargar el exceso de peso en la báscula antes de que pueda continuar el viaje. Luego tendrá que regresar por ese exceso de carga, o pagarle a alguien para que lo lleve por Usted.

El peso bruto combinado permitido para una unidad tractor-remolque de 18 ruedas, es de 80,000 libras. Sin embargo, no deben excederse los límites permitidos para los pesos al eje. **El peso al eje es el peso que cualquiera de los ejes o combinación de los mismos, transmite al suelo**. Los estados tienen límites establecidos para los pesos al eje. Un ejemplo común de estos límites es el siguiente:

- al eje delantero o de la dirección — 12,000 libras
- a un eje sencillo — 20,000 libras
- a un juego de ejes dobles o en tándem — 34,000 libras

Si el peso a su juego trasero de ejes dobles es de 37,000 libras, todavía lo pueden multar aunque el peso bruto combinado de su equipo sea menor de las 80,000 libras.

Aún más, debe cumplir con las **leyes de "puenteo"**. Estas leyes estatales establecen **un peso máximo al eje para aquellos ejes que se encuentran muy juntos**. Esto evita que se circule con sobrecargas por carreteras y puentes. Una ley de "puenteo" puede aún restringir más el peso al eje, que de otra manera estuviera permitido.

Algunos estados van aún más lejos y limitan la cantidad de peso por rueda. Usted tendrá que enterarse de estas leyes en los estados por los que va a circular, con el fin de que pueda distribuir su carga adecuadamente.

Cargar todo el espacio disponible para carga significa el intentar **llenar todo el espacio del remolque y aún así permanecer dentro de los límites legales de peso.** El verdadero problema consiste en hacer caber toda la carga dentro del remolque sin sobrecargar ningún juego de ejes.

Una vez que ha cargado, siempre debe revisar su peso en una báscula pública. Si donde carga no se encuentra ninguna disponible, pregunte en dónde está la báscula más próxima. La mayoría de las paradas grandes para vehículos de carga tendrán una.

Si su vehículo cuenta con dispositivos deslizables (quinta rueda y ejes), es ahora cuando pueden ser de gran ayuda. En el Capítulo 23 se muestra cómo usar estos dispositivos con el fin de que ambos ejes permanezcan dentro de los límites legales.

Cuando pese su vehículo en la báscula, asegúrese de **pesar separadamente cada eje o par de ejes**. No es suficiente con saber su peso bruto vehicular o combinado. Debe saber el peso a cada eje y a cada grupo de ejes para que esté seguro que se encuentra dentro de los límites legales.

Una consideración final es la que se refiere a la **clasificación de peso**. Los fabricantes de vehículos asignan una **clasificación** de **peso bruto vehicular (siglas en inglés: GVWR)** a un vehículo solo más la carga, y una **clasificación de peso bruto combinado (siglas en inglés: GCWR)**, a un tractor con su remolque o remolques y la carga. Estas clasificaciones establecen **qué tanto peso puede soportar el vehículo con seguridad**. Las llantas, las suspensiones y los dispositivos de acoplamiento también vienen clasificados por pesos. Es ilegal **el excederse de estas clasificaciones de peso**. Además, maltrata al vehículo y sus partes. Esto conduce a que se le descomponga antes de tiempo. También **puede ser peligroso**. Un vehículo muy sobrecargado se puede descomponer en medio del tráfico.

La maniobra de carga distribuyendo adecuadamente el peso

Cargar su vehículo dentro de los límites de peso no es su única preocupación. Usted también quiere que el peso esté distribuido adecuadamente.

Cuando la carga se estiba demasiado alta, el vehículo se vuelve inestable porque trae mucho peso en la parte alta. Es mucho más probable que se voltee en una vuelta o en una curva inclinada en la carretera. Sobrecargar el eje de la dirección puede hacer difícil maniobrar su vehículo. También tendrá problemas de dirección si el eje delantero no tiene suficiente peso sobre él. Si los ejes con tracción tienen poco peso sobre ellos, se puede reducir su capacidad tractora y pueden derrapar. Cuando la carga no está distribuida uniformemente, es más probable que ésta se mueva y se dañe durante el transporte.

Antes de cargar la primera caja a su remolque, ya debió haber **planeado** exactamente **cómo va a cargar todo el remolque**. Un poco de planeación le hará la vida mucho más fácil. Si hace esto, no tendrá tantos problemas de poner demasiado peso sobre un eje. Esto puede ser un poco difícil al principio, pero después de un tiempo se familiarizará con sus remolques y los tipos de carga que generalmente transporta.

Si toda su carga es del mismo tipo de producto, digamos cajas de clavos, entonces su tarea es más bien sencilla. Como regla general, la mayoría de los remolques de caja se pueden cargar uniformemente desde adelante hasta atrás. Así que, primero **calcule cuántas cajas o tarimas puede poner en el remolque sin considerar su peso bruto**. Luego **asegúrese de que están espaciadas uniformemente desde adelante hasta atrás**.

Si tiene una carga muy voluminosa que ocupa mucho espacio pero que no pesa mucho, su problema es diferente. Aquí su reto es meter al remolque tantas cajas como sea posible. Asegúrese de utilizar todo el espacio disponible dentro del remolque. Aunque Usted carga algo que piensa que es ligero, sería prudente que vigilara el peso. No es tan imposible sobrecargar un remolque con cajas pequeñas y ligeras.

La carga más difícil de acomodar es la que tiene diferentes tipos de carga, algunos bultos pesados, otros ligeros, algunos voluminosos y otros muy compactos y pesados. En este caso debe planear la colocación de la carga con mucho cuidado. Su consideración más importante puede ser el peso, pero también puede desear considerar la maniobra de descarga. Si tiene varias paradas que hacer, **la carga que coloca al último debe ser la destinada a su primera parada**. Si tiene preguntas acerca de cómo cargar, pregúntele a su despachador o a un chofer compañero de Usted.

El Cerrado y Sellado del Remolque

Una vez que el remolque está cargado, debe cerrarlo con seguro y quizá sellarlo. Cualquier remolque con puertas debe tener cerradura para cada puerta. Entre mejor sea la calidad de la cerradura, mejor protegida quedará la carga.

Además, muchos remitentes y compañías transportistas tienen sus propios sellos. Un sello es una banda de metal o plástico con el nombre de una compañía sobre ella y un número de serie. Una vez que se pone el sello, se tiene que cortar para quitarlo. Los números en los sellos se registran en las guías de embarque (bill of lading) y en otros documentos de embarque. Lo que significa una carga sellada es que **el chofer no debe quitar el sello hasta que el destinatario lo ve o lo quita inmediatamente antes de descargar**. La única excepción a la regla que dice que por razones de seguridad, el chofer debe revisar periódicamente la carga, es el caso de un remolque sellado.

La Entrega de un Embarque

Cuando descargue, utilice la misma hoja de papel recortado que le dieron, o una nueva. **Lleve cuenta** del número **de tarimas y cartones conforme los retiran** del remolque. **Vigile de cerca al operador del montacargas**. Algunos de estos operadores no son muy cuidadosos. Si las cuchillas del montacargas no están lo suficientemente bajas, pueden pegar en los cartones y romperlos. Si ve que esto sucede, pare al operador y llame al encargado. Si dañaron la carga, debe anotarse en el recibo de entrega. Es responsabilidad de ellos.

Cuando se termine de descargar, **haga que le firmen el recibo de entrega**. Asegúrese de encerrar en un círculo el número de piezas, de que se muestra la fecha y el número del remolque. No les permita que firmen con anotaciones como "sujeto a recuento o a detección de daño en transporte".

Nunca deje el remolque cuando tiene las puertas abiertas. Usted mismo haga la revisión y el conteo. Nunca admita que sea otro el que cuente. Usted es el responsable.

Examen Sobre el Capítulo 28

1. No importa quién haya cargado el remolque, el responsable por su seguridad es el ____.
   A. remitente
   B. chofer
   C. destinatario
   D. fabricante

2. Es muy común que para sujetar la carga se usen los cables o redes de cinchos con malacates, o las cadenas con tensores, porque, aunque son difíciles de usar, no maltratan la carga.
   A. Verdadero.
   B. Falso.

3. Todo el propósito de sujetar la carga con cadenas es mantenerla en su lugar para evitar que se mueva hacia los lados o para adelante y para atrás.
   A. Verdadero.
   B. Falso.

4. Deslizar un pedazo de tubo sobre la palanca del tensor es un manera sin peligro de aumentar el brazo de la palanca.
   A. Verdadero.
   B. Falso.

5. Cuando una abrazadera, un embalaje, o soporte es hecho para sujetar la carga, el largo de los clavos que se usen, de menos debe ser ____ del espesor de la tabla en la que se clavan.
   A. el mismo
   B. el doble
   C. la mitad
   D. tres cuartos

6. Si el piso de su remolque no es a prueba de agua Usted debe _____.
   A. rehusarse a cargar
   B. esparcir aserrín sobre el piso
   C. cubrir el piso con un plástico
   D. pedir prestado cualquier otro remolque que se encuentre en el patio

7. Usted debe hacer la primera revisión de su carga dentro de la(s) primera(s) ____ de haber empezado a manejar.
   A. dos horas
   B. 50 millas
   C. media hora
   D. dos millas

8. Las tres cosas principales a las que debe poner atención cuando se carga su remolque son: el peso bruto, el peso al eje, y_____ .
   A. la presión del aire en las llantas del remolque
   B. la ruta que seguirá para llegar a su próximo punto de destino
   C. el colocar la carga para aprovechar todo el espacio disponible en el remolque
   D. el peso del material utilizado en el embalaje o sujeción de la carga

9. El peso permitido para una unidad tractor-remolque de 18 ruedas es de 80,000 libras por eje.
   A. Verdadero.
   B. Falso.

10. La única excepción a la regla que dice que Usted debe revisar su carga es cuando lleva un remolque _____.
    A. enlonado
    B. refrigerado
    C. con carga seca
    D. sellado

INCENDIOS Y ACCIDENTES

Los Accidentes Sí Suceden

A pesar de nuestros mejores esfuerzos por evitarlos, los accidentes sí suceden. Si Usted tiene un accidente, debe saber exactamente qué hacer. Los primeros minutos después de que sucedió el accidente son cruciales. Las cosas que necesitará saber son: cómo detenerse, advertir al tráfico, dar primeros auxilios, proteger los bienes y tomar apuntes. Debe saber a quién notificar. Debe saber qué formas llenar y cómo. Puede ser que tenga que proteger la zona del accidente y que tenga que hacerle frente a un incendio en un vehículo.

Si sucede un accidente hay cosas que debe hacer y cosas que no debe hacer. En términos legales **"debe"** no quiere decir "puede" ni quiere decir "debería", lo que quiere decir es que **tiene que hacerlo, no tiene alternativa**. Si no hace lo que la ley dice que debe hacer, la pena puede ser una multa, la cárcel o la pérdida de su licencia — o quizá las tres cosas.

La Política de su Compañía

La compañía por la cual Usted trabaja tendrá unas políticas muy específicas que hay que seguir si Usted está involucrado en un accidente. La política de la compañía le dice cómo y cuándo y a quién se debe informar en casos de accidentes. De estos informes que Usted da a su compañía, su compañía luego informará las autoridades y las compañías de seguros.

El juego de papelería para accidentes que su compañía le provee, incluyará estas instrucciones EN CASO DE ACCIDENTE:

- PARE. No parar es una violacción grave. No mueva el vehículo hasta que llegue la policía.
- PROTEGA LA ZONA DEL ACCIDENTE. Prenda las luces intermitentes de emergencia. Coloque los señales de advertencia.
- INFORME A LA POLICIA. Pida ayuda por los heridos. NO MUEVAN las personas lesionadas a menos que haya un peligro inmediato.
- INFORME A LA COMPAÑÍA. Si es necesario, llene una tarjeta de informe del accidente. Pida que alguien llame su compañía a cobra revertida.

Más otras.

Estas instrucciones se aparecerán en la parte de afuera del juego de papelería para accidentes.

Algunos de estos formularios son:

- un informe de accidente para documentar la información que requieren el estado y las compañías de seguros
- tarjetas de testigos para informar sobre los testigos
- una tarjeta de informe la cual Usted puede dar a un espectador para que aquella persona pueda informar su compañía mientras Usted se queda con el accidente
- una tarjeta de exculpa en el caso de que el otro chofer admita la culpabilidad.

El juego pueda que hasta incluya una camera. Ilustración 29-1, en la próxima página, muestra un ejemplo de un formulario para reportar los accidentes.

Ilustración 29-1
Llene esta forma con cuidado. Le pide alguna de la información que necesitará su transportista para reportar el accidente al las autoridades y a la compañía de seguros. (La traducción se encuentra en la página 448.)

VEHICLE ACCIDENT REPORT	
ACCIDENT DATA	***VEHICLE #2***
Driver Drv. Code:	Driver
Terminal Driver Manager	Address Phone
On Date Time am/pm	City State
City State	Owner
Location	Address Phone
Describe road	City State
Describe weather	Insurance Co.
	Phone
INJURY	Policy No.
Was anyone hurt or did anyone complain of pain/ injury?	Year Make Model
If so, who?	Damaged area(s)
If yes, describe injury/pain	
	PROPERTY OR VEHICLE #3
Person(s) taken from scene for medical help?	Owner
Who and where taken?	Address Phone
	City State
Persons killed? " Yes " No	Property & Damage
Driver(s) 1 " 2 " 3 " Passengers(s)1 " 2 " 3 "	
VEHICLE #1	
Tractor List damaged areas	***ACCIDENT DESCRIPTION***
	Describe what happened in your own words:
Trailer #1 List damaged areas	
Trailer #2 List damaged areas	
Other List damaged areas	
Cargo damaged? " Yes " No	
Trip number Driver wearing seat belt?	
Shipper to consignee	

Si su compañía transporta los materiales peligrosos, la política sobre los accidentes y cómo reportarlos será más extenso. Hay muchos más requisitos que hay que cumplir cuando uno transporta los materiales peligrosos.

Los Reglamentos

Los reglamentos del Departamento del Transporte (Department of Transportation) le dicen lo que Usted debe hacer y lo que no debe hacer. Encontrará esos reglamentos en el manual de los Reglamentos Federales de Seguridad del Autotransporte (siglas en inglés: FMCSR). **Usted debe saber** estos **reglamentos**. Acerca de esto no se admiten ni excusas ni pretextos. La sección 390.5 del los Reglamentos le dará la definición de un accidente.

VEHICULOS PARADOS

Las secciones 392.22 y 392.51 de los Reglamentos Federales de Seguridad del Autotransporte le dicen lo que tiene que hacer si es que tiene que parar y dejar su vehículo. Asegúrese de que el freno de estacionamiento está puesto. Si quiere estar seguro de que su vehículo no se moverá cuando Usted se haya ido, utilice calzas. Estaciónese por un lado de la carretera, no sobre el arroyo por donde circula el tráfico. Asegúrese de que los vehículos pueden pasar bien y que los que vienen detrás de Usted, así como los que vienen en sentido opuesto puedan ver claramente su vehículo estacionado.

Cuando Usted participa en un accidente en el que como resultado haya, ya sea, heridos o muertos, o los dos, o que haya daño de cualquier tipo a propiedades y bienes sin importar que el daño sea pequeño, Usted se **debe parar inmediatamente.** Esto no significa que se pare en la próxima zona de descanso o en la próxima caseta de inspección, sino inmediatamente, y en un lugar seguro en el lugar mismo del accidente.

Usted debe hacer todo lo que esté a su alcance para evitar que el accidente que acaba de ocurrir provoque otro accidente. Otra forma de decir esto es que Usted debe **proteger la zona del accidente**. Aprenderá cómo hacer esto, más adelante en este capítulo.

Usted debe **ayudar** a las personas lesionadas. La política de su compañía a lo mejor advierta que no mueva a nadie si el hacerlo aumenta las probabilidades de causar una lesión aún mayor. En muchas ocasiones el chofer entrenado de un vehículo de carga es el único que sabe qué hacer en el lugar de un accidente. Muchos choferes profesionales han tomado la iniciativa para proporcionar primeros auxilios o ayudar con técnicas para salvar vidas. Es buena idea el conseguir que la Cruz Roja le otorgue un certificado de que está capacitado para hacer esto.

Si su vehículo de carga está equipado con radio de banda civil, llame inmediatamente a la policía local o a la patrulla de caminos. Entre más rápido llegue una ambulancia u otro vehículo para emergencias, serán mejores las probabilidades de minimizar cualquier lesión. Mantenga caliente a cualquier víctima de un accidente mientras llega ayuda. Detenga cualquier hemorragia abundante aplicando presión directamente sobre la herida.

A cualquiera que se lo pida, Usted deberá enseñarle su licencia de manejar y darle:

- su nombre y dirección
- el nombre y dirección de su compañía transportista
- el número del registro estatal de su vehículo

Finalmente y tan pronto como pueda, debe **informar de todos los detalles** del accidente a su compañía. También aprenderá más acerca de esto, más adelante en este capítulo.

Hay dos cosas importantes que no debe hacer. Uno es **marcharse del lugar del accidente.** L sección 391.15 contiene las reglas sobre el irse del lugar de un accidente. El otro se trata del uso del alcohol y la droga. La sección 382.303 permite el examinar al chofer por la presencia de drogas y alcohol después de un accidente. La sección 382.209 dice que los choferes no deben tomar alcohol por lo menos unas ocho horas después de un accidente hasta que le han hecho la prueba por los mismos, según la sección 382.303.

La Protección del Lugar de un Accidente

Cuando protege el lugar de un accidente, debe seguir las mismas reglas que sigue cuando detiene su vehículo en la carretera. Las reglas de las que hablamos aquí acerca de dispositivos para situaciones de emergencia y las que hablan de cómo poner las señales de advertencia, se aplican cada vez que pare Usted su vehículo en la carretera, haya habido accidente o no.

Hay dos pasos para proteger el lugar de un accidente.

- Prender sus luces intermitentes de emergencia
- Poner los dispositivos de advertencia

La sección 392.22 y 392.25 de los Reglamentos Federales de Seguridad del Autotransporte le requiere a Usted el **prender sus luces intermitentes de emergencia** siempre que se detenga sobre la parte donde circulan los vehículos en la carretera o en el acotamiento de la misma. Debe prenderlas y mantenerlas activadas hasta que coloque los dispositivos de advertencia, y mientras recoge dichos dispositivos. Puede dejarlas encendidas mientras los dispositivos de advertencia están puestos. No debe usar las luces intermitentes de emergencia en lugar de los dispositivos de advertencia.

El interruptor para las luces intermitentes de emergencia probablemente se encuentre localizado en su tablero. Prenda estas luces inmediatamente. Hasta que no coloque los dispositivos de advertencia, estas luces pueden ser la única advertencia para los otros choferes, de que ha ocurrido una situación de emergencia.

La sección 393.95 de los mismos reglamentos federales (FMCSR), le dice qué equipo para emergencias debe traer, y la sección 393.22 le dice cómo debe colocar los dispositivos de advertencia alrededor de su vehículo.

Debe traer un extinguidor de incendios. Aprenderá acerca de esto más adelante en este capítulo.

Si su vehículo fue fabricado el o después del 1ro. de enero de 1974, debe traer **tres triángulos de emergencia** que sean reflejantes por los dos lados.

Ilustración 29-2
Esta es la regla general de colocación de los dispositivos de advertencia para emergencias en caso de que se tenga que detener o de que tenga un accidente, en la carretera o en el acotamiento de la misma.

Los reglamentos describen las especificaciones exactas para estos triángulos reflejantes. Vea la sección 393.95 (i)(1-7) de dichos reglamentos federales (FMCSR) para que se asegure de que los triángulos que Usted tiene cumplen con dichas especificaciones. Hay otros dispositivos que puede traer para complementar el uso de los triángulos, pero éstos, los debe traer.

La regla general descrita en la sección 392.22 dice que Usted debe **colocar los dispositivos de advertencia** tan pronto como sea posible, pero tiene que ser **dentro de los 10 minutos posteriores** al momento en que haya parado. Dice que debe colocar los tres triángulos como sigue:

- Coloque un triángulo hacia el lado del tráfico y dentro de los 10 pies de distancia ya sea del frente o de la parte de atrás de su vehículo.
- Coloque otro triángulo a alrededor de 100 pies de distancia de su vehículo y en el centro del carril por donde viene el tráfico o del acotamiento sobre el que Usted se detuvo, y dando la cara a los vehículos que se aproximan por ese carril.
- Coloque otro triángulo a alrededor de 100 pies de distancia de su vehículo, en el centro del carril por donde circula el tráfico o del acotamiento sobre el que Usted se detuvo, pero en la dirección opuesta a la del segundo triángulo que acabamos de describir.

Dado que ésta es la regla general, se imaginará que hay algunas reglas específicas para circunstancias también específicas.

Si el accidente ocurre (o Usted se detiene por alguna razón) a 500 pies o menos de una curva, de la cima de una cuesta o loma, o de cualquier otro objeto que evite que los demás choferes lo vean, debe colocar un triángulo a una distancia de 100 a 500 pies de su vehículo y en dirección a los vehículos que se aproximan hacia donde Usted está. Esto es con el fin de asegurar que el tráfico que se aproxima tenga tiempo más que suficiente para disminuir su velocidad.

Si el accidente ocurre en una carretera con división en medio, o de un solo sentido, Usted debe:

- Colocar un triángulo a una distancia de 200 pies de su vehículo y en dirección a los vehículos que se aproximan al lugar.
- Colocar un triángulo a una distancia de 100 pies de su vehículo en dirección a los vehículos que se aproximan.
- Colocar un triángulo hacia el lado del tráfico y a no más de 10 pies de la parte trasera de su vehículo.

Una vez que ha colocado correctamente sus triángulos de emergencia, puede apagar sus luces intermitentes.

Ahora que ha protegido el lugar para evitar que ocurran otros accidentes, es momento de **ayudar a cualquier víctima que haya habido en el accidente** como ya lo dijimos antes. Una vez que haya llamado a las autoridades, va a necesitar empezar a reunir la información para hacer su informe acerca del accidente.

Ilustración 29-3
Proteja el lugar de un accidente que ocurre en una carretera dividida o de un solo sentido, en la forma que se muestra.

La Notificación

Cuando Usted llamó a la policía, la patrulla de caminos, los bomberos u otras autoridades locales, Usted empezó el proceso de la notificación. Ahora tiene que llamar el despachador de su compañía y empezar el proceso del informe acerca del accidente.

Si tiene un accidente, hay un cierto número de formularios que tiene que **llenar**. La patrulla de caminos o la policía local le darán a llenar un **reporte, local o estatal, de accidente**, o quizá simplemente una tarjeta de información. Debe asegurarse de obtener el nombre del oficial y el domicilio de la agencia de policía. El despachador de su compañía o el investigador de accidentes de la misma, le pedirán estos datos.

Esta es sólo la información inicial que su transportista necesitará para elaborar los reportes que debe hacer. Su transportista debe llenar un reporte de accidente para su compañía de seguros. Los formularios utilizados por las compañías de seguros son muy parecidos. Todos necesitan más o menos la misma información para procesar una reclamación.

Desde luego que si Usted decide convertirse en un **operador/propietario**, Usted mismo será también la compañía transportista, en el sentido de que será **su responsabilidad llenar los formularios tanto como entregarlos a las agencias apropiadas. También será su responsabilidad el reportar el accidente a su compañía de seguros.**

El formulario de **reporte de accidente del chofer** le ayuda a reunir la información que Usted o su compañía transportista necesitarán para llenar los formularios requeridos por el Departamento del Transporte (DOT) y por la compañía de seguros. La ilustración 29-1 le muestra un ejemplo de este formulario. Asegúrese de que lo llena en forma clara. Todos los accidentes, aún los menos graves, son trastornantes. Bajo estas condiciones puede ser que su letra manuscrita no sea muy legible. Si usa letra de molde, se calmará un poco y le dará más tiempo para pensar tanto en las preguntas como en las respuestas que habrá de escribir. Además será más fácil de leer después.

El formulario de **descripción del accidente** es muy útil. Es una tarjeta con renglones en la parte de arriba y un espacio en blanco en la parte de abajo. En la parte de arriba se le pide que **explique con sus palabras lo que sucedió**. Asegúrese de que escribe esta descripción claramente en letra de molde. En la parte de abajo se le pide que **haga un diagrama del accidente**. No se preocupe si dibuja un vehículo de carga que no lo parece. Lo importante es mostrar cómo se aproximaron los vehículos que participaron en el accidente y dónde quedaron después del mismo.

Enseguida, **distribuya las tarjetas de testigos entre las personas** que hayan podido ver el **accidente**. Estas tarjetas le piden a los testigos que contesten las siguientes preguntas:

- ¿Vio Usted el accidente?
- ¿Resultó Usted o cualquier otra persona, lesionado (a)?
- ¿Iba Usted de pasajero en nuestro vehículo?
- ¿Fue culpa el accidente de nuestro chofer?

Luego, la tarjeta le pide al testigo un corta explicación de lo sucedido y su nombre, domicilio y número de teléfono. Asegúrese de que recoge estas tarjetas. Sea muy cortés cuando las distribuya y cuando las recoja. Siempre recuerde que está representando a su compañía. La gente siempre recordará si fue Usted eficiente, competente y cortés en el lugar del accidente. Repercutirá en beneficio suyo y de su compañía.

Asegúrese de que se llenaron los formularios de su juego de papelería para accidentes, y que además se hizo en forma precisa. Es muy importante para su compañía.

MATERIALES PELIGROSOS

Si va transportando materiales peligrosos y tiene un accidente, debe **notificar a su compañía** inmediatamente. La compañía a su vez, debe notificar inmediatamente al Departamento del Transporte (DOT). Esto es tan de vital importancia, que el Departamento del Transporte proporciona un número de teléfono para que se llame sin costo y para que las compañías transportistas lo usen para reportar los casos de accidente en los que hay materiales peligrosos de por medio. Al llamar a este número se hace participar a los miembros del "Equipo de Primera Respuesta" (First Response Team), quienes están entrenados especialmente para responder a este tipo de accidentes. En el capítulo 30 trataremos esto con más detalle.

En el caso de materiales peligrosos, una fuga puede constituir un accidente. Dependiendo de la carga, una fuga puede significar un desastre para las personas que se encuentren en la zona. Esta es una de las razones por las que los choferes que transportan materiales peligrosos reciben entrenamiento especial y tienen un endoso especial en su licencia para conducir vehículos comerciales (CDL).

Algunas de las reglas en relación a los accidentes en los que hay materiales peligrosos, se encuentran en la sección 397.19 de los Reglamentos Federales de Seguridad del Autotransporte (FMCSR). Si Usted transporta materiales peligrosos, asegúrese de que conoce estas reglas. También su compañía debe proveer entrenamiento especial si Usted transporta materiales peligrosos.

Incendios en Vehículos

Los incendios en vehículos se consideran accidentes. Algunas veces los incendios en vehículos ocasionan accidentes, y otras, los accidentes ocasionan incendios en vehículos. Como chofer profesional, Usted debe saber qué ocasiona un incendio en un vehículo. Debe saber cómo prevenirlos. Y debe saber qué hacer una vez que se inicia uno.

Para iniciarse y arder, **el fuego necesita combustible, aire y calor**. Se considera combustible cualquier cosa que se queme. La mayoría de las cosas se queman si se les proporciona suficiente aire y calor. El aire u oxígeno es esencial. El fuego no puede arder sin aire. (Por esto, una de las formas de apagar un incendio es "sofocarlo"). El calor se necesita hasta que el combustible alcanza su punto de inflamación. Este es el punto en el que el combustible se quemará. A partir de ahí, él genera su propio calor. Como lo verá, **la fricción es la principal fuente de calor en los incendios de vehículos.**

Como chofer profesional, en caso de un incendio en un vehículo, Usted tiene grandes responsabilidades. Antes que nada, Usted debe buscar **la protección de su vida y de la vida de los demás**. Luego debe **tratar de salvar su vehículo y su carga**.

TIPOS DE INCENDIOS EN VEHICULOS

Una forma de agrupar los incendios en vehículos es de acuerdo al lugar en que se pueden iniciar:

- las llantas
- el sistema eléctrico
- el remolque
- la cabina
- en el lugar donde se carga combustible
- como resultado de un accidente

Incendios en llantas

Las llantas se incendian porque se sobrecalientan. La causa principal del sobrecalentamiento de las llantas es que no estén suficientemente infladas, que estén "bajas. Una **llanta baja se sobrecalienta** porque se flexiona mucho. Cuando se flexiona, sus partes rozan contra sí mismas y crean fricción. La fricción genera calor. Puede **calentarse lo suficiente como para producir flama,** y el hule se quema muy bien.

Es fácil darse cuenta que la mejor manera de evitar los incendios en las llantas es asegurarse de que se encuentren infladas correctamente. En el capítulo 9 se le dice cómo hacer esto. En la sección 393.75 de los reglamentos federales (FMCSR) se establece como requisito.

Ilustración 29-4
El que una llanta esté baja puede hacer que se incendie. Esta tabla lista también otras causas y sus medidas preventivas.

INCENDIOS EN LLANTAS

CAUSAS	PREVENCION
A. Llantas bajas	A. Infle las llantas correctamente
B. Circular con una llanta ponchada	B. Repare o cambie la llanta ponchada
C. Grasa o aceite acumulados alrededor del tambor del freno	C. Límpielo, encuentre la fuga y repárela
D. Vehículo sobrecargado	D. Reduzca la carga o cambie las llantas
E. Manejar con exceso de velocidad	E. Disminuya su velocidad

Una llanta sobrecalentada debe quitarse y colocarse a una distancia segura del vehículo. Siga la política de su compañía en cuanto el manejo de las llantas sobrecalentadas. Si una llanta se está quemando, puede usar su extinguidor de incendios. Más adelante en esta sección trataremos acerca de cómo hacer esto.

Incendios de origen eléctrico

Los problemas con el alambrado o con la batería pueden causar los **incendios**. Los incendios de origen eléctrico también los pueden causar un mal alambrado, alambres pelados o desgastados, conexiones flojas, o circuitos sobrecargados. Las secciones de la 393.27 a la 393.33 de los reglamentos federales (FMCSR) contienen los reglamentos acerca de su sistema eléctrico. Lo que estos reglamentos buscan es promover las condiciones de seguridad a través de la prevención de incendios de origen eléctrico.

La forma de evitar incendios de origen eléctrico es asegurarse de que su vehículo cumple con los reglamentos federales (FMCSR). Esto requerirá algo de **mantenimiento preventivo** por parte de Usted. Revise el alambrado cada vez que levante su cofre (o capó). Asegúrese de que no hay alambres flojos o pelados. Mantenimiento preventivo también quiere decir que mantenga limpio su motor. De esta manera si hay algún problema con la batería y suelta una chispa, no habrá disponible nada de aceite o combustible para quemar. Asegúrese también de cambiar los cables de la batería si se encuentran desgastados o deshilachados.

Si tiene un incendio de origen eléctrico, siga los pasos que listamos a continuación:

- Apague el motor.
- No abra el cofre (capó) si puede evitarlo.
- Rompa el circuito zafando uno de los cables de la batería.
- Use su extinguidor de incendios disparándolo a través de las rendijas de la parrilla, del radiador o desde la parte de abajo del vehículo.

Cuando apaga el vehículo, detiene el flujo de corriente eléctrica en el mismo. Cuando jala el cable de la batería para aflojarlo, detiene el flujo de corriente de la batería. Nunca use agua para apagar un incendio de origen eléctrico. Use el extinguidor. Le diremos cómo en una sección posterior.

Incendios en el remolque

Los incendios en la carga con frecuencia se ocasionan por una **mala maniobra de carga**. Una carga que no está sujeta adecuadamente **puede crear una fricción mayor que la normal,** lo que genera calor y puede producir un incendio, especialmente si la carga es inflamable.

Si huele a humo o ve humo o fuego que sale de las puertas de su remolque, puede ser que tenga un incendio en la carga. **Sálgase inmediatamente** de la carretera a una zona alejada de la gente y de otros vehículos. Asegúrese de que no hay nada por encima del vehículo como alambres de teléfono o de energía eléctrica, o alguna construcción o un puente. Asegúrese de que no haya nada en la zona por si no se puede contener el incendio.

En algunos casos, lo mejor que puede hacer es **pedir ayuda** a través de su radio de banda civil. Dé su localización exacta. Las señales de millaje de la carretera o las intersecciones son buenos puntos de referencia. Si es posible, **desenganche el tractor y aléjelo del remolque.**

Si abre las puertas del remolque, alimentará una gran cantidad de oxígeno al fuego. Lo único que lograría con esto es que se queme todo más rápido y se produzca más calor. Ha habido choferes que pierden la vida por abrir las puertas del remolque cuya carga se está quemando. **No abra las puertas del remolque**. Puede producirse una explosión. Espere a que lleguen los bomberos. Tenga a la mano sus papeles del embarque para que se los muestre. Dependiendo de la carga es como ellos combatirán el incendio.

Un incendio de materiales peligrosos puede ser muy peligroso. Si Usted transporta materiales peligrosos recibirá entrenamiento para que sepa exactamente qué hacer en caso de incendio.

Incendios en la cabina

Los incendios en la cabina casi siempre son **el resultado de basura acumulada** en ella y **falta de cuidado.** Podrían llamarse "incendios de basura" porque la causa principal de ellos es la basura acumulada en la cabina. Esta basura es de envolturas de botanas y bolsas, vasos y envoltura de hamburguesas u otro tipo de comida rápida, y trapos aceitosos que utiliza para limpiar cuando da mantenimiento a algo. El riesgo de un incendio en la cabina se incrementa si Usted fuma.

Es obvio cómo evitar estos incendios. Mantenga limpia su cabina, y tenga cuidado con lo que hace con sus cigarrillos, puros, pipas y cerillos.

Incendios en el lugar donde carga combustible

También este tipo de incendios **se** originan casi **exclusivamente por falta de cuidado**. Han habido graves incendios de combustible en las paradas para vehículos de carga, no obstante que las reglas acerca de la carga de combustible son muy lógicas. Algunas de ellas están listadas en la sección 397 de los reglamentos federales (FMCSR). Para evitar un incendio en el lugar donde carga combustible, siga estas reglas:

- Apague el motor.
- Meta toda la boquilla de la válvula de la bomba de combustible, en el cuello de alimentación de su tanque de combustible y déjela ahí hasta que haya terminado de cargar.
- No fume y ni permita que haya ningún material encendido a menos de 25 pies de donde carga combustible.

Otra regla importante es: No deje su vehículo hasta que haya terminado totalmente de cargar combustible. No detenga la palanca que abre la válvula de llenado con un desarmador o unas pinzas y la deje llenando el tanque sin vigilarla. Se puede tirar el combustible y derramarse sobre el pavimento. Se puede iniciar un incendio fácilmente. Aún si no se inicia el incendio, se debe limpiar el derrame.Los derrames de combustible acaban por costar mucho dinero, por el costo alto del diesel haci como para limpiarlo. Hay reglas específicas para limpiar derrames y para su eliminación después de la limpiada. Esto puede resultar caro y le pueden cobrar a su transportista por su falta de cuidado. Esto no le valdrá un aumento de sueldo.

Si un incendio de combustible se inicia, nunca use agua para intentar apagarlo. Lo único que hará el agua es desparramar el combustible — y el fuego. Use un extinguidor de incendios.

PRUEBA DE LA HABILIDAD PARA OBSERVAR

¿Recuerda la ilustración con la que se inició este capítulo? Una situación peligrosa está por suceder. ¿Cómo están contribuyendo el chofer y su ayudante para que ocurra un accidente? Diríjase a la gráfica de la Prueba de la Habilidad para Observar al final del libro para que revise la precisión de su habilidad para observar.

EL EXTINGUIDOR DE INCENDIOS

La sección 393.95 (a) de los reglamentos federales (FMCSR) le dice que su vehículo tiene que traer un extinguidor de incendios. En el reglamento también se especifica exactamente qué tipos de extinguidores son aceptables. Asegúrese de que el extinguidor que trae su vehículo cumpla con esta reglamentación.

Ilustración 29-5
El extinguidor de incendios que trae en la cabina debe poder apagar el fuego de estos tres tipos.

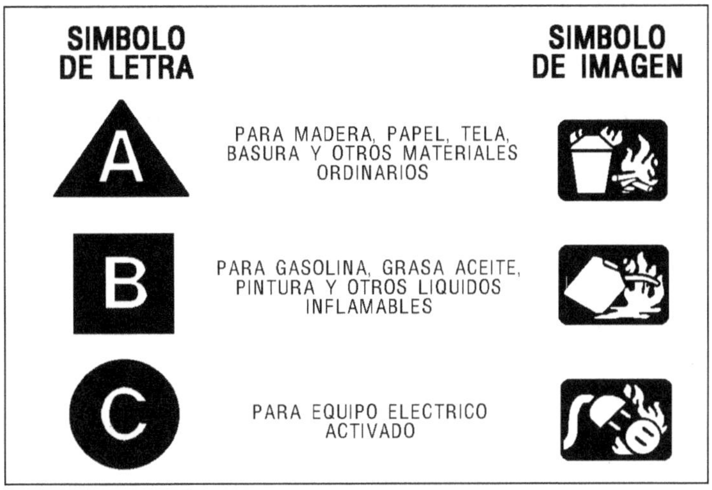

Los incendios se han agrupado de acuerdo a su clase. Cuando el combustible para el fuego es **madera, papel, tela, basura y otros materiales comunes,** el incendio se clasifica como **Clase A**. Cuando el combustible es **gasolina, grasa, aceite, pintura y otros líquidos inflamables,** el incendio es **Clase B**. **Los incendios de origen eléctrico** son **Clase C**.

La mayoría de los vehículos de carga usan un extinguidor de tipo 10:BC con clasificación "A", "B" y "C". Este tipo de extinguidor se puede usar para todo tipo de incendios. Se llena con un **producto químico seco** que pesa aproximadamente cuatro libras cuando está lleno. Cuando aprieta la manivela, se perfora un cartucho de aire a presión en el interior del tanque. El aire a presión que se libera, fuerza al polvo a salir del tanque a través de la manguera y la boquilla y hacia el fuego. El producto químico seco **apaga el fuego por medio de sofocación**. En otras palabras, el producto químico recubre al material en combustión y evita que el aire alimente al fuego.

Su extinguidor de incendios viene con un manual que le muestra en detalle cómo usarlo. Lea este manual. Familiarícese con el extinguidor antes de que necesite usarlo. A continuación le mostramos las instrucciones que vienen impresas en un extinguidor:

- Manténgase en una posición tal que el viento le dé en su espalda.
- Sostenga derecho el extinguidor en posición vertical.
- Jale el anillo del pasador.
- Apártese de menos a seis pies de distancia.
- Dirija la boquilla a la base del fuego.
- Apriete las manivelas.
- Mueva la boquilla de lado a lado.

Continúe hasta que el incendio se haya enfriado. La sola ausencia de humo o llama no significa que el incendio se haya apagado.

El extinguidor se debe revisar mensualmente. Revise la boquilla para que se asegure de que no está obstruida. Revise el anillo del pasador para que verifique que la punta del mismo está intacta. Revise el medidor de presión. La aguja del indicador debe estar en la parte verde.

Cuide bien su extinguidor. Es su herramienta para combatir los incendios. Desde luego que **la mejor herramienta** para combatir los **incendios es** la prevención de los mismos.

Examen Sobre el Capítulo 29

1. En los Reglamentos Federales de Seguridad (FMCSR) del Autotransporte vienen reglamentos del Departamento del Transporte (DOT) que le dicen lo que debe y lo que no debe hacer en caso de accidente. Usted_____ conocer estos reglamentos.
   A. debería
   B. tiene permiso para
   C. tiene que
   D. tiene la obligación moral de

2. Los reglamentos del Departamento del Transporte (DOT) que tratan sobre los dispositivos que se usan en caso de emergencia y sobre cómo colocar los dispositivos de advertencia, se aplican siempre que Usted detenga su vehículo en la carretera, haya accidente o no.
   A. Verdadero.
   B. Falso.

3. En caso de accidente, en _____ encontrará instrucciones que sirven de recordatorio, tales como "coloque inmediatamente los dispositivos de advertencia, ayude a cualquier persona que haya resultado lesionada, pida ayuda médica, llame a las autoridades locales y llame a su despachador".
   A. la primera página del formulario FMCSR
   B. la pasta de atrás de su Manual para el Chofer
   C. la parte de atrás de la tarjeta para testigos
   D. el sobre de su juego de papelería para usarse en caso de accidente

4. ____ le ayuda a reunir toda la información que Usted o su compañía transportista necesitarán para llenar los formularios que requieren el Departamento del Transporte (DOT) y la compañía de seguros.
   A. La guía de embarque parcial para materiales peligrosos
   B. El formulario del reporte de accidente hecho por el chofer
   C. El formulario estatal o local de reporte de accidente
   D. La tarjeta de información de la policía

5. Para iniciarse y arder, el fuego necesita combustible, calor y _____.
   A. agua
   B. productos químicos secos
   C. aire
   D. la carga

6. Muchos de los incendios en la carga se ocasionan por _____.
   A. una mala colocación y sujeción de la carga
   B. cargas que consisten de materiales peligrosos
   C. abrir las puertas del remolque
   D. manejar demasiado aprisa

7. La mayoría de los vehículos de carga traen un extinguidor de incendios de tipo 10:BC que puede apagar incendios clase _____.
   A. "A"
   B. "B"
   C. "A" y "B"
   D. "A", "B" y "C"

8. Refiérase a la ilustración de abajo que le muestra la colocación de triángulos de emergencia de acuerdo a la regla general que se aplica cuando se detiene sobre el acotamiento de la carretera. ¿A qué distancia del vehículo se deben colocar los triángulos? Escriba el número de pies correcto en el espacio en blanco junto a la letra que corresponde a cada triángulo.

A. ______

B. ______

C. ______

9. Refiérase a la ilustración de abajo que le muestra la colocación de los triángulos de emergencia de acuerdo a la regla general para proteger el lugar de un accidente que sucede en una carretera con división en medio o de un solo sentido. ¿A qué distancia del vehículo se deben colocar los triángulos? Escriba el número de pies correcto en el espacio en blanco junto a la letra que corresponde a cada triángulo.

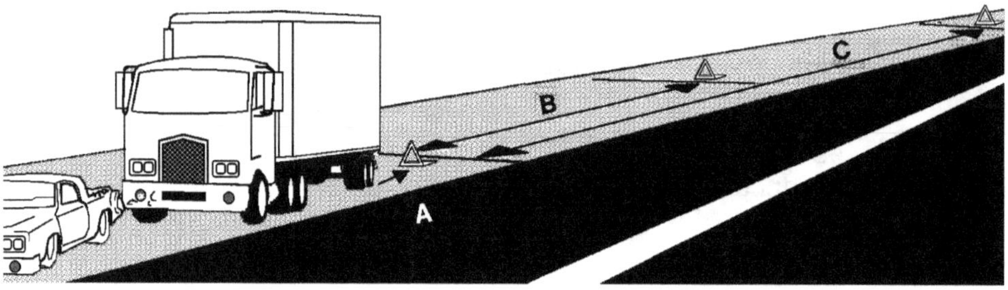

A. ______

B. ______

C. ______

10. La mejor manera de prevenir los incendios en las llantas es asegurarse de que las llantas están adecuadamente ___.
   A. desmontadas
   B. infladas
   C. seleccionadas respecto del tamaño
   D. revitalizadas

INFORME DE ACCIDENTES	
INFORMACION DEL ACCIDENTS	***VEHICULO #2***
Chofer Num. del chofer:	Chofer
Terminal Gerente del chofer	Dirección Teléfono
Fecha Hora am/pm	Ciudad Estado
Ciudad Estado	Dueño
Lugar	Dirección Teléfono
Describir el camino	Ciudad Estado
Describir el tiempo	Compañia de seguros.
	Teléfono
HERIDOS	# de Póliza
¿Fue herido alguien o se quejó del dolor?	Año Tipo Modelo
¿Quién?	Áreas dañadas
Describe la lesión o dolor.	
	PROPRIEDAD O VEHICULO #3
¿Fueron llevados del lugar del accidente algunas personas para recibir ayuda?	Dueño
¿Quién y a dónde fueron llevados?	Dirección Teléfono
	Ciudad Estado
¿Se murió alguien? " Sí " No	Propiedad & Daño
Chofer(es) 1 " 2 " 3 " Pasajeros(s)1 " 2 " 3 "	
VEHICULO #1	
Tractor Lista las aéreas dañadas	***DESCRIPCION DEL ACCIDENTE***
	Describe lo que pasó en sus proprias palabras:
Remolque #1 Lista las aéreas dañadas	
Remolque #2 Lista las aéreas dañadas	
Otro Lista las aéreas dañadas	
¿Fue dañada la carga? " Sí " No	
Número de viaje ¿Chofer puso cinturón de seguridad?	
Remitante al consignatario	

Traducción de la ilustración 31-3, de la página 435.

CAPITULO 30

MATERIALES PELIGROSOS

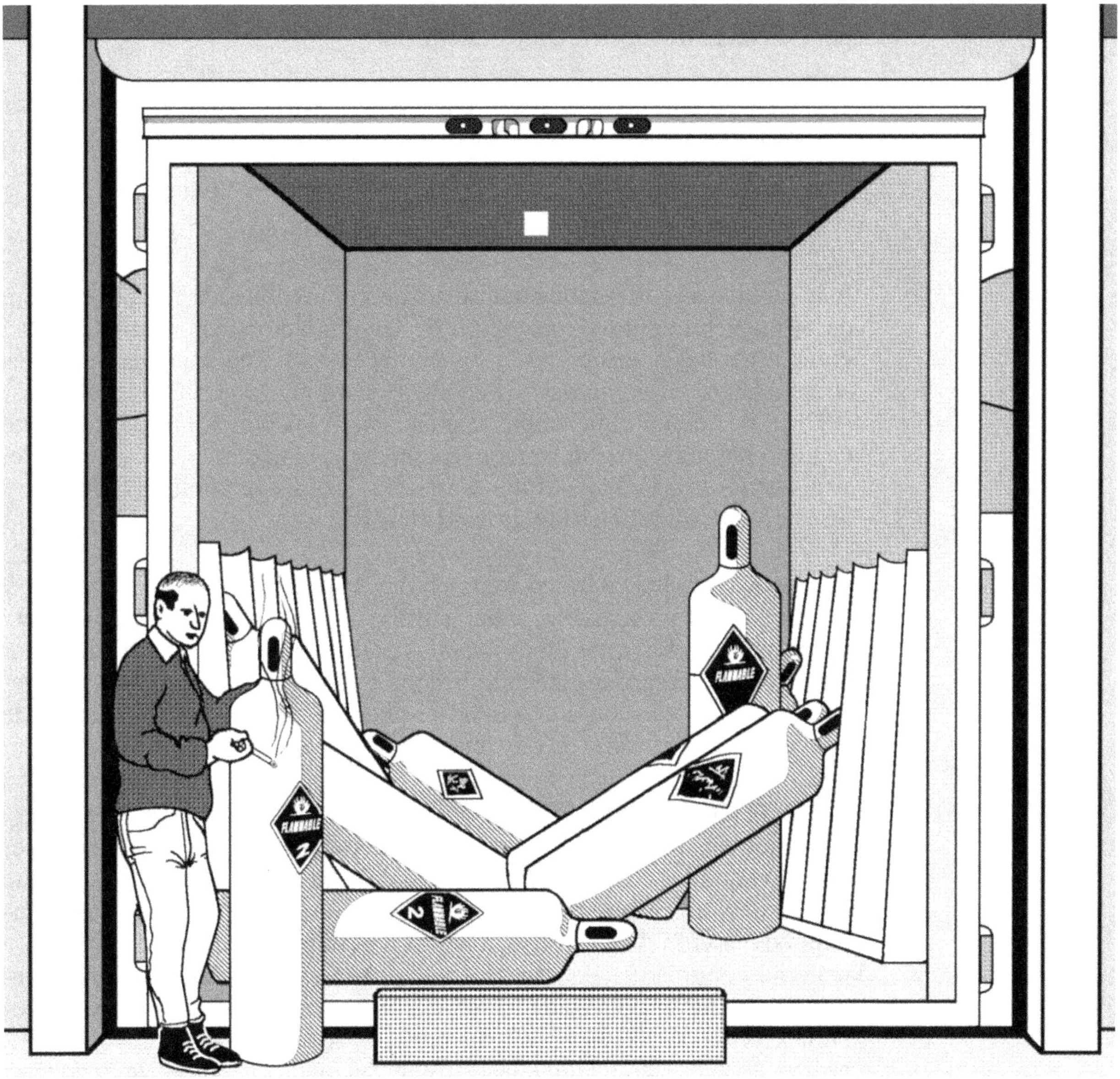

El Transporte Confiable y Seguro

El transporte de materiales peligrosos suena como una tarea peligrosa. No lo es para aquellos que conocen las reglas que hay que seguir y las siguen con mucho cuidado. Pero si es un reto.

Los choferes que transporten materiales peligrosos deben tener un **endoso especial** en su licencia para conducir vehículos comerciales (CDL). Tienen que pasar pruebas de su pasado que incluyen informes de crimenes, inmigración y informes del Departamento Federal De investigación (FBI) y huellas digitales. Además se necesita otro endoso especial para transportar materiales peligrosos en carros-tanque. **Transportar materiales peligrosos u operar carros-tanque** sin estos endosos especiales es delito y lo pueden citar a comparecer ante un juzgado, multarlo y ponerlo fuera de servicio inmediatamente.

El Departamento del Transporte (DOT), reglamenta los materiales peligrosos en la siguientes maneras:

- como se empaque
- como sea cargado
- como sea etiquetado
- como sea transportado

Esto incluye a toda persona que se encuentre involucrada en la operación, en el mantenimiento y reparación de las unidades tractor-remolque, así como a los despachadores y a los choferes. Los Reglamentos Federales sobre Materiales Peligrosos (Federal Hazardous Materials Regulations) (FHMR), también tratan sobre este asunto en las partes 171-215. En este capítulo haremos citas de ambos reglamentos, el Federal de Seguridad del Autotransporte (Federal Motor Carrier Safety Regulations) (FMCSR) y de éste sobre Materiales Peligrosos (FHMR).

Es responsabilidad de Usted como chofer, **el poder reconocer, cargar en forma segura y confiable, saber rotular correctamente y transportar sin riesgos, embarques de materiales peligrosos**. Usted no debe aceptar paquetes que se estén goteando y debe guardar los papeles en un lugar apropiado. La sección 177.816 le requiere a su transportista que le de entrenamiento en como reconocer y manejar materiales peligrosos.

CONOZCA SU EMBARQUE

Hablando en forma general, un **material peligroso** (en inglés puede ser que oiga que les llaman "haz mat") se conoce como a todo material que por su naturaleza **puede representar un riesgo para la salud o seguridad de la vida de humanos, animales o plantas**. También se considera material peligroso cualquier cosa que **pueda causar daño a las propiedades o bienes** propios o de terceros. Los materiales peligrosos se definen en la sección 171.8 de los Reglamentos Federales sobre Materiales Peligrosos (FHMR), como aquellas substancias que a criterio de la Secretaría del Transporte, ponen "en riesgo la salud, la seguridad y los bienes cuando se transportan con fines comerciales". Esto también incluye materiales radiactivo y desechos peligrosos y a los productos secundarios también peligrosos que se generan en muchos procesos químicos.

Un material peligroso puede estar en forma sólida, gaseosa o líquida. Puede ser inflamable, combustible, venenoso, corrosivo y hasta infeccioso. Ejemplos de los más comunes son: gasolina, combustóleo, acetona, cemento plástico, y varios tipos de ácidos y productos químicos.

Existen nueve categorías de materiales peligrosos. Dichas categorías abarcan toda substancia que se sabe que es inflamable, combustible, venenosa o peligrosa de alguna otra manera. La categoría le indica que tipo de peligro representa el material. La Tabla de Materiales Peligrosos en la sección 172.101 de el HMR, lista todas las categorías y las divisiones.

Los materiales peligrosos no son los únicos productos peligrosos que puede transportar. También puede manejar materiales catalogados como substancias peligrosas y como desechos peligrosos. Se clasifican como una substancia peligrosa a un producto que esta listado en la Lista de Substancias Peligrosas y de Cantidades Reportables. En el apéndice A del HMR 172.101 contiene la Tabla número 1 y número 2 en la que se listan las substancias peligrosas y cantidades que se tiene que reportar. Tanto el Departamento del Transporte (DOT) como la Agencia de Protección Ambiental (Environmental Protection Agency) (EPA) desean ser enteradas de cualquier derrame de estos materiales en cantidades iguales o mayores a las especificadas en la lista. Es también de interés de la Agencia de Protección Ambiental (EPA), el transporte de desechos peligrosos. Tanto las substancias peligrosas como los desechos peligrosos se encuentran reglamentados como son los materiales peligrosos, sólo que se identifican o clasifican en forma diferente como ya lo aprenderá más adelante en este capítulo. En el apéndice B del HMR 172.101 se lista la polución marina.

Es muy importante para Usted que entienda y que pueda usar la Tabla de los Materiales Peligrosos, Sección 172.101 de los reglamentos. Una vez que Usted pueda usar esta tabla, Usted podrá:

- determinar si el material esta reglamentado o prohibido de Transportación en camión
- determinar el nombre apropiado de embarque de tal manera que pueda igualar los papeles de embarque con las marcas en el paquete.
- identificar la categoría del peligro del material
- verificar el número de identificación apropiado
- identificar el grupo de embalaje
- verificar que la etiqueta es correcta
- verificar que el cargador uso el empaque apropiado
- determinar cuales rótulos son exigidas

La ilustración 30-1 le enseña un ejemplo de la Tabla. Su transportista le proveera un Tabla completa y entrenamiento extenso en como usarla.

El primer paso para poder manejar adecuadamente y con seguridad un material peligroso es poder reconocerlo. Puede sospechar que la carga contiene materiales peligrosos por el giro del negocio del remitente. El paquete le puede dar una pista. Los materiales peligrosos con frecuencia se embarcan en cilindros o tambores. Las etiquetas y marcas sobre los

Ilustración 30-1
Un muestra de la Tabla de Materiales Peligrosos 171.101 (La traducción se encuentra en la página 470.)

HAZARDOUS MATERIALS TABLE

COL 1 Shipping Mode	COL 2 Proper Name and Description	COL 3 Hazard Class or Division	COL 4 ID Number	COL 5 Packing Group	COL 6 Required Label(s)	COL 7 Special Provisions	COL 8 Regulation(s) on Packaging Requirements			COL 9 Applies to Non-Highway Transport		COL 10 Applies to Non-Highway Transport	
Symbols	Hazardous materials descriptions and proper shipping names	Hazard class or Division	Identification Numbers	Packing group	Label(s) required (if not excepted)	Special provisions	Packaging (8) Section 173 ***			(9) Quantity Limitations		(10) Vessel Stowage	
							Exceptions (8A)	Non-bulk (8B)	Bulk (8C)	Passenger aircraft/ rail (9A)	Cargo aircraft only (9B)	Location (10A)	Other (10B)
(1)	(2)	(3)	(4)	(5)	(6)	(7)							
	Batteries, dry, containing potassium hydroxide solid, *electric, storage*	8	UN3028	III	8		None	213	None	25kg gross	230kg gross	A	11
	Batteries, wet, filled with acid, *electric storage*	8	UN2794	III	8		159	159	159	30kg gross	No limit	A	11

Five different symbols may appear in COL 1:
- **+ Shows the proper shipping name, hazard class, and packing group to use, even if the material does not meet the hazard class definition.**
- **A Means the hazardous material described in COL 2 is subject to HMR only when offered or intended for transport by air unless it is a hazardous substance or hazardous waste.**
- **W Means the hazardous material described in COL 2 is subject to the HMR only when offered or intended for transport by water unless it is a hazardous substance, hazardous waste, or marine pollutant.**
- **D Means the proper shipping name is appropriate for describing materials for domestic transportation, but may not be proper for international transportation.**
- **I Identifies a proper shipping name that is used to describe materials in international transportation. A different shipping name may be used when only domestic transportation is involved.**

recipientes en los que se encuentran envasados, le dirán que el contenido es un material peligroso. En todo caso, siempre revise los papeles de embarque y el manifiesto. Materiales que no son peligrosos no se deben describir con categorías o números de identificación (ID) de materiales peligrosos (haz mat).

LOS PAPELES DE EMBARQUE Y EL MANIFIESTO

Cuando se trata de transportar materiales peligrosos, es la responsabilidad del remitente el hacer una orden de embarque apropiada. Los formularios o formas para hacer esto varían de remitente a remitente. Como chofer de esa carga, Usted debe **verificar que los papeles de embarque incluyan la información correcta**.

Ademas de un número de contacto de emergencia, son tres las cosas que tienen que venir en los papeles:

- los números de las páginas si el papel de embarque tiene más de una página
- una descripción adecuada del producto peligroso
- una certificación del remitente firmada por él

La certificación del remitente expone que los materiales nombrados en el papel de embarque fuerón preparados para transportar según a los reglamentos. Esta certificación no es requerida cuando el remitente es un transportante privado.

Los materiales peligroso deben estar identificados claramente en el papel de embarque. Puede ser que sean los primeros en ser listados, pueden estar marcados con un color diferente que el resto, o puede haber una X en una columna especial en el formulario.

La descripción básica de un material peligroso incluye el nombre apropiado de embarque (nombres en letra bastardilla o en abreviación no son

Ilustración 30-2
Este papel de embarque muestra los materiales peligrosos de tres maneras: primero se listan, hay un X en la columna HM, y un color diferente se usó para identificarlos. Fijese en que los nombres están escritos en forma completa, no abreviados, la clase de peligro, cantidad total, y el número de U.N. (Naciones Unidas) esta listado. (La traducción se encuentra en la página 471.)

STRAIGHT BILL OF LADING-ORIGINAL-NOT NEGOTIABLE

PAGE 1 OF 2

B/L #
DATE
TERMS
CARRIER

APPLY
PRO LABEL
HERE

SHIPPER	CONSIGNEE (On Collect on delivery, the letters "C.O.D." must appear before consignee's name or as otherwise provided In Item 430, Sec. 1)
ALLRIGHT SUPPLIES 525 WISCONSIN AVE. MASON, TENNESSEE	GOODY MAIL MARKETING 1200 POE ROAD RAVENWOOD, MI
BILL TO	GENERAL COMMENTS
	ROUTING / DELIVERING CARRIER

PIECES	HM	DESCRIPTION	WEIGHT (pounds only) (subject to correction)	RATE	CHARGES	CLASS
20	X	BENZALDEHYDE 9 UN1990	4000 LBS			
12	X	BATTERIES, WET, NON-SPILLABLE 8 UN2800	1000 LBS			
2	X	BATTERY-POWERED VEHICLE 9 UN3171	3600 LBS			
1		BOX, FILE FOLDERS	50 LBS			
1		ROLL WRAPPING PAPER, KRAFT	600 LBS			

This is to certify that the above named materials are properly classified, described, packaged, marked and labeled and are in proper condition for transportation according to the applicable regulations of the Department of Transportation.

SHIPPER ALLRIGHT SUPPLIES	CARRIER CG TRANSPORT SERVICE, INC.			
PER	DRIVER	PCS	DATE	SINGLE SHPT. (✓)

EMERGENCY CONTACT:

PHONE 800-555-6453

nombres apropiados de embarque), la categoría del peligro, el número de identificación, y grupo de embalaje, si hay alguno, mostrado en números Romanos y posiblemente las letras "PG"—en esa orden.

Las abreviación de el nombre de embarque puede ser usado nomas cuando los reglamentos lo permiten. El número de identificación es un número de cuatro dígitos de las Naciones Unidas (United Nations) (UN) usado por los Estados Unidos (United States) U.S. y embarques internacionales, o número Norte Americano (North American) (NA), usado por U.S. y embarques de el Canada solamente. La descripción también incluye la cantidad total y la unidad unitaria de medida que se usa.

Si un embarque incluye una cantidad que se tiene que reportar de una substancia peligrosa, en los papeles de embarque verá las letras RQ (en inglés: Reportable Quantity). La palabra DESECHO (en inglés: WASTE) en los papeles de embarque le indica que el producto es un desecho peligroso. Para Descripciones genéricas, el nombre técnico de haz mat sera mostrado.

HMR 172.205 requiere que el remitente deberá preparar, poner fecha y firmar un **Manifiesto Uniforme de Desechos Peligrosos** que servirán como el papel de embarque. Revise cada artículo declarado en el manifiesto, póngale fecha y fírmelo con su nombre. Cuando haga la entrega, haga que la persona que le recibe le firme los papeles. Usted guarde una copia del manifiesto. El manifiesto constituye una forma de pista en papel, que da seguimiento a todos los movimientos de el desecho peligroso.

El manifiesto deberá contener la siguiente información:

- el número del documento
- el número total de páginas
- el nombre de la persona que inició el papel de embarque, la dirección postal, su número de teléfono, y su número de contacto de emergencia y su número de identificación otorgado por la Agencia de Protección Ambiental Environmental Protection Agency)(EPA)
- el nombre del remitente, su dirección postal, su número de teléfono, y su número de identificación otorgado por la Agencia de Protección Ambiental Environmental Protection Agency) (EPA)
- el nombre y su número de identificación de la Agencia de Protección Ambiental (EPA) de cada transportista que haya intervenido
- el nombre, dirección postal y el número de identificación de la Agencia de Protección Ambiental (EPA) de la facilidad asignada (más el de una facilidad alternativa, si es que hay una)
- la descripción del material incluyendo su clasificación de riesgo
- la cantidad (en unidades de peso o de volumen)
- el tipo y el número de envases cargados en el vehículo
- información en la reacción de emergencia

Usted debe recibir tres copias de el manifiesto.

Una vez que Usted ha aprobado los papeles de embarque y el manifiesto, hay reglas en cuanto al lugar de la cabina donde los debe guardar. Estos dos documentos deben estar a la mano en caso de que lo detengan. A los papeles de embarque relacionados con materiales peligrosos póngales un separador, o póngalos encima de cualesquier otros documentos del embarque. La mayoría de los choferes los ponen en el sujetador instalado en la parte interior de la puerta del chofer. Deben estar al alcance de su mano aún cuando vaya Usted con el cinturón de seguridad puesto. Cuando salga del tractor, no se los lleve con Usted, mejor déjelos sobre su asiento, totalmente a la vista. Esto lo hace para que en caso de que algo llegara a suceder en ausencia suya, el equipo de gentes que se haga cargo de la emergencia pueda enterarse exactamente de qué tipo de material peligroso (haz mat) se trata.

ETIQUETAS

Usted puede encontrar el nombre del remitente o del consignador y la dirección en el paquete. Los reglamentos requieren que todos los paquetes lleven etiquetas. **Todo paquete o envase que contenga materiales peligrosos, debe estar marcado** de tal manera que la gente se entere de lo que contiene. Las etiquetas estándar son en forma de rombo (diamante) y tienen 3.9 pulgadas por lado en tamaño. Están colocadas cerca del nombre utilizado para el transporte y que debe estar sobre el paquete. El nombre del material peligroso en la etiqueta debe ser igual al del manifiesto y también igual al nombre utilizado para transporte que venga sobre el paquete. Todos deben igualar. Unos paquetes pueden llevar más de una etiqueta.

El **número de identificación de la clasificación de riesgo** se muestra en la esquina inferior del rombo (diamante). Este número corresponderá al número en la columna (3) de la Tabla de Materiales Peligrosos en la sección HM 172.101. El número de la clasificación de riesgo sera uno de los siguientes:

- Clase 1 — Explosivos y Peligros de Fuego
- Clase 2 — Gases
- Clase 3 — Líquidos Inflamables
- Clase 4 — Sólidos Inflamables
- Clase 5 — Substancias de Oxidantes
- Clase 6 — Venenos
- Clase 7 — Materiales Radiactivos
- Clase 8 — Materiales Corrosivos
- Clase 9 — Materiales Peligroso Misceláneos

Cuando el envase que contiene los materiales tiene alguna forma especial sobre la que no se pueden colocar las etiquetas, entonces éstas se atan al envase en forma de etiquetas colgantes. Estas etiquetas se atan al envase utilizando un alambre. Este tipo de etiquetas colgantes se utilizan en los envases que contienen gas comprimido.

Si las reglas lo requieren, el remitente le debe poner las letras RQ o Peligro de Inhalación al paquete. También podrá ver instrucciones en como posicionar el paquete.

El remitente debe preparar los paquetes con las etiquetas en su lugar, pero Usted debe asegurarse de que dichas etiquetas se encuentran colocadas, y también debe saber lo que transporta.

La Maniobra de Carga de los Materiales Peligrosos

Antes de que cargue su remolque, revise su interior por cualquier cosa que pueda dañar los envases. Asegúrese de que cada paquete está correctamente etiquetado con su advertencia. **No acepte ningún envase que esté dañado** de alguna manera. Si tiene dudas con respecto a algún envase, consulte a su despachador. Es mejor estar seguro que dejarlo pasar e irse preocupando todo el camino. No use ganchos o herramienta que pueda dañar los paquetes.

COLOQUE ADECUADAMENTE LOS PAQUETES

Cuando su carga es mixta, revise con cuidado el embarque para que se asegure que no se está violando ninguna ley. **Hay algunos materiales peligrosos que NO se pueden transportar junto con otros materiales también peligrosos**. Por ejemplo, un gas venenoso (clase 2) no se puede embarcar junto con un agente explosivo (clase 1). Los venenos (clase 6) no se pueden cargar junto con ningún tipo de producto alimenticio (ya sea para consumo humano o animal), a menos que esté empacado especialmente en un envase aprobado y esté sujeto en forma muy segura para que aguante todo el viaje. Las reglas relacionadas con las cargas mixtas se detallan en la Tabla de Separación y Segregación (Separation and Segregation Chart) en 177.848 de los Reglamentos Federales sobre Materiales Peligrosos (HMR).

Hay **procedimientos especiales que se deben seguir para la maniobra de carga de ciertos materiales peligrosos específicos**. Haga la maniobra de carga lejos de cualquier fuente de calor. No utilice una calefacción de carga cuando haga la maniobra de carga de explosivos, líquidos inflamables, y gases inflamables. No fume cuando haga la maniobra de carga de estos, o oxidantes y sólidos inflamables.

Asegúrese de que el freno de estacionamiento de su vehículo esté puesto. Ya sea que esté cargando o descargando, las ruedas deben estar calzadas y el motor apagado. Verifique que no le tiren los envases o los dejen caer, o los arrastren por todo el piso del remolque. Siempre y cuando sea práctico, la mayoría de los materiales peligrosos deben colocarse en la parte de atrás del remolque. Esto se hace para que sea fácil llegar a los envases en caso de una emergencia. Colóquelos de tal mancra quc no se muevan durante el transporte. No cargue ningún envase que tenga alguna fuga o que esté dañado. Cuando transporta explosivos, sólidos inflamables u oxidantes, no puede permitir que estos sobresalgan por ningún lado del vehículo. Este tipo de productos debe cargarse en un espacio cerrado.

Si la maniobra de carga la está efectuando a mano, los envases de líquidos corrosivos que se puedan romper, cárguelos de uno por uno. Colóquelos con el lado correcto hacia arriba. No ruede ni deje caer los envases. Que el suelo del remolque donde los ponga esté uniforme. Tenga cuidado con paquetes que tienen válvulas o otros dispositivos. Sólo puede estibar garrafones de vidrio si la capa de abajo puede soportar con seguridad el peso de la capa de arriba. Nunca coloque materiales corrosivos (clase 8) junto o encima de División 1.4 (Explosivos C), Clase 4 (Sólidos inflamable), Clase 5 (Oxidantes), o División 2.3, Zona B (Gases Venenosos). No junte líquidos corrosivos con División 1.1 o 1.2 (Explosivos A), División 1.3 (Explosivos B), División 4.2 (Materiales de Combustión Espontánea), o División 6.1, PG1, Zona A (Venenos líquidos).

Nunca ponga ácido nítrico sobre ningún otro producto, o lo estibe en más de dos capas.

Los acumuladores ya cargados con líquido, colóquelos de tal manera que éste no se derrame. Manténgalos con el lado correcto hacia arriba. Asegúrese que otros artículos de la carga no se vayan a caer sobre los acumuladores o vayan a hacer contacto con los postes terminales y produzcan un corto circuito. Las baterías ya cargadas con energía deben manejarse de una por una. Las puede colocar únicamente en una sola capa y deben quedar niveladas.

Los cilindros de gas comprimido deben colocarse ya sea bien sujetos en forma vertical o en posición horizontal (recto) o pueden acostarse si están atados. Luego deben apoyarse en rejillas o en cajas de tal manera que se queden así y no se muevan.

Hay un límite en el número de paquetes de materiales radiactivos (clase 7) que puede transportar por vez. Los materiales radiactivos tienen un **índice de transporte**. El remitente debe etiquetar los paquetes que contienen material radiactivo con este número. El índice total de transporte de su carga no debe exceder de 50. Además, los materiales radiactivos tienen que colocarse a cierta distancia de cualquier persona, animal, o película virgen que también se encuentre en el vehículo. Una tabla, en HMR 177.842 de el Reglamento Federal sobre Materiales Peligrosos (FHMR), que lista las distancias que se deben guardar para cada índice de transporte.

Nunca coloque un paquete etiquetado como VENENO, o GAS VENENOSO en la cabina del chofer o en el compartimento para dormir, o junto con productos alimenticios ya sea para consumo humano o animal. Los remolques de plataforma que transporten productos venenosos tienen que tener redilas que eviten que los paquetes se resbalen o se caigan del vehículo. Usted casi definitivamente tendrá que enlonar una carga de este tipo para protegerla de la intemperie. Ha una carga enlonada también se le debe poner un rótulo.

Antes de cargar o descargar explosivos, apague su motor. Desconecte la calefacción de la carga. Desconecte también cualquier fuente de producción de calor y drene los tanques de combustible de la calefacción. Utilice una cubierta sobre el piso en el caso de los explosivos de Clases 1 División 1.1, 1.2, y 1.3 (Explosivos de clase A o B). Esta cubierta no debe contener ni acero ni hierro. Sea especialmente cuidadoso para que no dañe los paquetes de explosivos. No transporte División 1.1 o 1.2 (Explosivos de clase A) en triples o en combinaciones de vehículos si hay un tanque-cargo marcado o con un letrero en la combinación o si el otro vehículo en la combinación contiene:

- División 1.1 A (Explosivo Iniciador)
- Paquetes de Clase 7 (Materiales radiactivos con la etiqueta "Amarilla III")
- División 2.3 (Gases Venenosos) o División 6.1 materiales (Venenosos)
- materiales peligrosos en un tanque portátil, en una especificación DOT 106A o tanque 110A

Una persona que esté cargando o descargando un tanque de carga debe asegurarse que una persona capacitada siempre éste vigilante. Ésta persona debe estar de alerta, tener visión clara del tanque de carga, estar dentro de 25 pies del tanque, saber los riesgos presentes, saber procedimientos de emergencia, y estar autorizado y capas de mover el tanque.

Para prevenir fugas, cierre todas las boca de acceso y válvulas antes de mover un tanque con materiales peligrosos. Apague el motor antes de cargar o descargar cualquier líquido inflamable. Corra el motor nomas para operar una bomba. Conecte a tierra el tanque de carga antes de abrir un hoyo de relleno y mantenga la conexión a tierra hasta que el hoyo se cierre. Mantenga cerradas las válvulas de descargas de líquidos en un tanque de gas comprimido excepto cuando cargando o descargando. Excepto para correr una bomba para el traslade del producto, el motor debe estar apagado cuando se esta cargando y descargando. Si Usted corre el motor, apaguelo después de el traslade del producto, antes de el desenganche de la manguera. Desenganche todas las conexiones de carga y descarga antes de enganchar, desenganchar, o mover un tanque de carga de cloro.

Antes de que se vaya del almacén, asegúrese de que entendió perfectamente los procedimientos que tiene que seguir en caso de un accidente, un incendio o un derramamiento. Asegúrese también de que trae consigo el equipo adecuado para situaciones de emergencia.

PRUEBA DE LA HABILIDAD PARA OBSERVAR

La escena ilustrada al inicio de este capítulo muestra una situación en la que parece ser que se está buscando que ocurra un accidente con materiales peligrosos.)Se fijó en los peligros que se estaban desarrollando? Revise la gráfica de la Prueba de la Habilidad para Observar al final del libro y vea qué tan observador fue.

Rotulos

Los reglamentos requieren el uso de rótulos. Los rótulos son similares a las etiquetas. Sin embargo, **los rótulos se colocan en el exterior del vehículo** para mostrar claramente que éste transporta una carga de materiales peligrosos. Se pueden demostrar aunque no sean requeridos mientras que identifican el material transportado. Los rótulos tienen forma de rombo (diamante) de aproximadamente 10¾ de pulgada por lado, y generalmente están hechos de metal o de plástico. El rótulo para un determinado material, será del mismo color y con el mismo letrero que su etiqueta correspondiente. Vea la ilustración 30-3.

Aunque legalmente es responsabilidad del remitente proporcionar los rótulos, algunas veces el transportista es el que los pone. La clase y la cantidad del material listado en los papeles de embarque determinan el rótulo que se necesita. Enseguida, revise la Clase en la Tabla de los materiales peligrosos. Los rótulos para esa Clase los puede encontrar en la Columna 8.

Las Tablas 1 y 2 en HMR 172.504 le dicen que rótulos usar. Los rótulos son requeridos para cualquier cantidad de (haz mat) o materiales peligrosos listados en la Tabla 1. Tome nota de que si transporta más de un

Ilustración 30-3
La etiqueta y el rótulo para este embarque muestran que el chofer transporta explosivos (Clase I). El número de la clase o división de peligro se encuentra en esquina baja. No se permite número de clase o división de peligro para peligros secundarios.

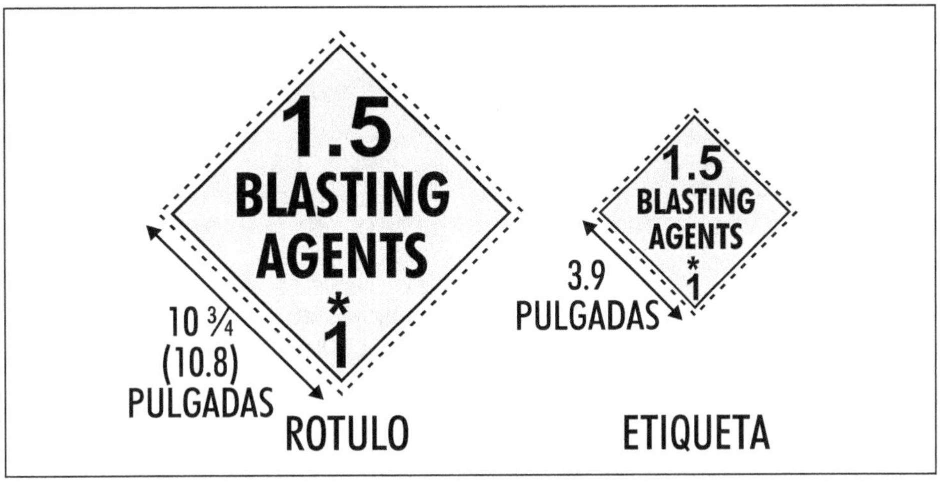

tipo de material peligroso, necesitará más de un tipo de rótulo. Algunas clasificaciones de riesgo necesitan rótulo sólo si la cantidad que se transporta es de 1,001 libras o más incluyendo el empaque. Estas clasificaciones se listan en la ilustración 30-4, y también en la Tabla 2 de Rótulos (Placard Table 2) del Reglamento Federal sobre Materiales Peligrosos (HMR). Para los productos listados en la Tabla 2, sume las cantidades que se declaran en todos los papeles de embarque de la carga que lleva a bordo. Usted puede usar rótulos de PELIGROSO en lugar de rótulos individuales para cada clasificación de riesgo de la Tabla 2, cuando:

- tiene dos o más clasificaciones de riesgo de la Tabla 2 que requieren rótulos diferentes y que suman 1,001 libras o más, y
- no ha cargado en ningún lugar, 5,000 libras o más de cualquier material cuya clasificación de riesgo se lista en la Tabla 2. (Para este material tiene que usar su rótulo específico).

Use rótulos con VENENO o GAS VENENOSO así como otros rótulos requeridos cuando las palabras PELIGRO DE INHALACIONES (INHALATION HAZARD) se encuentran en el papel de embarque. Cualquier rótulo que utilice debe estar en buenas condiciones y con su color original. Los rótulos deben estar bien sujetos y colocados en los cuatro lados del vehículo. Deben instalarse de tal manera que las letras estén en nivel, fácil de leer de izquierda a derecha, y alejados de menos tres pulgadas de cualquier otra marca o anuncio, y retirados de escaleras y tuberías. Desde luego que deben mantenerse limpios y fáciles de leer en todo momento. Asegúrese de que estén en el lugar apropiado antes de manejar. Usted puede mover un vehículo que esta mal rotulado nomas en un caso de emergencia para proteger vidas o propiedades.

PAQUETES EN BULTO

Referirse a la Columna 4 en la Tabla de Materiales Peligrosos para el número de identificación que debe mostrar en los paquetes — en bulto en los tanques de carga y los portátil. Las reglas le requieren que los números sean de 3.9 pulgadas, de color negro en paneles o rótulos de color anaranjado, o en un rombo (forma de diamante) de color blanco si no son requeridos los rótulos. Los tanques de carga requeridos a cumplir con las

Ilustración 30-4 Tablas I y 2. (La traducción se encuentra en la página 472.)

PLACARD TABLE 1 — ANY AMOUNT	
If your vehicle contains any amount of...	Placard as...
1.1	EXPLOSIVE 1.1
1.2	EXPLOSIVE 1.2
1.3	EXPLOSIVE 1.3
2.3	POISON GAS
4.3	DANGEROUS WHEN WET
6.1 (PG1, Inhalation hazard only)	POISON
7 (Radioactive Yellow III label only	RADIOACTIVE

PLACARDING TABLE 2—1,001 POUNDS OR MORE	
Category of Material (hazard class or division number and additional description, as appropriate)	Placard Name
1.4	EXPLOSIVES1.4
1.5	EXPLOSIVES1.5
1.6	EXPLOSIVES 1.5
21.	FLAMMABLE GAS
2.2	FLAMMABLE
3	COMBUSTIBLE *
Combustible liquid	FLAMMABLE SOLID
4.1	SPONTANEOUSLY COMBUSTIBLE
4.2	OXIDIZER
5.1	ORGANIC PEROXIDE
5.2	POISON
6.1 (PG1 or II, other than PG 1 Inhalation Hazard	POISON
6.1 (PGIII)	KEEP AWAY FROM FOOD
6.2	(NONE)
8	CORROSIVE
9	CLASS 9 **
ORM D	(NONE)

* FLAMMABLE placard may be used in place of a COMBUSTIBLE placard on a cargo tank or portable tank

** Class 9 Placard is not required for domestic transportation

especificaciones de DOT deben mostrar sus marcas de comprobación. Los tanques portátil deben mostrar el nombre del arrendatario o el del dueño y el nombre de embarque del contenido. En tanques de capacidades de más de 1,000 galones las letras deben ser de menos dos pulgadas de altas y el nombre de identificación debe aparecer en los dos lados y en cada lado de la parte trasera. En tanques más pequeños con menos capacidades, las letras deben ser de una pulgada de altas y en los dos lados.

Transporte Seguro en el Camino

Ahora que ya todo está en orden en relación a su carga de materiales peligrosos, Usted se encuentra listo para iniciar su viaje. Pero todavía hay cosas que Usted tiene que hacer. Hay más leyes y reglamentos especiales que se tienen que cumplir.

INSPECCION DE LAS LLANTAS

Haga una **revisión de las llantas al empezar y al terminar su viaje y cada vez que estacione** su vehículo y utilice un medidor de la presión del aire.

Si una de sus llantas está baja o se le sale el aire, no maneje a menos que sea para ir a la parada para vehículos de carga o gasolinera más próxima a que se la arreglen. Por otra parte, una llanta caliente o sobrecalentada, debe cambiarse en ese momento y ahí. Una vez que la llanta se ha quitado del vehículo debe alejarla una distancia segura. De esta manera, si estalla en llamas no afectará nada. Continúe con su viaje sólo hasta que se haya arreglado el problema de la llanta.

EL ESTACIONAMIENTO

Cuando su carga es potencialmente peligrosa, el estacionarse requiere aún de más maña. Los reglamentos en relación al estacionamiento y atendimiento de su equipo se establecen en la sección 397.5 y 397.7 de los Reglamentos Federales de Seguridad del Autotransporte (FMCSR). Si su carga consiste en Explosivos Clase 1 de la División 1.1, 1.2, o 1.3, es en contra de ley estacionar su vehículo a menos de cinco pies de la carretera. No se puede estacionar en una propiedad privada, incluyendo estaciones de combustibles y de lugares para comer sin consentimiento del propietario. Tampoco le está permitido estacionarse a menos de 300 pies de un puente, túnel, casas de habitación, edificios o cualquier sitio donde se junte gente o donde haya gente que trabaje.

Cuando su vehículo está en la vía pública, en la carretera o en el acotamiento de la misma, alguien **debe acompañar su vehículo** en todo momento. En otras palabras, es requisito que esta persona esté **despierta y dentro del vehículo (no en el compartimento para dormir), o no a más de 100 pies de distancia y de donde pueda ver claramente** la totalidad del vehículo. Esta persona debe ser consciente de los peligros, debe saber qué hacer en caso de una emergencia, y debe estar capacitada para mover el vehículo en caso necesario.

Existen excepciones a esta regla, una de ellas es cuando el vehículo se encuentra estacionado en un lugar asignado en la propiedad del transportista, del remitente o del destinatario. Otra excepción sería si el vehículo se encontrara en lo que se llama "puerto seguro" (safe haven), que es un lote especialmente aprobado por el Departamento del Transporte (DOT) para el estacionamiento de vehículos que transportan materiales peligrosos. Los puertos seguros estarán marcados con un señalamiento y rodeados con tambores (o barriles). En un puerto seguro puede Usted estacionar su vehículo y dejarlo sin vigilancia.

Usted puede estacionar un vehículo rotulado que no va cargando explosivos dentro de cinco pies de la parte deshilada de la carretera si su trabajo lo requiere, pero alguien todavía tiene que vigilar el vehículo. Un remolque con materiales peligrosos no se debe desenganchar y dejado en una calle pública.

LA SELECCION DE LA RUTA

Cuando selecciona la ruta a seguir con una carga de materiales peligrosos, su propósito no es el tomar las carreteras más rápidas y fáciles. La comodidad y conveniencia no determinan qué ruta debe tomar. Debe, en cambio, **evitar caminos que lo lleven por zonas altamente pobladas**. La única excepción a esto es cuando no existe otra ruta posible para llegar a su destino. Evite trampas potenciales como túneles o calles estrechas. El despachador le puede contestar cualquier pregunta que pueda Usted tener acerca de la ruta a seguir. La selección de la ruta es cubierta en la Sección 397 de la FMCSR.

En el caso de **explosivos de la Clase 1 División 1.1, 1.2, y 1.3, el transportista le tiene que dar un plan de ruta por escrito**. Este plan debe incluir, si existen, los horarios en los que no puede transitar por algunas zonas, así como los permisos para circular por las ciudades que así lo requieren. El permiso se debe solicitar con anticipación al viaje. Engrape el permiso al plan de ruta. Ese plan permanecerá con Usted en el vehículo.

Dependiendo de la zona que atraviese, su plan de ruta puede listar ciertas horas del día durante las cuales puede cruzar una determinada ciudad. Algunas ciudades tienen reglamentos respecto a qué horas del día pueden cruzar los cargamentos de materiales peligrosos. Otras ciudades requieren de permisos, que, como mencionamos antes, deben solicitarse con anterioridad. Cada vez más ciudades y estados están aprobando leyes en relación con los materiales peligrosos. Estas leyes cambian con frecuencia. Si le sale una situación que le requiera cambiar de ruta, llame a su despachador. No cambie de dirección simplemente y tome una nueva.

Siempre que haya dos reglamentos que se apliquen, debe obedecer el más estricto. A esto se le conoce como **la regla del mayor estándar de cuidado, y está establecida en la sección 397.3 de los Reglamentos Federales de Seguridad del Autotransporte** (FMCSR). La razón por la que se pensó esto, es que si Usted **obedece los reglamentos más estrictos**, automáticamente estará cumpliendo los requisitos de aquellos que lo son menos.

CRUCEROS DE FERROCARRIL

Los siguientes vehículos tienen que detenerse en los cruceros de ferrocarril:

- todos los vehículos que tengan que ser rotulados por transportar materiales peligrosos
- todos los que transporten cualquier cantidad de cloro
- los carros tanque utilizados para transportar materiales peligrosos, ya sea que estén cargados o vacíos.

Encienda las luces intermitentes de emergencia de cuatro lados y muevase a la línea a la derecha del camino si se puede hacer sin peligro. El vehículo se debe detener a una distancia entre los 15 y los 50 pies de las vías. Una vez que se ha detenido completamente, vea hacia ambos lados de la vía y preste atención al sonido de algún tren que se aproxime. Ya visto y confirmado que no viene ningún tren, cruce las vías. **No haga cambio de velocidades mientras las cruza**. No olvide de apagar las luces intermitentes de emergencia cuando ya vaya de nuevo vez por el camino.

EVITE EL FUEGO

Un vehículo de carga que transporta materiales peligrosos no debe pasar cerca de un fuego abierto a menos que sea absolutamente seguro el hacerlo. Puede ser que se tenga que bajar del vehículo y salir a investigar como está la situación. También debe saber que **no debe estacionar su vehículo a menos de 300 pies de un fuego abierto**. Esto, de acuerdo a la sección 397.11 de los Reglamentos Federales de Seguridad del Autotransporte (FMCSR).

En relación al fumar, la Sección 397.13 dice que Usted **no debe fumar a menos de 25 pies del vehículo** cuando transporta cualquier tipo de explosivos, de materiales inflamables, o oxidantes, o cuando su vehículo es un tanque de cargo marcado para Clase 3 (líquidos inflamables) o Clase 2 (gases). Esta regla se aplica aún después de haber vaciado el tanque. Tampoco se le está permitido fumar dentro de la cabina con las ventanas cerradas. Si es Usted fumador y piensa trabajar con materiales peligrosos, ésta es una razón más para que considere dejar el hábito por completo.

Debe traer un extinguidor de incendios clasificado 10 B:C o más amplio. Pero úselo nomas para controlar fuegos en camiones pequeños. No trate de combatir el fuego de (haz mat) materiales peligros Usted mismo. Deje eso a los bomberos que han sido entrenados para este tipo de emergencias.

La sección 397.15 trata del llenado de combustible. Establece que sólo puede cargar el tanque de combustible de su vehículo, cuando tiene el motor apagado. No se debe dejar sin vigilancia el tanque cuando se está llenando. Ya sea Usted o un empleado de la gasolinera deben estar ahí durante todo el proceso de llenado.

En Caso de un Accidente

Si Usted esta involucrado **en un accidente, deténgase inmediatamente**. Nunca continúe manejando ni para ir a conseguir ayuda. Mande a otra persona a que busque ayuda. Haga lo que pueda por advertir del peligro a otros choferes y los que se encuentren en la zona. Su plan debe ser el seguir los mismos procedimientos que en el caso de cualquier otro accidente, más los procedimientos especiales para emergencias con materiales peligrosos. Le deben haber instruido acerca de los procedimientos de emergencia para el caso específico de la carga que transporta.

Esto es especialmente cierto si transporta explosivos Clases 1 División 1.1, 1.2, o 1.3. Su transportista le dará una copia de la parte 397 de los reglamentos federales (FMCSR). El transportista también debe darle instrucciones por escrito sobre qué hacer en caso de una demora o un accidente. Las instrucciones por escrito deben incluir:

- los nombres y números de teléfono de las personas que tiene que contactar (incluyendo agentes del transportista o remitentes),
- la naturaleza de los explosivos que transporta,
- las precauciones que tiene que tomar en caso de emergencias como incendios, accidentes o derrames.

Mientras maneja Usted debe estar en posesión y familiarizado con:

- los papeles de embarque
- un plan de ruta por escrito
- las instrucciones por escrito para casos de emergencia
- una copia de la parte 397 de FMCSR

Aunque cada accidente tiene sus propias circunstancias, hay algunos pasos básicos que siempre debe seguir.

LLEVE LOS PAPELES DE EMBARQUE CON USTED. Ponga la información de esos documentos en la disposición de los que responden a emergencias.

NO USE LUCES DE BENGALA. No use ni deje que nadie utilice luces de bengala o luces que ardan de alguna manera. En su lugar use triángulos reflejantes.

MANTENGA ALEJADA A LA GENTE. Adviértales de los peligros extremos. No los deje que respiren el material, que caminen sobre él o que lo toquen. Si es inflamable y puede explotar, desaloje inmediatamente la zona. Si es posible, acérquese al sitio del accidente desde un punto en que el viento sople en dirección contraria a donde se encuentra Usted. No presuponga que los vapores o gases no son dañinos simplemente porque Usted no puede olerlos. No permita fumar a nadie.

NOTIFIQUE A LAS AUTORIDADES. Notifique a la policía y a los bomberos. Explíqueles que se trata de una emergencia en la que hay materiales peligrosos y déles el nombre de los materiales y sus clasificaciones, incluyendo el número de las Naciones Unidas o el de Norte América. De esta forma ellos pueden mandar gente del “Equipo de Primera Respuesta” (First Response Team). Esta gente está entrenada especialmente para manejar las emergencias de esta naturaleza. Tanto la policía como los bomberos tienen libros (Emergency Response Guidebooks) de referencia que los guían para reaccionar en la forma adecuada.

Notifique al remitente si hay gas comprimido involucrado en el accidente.

DETENGA EL DERRAME. Si el embarque se ha derramado al suelo, debe detener su flujo. La tierra simple es muy buena para empapar y contener líquidos. Después, esta tierra y el líquido que absorbió se pueden desechar adecuadamente. Tenga cuidado para evitar que algún veneno contamine cualquier corriente de agua o sistema de drenaje. Si el veneno está en polvo, trate de que no lo vuele y desparrame el viento. Evite el contacto con fugas del material. No trate de reempacar envases con fugas. No coma, beba, o fume a cercas del derramen.

NO MUEVA EL VEHICULO. No mueva el vehículo a menos que sea peligroso dejarlo donde está. Al moverlo puede desparramar el derrame. No trate de separar vehículos que han chocado hasta que, si alguno trae carga con explosivos, estos sean descargados. Aleje los explosivos de menos a 200 pies de los vehículos y edificios ocupados.

NO TRANSFIERA MATERIALES. No transfiera (haz mat) materiales peligrosos de un paquete para otro, o líquidos inflamables o gas comprimido también inflamable de un vehículo a otro en la vía pública excepto en caso de emergencia o si Usted esta llenando de combustible a maquinaria de mantenimiento de caminos o de construcción. No debe abrir paquetes ardiendo con sólidos inflamable o oxidantes, pero desempaquelos del vehículo junto con paquetes sin daños si se puede hacer sin peligro, para prevenir un incendio.

NOTIFIQUE A SU TRANSPORTISTA. Avise a su supervisor si hubo paquetes en la División 6.2 (Substancias Infecciosas) dañados en transporte. **Llame a su despachador** e infórmele del accidente. Consiga el nombre, domicilio y nombre de la compañía de seguros de cualquier otra persona que haya participado en el accidente. Necesitará esta información para su Reporte de Incidente con Materiales Peligrosos (Hazardous Materials Incident Report). También consiga el nombre y domicilio de todos los testigos.

CHEMTREC

Toda la gente que de alguna manera participa en el transporte de materiales peligrosos (haz mat) está familiarizada con una agencia llamada CHEMTREC. CHEMTREC es un servicio público de los negocios de productos químicos y **proporciona asesoría inmediata a las personas que se encuentran en el lugar donde ocurre una emergencia**. Tiene su base en la ciudad de Washington, D.C., opera las 24 horas del día todos los días del año, para recibir llamadas sin costo para la persona que habla, desde cualquier punto del país. Este número sin costo es el (800) 424-9300. Si Usted decide participar en el transporte de materiales peligrosos, es un número que verá con mucha frecuencia. Para poder ayudarle, la agencia CHEMTREC necesitará el nombre del producto o su número de identificación, así como la naturaleza de su problema.

EL CENTRO NACIONAL DE RESPUESTA (NATIONAL RESPONSE CENTER)

El Centro Nacional de Respuesta ayuda a coordinar la respuesta de emergencia a peligros ocasionados por productos químicos. El Centro es un recurso para la policía local y los bomberos. Puede ser que Usted tenga que llamarles por teléfono (el número sin costo es el (800) 424-8802. Esta llamada es además de las llamadas a la policía y a los bomberos. Usted o su patrón tienen que llamarles cuando como resultado directo de un incidente con materiales peligrosos, ocurre algo de lo siguiente:

- la muerte de una persona
- una persona resulta lesionada y requiere de hospitalización
- uno o más de las arterias mayores de transportación o facilidades están cerradas o fuera de uso por una hora o más
- fuego, fracturas, derrames, o contaminantes sospechosos de radiactivo ocurre o si un embarque de agentes etológico agentes (bacteria o toxinas) están involucrados
- el daño a los bienes del transportista o de terceros tienen un costo estimado que excede los $50,000
- existe una situación, tal como el continuo peligro de vidas en el sitio del accidente, que el transportista piensa que se debe reportar

Usted (o la persona que haga la llamada) debe estar listo para informar lo siguiente:

- su nombre
- nombre y domicilio del transportista para el que trabajan
- el número de teléfono donde se les puede localizar
- la fecha, hora y lugar del incidente
- la gravedad de las lesiones, si hubo
- la clasificación, nombre y cantidad de los materiales peligrosos involucrados, si esta información se encuentra disponible
- el tipo de incidente y la forma en que participaron los materiales peligrosos, y si en el lugar del incidente persiste una situación en la que haya vidas en peligro.

Si además hubo involucrada una cantidad de substancia peligrosa que se tiene que reportar, la persona que llama debe también dar el nombre del remitente y la cantidad derramada de la substancia peligrosa.

Prepárase para darle a su patrón la información requerida. El transportista tendrá que hacer un reporte dentro de 30 días de el día del accidente.

EL REPORTE DE INCIDENTES CON MATERIALES PELIGROSOS

Un accidente en el que se involucran (haz mat) materiales peligrosos se reportará de ambas formas: como se reportan todos los accidentes, y también como "un incidente con materiales peligrosos". Un accidente con materiales peligrosos puede suceder no sólo en la carretera sino también durante la maniobra de carga o de descarga, o durante su almacenamiento temporal. Es decir, si un chofer está cargando a una camioneta un tambor que contiene un producto químico de desecho, y el tambor se cae y comienza a derramar producto, este incidente se tiene que reportar. Todo incidente, desde una mancha húmeda en un paquete de algún material peligroso hasta un accidente mayor, tiene que reportarse. La información pertinente la enviará su transportista al Departamento del Transporte (DOT) en un formulario de Reporte de Incidentes con Materiales Peligrosos.

Materiales Radiactivos

Si alguna vez lo llaman para **manejar materiales radiactivos, tiene que haber recibido entrenamiento especial** dentro de los dos años anteriores y además le deben proporcionar **información sobre la ruta**. Al final del periodo de entrenamiento recibirá un certificado. Más que un premio, el certificado es en realidad un documento que debe guardar junto con los otros papeles el tiempo que dure el viaje.

Bajo condiciones de embarque normales, los materiales radiactivos no representan ningún peligro ni para el chofer ni para ninguna otra persona durante todo el viaje. De cualquier manera, Usted querrá observar las siguientes precauciones:

- Reduzca al mínimo su contacto con materiales radiactivos. Haga lo que tenga que hacer y luego retírese de su cercanía.
- Siempre use un carrito o equipo similar para mover los envases de materiales radiactivos. Nunca los toque directamente con sus manos sin protección.

En el caso de un accidente, no toque o inhale el material. No use el vehículo hasta que haya sido examinado con un medidor de inspección.

En Su Punto de Destino

Cuando haya llegado a su destino, llame a su despachador para avisarle que ya llegó. Dígale al despachador en qué condiciones está su embarque. **Cuando se hace la entrega de un embarque de materiales peligrosos no debe haber demoras**. Esto incluye desde el momento en que se hace la maniobra de carga al momento en que se termina de descargar. Una vez que ha sido descargado su embarque, asegúrese de quitar los rótulos.

Entrega explosivos en la División 1.1, 1.2, o 1.3 (Clase A o B) nomas a personas autorizadas o deje la carga en un almacenamiento especialmente diseñado. Si el embarque de materiales peligrosos es rechazado o no puede descargar en 48 horas, puede ser que le digan que haga cualquiera de lo siguiente:

- Regresar el embarque al remitente.
- Almacenarlo en un almacén adecuado.

Un embarque de desechos peligrosos sólo entréguelo, a otro transportista registrado, o a una planta de tratamiento. Asegúrese de que la persona que le recibe le firme el manifiesto y guarde una copia para Usted. Si esta situación le sucede a Usted, infórmele a su despachador. Entre los dos pueden encontrar un lugar donde le reciban la carga.

Con frecuencia el remolque que se usó para transportar materiales peligrosos quedará contaminado. No debe ponerse de nuevo en servicio hasta que no lo metan a una instalación de la Agencia de Protección Ambiental (EPA) con el fin específico de descontaminarlo completamente. Si Usted maneja un equipo de estos, asegúrese de averiguar "dónde" descontaminar su remolque una vez que sea descargado. Después de un derrame de corrosivos, los vehículos deben ser lavados antes de ser cargados nuevamente. Los vehículos que tuvieron una carga de Veneno en la División 2.3 o 6.1 deben ser limpiados y revisados antes de usarlos de nuevo.

Una buena regla general cuando se transportan materiales peligrosos es la siguiente: **Si Usted** transporta cualquier tipo de material tóxico o venenoso y **no está seguro de algo**, pare ahí mismo y **llame a su despachador**. Nunca, pero de verdad nunca, adivine cómo manejar carga potencialmente peligrosa. Nunca confíe en su buena suerte. Puede arrepentirse de eso por el resto de su vida.

Examen Sobre el Capítulo 30

1. De las siguientes, ____ NO es una de las 9 categorías de materiales peligrosos.
   A. gas venenoso
   B. productos farmacéuticos
   C. desechos radiactivos
   D. líquido inflamable

2. Los papeles de embarque deben guardarse ____.
   A. al alcance desde donde están los envases que contienen materiales peligrosos
   B. con el remitente
   C. con las autoridades competentes para casos de emergencia
   D. al alcance del chofer aún cuando éste se encuentre con el cinturón de seguridad puesto

3. Las etiquetas se pueden omitir cuando los envases en los que se envían los materiales peligrosos son de tal forma que éstas no se pueden colocar.
   A. Verdadero
   B. Falso

4. La etiqueta y el rótulo para un material oxidante tienen que ____.
   A. tener colores contrastes
   B. ser del mismo tamaño
   C. fijarse bien en la parte exterior del remolque
   D. ser del mismo color y tener el mismo número y las mismas palabras

5. Para todas las clases de materiales peligrosos se usa un solo rótulo estándar.
   A. Verdadero
   B. Falso

6. Después de notificar la policía y el departamento de bomberos de una emergencia de materiales peligrosos, Usted puede esperar los miembros de ____ llegar al sitio.
   A. Grupo de Primera Respuesta
   B. CVSA
   C. la Guardia Nacional
   D. el Consejo de Transportación Nacional de Seguridad

7. En "puerto seguro" los choferes que transportan materiales peligrosos pueden ____.
   A. estacionar sus vehículos y dejarlos sin vigilancia
   B. disfrutar de una buena comida balanceada
   C. transferir con seguridad los materiales peligrosos a envases con forro interno de plomo
   D. olvidarse de los procedimientos para manejar con seguridad su carga

8. Cuando su vehículo es un tanque de carga marcado Clase 3 (Líquidos Inflamables) or Clase 2 (Gases), sólo está permitido fumar ____.
   A. dentro de la cabina con las ventanas cerradas
   B. a 25 pies del vehículo
   C. hasta que se ha vaciado el tanque
   D. en la cercanía de un "puerto seguro"

9. La revisión de las llantas se debe hacer ____.
   A. cada 150 millas
   B. por medio de un inspector con licencia del gobierno
   C. al inicio de cada viaje y cuando se estacione
   D. en cada parada para reabastecerse de combustible y en cada "puerto seguro"

10. Los envases de materiales radiactivos ____.
   A. no tienen fugas y por tanto muy rara vez son peligrosos
   B. requieren de manejo especial y con frecuencia deben transportarse por rutas especiales
   C. se deben entregar a su despachador
   D. pueden descargarse con cuidado en ciertos "puertos seguros"

COL 1 Modo de Embarque
COL 2 Nombre Proprio y Descripción
COL 3 Clase o División de Peligro
COL 4 Número de ID (Identificación)
COL 5 Grupo de Embalaje
COL 6 Etiquetas Requeridas
COL 7 Mandatos Especiales
COL 8 Reglas en los Requisitos de Embalaje
COL 9 Aplica a Transporte No En Carreteras Mayores
COL 10 Aplica a Transporte No En Carreteras Mayores

Símbolos	Descripciónes y Nombre Proprio de Embarque de Materiales	Clase o División de Peligro	Números de ID (Identificación)	Grupo de Embalaje	Etiquetas Requeridas (si no exceptudando)	Mandatos Especiales	Embalaje (8) Sección 173.***			(9) Limitación de Cantidades		(10) Vessel Stowage	
							Excepciónes (8A)	No en bulto (8B)	En Bulto (8C)	Pasajeros de avión/carril (9A)	Carga de avión nomas (9B)	Almacenaje de embarcación (10A)	Otros (10B)
(1)	(2)	(3)	(4)	(5)	(6)	(7)							
	Batteries, dry, containing potassium hydroxide solid, *electric, storage*	8	UN3028	III	8		Nada	213	Nada	25kg bruto	230kg bruto	A	11
	Batteries, wet, filled with acid, *electric storage*	8	UN2794	III	8		159	159	159	30kg bruto	No límite	A	11

Cinco simbolos diferentes pueden aparecer en la COL 1:

+ Enseña el nobre propi0 de embarque, la clase de peligro, y el Grupo de embalaje para usar, aunque el material no este de acuerdo con descripción de la clase de peligro.

A Quiere decir que el material peligroso describido en la COL 2 es sujeto a HMR nomas cuando es ofrecido o propuesto para transporte por aire solamente que sea una substancia peligrosa o desecho peligroso.

W Quiere decir que el material peligroso describido en la COL 2 es sujecto a HMR nomas cuando es ofrecido o propuesto para transporte por el agua solamente que sea una substancia peligrosa, desecho peligroso, a contaminantes marinos.

D Quiere decir que el nombre de embarque es apropriado para describir materiales para transportación doméstica pero puede que no sea apropiado para transportación internacional.

I Identifica un nombre apropiado de embarque que es usado para describir materiales en transportación internacional. Un nombre de embarque diferente se puede usar cuando nomas transportación doméstica esta involucrada.

Traducción de la ilustración 30-1, página 452.

GUIA DE EMBARQUE DIRECTA - ORIGINAL - NO NEGOCIABLE

PONGA AQUI LA ETIQUETA CON EL NUM. "PRO" (CONSECUTIVO)

PAGINA 1 DE 2

B/L #

FECHA

TERMINOS

TRANSPORTISTA

REMITENTE	DESTINARIO (En el caso de Cobrar o Devolver, deben aparecerlas letras "C.O.D" antes del nomber del destinario o como se estableza en el artículo 430 Sec. 1)
ALLRIGHT SUPPLIES 525 WISCONSIN AVE. MASON, TENNESSEE	GOODY MAIL MARKETING 1200 POE ROAD RAVENWOOD, MI
FACTURESE A	COMENTARIOS GENERALES
	RUTA / TRANSPORTISTA QUE HACE LA ENTREGA

PIEZAS	MP	DESCRIPCION	PESO (sólo libras) (sujecto a correción))	TARIFA	CARGOS	CLASE
20	X	BENZALDEHYDE 9 UN1990	4000 LBS			
12	X	BATTERIES, WET, NON-SPILLABLE 8 UN2800	1000 LBS			
2	X	BATTERY-POWERED VEHICLE 9 UN3171	3600 LBS			
1		BOX, FILE FOLDERS	50 LBS			
1		ROLL WRAPPING PAPER, KRAFT	600 LBS			

La presente es con al fin de certificar que los materiales arriba nombrados están clasificados, descritos, empacados, marcados y etiquetadoes correctamente, y que se encuentran en condiciones adecuedeas para su transporte de conformidad a los reglamentos aplicables del Departamento del transporte.

REMITENTE	TRANSPORTISTA			
ALLRIGHT SUPPLIES	CG TRANSPORT SERVICE, INC.			
POR	CHOFER	PZAS	FECHA	UN SOLO EMBARQUE (✓)

EMERGENCY CONTACT:

PHONE 800-555-6453

Traducción de la ilustración 30-2, página 453.

ROTULO TABLA 1-CUALQUIER CANTIDAD		ROTULANDO TABLE 2 — 1,001 LIBRAS O MAS	
si su vehículo contine cualquier cantidad de...	El rótulo es...	Categoría de Material (El número de clase or división y adicional descripción, a como sea apropriado)	Nombre del Rótulo
1.1	EXPLOSIVOS 1.1	1.4	EXPLOSIVOS1.4
1.2	EXPLOSIVOS 1.2	1.5	EXPLOSIVOS1.5
1.3	EXPLOSIVOS 1.3	1.6	EXPLOSIVOS 1.5
2.3	GAS VENEMOSO	21.	GAS INFLAMABLE
4.3	PELIGROSO CUANDO MOJAD	2.2	INFLAMABLE
6.1 (PG1, peligro de inhalación)	VENENO	3	COMBUSTIBLE *
7 (Radiactivo Amarilla etiqueta III nomas	RADIACTIVO	Liquido inflamable	SOLIDO INFLAMABLE
		4.1	COMBUSTIBLE ESPONTANEO
		4.2	OXIDANTE
		5.1	PEROXIDO ORGANICO
		5.2	VENENO
		6.1 (PG1 or II, otro qu PG1 peligro de inhalación	VENENO
		6.1 (PGIII)	MANTENGA LEJOS DE ALIMENTOS
		6.2	(NADA)
		8	CORROSIVOS
		9	CLASE 9 **
		ORM D	(NADA)
		* El rótulo INFLAMABLE puede ser usado en vez del de COMBUTIBLE en un tanque de carga o tanque portátil ** El rótulo de Clase 9 no es requerido para transportatción doméstica	

Traducción de la ilustración 30-4, página 460.

CAPITULO 31

LA LECTURA DE LOS MAPAS

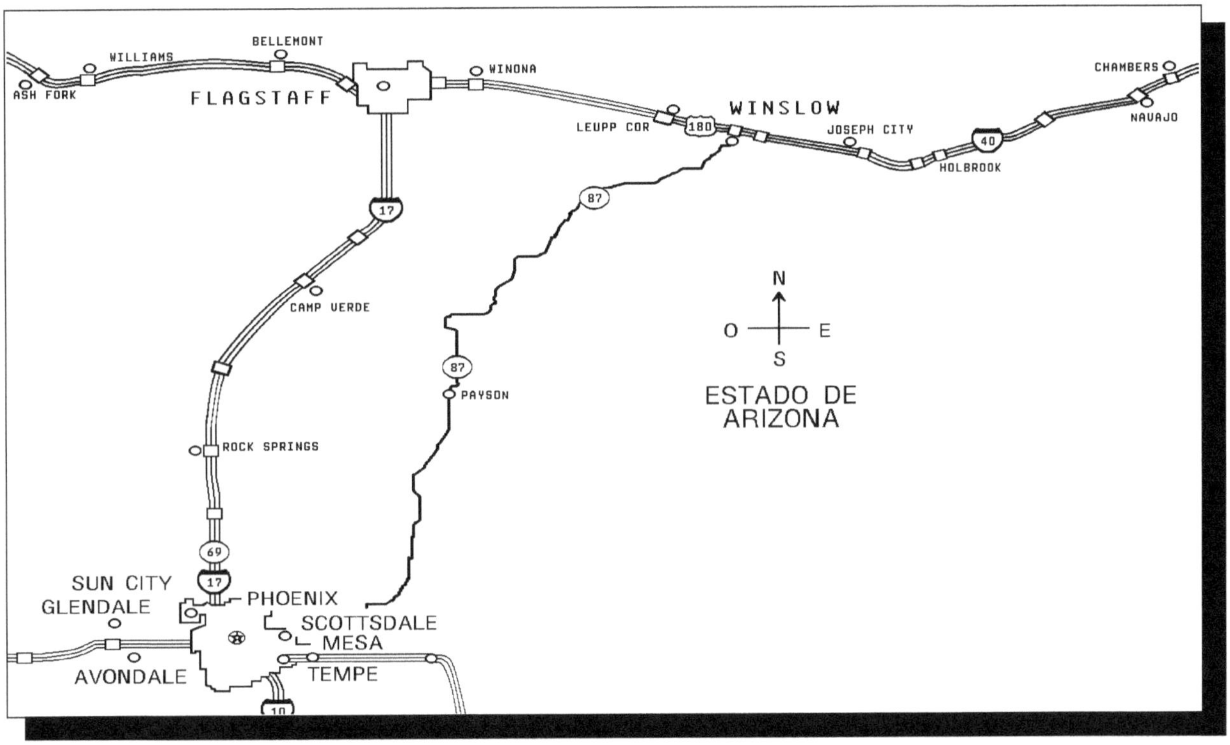

Haga Su Plan Para Que Tenga un Buen Viaje

Para el chofer de un vehículo de carga, un **buen viaje, antes que nada, significa llegar a un cierto lugar con seguridad.** Después de eso, significa llegar a ese lugar **en el menor tiempo posible con el mejor millaje posible**. El hacerlo así significa menos tiempo de manejar y menos desgaste del equipo. También significa ahorro en combustible y en gastos de viaje.

Obviamente un buen viaje no sucede nada más así. **Requiere** la elaboración de un **plan** inteligente con la ayuda de un buen mapa actualizado o un atlas de carreteras. De hecho, el aprender cómo usar un mapa será una de sus habilidades básicas. También es interesante. No tiene fin la información que se puede obtener de un mapa.

Todo chofer debe saber cómo leer un mapa. Aún si el despachador le da una ruta a seguir, Usted debe ser capaz de entender un mapa. ¿Qué va a hacer si se encuentra construcción en la carretera, o tiene demoras u otros problemas, que le hagan tener que cambiar de ruta? Si no puede leer el mapa y encontrar otro camino, ¡ya se quedó atorado!

La Lectura de un Mapa

En realidad leer un mapa es muy sencillo. Un mapa es simplemente una representación de una zona: el mundo, un país, un estado o una ciudad. Otras representaciones o **símbolos** — figuras, líneas y fotos o dibujos — se encuentran ahí representando cosas reales, las fronteras, caminos y puentes que se despliegan ante sus ojos conforme avanza por el camino.

Hay muchos mapas diferentes editados por diversas compañías que a eso se dedican. La mayoría de los choferes profesionales sin embargo, se apegan a uno o dos que son sus favoritos de entre los varios diseñados especialmente para choferes de vehículos de carga. Estos mapas con frecuencia traen más otro tipo de información que la que regularmente uno esperaría encontrar en un mapa, como la localización de ciudades y las rutas que siguen las carreteras. Los mapas especiales para choferes de vehículos de carga también le dan información sobre los lugares donde se encuentran las básculas, límites de tamaño y peso, y otros datos que son útiles principalmente a los choferes de vehículos comerciales.

Las Carreteras Interestatales

Las carreteras se indican utilizando varias **líneas** de diferentes colores. Las líneas se harán más delgadas hasta llegar a ser una simple raya negra, lo que indica que se trata de un camino secundario, un camino rural o vecinal. Una carretera puede ser un camino público común y corriente con señales de alto y cruceros. O también puede ser de alguno de los tipos siguientes:

- de acceso limitado (sólo se puede entrar o salir en determinados cruceros)
- de cuota (camino privado en donde paga una pequeña cuota para pasar)
- de carriles múltiples (cuatro carriles o más)

Los símbolos de rutas de carretera empiezan con el de carretera interestatal, luego las clasificadas como "carretera U.S.", luego las estatales y luego las locales. Algunos mapas traerán indicadas las carreteras de condado y las de reservaciones indias. Otros además traerán los símbolos de carreteras de Canadá y Méjico. A cada clase distinta de carretera se le asigna un símbolo de forma y diseño distintos.

Si Usted está acostumbrado a leer mapas, ya estará familiarizado con **los símbolos** rojo, blanco y azul **para las carreteras interestatales**. Este símbolo tiene **forma de escudo** con el nombre del estado y el número de carretera dentro. La forma de escudo es simplemente uno de los muchos símbolos que utilizan los mapas de carreteras para indicar o identificar cosas y lugares. Para leer un mapa de carreteras correctamente, Usted tiene que entender los símbolos que utilizan.

Ilustración 31-1
Los símbolos en un mapa de carreteras le dicen qué esperar, si una carretera de alta velocidad sin paradas, o un camino panorámico de menor velocidad y con paradas frecuentes.

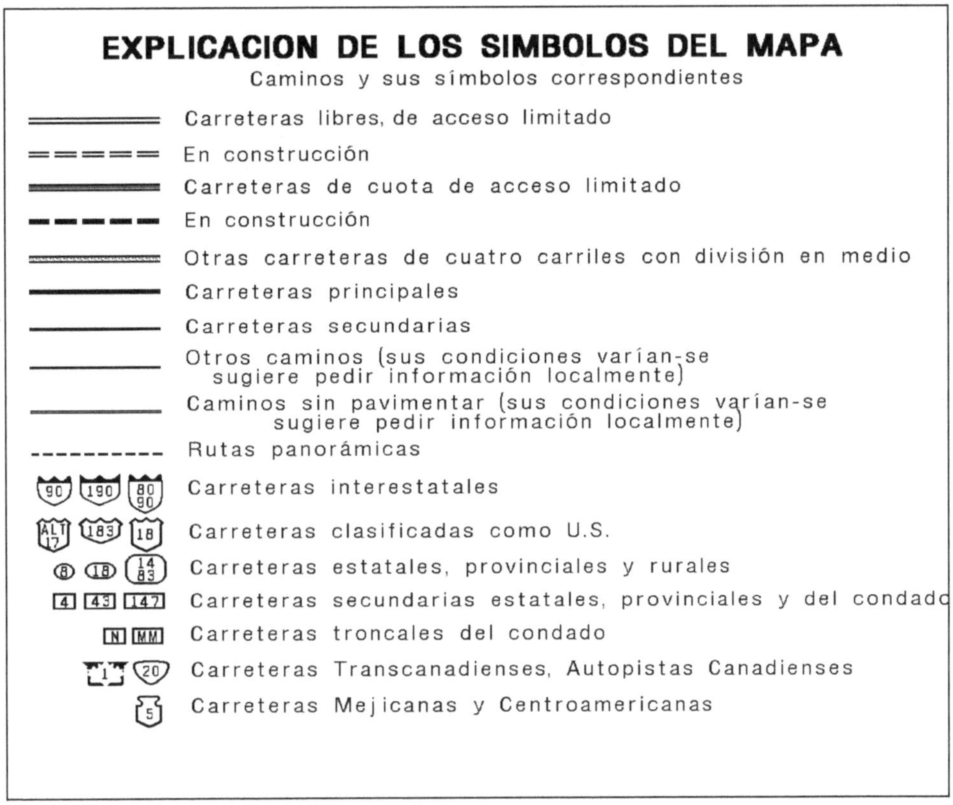

Afortunadamente no se los tiene que aprender de memoria. Esto es algo bueno, ya que diferentes mapas usan símbolos diferentes. Pero **cada mapa tendrá una clave o leyenda, esto es, una explicación de los símbolos que utiliza.** Generalmente esta explicación la encontrará cerca del título o en la primera página. El encabezado se leerá "Explicación de los símbolos del mapa", o "Los caminos y sus símbolos", o simplemente "Símbolos de las rutas de carreteras". Ahí encontrará un ejemplo de todos los símbolos y lo que cada uno significa.

PRUEBA DE LA HABILIDAD PARA OBSERVAR

¿Puede reconocer el estado ilustrado en el mapa con el que se inició este capítulo? ¿Cuántas rutas principales de norte a sur se muestran? Revise sus respuestas en la gráfica de la Prueba de la Habilidad para Observar al final del libro.

Las carreteras **interestatales** tienen un sistema de numeración muy sencillo. Las rutas principales se numeran con uno o dos dígitos solamente, y las más largas terminan en 0 o 5. Las **rutas** que van al norte o al sur tienen números nones, teniendo los números menores hacia el oeste. Las rutas que van al este o al oeste tienen números pares, y tienen los números menores hacia el sur. Las cuatro direcciones siempre estarán indicadas en el mapa, con una brújula o cruz que tiene una flecha apuntando al norte. Vea la ilustración 31-2 en la siguiente página que muestra algunas de las carreteras interestatales que acabamos de describir.

La mayoría de las ciudades grandes tienen vueltas o rodeos los cuales conectan a las carreteras interestatales, permitiendo viajar por las afueras de la ciudad en vez de por el centro. Seguir el rodeo le permite evitar el tráfico pesado del centro. Los rodeos se identifican con las mismas señales que tienen las interestatales, con la diferencia de que el numero de la carretera será de tres plazas en vez de dos. Por ejemplo, mire un mapa de St. Louis. Si viajara al este en la carretera I-70, agarraría al rodeo 270, lo cual va alrededor de la cuidad al norte. A poca distancia al este del río, el 270 se junta otra vez con la I-70 al este.

Ilustración 31-2
Sólo con saber el número, puede darse cuenta si la carretera está al este o al oeste, o al norte o al sur.

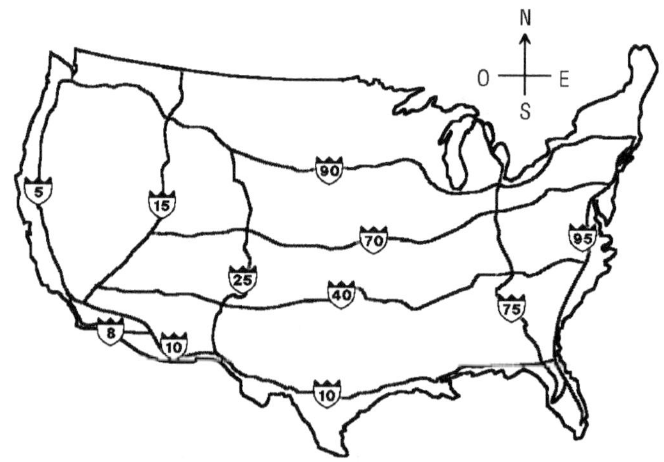

MILLAJE DE CARRETERA

La mayoría de los mapas tendrán varias formas diferentes de **estimar** el **millaje entre dos puntos**. El sistema que use su mapa vendrá explicado en la leyenda o clave del mismo, pero generalmente funciona así:

- Las distancias entre intersecciones y pueblos chicos se mostrarán con un número negro pequeño.
- En las principales intersecciones y en las ciudades grandes habrá un punto con una rayita (como un pequeño dardo). Entre dardo y dardo habrá un número impreso más grande (generalmente en tinta roja) que muestra la distancia entre los dardos.

Algunos mapas usan una forma diferente para indicar las distancias en las carreteras interestatales. Habrá un número en cada cruce de interestatales (generalmente dentro de un pequeño recuadro blanco). Cada uno de estos números indica qué tan lejos está ese cruce de la frontera del estado. Usted puede calcular la distancia entre dos cruces cualesquiera, restando el número menor del mayor.

CARACTERISTICAS DE LA CARRETERA

Areas de descanso

Algo que se volverá importante para Usted en cuanto inicie su carrera de chofer, serán las áreas de descanso. Estas áreas tienen estacionamientos para vehículos de carga grandes, tienen baños, agua potable y teléfono. Algunos tienen mapas iluminados especiales e información para el chofer. Los símbolos de las áreas de descanso con frecuencia se muestran como un cuadro grande de diferente color al usado para la carretera. Los choferes de vehículos de carga tienen que **hacer revisiones de seguridad** en ruta. Un chofer entrenado planea sus paradas de revisión con anticipación para hacerlas **en las áreas de descanso.**

Generalmente las áreas de descanso y los parques que se encuentran por un lado de la carretera con frecuencia estarán marcados con un símbolo que representa una mesa para día de campo. Esto puede significar que no habrá servicios higiénicos y algunos pueden no tener lugar de estacionamiento para vehículos grandes de carga.

Para indicar su localización, un taller o área de servicio estará marcada con dos triángulos pequeños o algún otro símbolo de cada lado de la carretera.

Cuotas

Las casetas de cobro de las carreteras o puentes de cuota se indicarán como **CUOTA** o con color. Esto **significa que tendrá que pagar una cuota para poder usar la carretera o el puente.** Si va a querer usar dicha carretera o puente, tenga el dinero de la cuota a la mano. También, hay carreteras y puentes de este tipo en los que no se permite circular a vehículos grandes de carga. Averigüe esto con suficiente anticipación.

Atracciones turísticas

Hay muchos símbolos utilizados para parques nacionales y estatales, bosques nacionales, sitios históricos, reservaciones indias, etc. Estos símbolos en su mayoría, están dirigidos a los viajeros que van de vacaciones en sus vehículos y que se congregan en estas áreas en los meses de verano. Si es el tiempo de vacaciones, tenga presente que estas áreas estarán llenas de vehículos que se mueven lentamente. Usted querrá cambiar su ruta para **evitar áreas de deportes de invierno así como lugares de vacaciones de verano.** Ningún chofer de vehículos de carga quiere quedarse atorado en medio del tráfico pesado en un día que esté nevando.

Aeropuertos y transbordadores

Otros símbolos que son de mucha utilidad cuando se hace el plan de viaje son los que se usan para transbordadores y aeropuertos. La mayoría de los choferes de vehículos de carga usarán un transbordador de menos una vez en su carrera. Los transbordadores son comunes en los estados y provincias que tienen muchos lagos, ríos anchos, o bahías y entradas de mar. De nuevo, **con frecuencia se cobra una cuota para utilizar un transbordador,** y Usted querrá tener esto planeado.

No obstante que los mapas difieren un poco, generalmente los transbordadores se indican con la palabra "transbordador" (Ferry) o con las letras (del inglés) "FY" y una línea punteada que muestra su ruta.

Los aeropuertos se usan cuando se envía al chofer a hacerse cargo de un vehículo de carga que se encuentra en una situación de emergencia. Algunos operadores/propietarios vuelan de regreso a su casa a pasar días de fiesta o por otras razones. Casi siempre tomar el avión es más barato que desenganchar su tractor y manejarlo sin remolque de regreso. Los aeropuertos generalmente están indicados con la figura de un avión.

Zonas de diferente horario

Usted tendrá que saber acerca de las **zonas con diferente horario** para calcular **la diferencia de hora en otra ciudad o estado**. Un chofer puede cargar 40,000 libras de arenque en escabeche en Halifax, Nueva Escocia con destino a Los Angeles. El viaje se iniciará en la zona de tiempo del Atlántico y cruzará otras cuatro zonas de diferente horario: la del tiempo del Este, Central y de las Montañas, terminando en Los Angeles que está en la zona de tiempo del Pacífico. Cada zona tiene una hora de diferencia. Cuando en Halifax es la 1 p.m., en Los Angeles son las 9 a.m. Supongamos que el mismo chofer carga en Los Angeles con destino a Atlanta. Atlanta se encuentra en la zona de tiempo del Este. Cuando en Los Angeles es la 1 p.m., en Atlanta son las 4 p.m.

Los choferes deben **sumar o restar** estas horas **para calcular** su **Hora Estimada de Llegada (siglas en inglés: ETA)**. Su tiempo estimado de viaje le permite planear una hora de llegada. Su destinatario necesita saber su hora estimada de llegada para que pueda programar tanto mano de obra como lugar para recibir la carga. También, Usted no quiere romper el récord mundial de velocidad sólo para llegar a un almacén a esperar un par de horas a que lo abran.

Ilustración 31-3
La información sobre las zonas horarias que viene en los mapas le ayuda a saber cuál es la hora local.

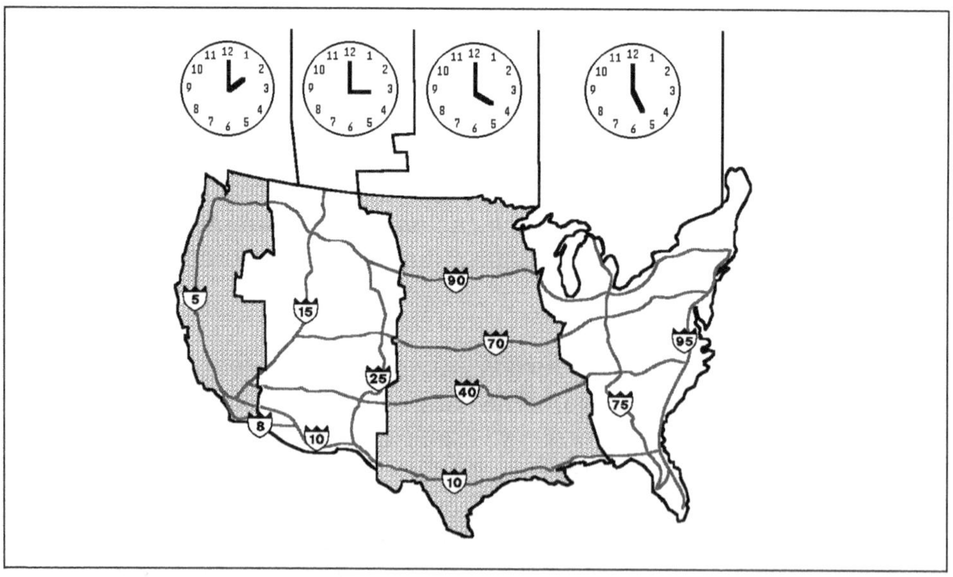

Las zonas horarias o de tiempo, se indicarán con una línea intermitente formada por T's. Algunos mapas tendrán una carátula de reloj en la parte de abajo donde termina la línea. Con éstas Usted puede fácilmente ver las diferencias en los horarios locales conforme atraviesa las zonas.

Casetas estatales de inspección y básculas

Finalmente, uno de los símbolos más nuevos e importantes para un chofer de vehículos de carga que recorre distancias grandes es el de las casetas estatales de inspección. Los choferes deben **estar preparados** con anticipación **para entrar a otro estado**. Su **bitácora debe estar al corriente** y deben tener a la mano cualquier **permiso que se tenga que mostrar**. Con frecuencia, una caseta estatal de entrada tendrá una báscula y una estación de inspección. El chofer entrenado se planea con anticipación para lo que puede ser una parada que tome mucho tiempo, localizando y sabiendo dónde se encuentra la siguiente caseta estatal de inspección.

Aún puede obtener más información de su mapa. Para mostrar dónde se encuentra una zona de construcción se pueden usar líneas punteadas. Un símbolo representando una tienda de campaña generalmente significa un lugar para acampar. Otros símbolos indican ciudades capitales, puentes, presas e intersecciones para intercambio con otras carreteras. Puede ser que su destino sea una ciudad capital, o en una de ellas quiera Usted detenerse porque necesite algún servicio. O por el contrario, puede ser que para Usted sólo signifique un lugar de congestionamiento que quiera evitar. De cualquier forma, Usted quiere saber que está ahí. Sean cuales fueren los símbolos utilizados se explicarán en la leyenda o clave del mapa.

"El Sistema Designado"

El sistema de carreteras interestatales y ciertas carreteras estatales constituyen lo que se llama la "Red Nacional de Rutas Designadas" o el "Sistema Designado". El propósito del sistema es el de proporcionar a los vehículos pesados, acceso razonable para entrar o salir de la carretera desde sus terminales. Algunos estados proporcionan acceso ilimitado a las carreteras. Otros lo controlan a través de permisos. Y hay además otros que sólo permiten que los vehículos de carga circulen por ciertas rutas, y marcan tales rutas con señales. Los libros de mapas hechos para los choferes generalmente traen los detalles concernientes al sistema designado de cada estado.

La Planeación del Viaje

Planear un viaje es algo más que tomar cualquier ruta que lo lleve a donde tiene que ir. **Su propósito** debe ser **encontrar la ruta más corta** y **menos complicada.** Cada vez debe planear **la ruta más eficiente,** ya sea que vaya cargado o vacío. Esto es válido tanto para un operador/propietario como para el chofer de una compañía. Si Usted tiene su propia empresa, desde luego que querrá ahorrar todo lo que pueda. Como chofer de una compañía, debe tener el mismo interés que su patrón por la preocupación última de éste. La operación de una compañía de transporte de carga es una verdadera sociedad entre Usted y su patrón. Si su compañía desaparece junto con ella desaparece su empleo.

Por lo tanto, ¿cómo planea Usted la ruta más eficiente? Bueno, para los que empiezan, asegúrense de que sus mapas estén actualizados. Revise la fecha de los derechos reservados o de autor que está junto al nombre de la empresa que publica el mapa. Si tiene más de un año, cómprese uno nuevo. En un año pueden cambiar muchas cosas. Lo que Usted no quiere es que le tome de sorpresa una zona en la que estén construyendo y tenga que esperarse ahí, perdiendo tiempo, dinero y combustible. Por otra parte, algunas veces el mapa le indicará que un tramo de la carretera está en construcción o que se trata de una "ruta propuesta" (o alternativa). Si el mapa no es nuevo, puede ser que esos trabajos ya se hayan terminado.

LA SELECCION DE LA RUTA

La mayor parte de las veces lo que Usted quiere es evitar los puentes de cuota, los túneles bajos y los pasos inferiores en un paso a desnivel. Si puede escoger, **tomará una carretera plana en lugar de una con cuestas y pendientes.** Con un vehículo de carga que cuesta operar más de un dólar por milla, lo que a Usted le importa es no desperdiciar ni tiempo ni combustible, o causar desgaste innecesario al equipo. Por otra parte, una **ruta de cuota puede pagarse sola si es la opción más directa y eficiente.** La única forma en la que puede Usted hacer la elección correcta es tener un buen mapa y saber lo que éste le dice.

La mejor ruta para Usted no incluye necesariamente una carretera panorámica. Este tipo de carreteras siguen sinuosos caminos a través de cañones y valles, y ofrecen vistas hermosas y precipicios de miles de pies de profundidad. Y también ofrecen carriles muy angostos, empinadas cuestas y no tienen acotamiento.

Una carretera panorámica o "ruta histórica" puede estar indicada con un "ALT" o como ruta "alternativa". Algunas veces puede tener una A después del número de carretera, seguida por una línea punteada. Como regla, los choferes de vehículos de carga están totalmente fuera de lugar en una carretera panorámica. Déjeselas a los que andan de luna de miel.

Además de los mapas, otra excelente **fuente de información acerca de las carreteras son los otros choferes.** Hable con ellos en las áreas de descanso o en las paradas para llenar combustible, acerca de las condiciones de la carretera. **Revise con su despachador** y manténgase actualizado acerca de lo que sucede en la ruta que va Usted a tomar. Usted puede hacer de esto un intercambio de información si le comenta a su despachador acerca de cualquier problema que haya podido notar en la carretera.

EL CLIMA

En la planeación de un viaje, el clima es una de las cosas principales a considerar. Naturalmente que Usted quiere evitar cualquier nevada fuerte, tornados, huracanes e inundaciones. Ciertos tipos de carga no deben exponerse a calores o fríos extremos, así que Usted debe hacer los arreglos correspondientes para protegerlas. **Hay muchas condiciones de clima para las que puede ser que Usted se tenga que preparar.** Como con muchas otras cosas en la vida, la planeación de su viaje es frecuentemente objeto de su buen juicio.

Afortunadamente hay mucha información disponible al público sobre el clima. El Servicio Nacional del Clima (National Weather Service) alerta sobre tormentas u otras condiciones de clima peligrosas que están por presentarse. Sea lo que fuere que esté pasando, se le dará bastante publicidad en la radio, en la televisión y en el periódico. Los números de teléfono a los que puede Usted llamar para obtener información sobre el clima, se listan en las primeras páginas del directorio telefónico. No tiene porqué ser sorprendido por condiciones adversas del clima.

Las tormentas de nieve son sólo una de las muchas cosas en las que debe pensar cuando hace su plan de viaje. En cada zona del país hay algo de lo que se debe cuidar. En los estados de las Montañas Rocallosas, los vientos a veces tienen el poder suficiente para sacar del camino a un vehículo de carga. En el noroeste, la niebla puede ser tan densa que todo el tráfico se tiene que detener.

Sólo recuerde que **si es sorprendido por condiciones adversas de clima,** no trate de luchar contra ellas. Encuentre en cambio, un área protegida cerca de donde haya servicios y **espere a que pasen**.

El Calculo del Millage

El millaje lo es todo para un chofer de vehículos de carga. Las compañías basan los costos y el ingreso en el millaje, y a la mayoría de los choferes les pagan por milla. También se dará cuenta que los choferes tienden a medir la calidad de su desempeño en términos de millaje. Hablan mucho de millas manejadas, millas sin accidentes, millas pagadas y millas "muertas" (sin pago). Su reto es siempre mejorar la eficiencia medida en millaje.

La mayor parte de las veces, la ruta más eficiente será la más directa. No obstante hay veces en las que la ruta más directa no es en realidad el mejor camino a seguir. Una carretera que puede parecer el camino más corto a donde Usted se dirige, puede resultar que es más larga de lo que pensó. Este puede ser el caso si se trata de una carretera secundaria o de una llena de curvas y pendientes empinadas.

Un ejemplo de esto es el viaje de Phoenix, Arizona hacia el norte, a Holbrook, Arizona. Por el mapa Usted pensaría que atajando directamente por la carretera 87 sería más corto que tomando la de cuatro carriles (o supercarretera). Pues, no. Si sigue la ruta por la supercarretera es sólo 20 ó

30 millas más larga y mucho más fácil de manejar. También le evita el tráfico local de Phoenix así como el atravesar los pequeños pueblos que hay hacia el norte. Evitará además esas curvas en la montaña por las que tiene que ir muy despacio, así como quedar atrapado en la larga fila de la gente que va viendo el paisaje.

LA ESCALA EN LOS MAPAS

En el peor de los casos, **para calcular su millaje**, tendrá que **usar la escala de millas de su mapa** y una regla. Todos los mapas se dibujan a escala. Es decir, una pulgada equivale a una cierta distancia, generalmente 100 millas. La escala del mapa le mostrará cuántas fracciones de una pulgada sobre el mapa equivalen a qué tanta distancia real.

Marque esa fracción en su regla. Luego úsela para medir su ruta. Por ejemplo, digamos que su mapa tiene una escala en la que media pulgada equivale a diez millas. En el mapa su ruta mide cinco pulgadas. Un poco de simple aritmética le dice que su millaje real es de aproximadamente 100 millas.

Su **libro de mapas puede traer** una tabla con las **millas que hay entre las principales ciudades.** Esto le da el millaje más exacto y el tiempo de manejo. Para encontrar la distancia entre dos ciudades, deslice su dedo hacia abajo desde donde aparece el nombre de una de las ciudades hasta que se cruce con el renglón que viene de donde está el nombre de la otra ciudad.

En otras palabras, para encontrar el millaje entre Chicago y Los Angeles, localice Los Angeles en la tabla y siga esa columna hasta que cruce con el renglón en el que aparece el nombre de Chicago. En una tabla de las más comunes, la distancia entre esas dos ciudades es de 2,113 millas.

El Tiempo de Viaje

Puede ser que también le dé el tiempo estimado de viaje. Nuestro libro de mapas nos da un tiempo estimado de viaje entre las dos ciudades que acabamos de mencionar, de 41 horas y 22 minutos. Desde luego que este tiempo estimado de viaje está calculado si se utilizan las rutas más comunes, dentro de los límites de velocidad y bajo condiciones promedio a todo lo largo del camino. El tiempo de viaje que Usted haga reflejará cualquier variación en dichas condiciones.

Si un pueblo o ciudad no se encuentra en la tabla de millaje y tiempos estimados de viaje, hay otro método que puede usar para averiguar la distancia y calcular qué tanto tiempo se llevará el viaje. La mayoría de los mapas traerán un número entre puntos que indica millas. Estos puntos estarán marcados en los cruceros de carreteras o junto a los símbolos de pueblos o ciudades. Otros mapas indicarán el millaje entre dos flechas. El número de las millas y las flechas serán del mismo color, generalmente rojo. Sumando las millas Usted puede calcular la distancia entre cualquier pueblo o ciudad y otro u otra.

Ahora que ya **sabe la distancia en millas** del punto A al punto B, debe **calcular qué tanto tiempo le tomará** manejar esas millas. Este será su tiempo de viaje.

Suponga que Usted mantendrá una velocidad promedio de 40 mph. En una carretera de cuatro carriles Usted puede promediar 50 mph. Sin embargo, ya que le suma el tiempo para detenerse a poner combustible, más el que se detiene a descansar, más el que se llevan las inspecciones de seguridad y el que se pierde por las condiciones del tráfico, el promedio de 40 mph es el más probable. En las partes de tráfico muy pesado o en las montañas, este promedio se bajará a 35. Mantenga su estimado alrededor de las 40 mph hasta que tenga la suficiente experiencia como para que pueda calcular su propio tiempo real de manejo.

Ahora tome la distancia total y divídala entre su velocidad promedio (40). La respuesta será un estimado de su tiempo de manejo para ese viaje. En otras palabras, si su viaje va a ser de 160 millas, divida 160 entre 40. Su tiempo de manejo es de cuatro horas. Para calcular su hora estimada de llegada, tendrá que sumarle el tiempo que va a dormir en su camarote, más el de carga y descarga y el de cualquier otra cosa que se lleve tiempo extra.

¿Ya está listo? En realidad es muy sencillo. Cuando termine ese primer viaje en su nuevo trabajo, pregúntele al despachador cuánto han estado promediando los choferes más experimentados. Esto le dará una meta a seguir.

Examen Sobre el Capítulo 31

Para las preguntas de la 1 a la 5, refiérase al mapa de un estado ficticio en la siguiente página.

1. ¿Cuál es el nombre de la ciudad capital?
   A. Center City
   B. Burnsville
   C. West Place
   D. Capital City

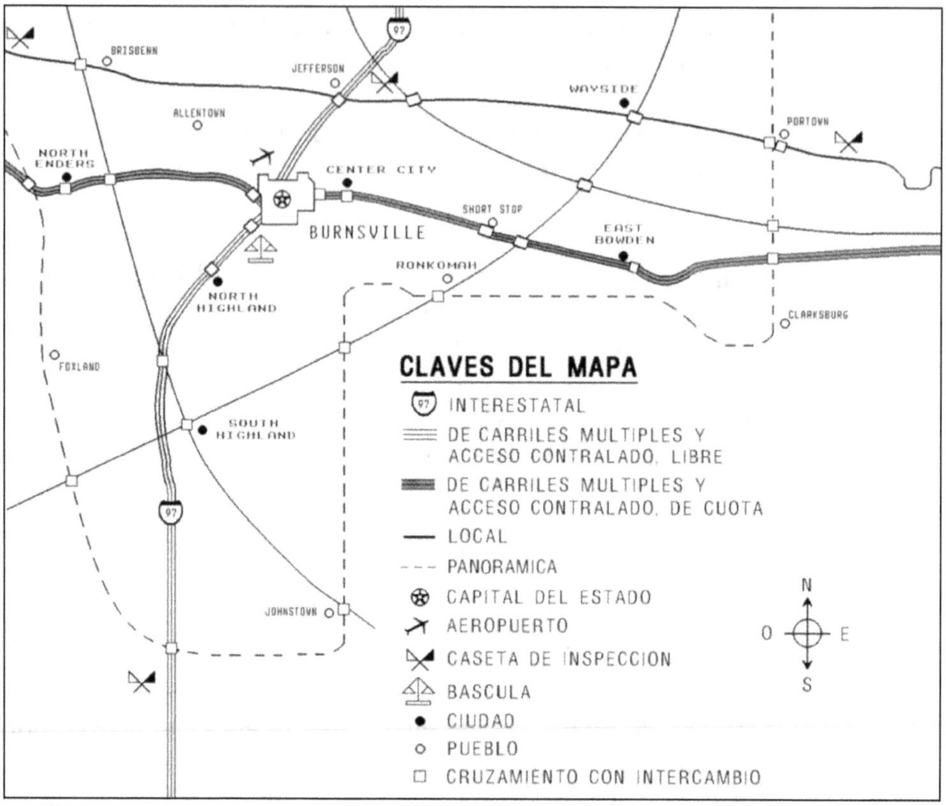

2. ¿Cuál es la carretera interestatal que atraviesa este estado?
   A. 97
   B. 5
   C. 95
   D. 10

3. En este mapa, _____ le da la clave para darse cuenta de que este estado se localiza en la parte este del país.
   A. la brújula o cruz con la flecha indicando al norte
   B. el nombre del estado
   C. el número de la carretera interestatal
   D. nada

4. Este estado tiene una báscula justo afuera de _____.
   A. Brisbenn
   B. Portown
   C. Burnsville
   D. Jefferson

5. La ruta panorámica es la única que cruza el estado de este a oeste.
   A. Verdadero.
   B. Falso.

Para la pregunta 6, refiérase al mapa siguiente.

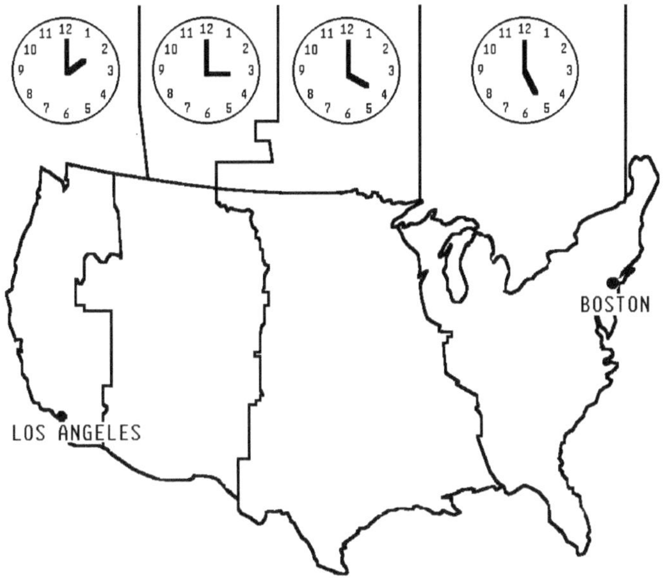

6. Si en Los Angeles es la 1 p.m., ¿qué hora es en Boston?
   A. 2 p.m.
   B. 3 p.m.
   C. 4 p.m.
   D. 5 p.m.

7. Nunca debe tomar una ruta de cuota si hay alguna otra ruta que puede tomar.
   A. Verdadero.
   B. Falso.

8. La escala de un mapa le muestra ____ .
   A. cuántas fracciones de una pulgada sobre el mapa equivalen a qué tanta distancia real
   B. cuánto pesa el mapa
   C. qué es lo que significan todos los símbolos
   D. cuál es la ruta más directa

9. Si un pueblo o una ciudad no están en la tabla de millajes y tiempos estimados de manejo, Usted puede aún calcular cuánto tiempo le tomará hacer el viaje.
   A. Verdadero.
   B. Falso.

10. Si le quedan por viajar 400 millas y Usted se desplaza a una velocidad constante de 40 mph, ¿cuánto tiempo le tomará terminar el viaje?
    A. 40 horas
    B. 4 horas
    C. 10 horas
    D. 5 horas

CAPITULO 32

MANTENIMIENTO PREVENTIVO

La Importancia del Mantenimiento Preventivo

Independientemente de que Usted sea operador/propietario o chofer que trabaje para una compañía, debe interesarse en el mantenimiento preventivo de los vehículos de motor. El mantenimiento preventivo es importante en términos generales de seguridad y economía. El propósito de un programa de mantenimiento preventivo es **detectar un problema cuando todavía es menor, antes de que se convierta en un problema mayor**. Las cuentas de reparación costosas se pueden evitar, arreglando problemas pequeños en lugar de grandes.

Un programa de mantenimiento preventivo le costará algún dinero al propietario del camión de carga o a la compañía transportista. Sin embargo, en términos de gastos generales es como comprar un seguro. La compañía se asegura de que rara vez se necesitará utilizar el costoso servicio de grúa para recoger un vehículo que se descompuso en una corrida. Además, es mejor gastar un poco de dinero en el propio taller de mantenimiento de la compañía que un mucho en cuentas de talleres de fuera.

Definitivamente debe tener sentido para Usted la idea de ahorrar mucho dinero en reparaciones mayores, gastando un poco en un programa de mantenimiento preventivo. Si alguna vez ha tenido Usted un automóvil, probablemente ha gastado un poco de dinero para mantener su coche con el fin de ahorrarse el gasto de una reparación mayor. Gastar unos pocos dólares de vez en cuando para llenar el depósito del aceite definitivamente es más inteligente que gastar miles en un motor nuevo porque el suyo se trabó por falta de lubricación adecuada.

El mantenimiento preventivo le ayuda a **asegurarse de que Usted estará manejando un vehículo seguro**. Es contra los reglamentos el sacar a circular un vehículo que no es seguro, y Usted se supone que inspecciona ese vehículo rutinariamente para asegurarse de que lo es. Desde luego que su labor no es sólo inspeccionar el camión. Tiene que ver que cualquier falla o defecto que amenace la seguridad del vehículo sea reparado. Un buen programa de mantenimiento preventivo atiende las fallas menores antes de que se conviertan en riesgos para la seguridad.

Hay diferentes niveles de revisión de su vehículo que ayudan a hacer que éste sea seguro para circular. Las revisiones varían de la más básica a los niveles de revisión a fondo que incluyen trabajos de mantenimiento mayores, y revisión de motor y frenos. Algunos de estos niveles implican labores que Usted mismo, el chofer, puede hacer. Otros son para que los realicen los mecánicos.

Las Revisiones Diarias que Hace el Chofer

Para este momento Usted probablemente ya está convencido de la sabiduría de arreglar los problemas cuando aún son pequeños antes de que se hagan grandes. Así que, ¿cómo se da cuenta de estos problemas? Como probablemente ya lo adivinó, Usted **revisa su vehículo** y lo hace con frecuencia.

PRUEBA DE LA HABILIDAD PARA OBSERVAR

Parte del mantenimiento preventivo es simplemente darse cuenta de los cambios en la condición de su vehículo. ¿Qué tan consciente está Usted de la condición de su vehículo? ¿Se fijó en la primera ilustración de este capítulo? ¿Se dio cuenta de pequeños problemas que se pueden hacer mayores? Revise la gráfica de la Prueba de la Habilidad para Observar al final del libro para que vea de qué tanto se dio Usted cuenta.

Desde luego que Usted revisará su vehículo cada vez que lo saque y que lo regrese después de hacer una corrida, tal y como **lo requieren los reglamentos**. Y, si al hacer estas revisiones aparece cualquier defecto o falla que amenace la seguridad del vehículo, debe repararse lo antes posible. Además, en su reporte tendrá Usted la oportunidad de anotar cualquier otra falla que haya encontrado. En el Capítulo 25 se tratan estas inspecciones con más detalle.

Puede ser que sea parte de su trabajo el **revisar más a fondo de lo que los reglamentos ordenan**. Usted puede ser responsable de realizar **revisiones diarias de servicio** a los vehículos que va a sacar a circular. No hay necesidad de andar adivinando lo que debe incluir una revisión diaria de servicio. Su patrón le dará un programa con todas las cosas que se espera que Usted revise, o puede ser que venga en su manual del chofer. Con frecuencia se encontrará con que este programa **incluye la inspección diaria que tiene que hacer el chofer que viene ordenada en los reglamentos**.

Dependiendo en la compañía con que Usted trabaja, puede ser parte de su responsabilidad el **hacer reparaciones menores** o las puede hacer el taller de la compañía. Puede ser que se le requiera a Usted que llene todos los fluidos del motor, que reponga los focos fundidos, que ajuste los accesorios y cosas por el estilo. Esto no es una ardua tarea cuando se encuentra Usted en el patio de maniobras. Pero digamos que se encuentra en camino y a millas de distancia de una parada para camiones de carga cuando realiza Usted la revisión. ¿Qué pasa si se da cuenta de que el refrigerante del motor anda bajo, o de que no prende una de las luces? Por esta razón es bueno tener a la mano un juego bien surtido de reparaciones de emergencia. Tenga con Usted unos cuantos focos de repuesto, y quizá un pistola para engrasar. Luego, si usa cualquier cosa de su juego para reparaciones de emergencia, no se olvide de resurtir lo que usó en la primera oportunidad que tenga.

Las instrucciones para realizar su revisión de servicio diaria pueden venir redactadas como sigue. Este procedimiento de ejemplo se tomó del manual del chofer de una compañía transportista.

LA UNIDAD DE FUERZA (EL MOTOR)

- Revise los niveles del combustible, del aceite y del refrigerante del motor. Llene el tanque de combustible. Ponga aceite a los tractores de línea para servicio de campo través, sólo si les falta más de un galón. A las unidades con motor diesel para servicio local, póngales aceite sólo si les faltan dos cuartos de galón. El refrigerante del motor se puede terminar de llenar con agua de la llave sólo en pequeñas cantidades.
- Revise el amperímetro para que se dé cuenta si funciona correctamente el alternador.

- Revise todos los medidores. La presión de aceite a la temperatura y revoluciones de operación debe ser de 30 psi o mayor. La temperatura del aceite debe estar entre 140 y 250 grados F. La temperatura del refrigerante del motor debe estar entre 150 y 195 grados F.
- El freno de estacionamiento debe detener al vehículo en cualquier pendiente en la que haya posibilidades de que éste circule.
- Los dispositivos de advertencia de baja presión de aire deben funcionar a cualquier presión igual o por debajo de las 60 psi.
- El velocímetro debe tener una precisión de 5 mph de la velocidad real.
- Asegúrese de que funciona el claxon.
- Limpie el parabrisas. No debe tener rajaduras mayores de $^1/_4$ de pulgada de ancho o partes dañadas mayores de $^3/_4$ de pulgada.
- Asegúrese de que los limpiabrisas y los lavadores funcionan y añada líquido de lavado del parabrisas si es necesario.
- Ajuste los espejos retrovisores de tal manera que pueda ver la carretera por ambos lados del vehículo.
- La perilla de la válvula de protección del tractor debe quedarse dentro cuando se empuja.
- La cabina debe estar equipada con cinturones de seguridad y el juego de formularios para reportar accidentes.
- El equipo de emergencia debe estar fácilmente alcanzable. El extinguidor de incendios debe haber sido revisado dentro de los

Ilustración 32-1
Revise si tiene todas las luces y reflectores que se requieren y que todos estén funcionando.

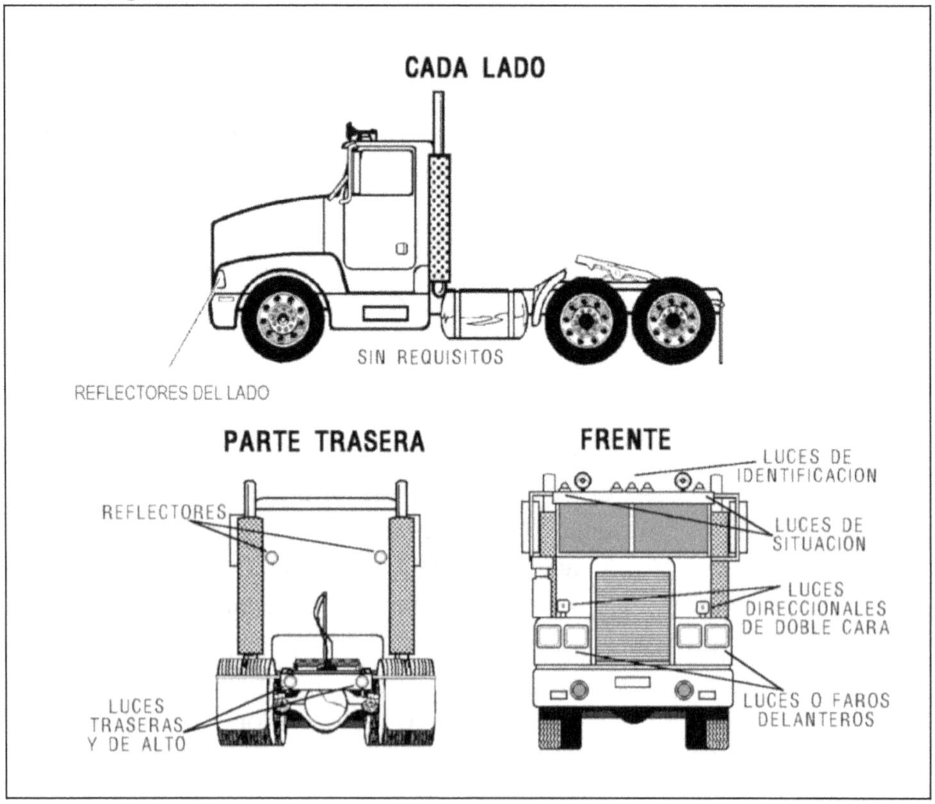

últimos 12 meses. La cabina tiene que estar equipada con fusibles de repuesto y tres reflejantes de emergencia o triángulos.

- Si se esperan nevadas o heladas, debe haber cadenas para llanta para, de menos, una llanta con tracción de cada lado.
- Asegúrese de que funcionan las luces delanteras altas y bajas.
- Asegúrese de que los frenos están ajustados adecuadamente.
- Revise que funcionen bien las luces de situación del frente, las luces de identificación y las direccionales como lo ordena la sección 393, parte B de los Reglamentos Federales de Seguridad del Autotransporte (FMCSR).
- Revise el sistema del escape buscando daño por calentamiento, carbonización o cualquier otra razón, al alambrado eléctrico, a la línea de abasto de combustible o a cualquier otra parte del vehículo que se pueda quemar.
- Las conexiones y mangueras de servicio y de emergencia del aire, se deben sujetar para evitar el roce, o que se tuerzan o que se cause cualquier otro daño, y no deben pegar contra el chasís, el tanque de combustible o el plato de la cubierta donde está la quinta rueda. No se debe usar cinta adhesiva para sujetar estas partes.
- Ninguna llanta debe tener expuestas las cuerdas ni por el piso o dibujo, ni por las caras, ni tampoco deben tener menos de $^{2}/_{32}$ de pulgada de profundidad en el dibujo. Las llantas delanteras del tractor de menos deben tener $^{4}/_{32}$ de pulgada de profundidad del dibujo y no deben ser ni revitalizadas, ni recubiertas ni regurviadas.
- Revise los rines buscando rajaduras, o pernos o tuercas que le falten.
- Sujete la tubería de los frenos para que no roce, se tuerza o se le vaya a causar algún daño mecánico. Busque fugas.
- El recubrimiento de las balatas de los frenos en todas las ruedas debe estar en buenas condiciones.
- Revise que los tambores no tengan rajaduras o estén rotos, igualmente revise los diafragmas o busque cualquier fuga que pueda tener en las cámaras. Antes de operar el vehículo, haga que reparen cualquier parte que esté rota o desconectada, y que repongan cualquier parte que falte.
- Revise la dirección, busque tuercas o pernos flojos o que falten. Revise que no tenga mucho juego. Que tenga mucho juego significa que se necesita mover el volante demasiado para que se empiecen a mover la llantas delanteras a partir de su posición derecha hacia adelante. Para los vehículos con dirección mecánica, el juego no debe exceder de 2 y $^{1}/_{2}$ pulgadas en un volante de 20 pulgadas (un juego de 5 pulgadas y $^{1}/_{4}$ es aceptable si su dirección es hidráulica). Para volantes de 22 pulgadas, el juego máximo es de 2 pulgadas $^{3}/_{4}$ con dirección mecánica, y de 5 pulgadas $^{3}/_{4}$ con dirección hidráulica. Si la dirección está muy dura, debe repararse antes de operar el vehículo.

- El tanque de combustible no debe tener fugas y su tapa debe estar bien sujeta y debe tener empaque.
- Revise que funcionen bien las luces marcadoras laterales y los reflectores, como lo establece la sección 393 parte B de los reglamentos federales (FMCSR).
- La batería debe cubrirse, a menos que esté en el compartimento del motor o ya esté cubierta por una parte fija del vehículo. Las terminales de los cables deben estar limpias y bien sujetas a los postes de la batería que también tienen que estar limpios.
- Revise las luces y reflectores traseros del tractor como lo establece la sección 393 parte B de los reglamentos federales (FMCSR).
- Revise la suspensión buscando hojas o ballestas rotas, o pernos en U flojos o que falten. Los defectos o fallas que puedan causar un desplazamiento del eje se deben reparar antes de operar el vehículo.
- La mitad de abajo de la quinta rueda debe estar bien sujeta y no debe moverse sobre el chasís. Se deben reparar o reponer antes de operar el vehículo, cualquier rajadura, rotura, abrazaderas del montaje o cerrojos que falten o que estén flojos.

LA UNIDAD REMOLCADA

- Revise el buen funcionamiento de las luces y reflejctores de la parte de atrás de la unidad remolcada como lo establece la sección 393 parte B de los reglamentos federales (FMCSR).
- Revise las llantas. Ninguna llanta debe tener expuesto el tejido o cuerdas ni por el piso ni por las caras, ni tampoco debe tener menos de $^{2}/_{32}$ de pulgada de profundidad en el dibujo.
- Revise los rines buscando rajaduras, o pernos y tuercas flojas o que falten.

Ilustración 32-2
Las luces y reflejantes que se requieren en las unidades remolcadas.

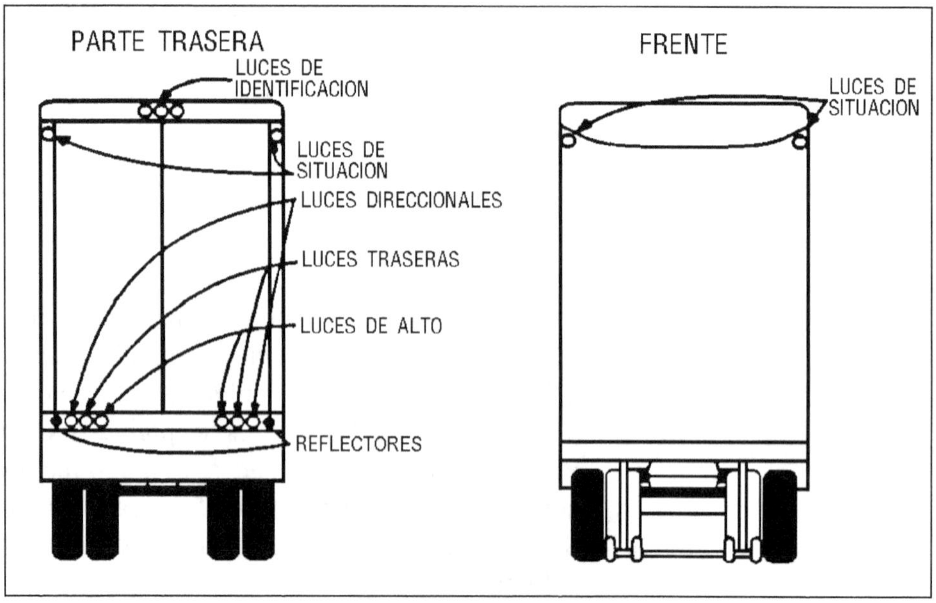

- Sujete la tubería de los frenos para que no roce, se tuerza o se le cause cualquier otro daño mecánico. Vea si tiene fugas.
- Los frenos de todas las ruedas, deben tener las zapatas y su recubrimiento en buenas condiciones y deben estar bien ajustados.
- Revise que los tambores de los frenos no tengan rajaduras o estén rotos, lo mismo con los diafragmas o cualquier fuga en las cámaras. Haga que reparen o repongan las partes que falten, estén rotas o desconectadas, antes de que opere el vehículo.
- Revise el buen funcionamiento de las luces marcadoras y los reflectores del lado derecho del remolque, como lo establece la sección 393 parte B de los reglamentos federales (FMCSR).
- No debe haber alambres eléctricos pelados, flojos, colgando, rozando o mal conectados.

Como puede ver, el programa de revisión de esta compañía incluye la inspección requerida por los reglamentos del Departamento del Transporte (DOT) y algunas cosas más.

Tipos de Revisiones de Servicio

Hemos hablado del papel que Usted juega en encontrar pequeños problemas y hacer que se reparen antes de que se hagan grandes y costosos. Pero eso no es todo lo que significa mantenimiento preventivo. Hay otro aspecto en relación a dicho mantenimiento, y es cuando Usted **le da servicio al vehículo antes de que necesite reparación**. Es **reponer partes antes de que se terminen de desgastar o ya no sirvan**. Aquí es donde entra el Departamento de Mantenimiento y el servicio programado.

Hay **diferentes niveles de servicio** para el vehículo que puede ser que maneje Usted. Van desde atender las necesidades más básicas, hasta reconstruir completamente el motor del vehículo. El nivel de servicio más básico es el A. Luego sigue el B y así sucesivamente.

Un vehículo se programa para servicio en base a tiempo, a millas o a una combinación de ambos.

Al vehículo que Usted maneja le puede tocar servicio mientras lo trae Usted fuera, en camino. Su compañía transportista le habrá dado instrucciones acerca de qué hacer en ese caso. Puede ser que le hayan dicho que espere a darle servicio hasta que regrese a la terminal, o que se lo haga mientras está en ruta. Puede ser que le pidan lo lleve a un taller en particular, o que le dé el servicio en una parada para camiones de carga que esté en la ruta por la que Usted va.

Lo siguiente le dará una idea clara de lo que sucede en los diferentes niveles de servicio proporcionados por un buen programa de mantenimiento preventivo.

REVISION PREVIA AL SERVICIO

Antes de llevar su camión a que le den servicio, hay algunas revisiones y reparaciones menores que puede Usted querer hacer (o que le pidan que haga). Muchas quedarán cubiertas por la revisión de servicio diaria del chofer que describimos en la sección pasada. He aquí algunas otras.

Revise los sistemas de arranque y de carga. Si tiene voltímetro en su tablero, deberá indicar entre 11 y 15 voltios todo el tiempo. Si tiene amperímetro, debe indicar carga inmediatamente después del encendido, y cuando se están usando las luces u otros accesorios que utilizan electricidad. Una vez que se arranca el motor, el alternador debe empezar a cargar las baterías. La máxima cantidad de carga debe ser alrededor de 75 amperes y no más de 15 voltios. No es ni siquiera muy probable que lea estos máximos, a menos que haga de veras mucho frío afuera, o que el vehículo haya estado parado por algún tiempo. Si lee estos máximos, algo anda mal, lo que indica que hay que revisar más cosas.

Revise las baterías y los cables, busque corrosión. Esta es probablemente la parte del vehículo que más se olvida revisar. Comenzando por el lado de la terminal negativa, desenganche los cables de los postes. Busque corrosión por dentro y por fuera, y en la parte de adentro de la cubierta de aislamiento. Se deben reponer los cables que estén mal. Si hay corrosión bajo la cubierta de aislamiento, éste estará hinchado. Luego revise el nivel del agua de la batería. Aún las baterías "que no necesitan mantenimiento", se pueden secar. Llene las baterías con agua destilada. Sólo en caso de emergencia use agua de la llave. Vuelva a colocar los cables en su lugar y sujételos bien empezando por el polo positivo. Estos pasos tan sencillos de seguir pueden resolver el problema y ahorrar tiempo de vehículo parado.

Si las baterías y los cables están en buenas condiciones y Usted sigue con el problema, puede ser que se trate del regulador en el alternador. Puede ser que el voltaje esté puesto muy bajo. Ajustar el regulador de voltaje es trabajo para un mecánico, así que su revisión previa al servicio del sistema de arranque terminaría aquí.

Enseguida, con el motor encendido, **revise el compresor de aire y su regulador**. Si escucha el motor con atención, puede oír cuando está trabajando el compresor, y cuando el regulador se corta o se apaga. La primer cosa a revisar es ver que la presión de aire suba de cero a 120 psi en menos de cinco minutos a lo más. El regulador se debe cortar o apagar en el intervalo de las 115 a las 130 psi. Pise y suelte los frenos hasta que entre el compresor. El regulador debe entrar o prender de nuevo al llegar a 100 psi. Si el funcionamiento tiene fallas, necesita la atención de un mecánico.

Revise el embrague (clotch) y vea si tiene juego. Mueva el pedal del embrague con la mano. Debe empezar a moverse fácilmente, y luego poco a poco se va poniendo más duro. La distancia entre la posición normal del pedal y donde empieza a resistirse al movimiento es la cantidad de juego, y debe ser entre una pulgada y 1 pulgada $^3/_4$. La compañía para la que Usted trabaja puede querer que el mecánico haga los ajustes del embrague (clotch).

Su revisión de servicio diaria puede haber descubierto problemas de desviamento en la dirección. Esto simplemente se puede deber a una llanta delantera baja. Usted puede echarle aire a la llanta y arreglar el problema de la dirección sin necesidad de mayor servicio.

Con el motor apagado, revise el compartimento del mismo. **Busque bandas que estén rajadas o desgastadas**. Jálelas para ver si están muy flojas. **Busque fugas en el escape**, alrededor del maniful o tubo múltiple del mismo y del turbocargador. Una raya negra es señal de fuga. Usted querrá estar seguro de que esto se arregle. Las fugas de humo del escape tienen gases que se meten a la cabina y pueden hacerle que de sueño o enfermarlo, y provocar un accidente.

SERVICIO DE NIVEL A

El servicio de nivel A es el tipo de servicio **más básico** que se puede dar. Incluye revisiones y ajustes que Usted puede hacer sin problema alguno. Sin embargo, una compañía transportista grande es probable que haga que el servicio de nivel A se realice regularmente en el taller de la compañía.

Las tres tareas principales que se realizan en este nivel de revisión de servicio son:

- inspección de llantas
- inspección de frenos
- revisión del nivel de los fluídos

Los niveles de fluidos que se tienen que revisar son los del aceite, el agua, el de la dirección hidráulica, el del lavador del parabrisas y el de la batería.

Los frenos se inspeccionan para asegurar tanto su buen accionamiento como su regreso a la posición normal. Durante la inspección de los frenos, se pueden revisar los sellos de las ruedas para ver si no han empezado a tener fugas. También se pueden revisar los tambores del freno para asegurarse de que no están rajados.

En la revisión de nivel A también se incluye la verificación del sistema de aire a presión. Según los reglamentos del Departamento del Transporte (DOT), una unidad tractor-remolque no debe perder más de tres libras de presión de aire en un minuto cuando el motor está apagado y no se están aplicando los frenos de servicio y los de resorte. Si hay una fuga de aire, se puede reparar en este momento.

Se revisa que las llantas estén bien infladas, así como la profundidad del dibujo o piso, y cualquier desgaste desuniforme o poco común. La profundidad del dibujo de las llantas debe llenar los requisitos establecidos en los reglamentos federales de seguridad. Las llantas del doble rodado también deben ser de la misma altura para evitar que una llanta cargue con todo el trabajo.

Otras tareas incluidas en el servicio de nivel A es la revisión de las cajas: la de transmisión y las de los diferenciales. También se revisa al vehículo buscando cualquier fuga que pueda tener. Las juntas en U se revisan, así como el equipo de seguridad: luces de bengala, los triángulos reflejantes y el extinguidor de incendios.

SERVICIO DE NIVEL B

Veamos ahora el servicio de nivel B. Para empezar, **todo lo que se hace en el servicio de nivel A también se hace en el de nivel B**. Este **servicio adicional incluye cambio de aceite, y cambio de los filtros del aceite y del combustible**.

Los motores en la actualidad, en su mayoría vienen equipados con dos filtros para el aceite. Uno es el filtro primario que generalmente se conoce como el filtro de flujo total. El segundo filtro se conoce como filtro "by-pass" o de desvío. El filtro de flujo total, retiene todas las partículas grandes de basura que se acumulan en el aceite. El segundo filtro, es un filtro más fino que el que sirve de filtro primario. Su función es atrapar las partículas de basura aún más pequeñas, que circulan en el sistema del aceite.

Cuando se cambia el aceite, puede ser que se mande al laboratorio una muestra del aceite viejo para hacerle pruebas. Estas pruebas muestran la cantidad de hierro, aluminio, polvo y otras formas de basura que se encuentran en el aceite. Estas partículas de basura, vienen del raspamiento de partes internas del motor, el resultado del desgaste de varias partes. Estas pruebas pueden revelar mucho de la condición interna del motor.

Los filtros del combustible se cambian uno por vez y deben cambiarse con regularidad. Su función es separar agua o cualquier otra materia extraña que pueda estar presente en el combustible. El combustible limpio ayuda a proteger el motor.

NIVELES MAYORES DE SERVICIO

Otros niveles de servicio para el vehículo de motor **empiezan con** los servicios incluídos en **los niveles A y B**, y parten de ahí. Los niveles avanzados de servicio **incluyen afinación de motor, cambio de frenos, y el cambio o reconstrucción de otros componentes** cuando se necesita por falla o desgaste.

Afinar el motor causa que la compañía gaste mas dinero. Cuándo se deba hacer varía, dependiendo del fabricante. Se tienen que ajustar las válvulas y de los inyectores. Este servicio es necesario por el desgaste a que se someten los vástagos de las válvulas y los balancines. Los inyectores se desgastan debido a los balancines y a los buzos. Si este ajuste no se hace regularmente, el resultado será una caída en la eficiencia del consumo de combustible, y se puede dañar el motor.

Los frenos se deben cambiar siempre que el recubrimiento de las zapatas se desgaste a niveles de $^{5}/_{16}$ ó $^{1}/_{4}$ de pulgada de espesor. En el caso de los camiones que hacen la misma corrida todos los días, los frenos a veces se cambian de rutina, misma que se basa en una cantidad predeterminada de millas recorridas.

Con los camiones de actualidad, los motores durarán funcionando bien una distancia entre las 300,000 y 500,000 millas o más. Las transmisiones y las partes traseras generalmente aguantarán entre 600,000 y 700,000 millas de camino.

Cuando se reconstruye un motor o cuando se le cambian componentes, se quita el radiador y se manda a un taller especializado para que lo limpien por dentro y por fuera. Esto asegurará mayor potencia de enfriado para el motor nuevo. Esto es vital para la vida de un motor, ya que el sobrecalentamiento de un motor nuevo puede acortar su vida útil esperada a la mitad o más.

Hay algunas partes que no cambiarán durante este programa de mantenimiento regular. Estas partes incluyen el alternador, el arrancador y la bomba del agua, sólo para nombrar unas cuantas. Esto es porque éstos componentes no están sujetos a mucho desgaste. Un alternador puede durar toda la vida del camión. Sólo se cambiaría si fallara.

Inverneando y Veraneando

Su camión debe ser atendido en forma especial para condiciones adversas de clima. Si va a manejar en clima muy frío, debe asegurarse de que tiene cadenas para las llantas en buenas condiciones. Sepa cómo instalarlas. También:

- revise el nivel del anticongelante
- asegúrese de que los calefactores y el descogelador del parabrisas funcionan
- use anticongelante en el líquido del lavador del parabrisas

Para clima muy caliente:

- revise dos veces el abasto de aceite del motor
- revise el nivel del anticongelante
- revise dos veces la condición de la bomba del agua y la tensión de las bandas del ventilador
- revise dos veces la condición de las mangueras del refrigerante
- revise la presión de aire en las llantas

La Limpieza del Camión

Mantener limpio el camión es un pequeño detalle que puede serle muy útil en hacer inspecciones y el mantenimiento preventivo. Es más fácil darse cuenta de señas de desgaste prematuro en un vehículo limpio. Lleve su vehículo a lavar de vez en cuando. Aproveche las lavadas gratis que a veces se ofrecen cuando llena el tanque de combustible.

También mantenga limpio el motor. Vaya un poco más esfuerzo y haga que de vez en cuando le laven el motor y la transmisión con vapor. Es más fácil darse cuenta de fugas en un motor limpio. He aquí porqué. Antes de que lo limpien, fíjese en cualquier mancha o fuga de fluidos. Luego lave el motor. En su siguiente inspección, Usted fácilmente podrá ver cualquier mancha fresca. También, en un motor lavado a vapor, resaltará cualquier mancha brillante u óxido en las partes metálicas, lo que es seña de desgaste prematuro o de mal ajuste. El lavado a vapor no es barato, pero es más barato que reconstruir completamente el motor. Que es de lo que se trata el mantenimiento preventivo.

Examen Sobre el Capítulo 32

Para las preguntas de la 1 a la 5, estudie el tractor dibujado abajo. Las flechas apuntan a lugares que debe revisar como parte del servicio diario que da el chofer. Asocie los lugares listados en la columna A, con las revisiones que Usted haría en ellos y que se listan en la columna B.

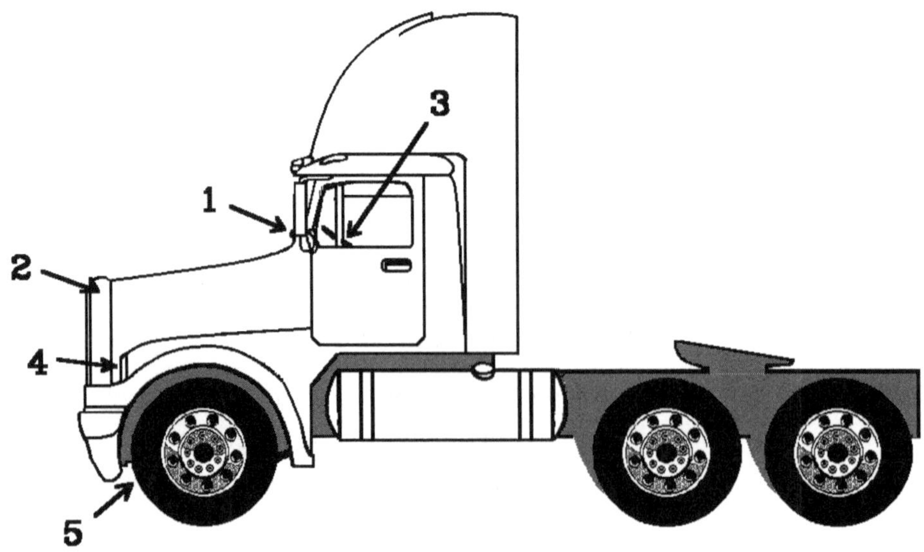

Columna A Revisiones de servicio	Columna B Lugares de servicio que revisar
1.________	A. Revise el nivel del refrigerante en el radiador y eche fluido si se necesita.
2.________	B. Revise la profundidad del dibujo de la llanta.
3. ________	C. Revise el juego del volante de la dirección.
4.________	D. Revise el buen funcionamiento de los limpiadores del parabrisas y póngale fluido a los lavadores si se necesita.
5.________	E. Revise el buen funcionamiento de las luces altas y bajas de sus faros delanteros.

El supervisor de mantenimiento de una compañia transportista grande está elaborando el programa de servicio para los camiónes de la empresa. Su taller realiza tres niveles de servicio, A, B y C que es el nivel de servicio más a fondo. En el programa ilustrado abajo se listan cinco servicios diferentes. El supervisor de nuestro ejemplo ha puesto X's bajo las columnas para mostrar qué servicios se deben realizar a qué nivel, pero no ha terminado de hacer el programa. Complételo Usted al contestar las preguntas de la 6 a la 10.

	A	B	C
inspección de frenos	X	?	X
revise la parte trasera buscando fugas	X	X	?
cambie el filtro del combustible	?	X	
la compañia gasta más dinero			X
cambie el alternador			?

6. ¿Se debe realizar un ajuste de frenos en el nivel B?
   A. Sí
   B. No

7. En el nivel C, el de servicio más a fondo, ¿se debe revisar la parte de atrás para buscar fugas?
   A. Sí
   B. No

8. ¿Se debe cambiar el filtro de combustible en el nivel de servicio A?
   A. Sí
   B. No

9. El nivel de servicio B, ¿debe incluir que la compañía gaste más dinero?
   A. Sí
   B. No

10. ¿Se debe cambiar el alternador automáticamente en el nivel de servicio C, el servicio más a fondo?
    A. Sí
    B. No

CAPITULO 33

CONSEGUIR TRABAJO COMO CHOFER PROFESIONAL

Desde el Otro Lado del Escritorio

Usted probablemente ha solicitado empleos y ya ha pasado por las etapas que se tienen que pasar para encontrar y conseguir trabajo. Aún si no es el caso, Usted conoce gente que sí ha pasado por eso. Ya tiene idea de lo que es buscar trabajo.

Pero probablemente Usted nunca ha pasado por el proceso de contratar a alguien. No ha tenido que leer una pila de solicitudes. No ha tenido que conducir entrevista tras entrevista para averiguar cuál de los solicitantes es el mejor capacitado para el puesto.

En este capítulo trataremos acerca de la búsqueda de empleo desde la perspectiva de lo que es contratar a alguien. En lugar de decirle cómo buscar trabajo (algo que Usted ya probablemente sabe cómo hacer), **le mostraremos cómo se contrata a la gente**. Después de esto probablemente verá la búsqueda de empleo con otra nueva óptica. Entenderá mejor porqué se requieren y prefieren ciertas cosas cuando **se ve a sí mismo a través de los ojos del que toma la decisión** del otro lado del escritorio. Así que por el resto del presente capítulo, Usted no es un graduado que busca trabajo. Usted es un gerente que busca un empleado. **¿Se contrataría Usted mismo?**

Para Empezar

Primero, como gerente de terminal o supervisor de seguridad que busca a alguien para ocupar un puesto, tiene que enterar a los empleados que pueden ser prospectos, de que tiene un puesto disponible. Usted generalmente usa una de las formas que listamos a continuación:

- los avisos de ocasión
- las personas que llaman o se presentan (casualidad)
- por contactos

LOS AVISOS DE OCASION

Una de las formas en las que Usted trata de llegar a los empleados potenciales es a través de los avisos de ocasión de su periódico local. Estos avisos con frecuencia traen mucha información de diferente tipo. Usted hace una lista de las habilidades, entrenamiento o de la experiencia que se necesita para ser considerado como candidato al puesto. Puede listar los deberes y obligaciones que tendrá la persona que se contrate y el sueldo.

Sin embargo, su anuncio debe de menos decir qué puesto se encuentra disponible y cómo solicitarlo, o cómo saber más acerca del mismo. La información sobre cómo solicitarlo puede ser muy breve o muy detallada. Puede ser sólo un número de teléfono, o puede incluir fechas, horarios y el domicilio donde se pueden recoger las solicitudes.

Usted espera que los solicitantes **sigan** las **instrucciones** que haya puesto en el anuncio. Si éste dice que las solicitudes se pueden hacer el lunes entre el mediodía y las 5 p.m., Usted no recibirá al despistado que llegue el lunes por la mañana o el martes. Si dice que la solicitud se tiene que hacer en persona, Usted no aceptará llamadas por teléfono. Después de todo, Usted no va a contratar a alguien que no puede ni seguir unas simples instrucciones de un pequeño anuncio. No es muy probable que dicha persona pueda seguir instrucciones complicadas ya en el trabajo.

Si un solicitante supo de su compañía por el anuncio, Usted querrá saber esto para ver qué tan efectivos son tales anuncios.

LAS PERSONAS QUE LLAMAN O SE PRESENTAN (CASUALIDAD)

No obstante que los anuncios en el periódico son una buena forma de atraer a los solicitantes, con frecuencia Usted encuentra la persona para el

Ilustración 33-1
Cuando publica un anuncio solicitando personal, Usted espera que los solicitantes lo lean con cuidado y sigan exactamente sus instrucciones.

CHOFERES - Con Experiencia
ABC TRUCKING COMPANY
PARA NUESTRAS INSTALACIONES NUEVAS EN AJO

- Estamos adquiriendo 300 unidades nuevas
- Gane hasta 28 centavos por milla
- Aumentos anuales de sueldo
- Se aceptan choferes solos o haciendo equipo con sus esposas

Equipo nuevo Kenworth & Peterbilts totalmente equipado con camarote para dormir doble. Incluye interiores Button & Tuck, equipo estereofónico con toca-cassettes y radio AM/FM, suspensión de aire, freno de motor, aire acondicionado y dirección hidráulica.Ningún vehículo tiene más de 2 años de antigüedad.

- Política de acompañante de tiempo completo para el cónyugue
- Paga por millaje, descarga, paradas y demoras
- Programa para la adquisición de acciones de la compañía
- Otros muchos ingresos adicionales por millaje y por manejar con precaución
- Debe tener 23 años de edad o más
- Se aceptarán solicitudes el lunes entre el mediodía y las 5 p.m.

ABC Trucking Company
123 Elementary Avenue
Ajo, AZ 85321

puesto sin jamás poner un anuncio. Algunas veces, la persona ideal que Usted busca, resulta que le llama o se presenta en su oficina justo en el momento preciso. Estas personas **llaman** o simplemente **se presentan en la empresa**, "por casualidad" **sin siquiera saber que un puesto específico se encuentra disponible.** A esto se le llama **casualidad**.

Como muchos gerentes, Usted tiene una política para aceptar solicitudes aún cuando no esté en busca de un chofer. Para Usted, **la solicitud es la primera criba** para la gente que contrata. Si la solicitud cumple con sus normas o estándares, la archiva. Esto le puede ahorrar tiempo después, si necesita hacer entrevistas y encontrar un nuevo chofer rápidamente.

Si busca Usted un chofer, tiene solicitantes que simplemente se presentan a llenar una solicitud. De esta manera puede echarles un vistazo rápido. Hay algunos que eliminará de inmediato, sin importar qué tan buena imagen proyecte la solicitud que presentaron. Por ejemplo, vea la ilustración 33-2 en la siguiente página.

Ilustración 33-2
Una persona que llega a su compañía a solicitar empleo sin saber que Usted busca a alguien.

Desafortunadamente para esta solicitante, Usted la ve llegar. No hay manera de que Usted vaya a contratar a esta persona. Si ésa es la forma en que ella cuida su carro, Usted se pregunta ¡cómo tratará el equipo de la compañía!

POR CONTACTOS

Otra forma en la que los que buscan empleo se enteran acerca de los trabajos que hay en su compañía es por contactos. **Alguien que Usted conoce le dice de alguien que dicha persona conoce, y que anda buscando empleo**. Algunas de las personas que vienen a su empresa a llenar una solicitud, tienen un pariente que trabaja en la industria del transporte de carga, y esa persona fue la que les pasó la voz. La gente que trabaja en algo relacionado a los vehículos de carga o los mismos choferes también pudieron haber sido quienes le pasaron la voz, aún si no trabajan directamente en la industria del transporte de carga. Por ejemplo, probablemente el que busca trabajo oyó hablar de su compañía a una mesera que le sirve café a algunos de sus choferes.

LA SOLICITUD

El primer contacto que Usted tiene con la persona que busca empleo es la solicitud. Su secretaria ha contestado las llamadas telefónicas y ha repartido las solicitudes en blanco. Ahora Usted tiene que revisar las solicitudes llenas para decidir a quién entrevistar.

Lo primero que hace es repasar rápidamente las solicitudes. **Tira** las que **no están completas** o las que **no están llenadas con limpieza.** Usted no querrá contratar choferes que no van a tomar en serio su propio papeleo. Como compañía transportista a Usted ¡le pueden multar si sus choferes no llenan correctamente sus papeles! Alguien que es lo suficientemente desordenado y sucio como para entregar una solicitud llena de manchas de café, probablemente tratará igual de sucio y con desorden a su equipo, así que Usted simplemente rechaza a este solicitante.

Lo que Usted hace enseguida es ver rápidamente que todas las secciones de la solicitud estén debidamente llenadas y que la solicitud esté firmada. Usted sabe que el **Departamento del Transporte (DOT) requiere** que Usted proporcione **la solicitud**, y que ésta tiene que tener de menos la información que listamos a continuación:

Ilustración 33-3
Aquí le mostramos una parte de dos solicitudes. ¿A qué persona entrevistaría Usted?

Patrón que ofrece a todos, iguales oportunidas de trabajo
Solicitud para el empleo de Chofer
Llene por favor todos los espacios en blanco en forma sencilla y completa

Fecha March 31 19 90

Nombre John (last) H. (first) Carrier (middle) Teléfono (602)242-7860 (area code / number)

Puesto que solicita Driver Núm. de la seg. soc. 423-78-1234

Domicilio actual 742 2nd Drive AJO Az 85321 (calle / ciudad / estado y zona postal) ¿Por cuánto tiempo? 7 yrs

SU(S) DOMICILIO(S) EN LOS ULTIMOS CINCO AÑOS
Same as above (calle / ciudad / estado y zona postal) ¿Por cuánto tiempo?
Same as above (calle / ciudad / estado y zona postal) ¿Por cuánto tiempo?

(Adjunte una hoja si necesita más espacio)

¿Tiene Usted menos de 23 años de edad o es mayor de 69? No Si su respuesta es si, escriba su fecha de nacimiento

¿Ha solicitado Usted empleo antes a esta compañía? No ¿Cuándo?

Escriba los nombres de parientes suyos que trabajen con nosotros None ¿Quién lo refirió con nosotros? Jack Higgins

Sueldo esperado The Going Rate

Patrón que ofrece a todos, iguales oportunidas de trabajo
Solicitud para el empleo de Chofer
Llene por favor todos los espacios en blanco en forma sencilla y completa

Fecha 3/31 19 90

Nombre Jamie (last) L. (first) Smith (middle) Teléfono (602)543-8211 (area code / number)

Puesto que solicita Driver Núm. de la seg. soc.

Domicilio actual 895 Ad Phoenix Az 8502 (calle / ciudad / estado y zona postal) ¿Por cuánto tiempo? 1 yr.

SU(S) DOMICILIO(S) EN LOS ULTIMOS CINCO AÑOS
176 1st Street #44 Phoenix Az 85721 (calle / ciudad / estado y zona postal) ¿Por cuánto tiempo?
(calle / ciudad / estado y zona postal) ¿Por cuánto tiempo?

(Adjunte una hoja si necesita más espacio)

¿Tiene Usted menos de 23 años de edad o es mayor de 69? yes Si su respuesta es sí, escriba su fecha de nacimiento 4/17/72

¿Ha solicitado Usted empleo antes a esta compañía? ¿Cuándo? No

Escriba los nombres de parientes suyos que trabajen con nosotros No ¿Quién lo refirió con nosotros? Want Ad

Sueldo esperado ?

- nombre, domicilio, fecha de nacimiento y número de seguridad social (social security number)
- los domicilios que ha tenido el solicitante durante los últimos tres años
- la fecha en la que se entrega la solicitud
- de todas las licencias o permisos vigentes expedidos en favor del solicitante, el Estado que expide, el número del documento y la fecha de expiración
- de qué tipo y cuánta experiencia ha tenido el solicitante en el manejo de vehículos de motor, incluyendo el tipo de equipo utilizado
- todos los accidentes con vehículos de motor en los que ha participado el solicitante en los últimos tres años, incluyendo la fecha y naturaleza de cada accidente y si hubo lesionados o muertos
- todas las infracciones a las leyes y reglamentos relativos a los vehículos de motor, excepto aquellas que se refieran únicamente a estacionamiento, por las que el solicitante haya sido convicto o se le

haya decomisado la fianza o garantía colateral, y que hayan ocurrido en los últimos tres años

- una declaración en la que se expliquen los detalles de cualquier negación, revocación o suspensión de licencia o permiso, o una declaración de que nunca le ha sido negada, revocada o suspendida una licencia o permiso
- los nombres y domicilios de los patrones con los que el solicitante ha trabajado durante los últimos diez años, junto con las fechas en las que estuvo empleado y las razones por las que dejó cada trabajo

Además el solicitante tiene que firmar y ponerle la fecha a una declaración que dice lo siguiente: "La presente es para certificar que esta solicitud fue elaborada por mí, y que a mi mejor saber y entender, todos los datos e información en ella son verdaderos y están completos".

Aunque a todos los solicitantes se les requiere firmar esta declaración, por experiencia Usted ha aprendido que la gente algunas veces miente en las solicitudes. Debido a esto, su **compañía verifica toda la información contenida en la solicitud,** desde los datos sobre educación y experiencia de manejo, hasta las referencias personales y las infracciones de tránsito. Siempre se detecta a los que mienten y nunca son contratados.

Usted tira a la basura todas las solicitudes que no estén firmadas, o que les falte información sobre algunos de los temas requeridos por el Departamento del Transporte (DOT), pero aún así todavía le quedan una pila de solicitudes que tomar en consideración. Así que continúa disminuyendo el número de gente que quiere entrevistar.

Revisa las solicitudes para ver cuáles están llenadas con limpieza (con letra de molde o mecanografiadas). Usted queda bien impresionado de los solicitantes que se tomaron su tiempo para hacer lucir su trabajo de primera. Igualmente con los que incluyeron una carta explicando las cosas que no vienen incluidas en la solicitud.

Usted toma en cuenta la experiencia pero no rechaza a la gente sólo porque no han trabajado mucho dentro de la industria. Algunos de sus mejores choferes han sido contratados directamente al salir de la escuela. Usted los contrató porque **se veían con ganas y entusiastas** acerca del empleo y porque se tomaron el tiempo para ser **ordenados y precisos.** Si tiene que escoger entre dos solicitantes que están muy parejos en cuanto a entrenamiento y experiencia, Usted entrevistará al que haya llenado la solicitud con mayor limpieza y en forma más completa.

La Entrevista

Ahora es el momento para el siguiente paso en el proceso de contratación. Usted ya ha decidido a quién entrevistar, y su secretaria ha programado las citas. Durante la entrevista Usted quiere estar seguro de que el solicitante tiene las habilidades y entrenamiento básicos para desempeñar el puesto. También buscará otras cosas:

- ¿Qué apariencia tiene el solicitante? ¿Es una persona que le gustaría tuviera trato diario con sus clientes?
- ¿El solicitante tiene los documentos que se requieren para ir a trabajar?
- ¿Está preparado el solicitante para la entrevista? ¿Se ha informado acerca de la compañía antes de venir?
- ¿Qué tan bueno es para comunicarse el solicitante? ¿Es alguien con quien puede contar para obtener o darle la información que se necesita para desempeñar bien el trabajo?

PRUEBA DE LA HABILIDAD PARA OBSERVAR

Recuerde la ilustración que se encuentra al inicio de este capítulo. ¿Cuantos solicitantes están esperando ser entrevistados? ¿Cuál cree Usted que obtendrá el empleo? Refiérase ahora a la gráfica de la Prueba de la Habilidad para Observar al final del libro para ver como le fue.

EL PRIMER CONTACTO

Desde luego que el **primer contacto** con la oficina de Usted, que tiene cualquiera que esté buscando trabajo, es **con su secretaria**. Usted le ha pedido a su secretaria que tome nota sobre los siguientes detalles de dicho primer contacto:

- cortesía en el teléfono
- cortesía personal y apariencia
- cuáles preguntas hicieron

Usted obtiene buena impresión de los solicitantes que tienen buena cortesía, apariencia limpia y que hacen buenas preguntas. Una de estas preguntas es, "¿qué quiere la compañía de los solicitantes nuevos? ¿Debo enviar primero solicitud ya llena, o debo traerlo conmigo?" De las personas que buscan trabajo, a Usted le causan buena impresión las que se interesan en lo que pueden hacer por la compañía y no sólo en lo que la compañía puede hacer por ellas.

Usted tiene una lista de cosas en qué fijarse aún antes de que hable con el solicitante:

- ¿Llegó a tiempo?
- ¿Estaba limpio y bien presentado?
- ¿Vestía en forma apropiada y se veía pulcro?

Usted no espera o ni siquiera desea que sus solicitantes vayan vestidos de traje y corbata, o si se trata de mujeres, de vestido elegante y tacón alto.

No es necesario porque no es la forma en que los choferes se visten para trabajar. Lo que sí espera es que se presenten a la entrevista **vestidos como si fueran a trabajar ese día.** Usted espera que se vean y comporten como si se fueran a ver con sus clientes. Esto quiere decir, presentarse a tiempo con su secretaria, y ser **corteses** no sólo con Usted sino con ella y **con cualquiera con quien tengan trato**. A Usted no le interesa una persona que le hace buena cara al patrón y es mal educado con todos los demás.

LOS DOCUMENTOS QUE SE REQUIEREN

Hay algunos documentos que Usted **tiene que tener antes de poner a trabajar a alguien.** Al que le interese el trabajo en serio, los tendrá (o copias de ellos) disponibles en la entrevista.

- Licencia para Conducir Vehículos Comerciales (CDL) vigente
- su tarjeta de la seguridad social (social security card)
- su expediente de manejo actualizado dentro de los últimos 30 días
- prueba de ciudadanía o de tener derecho a trabajar en este país (EEUU) (la tarjeta verde)
- cualquier otra licencia o permisos que se necesiten para el trabajo
- una tarjeta de servicios médicos válida

ESTAR PREPARADO

Si un solicitante se presenta desaseado, mal vestido y sin la licencia o el expediente de manejo que se necesitan para el puesto que Usted tiene vacante, la entrevista será muy corta. Sin embargo, si el solicitante se ve como alguien que a Usted le gustaría contratar, la entrevista le ayudará a averiguar algo más de esta persona.

Usted ha aprendido que además de comprobar que tienen buena habilidad para manejar, **el atributo más importante que sigue es la actitud**. Alguien con actitud positiva en el trabajo y el deseo de aprender cosas nuevas puede funcionar bien.

AHORA, PARA LA ENTREVISTA

Lo primero es hacerle preguntas al solicitante con el fin de averiguar cuánto sabe de la compañía o de la industria en general. Le causará buena impresión un solicitante que se tomó su tiempo para **llamar la asociación del transporte de carga o ir a la biblioteca a buscar las cosas** que se han escrito en las revistas de negocios **acerca de la compañía**. Esto demuestra el deseo o disposición de **hacer más de lo que el deber reclama** con el fin de desempeñar su trabajo lo mejor posible.

Enseguida, Usted anima al solicitante para que le hable de **los trabajos que tuvo en el pasado** aunque no hayan sido dentro de la industria del transporte de carga. Usted ha estado en el negocio lo suficiente para saber que hay muchas cualidades de un buen empleado que afloran en cualquier empleo.

Cuando los solicitantes responden hablando mal de su último patrón, diciéndole lo estúpida que era la gente con la que tenía que tratar en su trabajo, o presumiendo cómo dejaron el trabajo cuando las cosas no iban como ellos querían, Usted sabe que tiene que seguir buscando a quién contratar.

Algunos solicitantes pueden soñar en convertirse en un chofer que maneja la unidad solo, cuando Usted lo único que ahora tiene para ofrecer es el puesto de ayudante de chofer, o chofer para entregas locales. Si alguien es demasiado bueno para tomar algo que no sea lo mejor, a Usted no le interesa esa persona. Pero si un solicitante **tiene la disposición de empezar desde abajo y ascender** conforme se van haciendo disponibles otros puestos mejores, entonces ésta puede ser justamente la persona que contrate.

En la entrevista Usted anima a los solicitantes a que hablen acerca de sus metas. La siguiente es el tipo de información que Usted buscará obtener:

- ¿En realidad han meditado los solicitantes lo que quieren hacer en la vida, o simplemente andan llenando solicitudes?
- ¿Están sinceramente interesados en su compañía, o simplemente están haciendo tiempo mientras se presenta otro empleo en alguna otra parte?
- ¿En realidad quieren el tipo de trabajo que hacen sus choferes?
- ¿Piensan permanecer en una sola compañía el mayor tiempo posible, o andarán de un lugar a otro si les sale algo que parece un poco mejor?
- ¿Qué esperan estar haciendo dentro de cinco años?
- ¿Sus metas concuerdan con las metas de la compañía?

Esta etapa de la entrevista le ayudará a encontrar las respuestas a estas preguntas.

LA COMUNICACION

Durante la entrevista Usted se fijará en qué tan bien se comunica el solicitante. Escuchará lo que dicen y cómo lo dicen. Usted evaluará tanto su facilidad de palabra como su lenguaje corporal.

Facilidad de palabra

Usted busca choferes que puedan **hablar claramente y en forma calmada** cuando se enfrenten a las tan variadas situaciones que pueden surgir en el desarrollo de su trabajo. Desde luego que Usted no espera que sean oradores, pero sí quiere a alguien que no se aturda y se confunda cuando se encuentre sometido a un poco de presión. Muchas personas se ponen nerviosas en una entrevista, así que ésta es una buena oportunidad para ver cómo se comportan. Por su experiencia haciendo entrevistas, Usted ha aprendido que entre más preparado esté un solicitante y entre más entrevistas haya tenido, se encontrará más relajado y será más eficiente.

Lenguaje corporal

Usted sabe que la comunicación es algo más que las simples palabras. Ya ha visto muchos solicitantes que tienen buenas referencias y solicitudes muy bien llenadas, pero que llegan a su oficina y se encorvan en la silla. O simplemente parecen no poder dejar de descansar su cabeza sobre el pecho y no le miran directamente a los ojos. O que se cruzan de brazos y no los descruzan en toda la entrevista. Este tipo de solicitantes raramente son contratados. Usted sabía que ese tipo de lenguaje corporal decía cosas negativas acerca de ellos, cosas como, "en realidad no estoy interesado en estar aquí", o "no soy lo suficientemente bueno como para estar aquí; hay algo que no anda bien conmigo", o "soy hostil o tengo miedo".

Sus clientes y otras personas saben acerca del lenguaje corporal, aunque pueda ser que no sean capaces de identificar ciertos tipos de conducta. Usted quiere choferes que digan cosas positivas de sí mismos y de su compañía, no sólo con sus palabras, sino con cómo se comportan. Usted contratará un solicitante que **se sienta derecho, mantiene su cabeza levantada, le mira a los ojos y se ve relajado y con confianza en sí mismo.** Usted quiere choferes cuyos modales digan, "estoy orgulloso de mí mismo y de mi patrón; ¡somos un equipo triunfador!"

Las Pruebas

Lo último de lo que Usted habla con los solicitantes son las pruebas que **tienen que aprobar** para que puedan trabajar en su compañía. Desde luego que como ya tienen su Licencia para Conducir Vehículos Comerciales (CDL), de menos ya han aprobado **los exámenes requeridos para el chofer de vehículos comerciales sobre conocimientos y habilidades generales.** Usted verifica que tengan una licencia "CDL" del grupo A para Vehículos Combinados sin la restricción de **frenos de aire.** Esto le dice que el chofer tiene licencia para **manejar combinaciones pesadas de tractor-remolque equipadas con** frenos de aire. Las diferentes claves de la licencia le dicen que algunos hasta tienen endoso para materiales peligrosos (clave H), o para carros-tanque (clave N), o para vehículos dobles o triples (clave T).

Los solicitantes para el puesto de chofer también **tienen que cumplir con los requisitos que exige el Departamento del Transporte DOT).** Deben:

- tener 21 años de edad por lo menos
- hablar y leer inglés lo suficientemente bien como para poder comunicarse con el público en general, entender los señalamientos de las carreteras, contestar a los oficiales y llenar informes y registros
- ser capaces de operar el vehículo sin riesgos, con seguridad
- ser capaces de reconocer si la carga está bien distribuida o no

- ser capaces de sujetar correctamente la carga en los vehículos que manejan
- cumplir con los requisitos de condición física establecidos por el Departamento del Transporte (DOT)
- tener una licencia vigente para conducir vehículos comerciales sencilla
- haberle notificado a Usted de cualquier infracción o declarado que no tienen ninguna que reportar
- no haber sido descalificados nunca para manejar un vehículo de motor

Lo que sigue es **el examen físico del Departamento del Transporte (DOT), la prueba de uso de drogas, y el examen de la compañía misma.**

EL EXAMEN FISICO DEL DEPARTAMENTO DEL TRANSPORTE (DOT)

El Departamento del Transporte requiere que los choferes cumplan con ciertas normas de condición física. Respecto a esto, su compañía no tiene alternativa. Las personas que no llenan estos requisitos no pueden ser contratadas para manejar. La mayoría de sus solicitantes tendrán ya una tarjeta médica vigente del Departamento del Transporte, pero es requisito de su compañía que todos los choferes nuevos se sometan a un examen físico a costo de ella. Usted les informa de esto a sus solicitantes.

LA PRUEBA DE USO DE DROGAS

Usted les explica que la ley le ordena que pruebe a todos los solicitantes para el puesto de chofer, sobre el abuso de drogas. Su compañía hace que todos los solicitantes entreguen una muestra de orina, misma que se prueba para mariguana, cocaína, opio, fenciclidina (PCP o "polvo de ángel"), otras substancias sujetas a control y por el alcohol. También le hace saber a todos los solicitantes que la compañía repite la prueba a todos los choferes una vez cada dos años, como lo establece la ley, y que las pruebas de drogas con frecuencia se hacen al azar o si existe causa justificada.

EL EXAMEN DE LA COMPAÑIA

Su compañía requiere aún de otro examen escrito para los choferes nuevos. Trata sobre aritmética y revisa la habilidad para resolver problemas. La mayoría de los solicitantes que pasaron exitosamente por su cuidadoso proceso de entrevistas, no tienen ningún problema con este examen, pero Usted les hace saber que tendrán que presentarlo.

Después de la Entrevista

Para cuando haya Usted leído las solicitudes y entrevistado algunos de los que buscan el empleo, ya tendrá una buena idea de quién quiere Usted que sea el próximo chofer que contrate la compañía. Algunas veces hay dos o

Ilustración 33-4
Las cartas de agradecimiento todavía son buena idea, y pueden ser la diferencia entre conseguir o no el empleo.

ABC Trucking Company 1 de Abril de 2004
123 Elementary Avenue
Ajo, AZ 85321
Attn: Ned Seer, Supervisor de Seguridad

Estimado Sr. Seer:

Le agradezco la entrevista sostenida el miércoles 31 de Marzo de 2004, en relación con el puesto de chofer en entrenamiento que solicita su compañía. Aprecio en todo lo que vale el tiempo que dedicó Usted para hablarme de su compañía y sus planes para el futuro. Mucho me gustaría trabajar para una empresa como la suya cuyas metas principales son tener satisfecha al 100 porciento de su clientela y mantener una operación libre de accidentes. Si Usted necesita más información acerca de mi preparación o de mis antecedentes, le suplico llame al número de teléfono indicado en mi solicitud.

Quedo a la espera de sus noticias en relación a este puesto, y le deseo la mejor de las suertes para que encuentre al chofer que satisfaga sus necesidades no importando quién sea el de su elección.

Atentamente,

Lee Looker

más que están muy parejos, y Usted tiene que hacer una elección difícil. ¿Cuál de estos calificados solicitantes escogerá Usted? Sin embargo, algunas veces un solicitante hará una cosa más que le causará a Usted muy buena impresión. Hay veces que un solicitante le **envía una carta de agradecimiento**.

Usted ha oído a mucha gente decir que las cartas de agradecimiento son anticuadas y que ya nadie las manda, especialmente en asuntos de negocios. Pero algunas veces un solicitante se toma el tiempo de enviarle una pequeña nota agradeciéndole el tiempo que dedicó a revisar su solicitud y a entrevistarlo. ¡A Usted le satisface saber que alguien de ese lado del escritorio aprecia la cantidad de trabajo que tiene Usted que hacer para ayudarlos a conseguir trabajo!

Desde luego que Usted no va a contratar una persona que no esté calificada sólo porque le envió una carta de agradecimiento. Pero la cortesía cuenta. Si Usted tiene que elegir entre dos personas igualmente calificadas, escogerá la más cortés.

De Regreso a Su Lado del Escritorio

Bueno, pues ¡es todo! Ya ha visto Usted cómo es, desde el otro lado, el proceso de buscar trabajo. Ya ha visto algunas de las cosas que aprendería a buscar, si Usted fuera él que se prepara para contratar un chofer. Con esto ya tiene Usted una mejor idea de cómo hacer que su solicitud y su entrevista tengan como resultado el empleo que quiere. ¡Buena suerte!

Examen Sobre el Capítulo 33

1. El primer contacto que generalmente tiene un chofer que busca trabajo con una compañía es con ____ .
   A. el presidente de la misma
   B. gerente de terminal
   C. la secretaria del gerente de terminal o del supervisor de seguridad
   D. la mesera de la cafetería

Para las preguntas 2, 3 y 4, llene el espacio en blanco con las letras A, B o C que corresponden a lo siguiente:
   A. Por contactos
   B. Un aviso de ocasión en el periódico
   C. Casualidad

2. ____ de menos dice qué puesto se encuentra disponible y cómo solicitarlo, o cómo averiguar más sobre él.

3. ____ es oír a través de amigos y conocidos acerca de un empleo o de alguien que solicita uno.

4. ____ es llamar a la compañía o presentarse en ella sin saber si hay o no un puesto específico disponible.

5. Si una solicitud no está completa o no está llena con limpieza y no se le entiende, probablemente al solicitante _____.
   A. se le pedirá que la presente de nuevo
   B. de todas maneras se le citará para una entrevista
   C. se le rechazará
   D. se le pedirá que se presente para ayudarle a llenar la solicitud

6. Los gerentes siempre contratan a la gente que tiene más experiencia.
   A. Verdadero.
   B. Falso.

7. Los solicitantes se deben vestir para una entrevista como si ese día fueran a trabajar.
   A. Verdadero.
   B. Falso.

8. Después del atributo de tener buena habilidad para manejar, el siguiente en importancia que tiene un chofer es quizá _____.
   A. tener habilidades de mecánico
   B. tener una buena actitud
   C. tener un guardarropa caro
   D. tener habilidades de orador muy pulidas

9. Los solicitantes para el puesto de chofer que vienen de otro estado son los únicos quienes se sometan a una prueba de uso de drogas.
   A. Verdadero.
   B. Falso.

10. Después de la entrevista, es buena idea que los solicitantes _____.
   A. llamen todas las mañanas para ver si el gerente ya ha tomado una decisión
   B. manden flores
   C. manden una carta de agradecimiento
   D. esperen a que les llame el gerente

CAPITULO 34

LA VIDA DEL CHOFER

Se Tiene que Planear un Poco Más

Empezar un empleo que exige estar fuera de casa, a veces por semanas enteras, en la carretera, es un reajuste importante. Para poder permanecer tanto tiempo fuera tiene que hacer muchos arreglos y planearse bien. Lo primero son las cosas básicas en relación a la comida, su ejercicio, su ducha caliente y otras cosas del cuidado personal en las que tiene que pensar. **Las cosas que son cómodas y fáciles de hacer cuando se está en casa, necesitan planearse un poco para poder hacerlas cuando anda de viaje**. Usted tendrá que saber dónde y cómo satisfacer estas necesidades, y cómo presupuestarlas.

Luego, mientras todo esto sucede, tendrá que ver que las cosas en casa continúen su curso sin problemas. Esto significa que debe organizar sus finanzas y el pago de sus cuentas. También significa mantener buenas las relaciones entre Usted y todos los miembros de su hogar. Esto supone un poco más de planeación y esfuerzo cuando se está fuera de casa.

La Administración de Su Tiempo

Su labor en la carretera incluye cuidar de Usted mismo, de su vehículo y de la carga. Esto es bastante que cuidar. Es buena idea tener a la mano una libreta de notas y un lápiz para que vaya haciendo una lista de "Cosas Qué Hacer" conforme se acuerda de ellas. Puede dividir esta lista en tres categorías: yo, el equipo, y la carga. Una agenda (con horario) le ayudará a mantenerse organizado cuando va en camino.

La mayoría de los choferes son muy cuidadosos con su tiempo. Tratan de evitar las paradas para vehículos de carga y las cafeterías, en las horas en que están más ocupadas. Con el tiempo aprenderá cuáles paradas para vehículos de carga son mejores y más eficientes que otras. Si ese lugar pequeño en el que Usted pensaba cenar está muy lleno, a lo mejor es más sabio avanzar un poco más por el camino y buscar otro. Si tiene que hacer cola para hacer una llamada por teléfono o para llenar combustible, aproveche ese tiempo para hacer una revisión de seguridad y de las llantas. **Convierta el tiempo de espera en tiempo productivo** siempre que pueda.

Si trae en su mente sus "Cosas Qué Hacer" o en su lista, Usted puede planear cómo utilizar sus paradas de tal manera que **realice varios de los quehaceres apuntados en una sola ocasión**. ¿Tiene que parar para llamar y reportarse? Esta puede ser una buena oportunidad para también abastecerse de combustible. Le ahorrará otra parada más unas horas después.

La Administración de Su Dinero para Gastos de Viaje

La mayoría de las compañías le harán usar una tarjeta de crédito para combustible. Tendrá un límite predeterminado de crédito o de millaje. O su patrón puede haber seleccionado determinadas gasolineras en las que Usted tiene que parar para poner combustible o para que le den servicio.

Si el combustible lo paga en efectivo, tendrá que aprender a **presupuestar su dinero** para que le dure todo el viaje. Revise su atlas de carreteras para que vea el millaje que tendrá que viajar con ese dinero que le dieron para el camino. Cuando estime cuánto combustible necesitará, siempre considere el precio por galón más alto posible, y su promedio más bajo de millas por galón. De esta manera queda Usted cubierto.

Por ejemplo, si su viaje será de 2,000 millas y Usted sabe que el precio máximo por galón será de $1.40 dólares, y su peor promedio de millaje es de 5 millas por galón, utilice esta fórmula:

- 2,000 millas divididas entre 5 millas por galón = 400 galones de combustible; luego
- 400 galones x $1.40 dólares por galón = $560.00 dólares

Así que tendrá que apartar $560 dólares para combustible. (Puede ser que al final le cueste a Usted menos, pero no se puede confiar hasta que termine el viaje). Si Usted empieza con $700 dólares, esto le deja $140 dólares para otros gastos.

Su otro gasto importante es la comida. Si el viaje le llevará tres días, y asigna $25 dólares al día para comidas, éstas le costarán $75 dólares. Muchos choferes reducen los costos de comida casi a la mitad y al mismo tiempo disfrutan de una mejor nutrición, preparándose ellos mismos algunas de ellas. Trataremos más de esto en una sección posterior del presente capítulo.

¡GUARDE SUS RECIBOS Y NOTAS!

Asegúrese de que **le dan un recibo o nota** por cada centavo que gaste. Su compañía tiene que tener o recibo o nota para poder reembolsarle. Si por alguna razón no le dan recibo automáticamente en alguna compra que haga, pídalo y no se vaya hasta que se lo den. Este recibo o nota debe listar los productos que compró, debe tener la fecha, y el nombre y domicilio del vendedor. La mayoría de las compañías de transporte de carga requieren que el chofer también firme estos recibos.

Luego, con cuidado guarde los recibos de cada viaje en un portafolios con cierre o en una bolsa. Haga de esto su práctica y una costumbre. Maneje los recibos como si fueran dinero, ya que esto es lo que son una vez que los ha entregado cuando termina su viaje.

GASTOS DE EMERGENCIA

Con seguridad habrá veces en las que tendrá que hacer arreglos para obtener más dinero para gastos de viaje del que tiene a la mano. Puede ser que por alguna razón lo hayan multado, o haya perdido su dinero, o haya tenido que comprar una llanta nueva. En una emergencia como éstas, llame a su despachador y explíquele la situación.

Las compañías generalmente utilizan un servicio de envío de dinero en efectivo. El despachador le dará un número clave para que lo use junto con otra identificación y pueda reclamar su dinero en alguna sucursal (generalmente en una parada para vehículos de carga). Cuando el empleado verifica lo que Usted le solicita, le dará un cheque por la cantidad que le enviaron, menos un cargo por el servicio. Puede cambiar el cheque inmediatamente o guardarlo hasta que lo necesite.

Los choferes que traen consigo grandes cantidades de dinero en efectivo, se arriesgan mucho. No ande enseñando un fajo grande de billetes aquí y allá por todo el camino. Para su seguridad y tranquilidad, le aconsejamos que en cambio traiga **cheques de viajero**.

Condición Física

El ejercicio es una de las mejores cosas que puede hacer por Usted mismo. Para hacerlo no necesita equipo diseñado a la última moda, ni tampoco necesita que lo entrene una estrella de cine. El ejercicio es gratis, y todo chofer puede y debe hacerlo en alguna de sus formas. De hecho todo lo que se pueda hablar acerca de la necesidad que tiene el cuerpo del ejercicio diario, es poco. Esta necesidad es aún mayor cuando su empleo le genera mucha tensión y todo el día está sentado sobre... "su parte de atrás".

Si Usted ya hace mucho ejercicio no necesitamos decirle lo mucho que su cuerpo lo aprecia. Ya está bien consciente de la diferencia que hace tanto en su potencia física como mental.

Si Usted ya ha estado a punto de hacer más ejercicio pero a la fecha no lo ha hecho, ¡no hay mejor momento que éste! Aún si sólo le dedica 20 minutos al día, es una pequeña inversión que paga muy bien.

Con el ejercicio se mejora la circulación y se mantienen firmes los músculos. Sus células cerebrales funcionan en su mejor forma porque su corazón y pulmones están fuertes y tienen condición. El corazón sano y fuerte bombea la sangre a los pulmones. Su sangre recoge el oxígeno de éstos y lo lleva a las células del cerebro. (¡Como que se parece a otra rama de la industria del transporte!).

PRUEBA DE LA HABILIDAD PARA OBSERVAR

¿Recuerda la parada para vehículos de carga que ilustramos al inicio de este capítulo? ¿Podrá el chofer pagar lo que compró con una tarjeta de crédito? ¿Cuánto cuestan las duchas? Refiérase a la gráfica de la Prueba de la Habilidad para Observar al final del libro para que revise sus respuestas.

Ese abasto de oxígeno al cerebro es **lo que hace posible que Usted piense y actúe con rapidez**. Cuando no obtiene suficiente oxígeno porque haya estado en una sola posición por mucho tiempo, sus células cerebrales no funcionan en su mejor forma. Como consecuencia de esto Usted se siente pesado, débil y un poco deprimido. En esos momentos sus pensamientos lo llevan a desear un dulce o un refresco. Esto ciertamente le levantará el ánimo por un rato, pero definitivamente no le sirve para nada. Lo que en realidad necesita su cuerpo es una buena sesión de ejercicio. Esto hará que se reanime la circulación.

¿Qué tipo de ejercicio se adapta a la vida de un chofer? Obviamente necesita ser portátil. A Usted le puede gustar la natación, el levantamiento de pesas o el tenis. Pero si no puede asistir a un gimnasio con facilidad, no hará ejercicio con mucha frecuencia.

Afortunadamente el correr o caminar con paso rápido son ejercicios excelentes para mantenerlo en buena condición. Esto lo puede hacer casi en todas partes y en cualquier momento en que tenga tiempo. Adquiera este hábito, haga por adoptarlo. Propóngase correr o caminar por lo menos media hora diariamente.

Los estiramientos hechos despacio y con cuidado le ayudan a mantener su flexibilidad. Le ayudarán a relajarse cuando necesita dormir. Hay algunos buenos ejercicios de estiramiento que puede hacer cuando está realizando la inspección de su vehículo. Cómprese en una librería, un manual de ejercicios por unos cuantos dólares para que vea algunas sugerencias.

LO QUE COMEN LOS CAMPEONES

El ejercicio y la alimentación correcta van de la mano en forma natural. Los expertos en la materia han estado diciendo que lo importante no es cuánta comida come, sino de qué tipo. Si Usted escoge los alimentos correctos, puede comerlos casi en la cantidad que quiera. Así que, ¿qué es lo que comen los campeones? Bueno pues estamos hablando de **granos completos, carne sin grasa y mucha verdura fresca**. Esto definitivamente excluye los productos "alimenticios " empacados que están llenos de aditivos químicos.

Cuando vea la ilustración 34-1 puede ser que se sorprenda al ver muchos de los alimentos que Usted consume ahora, en la lista de los que debe CONSUMIR MENOS. Propóngase **comer muy poca comida procesada y más comida fresca**. Busque alimentos que sean **bajos en sal, azúcar, cafeína y grasas**. Se sentirá mejor. Se enfermará con menos frecuencia, y cuando se enferme se recuperará más pronto, y sencillamente su trabajo en general, resultará más fácil de hacer. Es un poco más difícil hacer esto cuando está de viaje todo el tiempo, pero se puede lograr.

A menos que en su camarote para dormir tenga uno de esos refrigeradores pequeños, consígase un hielera. De esta manera puede parar en un supermercado para surtirse de jugos, verduras para ensalada, productos lácteos bajos en grasas, y cosas para sandwiches (emparedados). Siempre que tenga oportunidad pare en una tienda de frutas y verduras frescas o en un mercado de agricultores que esté por un lado del camino. Un truco para siempre comer bien es tener siempre a la mano algo sano, de tal suerte que Usted no estará tentado a improvisar comiendo chucherías. Estas chucherías sencillamente siempre están muy a la mano, mientras que la comida para una dieta sana necesita un poco de planeación.

Ilustración 34-1
Los adelantos de la ciencia confirman que dijó siempre su mama "Usted es que Usted come"

POR ENERGIA Y SALUD BUENO

COMA MAS:

granos enteros (avena, trigo entero)
productos lácteos como leche (con menos grasa o sin grasa) requesón de menos grasa, queso mozzarella, o yogur)
nueces sin sal y palomitas de maíz sin mantequilla o sal
fruta fresca y seca
verduras frescas
jugos sin azucarar
carnes sin grasa, aves, y pescado

COMA MENOS:

pan blanco
refrescos con azúcar
helados, nata batida, queso americano
tabletas de chocolate tartas, galletas, donas y pasteles
comidas fritas
lonjas de carne, salchichas y tocino
carne de cerdo con mucha grasa (como costillas), y carne de res (como carne molida)

Aprenda a leer la lista de ingredientes de la comida que compra. Los ingredientes se listan en orden decreciente de contenido. Así que cuando el azúcar es el primero en la lista, esto significa que ese producto contiene más azúcar que otra cosa. Al leer los ingredientes en una caja de donas puede ver que lo que está comiendo es principalmente azúcar, manteca de puerco, harina blanqueada y productos químicos. Las donas ya no suenan tan sabrosas, ¿no?

Una vez que Usted desarrolla el gusto por la comida verdadera, ya no querrá saber de nada como las donas en caja. La comida listada en la columna de COMA MENOS le empezará a saber a lo que es: chucherías grasosas y azucaradas. No tiene que hacer todos estos cambios de la noche a la mañana. Simplemente haga lo que pueda gradualmente. Empiece haciendo ejercicio sólo unos minutos al día, hasta que sienta que puede y quiere hacer más. Mejore su dieta comiendo un poco menos de esto, un poco más de aquello. Con el tiempo, muchos pequeños cambios se sumarán para hacer cambios grandes e importantes. Su cuerpo le recompensará con más salud y viveza. Pero no nos crea a nosotros, ¡averígüelo Usted mismo!

FATIGA

Cuando el cuerpo no tiene su propio cuenta de horas descansando, se siente fatiga. Como fue describido en los párrafos anteriores, comiendo las propias comidas y haciendo ejercicio ayudan las sistemas del cuerpo a evitar la fatiga. Fatiga tiene control de los sentidos cuando ellos han debilitado por hábitos malos de comer y la falta de ejercicio.

La major manera a combatir la fatiga es dormir bien. dormir es una función vital del ser human. Cuando su cuerpo no se alimenta con comida y agua, su cerebro manda señales especificas — hambre y sed — para provocarlo a satisfacer estas necesidades de comer alimentos y tomar agua. Del mismo modo, la respuesta de su cuerpo a las falta de dormir es somnolencia.

¡Hagale caso a esta señal! Un cerebro sin dormir por un periodo prolongado va a responder con desplazarse sin control de estar dormido a estar despierto. Entre más sueño le de, lo más seguido que su cerebro se va a desplazar. Los periodos del sueño pueden durar por minutos. Cortos o largos, Usted no puede procesar o reaccionar a nada de lo que está pasando alrededor de Usted. A 60 millas por hora su camión se va moviendo a 88 pies por segundo. Sí Usted se duerme por tan sólo un segundo, ¡muchas cosas que Usted no va a querer perder pueden pasar an esos 88 pies!

La perdida de sueño se acumula como un deuda de dormir. Una persona que requiere dormir ocho horas y nomas duerme seis le van a faltar dos horas. Durmiendo nomas seis horas por noche por cuatro noches, las dos horas sin dormir por cada noche se acumulan en una deuda do ocho horas. Es su responsabilidad el estar bien descansado, sin deuda de dormir, antes de que Usted salga en un viaje.

EL RELOJ CIRCADIAN

Usted tiene un "reloj" en su cerebro que regula las funciones del cuerpo y comportamiento sobre un periodo de 24 horas, y esto incluye su patrón de dormido y despierto. Por ejemplo, Usted puede estar programado a dormirse a la medianoche, despertarse a las ocho de la mañana, y quedarse despierto todo el día con un periodo de somnolencia en la tarde.

Pero cuando a este reloj Circadian se le estropea, como ser puesto en nueva zona del tiempo, no se ajusta en seguida. Esto explica el problema de desfase horario (jet lag). También, los ritmos internos de su cuerpo, como la digestión y humor, no se ajustan todos al mismo tiempo.

La inversión del día/noche, también, hacen daño al reloj Circadian. El movimiento del turno del día al turno de noche y la inversión otra vez obliga el reloj a ajustarse constantemente. La combinación de los dos cambios — el movimiento entre las zonas del tiempo y cambios de los turnos del trabajo — hacen al problema más peor. Usted siente los resultados en dormir sin descanso, somnolencia durante los periodos despierto, y funcionamiento malo.

La ciencia enseña que hay dos periodos de somnolencia de significación en cada día: en la noche, entre las tres y cinco de la mañana, y en las tarde, otra vez a las tres y las cinco. Si Usted debe manejar por la noche cuando su reloj esta fijo a dormir, Usted va a luchar contra la somnolencia por toda la noche. Y, si Usted trata de dormir cuando su reloj esta fijo en estar despierto, Usted no va a descansar bien. Por lo mismo, si Usted puede tomarse una siesta cuando su reloj esta fijo para somnolencia, usted estará afinado con este ritmo natural.

Pro fin, la somnolencia se debe tomar en serio. Esté al tanto de que si tiene que trabajar cuando su cuerpo quiere dormir Usted va tener una desventaja. No haga peor la situación con una dieta mala or la falta de ejercicio, o aún más mal, con el alcohol y las drogas que afectan sus sentido y hacen sus reacciones más lentas.

Su Estado Mental

Su actitud mental refleja en gran medida **su condición física**. También funciona en la dirección opuesta. **Su condición física reflejará su actitud mental**. **Ambas cosas afectan su forma de manejar**.

La atención de un chofer debe estar dedicada a la precaución y a la tarea que trae en las manos. Por lo tanto cuando un problema personal le preocupa, tiene que enfrentarlo y resolverlo tan pronto como sea posible.

Ya sea que lo llame andar en las nubes, o andar "agüitado", o sentirse atrapado sin salida, la mayoría de nosotros sabemos cómo se siente. Lo principal que tiene que recordar es que Usted se puede ayudar a sí mismo. Así que si sencillamente no se siente capaz de salir de su problema, ¡haga algo al respecto!

¿Qué debe hacer? Bueno, eso depende de la naturaleza y gravedad del problema. Con mucha frecuencia, un poco de actividad física vigorosa puede poner las cosas en orden, o al menos regresarle la confianza en sí mismo y ayudarle a hacerle frente al problema. Pero, de nuevo, a veces el ejercicio no es suficiente.

Sea lo que fuere por lo que está pasando interiormente, es importante sacarlo al descubierto. Si es un problema de familia, o con alguno de sus seres queridos, debe hablarlo con esa persona. Ya sabe Usted lo que se dice, una queja que no se discute se convierte en una piedra en el estómago. Si por alguna razón no es posible discutir las cosas con la persona en cuestión, hable con alguna otra persona. Usted puede tener un amigo de confianza, un pariente o un ministro de la religión a la que pertenece, que le pueden ayudar. Si esto no funciona, puede ser que un consejero profesional sí lo haga.

Hablar con un consejero tiene sus ventajas. Algunas veces es más fácil hablar con una persona totalmente extraña. A veces podemos ser más honestos. Busque en las páginas amarillas del directorio telefónico bajo el rubro de "consejeros". Ahí encontrará agencias locales que ofrecen su ayuda por muy poco dinero o por lo que pueda Usted pagar.

Generalmente los consejeros saben escuchar muy bien y están capacitados para ayudar a la gente a ordenar sus vidas. Sólo recuerde que la falta de dinero no le debe detener para solicitar ayuda profesional.

Si necesita unos días de vacaciones para ordenar sus pensamientos, hable con su patrón. Hágale saber que su problema está afectando su habilidad en el trabajo. Los patrones son razonables, gente orientada hacia la seguridad. Ellos apreciarán su honestidad. Les dará gusto saber que Usted es lo suficientemente inteligente para no arriesgarse a que suceda un desastre en la carretera debido a que Usted no está en su mejor forma.

LOS PROBLEMAS RELACIONADOS CON EL TRABAJO

Ahora que si se trata de algo relacionado con el trabajo, no se queje con su familia o con los otros choferes. Hable con alguien de la compañía. Si no sabe quién es el indicado, pídale a su despachador que lo refiera con tal persona.

Sea honesto acerca de su problema. No se preocupe acerca de que vaya Usted a agitar las aguas. Los buenos choferes son un recurso muy valioso y las compañías están muy interesadas en retener a los que tienen. Ellos entienden que estas cosas pasan. Después de todo, ¡la mayoría de los empleados son realmente humanos!

DROGAS Y ALCOHOL

Lo peor que puede hacer es ahogar sus penas en las drogas o el alcohol. No estamos hablando de una situación en la que Usted sale a cenar con su esposa y disfrutan una botella de buen vino o una copa. Estamos hablando de tomar licor o pastillas mientras está de viaje.

Nunca tome mientras está de servicio. Ni siquiera tome una bebida alcohólica cuatro horas antes de que entre de servicio; ni cerveza, ni vino, ni licor. Un vaso de cerveza de 12 onzas o una copa de vino de 5 onzas, le afectan tanto como un trago de licor de $1^1/_2$ onzas. Esto es válido para todo el mundo. La gente que dice que el licor no le afecta, simplemente se está engañando a sí misma.

Las drogas y el alcohol pueden terminar costándole casi todo lo que a Usted le importa, incluyendo toda su carrera como chofer de vehículos comerciales. **Las drogas y el alcohol minarán su salud y distorsionarán su buen juicio**. Cuando su buen juicio desaparece, ya se ha convertido en un mal chofer. Aún peor, ni siquiera se da Usted cuenta de lo mal que está. Cuando Usted se sienta tras el volante arriesgando su vida y la de los demás, la droga o el alcohol le han dado un falso sentido de bienestar. Una vez que las drogas o el alcohol entran en su sistema, no hay nada que pueda Usted hacer para disminuir sus efectos excepto dejar que pase el tiempo suficiente para que dichos efectos pasen y las drogas o el alcohol sean desechados de su sistema. El café no ayudará para nada, ni tampoco lo hará el aire fresco.

A lo que esto se reduce es lo siguiente: no hay excusa posible para tomar cualquier droga o bebida alcohólica mientras está trabajando. No, ni siquiera para mantenerse despierto. Si está rendido de cansancio, lo que necesita es dormir.

También recuerde que **aún las drogas legales le pueden afectar en su forma de manejar**. Muchas medicinas para la alergia o para el catarro le darán sueño. Si Usted está tomando medicina que le han recetado por cualquier razón médica, asegúrese de **preguntarle al doctor si tiene efectos colaterales**.

La Atención de Su Casa Cuando Anda de Viaje

Si cuando anda fuera tiene a alguien en casa, esa persona puede ser la que paga sus cuentas a tiempo y la que se encarga de llamar al plomero para que arregle algún desperfecto. Pero mientras Usted anda de viaje concentrado en su trabajo, fácilmente pierde la noción del tiempo. Y, un problema con la plomería de la casa no parece tan urgente cuando Usted se encuentra a cientos de millas de distancia. Usted necesita un sistema para apoyar a los que se quedan en casa de tal manera que puedan salir adelante en su ausencia.

Quizá es Usted todavía la cabeza de la familia, y todo se para hasta que Usted regresa a casa. **Usted necesitará un sistema para que se paguen sus cuentas y se mantenga al corriente** en cosas como el pago de la renta o de la hipoteca de la casa, el pago de los servicios como agua, luz, etc., y otras obligaciones. Si vive solo, definitivamente necesita un sistema de estos.

Hay varias maneras en que puede Usted atender esto. Puede hacer arreglos con su banco para que haga sus pagos directamente de su cuenta. Puede usar el Internet para paga sus cuenta electrónicamente. O puede llevar con Usted su chequera y sobres con estampillas, y pagar sus cuentas conforme se venzan.

Los depósitos a su cuenta y los retiros cuando anda lejos de su casa, se han hecho más fáciles con los cajeros automáticos. Se puede sacar o depositar dinero desde casi la mayoría de los estados en el país. Usted pude depositar el cheque de su sueldo en Sun Valley, Idaho, y que se lo acrediten a su cuenta en Tampa, Florida. O puede arreglar con su patrón para que directamente se lo depositen en su cuenta.

Cualquiera que sea su situación, puede preguntar a su banco, unión de crédito, las instituciones que le proveen de servicios como agua, luz, etc., y a sus otros acreedores, qué servicios prestan que puedan aún simplificar más el manejo de estas cuestiones prácticas.

Para lo que se refiere a emergencias en su casa, quizá Usted ya conozca un doctor, o plomero, o electricista, etc., de quienes pueda depender. Si nó, trate de contactar a esta gente antes de salir de viaje. Aún si en este momento Usted no tiene ningún problema, de todas formas puede hacer el contacto y conocerlos. Así que si se llega a presentar una emergencia en casa mientras está Usted fuera, ya sabe que lo puede arreglar con una llamada por teléfono.

NO ANUNCIE QUE SU CASA ESTA VACIA

Los choferes que viven solos o cuyas familias también salen mucho, generalmente se consiguen un apartado postal para recibir su correo. También se aseguran de que no se les amontonen los periódicos de toda una semana en su puerta, que lo único que esto haría es anunciar que no hay nadie en casa. Quizá tenga Usted un vecino, amigo o pariente en quien pueda confiar para que se encargue de las cosas por Usted.

Mantenga Vivo el Calor de Hogar

Con las largas horas de trabajo más el tráfico y todas las otras molestias del camino, generalmente los choferes lo que quieren es el bendito descanso una vez que han concluido el viaje. Anhelan una comida hecha en casa, llegar a dormir verdaderamente cómodos y pasar el tiempo a gusto con la familia. Pero no siempre sucede así. Puede ser que llegue y se encuentra con que su esposa está tan cansada y tan de mal humor como Usted. Los dos pueden estar como para cachetearse mutuamente. No es esto lo que quiere un chofer cansado.

O puede haber veces en las que están sucediendo cosas en su familia que Usted no sabe. Se puede sentir relegado. Cuando recién llega a casa lo pueden tratar como si fuera "visita". Todo mundo se ve un poco nervioso. Y ahí está Usted, al fin en casa, pero nadie sabe de qué hablar.

Bueno, vamos haciendo frente a la situación y veamos cómo se puede mejorar. He aquí algunas ideas que han ayudado a más de un chofer a mantener unido su matrimonio.

Cuando recién llega al frente de su casa, recuerde que Usted todavía anda "enganchado" al ritmo de la carretera. Por lo tanto asegúrese de que se relaja y se pone cómodo antes de atacar cualquier problema familiar. Dése un poco de tiempo para que se ajuste a su medio. Si durante su ausencia ha sucedido algo importante, pida que no se lo cuenten de inmediato. Las cosas que haya que hacer o cualquier reparación pueden esperar un poco.

Planee una salida con toda la familia, y algo divertido o romántico para Usted y su esposa. Después de una ausencia, necesita hacer un poco de labor de reconocimiento y reacercamiento con sus seres queridos. ¡Esto no lo logra simplemente sentándose en casa a ver televisión! Sea creativo. Se le ocurrirán ideas cuando esté fuera, en camino. Haga una lista de ellas y deje que su familia vote para ver cuál prefieren. Luego no se ocupe demasiado de tal manera que no tenga tiempo suficiente para hacerlo.

No necesariamente debe implicar que gaste dinero. Simplemente salir una tarde a visitar a la tía Myrtle puede ser divertido. O invitar algunos amigos a un picnic en su jardín y a jugar algo de volleyball. El hacer cosas juntos fortalecerá sus lazos familiares. También le dará gratos recuerdos que revivir cuando ande de viaje.

De vez en cuando, hágales saber a los miembros de su familia lo mucho que significan para Usted. Aún si Usted supone que ya lo saben, de todas maneras dígaselos. Es un poco más fácil el demostrárselo cuando Usted se encuentra en casa todo el tiempo. Pero cuando Usted anda fuera, tiene que hacerlo más explícitamente diciéndoselo.

Tome fotos durante su viaje para que le pueda mostrar a su familia algunos de los lugares que ve en su trabajo. Mándeles tarjetas postales con buen humor para que sepan que piensa en ellos. No importa lo que escriba en ellas. Envíeles un recuerdo de algún lugar, y póngales una nota diciéndoles de dónde es y cuándo estuvo Usted ahí.

Invite a su esposa para que le acompañe en algún viaje. La mejor manera de entender la vida de un chofer de vehículos de carga, es vivirla un poco. La mayoría de las compañías le darán un permiso especial para invitados un par de veces al año. Después de todo, a la compañía le interesa que su vida familiar sea feliz.

Como lo habrá notado, todas estas sugerencias son formas de compartir sus experiencias. Trate de compartir lo más posible su propia vida de trabajo con su esposa y los miembros de su familia. No se le olvide compartir las experiencias de ellos también. Reserve un poco de energía para tomar en serio sus problemas y preocupaciones. No le dé simplemente la espalda a su familia cuando salga de viaje, y luego espere que todo esté perfectamente cuando Usted reaparezca.

Todo matrimonio o relación muy cercana cuesta trabajo y requiere de constante vigilancia. Es sólo que **una carrera de chofer le requiere que ponga un poco más de su parte para subsanar esas separaciones tan largas**. Pero también tiene Usted suerte. ¡Usted disfruta todos esos reencuentros!

Examen Sobre el Capítulo 34

1. Cuando anda de viaje, después de hacer una compra ____ .
   A. voltee hacia ambos lados de la carretera y maneje despacio para regresar al camino
   B. llame a su despachador
   C. haga una revisión de seguridad
   D. pida una nota o recibo

2. Si un chofer se acercara a un mostrador, le diera al empleado una lista de números y le mostrara una identificación de su empresa, probablemente lo que estaría haciendo es ____ .
   A. comprando algo en efectivo
   B. ordenando un comida completa
   C. recibiendo dinero a través de un servicio de envió de dinero en efectivo
   D. haciendo arreglos para lavar su ropa

3. Las células del cerebro reciben oxígeno ____ .
   A. sólo cuando se está profundamente dormido
   B. de la corriente sanguínea
   C. sólo cuando se ejerce un esfuerzo físico
   D. después de una buena comida

4. Los choferes de vehículos de carga sencillamente no pueden incorporar una sesión diaria de ejercicio a su rutina porque no siempre tienen un gimnasio cerca.
   A. Verdadero.
   B. Falso.

5. Cuando se trata de obtener una buena nutrición lo que cuenta no es cuánto se coma sino ____.
   A. cuándo lo come
   B. qué clase de comida come
   C. cuánto pago por lo que comió
   D. sus modales en la mesa

6. El mejor remedio para un estado depresivo o perezoso en una de esas tardes es ____.
   A. una barra de dulce acompañada con una gran taza de café
   B. un helado “tres marías”
   C. 20 minutos de aire fresco y ejercicio
   D. galletas con leche

7. Los choferes casados pueden olvidarse completamente de todas las responsabilidades de la casa y dejar que sus esposas se hagan cargo de todos los problemas.
   A. Verdadero.
   B. Falso.

8. De las siguientes, la comida más saludable es ____ .
   A. papitas a la francesa, una hamburguesa con queso y un "pay"
   B. un sandwich de salami, "root beer" y un helado
   C. una pieza de pan blanco tostado, mantequilla y mermelada, huevos estrellados, salchicha y café
   D. una pechuga de pollo al horno, rollos de pan integral, ensalada y fruta fresca en yogur

9. Las drogas y el alcohol los deben evitar ____ .
   A. tan frecuentemente como sea posible
   B. hasta el anochecer
   C. todos los choferes profesionales que valoran sus vidas y sus trabajos
   D. aquellos que no saben controlarlos

10. Para mantener unido su matrimonio ____ .
    A. mándele regalos caros a su esposa
    B. manténgase alejado de la casa hasta que se calme su esposa
    C. asegúrese de que no le cuentan a su esposa ningún chisme de Usted
    D. comparta sus experiencias de chofer y haga labor para generar experiencias nuevas cuando estén juntos.

CAPITULO 35

EDUCACIÓN CONTINUADA

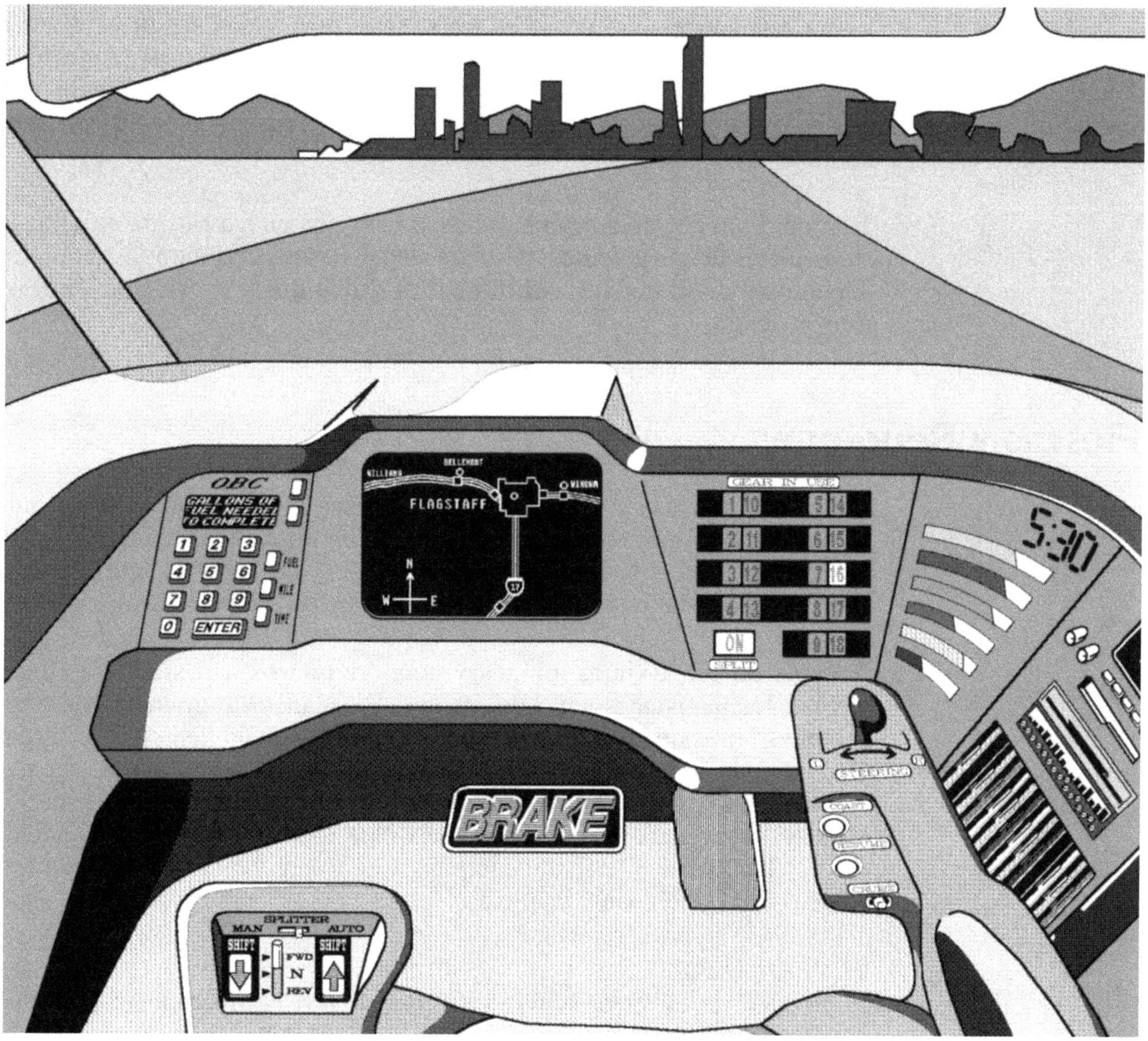

Nunca Dejamos de Aprender

Este es el último capítulo del libro, pero definitivamente que no es el fin de su educación. De hecho, **su educación en realidad apenas empieza.** Es con el trabajo continuo que desarrollará el criterio y sentido común sin los que, ningún buen chofer, puede desempeñarse. Esas cualidades son el resultado de la experiencia y de mantener su mente activa. En una industria tan cambiante como la del transporte de carga, sencillamente no se puede dar el lujo de dejar de aprender en ningún momento.

Una de las razones por las que la gente mantiene su mente activa en el trabajo es simplemente porque no lo pueden evitar. No son robots. Un robot hará lo que sea para lo que esté programado sin hacer preguntas. No quiere saber por qué hace una cierta cosa. No quiere saber lo que hacen los otros robots, y no se le ocurren ideas para mejorar las condiciones de trabajo o el desempeño del mismo. Simplemente hace las cosas para las que está programado, y es todo.

El ser humano es otra cosa. Es importante para todos nosotros el tener retos una y otra vez. Como dicen: "músculo que no se usa, se atrofia". Esto se aplica tanto a los músculos como al cerebro. Teniendo eso presente, vamos a concluir este libro con algunas sugerencias para que continúe con su educación formal e informal.

Tal como fue decisión suya entrenarse para una nueva carrera, y realizar su mejor esfuerzo y dedicación para llegar hasta este punto, así también dependerá de Usted **el continuar mejorándose y estableciéndose nuevos** retos.

Fiestas y Reuniones

Vamos a salirnos un poco del tema y escribir una nota social aquí. Queremos asegurarnos de que Usted, como chofer, tenga toda la diversión a que tiene derecho. Recuerde que divertirse no significa que no esté aprendiendo cosas que le harán mejorar su destreza al manejar.

Además de ver a viejos amigos y conocer nuevos, a Usted se le debe alentar. Las amistades son importantes. Le añaden un grato fulgor a las solitarias horas que pasa en el camino, un chofer de un vehículo de carga. Quizá es por esto que la gente dentro de la industria del transporte sea tan aficionada a juntarse. Ya verá que hay incontables excusas para hacerlo. Uno de los eventos más emocionantes para todos es el "Roadeo" anual. (N. del T.: "Roadeo" palabra compuesta de Road = camino o carretera, y Rodeo = una celebración vaquera).

EL "ROADEO"

El "roadeo" es el "Superbowl" anual **donde hay competencias de conocimiento, destrezas en el manejo de vehículos de carga y hábitos de precaución o seguridad.** La Asociación Americana del Transporte de Carga (American Trucking Association) (ATA) ha diseñado rutinas de manejo en pista que reflejan situaciones que se dan todos los días en el transporte de carga. Estas abarcan las rutinas de manejo en zig zag, el acercarse de reversa a un andén metido, y estacionamiento en paralelo en línea recta. Pueden concursar todos los choferes que han trabajado con una compañía y que no han tenido ningún accidente en por lo menos un año. Los participantes toman un examen por escrito lo cual incluye preguntas sobre la industria, el equipo, y manejar con caución. También sus habilidades de inspectar equipo son probados.

Ilustración 35-1
El "Roadeo" de la Asociación Americana del Transporte de Carga (American Trucking Association)(ATA) pone a prueba su habilidad para maniobrar.

Primero compiten entre los choferes mismos de una compañía para ver quién representará a ésta. Para esta competencia, la compañía acondiciona una pista con rutinas similares a las usadas en las competencias estatales y nacionales. Hay ocho categorías diferentes:

- camión o vehículo de carga de una sola pieza (no articulado)
- competencias de tres, cuatro y cinco ejes
- carros tanque
- remolques para automóviles
- plataformas
- remolques gemelos

Luego, los ganadores de cada categoría representan a su compañía en el **roadeo** estatal. Los ganadores estatales van a las competencias nacionales donde se enfrentan hasta 250 de los choferes más diestros del país. Como resultado del concurso, algún talentoso chofer ganará el título de ser el "Mejor". Todo mundo espera el "Roadeo" con impaciencia, y el público siempre disfruta viendo lo que puede hacer un enorme vehículo de carga. Así que, ¡a arriar con todos y a llevarlos a concursar!

OTROS EVENTOS

Excepto por el mes de diciembre, hay **exposiciones de vehículos de carga, sesiones de mantenimiento y convenciones** en todo el país. Generalmente se anuncian en las revistas de la industria del transporte de carga, y los suscriptores a veces reciben boletos gratis. ¿Qué mejor excusa para ir y ver lo que está sucediendo, especialmente si andará Usted manejando por esa zona? Es muy divertido y le puede dar muchas ideas valiosas.

El siguiente calendario es uno típico de los eventos que puede haber en cualquier año:

ENERO
- Convención de la Asociación del Autotransporte de Arkansas (Arkansas Motor Carriers Association), en Little Rock.

FEBRERO
- Exposición de Vehículos de Carga del Gran Nueva York (Greater New York Truck Show).

MARZO
- Exposición del Autotransporte de Carga de la Zona Media de los Estados Unidos (Mid-America Trucking Show), en Louisville, Kentucky.

ABRIL
- Exposición de Vehículos de Carga y Equipo Afín de Nueva Inglaterra (New England Truck and Equipment Show), en Boston.

MAYO
- Exposición de vehículos de carga antiguos en Maryland.

JUNIO
- Exposición Internacional de Vehículos de Carga (International Truck Show), en Las Vegas, Nevada.

JULIO
- Campeonatos de Manejo de la Asociación del Autotransporte de Carga del Estado de Nueva York (New York State Truck Association Driving Championships), en Schenectady.

AGOSTO
- Exhibición de vehículos de carga clásicos en Bell Fourche, South Dakota.

SEPTIEMBRE
- Convención de la Asociación de Vehículos de Carga y de Autobuses de Pasajeros de Vermont (Vermont Truck and Bus Association), en Killington.

OCTUBRE
- Campeonato Nacional de Roadeo de Manejar Vehículos (en varios lugares; consulte con la asociación estatal de manejar vehículos de carga más cercana).

NOVIEMBRE
- Exposición Auto Internationale en Las Vegas, Nevada.

Siempre hay seminarios sobre el manejo de vehículos de carga y cursos intensivos de repaso, y clases que se ofrecen para mantener actualizados a los choferes en las técnicas y leyes nuevas. Pregunte a su compañía. Lea el boletín informativo y cualquier volante de la compañía que contenga tal información. Pregunte a los demás.

Asociaciones Profesionales

En la industria del transporte de carga, el inscribirse en una organización es otra **buena forma de continuar su educación.** Los grupos de gente con la misma profesión se forman por varias razones:

- acción política
- educación
- investigación
- con fines sociales y para hacer contactos

Los grupos de profesionistas interesados principalmente en **acción política** se forman con el fin de **actuar juntos sobre un cierto tema o temas y hacer que se legisle sobre tal o tales asuntos, o se revoquen las leyes relativas vigentes, o se obligue a su cumplimiento.** Pueden tratar de ejercer presión pública sobre los legisladores, o contratar a una persona que se dedique a hacer cabildeo para que promueva directamente sus puntos de vista. Un ejemplo de este tipo de grupo es la llamada Conferencia Interestatal de Transportistas de Carga (Interstate Truckload Carriers Conference). Sus miembros son los transportistas con rutas irregulares, los transportistas comunes y los que trabajan con contrato. Los representantes de este grupo hablan con frecuencia con organismos del gobierno acerca de asuntos que le conciernen a su membresía. Trabajan para ver que la legislación sobre el transporte sea favorable a sus negocios.

Existen otros grupos para **lograr una meta o promover su causa a través de la educación.** Pueden ofrecer talleres de entrenamiento o de práctica de habilidades, sólo a sus miembros, o también puede ser bienvenido el público en general. O pueden hacer campañas públicas de conscientización para informar a la gente sobre algún asunto. Un ejemplo de este tipo de grupo es el de Ciudadanos por Choferes Precavidos y Contra Conductores Ebrios e Infractores Crónicos (Citizens for Safe Drivers Against Drunk Drivers and Chronic Offenders). El propósito de sus miembros es disminuir las muertes por causa de los accidentes de tránsito ocasionados por conductores ebrios. Con tal fin, hacen campañas de educación e información pública.

Existen aún otros grupos dedicados a la investigación. Los miembros de este tipo de grupo piensan que pueden lograr mejor sus metas **investigando más acerca de una materia, y poniendo a disposición de los demás la información obtenida**. Un ejemplo de estos grupos es el Consejo de Investigación del Mercado Automotriz (Automotive Market Research Council). Este grupo lo forman fabricantes de refacciones, componentes y accesorios. Su propósito es mejorar la precisión de la industria en predecir cuales productos automotrices demandará el mercado en el futuro. Logran sus objetivos a través de la investigación de áreas tales como las tendencias de compra.

Otro grupo de profesionistas está formado por gente que se dedica a lo mismo que Usted. Ahí, Usted se encuentra con gente que tiene los mismos retos y problemas de trabajo. Este grupo le proporciona una forma organizada de **compartir información, solucionar problemas de la profesión** además del **apoyo y entendimiento mutuos**. También brinda una **manera organizada de hacer contactos**. En el capítulo 33 se muestra una forma en la que se usan los contactos para que una compañía transportista encuentre a alguien para ocupar el puesto de chofer. De la misma manera, puede enterarse casualmente de la oportunidad de un puesto nuevo y mejor en una conversación en una de las juntas del grupo. Y esa puede ser la única forma en que Usted se enteraría acerca de ese puesto vacante.

Algunas organizaciones pueden combinar varias funciones de éstas o aún tenerlas todas. Pertenecer a un grupo de profesionistas no necesariamente tiene que quitarle mucho tiempo. Su participación puede simplemente ser una donación que ayuda a mantener al grupo. O puede ser que quiera tener una mayor participación.

Nuestros ejemplos fueron de grupos de transportistas, fabricantes y del público en general. ¿Pero qué de las asociaciones profesionales de choferes? Para empezar, en el estado de su residencia es muy probable que la Asociación Americana del Transporte de Carga (American Trucking Association) tiene un cabildo estatal. Los operadores/propietarios pueden interesarse en la organización para choferes independientes. Una vez que esté en el trabajo, oirá hablar o leerá acerca de otras organizaciones que pueden ser de su interés. Además otros grupos nuevos que se forman le contactarán para ver si quiere pertenecer. ¡Quizá iniciará Usted su propio grupo!

Cambios de Carrera

Ahora se encuentra Usted muy concentrado en iniciar su carrera y en conseguir su primer trabajo como chofer. Pero después de un tiempo se empezará a preocupar acerca de **su futuro en la industria**. Puede Usted manejar por un cierto periodo de tiempo y luego fijarse en otro aspecto de la industria. Quizá le gustaría ser despachador. A lo mejor sería Usted muy bueno en un puesto de ventas o en la administración. O tal vez adquiera su propio vehículo y se convierta en operador/propietario.

Si fija sus objetivos en un puesto administrativo, tendrá que saber cómo manejar un negocio tan bien como manejar con destreza un vehículo de carga. Ya en ese momento puede ser que necesite un poco más de estudios formales. Puede obtener estos estudios sobre administración de negocios que necesita con un curso de correspondencia o tomando clases de administración en un instituto. A un mínimo, querrá buscar seminarios sobre temas como impuestos, contabilidad y administración del dinero.

Puede ser que quiera permanecer siempre como chofer, pero que estés interesado en lo que otra compañía le pueda ofrecer por su talento. Como ya lo dijimos, puede enterarse de tal empleo a través de los contactos que pueda hacer con su grupo de amigos y conocidos, o del boletín de su asociación profesional, o de una revista especializada sobre la industria del transporte de carga.

PRUEBA DE LA HABILIDAD PARA OBSERVAR

El futuro seguramente traerá cambios en el equipo. ¿Cómo ve el vehículo de carga de fantasía que ilustramos al inicio de este capítulo? ¿Cómo controla la dirección su chofer?, ¿Y los cambios? Refiérase a la gráfica de la Prueba de la Habilidad para Observar al final del libro para que revise sus respuestas.

Programas de Lectura

Si Usted ya es un lector consumado, ya entiende cómo la lectura enriquece su vida. Para otros, esto puede requerir un poco de dedicación. Sin embargo, la lectura y **el mantenerse informado** son dos de las cosas adicionales que **diferencian al chofer profesional del simple chofer**, que sólo mueve al vehículo y se pasa tiempo en la carretera.

Puede ser que esté convencido de que **mantenerse actualizado con la lectura** es buena idea. Pero se pregunta de dónde va a sacar el tiempo para hacerlo. He aquí una forma de lograrlo. Asegúrese de que siempre tiene cerca algo que leer, en la cabina o en el camarote para dormir, para que lo lea durante esas pequeñas esperas que se dan en el trabajo. De seguro que le dará algo qué hacer cuando espera a que le descarguen o durante una demora en el tráfico, en lugar de estar girando sus pulgares y viendo el reloj a cada momento. Y ayuda además a convertir el tiempo ocioso en tiempo productivo.

REGLAMENTOS FEDERALES DE SEGURIDAD DEL AUTOTRANSPORTE

Por todo este libro, hemos hecho referencia a los Reglamentos Federales de Seguridad del Autotransporte (FMCSR). El FMCSR se actualiza periódicamente y Usted debe de mantenerse corriente con los cambios.

EL MANUAL DEL CHOFER

La mayoría de las compañías tienen un **manual del chofer.** Generalmente contiene las políticas importantes de la empresa, **lista las responsabilidades del chofer** y con frecuencia incluye información acerca de las **prestaciones del chofer**. Puede describir el programa de bonos de combustible y traer **sugerencias** acerca de cómo mejorarse como chofer. Definitivamente, no deje de leer el Manual del Chofer de su compañía.

REVISTAS ESPECIALIZADAS POR GIRO

A la gente en el negocio del transporte de carga le gusta leer sobre tópicos que tienen que ver con su vida diaria. Hay mucho de donde escoger. Para que vea una muestra de la **multitud de revistas relativas** a la **industria del transporte de carga que hay disponibles,** puede ir a una de las bibliotecas grandes, o ver lo que tienen a la venta en una de las paradas para vehículos de carga. Puede usar una computadora para buscar libros y otras materias en el Internet. El libro que Usted lee ahora, BUMPER-TO-BUMPER, *La guía completa para operaciones del autotransporte de carga,* se puede encontrar en el Internet. Hay revistas especialmente diseñadas para el chofer, otras para los operadores/propietarios independientes, y otras están básicamente orientadas hacia las compañías.

Todas le ayudan a familiarizarse más con la **industria del transporte de carga** con **reportajes, artículos** y **entrevistas**. Aún los anuncios son informativos. Casi siempre puede mandar pedir en forma gratuita más información sobre algo que le interese. Además traen avisos de ocasión en donde las compañías pueden poner anuncios solicitando choferes. También encontrará ofertas de vehículos de carga usados, de partes mecánicas, de cachivaches y de seguros.

REVISTAS DE INTERÉS GENERAL

Las revistas de temas generales con frecuencia traerán **artículos relativos a la industria del transporte**. De hecho, la revista *Selecciones* del Reader's Digest reprodujo un artículo acerca de los vehículos **de carga asesinos** que influyó mucho en la presente campaña para mejorar el desempeño de los choferes.

Trate de leer con regularidad el periódico o una revista de noticias. Las noticias sobre política y economía nos conciernen a todos, directa o indirectamente. Sea consciente del mundo en el que vive. Entienda cómo ciertos cambios le pueden afectar a Usted personalmente junto con toda la industria del transporte de carga. Fíjese en los asuntos públicos.

YA ES TIEMPO

Para concluir y conforme lo enviamos a buscar su fortuna, permítanos repetir que está es muy buen tiempo para que saque al mercado de trabajo, sus habilidades como chofer. Hay una severa escasez de choferes que promete empeorar en los próximos años. **Las compañías se arrebatan todos los buenos choferes que se pueden encontrar.**

Si demuestra que es una persona brillante y capaz (y apostamos que lo hará) encontrará un patrón que sabrá valorarlo. Así que manténgase así, capaz y brillante. Continúe con su educación y continúe mejorándose a través de lo que esperamos será un carrera larga y feliz.

Examen Sobre el Capítulo 35

1. Si Usted ha tomado un curso formal de entrenamiento en los últimos cinco años, puede estar seguro de que sus conocimientos están actualizados.
   A. Verdadero.
   B. Falso.

2. Cuando los choferes se reúnen para una barbacoa o un día de campo, no se puede considerar como una experiencia en la que aprenda algo, porque esto se hace más que nada por razones sociales.
   A. Verdadero.
   B. Falso.

3. Todos los choferes que han trabajado con una compañía y que no han tenido accidentes en por lo menos un año, pueden participar en el "roadeo" de vehículos de carga de la Asociación Americana del Transporte de Carga (American Trucking Association)(ATA).
   A. Verdadero.
   B. Falso.

4. Una prueba de conocimiento es parte de _____.
   A. el programa de entrenamiento para choferes, de los Regalementos Federales de Seguridad del Autotransporte (FMCSR)
   B. el "roadeo" de vehículos de carga de la ATA
   C. la rutina que se hace en las pistas de prácticas
   D. la prueba de sobriedad que hacen las patrullas de caminos

5. En todos los meses del año y por todo el país se desarrollan exposiciones de vehículos de carga, sesiones sobre mantenimiento y convenciones.
   A. Verdadero.
   B. Falso.

Para las preguntas 6, 7, 8 y 9, asocie el tipo de grupo de la columna A con su función en la columna B.

Columna A Grupo de Officio	Columna B Función
6. acción política	A. hacer contactos organizadamente
7. educación	B. llevar a cabo talleres y campañas de concientización publica
8. investigación	C. ejercer influencia sobre los legisladores
9. social	D. realizar estudios y compartir los resultados

10. ____ es casi la única oportunidad en la que no puede leer para continuar con su educación.
    A. Cuando está fuera de servicio (no manejando), esperando que le descarguen en un almacén
    B. Cuando está fuera de servicio (no manejando), durante un descanso para comer en una parada para vehículos de carga
    C. Cuando está fuera de servicio
    D. Cuando va manejando

La Prueba de la Habilidad Para Observar

Para un chofer profesional, el ser buen observador es una habilidad muy importante. Hay muchas cosas que suceden simultáneamente alrededor de Usted, y tiene que estar consciente de todas para poder manejar con precaución, en forma económica y responsable. Si en forma natural no es Usted buen observador, es una habilidad que puede y debe desarrollar.

Las Pruebas de la Habilidad para Observar a través de su libro le ayudan a medir su capacidad de observación y lo entrenan para que sea más observador. Probablemente haya ignorado totalmente las primeras pruebas. Conforme fue cogiendo el hilo al avanzar en el libro, quizá empezó a prestarles más atención. Para el final del curso muy probablemente se dio cuenta de más cosas de las que se le pasaron. Aprendió a ser observador.

La Gráfica de la Habilidad para Observar

Esta gráfica le ayuda a ver qué tan buen observador es, y qué tanto se ha mejorado su habilidad para observar a lo largo del curso. Cada capítulo se inicia con una ilustración grande en la que se presenta un problema o un acertijo. Más adelante en el capítulo se le hace una pregunta acerca de dicha ilustración. Si pudo contestar la pregunta inmediatamente sin ver la respuesta, Usted se da uno o dos puntos por ser observador (el número de puntos que gana se dan aquí junto con la respuesta correcta). Marque ese punto o puntos sobre la línea horizontal que intersecta la línea vertical que corresponde a ese capítulo.

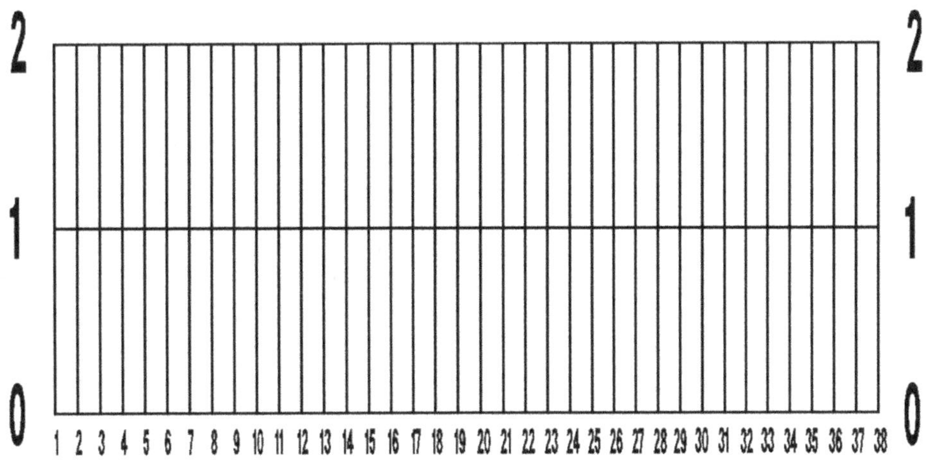

Los números del 1 al 35 que se encuentran en la parte de abajo, NO CORRESPONDEN a la numeración de los capítulos del libro. Son en cambio, el orden en el que Usted avanza y que puede no ser el orden en que dichos capítulos aparecen en el libro. En otras palabras, si obtiene un punto en el primer capítulo que Usted lea, lo marca sobre la línea horizontal donde intersecta la línea vertical número 1. Para el segundo capítulo que lea, marque su punto sobre la línea vertical número 2 en donde se intersecta con la línea horizontal, y así sucesivamente.

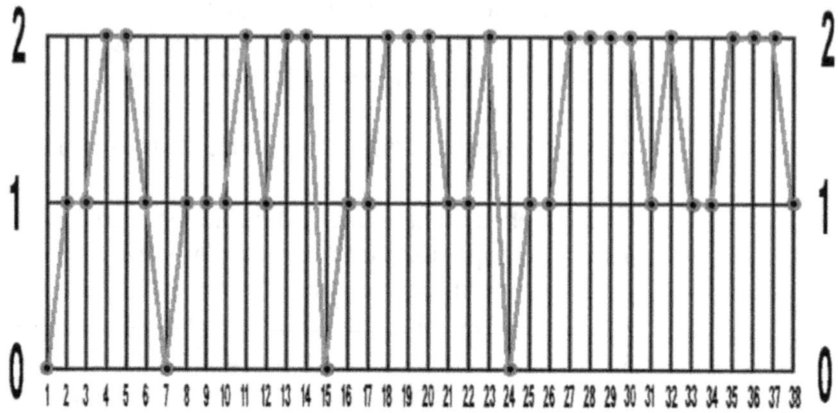

Cuando haya terminado de leer el libro, una todos los puntos. Probablemente terminará con una línea dentada que se ve más o menos así:

¿Qué significa? Es muy sencillo. Cuente los puntos que tiene sobre las líneas horizontales. Estos son los puntos que ganó por ser observador. Compare los resultados con la escala de puntos a continuación:

PUNTOS POR OBSERVACION

De 0 a 11	El ser observador no es una habilidad que tiene Usted en forma natural. Esto no significa que Usted no puede ser un chofer profesional. Lo que sí significa es que tendrá que trabajar duro para pulir su habilidad de observación. Preste muy especial atención a las técnicas descritas en el capítulo 19, Maneje con Cuidado. Trate de usar dichas técnicas. Al principio le puede parecer forzado o raro. Pero con la práctica le saldrá en forma natural, y aprenderá a ser más observador.
De 12 a 24	Es Usted una persona observadora. Puede ser que en algunas ocasiones su atención vacile un poco, pero en la mayoría de las veces Usted está consciente de lo que sucede alrededor. Echele una mirada a los capítulos en los que falló en la prueba. ¿Tienen algo en común? ¿Hay algunas situaciones en las que Usted es menos observador que en otras? Será muy útil saber esto, de tal manera que pueda practicar la observación en esas ocasiones.
De 25 a 35	Es Usted muy observador por naturaleza. Esta habilidad le ayudará mucho a ser un chofer precavido y profesional.

Hacerse Observador

El simple hecho de haber contestado las Pruebas de la Habilidad para Observar, le pudo haber ayudado a desarrollar su capacidad de observación. Pero si necesita más ayuda en este tema, he aquí una técnica que puede usar con el fin de mejorar dicha habilidad. Usted puede (y probablemente deba) practicar esto ahora que maneja el auto de la familia. Después utilícela cuando maneje su vehículo de carga para mantener su habilidad de observación en forma.

Comente mientras maneja

Conforme va manejando, observe e identifique los obstáculos que se presentan en el camino. Identifíquelos describiéndolos en voz alta.

Las reglas para comentar mientras maneja son las siguientes:

- Identifique el obstáculo usando frases cortas.
- Sólo identifique los obstáculos más importantes.
- Mientras vaya manejando, no voltee a ver a su instructor, ayudante o pasajero cuando hable.
- No abunde sobre el obstáculo.

Respuestas a las Pruebas de la Habilidad para Observar

NUMERO Y TITULO DEL CAPITULO	RESPUESTAS
1. Su Futuro en la Industria del Autotransporte de Carga	¿Qué falta en la ilustración? Usted, desde luego... ¡No hay chofer! Dése un punto en la cuadrícula con que haya recordado de qué era la ilustración. Dése dos puntos si se fijó que el vehículo estaba en movimiento pero que no tenía chofer.
2. El Tablero y los Instrumentos	Falta el grupo de instrumentos del volante de la dirección en el tablero. Dése un punto si notó que faltaba "algo". Dése dos puntos si fue capaz de nombrar cualquiera de las partes faltantes, por ejemplo, el velocímetro o el tacómetro.
3. Transmisiones	Hay dos problemas en la cabina de este vehículo de carga de transmisión manual. La palanca de cambios está en el lado incorrecto de la cabina. Tendría que saltarla para poder llegar al asiento del chofer. Además, no tiene pedal del embrague (clotch). Se anota un punto por cada uno de los problemas en que se fijó.
4. Frenos de Aire	El límite de velocidad señalado para la curva es menor. El chofer de este vehículo debe disminuir su velocidad — ¡y rápido! Dése un punto por notar la curva y la señal de velocidad menor. Dése otro punto si notó que el velocímetro marcaba 55 millas por hora.

5. Lo Eléctrico	La batería mostraba señas de problemas comunes que demeritan su funcionamiento. La conexión del cable de la batería estaba floja y deshilachada. Dése un punto si notó cualquiera de los dos problemas. Además la caja de la batería estaba rajada Dése otro punto si notó esto.
6. Motores	La ilustración de la Prueba de la Habilidad para Observar mostraba un motor. Dése un punto si recordó dicha ilustración. ¿Cuántos filtros de aceite notó (era el único componente con etiqueta)? Si contestó "dos", dése otro punto.
7. El Tren de Tracción	¿Notó los ejes dobles o en tándem en este chasís? Dése un punto si lo hizo. Dése otro punto si notó las bolsas negras del aire que son parte del sistema de la suspensión.
8. La Dirección	¿Qué llanta se mostraba en la ilustración de la Prueba de la Habilidad para Observar? Dése un punto si contestó que la delantera del lado del pasajero. El mal alineamiento que tiene este tractor ha causado que la llanta delantera se desgaste en forma desuniforme. Dése otro punto si notó el desgaste desuniforme.
9. Llantas y Ruedas	¿Notó la llanta delantera baja? (estaba tan baja que parecía ¡totalmente desinflada!) ¿Y qué acerca de las llantas de diferente tipo en los dobles ejes o en tándem? Una es claramente menor que la otra. Dése un punto por cada uno de los dos problemas que haya notado.
10. Tractores	El tractor ilustrado es uno convencional (un punto), de eje sencillo (otro punto). Dése un punto por cada una de las dos clasificaciones que pudo nombrar.
11. Sistemas de Administración del Vehículo	El informe sobre el desempeño del chofer revela que éste tiene una cantidad de tiempo excesiva del motor funcionando en punto muerto, y demasiadas veces en exceso de velocidad. Dése un punto por reconocer el problema del exceso de velocidad, y dése otro si reconoció el problema del funcionamiento del motor en punto muerto.
12. Tipos de Remolque	Al remolque le faltan dos componentes importantes. Uno es que no tiene patines para sostenerlo y está desafiando la ley de la gravedad balanceándose sobre su eje trasero. El otro es que no tiene perno maestro para que se enganche el tractor que se le acerca. Dése un punto por cada uno de los dos defectos que haya notado.

13. Equipo Especializado	Los dos tipos de remolque ilustrados son uno con una sola caída, y otro con doble caída y cuello de ganso desmontable. Dése un punto por cada uno de los dos tipos de remolque que pudo nombrar.
14. Los Remolques Refrigerados	Dése un punto si contestó que el remolque refrigerado que se ilustraba tenía paredes y piso corrugados. Dése otro punto si pudo nombrar las tres clases de pizza congelada que se transportaban: ¡de queso, de pepperoni y de salchicha!
15 Acoplamiento y Desenganche	Dos cosas sucederán si el chofer saca el tractor de este remolque. Una es que el remolque caerá al suelo, ya que no está totalmente acoplado al tractor y no tiene apoyo. La otra es que las líneas de los servicios al remolque se romperán y arrancarán de éste. Dése un punto por cada una de las dos cosas que Usted predijo sucederían.
16. La Puesta en Marcha del Tractor	El tractor ilustrado es uno "chato" (de cabina sobre el motor)—se lo dice el camarote para dormir de la cabina. Y tiene un transmisión de nueve velocidades. Esto lo sabe por el patrón de cambios que se muestra en el área del tablero. Dése un punto por cada una de las dos preguntas que pudo contestar correctamente.
17. Técnicas de Manejo	Probablemente lo primero que notó es un accidente que está por suceder. El vehículo de carga está tratando de dar una vuelta a la derecha desde el carril que está más a la izquierda y un automóvil se encuentra en el punto ciego del chofer del vehículo de carga. Si el auto no se detiene antes de que el vehículo de carga termine de dar la vuelta, éste le dará un golpe al auto. Dése un punto por notar esto. En segundo lugar, hay un problema con el sistema eléctrico. La direccional del tractor está funcionando pero la del remolque no. Dése otro punto si notó esto.
18. Reculando el Camión	Este chofer omitió el salirse de la cabina y revisar antes de echarse en reversa, así que hay posibilidad de que tenga dos accidentes. Está en verdadero peligro de que cuando se eche en reversa pegue con un alambre que tiene por encima, o que pase sobre una tabla que tiene un clavo. Dése un punto por cada uno de los dos peligros que haya notado.

19. Maneje con Cuidado	Dése un punto si notó la zona de no rebasar a la que se aproxima. El auto que va delante tratará de regresar rápidamente al carril derecho para evitar un choque de frente con el otro auto que viene por el carril izquierdo (el chofer del vehículo de carga debe disminuir su velocidad y permitir que el auto regrese al carril). Dése otro punto si notó el choque potencial.
20. Retos de Manejo	Yendo cuesta abajo, el chofer de este vehículo va demasiado rápido. Dése un punto por notar eso. Dése otro punto si notó la rampa de escape al lado derecho. Este chofer probablemente la necesitará para mantener su equipo bajo control.
21. El Manejo de Dobles y Triples	El chofer de este vehículo combinado empezó a dar la vuelta a la esquina muy cerca del acotamiento. Como consecuencia, los remolques se subirán a dicho acotamiento. Dése un punto si notó esto. La mujer que va de peatón tiene la señal en "NO CAMINE", así que los dos peatones varones cruzarán la calle. Dése otro punto si se fijó también en esto.
22. Frenos Auxiliares	El chofer de este equipo acaba de alcanzar la cima de una colina y está por iniciar el descenso. Tendrá que hacer algo para controlar su velocidad de bajada. Va a la velocidad y revoluciones máximas para ese cambio. Dése un punto si notó ya sea lo de la velocidad o lo de las revoluciones o ambas cosas. Dése otro punto si se dio cuenta de que tendría que bajar a un cambio menor, o frenar, o usar el freno de motor o hacer algo para controlar su velocidad.
23. Los Dispositivos Deslizables	El remolque está pesadamente sobrecargado hacia el frente. Dése un punto si lo notó. Podría colocarse más de la carga de madera, hacia la parte de atrás del remolque. Dése otro punto si supo cómo redistribuir la carga para remediar el problema.
24. La Economía en la Operación del Vehículo	Este chofer va manejando a las revoluciones correctas para la velocidad a la que se desplaza, y esto es lo que se llama economía en la operación del vehículo. Dése un punto si pudo recordar la velocidad, y otro punto si pudo recordar las revoluciones a las se iba operando el vehículo.
25. La Inspección del Vehículo	El chofer anotó en su reporte que había un problema con las líneas de los frenos de su remolque. Dése un punto si lo notó. Dése otro punto si se imaginó que regresaría el vehículo al taller para que lo repararan en lugar de sacarlo a circular.

26. La Bitácora	Hubo muchos problemas con la forma que se llenó esta bitácora. He aquí sólo algunos de ellos: el chofer omitió firmarla y la suma del total de horas no está correcta. Dése un punto por cada uno de estos problemas si se dio cuenta de ellos. ¿No se fijó en que el chofer se registró como estando en el camarote para dormir y manejando al mismo tiempo? Si sí se dio cuenta, ¡eso sí que es ser buen observador!
27. Documentación de la Carga	La documentación de la carga mostraba que ésta consistía en cajas de sopa enlatada, cajas de televisiones y cajas con mesitas para la televisión. Dése un punto si fue capaz de decir en qué consistía la carga. Los cartones de sopa estaban abiertos pero el contenido todo se encontraba bien; diez cartones con televisiones estaban dañados y faltaban 5 cartones de mesitas para la televisión. Dése otro punto si fue capaz de nombrar cualquiera o todos los problemas con esta carga.
28. Cargando, Fijando y Descargando la Carga	Se usaron dos métodos para fijar la carga en el remolque. Uno fue el flejar las tarimas. El otro son los tirantes de fijación que se usaron para mantener las estibas en su lugar. Dése un punto por cada uno de los métodos que observó.
29. Incendios y Accidentes	El chofer está fumando a pesar de la señal de advertencia. Dése un punto si se dio cuenta de esto. Mientras tanto, el ayudante del chofer no está poniendo atención al llenado de combustible y no ve que el tanque ya se llenó y se está derramando. Es seguro que se producirá un incendio. Dése un punto si notó su falta de cuidado.
30. Materiales Peligrosos	El chofer estaba haciendo dos cosas muy peligrosas cuando cargaba los materiales peligrosos. Primero, no colocó de manera apropiada los cilindros de gas comprimido. Deben estar en posición vertical, sujetos con rejillas para que no se volteen. Segundo, estaba fumando mientras manejaba un material inflamable. Dése un punto por cada una de las dos faltas que Usted haya notado.
31. La Lectura de los Mapas	El mapa era de una parte del estado de Arizona. Dése un punto si se dió cuenta de esto. Dése otro punto si recordó que el mapa mostraba dos rutas principales entre Phoenix y Holbrook.

32. Mantenimiento Preventivo

Al chofer de este vehículo se le pasó darse cuenta de un par de problemas en desarrollo. ¿Usted los vio? Dése un punto si se dio cuenta de que la conexión de la línea del aire estaba floja, o de que el cable eléctrico estaba deshilachado. Dése otro punto si notó que el espejo lateral del chofer estaba estrellado.

33. Conseguir Trabajo como Chofer Profesional

Había dos solicitantes esperando sus entrevistas. Dése un punto si contestó correctamente esa pregunta. Suponiendo que sus habilidades y experiencia son más o menos las mismas, es más probable que el solicitante con la camisa de manga larga consiga el trabajo porque se ve pulcro y tiene buena apariencia. Dése otro punto si ésta fue su respuesta.

34. La Vida del Chofer

La parada para vehículo de carga que se mostró en la ilustración acepta las principales tarjetas de crédito y para combustible. La ducha era gratis si se llenaba el tanque, de otra manera costaría tres dólares. Dése un punto por cada una de las dos preguntas que haya contestado correctamente.

35. Educación Continuada

¿Se dio cuenta del control de dirección en el descansa-brazos derecho y del control de cambios en el descansa-brazos izquierdo? Los cambios se controlaban con botones que se empujan, y la dirección con un control tipo palanca. Dése un punto por cada respuesta correcta. En la actualidad este vehículo de carga futurista es sólo producto de una imaginación creativa, pero ¿quién sabe?

Indice analítico

D

F

G

H

I

L

M

N

O

P

U

V

www.ingramcontent.com/pod-product-compliance
Lightning Source LLC
LaVergne TN
LVHW080923071026
849535LV00013B/4086
9780962168796